中 国 国 家 标 准 汇 编

496

GB 26186～26216

（2010 年制定）

中国标准出版社　编

中国质检出版社
中国标准出版社
北　京

图书在版编目（CIP）数据

中国国家标准汇编：2010年制定．496：GB 26186～26216/
中国标准出版社编．—北京：中国标准出版社，2011
ISBN 978-7-5066-6489-9

Ⅰ．①中… Ⅱ．①中… Ⅲ．①国家标准-汇编-中国-2010
Ⅳ．①T-652.1

中国版本图书馆CIP数据核字(2011)第187741号

中国质检出版社
中国标准出版社 出版发行
北京市朝阳区和平里西街甲2号(100013)
北京市西城区三里河北街16号(100045)
网址：www.spc.net.cn
总编室：(010)64275323 发行中心：(010)51780235
读者服务部：(010)68523946
中国标准出版社秦皇岛印刷厂印刷
各地新华书店经销
*
开本 880×1230 1/16 印张 37.75 字数 1 014 千字
2011年12月第一版 2011年12月第一次印刷
*
定价 220.00 元

出 版 说 明

1.《中国国家标准汇编》是一部大型综合性国家标准全集。自 1983 年起，按国家标准顺序号以精装本、平装本两种装帧形式陆续分册汇编出版。它在一定程度上反映了我国建国以来标准化事业发展的基本情况和主要成就，是各级标准化管理机构，工矿企事业单位，农林牧副渔系统，科研、设计、教学等部门必不可少的工具书。

2.《中国国家标准汇编》收入我国每年正式发布的全部国家标准，分为"制定"卷和"修订"卷两种编辑版本。

"制定"卷收入上一年度我国发布的、新制定的国家标准，顺延前年度标准编号分成若干分册，封面和书脊上注明"20××年制定"字样及分册号，分册号一直连续。各分册中的标准是按照标准编号顺序连续排列的，如有标准顺序号缺号的，除特殊情况注明外，暂为空号。

"修订"卷收入上一年度我国发布的、修订的国家标准，视篇幅分设若干分册，但与"制定"卷分册号无关联，仅在封面和书脊上注明"20××年修订-1，-2，-3，……"字样。"修订"卷各分册中的标准，仍按标准编号顺序排列(但不连续)；如有遗漏的，均在当年最后一分册中补齐。需提请读者注意的是，个别非顺延前年度标准编号的新制定的国家标准没有收入在"制定"卷中，而是收入在"修订"卷中。

读者配套购买《中国国家标准汇编》"制定"卷和"修订"卷则可收齐上一年度我国制定和修订的全部国家标准。

3. 由于读者需求的变化，自 1996 年起，《中国国家标准汇编》仅出版精装本。

4. 2010 年我国制修订国家标准共 2 846 项。本分册为"2010 年制定"卷第 496 分册，收入国家标准 GB 26186～26216 的最新版本。

中国标准出版社
2011 年 8 月

目　　录

ICS 29.140.30
K 71

中华人民共和国国家标准

GB/T 26186—2010

冷阴极荧光灯 性能要求

Cold cathode fluorescent lamps service—Performance requirements

2011-01-14 发布 2011-06-01 实施

中华人民共和国国家质量监督检验检疫总局
中国国家标准化管理委员会 发布

前　言

本标准的附录 A、附录 B 为规范性附录。

本标准由中国轻工业联合会提出。

本标准全国照明电器标准化技术委员会(SAC/TC 224)归口。

本标准起草单位:上虞菁华背光源有限公司、上虞市产品质量监督检验所、北京电光源研究所。

本标准主要起草人:杭军、叶建庆、余培铨、李其瑾。

冷阴极荧光灯　性能要求

1　范围

本标准规定了冷阴极荧光灯的分类与命名、技术要求、试验方法、检验规则、标志、包装、运输和贮存等的性能要求。

本标准适用于采用直流或交流电源供电，并通过控制器电路采用高频工作的冷阴极荧光灯，灯管的外径在1.8 mm～4.0 mm之间。

2　规范性引用文件

下列文件中的条款通过本标准的引用而成为本标准的条款。凡是注日期的引用文件，其随后所有的修改单(不包括勘误的内容)或修订版均不适用于本标准，然而，鼓励根据本标准达成协议的各方研究是否可使用这些文件的最新版本。凡是不注日期的引用文件，其最新版本适用于本标准。

GB/T 2828.1　计数抽样检验程序　第1部分：按接收质量限(AQL)检索的逐批检验抽样计划(GB/T 2828.1—2003，ISO 2859-1：1999，IDT)

GB/T 2829　周期检查计数抽样程序及表(适用于对过程稳定性的检验)(GB/T 2829—2002)

GB/T 17262　单端荧光灯　性能要求

GB 19149　空载输出电压超过1 000 V的管形放电灯用变压器(霓虹灯变压器)的一般要求和安全要求(GB 19149—2003，IEC 61050：1991，MOD)

GB 19261—2009　霓虹灯管的一般要求和安全要求

3　术语和定义

下列术语和定义适用于本标准。

3.1

冷阴极荧光灯　cold cathode fluorescent lamps

一种低气压辉光气体放电灯，两端电极的温度相对较低。

3.2

额定值　rated values

灯在规定的工作条件下其特定的数值，该值及条件由本标准中规定，或由制造商和销售商规定。

3.3

初始值　initial values

灯老炼100 h时所测的光电参数值。

3.4

亮度　brightness

亮度是光源(或被照射面)在某一方向的单位面积上的光强。

3.5

亮度维持率　brightness maintenance

灯在规定条件下燃点，在寿命期间内一特定时间的亮度与该灯的初始亮度之比，以百分数表示。

3.6

寿命(单只灯的)　life(of an individual lamp)

一只成品灯从燃点至“烧毁”，或者灯工作至低于本标准中所规定的寿命性能的任一要求时的累计时间。

3.7

平均寿命(50%灯失效时的寿命)　average life(life to 50% failures)

灯的亮度维持率达到本标准要求并能继续燃点至50%的灯达到单只灯寿命时的累计时间。

3.8

启动时间　starting time

灯接通电源直到完全启动并维持燃点所需要的时间。

3.9

上升时间　run-up time

灯接通电源后,亮度达到其稳定亮度的80%时所需的时间。

3.10

稳定时间　stabilization time

灯接通电源后至灯的光电特性稳定时所需的时间。

3.11

颜色　colour

灯的颜色由色表和显色性来确定。

a) 灯实际颜色称为色表,由CIE推荐的光谱三刺激值(色品坐标)来确定;

b) 灯发射的光的光谱特性对于被照物体表面的影响称为显色性。

3.12

额定颜色　rated colour

指制造商或销售商规定的色表或是与标在灯上的颜色标志相对应的颜色。

4 产品分类

4.1 类别与型式

冷阴极荧光灯根据所需产品配套使用要求,主要有直管形、"L"形和门形类,其产品结构型式详见图1、图2、图3。

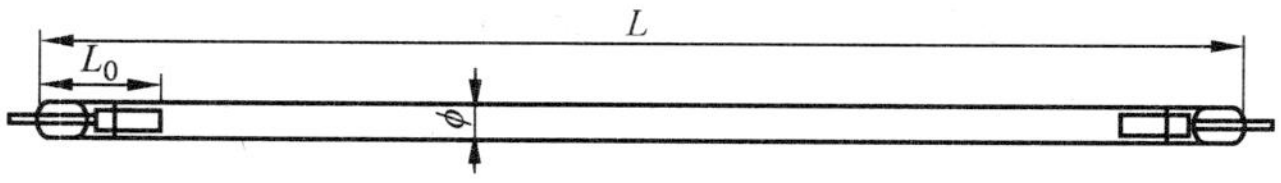

图 1

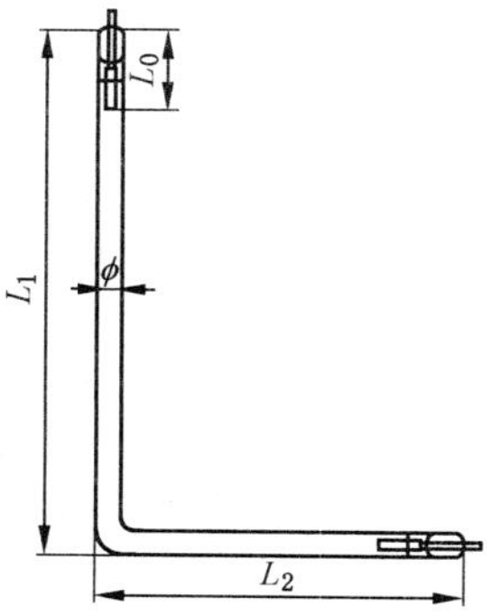

图 2

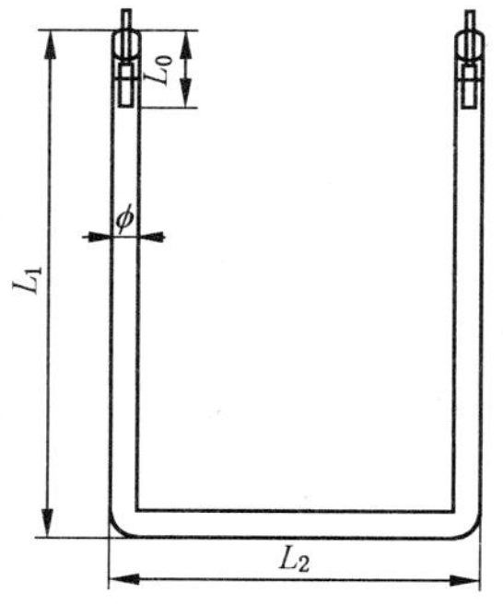

图 3

4.2 型号编写规则

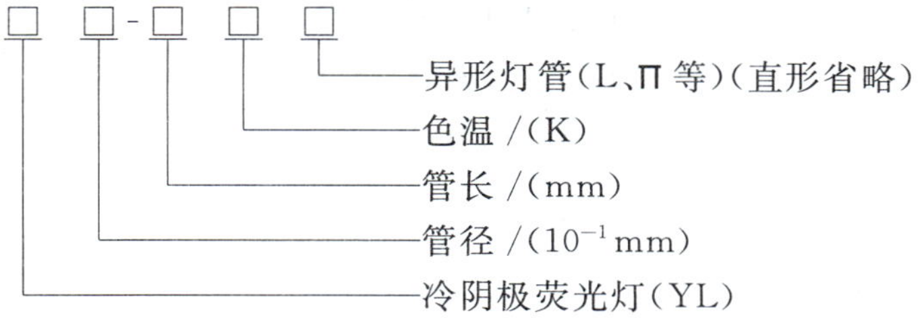

示例:YL21-290/8000 表示管径为 2.1 mm、长度为 290 mm 的 8 000 K 冷阴极荧光灯。

5 技术要求

5.1 机械强度

灯管导线弯曲强度:灯管导线在 0.25 kg 力的作用下,5 s 弯曲到要求 90°,反方向重复一次,导线不断裂。

5.2 灯的外形尺寸

冷阴极荧光灯的外形尺寸应符合表 1、表 2、表 3 的规定或制造商标称的要求。

表 1 直管形灯外形尺寸

型号	尺寸/mm		
	$L\pm1$	$L_0\pm0.5$	$\phi\pm0.05$
YL18	100~425	6.0	1.8
YL20	100~425		2.0
YL21	100~425		2.1
YL23	100~425		2.3
YL26	100~750		2.6
YL30	100~750		3.0
YL40	100~750		4.0

表 2 "L"形灯外形尺寸

型号	尺寸/mm			
	$L_1\pm1$	$L_2\pm1$	$L_0\pm0.5$	$\phi\pm0.05$
YL23	83	110	6.0	2.3
	100	137		
YL24	56	80		2.4
	63	97		
	94	153		
	94	160		

表 3 "门形"灯外形尺寸

型号	尺寸/mm			
	$L_1\pm1$	$L_2\pm1$	$L_0\pm0.5$	$\phi\pm0.05$
YL23	160	100	6.0	2.3
	173	135		
YL26	118	90		2.6
	130	100		
	160	100		

5.3 启动特性

灯应在表 4 规定的时间内启动完毕，并保持继续燃点。

表 4 灯的启动性能

电压/V	启动时间/s	上升时间/min
80%额定输入电压	≤0.3	≤3

5.4 初始电参数

灯的初始电参数应符合表 5 的规定。

表 5 灯的电参数

形状	型号	外径 mm	管体总长度 mm	标称功率 W	电流 mA	管电压 V ±8%	亮度 cd/m²	寿命 h
直管形	YL18	1.8	255.5	3.39	6.0	565	45 000	15 000
	YL20	2.0	233.5	3.12		520	35 000	
	YL21	2.1	260	3.27		545		
			320	3.96		660		
	YL23	2.3	348	3.84		640	30 000	20 000
			355	4.32		720		
			376	4.50		750		
	YL26	2.6	310	3.84		640	25 000	
			355	4.32		720		
			360	4.44		740		
	YL30	3.0	420	4.50		750		25 000
			454	5.28		880		
			720	7.44		1 240		
	YL40	4.0	584	5.73		955	15 000	35 000
			704	6.78		1 130		
			720	6.90		1 150		

注："L"形和门形类灯管的参数按灯管累计总长对照以上参数。

5.5 初始亮度

灯的初始电参数应符合表 4 的规定。

5.6 颜色特性

灯的颜色特性参数应符合表 6 的规定。

表 6 灯的色品性能

色调	代表符号	色品参数				
		一般显色指数	色坐标目标值[a]		相关色温 K	色品容差 SDCM
			x	*y*		
F6500(日光色)	RR	83	0.313	0.337	6 430	≤5
F5000(中性白色)	RZ		0.346	0.359	5 000	
F4000(冷白色)	RL		0.380	0.380	4 040	
F3500(白色)	RB		0.409	0.394	3 450	
F3000(暖白色)	RN		0.440	0.403	2 940	
F2700(白炽灯色)	RD		0.463	0.420	2 720	

[a] 表中列出的色坐标目标值为 GB/T 17262 中推荐的标准颜色色坐标目标值。企业可根据用户的要求制造非标准颜色的灯，但同时应给出非标准颜色色品坐标的目标值，且容差应符合本标准的要求。

5.7 灯的寿命

灯的寿命应符合以下几项要求。

a) 灯的额定寿命见表 5;

b) 灯在 40%额定寿命时的亮度不应低于初始亮度的 82%;

c) 在额定电流时,0 ℃±1 ℃状态下大于 2 000 h;

d) 开关试验:在附录 A 测试环境下,20 s 一个周期(10 s 开/10 s 关),大于 20 万次。

可选择以上其中任何两项进行试验。

6 试验方法

6.1 测试环境

除另有规定的项目外,全部的实验均应在环境温度为 25 ℃±2 ℃,相对湿度为 65%±20%,无对流风的环境中进行。

在稳定期间,电源电压应该稳定在±0.5%的范围之内;在测量时,应降至±0.2%的范围之内;对于寿命试验应该稳定在±2%。

电源电压的谐波含量应不超过 3%。总谐波含量是基波 100%时各次谐波分量的均方根之和。

各项试验均应在额定频率下进行。

6.2 外形尺寸试验(见 5.2)

灯的外形尺寸用误差不大于 0.05 mm 的量具测量。

6.3 启动特性试验(见 5.3)

灯的启动特性按附录 A 规定的方法进行测试。

灯的启动试验应在老炼之前进行。

启动试验的试验电压应为额定电压值的 90%,如果给出的是一个电压范围,则应为该电压范围最低值的 90%。

6.4 灯初始电参数的测试

灯初始电参数:灯管电流(参考值)、灯管管压、灯管功率(参考值);

测试按附录 A 进行。

6.5 灯初始亮度的测试(见 5.5)

初始亮度应在额定电流的状态下进行测试,为保持测试参数的稳定性,被测试的灯管应在稳定亮度达到 95%时,5 min 后开始测试;

测试按附录 A 进行。

6.6 颜色特性的测试(见 5.6)

测试按附录 A 进行。

测量应是灯的中心点。

6.7 灯寿命的试验(见 5.6)

寿命测试按附录 B 进行。

6.8 灯的标志试验

灯的标志的正确性和清晰度用目视法检查,牢固度用蘸水的湿布轻轻擦拭标志 15 s 后,再用蘸有有机溶剂(己烷)的布擦拭 15 s 后检验,擦拭后,标志仍应清晰可辨。

7 检验规则

7.1 为了检验灯是否符合本标准要求,制造商应对本企业生产的产品进行交收检验和例行检验。

7.2 交收检验的灯应从每班生产的同一型号的灯中均匀地抽取。交收试验按照 GB/T 2828.1 执行,其试验项目、抽样方案、检查水平及合格质量水平按表 7 规定。

表 7　交收项目的分组、抽样方案、检查水平和合格质量水平

序号	组别	试验项目	技术要求	试验方法	抽样方案	检查水平	AQL/%
1	Ⅰ	外型尺寸	5.2	6.2	一次	S-3	2.5
2		标志	8.1	6.8			
3		启动性能	5.3	6.3			
4	Ⅱ	灯电流(参考)	5.4	6.4		S-2	4.0
5		灯管压	5.4	6.4			
6		灯功率(参考)	5.4	6.4			
7		初始亮度	5.5	6.5			
8		颜色特征	5.6	6.6			

7.3　例行试验的灯应从交收试验合格的灯中均匀地抽取，每年至少一次。每当停止生产一年以上，或当灯的设计、工艺或材料变更或可能影响灯的性能时，都应进行例行试验。

例行试验按 GB/T 2829 的判别水平Ⅰ的一次抽样方案执行，其试验项目、不合格质量水平、抽样数量和不合格判定数组按表 8 规定进行。

例行试验不合格，则应停止生产和验收，直至新的例行试验合格后，方可恢复生产和验收。

表 8　例行试验的试验项目、不合格质量水平、抽检数量和判别组数

序号	试验项目	技术要求	试验方法	RQL/%	样本大小	判定组数
1	外形尺寸	5.2	6.2	25	12	[2.3]
2	标志	8.1	6.8			
3	启动性能	5.3	6.3			
4	灯电流(参考)	5.4	6.4			
5	灯管压	5.4	6.4			
6	灯功率(参考)	5.4	6.4			
7	亮度	5.5	6.5			
8	颜色特征	5.6	6.6			
9	亮度维持率	5.7	6.7	30	10	[2.3]
10	寿命	5.7				1)

8　标志、包装、运输和贮存

8.1　每只灯上应有下列清晰而牢固的标志：

a）制造厂名称或注册商标；

b）产品型号或标称功率及由制造商或销售商提供的有关特性参数；

c）制造日期(年、季或月)。

注：年、月用数字表示，季用罗马字表示。

8.2　每只灯用纸盒包装，然后再用包装箱集装。包装盒安全可靠，包装箱内应附有产品合格证或盖有符合 8.3 要求的印章。

8.3　合格证上应标明：

制造厂名称或注册商标；

a）检验日期；

b） 检验员签章。

8.4 包装盒和包装箱上应使用汉字注明：

a） 制造厂名称或注册商标及厂家地址；

b） 产品名称和型号；

c） 额定电压和频率；

d） 包装箱内灯的数量；

e） 产品标准号；

f） 其他标志。

8.5 灯应贮存在相对湿度不大于85％的通风的室内，空气中不应有腐蚀性气体。

8.6 灯在运输过程中应避免雨雪淋袭和强烈的机械振动。

附　录　A
（规范性附录）
灯管光、电特性测量方法

A.1　试验条件

a）将灯管置于环境温度为 25 ℃±2 ℃，相对湿度不超过 65%的试验状态，升压变压器输出电流控制在规定值的±1 mA，待灯管发光稳定后测量其光、电参数。

b）使用的计量仪表应定期经计量部门校准。用于电参数测量的电压表和电流表，其精度应不低于 0.5 级，静电高压表应不低于 1.5 级。

c）测试镇流器应为符合 GB 19261—2009 附录 E 要求的基准镇流器，相当于 0.5 级电压互感器。

A.2　试验线路

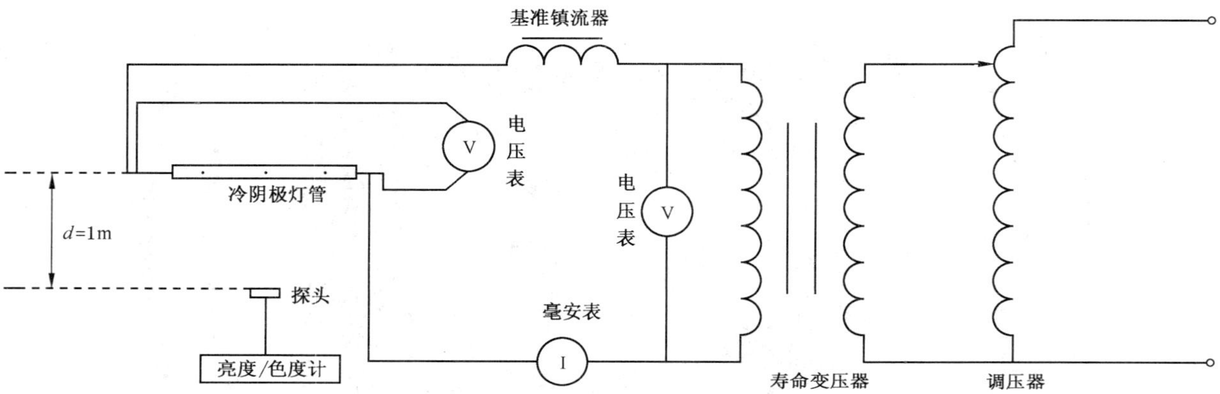

图 A.1　灯管测量系统示意图

A.3　电参数测量

按图 A.1，将灯管水平放置，灯管导线应有良好的绝缘性能，静电电压表应直接接在灯管的两端。接通电源，待发光稳定后分别测出灯管电压、灯管电流。

A.4　光参数测量

按图 A.1，将灯管水平放置，在灯管上取相应的 3 个点（间距相同）对其进行光参数测量，然后取 3 个点的平均值作为该灯管的光参数。

附 录 B
（规范性附录）
灯管寿命试验方法

B.1 试验条件

a) 将灯管置于环境温度为 25 ℃±2 ℃，点灯的电源电压应是 220(1±2%) V、频率 50 Hz 的交流电，电源电压和频率变化的瞬间波动不应超过±2%。控制变压器输出电流 25 mA±3 mA。

b) 使用的计量仪表应定期经计量部门校准。用于电参数测量的电压表和电流表，其精度应不低于 0.5 级。

c) 测试镇流器应为符合 GB 19149 的要求的寿命试验变压器。

B.2 寿命试验

寿命试验采用图 B.1 所示线路。

接通电源，燃点被测灯管。在整个试验过程中，灯触点与变压器的连接始终保持不变。

受试灯应每点燃 4 h 后连续开关 40 次，断电时间不计算在寿命时间内，寿命时间应包括 100 h 老炼时间，其值应符合表 5 的规定。

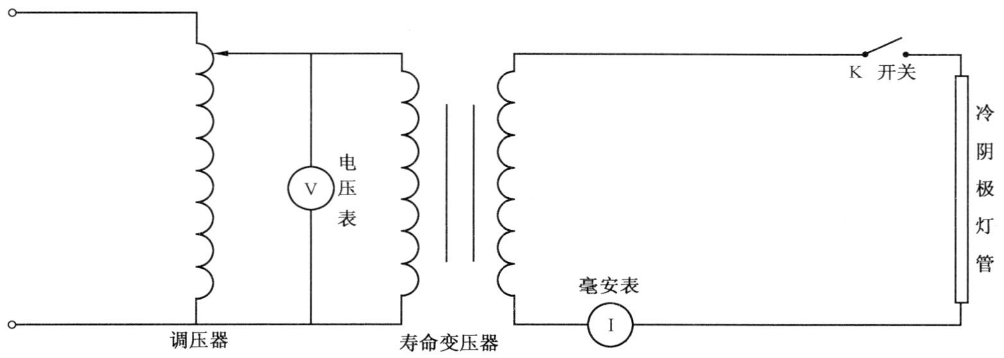

图 B.1 寿命试验线路

B.3 寿命计算方法

单只灯的寿命按灯从燃点至“烧毁”或亮度维持率下降至本标准规定值时的累计时间计算，平均寿命按 n(n≥10)只灯的亮度维持率符合本标准要求并继续燃点至 50%的灯达到单只灯寿命时的时间计算。

ICS 85.060
Y 32

中华人民共和国国家标准

GB/T 26187—2010

美纹纸

Crepe paper for masking tape

2011-01-14 发布　　2011-06-15 实施

中华人民共和国国家质量监督检验检疫总局
中国国家标准化管理委员会　发布

前　　言

本标准的附录A为规范性附录。

本标准由中国轻工业联合会提出。

本标准由全国造纸工业标准化技术委员会(SAC/TC 141)归口。

本标准起草单位:浙江凯恩特种材料股份有限公司、浙江省特种纸与纸制品质量检验口心、中国制浆造纸研究院。

本标准主要起草人:陈万平、李大方、雷声洪、雷荣、汪东伟。

美　纹　纸

1　范围

本标准规定了美纹纸的技术要求、试验方法、检验规则和标志、包装、运输、贮存。

本标准适用于制作美纹纸胶带用纸。

2　规范性引用文件

下列文件中的条款通过本标准的引用而成为本标准的条款。凡是注日期的引用文件，其随后所有的修改单(不包括勘误的内容)或修订版均不适用于本标准，然而，鼓励根据本标准达成协议的各方研究是否可使用这些文件的最新版本。凡是不注日期的引用文件，其最新版本适用于本标准。

GB/T 450　纸和纸板　试样的采取及试样纵横向、正反面的测定(GB/T 450—2008，ISO 186:2002，MOD)

GB/T 451.1　纸和纸板尺寸及偏斜度的测定

GB/T 451.2　纸和纸板定量的测定(GB/T 451.2—2002，eqv ISO 536:1995)

GB/T 451.3　纸和纸板厚度的测定(GB/T 451.3—2002，idt ISO 534:1988)

GB/T 462　纸、纸板和纸浆　分析试样水分的测定(GB/T 462—2008；ISO 287:1985，MOD；ISO 638:1978，MOD)

GB/T 1540　纸和纸板吸水性的测定(可勃法)(GB/T 1540—2002，neq ISO 535:1991)

GB/T 2828.1　计数抽样检验程序　第1部分：按接收质量限(AQL)检索的逐批检验抽样计划(GB/T 2828.1—2003，ISO 2859-1:1999，IDT)

GB/T 7974　纸、纸板和纸浆亮度(白度)的测定　漫射/垂直法(GB/T 7974—2002，neq ISO 2470:1999)

GB/T 10342　纸张的包装和标志

GB/T 10739　纸、纸板和纸浆试样处理和试验的标准大气条件(GB/T 10739—2002，eqv ISO 187:1990)

GB/T 12914　纸和纸板　抗张强度的测定(GB/T 12914—2008；ISO 1924-1:1992，MOD；ISO 1924-2:1994，MOD)

3　技术要求

3.1　美纹纸的技术要求应符合表1或订货合同的规定。

表1

指标名称		单位	规定值		
定量		g/m^2	52.0±2.0	55.0±2.0	62.0±2.5
厚度(单层)		μm	120±10		130±10
抗张强度　≥	纵向	kN/m	2.10	2.20	2.40
	横向		1.10	1.20	1.30
伸长率　≥	纵向	%	10.0		
	横向		4.0		

表 1（续）

指标名称		单位	规定值
吸水性(正反面平均)		g/m^2	15.0～25.0
抗液体渗透性	≥	s	10
亮度[a]	≥	%	75.0
交货水分		%	4.0～7.0
[a] 彩色纸不考核亮度指标。			

3.2 美纹纸皱纹应均匀稳定，纸面应平整，不应有浆斑、孔洞、折子、泡泡纱、杂质性尘埃等影响使用的外观纸病。

3.3 同一批纸颜色不应有明显色差，根据合同要求，可生产彩色美纹纸。

3.4 美纹纸卷筒长度和宽度按订货合同规定，其宽度偏差应不超过$^{+3}_{-1}$ mm。

3.5 卷筒纸端面应整齐，松紧应一致，无波浪状和其他机械损伤，纸芯应无变形。

3.6 卷筒纸长度小于等于 5 400 m 时接头数应不超过 1 个，卷筒纸长度大于 5 400 m 时接头数应不超过 2 个，接头处应粘接牢固并有明显标志，接头数规定也可根据合同要求。

4 试验方法

4.1 试样的采取按 GB/T 450 进行。

4.2 试样的处理和试验的标准大气条件按 GB/T 10739 规定进行。

4.3 定量按 GB/T 451.2 测定。

4.4 厚度按 GB/T 451.3 测定。

4.5 抗张强度和伸长率按 GB/T 12914 测定，仲裁时按 GB/T 12914 中恒速拉伸法测定。

4.6 吸水性按 GB/T 1540 测定，吸水时间为 60 s。

4.7 抗液体渗透性按附录 A 测定。

4.8 交货水分按 GB/T 462 测定。

4.9 尺寸偏差按 GB/T 451.1 测定。

4.10 亮度按 GB/T 7974 测定。

4.11 外观质量采用目测检验。

5 检验规则

5.1 以一次交货为一批，每批应不多于 10 t。

5.2 生产方应保证生产的纸张符合本标准或订货合同的规定，每卷纸应附一份产品质量检验合格证。

5.3 产品交收检验抽样按 GB/T 2828.1 规定进行，样本单位为“卷”；接收质量限(AQL)：抗张强度、伸长率、抗液体渗透性、吸水性，AQL＝6.5；定量、厚度、交货水分、亮度、外观质量、尺寸偏差、接头数，AQL＝10。抽样方案采用正常检查二次抽样方案，检验水平为一般检验水平Ⅰ，见表 2。

表 2

批量/卷	正常检验二次抽样方案　一般检验水平Ⅰ				
	样本量	AQL＝6.5		AQL＝10.0	
		Ac	Re	Ac	Re
2～25	2	0	1	—	—
	3	—	—	0	2
	3(6)	—	—	1	2

表 2（续）

批量/卷	正常检验二次抽样方案　一般检验水平Ⅰ				
	样本量	AQL=6.5		AQL=10.0	
		Ac	Re	Ac	Re
26～90	3 3(6)	0 1	2 2	0 1	2 2
91～150	5 5(10)	0 1	2 2	0 3	3 4

5.4　可接收性的确定：第一次检验的样品数量应等于该方案给出的第一样本量。如果第一样本中发现的不合格品数小于或等于第一接收数，应认为该批是可接收的。如果第一样本中发现的不合格品数大于或等于第一拒收数，应认为该批是不可接收的。如果第一样本中发现的不合格品数介于第一接收数与第一拒收数之间，应检验由方案给出样本量的第二样本并累计在第一样本和第二样本中发现的不合格品数。如果不合格品累计数小于或等于第二接收数，则判定该批是可接收的；如果不合格品累计数大于或等于第二拒收数，则判定该批是不可接收的。

5.5　需方有权按本标准检查产品质量，若对产品质量有异议，应在到货后三个月内(或按合同规定)通知供方共同取样复检，若不符合本标准或订货合同规定，则判为批不合格，由供方负责处理；若符合本标准或订货合同规定，则判为批合格，由需方负责处理。

6　标志、包装、运输、贮存

6.1　产品分切后先用缠绕膜包装，然后用定量大于 120 g/m^2 的两层牛皮纸包装，两端面用木塞塞紧；产品的标志按照 GB/T 10342 规定进行；或按合同规定。

6.2　产品应妥善贮存保管，防止雨、雪、地面湿气及其他有害物质的影响。

6.3　产品搬运过程应轻拿轻放，不应从高处扔下。

6.4　产品运输时应使用能防雨、防曝晒和洁净的运输工具，不应与腐蚀性物质混装。

6.5　由于保管或运输不符合本标准规定，产品发生质变或损失，由造成损失的责任方负责。

附 录 A
（规范性附录）
抗液体渗透性试验方法

A.1 仪器与试剂

A.1.1 秒表(可读准至 1 s)。

A.1.2 水平仪。

A.1.3 量杯:500 mL。

A.1.4 蒸馏水或去离子水:水温为(23±5)℃。

A.1.5 玻璃水槽:水槽内尺寸为 1 510 mm×200 mm,槽沿下 20 mm 处带有一块固定的水平平板玻璃,平板玻璃厚度为 5 mm。

A.2 试样采取和制备

A.2.1 按 GB/T 450 的规定进行取样。

A.2.2 裁取 5 张尺寸为 1 610 mm(横向)×300 mm(纵向)的试样,操作时注意不要直接用手触摸试样有纹的一面,并防止划伤试样。

A.3 试验步骤

A.3.1 将玻璃水槽擦拭干净,放置试验台上,用水平仪校准玻璃水槽,确保平板玻璃水平。

A.3.2 将试样有纹的一面朝上铺在玻璃板上,轻轻压平试样使其与平板玻璃接触。铺放试样时,保证试样的中心点与玻璃水槽中心点重合,以试样周边均超出平板玻璃 50 mm 为宜。

A.3.3 取 500 mL 水均匀恒速从左到右倒在试样的表面上,并同时按下秒表计时。

A.3.4 观察试样直至试样中出现直径大于等于 5 mm 的小圆点即视为开始渗水,并停止计时,记录秒表上显示的时间。

A.4 结果表示

在同样条件下,取 5 张试样测量值中最小值作为试验结果来表示纸张的抗液体渗透性,单位为秒(s)。

ICS 85.040
Y 31

中华人民共和国国家标准

GB/T 26188—2010

漂白碱法麦草浆

Bleached straw pulp

2011-01-14 发布　　2011-06-15 实施

中华人民共和国国家质量监督检验检疫总局
中国国家标准化管理委员会 发布

前　言

本标准由中国轻工业联合会提出。

本标准由全国造纸工业标准化技术委员会(SAC/TC 141)归口。

本标准起草单位:山东泉林纸业有限责任公司、中国制浆造纸研究院、山东华泰纸业股份有限公司。

本标准主要起草人:徐金香、宋明信、杨吉慧、张宏才、李建华、辛守军。

漂白碱法麦草浆

1 范围

本标准规定了漂白碱法麦草浆的分类、要求、试验方法、检验规则、标志、包装、运输和贮存。

本标准适用于制造纸和纸板的漂白碱法麦草浆。

2 规范性引用文件

下列文件中的条款通过本标准的引用而成为本标准的条款。凡是注日期的引用文件，其随后所有的修改单(不包括勘误的内容)或修订版均不适用于本标准，然而，鼓励根据本标准达成协议的各方研究是否可使用这些文件的最新版本。凡是不注日期的引用文件，其最新版本适用于本标准。

GB/T 462　纸、纸板和纸浆　分析试样水分的测定(GB/T 462—2008,ISO 287:1985,MOD;ISO 638:1978,MOD)

GB/T 740　纸浆　试样的采取(GB/T 740—2003,ISO 7213:1991,IDT)

GB/T 742　造纸原料、纸浆、纸和纸板　灰分的测定(GB/T 742—2008,ISO 2144:1997,MOD)

GB/T 2828.1　计数抽样检验程序　第1部分:按接收质量限(AQL)检索的逐批检验抽样计划(GB/T 2828.1—2003,ISO 2859-1:1999,IDT)

GB/T 7974　纸、纸板和纸浆亮度(白度)测定　漫射/垂直法(GB/T 7974—2002,neq ISO 2470:1999)

GB/T 8940.2　纸浆亮度(白度)试样的制备(GB/T 8940.2—2002,eqv ISO 3688:1999)

GB/T 8944.1　纸浆　成批销售质量的测定　第1部分:浆板浆包及浆块(急骤干燥浆)(GB/T 8944.1—2008;ISO 801-1:1994,MOD;ISO 801-2:1994,MOD)

GB/T 10342　纸张的包装和标志

GB/T 10739　纸、纸板和纸浆试样处理和试验的标准大气条件(GB/T 10739—2002,eqv ISO 187:1990)

GB/T 10740　纸浆尘埃和纤维束的测定(GB/T 10740—2002,eqv ISO 5350:1998)

GB/T 24323　纸浆　实验室纸页　物理性能的测定(GB/T 24323—2009,ISO 5270:1998,MOD)

GB/T 24324　纸浆　物理试验用实验室纸页的制备　常规纸页成型器法(GB/T 24324—2009,ISO 5269-1:2005,MOD)

GB/T 24325　纸浆　实验室打浆　瓦利(valley)打浆机法(GB/T 24325—2009,ISO 5264-1:1979,MOD)

3 分类

3.1　漂白碱法麦草浆按质量分为优等品、一等品、合格品。

3.2　漂白碱法麦草浆分为平板浆包和湿浆。

4 要求

漂白碱法麦草浆的技术指标应符合表1或合同规定。

表 1

指标名称		单位	规定		
			优等品	一等品	合格品
亮度(白度) ≥		%	70.0	67.0	62.0
尘埃度 1 kg 绝干浆中	0.3 mm^2～2.0 mm^2 ≤	mm^2/kg	200	400	600
	>2.0 mm^2～3.0 mm^2 ≤		20	40	60
	>3.0 mm^2		不应有	不应有	不应有
机械强度(在打浆度 35°SR,抄片定量为 60 g/m^2 时)	耐折度 ≥	次	35	15	10
	撕裂指数 ≥	mN·m^2/g	3.00	2.50	2.00
	抗张指数 ≥	N·m/g	42.0	30.0	27.0
交货水分	平板浆包 ≤	%	20.0		
	湿浆 ≤		85.0		
灰分 ≤		%	7.0		
销售质量计算水分		%	10.0		

5 试验方法

5.1 试样的采取和试验前处理按 GB/T 740 和 GB/T 10739 规定进行。

5.2 纸浆的打浆按 GB/T 24325 进行,纸页制备按 GB/T 24324 进行,抗张指数、撕裂指数、耐折度按 GB/T 24323 进行测定。

5.3 亮度(白度)按 GB/T 8940.2 制备试样,并按 GB/T 7974 测定。

5.4 尘埃度按 GB/T 10740 测定。

5.5 交货水分按 GB/T 462 测定。

5.6 灰分按 GB/T 742 测定。

5.7 销售质量计算水分按 GB/T 8944.1 测定。

6 检验规则

6.1 以一次交货数量为一批。

6.2 交收检验抽样应按 GB/T 2828.1 的规定进行,样本单位为件,接收质量限(AQL):亮度、抗张指数为 4.0;尘埃度、耐折度、交货水分、灰分、撕裂指数、销售质量计算水分为 6.5。抽样方案采月正常检验二次抽样方案,检查水平为特殊检查水平 S-2,抽样方案见表 2。

表 2

批量/件	正常二次抽样方案 检验水平 S-2				
	样本量	AQL 值为 4.0		AQL 值为 6.5	
		Ac	Re	Ac	Re
2～150	3	0	1	—	—
	2	—	—	0	1
151～1 200	3	0	1	—	—
	5	—	—	0	2
	5(10)	—	—	1	2

6.3　在抽样检验时，应先检查样品外部的包装情况，确保外包装完好后，从中采取试样进行检验。

6.4　可接收性的确定：第一次检验的样品数量应等于该方案给出的第一样本量。如果第一样本中发现的不合格品数小于或等于第一接收数，应认为该批是可接收的；如果第一样本中发现的不合格品数大于或等于第一拒收数，应认为该批是不可接收的。如果第一样本中发现的不合格品数介于第一接收数与第一拒收数之间，应检验由方案给出样本量的第二样本并累计在第一样本和第二样本中发现的不合格品数。如果不合格品累计数小于或等于第二接收数，则判定该批是可接收的；如果不合格品累计数大于或等于第二拒收数，则判定该批是不可接收的。

6.5　需方有权检查该批产品的质量是否符合本标准的要求，若对产品质量有异议，应将该批产品封存并在到货后一个月内(或按合同规定)通知供方，由供需双方共同对该批产品抽样进行检验。如不符合本标准规定，则判为批不可接收，由供方负责处理；若符合本标准的规定，则判为批可接收，由需方负责处理。

6.6　湿浆的检验规则应按合同规定进行。

7　标志、包装、运输和贮存

7.1　每件浆包用两层 150 g/m^2～200 g/m^2 的包装纸或同类浆板包装，并用不小于 12 号铁丝按“井”字形捆紧，包装材料计入产品毛重。

7.2　每件浆包的外包装上应明显标出：产品名称、商标、编号、毛重、等级、检验员、生产日期、生产企业名称等。

7.3　运输浆包时应使用有篷而洁净的运输工具。也可以用无篷车箱运输，但应用苫布盖好，以防雨、雪沾湿产品。

7.4　在运输或堆垛时，不应将产品从高处扔下。

7.5　湿浆的标志、包装、运输和贮存应按合同规定进行。

ICS 13.180;91.160.10
K 70

中华人民共和国国家标准

GB/T 26189—2010/ISO 8995:2002/CIE S008/E:2001

室内工作场所的照明

Lighting of indoor work places

(ISO 8995:2002/CIE S008/E:2001,IDT)

2011-01-14 发布　　　　2011-06-01 实施

中华人民共和国国家质量监督检验检疫总局
中国国家标准化管理委员会　发布

前　言

本标准等同采用 ISO 8995:2002/CIE S008/E:2001《室内工作场所的照明》(英文版)。

本标准等同翻译 ISO 8995:2002/CIE S008/E:2001。

为便于使用,本标准做了下列编辑性修改:

a) "本技术报告"一词改为"本标准";

b) 用小数点"."代替作为小数点的",";

c) 删除 ISO 8995:2002/CIE S008/E:2001 的前言。

本标准由中国轻工业联合会提出。

本标准由全国照明电器标准化技术委员会(SAC/TC 224)归口。

本标准起草单位:杭州菁蓝照明科技有限公司、生辉照明电器(浙江)有限公司、国家电光源质量监督检验中心(北京)、广东省东莞市质量计量监督检测所、广东明家科技股份有限公司、中山市鸿宝电业有限公司、深圳市聚作实业有限公司、北京电光源研究所。

本标准主要起草人:沈锦祥、吴永强、华树明、谷历文、姚志慧、周建林、黄格雅、杜姬芳、黄鹤鸣、肖灵、江姗、段彦芳。

引　　言

良好的照明可以创造一个视觉环境，使人能够看见物体，安全地走动，能有效、精确、安全地完成视觉作业而不引起视觉疲劳和不舒适。照明可以用自然光和电光源，也可以二者结合。

良好的照明要求同等关注照明的质量和数量。尽管在作业面上提供足够照度是必需的，但很多时候可见度还取决于光线是如何分布的，以及光源与被照面的颜色特性和照明系统的眩光水平。本标准针对不同工作场所和作业类型，不仅确定了照度而且规定了不舒适眩光限制水平和光源的最低显色指数要求。本标准的主体提出了创造舒适视觉条件的各项参数。推荐值是考虑了对安全、健康和工作效率的要求而做出的合理平衡。利用实际可行的高能效解决方案可以达到这些推荐值。

还有许多人类视觉工效学特性参数比如视知觉能力和作业的特性和属性，它们决定工作者的视觉技能素质，从而决定了其工作效能水平。某些情况下改进这些影响因素能够提高工作效能而不用提高照度。例如提高作业对比度，用最新视觉放大器把作业放大以及提供带有指向性局部照明功能的特殊照明系统。

室内工作场所的照明

1 范围

本标准规定了对室内工作场所的照明要求，以使工作者能够在整个工作期间舒适、有效、安全地进行视觉作业。

本标准对特定工作场所优化照明方案应当如何设计照明系统或采取什么技术不作解释。这些可在CIE相关的指南和报告中找到。

2 规范性引用文件

下列文件中的条款通过本标准的引用而成为本标准的条款。凡是注日期的引用文件，其随后所有的修改单(不包括勘误的内容)或修订版均不适用于本标准，然而，鼓励根据本标准达成协议的各方研究是否可使用这些文件的最新版本。凡是不注日期的引用文件，其最新版本适用于本标准。

ISO 3864 安全色和安全标志

ISO 6309 防火 安全标志

ISO 6385 工作系统设计中的人类工效学原则

ISO 9241 第6、7、8部分 带视觉终端显示器的办公室工作的人类工效学原则

CIE 13.3—1995 光源显色性的测量和确定方法

CIE 16—1970 昼光照明

CIE 17.4—1987 国际照明术语(第4版)(eqv IEC 50(845))

CIE 19.2—1981 描述照明参数对视觉功效影响的一个分析模型

CIE 40—1978 室内照明计算基本方法

CIE 58—1983 体育馆照明

CIE 60—1984 视觉与视觉显示器工作站

CIE 62—1984 游泳池照明

CIE 96—1992 电光源，技术发展—1991

CIE 97—1992 室内电气照明系统的维护

CIE 103/5—1993 室内照明维护的经济性

CIE 117—1995 室内照明的不舒适眩光

CIE 129—1998 室外工作区域照明指南

3 术语和定义

CIE 17.4—1987界定的以及下列术语和定义适用于本标准。

3.1

视觉作业 visual task

执行作业的视觉元素。

3.2

作业区域 task area

视觉作业所在的工作场所和进行视觉工作的部分区域。

3.3

紧邻环境 immediate surrounding

视野内作业区域周围至少0.5 m宽的区域。

3.4

维持照度　maintained illuminance

$\bar{E}_m$

指定工作表面上不能再降低的平均照度值。

3.5

统一眩光等级　unified glare rating

UGR

CIE 的不舒适眩光量值。

3.6

限制统一眩光等级　limiting unified glare rating

UGR_L

对照明装置的最大允许 UGR 设计值。

3.7

遮光角　shielding angle

从水平面量起至灯被灯具遮挡以免被观察者眼睛直接看到的角度。

3.8

工作面　working plane

规定在该平面上进行工作的基准面。

4　照明设计标准

4.1　光环境

良好的工作场所照明不仅仅只是提供好的作业可见度，轻松并且舒适地完成工作至关重要。因此照明应满足环境对照明质量和数量的要求。一般而言照明应确保：

——视觉舒适，工作人员感觉到舒适安宁；

——视觉功效，工作人员在困难条件和长时间工作中，也能够快速、准确地完成视觉作业；

——视觉安全，能够看见周围的路，发现险情。

为满足这些要求，应考虑所有有关光环境的特性参数。

主要的特性参数如下：

——亮度分布；

——照度；

——眩光；

——光的方向性；

——光和表面的颜色特性；

——闪烁；

——自然光；

——维护。

在第 5 章中针对不同活动列出了可以计量的参数如照度、不舒适眩光和显色指数的设计值。

注：除了照明还有其他影响操作者视觉功效的视觉上的人类工效学参数，例如：

a)　固有的作业特性(尺寸、形状、位置、颜色、细节和背景反射比)；

b)　操作者眼睛的生理能力(视觉敏锐度、深度知觉、色知觉)。

注意这些因素可以在不需要更高照度的情况下提升视觉功效。

4.2 亮度分布

视野内的亮度分布控制眼睛的适应水平，从而影响作业可见度。良好平衡的适应亮度是增进以下几方面所必需的：

——视觉灵敏度（视力）；

——对比灵敏度（相对小的亮度差别的辨别能力）；

——眼睛功能的效率（例如，调视、会聚、瞳孔收缩、眼球运动等）。

视野内不同的亮度分布也影响视觉舒适度，因而应当避免：

——可能引起眩光的过高亮度；

——会由于眼睛不断的适应性调节引起视疲劳的过高的亮度对比；

——会造成灰暗和无刺激性的工作环境的过低的亮度和亮度对比；

——应注意在同一建筑内从一个区域移动到另一个区域时的视觉适应。

所有表面的亮度都是重要的，它是由表面上的照度和表面反射比决定的。主要室内表面通常的反射比范围是：

——顶棚　　0.6～0.9

——墙　　0.3～0.8

——工作面　　0.2～0.6

——地板　　0.1～0.5

4.3 照度

作业面及其周围区域的照度和照度分布对工作者如何迅速、安全、舒适地理解和进行视觉作业有着主要影响。对于具体区域未知的空间而言，可能出现视觉作业的区域被认为是作业区域。

本标准中所有指定的照度值都是维持照度，都是提供工作时的视觉安全和视觉功效所必需的。

4.3.1 作业区域的推荐照度

第5章中列出的数值是在基准面（可以是水平、垂直或倾斜面）上作业区域的维持照度。每项作业的平均照度无论照明装置何种安装条件或年限都不应低于第5章中所列的数值。这些数值适用于一般视觉条件下，同时已考虑了以下因素：

——视觉作业的要求；

——安全性；

——心理生理因素，例如视觉舒适度和舒适安宁感；

——经济性；

——实践经验。

如果视觉条件与一般假设条件不同，照度值可以在照度等级上调整至少一个级别。以下情况应提高照度：

——作业呈现特别低的对比度时；

——视觉工作很严格时；

——修正错误花费极大时；

——精确度或更高的生产率极为重要时；

——工人的视觉能力低于一般水平时。

以下情况可以降低照度：

——工作细节尺寸特别大或对比度很高时；

——工作作业所花时间特别短时。

在连续工作区域，维持照度应不低于200 lx。

4.3.2 照度等级

在照度的主观效果上明显可感觉到的最小变化是大约1.5倍。在一般照明条件下大约需要20 lx

水平照度刚能分辨人脸特征，以此作为照度等级的最小值。推荐照度等级为：

20—30—50—75—100—150—200—300—500—750—1 000—1 500—2 000—3 000—5 000 lx

4.3.3 紧邻区域照度

紧邻区域照度应当与作业区域照度相关并提供视野内亮度分布的良好平衡。

作业区域周围照度空间分布的迅速变化会导致视觉困难和不舒适。

紧邻区域的维持照度可以低于作业区域照度但不能低于表1所列数值。

表 1

作业区域照度/lx	紧邻区域照度/lx
≥750	500
500	300
300	200
≤200	与作业区域照度相同

根据4.2，除了作业照度以外，照明还需提供适当的适应亮度。

4.3.4 均匀度

照度均匀度是指最小照度与平均照度的比值。照度应逐渐变化。作业区域应当尽可能被均匀照亮。作业区照度均匀度应不低于0.7，紧邻区域照度均匀度应不低于0.5。

4.4 眩光

眩光是由于视野内明亮区域造成的视觉感受，分为不舒适眩光和失能眩光。眩光也可能由于特定表面的反射而引起，通常被称为光幕反射和反射眩光。

限制眩光对于避免错误、疲劳和事故是非常重要的。

失能眩光在室外照明中更普遍，但也可能由聚光灯或大面积明亮光源如光线相对较暗的空间内的窗户造成失能眩光。

在室内工作场所内，不舒适眩光常由于明亮的灯具或窗户直接造成。如果满足对不舒适眩光的限制要求，失能眩光通常不是大问题。

4.4.1 防眩光遮光角

眩光是由视野内过高亮度或对比引起的，它能削弱对物体的视觉。应当借助例如合适的光源遮光板或百叶窗对窗的遮挡来避免眩光。

根据灯的亮度对电灯的最小遮光角应不小于表2列值。

表 2

灯的亮度/(kcd/m^2)	最小遮光角
1～20	10°
20～50	15°
50～500	20°
≥500	30°

表2提及遮光角不适用于通常工作期间在工作人员视野中不出现的灯具以及不给工作人员带来任何显而易见失能眩光的灯具。

4.4.2 不舒适眩光

照明装置的不舒适眩光由CIE统一眩光等级(UGR)图表方法确定，基于以下公式：

$$UGR = 8 \cdot \log\left[\frac{0.25}{L_b} \cdot \sum \frac{L^2 \cdot \omega}{p^2}\right]$$

式中：

L_b——背景亮度(cd/m^2)；

L——观察者眼睛方向每个灯具发光部分的亮度(cd/m^2);

ω——观察者眼睛方向每个灯具发光部分的立体角(球面度);

p——每个灯具的咕斯(Guth)位置指数,取决于灯具与视线的偏移。

UGR 方法的细节在 CIE 117—1995 中列出。

本标准第 5 章中所有 UGR 值基于标准观察者根据 UGR 图表方法在 1∶1 的距高比下确认的位置。UGR 值应按照使用光源的初始光通加以修正。如果整个照明装置由不同类型灯具组成,其光分布各异或灯不同,或两者兼有,则应对每个光源/灯具组合分别确定 UGR 值。应当取获得的最高 UGR 值作为整个照明装置的典型值,它要符合 UGR 限制要求。所有确定 UGR 的假设条件应在方案文件中加以说明。

照明装置的 UGR 值不应超过第 5 章所列的数值。

注:室内 UGR 的变化可以在不同观察者位置上应用图表方法或公式计算获得。

第 5 章中的 UGR 限值取自 UGR 等级,每个级别代表眩光效果的一个明显变化,13 代表可感知的最小不舒适眩光。

UGR 的等级:13—16—19—22—25—28

4.4.3 光幕反射和反射眩光

视觉作业的镜面反射,常被称为光幕反射或反射眩光,它可能改变作业可见度,这往往是有害的。可用以下方法防止或减少光幕反射和反射眩光:

——灯具和工作位置的布局(避免将灯具安放在干扰区内);

——表面处理(使用低光泽表面材料);

——灯具亮度(限制);

——增加灯具发光面积(加大发光面);

——顶棚和墙表面(照亮,避免出现光斑)。

4.5 定向照明

定向照明用作重点照亮物体,显现材质,改善人物观感。用“造型立体感”来描述这个作用。对视觉作业的定向照明也可改善其可见度。

4.5.1 光的造型立体感

造型指漫射光和直射光的平衡。事实上它是所有室内照明质量的有效评判标准。当室内结构特征、室内的人和物被照亮并将形态、质感清晰而且令人满意地呈现出来时,室内的整体外观就会有所改善。当光线明显地来自于一个方向时,这种情况就会出现;由此形成的阴影对良好的造型也非常有益并且不会造成阴影的混乱。

照明不能过于直接,因为这样会产生严重的阴影,也不能过于分散,否则将会完全失去造型立体感效果,造成光环境的平淡。

4.5.2 视觉作业的定向照明

从一个特定方向照明可以显示视觉作业内部的细节,提高其可见度,使作业更易执行。对精密结构的作业和划线/作槽尤其重要。

4.6 颜色特性

近似白色的光源的颜色质量由以下两个属性来表征:

——光源本身的色表;

——它的显色性能,这影响被灯照亮的物体和人的色表。

这两方面的属性应分别加以考虑。

4.6.1 色表(色表)

灯(光源)的色表是指灯发射的光的表观颜色(灯的色品),可以用光源的相关色温来描述。

通常根据相关色温(T_{cp})将光源分为三组,见表3。

表3

色表	相关色温/K
暖白色	<3 300
中性白色	3 300~5 300
冷白色	>5 300

色表的选择是心理学、美学的事情,并且被认为是自然而然的。色表选择基于照度、室内和家具颜色、周围气候和应用场所。通常在温暖气候条件下冷光的色表更受欢迎,而寒冷气候条件下暖光的色表更受欢迎。

4.6.2 显色性

将物体和人的皮肤在环境中的颜色自然地、正确地显现出来,使人看起来健康而且有吸引力,这对于视觉功效和舒适感两者都是极其重要的。

根据ISO 3864,安全色应容易辨认并且有明显的区分。

为了对光源的显色特性提供一个客观的指标,引入了一般显色指数 *Ra*。最大的 *Ra* 值是100。*Ra* 越小,显色性的质量越低。

Ra 小于80的灯不应用于人们长时间工作或停留的室内。高跨度照明(安装高度超过6 m的工业定向照灯)和室外照明可以是例外。但即使这种情况也应采取适当措施来保证在连续工作场所使用显色性能较高的灯,在这些地方应能够辨认安全色。

为不同室内类型、不同作业或活动推荐的一般显色指数最小值在第5章中给出。

4.7 昼光(自然光)

昼光可提供全部或部分视觉作业的照明。

昼光随时间在强度和光谱上都发生变化,从而造成室内光线的可变性。通过侧窗射进的自然光由于它近乎水平的光创造出一种特殊的造型效果和亮度分布。也可以通过天窗或其他开窗形式获得自然光。

窗户还能提供大多数人所喜欢的与外部世界的视觉联系。要避免由于工作区域内的直射阳光引起过度的对比和热觉不舒适。需提供合适的阳光控制,诸如百叶窗或遮阳板以避免直射阳光落在工作者身上或其视野范围内的表面上。

在侧窗采光的室内,可供利用的自然光随着与窗的距离增加而迅速衰减。在这些室内工作面上离窗3 m和离侧墙1 m处的采光系数应不低于1%。应当提供辅助光以保证达到工作面要求的照度并平衡室内的亮度分布。自动或人工开关与调光器或单用调光器可用来保证电气照明与自然光的合理综合利用。

需提供屏蔽设施以减少窗户造成的眩光。

4.8 维护

每项作业的推荐照明水平都是按照维持照度提出的。维持照度依赖于光源、灯具、环境的维护特性和维护方式。

设计照明方案时应针对选用的照明设备、空间环境和确定的维护方案计算出总体的维护系数。算出的维护系数应不小于0.70。

4.9 节能考虑

照明装置应在不浪费能源的条件下符合对特定室内、作业或活动的照明要求。但重要的是不能仅仅为了减少能耗而损害照明装置的视觉方面的特性。

这就要求考虑合适的照明方式、设备、控制系统和利用可用的自然光。在某些国家有必须遵守的照明能耗限制。通过谨慎地选择照明系统,及使用自动或人工开关或调光器可以满足这些限制。

4.10 视觉显示终端(VDT)工作站的照明(也叫做视觉显示器 VDU 和显示屏设备 DSE)

VDT 工作站照明应适合在工作站内各种作业的要求,如阅读屏幕、打印文本、书写、键盘输入等等。

这些区域的照明标准和照明系统应根据活动区域、作业类型和室内类型从第 5 章的一览表中选取。

VDT 屏幕和某些情况下的键盘会受到反射引起的失能眩光或不舒适眩光影响。因此应选择、布置和管理好灯具,以避免产生令人烦扰的高亮度反射。

设计者应确定产生干扰的安装区,并且要选择合适的亮度控制设备,规划出不会引起干扰的反射的安装位置。

表 4 列出了在正常观察方向上有可能在 VDT 屏幕上造成反射的灯具下射光的亮度限制。给出的灯具表面平均亮度限制是指围绕灯具下垂线以上 65°和更大高度角上的亮度,工作面采用竖直的或最大倾斜角为 15°的显示屏。

表 4

屏幕分类,见 ISO 9241-7	Ⅰ	Ⅱ	Ⅲ
屏幕质量	高	中等	低
灯具平均亮度限制值	≤1 000 cd/m²		≤200 cd/m²

注:对于特定使用场合,如灵敏的屏幕或可变倾角屏幕情况下,上述灯具亮度限制应当用在更小的仰角(如 55°)上。

4.11 闪烁和频闪效应

闪烁引起分散精力并可能引发类似头痛这样的生理反应。照明系统的设计应避免闪烁或频闪效应。频闪效应可能导致由于对旋转或往复式机械运动的运动知觉改变而造成危险的情况。

注:可通过使用直流供电或高频工作的灯(30 kHz 左右)或将照明装置与一相以上的电源连接来达到目的。

4.12 应急照明

应安装应急照明,具体内容参见相关标准。

5 照明要求一览表

推荐的各种房间和活动的照明要求列于表 5 中。

第 1 列:室内(区域)作业或活动

列出有特殊要求的室内作业或活动。如果有特殊的室内作业或活动未在表中列出,应采用给出的相类似的可比较的情形的数值。

第 2 列:维持照度($\bar{E}_m$,lx)

给出第 1 列中的室内作业或活动的参考平面上的维持照度。

第 3 列:限制统一眩光等级(UGR_L)

给出适用于第 1 列中列举的情况的 UGR 限制值(见 4.4)。

第 4 列:最小显色指数(Ra)

给出第 1 列中列举的情况的最小显色指数(见 4.6.2)。

第 5 列:备注

给出第 1 列中列举出的情况的特例和特殊应用的建议和备注。

视频显示终端(VDT)应用见 4.10。

表5　室内(区域)作业和活动一览表以及对照度、眩光限制和颜色质量的说明

室内作业或活动类型	$\bar{E}_m$/lx	UGR_L	Ra	备注
1　一般建筑物内区域				
进厅	100	22	60	
酒廊	200	22	80	
交通区和走廊	100	28	40	在出入口设一个前室区以缓冲，避免突然变化
楼梯、自动扶梯和人行自动步道	150	25	40	
装货坡道/高顶棚	150	25	40	
食堂	200	21	80	
休息室	100	22	80	
健身房	300	22	80	
衣帽间、厕所、浴室和盥洗室	200	25	80	
医务室	500	19	80	
治疗房	500	16	90	T_{cp}至少为4 000 K
机房、变配电所	100	25	60	
收发室、配电间	500	19	80	
商场、仓库、冷库	100	25	60	如果连续使用，则为200 lx
调度停车处理区	300	25	60	
控制房	150	22	60	如果连续使用，则为200 lx
2　农业建筑				
装载和操作/货运设备和机械	200	25	80	
家畜建筑	50	28	40	
疾病动物围栏，产犊畜栏	200	25	80	
饲料准备，牛奶场，器具清洗	200	25	80	
3　面包店				
准备和烘焙	300	22	80	
磨光、上釉和装饰	500	22	80	
4　水泥、混凝土和砖工业				
烘干	50	28	20	安全颜色应是可辨认的
材料准备、窑和混合器作业	200	28	40	
一般机械作业	300	25	80	对于高顶棚，见4.6.2
粗模	300	25	80	对于高顶棚，见4.6.2
5　陶器和玻璃工业				
烘干	50	28	10	
准备、一般机械作业	300	25	80	对于高顶棚，见4.6.2
上釉、碾压、挤压、简单刨削零件	300	25	80	对于高顶棚，见4.6.2
研磨、雕刻、玻璃磨光、精密刨削玻璃器械的制造	750	19	80	对于高顶棚，见4.6.2
装饰性工作	500	19	80	
光学玻璃磨削、水晶手磨和雕刻、标准产品制作	750	16	80	
精细工作，例如：装饰性磨削和手绘合成贵	1 000	16	90	T_{cp}至少为4 000 K
重石材的制造	1 500	16	90	T_{cp}至少为4 000 K

表 5（续）

室内作业或活动类型	$\bar{E}_m$/lx	UGR_L	Ra	备注
6 化学制品、塑料和橡胶工业				
遥控的加工装置	50		20	安全颜色应是可辨认的
需一定的手工操作的加工装置	150	28	40	
加工装置处经常有人操作的场所	300	25	80	
精确测量房间，实验室	500	19	80	
药物生产	500	22	80	
轮胎生产	500	22	80	
颜色检查	1 000	16	90	T_{cp}至少为 6 500 K
切割、精加工和检查	750	19	80	
7 电工企业				
电缆和电线制造	300	25	80	对于高顶棚，见 4.6.2
卷绕：				
——大盘卷	300	25	80	对于高顶棚，见 4.6.2
——中盘卷	500	22	80	对于高顶棚，见 4.6.2
——小盘卷	750	19	80	对于高顶棚，见 4.6.2
线圈浸渍	300	25	80	对于高顶棚，见 4.6.2
镀锌	300	25	80	对于高顶棚，见 4.6.2
装配工作：				
——粗糙，例如大变压器	300	25	80	对于高顶棚，见 4.6.2
——中等，例如：配电柜	500	22	80	
——精细，例如：电话	750	19	80	
——精密，例如：测量设备	1 000	16	80	
电子车间，试验和调节	1 500	16	80	
8 食品工业				
酿酒厂工作场所和区域，麦芽作坊层，清洗，装桶，清洁，筛选，去皮，仓储与巧克力企业中的烹饪，制糖业烘干，发酵烟草区域，发酵地窖	200	25	80	
产品分拣和清洗、研磨，混合和包装	300	25	80	
屠宰场，屠宰，乳制品厂，过滤楼层和糖精炼厂的工作场所和区域	500	25	80	
割切和挑拣水果和蔬菜	300	25	80	
熟食生产和厨房	500	22	80	
雪茄和香烟制造	500	22	80	
玻璃杯和瓶子的检查，产品控制、修剪、挑拣和装饰	500	22	80	
实验室	500	19	80	
色彩检查	1 000	16	90	T_{cp}至少为 4 000 K

表 5（续）

室内作业或活动类型	$\bar{E}_m$/lx	UGR_L	Ra	备注
9　翻砂和金属铸造厂				
地道(一人),地窖等	50	28	20	安全颜色应是可辨认的
平台	100	25	40	
砂预备	200	25	80	对于高顶棚,见 4.6.2
更衣室	200	25	80	对于高顶棚,见 4.6.2
高塔和混合器处的工作场所	200	25	80	对于高顶棚,见 4.6.2
铸造台	200	25	80	对于高顶棚,见 4.6.2
出砂区域	200	25	80	对于高顶棚,见 4.6.2
机械造型	200	25	80	对于高顶棚,见 4.6.2
手塑和型芯机	300	25	80	对于高顶棚,见 4.6.2
压铸模	300	25	80	对于高顶棚,见 4.6.2
模型构造	500	22	80	对于高顶棚,见 4.6.2
10　美发				
美发	500	19	90	
11　珠宝制造				
贵重宝石作业	1 500	16	90	T_{cp} 至少为 4 000 K
珠宝制造	1 000	16	90	
表制造(手工)	1 500	16	80	
表制造(自动)	500	19	80	
12　洗衣和干洗				
货物进入,标记和分类	300	25	80	
洗涤和干洗	300	25	80	
熨烫,压平	300	25	80	
检查和修理	750	19	80	
13　皮革企业				
大缸、大桶和大坑作业	200	25	40	
皮革切削、切片、拓片和滚转	300	25	80	
马具作业,制鞋业,滚压、缝纫、抛光、成型、切割和冲压	500	22	80	
挑拣	500	22	90	T_{cp} 至少为 4 000 K
皮革染色(机械)	500	22	80	
质量控制	1 000	19	80	
色彩检查	1 000	16	90	T_{cp} 至少为 4 000 K
制鞋	500	22	80	
制手套	500	22	80	
14　金属加工				
可拆模锻造	200	25	60	
落锻、焊接、冷加工	300	25	60	
粗加工和一般加工:公差＞0.1 mm	300	22	60	
精加工:研磨,公差＜0.1 mm	500	19	60	
划线;检查	750	19	60	
楼线与管道造型	300	25	60	

表 5（续）

室内作业或活动类型	$\bar{E}_m$/lx	UGR_L	*Ra*	备注
金属板加工≥5 mm	200	25	60	
金属薄板加工<5 mm	300	22	60	
工具制造;切割设备制造	750	19	60	
装配:				
——粗糙的	200	25	80	对于高顶棚,见 4.6.2
——中等	300	25	80	对于高顶棚,见 4.6.2
——稍细	500	22	80	对于高顶棚,见 4.6.2
——精密	750	19	80	对于高顶棚,见 4.6.2
——镀锌	300	25	80	对于高顶棚,见 4.6.2
表面准备和油漆	750	25	80	
工具,模板和夹具制造,精密机械,微机械	1 000	19	80	
15　造纸工业				
纸浆厂,碾碎机	200	25	80	对于高顶棚,见 4.6.2
纸制造和加工,纸和瓦楞纸机器加工,硬纸板制造	300	25	80	对于高顶棚,见 4.6.2
标准书装订工作,例如折叠,分类,胶,切割,压纹,线装	500	22	60	
16　发电站				
燃料供应厂	50	28	20	安全颜色应是可辨认的
锅炉房	100	28	40	
机房	200	25	80	对于高顶棚,见 4.6.2
辅助用房,例如:泵房,冷冻机房,配电间等	200	25	60	
控制室	500	16	80	1. 控制面板经常是垂直的 2. 可能需要调光 3. VDT 工作见 4.10
17　印刷厂				
切割、镀金、压纹、印版雕版、石材和压盘作业,印刷机和点阵式打印机	500	19	80	
纸张分类和手动打印	500	19	80	
打字设置、修描、平版印刷	1 000	19	80	
多色印刷中的色彩检查	1 500	16	90	T_{cp} 5 000 K
钢和铜雕版	2 000	16	80	定向照明见 4.5.2
18　铁和钢作业				
全自动的生产车间	50	28	20	安全颜色应是可辨认的
偶尔需要手动操作的生产车间	150	28	40	
需要连续手动操作的生产车间	200	25	80	对于高顶棚,见 4.6.2
石板仓库	50	28	20	安全颜色应是可辨认的
熔炉	200	25	20	安全颜色应是可辨认的
工场、盘管机、切割线	300	25	40	
控制平台、控制面板	300	22	80	
试验、测量和检查	500	22	80	
一人高的地道带状部分和地窖等	50	28	20	安全颜色应是可辨认的

表 5（续）

室内作业或活动类型	$\bar{E}_m$/lx	UGR_L	Ra	备注
19　纺织工业				
洗涤区和大包材料开口区域	200	25	60	
梳理、清洗、熨烫、绘制、精梳、尺寸排列、卡片切割、预纺纱、黄麻和纤维纺纱	300	22	80	
纺纱、褶、卷轴、络纱、整理、纺织、编织和针织	500	22	80	防止频闪效应
缝纫、补编织、挑针脚	750	22	90	
手绘设计、绘图	750	22	90	T_{cp}至少为 4 000 K
修整、染色	500	22	80	
干燥房	100	28	60	
自动织物印刷	500	25	80	
修补、精选和修整	1 000	19	80	
色彩检查，织物控制	1 000	16	90	T_{cp}至少为 4 000 K
织补	1 500	19	90	T_{cp}至少为 4 000 K
制帽	500	22	80	
20　汽车制造				
车身和装配	500	22	80	
油漆、喷漆室、抛光室	750	22	80	
油漆：修饰、检查	1 000	16	90	T_{cp}至少为 4 000 K
装潢材料生产（手工）	1 000	19	80	
最后检查	1 000	19	80	
21　木工和家具工业				
自动加工，例如：胶合板烘干	50	28	40	
蒸汽坑	150	28	40	
锯子框架	300	25	60	防止频闪效应
工匠作业，胶合和装配	300	25	80	
抛光、油漆、花式细木工	750	22	80	
木工机械工作，例如：车削、开槽装饰、贴边、切槽、切割、锯、掘	500	19	80	防止频闪效应
装饰木材、镶嵌	750	22	90	T_{cp}至少为 4 000 K
质量控制	1 000	19	90	T_{cp}至少为 4 000 K
22　办公室				
文件归档、复印、流转等	300	19	80	
写字、打字、阅读和数据处理	500	19	80	VDT 工作见 4.10
技术绘图	750	16	80	
CAD 工作站	500	19	80	VDT 工作见 4.10
会议室	500	19	80	照明应是可控的
接待台	300	22	80	
存档	200	25	80	
23　零售				
小型销售区	300	22	80	
大型销售区	500	22	80	
铁柜区	500	19	80	
包装台	500	19	80	

表 5（续）

室内作业或活动类型	$\bar{E}_m$/lx	UGR_L	Ra	备注
24　餐馆和旅馆				
接待/收银台，看门人台	300	22	80	
厨房	500	22	80	
餐馆、餐厅和功能室	200	22	80	照明应设计成能营造亲切的氛围
自助餐馆	200	22	80	
自助餐区	300	22	80	照明应是可控的
会议室	500	19	80	在夜晚照明水平可更低
走廊	100	25	80	
25　娱乐场所				
剧场和音乐厅	200	22	80	
多功能厅	300	22	80	
练习用房，更衣室	300	22	80	化妆要求用无眩光灯
博物馆(一般)	300	19	80	照明将满足展示要求，防止散射作用。见博物馆照明指南
26　图书馆				
书架	200	19	80	
阅览室	500	19	80	
柜台	500	19	80	
27　公共停车(室内)				
进/出坡道(白天用)	300	25	40	安全颜色应是可辨认的
进/出坡道(晚上用)	75	25	40	安全颜色应是可辨认的
车道	75	25	40	安全颜色应是可辨认的
停车区	75	28	40	高度垂直的照明会增强人脸的识别从而增加安全感
售票处	300	19	80	1.避免窗的反光 2.防止从室外来的眩光
28　教育建筑				
幼儿房	300	19	80	
幼托班	300	19	80	
幼儿手工室	300	19	80	
教室、辅导室	300	19	80	照明应是可控的
夜校和成人教育教室	500	19	80	
讲座、演讲厅	500	19	80	照明应是可控的
黑板	500	19	80	防止光学反光
演示桌	500	19	80	演讲厅内 750 lx
艺术品室	500	19	80	
艺术学校内的艺术房	750	19	90	T_{cp}>5 000 K
绘图室	750	16	80	
实习用房和实验室	500	19	80	
教学车间	500	19	80	

表 5（续）

室内作业或活动类型	$\bar{E}_m$/lx	UGR_L	Ra	备注
音乐练习室	300	19	80	
电脑教室	500	19	80	VDT 工作见 4.10
语言实验室	300	19	80	
准备房间和车间	500	22	80	
学生普通用房和会馆	200	22	80	
教师用房	300	22	80	
运动厅、体操房和游泳池	300	22	80	公众通路设施见 CIE 58—1983 和 CIE 62—1984
29 保健用房				
等候室：	200	22	80	地面
走廊：白天用	200	22	80	地面
走廊：夜晚用	50	22	80	地面
休息室	200	22	80	地面
职员办公室	500	19	80	
职员用房	300	19	80	
病房：				
——一般照明	100	19	80	地面
——阅读照明	300	19	80	
——简单测验	300	19	80	
检查和治疗	1 000	19	90	
夜间照明、指示照明	5	19	80	
病人浴室和盥洗室	200	22	80	
普通检查室	500	19	90	
耳朵和眼睛检查	1 000		90	局部检查光源
用视力表测阅读和辨色视力	500	16	90	
带图像增强器和电视系统的扫描仪	50	19	80	VDT 工作见 4.10
透析房	500	19	80	
皮肤病房	500	19	80	
内窥镜检查房	300	19	80	
石膏房	500	19	80	
医疗用浴室	300	19	80	
按摩和放射治疗	300	19	80	
术前室和恢复室	500	19	90	
手术室	1 000	19	90	
解剖腔	专用			$\bar{E}_m$=10 000 lx～100 000 lx
重病特别护理：				
——一般照明	100	19	90	地面
——简单检查	300	19	90	床面
——检查和治疗	1 000	19	90	床面
——守夜	20	19	90	
牙医：				
——一般照明	500	19	90	照明应对病人无眩光
——看病处	1 000		90	局部检查灯具

表 5（续）

室内作业或活动类型	$\bar{E}_m$/lx	UGR_L	*Ra*	备注
牙医：				
——解剖	5 000		90	可能要求大于 5 000 lx
——白牙齿匹配	5 000		90	T_{cp}≥6 000 K
色彩检查(实验室)	1 000	19	90	T_{cp}≥5 000 K
杀菌室	300	22	80	
消毒室	300	22	80	
尸体解剖和太平间	500	19	90	
尸体解剖台	5 000		90	可能要求大于 5 000 lx
30　机场				
到达和出发大厅、行李提取区	200	22	80	对于高顶棚，见 4.6.2
连接区、自动扶梯、人行自动步道	150	22	80	
信息台和登记处	500	19	80	VDT 工作见 4.10
乘客和护照检查台	500	19	80	垂直照度是重要的
候机区	200	22	80	
行李贮藏室	200	28	60	
安全检查区	300	19	80	VDT 工作见 4.10
空中交通控制塔	500	16	80	1. 照明应可调光 2. VDT 工作见 4.10 3. 应避免自然光的眩光
空中交通控制室	500	16	80	1. 照明应可调光 2. VDT 工作见 4.10
飞机测试和修理库	500	22	80	对于高顶棚，见 4.6.2
引擎测试区	500	22	80	对于高顶棚，见 4.6.2
飞机修理库中的测量区	500	22	80	对于高顶棚，见 4.6.2
平台和乘客地道(地下通道)	50	28	40	
售票厅和中央大厅	200	28	40	
售票和行李办公室及柜台	300	19	80	
候机室	200	22	80	
31　教堂、犹太教会堂和礼拜堂				
教堂大厅	100	25	80	
椅子、祭坛、讲道坛	300	22	80	

6　检验程序

6.1　照度

应在有关区域的指定点上测量照度。实测读数应不小于该点的计算值。

维持照度应采用从方格点上测得的数值来计算，此方格点应该与设计计算时采用的方格点在相同位置，数值应不小于该作业的规定值。

重复测量时应采用同一点。

6.2　统一眩光等级(UGR)

光源制造商应为光源/方案提供经验证过的 UGR 数据，此数据是根据 CIE 117—1995 用网格法采用 1∶1 距高比得出的，应根据设计构想检查安装平面布置和表面处理。

安装应符合设计要求。

6.3 显色指数(Ra)

光源的制造商应提供方案中采用的灯的经验证过的 Ra 数据。应按照设计规范对灯进行核对,其 Ra 值应不小于设计中规定的数值。

灯应符合设计要求。

6.4 色表(T_{cp})

灯的制造商应提供方案中要求采用的灯的经验证过的 T_{cp} 值。灯的 T_{cp} 值应不小于设计中规定的数值。

6.5 维护

设计者应该:

——标明维护系数,并列出所有用公式推导数值时的假设情况;

——核实照明设备是否适宜于应用环境,编制一个综合性的维修保养一览表,其中应包括灯更换的频率、房间与灯具表面清洁的间隔时间和方法。

6.6 灯具的亮度

灯具的发光部分的平均亮度应在C平面上从0°开始以15°为间隔放射状测量和/或计算得出,仰角 γ 为65°、75°和85°。通常灯具的制造商根据最大(灯/灯具)输出功率提供这些数据。数值不应超出4.10中的限制。

6.7 测量的误差

有许多因素会引起一个照明装置的计算值与测得性能值的差异。其主要原因是即使计算程序尽可能精确,但所有独立的灯、线路和灯具提供完全相同的光学性能仅仅是一种假定,这显然是不可能的,应当容许有一些公差。根据实际经验,照度和亮度测量差值的大小预计在10 %以内。

ICS 83.140.10
G 33

中华人民共和国国家标准

GB/T 26190—2010

双向拉伸聚苯乙烯窗口薄膜

Biaxially oriented polystyrene window film

2011-01-14 发布　　2011-06-01 实施

中华人民共和国国家质量监督检验检疫总局
中国国家标准化管理委员会　发布

前　言

本标准按照 GB/T 1.1—2009《标准化工作导则　第 1 部分：标准的结构和编写》给出的规则起草。

请注意本文件的某些内容可能涉及专利。本文件的发布机构不承担识别这些专利的责任。

本标准由中国轻工业联合会提出。

本标准由全国塑料制品标准化技术委员会(SAC/TC 48)归口。

本标准起草单位：广东华业包装材料有限公司、潮州市质量计量监督检验所、国家塑料制品质量监督检验中心(北京)。

本标准主要起草人：陈耿锋、赖奕民、许丽丹、曾建宏。

双向拉伸聚苯乙烯窗口薄膜

1 范围

本标准规定了双向拉伸聚苯乙烯窗口薄膜(以下简称窗口膜)的分类和规格、要求、试验方法、检验规则、标志、包装、运输和贮存。

本标准适用于以聚苯乙烯为主要原料,用平膜法挤出经双向拉伸制成的用于信封、光盘包装等的窗口膜。

2 规范性引用文件

下列文件对于本文件的应用是必不可少的。凡是注日期的引用文件,仅注日期的版本适用于本文件。凡是不注日期的引用文件,其最新版本(包括所有的修改单)适用于本文件。

GB/T 1040.3—2006 塑料 拉伸性能的测定 第3部分:薄膜和薄片的试验条件

GB/T 1410—2006 固体绝缘材料体积电阻率和表面电阻率试验方法

GB/T 2410—2008 透明塑料透光率和雾度的测定

GB/T 2828.1—2003 计数抽样检验程序 第1部分:按接收质量限(AQL)检索的逐批检验抽样计划

GB/T 2918—1998 塑料试样状态调节和试验的标准环境

GB/T 6672—2001 塑料薄膜和薄片厚度测量 机械测量法

GB/T 6673—2001 塑料薄膜与薄片长度和宽度的测定

GB/T 8807—1988 塑料镜面光泽试验方法

3 分类和规格

3.1 产品种类

按光学性能分为消光窗口膜和透明窗口膜。

3.2 产品规格

窗口膜按厚度分为 25 μm、29 μm 两种规格。

3.3 尺寸

宽度为 120 mm、125 mm、140 mm,长度为 3 000 m。

3.4 特殊要求由供需双方商定。

4 要求

4.1 规格尺寸

4.1.1 厚度偏差

窗口膜的厚度偏差应符合表1要求。

表 1 厚度偏差

单位为微米

公称厚度	平均厚度偏差	厚度极限偏差
25	±1.25	±3
29	±1.16	±3

4.1.2 宽度偏差

窗口膜宽度偏差不大于 0 mm～+5 mm。

4.1.3 长度偏差

窗口膜长度偏差不大于 0%～+10%。

4.1.4 接头

每卷接头数允许 1 个，每段长度不小于 400 m。接头用有色胶带搭接牢固。

4.2 外观

外观应符合表 2 的要求。

表 2 外观质量要求

项　　目		要　　求
伤痕、条纹		允许有不影响使用的伤痕和条纹
裂纹、折皱、气泡、穿孔		不允许有裂纹、折皱、气泡、穿孔
晶点、颗粒、杂质粒径	<0.3 mm	不允许密集、成片
	0.3 mm～1.0 mm	≤4 个/0.25 m^2
	>1.0 mm	≤1 个/m^2
膜卷表观		表面光洁，不允许有暴筋
端面不整齐度		≤3 mm
管芯端部		不允许有影响使用的缺陷

4.3 物理力学性能

物理力学性能应符合表 3 要求。

表 3 物理力学性能

项　　目		单　位	指　标
屈服强度	纵向	MPa	≥30
	横向		≥50
断裂标称应变	纵向	%	≤150
	横向		≤100

表 3（续）

项目		单位	指标
雾度	透明窗口膜	%	≤3
	消光窗口膜		18～50
光泽度	透明窗口膜	%	≥100
	消光窗口膜		40～70
表面电阻率		Ω	$\leqslant 10^{12}$

5 试验方法

5.1 取样

在试样卷上去掉 2 层后，截取 2 m 长的薄膜 2 条，一条作尺寸偏差及外观测试用，另一条作物理力学性能测试用。在取样过程中，试样不得受污染与损伤，否则重新取样。

5.2 试验条件

5.2.1 试验环境

按 GB/T 2918—1998 中规定的标准环境 23/50，标准环境等级 2，即温度（23±2）℃，相对湿度（50±10）%。

5.2.2 试样状态调节

试样在试验的标准环境下放置时间不少于 4 h。

5.3 规格尺寸

5.3.1 厚度测定按 GB/T 6672—2001 进行。

5.3.2 宽度和长度测定按 GB/T 6673—2001 进行。

5.4 外观

在自然条件下目测检查。晶点、颗粒、杂质的粒径用带有刻度，分度值为 0.1 mm 的放大镜测量。端面不整齐度用精度为 0.5 mm 的量具测量。

5.5 屈服强度和断裂标称应变

屈服强度和断裂标称应变的测定按 GB/T 1040.3—2006 进行，试样为 2 型（长条形，试样宽度 15 mm，夹具距离 100 mm），试验速度为（50±5）mm/min。

5.6 雾度

雾度的测定按 GB/T 2410—2008 进行。

5.7 光泽度

光泽度的测定按 GB/T 8807—1988 进行，用 45°测量角测量外表面。

5.8 表面电阻率

表面电阻率的测定按 GB/T 1410—2006 进行。

6 检验规则

6.1 组批

同一原料、同一工艺条件生产的同一类别、同一规格窗口膜为一批，每批最多不超过 50 t。

6.2 抽样

6.2.1 窗口膜的尺寸偏差与外观按 GB/T 2828.1—2003 正常检查二次抽样方案、检测水平Ⅱ、AQL6.5 要求抽样(见表 4)。

表 4 抽样方案

单位为卷

批 量	样 本	样本量	累计样本量	接收数 Ac	拒收数 Re
1～8	第一	2	2	0	1
9～15	第一	2	2	0	1
16～25	第一 第二	3 3	3 6	0 1	2 2
26～50	第一 第二	5 5	5 10	0 1	2 2
51～90	第一 第二	8 8	8 16	0 3	3 4
91～150	第一 第二	13 13	13 26	1 4	3 5
151～280	第一 第二	20 20	20 40	2 6	5 7
281～500	第一 第二	32 32	32 64	3 9	6 10
501～1 200	第一 第二	50 50	50 100	5 12	9 13
1 201～3 200	第一 第二	80 80	80 160	7 18	11 19
3 201～10 000	第一 第二	125 125	125 250	11 26	16 27

6.2.2 物理力学性能样品，在每一批产品中随机抽一卷。

6.3 判定规则

6.3.1 尺寸偏差、外观若有一项不合格，则该卷为不合格。合格批的判定按表4。

6.3.2 物理力学性能，若有不合格项时对不合格项目进行加倍抽样复检，复检结果如仍不合格，则整批为不合格。

7 标志、包装、运输、贮存

7.1 标志

窗口膜膜卷或包装箱外，应注明产品名称、生产厂家名称、地址、规格尺寸、净重、批号、生产日期。每件应有合格证。

7.2 包装

7.2.1 每卷窗口膜用塑料薄膜作内包装。用瓦楞纸箱作外包装，并用包装带捆扎。

7.2.2 特殊包装由供需双方商定。

7.3 运输

运输时应小心轻放，防止机械碰撞和日晒雨淋及污染。

7.4 贮存

7.4.1 窗口膜应贮存在清洁、干燥、通风的库房内，远离热源和腐蚀性介质，不得受阳光直射。

7.4.2 窗口膜贮存期不得超过一年。

ICS 83.140.10
G 33

中华人民共和国国家标准

GB/T 26191—2010

双向拉伸聚苯乙烯扭结薄膜

Biaxially oriented polystyrene twist film

2011-01-14 发布

2011-06-01 实施

中华人民共和国国家质量监督检验检疫总局
中国国家标准化管理委员会 发布

前　言

本标准按照 GB/T 1.1—2009《标准化工作导则　第1部分：标准的结构和编写》给出的规则起草。

请注意本文件的某些内容可能涉及专利。本文件的发布机构不承担识别这些专利的责任。

本标准由中国轻工业联合会提出。

本标准由全国塑料制品标准化技术委员会(SAC/TC 48)归口。

本标准起草单位：广东华业包装材料有限公司、潮州市质量计量监督检测所、国家塑料制品质量监督检验中心(北京)。

本标准主要起草人：陈友标、蔡忠厚、许丽丹、陈耿锋。

双向拉伸聚苯乙烯扭结薄膜

1　范围

本标准规定了双向拉伸聚苯乙烯扭结薄膜(以下简称扭结膜)的规格尺寸、要求、试验方法、检验规则、标志、包装、运输和贮存。

本标准适用于以聚苯乙烯为主要原料,用平膜法挤出经双向拉伸制成的扭结后能保持状态的扭结薄膜。

2　规范性引用文件

下列文件对于本文件的应用是必不可少的。凡是注日期的引用文件,仅注日期的版本适用于本文件。凡是不注日期的引用文件,其最新版本(包括所有的修改单)适用于本文件。

GB/T 1040.3—2006　塑料　拉伸性能的测定　第3部分:薄膜和薄片的试验条件

GB/T 2410—2008　透明塑料透光率和雾度的测定

GB/T 2828.1—2003　计数抽样检验程序　第1部分:按接收质量限(AQL)检索的逐批检验抽样计划

GB/T 2918—1998　塑料试样状态调节和试验的标准环境

GB/T 5009.60　食品包装用聚乙烯、聚苯乙烯、聚丙烯成型品卫生标准的分析方法

GB/T 6672—2001　塑料薄膜和薄片厚度测量　机械测量法

GB/T 6673—2001　塑料薄膜和薄片长度和宽度的测定

GB/T 8807—1988　塑料镜面光泽试验方法

GB 9689　食品包装用聚苯乙烯成型品卫生标准

GB/T 14216—2008　塑料　膜和片润湿张力的测定

3　规格尺寸

3.1　扭结膜厚度分为 20 μm、23 μm、29 μm。

3.2　尺寸:宽度 325 mm～1 500 mm,长度 2 000 m～4 000 m。

3.3　特殊规格由供需双方商定。

4　要求

4.1　厚度偏差

扭结膜的厚度偏差应符合表1要求。

表1　厚度偏差

公称厚度 μm	平均厚度偏差 %	厚度极限偏差 μm
20	±5	±3
23	±4	±3
29	±4	±3

4.2 宽度偏差

扭结膜宽度偏差为 0 mm～+5 mm。

4.3 长度偏差

扭结膜长度偏差为±10%。

4.4 接头

每卷接头数允许 2 个，每段长度不小于 400 m。接头用有色胶带搭接牢固。

4.5 外观

外观质量要求应符合表 2。

表 2 外观质量

项　目		要　求
伤痕、条纹		允许有不影响使用的伤痕和条纹
裂纹、折皱、气泡、穿孔		不允许有裂纹、折皱、气泡、穿孔
晶点、颗粒、杂质粒径	<0.3 mm	不允许密集、成片
	0.3 mm～3.0 mm	≤4 个/0.25 m^2
	>3.0 mm	不允许
膜卷表观		表面光洁，不允许有暴筋
端面不整齐度		≤3 mm
管芯端部		不允许有影响使用的缺陷

4.6 物理力学性能

物理力学性能应符合表 3 要求。

表 3 物理力学性能

项　目		指　标
拉伸强度 MPa	纵向	≥30
	横向	≥50
断裂标称应变 %	纵向	≤150
	横向	≤100
雾度 %		≤3
光泽度 %		≥105
润湿张力 mN/m	非处理面	≤36
	处理面	≥38
扭结回弹角度 (°)		≤15

4.7 卫生指标

卫生指标应符合 GB 9689 的要求。

5 试验方法

5.1 取样

在试样卷上去掉 2 层后，截取 2 m 长的扭结膜 2 条，一条作尺寸偏差及外观测试用，另一条作物理力学性能及卫生性能测试用，正确标记电晕处理面。在取样过程中，试样不得受污染与损伤，否则重新取样。

5.2 试验条件

5.2.1 试验环境

按 GB/T 2918—1998 中规定的标准环境 23/50，标准环境等级 2，即温度(23±2)℃，相对湿度(50±10)%中正常的偏差范围进行。

5.2.2 试样状态调节

试样在试验的标准环境下放置时间不少于 4 h。

5.3 规格尺寸

5.3.1 厚度测定按 GB/T 6672—2001 进行。
5.3.2 宽度和长度测定按 GB/T 6673—2001 进行。

5.4 外观

在自然条件下目测检查。晶点、颗粒、杂质的粒径用带有刻度、分度值为 0.1 mm 的放大镜测量。端面不整齐度用分度值为 0.5 mm 的量具测量。

5.5 拉伸强度和断裂标称应变

拉伸强度和断裂标称应变的测定按 GB/T 1040.3—2006 进行，试样为 2 型(长条形，试样宽度 15 mm，夹具距离 100 mm)，试验速度为(50±5)mm/min。

5.6 雾度

按 GB/T 2410—2008 进行。

5.7 光泽度

按 GB/T 8807—1988 进行，用 45°测量角测量外表面。

5.8 润湿张力

按 GB/T 14216—2008 进行。

5.9 扭结回弹角度

5.9.1 试样

试样尺寸为纵向 83 mm，横向 90 mm。试样数量 5 片。

5.9.2 仪器

扭捻性测定仪:可将试样旋转 360°,并测定扭结回弹角度的扭捻角测定仪。

试板:材质为刚性材料,形状尺寸见图 1。

单位为毫米

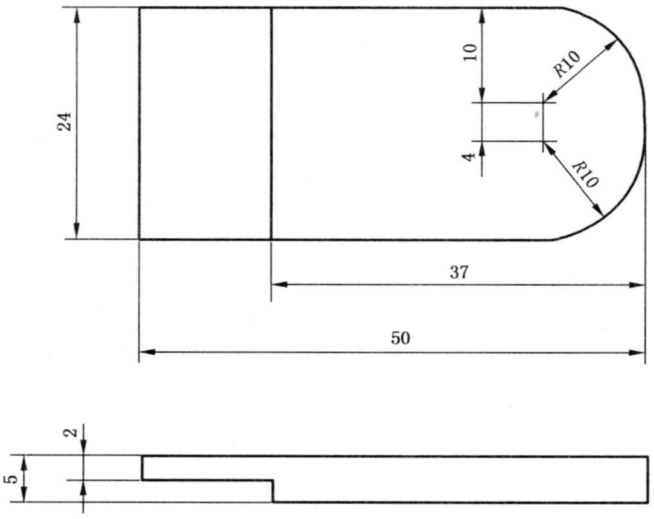

图 1 试板

5.9.3 试验程序

5.9.3.1 将试板缺口端与试样短边一端对齐,且放在试样中间(如图 2)。

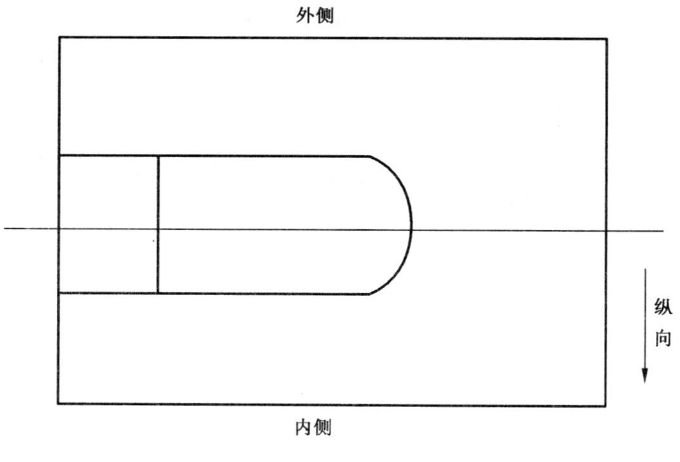

图 2 放好的试板和试样

5.9.3.2 先将试样外侧包紧试板,再将试样内侧包紧试板。

5.9.3.3 将试板缺口向下夹紧在扭捻性测定仪固定侧,另一端夹紧在旋转侧。

5.9.3.4 启动扭捻性测定仪,旋转 360°,停止。立即取出试样,双层向前插入扭捻性残留角度检定箱内,放置 30 min。

5.9.3.5 读出扭结部位对应的回弹角度。5 片试样,每片做一次,算出 5 次回弹角度的平均值作为试验结果。

5.10 卫生指标

卫生指标的测定按 GB/T 5009.60 执行。

6 检验规则

6.1 组批

同一原料、同一工艺条件生产的同一规格扭结膜为一批，每批最多不超过 50 t。

6.2 出厂检验

6.2.1 出厂检验项目为技术要求中除卫生指标外的全部项目。

6.2.2 扭结膜的尺寸偏差与外观按 GB/T 2828.1—2003 正常检查二次抽样方案、检测水平Ⅱ、AQL6.5 要求抽样(见表 4)。

表 4 抽样方案

单位为卷

批　量	样　本	样本量	累计样本量	接收数 Ac	拒收数 Re
2～8	第一	2	2	0	1
9～15	第一	2	2	0	1
16～25	第一 第二	3 3	3 6	0 1	2 2
26～50	第一 第二	5 5	5 10	0 1	2 2
51～90	第一 第二	8 8	8 16	0 3	3 4
91～150	第一 第二	13 13	13 26	1 4	3 5
151～280	第一 第二	20 20	20 40	2 6	5 7
281～500	第一 第二	32 32	32 64	3 9	6 10
501～1 200	第一 第二	50 50	50 100	5 12	9 13
1 201～3 200	第一 第二	80 80	80 160	7 18	11 19
3 201～10 000	第一 第二	125 125	125 250	11 26	16 27

6.2.3 物理力学性能样品，在每一批产品中随机抽一卷。

6.3 型式检验

6.3.1 有下列情况之一时，应进行型式检验：

a) 产品试制鉴定；

b) 正式生产后，工艺有较大改变，可能影响产品性能时；

c) 正常生产时，每半年进行一次检验；

d) 产品停产半年后，恢复生产时；

e) 出厂检验结果与上次型式检验有较大差异时。

6.3.2 型式检验项目为技术要求中的全部项目。

6.4 判定规则

6.4.1 扭结膜的尺寸偏差、外观若有一项不合格，则该卷为不合格。合格批的判定按表4。

6.4.2 扭结膜的物理力学性能，若有不合格项，对不合格项目进行加倍抽样复验，复验结果如仍不合格，则整批为不合格。

6.4.3 卫生指标不合格，则整批为不合格。

7 标志、包装、运输、贮存

7.1 标志

扭结膜膜卷或包装箱外，应注明产品名称、生产厂家名称、地址、规格尺寸、净重、批号、生产日期、电晕面。每件应有合格证。

7.2 包装

7.2.1 每卷扭结膜用塑料薄膜作内包装，用瓦楞纸箱作外包装，并用包装带捆扎。

7.2.2 特殊包装由供需双方商定。

7.3 运输

运输时应小心轻放，防止机械碰撞和日晒雨淋及污染。

7.4 贮存

7.4.1 扭结膜应保存在清洁、干燥、通风的库房内，远离热源和腐蚀性介质，不得受阳光直射。

7.4.2 扭结膜贮存期不得超过一年。

ICS 83.140.10
G 33

中华人民共和国国家标准

GB/T 26192—2010

双向拉伸聚丙烯可涂覆合成纸薄膜

Coatable biaxially oriented polypropylene film for synthetic paper

2011-01-14 发布　　2011-06-01 实施

中华人民共和国国家质量监督检验检疫总局
中国国家标准化管理委员会　发布

前　言

本标准按照 GB/T 1.1—2009《标准化工作导则　第1部分：标准的结构和编写》给出的规则起草。

请注意本文件的某些内容可能涉及专利。本文件的发布机构不承担识别这些专利的责任。

本标准由中国轻工业联合会提出。

本标准由全国塑料制品标准化技术委员会(SAC/TC 48)归口。

本标准起草单位：广东华业包装有限公司、浙江大东南包装股份有限公司、江苏中达新材料有限公司、佛山塑料集团股份有限公司、国家塑料制品质量监督检验中心(北京)。

本标准主要起草人：杨扬、张丕运、单卫忠、杨文忠、许丽丹、陈汉城。

双向拉伸聚丙烯可涂覆合成纸薄膜

1 范围

本标准规定了双向拉伸聚丙烯可涂覆合成纸薄膜的分类、要求、试验方法、检验规则、标志、包装、运输和贮存。

本标准适用于以聚丙烯为主要原料，加入添加剂经双向拉伸后产生细微空隙，具有不透明特性，经涂覆后可成为合成纸的薄膜。

2 规范性引用文件

下列文件对于本文件的应用是必不可少的。凡是注日期的引用文件，仅注日期的版本适用于本文件。凡是不注日期的引用文件，其最新版本（包括所有的修改单）适用于本文件。

GB/T 1040.3—2006 塑料 拉伸性能的测定 第3部分：薄膜和薄片的试验条件

GB/T 2410—2008 透明塑料透光率和雾度的测定方法

GB/T 2918—1998 塑料试样状态调节和试验的标准环境

GB/T 6343—2009 泡沫塑料及橡胶 表观密度的测定

GB/T 6672—2001 塑料薄膜和薄片厚度测定 机械测量法

GB/T 6673—2001 塑料薄膜和薄片长度和宽度的测定

GB/T 8807—1988 塑料镜面光泽试验方法

GB/T 10006—1988 塑料薄膜和薄片摩擦系数测定方法

GB/T 14216—2008 塑料 膜和片润湿张力的测定

QB/T 2358—1998 塑料薄膜包装袋热合强度试验方法

3 分类

按表层带消光层与否分为消光型和光面型。

4 要求

4.1 外观

外观应符合表1要求。

表1 外观要求

项 目	要 求
颗粒、气泡、折皱、皱纹	允许有轻微的颗粒、气泡、折皱、皱纹，不允许有直径大于2 mm的颗粒、气泡，不允许有明显的折皱、皱纹
膜面划伤、暴筋	允许有轻微划伤和暴筋，不允许有明显的划伤和暴筋
端面不整齐度	≤3 mm
接头	搭接整齐，并用有色胶带粘接牢固

4.2 规格及尺寸偏差

4.2.1 规格

消光型:38 μm、60 μm、70 μm、80 μm、90 μm、95 μm、110 μm、130 μm、140 μm。

光面型:40 μm、50 μm、60 μm、70 μm、80 μm、90 μm、95 μm、110 μm、130 μm、140 μm。

特殊规格,由供需双方商定。

4.2.2 宽度及宽度偏差

宽度为 340 mm～2 000 mm,宽度偏差不大于±2 mm。

4.2.3 长度偏差

长度偏差不大于－1%～＋3%。

4.2.4 厚度极限偏差及厚度平均偏差

厚度极限偏差及厚度平均偏差应符合表 2 要求。

表 2 厚度偏差

公称厚度 μm	厚度极限偏差 %	厚度平均偏差 %
38～60	±12	±6
61～80	±8	±6
80 以上	±7	±6

4.2.5 每卷允许接头个数及每段长度

每卷允许接头个数及每段长度应符合表 3 要求。

表 3 接头数

公称厚度 μm	允许接头数 个	每段长度 m
38～60	2	≥400
61～80		≥300
80 以上		≥200

4.3 物理力学性能

物理力学性能应符合表 4 要求。

表 4 物理力学性能

序号	性　能		单位	指　标
1	拉伸强度	纵向	MPa	≥45
		横向	MPa	≥120

表 4（续）

序号	性能		单位	指标
2	断裂标称应变	纵向	%	≤180
		横向	%	≤60
3	光泽度	消光面	%	≤20
		非消光面		≥70
4	热收缩率	纵向	%	≤4
		横向	%	≤3
5	密度		g/cm^3	≤0.91
6	平均密度偏差	0.7～0.91	%	±5.0%
		≤0.7		±7.0%
7	润湿张力[a]		mN/m	≥38
8	热封强度[b]		N/15 mm	≥2.0
9	透光率	≤50 μm	%	≤30
		>50 μm		≤15
10	动摩擦系数			0.2～0.7

[a] 有电晕处理面的产品进行此项试验。

[b] 有热封层的产品进行此项试验。

5 试验方法

5.1 取样方法

取样的膜卷包装应完好无损。在膜卷上去掉表面1层～3层，沿膜卷的宽度切割取样，作外观、尺寸偏差、物理力学性能及卫生性能测试。待测定的试样须密封包装，防止受潮和受污染。

5.2 试样状态调节和试验的标准环境

按GB/T 2918—1998规定进行状态调节。温度(23±2)℃，相对湿度(50±10)%，状态调节时间不少于4 h，并在此条件下进行试验。

5.3 外观检验

在自然条件下目测检查。颗粒、气泡的粒径用带有刻度值为0.1 mm的刻度尺测量。端面不整齐用精度为0.5 mm的量具测量。

5.4 厚度测量

按GB/T 6672—2001规定进行。

5.5 宽度和长度测量

按GB/T 6673—2001规定进行。

5.6 拉伸强度和断裂标称应变

按 GB/T 1040.3—2006 的规定进行。试样采用 2 型(长条形)试样,宽 15 mm,夹具距离为 100 mm,试验速度为(250±25)mm/min。

5.7 光泽度

按 GB/T 8807—1988 进行。用 45°测量角测量每个面。

5.8 热收缩率

5.8.1 试验仪器及设备

恒温烘箱、不锈钢板、秒表、钢直尺(精度为 0.5 mm)。

5.8.2 试样

膜卷的长度方向和宽度方向分别为试样的纵向和横向。在受检样品上沿平行于纵向和横向的方向上裁取 100 mm×100 mm 的正方形试样五片。通过正方形试样离边缘 10 mm 开始,划画两条相互垂直且分别与两组边平行的直线作为标记,并标明纵、横向,然后精确测量两边直线的长度。

5.8.3 试验步骤

将试样平置于 120 ℃±3 ℃的恒温烘箱中的不锈钢板上,不锈钢板位于烘箱中部。试验时不鼓风,加热时间为 120 s 后取出试样,将其冷却到试验环境温度,测量纵、横向标记直线的长度。

5.8.4 结果计算

按式(1)分别计算纵、横向热收缩率:

$$S=\frac{L-L_1}{L}\times 100\% \qquad \cdots\cdots(1)$$

式中:

S ——试样的热收缩率,%;

L ——加热前样品的长度,单位为毫米(mm);

L_1——加热后样品的长度,单位为毫米(mm)。

取五个试样的算术平均值作为受检样品的热收缩率。

5.9 密度的测定及平均密度偏差的计算

按 GB/T 6343—2009 规定进行。取样不少于 3 组,每组 5 层,尺寸为 100 mm×100 mm,测定密度并计算平均密度。平均密度偏差为平均密度和公称密度的差值与公称密度之比的百分率。

5.10 润湿张力

按 GB/T 14216—2008 规定进行。测量处理面。

5.11 热封强度

按 QB/T 2358—1998 进行,热封条件(135±3)℃,1 s,0.18 MPa,试样宽度 15 mm。

5.12 透光率

按 GB/T 2410—2008 进行。

5.13 动摩擦系数

按 GB/T 10006—1988 规定进行。分别测量内/内、内/外、外/外面。

6 检验规则

6.1 组批

产品验收以批为单位。同一类型、同一厚度、同一配方及工艺条件下制造出来的产品为一批。每批不超过 200 t。

6.2 抽样

6.2.1 10 t 以下抽 3 卷,10 t 以上 50 t 以下抽 5 卷,50 t 以上抽 8 卷。每卷去掉表面 1 层～3 层,取样 3 层～8 层做外观和物理性能检验。

6.2.2 产品的外观、尺寸、接头按表 2、表 3 要求进行检验。

6.3 检验结果判定

6.3.1 产品的外观、尺寸、接头若有一项不合格,则判该卷不合格。应对该批重新抽样检验,结果如仍有不合格,则判整批为不合格。

6.3.2 产品的物理力学性能,若有一组性能不合格,应对该批不合格项目进行加倍抽样复检,复检结果如仍不合格,则判整批不合格。

7 标志、包装、运输、贮存

7.1 标志

每件产品应注明产品名称、类型、规格、长度、净重、处理面、公称密度、批号、生产日期、检验员、生产单位等标志。外包装应有合格证。

7.2 包装

每卷薄膜两端用衬垫保护,并用气垫膜、瓦楞纸等包装材料包装。用塑料带捆扎紧。

特殊包装由供需双方商定。

7.3 运输

应小心轻放,防止机械碰撞和日晒雨淋。

7.4 贮存

产品应贮存在清洁、干燥的库房内,垂直放置,堆叠层数不超过三层。距离热源大于 2 m,不能受强光直射,贮存期为一年。超过贮存期的产品,在使用前检验合格仍可使用。

ICS 97.200.50
Y 57

中华人民共和国国家标准

GB/T 26193—2010

玩具材料中可迁移元素锑、砷、钡、镉、铬、铅、汞、硒的测定 电感耦合等离子体质谱法

Determination of the content of migration of Sb, As, Ba, Cd, Cr, Pb, Hg and Se from toy material—ICP-MS

2011-01-14 发布　　2011-06-01 实施

中华人民共和国国家质量监督检验检疫总局
中国国家标准化管理委员会　发布

前　言

本标准的附录A为资料性附录。

本标准由中国轻工业联合会提出。

本标准由全国玩具标准化技术委员会(SAC/TC 253)归口。

本标准起草单位:福建省中心检验所、国家日用小商品质量监督检验中心、北京中轻联认证中心、广东出入境检验检疫局检验检疫技术中心玩具实验室、宁波出入境检验检疫局轻工产品检测中心、深圳市计量质量检测研究院、浙江省质量技术监督检测研究院。

本标准主要起草人:郑小严、林松、黄红霞、陈德文、刘崇华、阮建苗、黄开胜、陈小珍、张霞。

玩具材料中可迁移元素锑、砷、钡、镉、铬、铅、汞、硒的测定 电感耦合等离子体质谱法

警告——使用本标准的人员应有正规实验室工作的实践经验。本标准并未指出所有可能的安全问题。使用者有责任采取适当的安全和健康措施，并保证符合国家有关法规规定的条件。

1 范围

本标准规定了电感耦合等离子质谱法测定玩具材料中可迁移元素锑、砷、钡、镉、铬、铅、汞、硒的检测方法。

本标准适用于 GB 6675 规定适用的所有玩具材料中可迁移元素锑、砷、钡、镉、铬、铅、汞、硒的测定。

本标准方法检出限：内标采用非在线添加的，锑、砷、钡、镉、铬、铅、汞、硒的方法检出限均为0.25 mg/kg；内标采用在线添加的，锑、砷、钡、镉、铬、铅、汞、硒的方法检出限均为 0.05 mg/kg。

2 规范性引用文件

下列文件中的条款通过本标准的引用而成为本标准的条款。凡是注日期的引用文件，其随后所有的修改单（不包括勘误的内容）或修订版均不适用于本标准，然而，鼓励根据本标准达成协议的各方研究是否使用这些文件的最新版本。凡是不注日期的引用文件，其最新版本适用于本标准。

GB 6675 国家玩具安全技术规范

GB/T 6682 分析实验室用水规格和试验方法(GB/T 6682—2008,ISO 3696:1987,MOD)

3 原理

试样处理后，待测液经雾化由载气送入电感耦合等离子体炬焰中，在等离子体的高温作用下，使样品去溶剂化、原子化、离子化后进入质谱仪，质谱仪根据质荷比对物质进行定性。对于一定的质荷比，其信号强度 CPS(count per second)与试样提取液中待测元素的浓度成正比，通过测定 CPS 值来测定试样提取液中各待测元素的含量。

4 试剂和材料

4.1 所用的玻璃器皿均需用 20%硝酸浸泡过夜，用水反复冲洗干净。所有试验用水均为 GB/T 6682 规定的一级水。

4.2 硝酸(ρ_{20}=1.42 g/mL)：优级纯。

4.3 硝酸溶液（体积分数是 2%）：取 20 mL 硝酸(4.2)，用水稀释至 1 000 mL。

4.4 盐酸溶液：c(HCl)=(0.070±0.005)mol/L。

4.5 钪、锗、钇、铟、铼的混合内标溶液(10.0 mg/L)，选用标准溶液（硝酸或盐酸介质）配制成所需浓度。

4.6 锑、砷、钡、镉、铬、铅、汞、硒的标准储备溶液，选用持证的标准溶液（硝酸或盐酸介质）配制成所需浓度（锑、砷、镉、铬、铅和汞的浓度均为 100.0 mg/L，钡和硒的浓度均为 1 000 mg/L）。

4.7 锑、砷、钡、镉、铬、铅、汞、硒混合标准使用液：分别吸取 10.00 mL 的锑、砷、镉、铬、铅、汞、钡和硒的标准储备溶液(4.6)，置于 100 mL 容量瓶中，用硝酸溶液(4.3)稀释至刻度，混匀。配制成下列浓度

的混合标准使用液：锑、砷、镉、铬、铅和汞的浓度均为 10.0 mg/L；钡和硒的浓度均为 100 mg/L。在常温(15 ℃～25 ℃)下，保存期一般为一个月，当出现浑浊、沉淀或颜色变化等现象时，应重新制备。

4.8 锑、砷、钡、镉、铬、铅、汞、硒混合标准工作溶液：吸取 0 mL、0.5 mL、1.00 mL、2.00 mL、5.00 mL、10.0 mL、20.0 mL 锑、砷、钡、镉、铬、铅、汞和硒的混合标准使用液(4.7)，分别置于 100 mL 容量瓶中，同时加入 10.0 mL 混合内标溶液(4.5)，用盐酸溶液(4.4)稀释至刻度，混匀。容量瓶中每毫升分别相当于 0 μg、0.050 μg、0.100 μg、0.200 μg、0.500 μg、1.00 μg、2.00 μg 的锑、砷、镉、铬、铅和汞，以及 0 μg，0.50 μg，1.00 μg，2.00 μg，5.00 μg，10.0 μg，20.0 μg 的钡和硒。标准系列应现用现配。根据待测元素的实际含量，锑、砷、镉、铬、铅和汞可在 0.050 μg/mL～2.00 μg/mL 范围内选取合适的工作曲线范围；钡和硒可在 0.50 μg/mL～20.0 μg/mL 范围内选取合适的工作曲线范围。

注：如果电感耦合等离子体质谱仪具有且采用在线自动添加内标的功能，则在锑、砷、钡、镉、铬、铅、汞、硒混合标准工作溶液(4.8)的配制过程中，宜省去添加混合内标溶液(4.5)的步骤。

4.9 质谱调谐液：按电感耦合等离子体质谱仪设备制造商的要求使用。

5 仪器与设备

5.1 电感耦合等离子体质谱仪(ICP-MS)。

5.2 超纯水制备装置。

6 测试试样的取样

试样取样按 GB 6675 要求进行。

7 分析步骤

7.1 试样处理

试样提取液的制备：按 GB 6675 要求进行测试试样的制备和提取。

试样待测液的制备：取 2.00 mL 经 GB 6675 处理的试样提取液[或试样提取液经盐酸溶液(4.4)稀释过的溶液]于 10.0 mL 的容量瓶中，同时加入 1.00 mL 混合内标溶液(4.5)，用盐酸溶液(4.4)稀释至刻度，混匀，待测。同时做试剂空白。

在试样处理过程中，引入到待测液的氯离子的质量分数若大于 0.5%时，无碰撞反应池的 ICP-MS 不宜用于该待测液中砷含量的测定。

注：如果电感耦合等离子体质谱仪具有且采用在线自动添加内标的功能，宜省去试样待测液的制备过程，直接对试样提取液[或试样提取液经盐酸溶液(4.4)的稀释过的溶液]进行测试。

7.2 测定

使用调谐液调整仪器各项指标，使灵敏度、氧化物、双电荷、分辨率等各项指标达到测定要求后，编辑测定方法、选择测定元素及内标元素，将空白溶液、标准系列、试样待测液分别测定。选择各元素内标，输入各参数，绘制标准曲线、计算回归方程。根据试样待测液中各待测元素的信号强度 CPS 相对值(即待测元素 CPS 值与相应内标元素的 CPS 值之比)，计算出试样待测液中各待测元素的含量。如果试样待测液的浓度超过校正曲线的范围，则用盐酸溶液(4.4)对试样提取液进行适当稀释，经试样待测液的制备过程(如果电感耦合等离子体质谱仪具有在线自动添加内标的功能，则应省去试样待测液的制备过程)后进行测定。待测元素及内标元素测定质量数见表 1，仪器的工作条件及参数参见表 A.1。

表 1 质量数及内标元素

元素	Cr	As	Se	Cd	Sb	Ba	Hg	Pb
质量数	53	75	82	111	121	137	202	208
选用内标元素	^{45}Sc	^{72}Ge	^{89}Y	^{115}In	^{115}In	^{115}In	^{185}Re	^{185}Re
注：根据不同需要，可以使用其他合适的质量数和内标元素。								

8 结果计算

试样中待测元素的含量按式(1)进行计算。

$$X=\frac{(c-c_0)\times V_0\times d\times 1\ 000}{m\times 1\ 000} \qquad \cdots\cdots(1)$$

式中：

X——试样中待测元素含量，单位为毫克每千克(mg/kg)；

c——试样待测液中待测元素的浓度，单位为微克每毫升(μg/mL)；

c_0——试样空白液中元素的浓度，单位为微克每毫升(μg/mL)；

V_0——提取液的体积，单位为毫升(mL)；

d——稀释因子(从提取液到待测液的稀释倍数)；

m——试样的质量，单位为克(g)。

计算结果保留三位有效数字。

9 精密度

同一浸泡液在重复性条件下获得的两次独立测定结果的绝对差值不得超过算术平均值的10%。

附　录　A
（资料性附录）
电感耦合等离子体质谱仪（ICP-MS）的参考工作条件及参数

电感耦合等离子体质谱仪（ICP-MS）的参考工作条件及参数，见表 A.1。

表 A.1

项　目	参　数	项　目	参　数
等离子体流量	15.0 L/min	采样深度	7.0 mm
载气流速	1.10 L/min	测定点数	3
射频功率	1 350 W	重复次数	3

ICS 97.130.20
J 73

中华人民共和国国家标准

GB/T 26194—2010

蓄冷系统性能测试方法

Method of testing the performance of cool storage systems

2011-01-14 发布　　2011-06-15 实施

中华人民共和国国家质量监督检验检疫总局
中国国家标准化管理委员会　发布

前　　言

本标准按照 GB/T 1.1—2009 给出的规则起草。

本标准以美国国家标准 ANSI/ASHRAE Standard 150-2000（RA 2004）《蓄冷系统性能测试方法》（英文版）为依据制定，其框架与 ANSI/ASHRAE Standard 150-2000（RA 2004）基本相同，结构和技术内容做了比较多的修改。

本标准由中华人民共和国商务部提出。

本标准由全国制冷标准化技术委员会归口并负责解释。

本标准起草单位：烟台冰轮股份有限公司、福建雪人股份有限公司、同方节能工程技术有限公司、广州贝龙环保热力设备股份有限公司。

本标准主要起草人：赵庆珠、于志强、杜英芬、胡汪洋、汪训昌、解国珍、王宝龙、马国远、李先庭、孙洲阳、徐齐越、孙圣鉴、范明升、王琳、于洋。

蓄冷系统性能测试方法

1 范围

本标准规定了一种测试蓄冷系统冷却能力和效率的方法,确定了进行该测试所需的检测设备、数据及处理方法。

本标准适用于一个完整的蓄冷系统的测试。

本标准不适用于包含空气侧分布的测试。

2 规范性引用文件

下列文件对于本文件的应用是必不可少的。凡是注日期的引用文件,仅注日期的版本适用于本文件。凡是不注日期的引用文件,其最新版本(包括所有的修改单)适用于本文件。

GB/T 2624(所有部分) 用安装在圆形截面管道中的差压装置测量满管流体流量

GB/T 18517 制冷术语

GB/T 18660 封闭管道中导电液体流量的测量 电磁流量计的使用方法

3 术语、定义和符号

3.1 术语和定义

GB/T 18517 界定的以及下列术语和定义适用于本文件。

3.1.1

蓄冷系统 cool storage system

用于满足全部或部分制冷负荷的蓄冷装置的总称。该系统由制冷机组、蓄冷介质、蓄冷装置或容器、散热设备或散热系统、以及其他辅助设备组成,可以是总制冷系统的支系统。

3.1.2

蓄冷装置 cool storage device

所有储存冷量的容器和蓄冷空间。包括:载冷剂以及辅助设备,如热交换器、搅拌器、循环泵、流量调节器、阀门和折流板等。

3.1.3

蓄冷循环 cool storage cycle

蓄冷装置完成一个蓄冷和释冷的交替过程。该过程使系统起始蓄冷和释冷终结时状态相同。

3.1.4

蓄冷介质 cool storage medium

用于储存冷量的物质。

3.1.5

载冷剂 transfer fluid

把冷量从一处传输到另一处的流体介质。

3.1.6

完全蓄冷状态 fully charged condition

依照设计要求，蓄冷装置处于不再继续储存冷量的状态。该状态由系统停止蓄冷循环控制指令完成，该指令是系统正常控制程序的一部分。

3.1.7

完全释冷状态 fully discharged condition

蓄冷装置处于没有更多的有用冷量可从其本身释放的状态。

3.1.8

蓄冷量 cool storage capacity

由蓄冷装置储存的、可供将来使用的最大冷量。

3.1.9

蓄冷系统供冷量 cool storage system capacity

由蓄冷系统提供的相对于特定设计日负荷分布的最大冷量，其值由蓄冷系统供冷量测试来确定。

3.1.10

有效蓄冷量 usable storage capacity

对于某一特定蓄冷循环，在释冷温度等于或低于最高可用释冷温度时，从蓄冷装置中释放出的总冷量。

3.1.11

名义蓄冷量 nominal storage capacity

蓄冷装置在名义工况下的最大蓄冷量。

3.1.12

蓄冷库存量 storage inventory

蓄冷装置中即时存储的有效冷量。

3.1.13

释冷量 discharge capacity

由释冷量测试确定的蓄冷装置的蓄冷量。该释冷量等同于5.3k)1)中第一项定义的完全释冷条件下的有效蓄冷量。

3.1.14

峰值释冷率 peak discharge rate

蓄冷装置释冷的最大速率。

3.1.15

系统比能 cycle specific energy use

经过单个或多个完整蓄冷循环后，从蓄冷负荷中带走的总冷量(kWh)与总耗电量(kWh)之比值。总耗电量指测试状态下输入到蓄冷系统中的所有电量。

3.1.16

蓄冷系统能效 cool storage system efficiency

经过单个或多个完整蓄冷循环后，总耗电量(kWh)与从蓄冷负荷中带走的总冷量(kWh)之比值。与“系统比能”互为倒数。

3.1.17

蓄冷效率 storage efficiency

释冷量与蓄冷量之比值。

3.1.18

临界释冷点 critical discharge point

在负荷分布曲线上，由所需释冷量和现有蓄冷库存量相比最大的状态点。

3.1.19

负荷分布　load profile

一个周期内冷负荷的总体描述。负荷分布详述了在特定状态下、至少包含一个完整的蓄冷循环中，负荷随时间的变化规律。负荷分布表明了每小时的总冷负荷、制冷机组和蓄冷装置的冷量输出以及蓄冷装置的蓄冷状态。负荷分布也指出逐时负荷下对应的进口温度、出口温度和流量。表 A.1 和表 A.2 分别列出了两个负荷分布实例的完整数据。

3.1.20

设计日负荷分布　specified load profile

蓄冷系统预计或要求达到的负荷分布。即用于设计蓄冷系统和确定设备尺寸的负荷分布，或实际或期望的用冷负荷分布。

3.1.21

追加冷负荷　pulldown load

对于间歇运行的蓄冷系统，蓄冷系统停止运行阶段，用户端会发生一定量的负荷积累，必须在系统开机初期得以满足而多提供的冷负荷。

3.1.22

最大允许蓄冷周期　maximum allowable charging period

蓄冷装置必须完成蓄冷过程所需的时间周期。该周期一般取决于当地电价结构、建筑运行安排和设计运行策略。

3.1.23

最高可用供冷温度　maximum usable cooling supply temperature

满足冷负荷条件下的最高载冷剂供冷温度。

3.1.24

最高可用释冷温度　maximum usable discharging temperature

从蓄冷装置中获取有用冷量时的最高流体温度，该温度可以满足测试的特定要求。

a) 对于制冷机组位于蓄冷装置上游配置的系统，最高可用释冷温度通常等于最高可用供冷温度；

b) 对于制冷机组位于蓄冷装置下游配置的系统，最高可用释冷温度等于制冷机组提供最高可用供冷温度时需要的入口温度；

c) 如果用户不考虑在额定运行条件下测量蓄冷量，最高可用释冷温度可设定的高一点。

3.1.25

空间变化　spatial variation

由被测参数在被测空间内的不均匀性引起的测量不确定度，采用修正的数据可消除由于空间变化导致的不确定性。

3.2 符号

下列符号适用于本文件。

C_1 ——单位转换常数。

$$C_1=(36\ 000\ \mathrm{kJ/kWh})(1\ 000\ \mathrm{L/m^3})/(60\ \mathrm{s/min})=60\ 000。$$

c_p ——比热，kJ/(kg·℃)。

E_{spec} ——单位冷量的用电量，kWh/kWh。

E_{in} ——蓄冷系统部件的能量输入，kWh。

$F_{1,i}$ ——离开系统流体的流量，记录时间间隔 i 内的平均值，$\mathrm{m^3/h}$。

$F_{2,i}$ ——流过蓄冷装置的流体流量，记录时间间隔 i 内的平均值，$\mathrm{m^3/h}$。

N_{ri} ——每小时记录间隔的个数，小时$^{-1}$，$N_{ri}=60/t_{ri}$（N_{ri}为整数）。

Q_{charge} ——在蓄冷试验期间，蓄冷到蓄冷槽中的总蓄冷量，kWh。
$Q_{charge,i}$ ——在记录的时间间隔 i 内，蓄冷到蓄冷槽中的蓄冷量，kWh。
$Q_{charge,j}$ ——在 j 小时内，蓄冷到蓄冷槽中的蓄冷量，kWh。
Q_{disch} ——在释冷试验期间，来自蓄冷槽的总释冷量，kWh。
$Q_{disch,i}$ ——在记录的时间间隔 i 内，来自蓄冷槽的释冷量，kWh。
$Q_{disch,j}$ ——在 j 小时内，来自蓄冷槽的释冷量，kWh。
Q_{sys} ——在蓄冷系统容量试验期间，供给负荷的总冷量，kWh。
$Q_{sys,i}$ ——在记录的时间间隔 i 内，供给负荷的冷量，kWh。
$Q_{sys,j}$ ——在 j 小时内，供给负荷的冷量，kWh。
$T_{1,i}$ ——进入系统的流体温度，记录时间间隔 i 内的平均值，℃。
$T_{2,i}$ ——离开系统的流体温度，记录时间间隔 i 内的平均值，℃。
$T_{3,i}$ ——进入蓄冷装置的流体温度，记录时间间隔 i 内的平均值，℃。
$T_{4,i}$ ——离开蓄冷装置的流体温度，记录时间间隔 i 内的平均值，℃。
t_D ——释冷量测试的小时数。
t_C ——蓄冷测试的小时数。
t_S ——蓄冷系统供冷量或效率测试的小时数。
t_{ri} ——记录时间间隔，min。
ρ ——密度，kg/m^3。
η_{stor} ——蓄冷效率。

4 分类

本标准所进行的测试可分为以下几类：

a) 释冷量测试：测试从蓄冷装置中取出的用于满足特定的负荷分布的冷量；
b) 蓄冷量测试：测试在蓄冷时间内可以蓄存到蓄冷装置中的冷量。该测试不可用于制冷剂直接制冰系统；
c) 蓄冷系统供冷量测试：测试由蓄冷系统提供的用于满足特定的负荷分布的冷量；
d) 蓄冷系统能效测试：测试蓄冷系统循环时的输出总冷量与总耗电量之比。

5 要求

5.1 测试准备

5.1.1 采用本标准进行测试的蓄冷系统，应使系统中所有安装的并正在工作的部件都处于全运行状态，包括所有的控制元件、控制程序。

5.1.2 采用本标准进行测试之前，蓄冷系统应从完全蓄冷状态到至少 75% 释冷状态运行 5 个以上循环，同时不应少于于蓄冷装置厂家推荐的循环次数，用以确保蓄冷装置的初始测试状态能够代表正常的运行状态。

5.2 仪器

5.2.1 采用本标准测试的蓄冷系统应提供测量下述参数的仪器。流体流量和温度测量位置见图 1。

5.2.1.1 对于蓄冷系统供冷量和蓄冷系统效率的测试

F_1——测试时通过蓄冷系统的流体流量，m^3/h
T_1——测试时离开蓄冷系统的流体温度，℃
T_2——测试时进入蓄冷系统的流体温度，℃

5.2.1.2　对于释冷量测试和蓄冷量测试

F_2——测试时通过蓄冷装置的流体流量，m^3/h

T_3——测试时进入蓄冷装置的流体温度，℃

T_4——测试时离开蓄冷装置的流体温度，℃

5.2.1.3　对于蓄冷系统效率测试

测试位于系统边界内的所有水侧设备的电能消耗。对于用其他能量驱动而不是电能驱动的设备应提供合适的仪器设备来测量输入能量。

5.2.1.4　适用于某些蓄冷系统的可选测量

蓄冷装置中的液位，用于测量某些冰蓄冷系统内的蓄冷库存冷量。

蓄冷装置中的垂直温度分布，用于测量某些水蓄冷系统内显热的库存冷量。

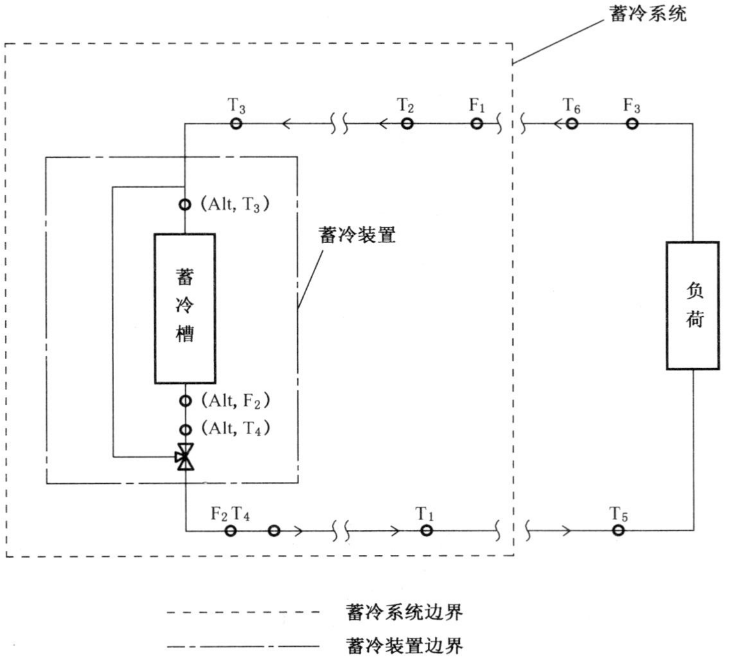

T_1　——蓄冷系统的流体出口温度，℃；

T_2　——蓄冷系统的流体进口温度，℃；

T_3　——蓄冷装置的流体进口温度，℃；

T_4　——蓄冷装置的流体出口温度，℃；

T_5　——负荷的流体进口温度，℃；

T_6　——负荷的流体出口温度，℃；

F_1　——通过蓄冷系统的流体流量(可以置于入口或出口侧)，m^3/h；

F_2　——通过蓄冷装置的流体流量(可以置于上游或下游)，m^3/h；

F_3　——通过负荷的流体流量(位于上游或下游)，m^3/h；

Alt T_3 ——蓄冷槽的流体进口温度，当蓄冷槽旁通阀关闭时可用于替代 T_3，℃；

Alt T_4 ——蓄冷槽的流体出口温度，当蓄冷槽旁通阀关闭时可用于替代 T_4，℃；

Alt F_2 ——通过蓄冷槽的流体流量，当蓄冷槽旁通阀关闭时可用于替代 F_2，m^3/h。

图 1　通用蓄冷系统测试示意图

5.2.2　依据 5.3c)、6.3.6 和 7.1，对给定系统测试时，测量点 T_1～T_6 和 F_1～F_3 的位置应由测试主管部门指定。

5.2.3　仪器应满足第 6 章的要求。

5.3 所需资料

在按本标准进行测试前，测试主管部门应确立以下资料：

a) 所要进行的测试类别；

b) 系统测试时加载的设计日负荷分布。该负荷分布应该包括蓄冷系统每个小时、每一部分的流量，进、出口温度以及相应的预期的蓄冷状态。参见表 A.1 和表 A.2 的负荷分布实例；

c) 整个蓄冷系统的流程图，包括：

 1) 所有主要部件以及连接管线；

 2) 流体流量和温度测点的位置，测点位置见 7.1；

 3) 蓄冷系统供冷量测试和蓄冷系统效率测试时的系统边界，见 7.1.2；

 4) 释冷量和蓄冷量测试的系统边界，见 7.1.3。

d) 蓄冷系统能力测试时的运行描述。例如：在特定时间段，可能需要限制制冷机组与蓄冷装置的用冷负荷；

e) 蓄冷系统效率测试时，需要测量耗电量的系统部件清单：

 1) 耗电量的测量至少应包括向负荷处输送冷量所需的所有部件的耗电量，包括蓄冷装置辅件、制冷压缩机、冷水泵、主要分路的冷水泵、冷却水泵及风扇；

 2) 耗电量的测量可能也包括三级泵、辅助分路的水泵或其他部件；

f) 计算出的临界点处的负荷量、出现的时间及此时蓄冷库存量与总蓄冷量的比值；

g) 蓄冷时期内最长允许蓄冷周期；

h) 最高可用释冷温度；

i) 最高可用供冷温度；

j) 完全蓄冷状态的判定：

 1) 测试主管部门应选择判断完全蓄冷状态的准则，它可以是以下状况之一：

  - 当流量为 5.3b)中指定的值时，蓄冷装置的出口温度应连续 15 min 低于预定值；
  - 蓄冷装置中液体高度或冰的厚度持续 15 min 大于预定值；
  - 计算出的累计蓄冷量大于预定值；
  - 数据记录仪器测量的蓄冷量达到预定基准值。

 2) 温度、液位高度或蓄冷量这些表明完全蓄冷状态的量应由测试主管部门来指出。它们可以是设计值，也可以是按当前运行策略确定的数值。

k) 完全释冷状态的判定：

 1) 测试主管部门应选择判断完全释冷状态的准则，它可以是以下状况之一：

  - 当流量为 5.3b)中指定的值时，蓄冷装置的出口温度连续 15 min 高于最高可用释冷温度；
  - 蓄冷装置中流体的液位高度连续 15 min 小于预定值；
  - 计算出的累计蓄冷库存量小于预定值；
  - 数据记录仪测量的释冷量达到一个预定基准释冷量。

 2) 温度、液位高度或蓄冷量这些表明完全释冷状态的量应由测试主管部门来指出。它们可以是设计值，也可以是按当前运行策略确定的数值。

l) 蓄冷装置周围允许的最高和最低环境温度；

m) 如果蓄冷系统采用了水以外的其他载冷剂，应以书面形式提供流体的体积百分比浓度和折射率之间的关系数据；

n) 所使用的仪器按第 6 章的要求进行校准或验证的书面技术说明。

5.4 除非已提供 5.3 中指定的所需资料，否则不宜声明采用本标准。所有要求的资料应按第 11 章的要求，在测试报告中以文件形式列出。

6 仪器

6.1 概述

6.1.1 无论是现有的，还是为了测试专门安装的仪器，都应满足6.2～6.8的要求。

6.1.2 本标准中的仪器精(确)度，要求对大多数系统蓄冷量计算误差不大于10%。对误差有更精确要求的用户，或由于某种原因想校验测试结果的实际误差的用户，应在进行测试之前完成误差分析，以确保仪器规格和潜在的因素不会过度影响测试结果。为了确定测试结果的实际误差范围，测试后也应进行误差分析。

6.1.3 注明为可任选的仪器可不受6.2～6.8的要求限制。

6.2 温度测量

6.2.1 测量仪器及其附带的读数装置的准确度、精(确)度和分辨率应符合表1的要求。

表1 准确度、精(确)度和分辨率要求

名　称	温度测量 ℃	温差测量 ℃
准确度	±0.15	±0.1
精(确)度	±0.10	±0.075
分辨率	±0.05	±0.05

6.2.2 所安装的温度传感器的准确度应按6.8.2和6.8.3的规定进行校验。

6.2.3 用来测量某一部件温差的传感器应由生产商配对校准标定。

6.2.4 如满足下述条件，表面温度传感器可用于本标准的测量：

a) 满足6.2.1和6.2.2的要求；

b) 安装在室内；

c) 在管路与传感器之间涂导热胶；

d) 采用导热系数不高于0.04 W/(m·K)的闭孔绝热材料保温，在传感器前后至少15 cm与外界隔离；

e) 环境温度与被测温度相差不大于25 ℃；

f) 当用两个表面温度传感器来测量一个温差时，两个传感器的环境温差不应大于5 ℃。

6.3 液体流量测量

6.3.1 依据标准

液体流量测量依据下述标准：

a) 孔板式流量计应满足GB/T 2624的要求；

b) 电磁流量计应满足GB/T 18660的要求；

c) 对于没有现行标准适用的仪器，例如：通过测速来测流量的插入式流量计(涡轮流量计、转子流量计和靶式流量计)，应按实际情况采用生产商的建议；

d) 液体流量测量方法参见附录B。

6.3.2 校准

液体流量计应由生产厂或第三方机构，在测试进行前不超过一年的时间内进行过实验校准标定。校准至少应选择预计流量的三个代表值，即最小、典型及最大流量与相关检定合格标准进行比较。建议采用5个点来进行适当的曲线拟合。

6.3.3 精度要求

测量仪器及其附带的读数装置的准确度、精(确)度和分辨率应符合表2的要求。

表2 准确度、精(确)度和分辨率要求

名称	测定误差
准确度	量程的±5%
精(确)度	量程的±2%
分辨率	量程的±0.1%

6.3.4 动态响应

仪器应能够在整个流量范围内进行流量测量，并达到规定的准确度。

6.3.5 双向流

对于流动方向随着运行模式变化而变化的流量测量点，流量计应采用双向流量计或使用两个单向流量计。

6.3.6 测量点

流量计除按生产厂家技术文件要求安装外，还应满足下述条件：

a) 流量计应安装在直流管段上，至少在距其上游20倍管径与下游10倍管径的管长内，不存在任何干扰因素；
b) 流量计不应安装在流体向下流动的垂直管路上；
c) 流量计不应安装在泵的吸入端；
d) 对插入式流量计，测量杆应垂直于流体流动方向安装；
e) 如果没有要求的直流管段，或在动态流动状态，如剧烈的涡流，或空间变化较大，超过5%，应采用准确度不依赖均匀流型的流量计，或使用流量整流装置，见6.8.4。

6.3.7 校验

安装的流量计的准确度应按6.8.4的规定进行校验。

6.4 电功率测量

6.4.1 电功率应采用真值功率表测量。

6.4.2 电功率测量及其附带的读数装置的准确度不应超过测量值的2%。

6.5 密度测量

6.5.1 载冷剂的密度应采用相应温度范围内的液体比重计来测量。

6.5.2 液体比重计测得的载冷剂在水中的百分比与实际值的准确度，不应超过±2%。

6.6 浓度测量

6.6.1 对于乙二醇载冷剂，乙二醇在水中的百分数可用折射计测量的折射率来得到。

6.6.2 折射计测得的乙二醇在水中的百分比与实际值的准确度，不应超过±2%。

6.7 数据记录仪

第9章中列出的数据应选用满足下述要求的数据记录仪来记录：

a) 记录间隔：应以不大于15 min的均匀测量时间间隔进行记录，每小时内间隔个数为整数。每个记录值应包含至少前45个在扫描速率下的单一测量值的平均值；
b) 扫描速率：数据记录仪应以不低于每秒5个点的速率进行单个测量数据采集；
c) 扫描间隔：在一组完整测量中，每次扫描间隔不应超过20 s；
d) 分辨率：记录仪的最小分辨率为满量程的0.1%，时间分辨率为1 s。这相当于一个10进位的逻辑数字转换器的分辨率；
e) 准确度：记录仪的准确度应在满量程的0.25%之内；
f) 精(确)度：记录仪的精(确)度应在满量程的±0.1%之内；
g) 时间测量：时间测量的最小分辨率应为1 s，时间测量的准确度和精(确)度应在每小时1 s之内。

6.8 测试仪器的现场校准

6.8.1 概述

a) 温度及流量仪器的准确度应校准到6.2.1和6.3.3所要求的范围内；
b) 测量仪器准确度的现场校准工作应在测试前三个月内完成；
c) 用来校准现场安装仪器准确度的仪器应在测试前一年内进行过标定。

6.8.2 温度校准

6.8.2.1 温度传感器按相关标准，用冰浴、或水浴、或干井式温度校准器进行校准，通用两点法来校准。

a) 校准的仪器应符合相关检定合格标准，要求准确度在±0.05 ℃之内；
b) 其中一个校准点应采用冰浴作为一级校准基准，除非传感器的设计使其不能测试0 ℃。不能用于测量0 ℃的传感器应进行水浴校准，或在已知运行范围的最低温度值附近置于干井内进行校正；
c) 每个传感器都应用水浴，或在其运行范围的最高温度值附近的干井内进行校准。

6.8.2.2 水浴校准法

a) 水浴应在一个保温容器中注入至少0.5 L的水；
b) 将传感器从安装位置取下，与校正标定仪器一起浸入水浴中。等温度读数稳定在水浴温度时，至少在5 min内以10 s的时间间隔，用数据记录仪记录传感器温度读数和校准仪器读数。

6.8.2.3 冰浴校准法

a) 冰浴应在一个保温容器中注入至少0.5 L含有碎冰或片冰的水，冰和液态水应该为蒸馏水。冰应占容器容积的50%，以便使大部分的冰都能悬浮于容器上方；
b) 将传感器从安装位置取下，浸没于冰浴中。等温度读数稳定在冰浴温度时，至少在5 min时间内以10 s的时间间隔，在数据记录仪上记录传感器的温度读数。冰浴的校准读数为0 ℃。

6.8.2.4 如果温度传感器的结构不允许浸入水中，则用干井式温度校准。

6.8.2.5 如果传感器读数与校准器的读数大于6.2.1规定的允许误差，则应更换传感器或调整数据采集系统，采用合适的比例或进行补偿，并记录在仪器测试报表中，重复校准的步骤。

6.8.3 温差

温差的测量可采用下列方法进行校验：

a) 调整系统使两个传感器所接触的流体温度相同。例如，在校准蓄冷装置进、出口温度的测量时，可设置蓄冷装置旁通阀来旁通通过蓄冷装置的整个流动；
b) 至少在5 min内，以每10 s的时间间隔，在数据记录仪上记录两个传感器的读数；
c) 交换两个传感器的位置，重新按6.8.3b)来记录温度读数；
d) 如果两个温度传感器不能在6.2.1规定范围内读出真实的温差，换掉一个或两个传感器，重复6.8.3a)～c)的步骤。

6.8.4 液体流量

6.8.4.1 流量传感器进行现场校验时，使用者应确保现场流动情况与实验室校准流动情况相一致，如果测量点的流体截面分布对称、稳定，则可认为实验室的校准适用于现场装置。

6.8.4.2 本标准适用于空间变化小于或等于5%时的试验校准。空间变化可通过采样测量位置上管截面的几个点的流动分布来确定。空间变化的测量方法参见附录C。

6.8.4.3 空间变化 SV 采用式(1)进行计算：

$$SV=(t_{95}\times S_{corr})/(\sqrt{N}\times \overline{F}_{corr}) \quad\cdots\cdots(1)$$

式中：

t_{95} ——置信度为95%，自由度为 N 的 t 分布的 t 值；
S_{corr} ——修正流量的标准偏差；
N ——测量次数；
$\overline{F}_{corr}$ ——修正流量 $\overline{F}_{corr,i}$ 的平均值。

详见附录C。

6.8.4.4 如果空间变化大于5%，可选用下述选项：

a) 选择另一个合适的测量位置；
b) 安装一个整流装置；
c) 采用不易受空间变化率或涡旋干扰的流量传感器来替代，如电磁流量计；
d) 用毕托管来校验已安装的流量传感器。

6.8.4.5 应分别校验预计的最小、标准和最大流量下的流速分布。

6.8.4.6 电磁流量计和科里奥利流量计在现场测量时，不需要校验流速分布。

6.8.5 可选校验方法

如采用6.8.2.1之外的其他方法来校验传感器准确度，应在测试之前得到测试主管部门的许可，并在测试报告中予以文字说明。

7 测试方法

7.1 测试配置

7.1.1 采用本标准测试的测量点的数量、测量点的标识见图1。

7.1.2 F_1、T_1 和 T_2 测点规定了进行蓄冷系统供冷量测试和系统能效测试的系统边界。为了进行这两种测试，这些点的选择把整个蓄冷系统划分为被测系统和负荷侧系统。

7.1.3　F_2、T_3 和 T_4 测点规定了进行释冷量和蓄冷量测试的蓄冷装置边界。

7.1.4　附录 D 中的示意图标明了几种蓄冷系统结构的测点位置。

7.1.5　流量计位置应与 6.3.6 相符合。

7.2　测试条件的确定

7.2.1　概述

7.2.1.1　对于每一次测试，系统均应承受设计日负荷分布下的一系列负荷、流体流量和温度。

7.2.1.2　测试完成以后，对比测量负荷和设计日负荷分布。依据本标准要求，测量负荷分布应与指定负荷的分布大体一致。

7.2.1.3　蓄冷系统由于温度和流动特性的不同而不同，为了达到测试目的，可控制温度和流量。测试条件的确立在很大程度上取决于系统的冷负荷。在实测时要达到设计日负荷比较困难，下面提供两种方法，可检验测试负荷是否与 5.3 的要求相一致。

7.2.1.3.1　方法 1

进行蓄冷量测试、蓄冷系统供冷量测试和蓄冷系统能效测试时需要采用该方法。如有足够的负荷，该方法亦适用于释冷量测试。如以下所有条件均满足，则可认为测试负荷和 5.3 的要求相一致：

a)　测试每小时内的平均负荷至少为对应小时内设计日负荷分布的 90%；

b)　测试每小时负荷分布之和的总冷却负荷，至少为设计日负荷分布的总冷却负荷的 95%。

7.2.1.3.2　方法 2

如负荷未能满足方法 1 要求，则可用本方法进行释冷量测试。如以下所有条件均满足，则可认为测试负荷和 5.3 的要求相一致：

a)　第一小时内的平均负荷至少为设计日负荷分布第 1 h 内的 90%；

b)　最大的单位小时负荷至少为设计日负荷分布中最大单位小时负荷的 90%；

c)　临界释冷点的负荷至少为设计日负荷分布中临界释冷负荷的 90%。当实测蓄冷库存量与总蓄冷量的比值与测试主管部门指定的蓄冷库存量与总蓄冷量的比值的差别在±10%以内时，测试临界释冷点出现；

d)　最后一小时内的平均负荷不低于设计日负荷分布中最后一小时负荷的 90%；

e)　测试每小时负荷分布之和的总冷却负荷，不低于设计日负荷分布的总冷却负荷的 95%；

f)　每小时内的平均负荷不低于设计日负荷分布中对应小时内的 25%。对应小时为设计日负荷分布下累计释冷大于或等于当前累计释冷的第一小时。

7.2.1.4　如没有足够的可用冷负荷，不能进行有效的测试，可以通过以下途径提高冷负荷：

a)　停止运行其他冷源；

b)　停止运行经济器；

c)　在空调空间运行已有的或临时的加热设备；

d)　在蓄冷系统中运行已有的或临时的加热设备。

7.2.2　释冷量测试的条件

7.2.2.1　用于释冷量测试的被测量负荷应等于设计日负荷的释冷部分，与 7.2.1.3 中方法 1 或方法 2 确定的一致。

7.2.2.2　如系统按照整个设计日负荷分布已全部运行，但 8.3.4 描述的测试结束条件还未达到，则采用最后一小时的负荷继续测试直到达到结束条件。

7.2.2.3　表 A.3、表 A.4 和表 A.5 及相应的图 A.1、图 A.2 和图 A.3 列出了用于释冷量测试的设计日负荷分布实例以及两个可用的测试负荷实例。

7.2.3 蓄冷量测试的条件

在测试阶段的每个小时内，进入蓄冷装置载冷剂应控制在温度 $T_2 \pm 1$℃，流量 $F_2 \pm 10\%$，蓄冷负荷应按照设计日负荷运行。

7.2.4 蓄冷系统供冷量测试的条件

7.2.4.1 按 7.2.1.3 中方法 1，蓄冷系统供冷量测试所测负荷应等于设计日负荷分布中的系统负荷。
7.2.4.2 按 5.3d)中要求的系统来运行。

7.2.5 蓄冷系统能效测试的条件

蓄冷系统能效测试的条件与蓄冷系统供冷量测试的条件相同。

7.3 流体物性确定

流体的性质应在进入蓄冷装置的平均温度下确立，载冷剂(除水外)的密度、比热和黏度应采用下述方法中的一种确定。
7.3.1 乙二醇载冷剂的流体物性采用折射率检测方法确定。
  a) 根据厂家提供的数据或手册上发表的数据，通过折射率检测确定乙二醇百分比浓度；
  b) 根据厂家提供的数据通过乙二醇百分比浓度确定密度和比热。
7.3.2 乙二醇或其他载冷剂的流体物性可通过密度检测来确定。
  a) 根据厂家提供的数据或手册上发表的数据，通过密度检测确定百分比浓度；
  b) 根据厂家提供的数据通过百分比浓度确定比热。
7.3.3 黏度：如果黏度为流体测量的要求参数，可使用厂家提供的数据或从相关资料中查得的数据。

8 测试程序

8.1 测试准备

在测试前，蓄冷装置应按 5.1 的规定进行测试准备。

8.2 并行测试

根据测试主管部门的选择方案，释冷量测试、蓄冷系统供冷量测试和蓄冷系统能效测试可同时进行。

8.3 释冷量测试

8.3.1 此测试的目的，是为了测量满足设计日负荷分布的从蓄冷装置中输出的冷量。蓄冷装置的边界应由测试主管部门按 7.1.3 来确定。
8.3.2 释冷量测试应在蓄冷装置处于完全蓄冷状态时进行。
8.3.3 从负荷侧返回来的流体，应在按 7.2.2 确定的温度和流量下供给蓄冷装置，该测试的目的是使系统负荷尽可能地接近于设计日负荷分布。指定条件的可接受偏差由 7.2.2 决定。
8.3.4 释冷量测试应一直持续，直到蓄冷装置达到 5.3k)中说明的完全释冷状态，或释冷可用时间结束。
8.3.5 应按 9.2 的要求来记录数据。

8.3.6 应按10.2的要求计算总释冷量。

8.4 蓄冷量测试

8.4.1 此项测试的目的，是测量在可用蓄冷时间内能在蓄冷装置中蓄存的冷量。蓄冷装置的边界应由测试主管部门按7.1.3来确定。
8.4.2 蓄冷测试应在蓄冷装置处于完全释冷状态时进行。
8.4.3 载冷剂应在按7.2.3的方法确定的温度和流量下进入蓄冷装置。
8.4.4 蓄冷测试应一直持续，直到蓄冷装置达到完全蓄冷状态，或最大可用蓄冷时间结束。
8.4.5 应按9.3的要求来记录数据。
8.4.6 应按10.3的要求计算总蓄冷量。

8.5 蓄冷系统供冷量测试

8.5.1 此项测试的目的，是测量蓄冷系统向负荷侧释冷的能力。测试系统的边界应由测试主管部门按7.1.2来确定。
8.5.2 蓄冷系统供冷量测试应在蓄冷装置处于完全释冷状态或处于完全蓄冷状态时进行。
8.5.3 蓄冷系统应按7.2.4确定的温度和流量供应冷冻流体。
8.5.4 系统按设计日负荷分布运行一个完整的循环，该循环应包含蓄冷、释冷、单制冷机组供冷运行和闲置时段。蓄冷装置的状态在循环结束时应与循环开始时完全一致。
8.5.5 应按9.4的要求记录数据。
8.5.6 应按10.4的要求计算总释冷量。

8.6 蓄冷系统能效测试

8.6.1 此项测试的目的，是测量在满足设计日负荷分布下的循环耗能。测试系统的边界应由测试主管部门按7.1.2来确定。
8.6.2 按8.5.2～8.5.4的蓄冷系统供冷量测试的步骤。
8.6.3 应测量5.3e)要求的部件的输入能量。
8.6.4 应按9.5的要求记录数据。
8.6.5 应按10.5的要求计算总释冷量。

9 数据记录

9.1 概述

按6.7规定的时间间隔来记录所有的测量值，记录每次测量时间于最临近的秒数。对于每次测试，按6.7规定的时间间隔来记录下述数值：

a) 蓄冷装置环境的干球温度，℃；
b) 蓄冷装置的液位(适用时)；
c) 立式蓄冷装置的温度分布(适用时)，℃。

9.2 释冷量测试

按6.7规定的时间间隔来记录下述量的平均值：

F_2——测试时通过蓄冷装置的流体流量，m^3/h；
T_3——测试时进入蓄冷装置的流体温度，℃；

T_4——测试时离开蓄冷装置的流体温度，℃。

9.3 蓄冷量测试

按6.7规定的时间间隔来记录下述量的平均值：

F_2——测试时通过蓄冷装置的流体流量，m^3/h；

T_3——测试时进入蓄冷装置的流体温度，℃；

T_4——测试时离开蓄冷装置的流体温度，℃。

如果设计日负荷分布在蓄冷阶段得以满足，按6.7规定的时间间隔来记录下述附加量的平均值：

F_3——通过负荷的流体流量，m^3/h；

T_5——进入负荷的流体温度，℃；

T_6——离开负荷的流体温度，℃。

9.4 蓄冷系统供冷量测试

按6.7规定的时间间隔来记录下述量的平均值：

F_1——测试时通过蓄冷系统的流体流量，m^3/h；

T_1——测试时离开蓄冷系统的流体温度，℃；

T_2——测试时进入蓄冷系统的流体温度，℃。

9.5 蓄冷系统能效测试

按6.7规定的时间间隔来记录下述量平均值：

F_1——测试时通过蓄冷系统的流体流量，m^3/h；

T_1——测试时离开蓄冷系统的流体温度，℃；

T_2——测试时进入蓄冷系统的流体温度，℃；

E_{in}——5.3e)中规定的每个部件的能量输入。

10 结果计算

10.1 根据测得的温度和流量计算释冷量见式(2)、式(3)、式(4)。

$$Q_{\mathrm{dish},i}=\frac{\rho c_p t_{ri} F_{2,i}(T_{4,i}-T_{3,i})}{C_1} \quad\cdots\cdots(2)$$

$$Q_{\mathrm{disch},j}=\sum_{i=1}^{N_{ri}} Q_{\mathrm{disch},i} \quad\cdots\cdots(3)$$

$$Q_{\mathrm{disch}}=\sum_{j=1}^{t_D} Q_{\mathrm{disch},j} \quad\cdots\cdots(4)$$

10.2 根据温度和流量测量计算蓄冷量见式(5)、式(6)、式(7)。

$$Q_{\mathrm{charge},i}=\frac{\rho c_p t_{ri} F_{2,i}(T_{4,i}-T_{3,i})}{C_1} \quad\cdots\cdots(5)$$

$$Q_{\mathrm{charge},j}=\sum_{i=1}^{N_{ri}} Q_{\mathrm{charge},i} \quad\cdots\cdots(6)$$

$$Q_{\mathrm{charge}}=\sum_{j=1}^{t_C} Q_{\mathrm{charge},j} \quad\cdots\cdots(7)$$

10.3 根据温度和流量测量计算蓄冷系统供冷量见式(8)、式(9)、式(10)。

$$Q_{\mathrm{sys},i}=\frac{\rho c_p t_{ri} F_{1,i}(T_{2,i}-T_{1,i})}{C_1} \quad\cdots\cdots(8)$$

$$Q_{sys,j} = \sum_{i=1}^{N_{ri}} Q_{sys,i} \qquad \cdots\cdots (9)$$

$$Q_{sys} = \sum_{j=1}^{t_S} Q_{sys,j} \qquad \cdots\cdots (10)$$

10.4 系统比能的计算见式(11)。

$$E_{spec} = \frac{\sum E_{in}}{Q_{sys}} \qquad \cdots\cdots (11)$$

式中：

E_{in} ——蓄冷系统部件的能量输入，单位为千瓦时(kWh)；

$\sum E_{in}$ ——5.3e)中定义的蓄冷系统中所有设备的总测量耗电量；

Q_{sys} ——由公式(9)计算出的供给负荷的总冷量；

$\sum E_{in}$ 和 Q_{sys} 为经过一个或多个完整蓄冷循环的测量值。

10.5 蓄冷系统能效的计算

蓄冷系统能效为系统比能的倒数。

10.6 蓄冷效率计算见式(12)。

$$\eta_{stor} = \frac{Q_{disch}}{Q_{charge}} \qquad \cdots\cdots (12)$$

其中，Q_{disch} 和 Q_{charge} 为在蓄冷装置处于相同状态下运行一个或多个完整的蓄冷循环，连续释冷和蓄冷期内的测量值。

11 测试报告

测得的数据应记录在一个标准的格式中，附录 E 中给出了测试报告的格式。

测试者如提供除附录 E 之外的数据时，应单独列出，不应作为标准格式的一部分。

测试人员按本标准完成测试之后，应在测试报告上签字。如果测试的任何部分，包括仪器精(确)度、测试条件、过程或其他未能满足本标准中的一些条款，测试人员在进行测试时应提供差异说明，并应把它作为测试报告的一部分。

附　录　A
（资料性附录）
设计日负荷分布实例

表 A.1　设计日负荷分布实例

小时	系统 kW	制冷机组 kW	蓄冷装置 kW	备注	蓄冷库存量 kWh	T_1 离开蓄冷系统 ℃	T_2 进入蓄冷系统 ℃	T_3 进入蓄冷装置 ℃	T_4 离开蓄冷装置 ℃	进入制冷机组 ℃	离开制冷机组 ℃	F_1 通过蓄冷系统 m^3/h	F_2 通过蓄冷装置 m^3/h
1	0	756	756		4 064	—	—	−4.1	−0.2	−0.2	−4.1	—	180
2	0	753	753		4 817	—	—	−4.2	−0.4	−0.4	−4.2	—	180
3	0	747	747		5 564	—	—	−4.4	−0.6	−0.6	−4.4	—	180
4	0	738	738		6 301	—	—	−4.7	−0.9	−0.9	−4.7	—	180
5	0	738	738		7 039	—	—	−4.7	−0.9	−0.9	−4.7	—	180
6	0	0	0		7 039	—	—	—	—	—	—	—	—
7	0	0	0		7 039	—	—	—	—	—	—	—	—
8	1 407	1 092	−315	追加	6 724	3.3	10.4	4.9	3.3	10.4	4.9	180	180
9	1 231	1 075	−156		6 569	3.3	9.5	4.1	3.3	9.5	4.1	180	180
10	1 407	1 092	−315		6 254	3.3	10.4	4.9	3.3	10.4	4.9	180	180
11	1 759	1 128	−631		5 623	3.3	12.2	6.5	3.3	12.2	6.5	180	180
12	1 934	1 145	−789		4 834	3.3	13.1	7.3	3.3	13.1	7.3	180	180

表 A.1（续）

小时	系统 kW	制冷机组 kW	蓄冷装置 kW	备注	蓄冷库存量 kWh	T_1 离开蓄冷系统 ℃	T_2 进入蓄冷系统 ℃	T_3 进入蓄冷装置 ℃	T_4 离开蓄冷装置 ℃	进入制冷机组 ℃	离开制冷机组 ℃	F_1 通过蓄冷系统 m^3/h	F_2 通过蓄冷装置 m^3/h
13	2 110	1 163	−947		3 888	3.3	14.0	8.1	3.3	14.0	8.1	180	180
14	2 198	1 172	−1 026	最大	2 862	3.3	14.4	8.5	3.3	14.4	8.5	180	180
15	2 110	1 163	−947		1 914	3.3	14.0	8.1	3.3	14.0	8.1	180	180
16	1 934	1 145	−789	临界	1 126	3.3	13.1	7.3	3.3	13.1	7.3	180	180
17	1 671	1 119	−552		574	3.3	11.7	6.1	3.3	11.7	6.1	180	180
18	1 319	1 083	−236	最终	338	3.3	10.0	4.5	3.3	10.0	4.5	180	180
19	1 055	1 055	0		339	3.3	8.6	3.3	3.3	8.6	3.3	180	180
20	352	821	469		808	0.6	2.3	−1.8	0.6	2.3	−1.8	39.6	180
21	317	800	483		1 304	−0.1	1.5	−2.5	−0.1	1.5	−2.5	32.4	180
22	317	800	483		1 788	−0.1	1.5	−2.6	−0.1	1.5	−2.6	32.4	180
23	0	761	761		2 549	—	—	−3.9	−0.1	−0.1	−3.9	—	180
24	0	759	759		3 308	—	—	−3.9	−0.1	−0.1	−3.9	—	180

注：蓄冰，定流量，制冷机组处于上游，载冷剂25%乙二醇。

表 A.2 设计日负荷分布实例

小时	系统 kW	制冷机组 kW	蓄冷装置 kW	备注	蓄冷库存量 kWh	T_1 离开蓄冷系统 ℃	T_2 进入蓄冷系统 ℃	T_3 进入蓄冷装置 ℃	T_4 离开蓄冷装置 ℃	进入制冷机组 ℃	离开制冷机组 ℃	F_1 通过蓄冷系统 m^3/h	F_2 通过蓄冷装置 m^3/h
1	0	1 882	1 882		14 167	—	—	4.4	15.6	15.6	4.4	—	147.6
2	0	1 882	1 882		16 048	—	—	4.4	15.6	15.6	4.4	—	147.6
3	0	1 882	1 882		17 930	—	—	4.4	15.6	15.6	4.4	—	147.6
4	0	1 882	1 882		19 812	—	—	4.4	15.6	15.6	4.4	—	147.6
5	0	1 882	1 882		21 693	—	—	4.4	15.6	15.6	4.4	—	147.6
6	0	1 882	1 882		23 575	—	—	4.4	15.6	15.6	4.4	—	147.6
7	0	1 882	1 882		25 456	—	—	4.4	15.6	15.6	4.4	—	147.6
8	2 110	0	−2 110	追加	23 205	5.6	15.6	15.6	5.6	15.6	—	180	−180
9	1 407	0	−1 407		21 798	5.6	15.6	15.6	5.6	15.6	—	122.4	−122.4
10	1 759	0	−1 759		20 039	5.6	15.6	15.6	5.6	15.6	—	151.2	−151.2
11	2 638	0	−2 638		17 402	5.6	15.6	15.6	5.6	15.6	—	226.8	−226.8
12	2 638	0	−2 638		14 764	5.6	15.6	15.6	5.6	15.6	—	226.8	−226.8
13	3 517	0	−3 517		11 247	5.6	15.6	15.6	5.6	15.6	—	302.4	−302.4
14	4 045	0	−4 045	最大临界	7 202	5.6	15.6	15.6	5.6	15.6	—	349.2	−349.2
15	2 638	0	−2 638		4 565	5.6	15.6	15.6	5.6	15.6	—	226.8	−226.8
16	2 638	0	−2 638		1 927	5.6	15.6	15.6	5.6	15.6	—	226.8	−226.8
17	1 759	0	−1 759	最终	168	5.6	15.6	15.6	5.6	15.6	—	151.2	−151.2
18	352	1 882	1 530		1 699	4.4	15.6	4.4	15.6	15.6	4.4	28.8	118.8
19	352	1 882	1 530		3 229	4.4	15.6	4.4	15.6	15.6	4.4	28.8	118.8
20	352	1 882	1 530		4 758	4.4	15.6	4.4	15.6	15.6	4.4	28.8	118.8
21	0	1 882	1 882		6 640	—	—	4.4	15.6	15.6	4.4	—	147.6
22	0	1 882	1 882		8 522	—	—	4.4	15.6	15.6	4.4	—	147.6
23	0	1 882	1 882		10 404	—	—	4.4	15.6	15.6	4.4	—	147.6
24	0	1 882	1 882		12 285	—	—	4.4	15.6	15.6	4.4	—	147.6

注：水蓄冷，变流量，并联系统。

表 A.3 释冷量测试负荷分布实例——计算负荷

时　刻	逐时负荷 kW	累积释冷量 kWh	备　注
8	314	314	追加负荷
9	156	470	
10	314	785	
11	631	1 416	
12	789	2 205	
13	947	3 152	
14	1 026	4 178	最大
15	947	5 125	
16	789	5 914	临界
17	552	6 466	
18	235	6 700	最终

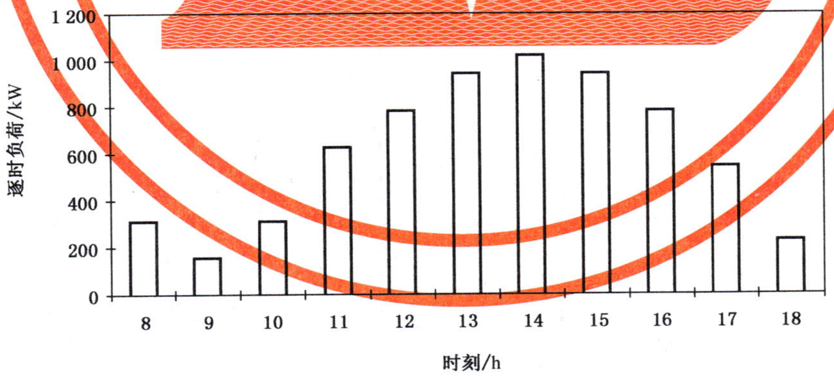

图 A.1 释冷量测试负荷分布实例——计算负荷图

表 A.4 释冷量测试负荷分布实例——采用方法 1

时　　刻	逐时负荷 kW	累积释冷量 kWh	备　　注
8	285	285	追加负荷
9	176	461	
10	299	759	
11	598	1 357	
12	791	2 148	
13	932	3 080	
14	932	4 012	最大
15	932	4 943	
16	721	5 664	临界
17	510	6 174	
18	214	6 389	最终

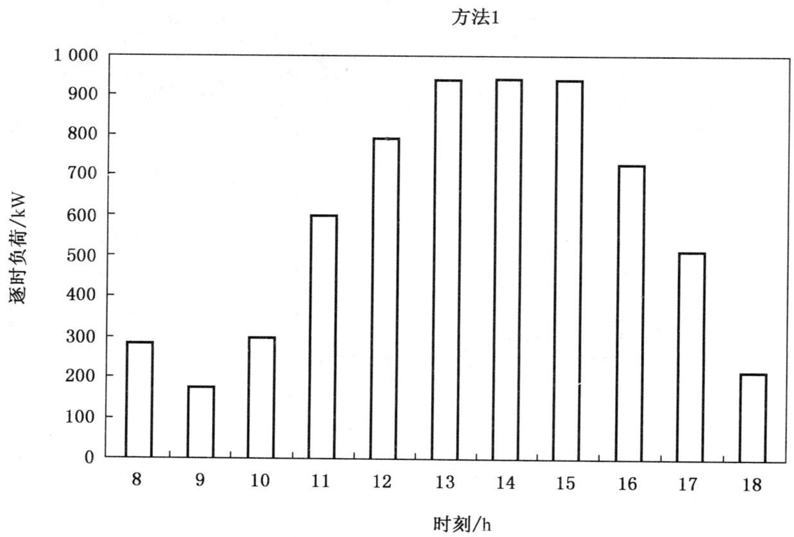

图 A.2 释冷量测试负荷分布实例——采用方法 1(首选)

表 A.5 释冷量测试负荷分布实例——采用方法 2

时　　刻	逐时负荷 kW	累积释冷量 kWh	设计日负荷内的对应小时	备　　注
8	285	285	1	追加负荷
9	211	496	3	
10	281	777	3	
11	422	1 199	4	
12	527	1 726	5	
13	615	2 341	6	
14	703	3 045	6	
15	932	3 977	7	最大
16	615	4 592	8	
17	615	5 207	9	
18	721	5 928	10	临界
19	422	6 350	10	
20	214	6 564	11	最终

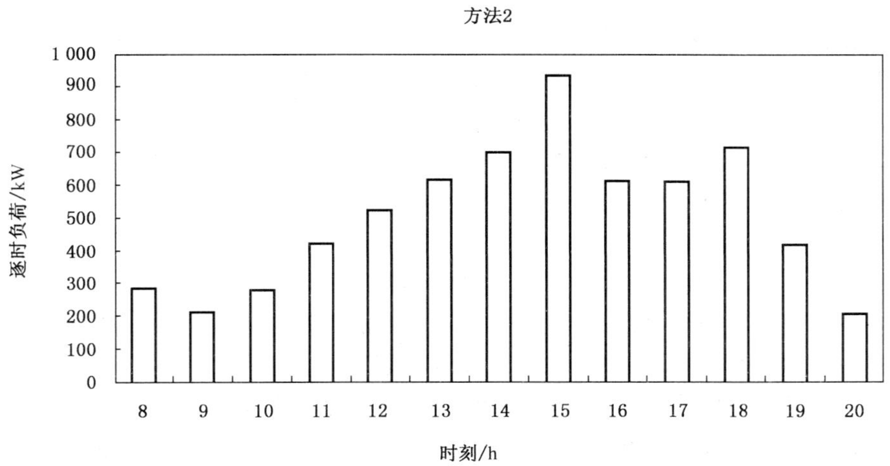

图 A.3 释冷量测试负荷分布实例——采用方法 2(备选)

附 录 B
（资料性附录）
液体流量测量方法

B.1 简介

B.1.1 选择流量计应考虑下述因素：

a) 精(确)度要求；

b) 流体类型和物性参数，包括温度、密度、压力、黏度、清洁度(混浊度)和透明度；

c) 流量计所处流动状况，包括期望的流速范围和测量点的流速分布；

d) 预算开支。

B.1.2 总的来说，流量传感器可以分为4个不同的计量类型：

a) 差压式流量计(例如孔板流量计、文丘里流量计和毕托管流量计)；

b) 阻力式流量计[例如变面积式流量计(又称等压降式流量计)、正位移流量计、涡轮流量计、转子流量计、靶式流量计、涡街流量计和插入式电磁流量计]；

c) 无阻式流量计(例如超声流量计、全孔电磁流量计)；

d) 质量流量计(例如科里奥利质量流量计和角动量质量流量计)。

B.1.3 每一种流量测量技术都有特定的应用场合，本附录只讨论和温度测量一起来确定流体流动热能的最常用的流体流量测量设备。差压式流量计可参考相关标准和文献，本附录中不予讨论。

B.1.4 阻力式流量计

阻力式流量计可在大范围流速内提供一个线性输出信号，通常不会像孔板或文丘里式流量计那样存在很大的压力损失。该类型流量计包括变面积流量计、正位移流量计、涡轮流量计、切线轮桨式流量计、目标流量计、涡流流量计和插入式电磁流量计。通常情况下，这些流量计在流线上放置一个体积小、重量轻的旋转轮或感应器来确定流体的流速。这些信号仅仅是采样流动的代表。在校正和安装时应谨慎，以使取样的流速与真实流速相一致。

B.1.4.1 涡轮流量计

涡轮流量计通过计算放在流体中的回转轮的旋转次数来测量流体流动量。轴流涡轮流量计可分为全孔式或嵌入式，全孔式涡轮流量计有一个轴线回转轮和用于安装的特定空间。

嵌入式涡轮流量计允许轴线涡轮嵌入到流线中，采用已有的管道作为流量计壳体。这种流量计可直接插入现有管道而不用停止系统运行。

嵌入式涡轮流量计有一个或两个涡轮，单个涡轮仅测量流体中一个很小横截面上的流速。因此，当流量计位于流体的完全发展段时，可以较精确地推断出总的体积流速，厂家的说明是以这些状态为前提的。安装时应有一定的直管段要求，以达到稳定流动状态。

双涡轮嵌入式流量计可以利用旋转涡轮计数，因而可以在增大测量横截面积时减少旋转流的影响。

嵌入式流量计可用于直径50 mm以上低压力损失的管子。由流体驱动的涡轮旋转速率在很大范围内提供一个与流速成线性关系的输出，该输出可获得一个代表流体流动量的一个信号脉冲或与流速成比例的频率及类似信号。尽管较易受流动中杂质的影响，在合理的资金投入下，嵌入式涡轮流量计还是可以提供良好的精(确)度的。

B.1.4.2 涡流流量计

流体流过一个刚性物体后分为两股，将引起不稳定性的震动。涡流流量计采用相同的物理效应。涡流流量计无移动部分，适用于测量精(确)度要求较高的气体、蒸气或液体的流动测量。涡流流量计提供一个类似线性的或数字的输出。

B.1.4.3 嵌入式电磁流量计

嵌入式电磁流量计采用法拉第电磁感应原理来进行取样流的测量。嵌入式磁流量计可在每极上带有一个或多个感应器，如果在每个测量点上采用多个感应器可获得更高的精(确)度。在合理的资金投入下，可提供更高的精(确)度输出。

B.1.5 无阻式流量计

在上面所提到的所有流量计中，在进行测量的时候必然要对流动进行干扰。无阻式流量计无需在流动中放入阻碍物。

B.1.5.1 超声流量计

通常采用两种基本类型的超声流量计，一种为时差式，另一种为多普勒式。

时差式超声流量计通过监测流过流体的声波的持续时间的细微差别来测量流体速度。管外夹式时差式超声流量计用于变径管道中流量的快速测量。普通产品的流动不确定性为实际流量的1%到3%，管径小于300 mm为5%或全范围2%。

多普勒超声流量计通过感应声波由通过流体的一个角度冲击引起的空气泡或小微粒的速度来测量流体的速度。该类型流量计要求在流体中有一定量的微粒和空气以反射监测信号给接收者。多普勒超声流量计全程流量的不确定性在2%到5%之间，一般来说与时差式超声流量计价格相当。

超声流量计很难现场校准。这些流量计为速度相关设备，和阻力式流量计一样，极易由于管道光洁度、流动条件以及不正确的安装技术引起误差。不宜采用厂家标称的精(确)度进行现场使用，当管道、流动状况已知，且管径小于300 mm时，流动测量不确定性最好在5%以下。管径越大，测量越不受未知管道或流动状态的影响。在稳态流的情况下，测量值比较精确。

B.1.5.2 全孔电磁流量计

电磁流量计采用法拉第电磁效应来测量管道中流体的平均流速。电磁线圈绕过流体，采用直流或交流脉冲产生磁场来形成信号，该信号与管内的平均流速成比例，几乎不受流动分布的影响。在流速大于0.15 m/s的情况下，在10∶1衰减范围内，厂商提供的由直流脉冲激活的电磁流量计流动不确定性为1%，交流脉冲激活的电磁流量计的全程流动不确定性为1%到2%。

B.2 能量测量

精确的能量测量，包括流体的密度和比热以及供液、回液温度的测量，此时需要一个校准的流量计。

记录能量(如制冷机组提供的冷量)的一种方法为采用能量计。能量计，不管是独立的设备还是作为一个大型记录系统的一部分，都可依据从流量计和供、回液温度传感器的输出值来进行实时内部能量流的计算。在比热稳定、密度为常数和精确传感器的保障下，电子能量计可提供高于3%的精(确)度。这些仪表在大型或精(确)度非常高的安装场合运用广泛。还有一个好处就是能提供实时运行数据，例如流速、供液回液温度和能量，有的还提供总量计算。

当测量小温差(ΔT)的冷水系统，两个温度传感器应相匹配或校准至尽可能小的误差。为了以kWh来计算能量，相互匹配或校准的传感器比按标准来单独校准的传感器更显得重要，可以提高能量计算的精(确)度。为了达到此目的，温度传感器提供厂商可提供相匹配的套件，常见的电阻式温度传感器，在−5 ℃～25 ℃范围内校准与温度误差0.1 ℃内相一致。每一套都应该提供校准数据表。

附 录 C
（资料性附录）
确定流体流动空间变化的一种方法

C.1 简介

为了保证现场校验流量传感器安装的准确性，使用者应确保现场流态与流量计在实验室校准状态的流态一致。如果测量点的流动分布是集中的稳定的，实验室校准可以直接用于现场安装。确定流态是否集中和稳定的一种方法是确定其空间变化度。

C.2 方法

空间变化可以通过以下方法确定：用双通道超声波流量计的一个通道在测试位置管道断面的多个位置上测试管道流量。而另一个通道作为比较对象固定在某一位置测量管道流量。以下为使用超声波流量计测量空间变化的建议方法：

C.2.1 使用在实验室实际流动状态下已经校验过的双通道超声波流量计。

C.2.2 在推荐的测量位置：

a） 确定管的参数：直径、壁厚、材料、温度、压力和管内条件；

b） 确定流动参数：温度、流速、黏度；

c） 使用反射（双程）模式。如果流量计有流动分布补偿功能，应该关闭该模式；

d） 通道 1 的流量读数方位应在 0°，45°，90°和 135°（从管道水平方向的上方算），同时通道 2 的读数角度应在 90°；

e） 流动分布至少同时考虑最小、典型、最大流量。

C.2.3 超声波流量计是个很好的诊断工具，有助于确认流体剖面的变化，但不推荐采用超声波流量计的测试平均值作为流量校正值。这就需要此附录范围以外的一个修正过程。

C.2.4 对于空间变化，每个预期流速 SV 值可通过式（C.1）计算：

$$SV=(t_{95}\cdot S_{\mathrm{corr}})/(\sqrt{N}\cdot \overline{F}_{\mathrm{corr}}) \qquad \cdots\cdots(\mathrm{C.1})$$

式中：

t_{95} ——置信度为 95%，自由度为 N 的 t 分布的 t 值；

S_{corr} ——修正流量的标准偏差；

N ——测量次数；

$\overline{F}_{\mathrm{corr}}$ ——修正流量 $\overline{F}_{\mathrm{corr},i}$ 的平均值。

对于 $\overline{F}_{\mathrm{corr},i}$，可通过式（C.2）计算：

$$\overline{F}_{\mathrm{corr},i}=F_i\times\frac{\overline{F}_{\mathrm{control}}}{F_{\mathrm{control},i}} \qquad \cdots\cdots(\mathrm{C.2})$$

式中：

$\overline{F}_{\mathrm{control}}$ ——控制测量的平均值；

F_i ——方位 i 实测流量；

$F_{\mathrm{control},i}$——实测探头在方位 i 时，控制探头的流量测试值。

C.2.5 运用满足典型流速多重范围的动力学知识，总的空间变化等于每种预期流速（例如最小、典型和最大预计值）下的空间变化的加权平均值。每种期望流速取决于期望频率的出现。

C.2.6 空间变化的计算样例见表C.1,表C.2。

表C.1 空间变化计算样例

编号	A	B	C	D
1	位置	测量流量	控制流量	校正流量
2	度	m^3/h	m^3/h	m^3/h
3	0	147.6	152.3	148.0
4	45	159.1	153.0	158.8
5	90	154.4	151.2	156.0
6	135	149.8	154.4	148.2
7				
8	平均值	152.7	152.7	152.7
9	标准偏差	5.1	1.3	5.49
10	空间变化			5%

表C.2 单元计算

编号	A	B	C	D
1	位置	测量流量	控制流量	校正流量
2	度	m^3/h	m^3/h	m^3/h
3	0	147.6	152.3	=B3×C$8/C3
4	45	159.1	153.0	=B4×C$8/C4
5	90	154.4	151.2	=B5×C$8/C5
6	135	149.8	154.4	=B6×C$8/C6
7				
8	平均值	=AVERAGE(B3:B6)	=AVERAGE(C3:C6)	=AVERAGE(D3:D6)
9	标准偏差	=STDEV(B3:B6)	=STDEV(C3:C6)	=STDEV(D3:D6)
10	空间变化			=TINV(0.05,4)×D9/(SQRT(COUNT(D3:D6))×D8)

C.3 选择

如果空间变化超出指定值,可选用下列方法:

a) 选择适当的替换测量位置;

b) 安装直流装置;

c) 用对空间变化和漩涡不敏感的装置替代流量传感器,例如,全孔电磁流量计;

d) 用毕托管校准流量传感器的安装。

附 录 D
（资料性附录）
蓄冷系统设备图示例

本附录中的各图给出了部分蓄冷系统流程中传感器的建议安装位置。图中用点划线表示蓄冷装置边界，用虚线表示蓄冷系统边界。对于本附录中未表示的系统，可参考本附录中关于仪器放置的一般规定。

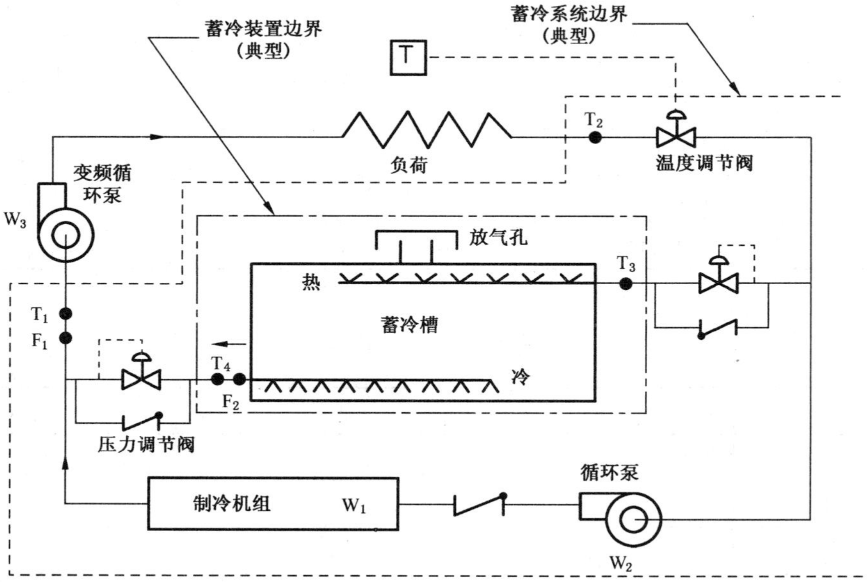

W_1——制冷机组；

W_2——蓄冷用循环泵；

W_3——释冷用循环泵；

T_1——蓄冷系统出口温度测点；

T_2——蓄冷系统进口温度测点；

T_3——蓄冷槽进口温度测点；

T_4——蓄冷槽出口温度测点；

F_1——蓄冷系统流体流量测点；

F_2——蓄冷槽流体流量测点。

注：F_1 可位于 T_2 的上游；F_2 可位于 T_3 的上游；F_2 为双向流量计。

图 D.1 并联冷水蓄冷系统基本流程示意图

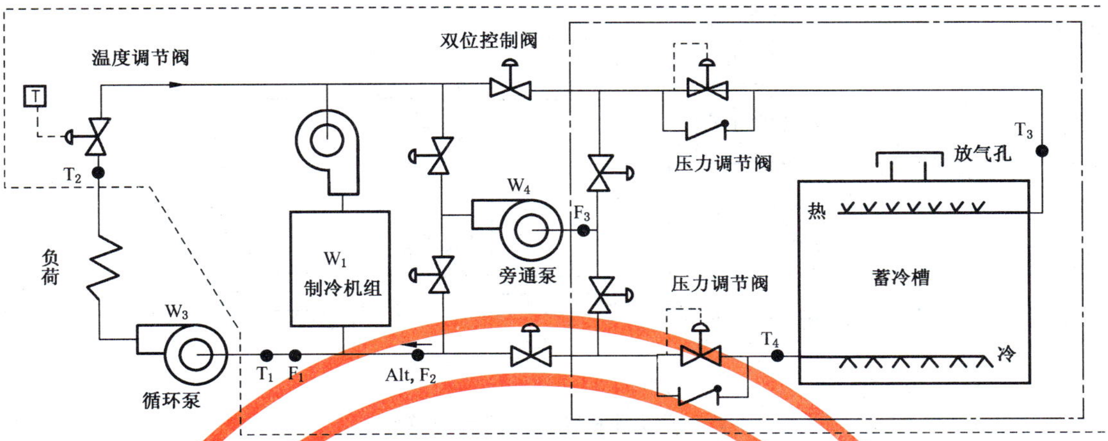

注：F_2 为双向流量计。

图 D.2 并联冷水蓄冷系统流程示意图

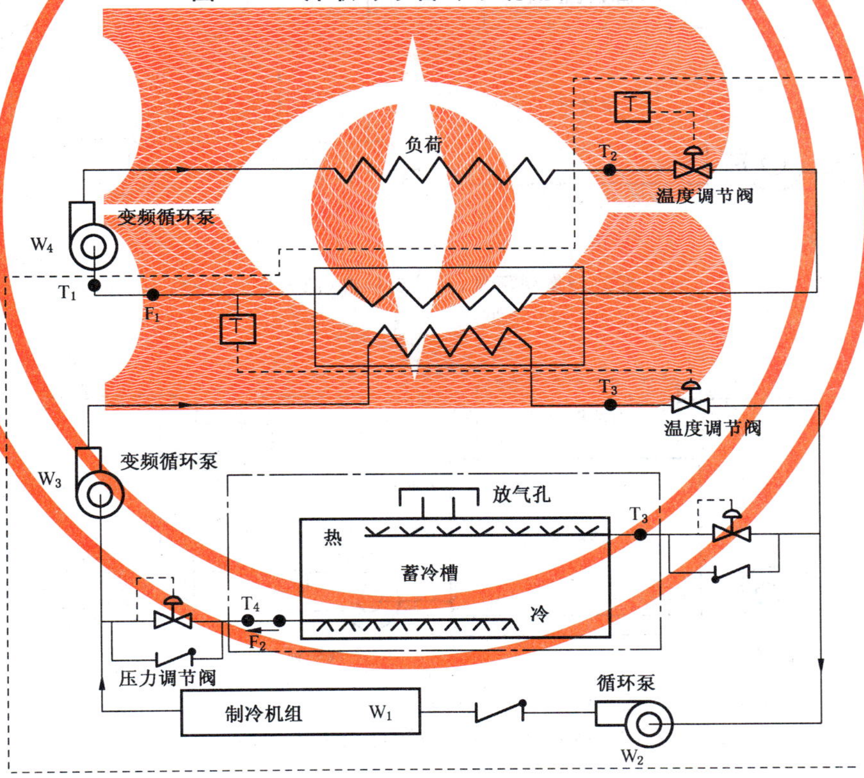

注：F_1 可位于 T_2 的上游；F_2 可位于 T3 的上游；F_2 为双向流量计。

图 D.3 并联冷水蓄冷系统基本流程示意图

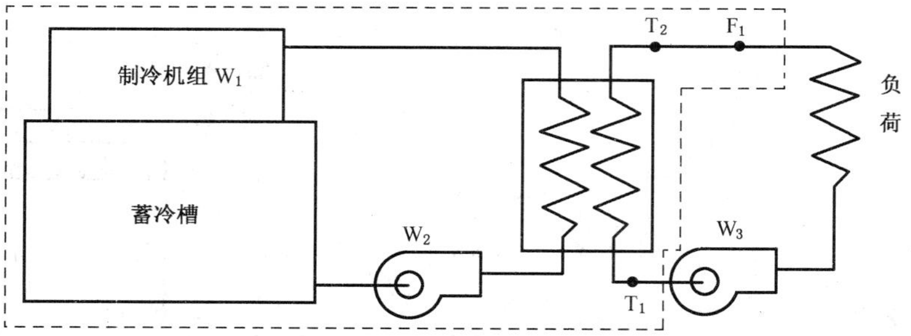

a) 单定流量循环泵,带热交换器

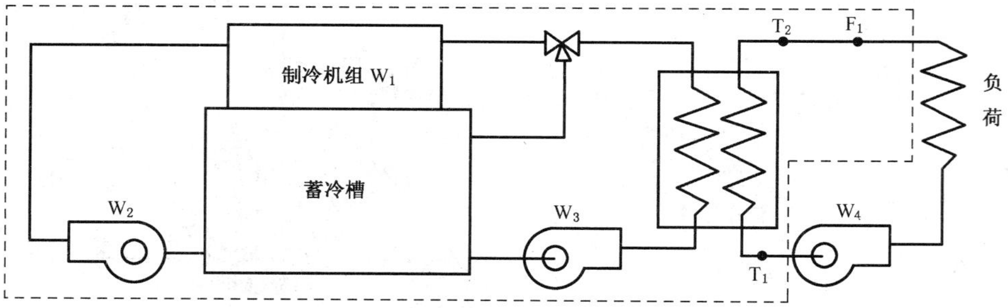

b) 双定流量循环泵,带热交换器(部分负荷蓄冷)

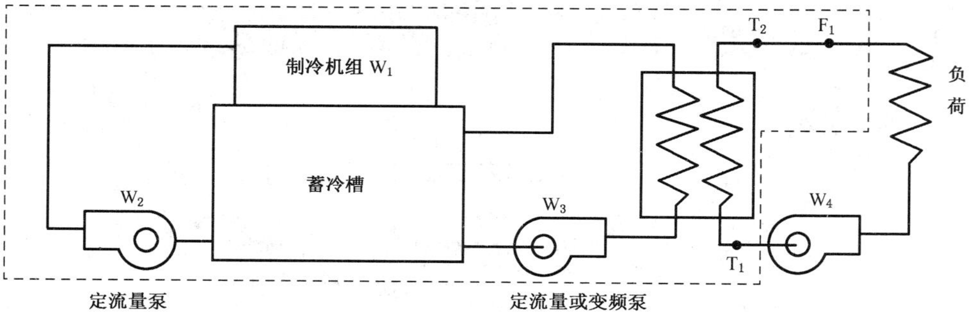

c) 双循环泵,带热交换器(全负荷蓄冷)

注：F_1 可位于 T_1 的上游;T_1 和 T_2 可有换热器,也可以没有。

图 D.4 三种动态蓄冰流程示意图

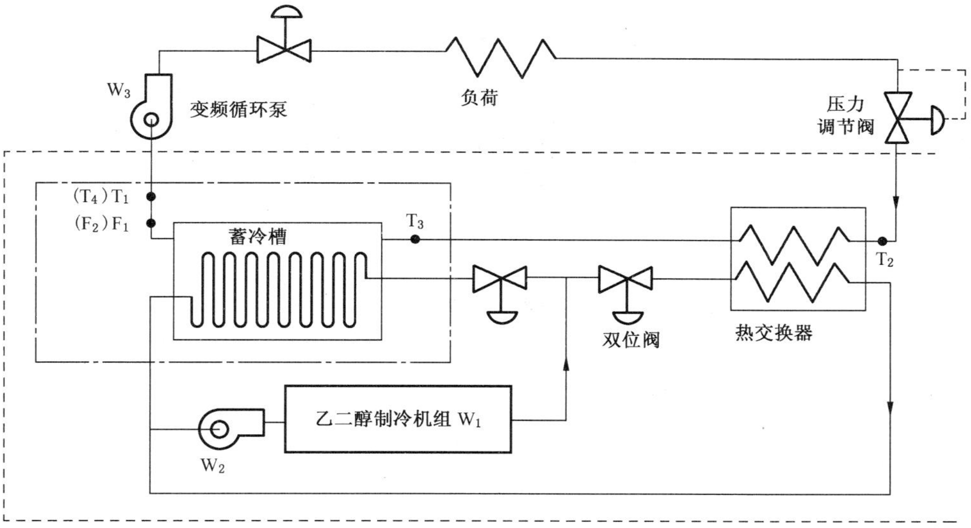

注：F_1 可位于 T_2 上游。

图 D.5 盘管外融冰流程示意图

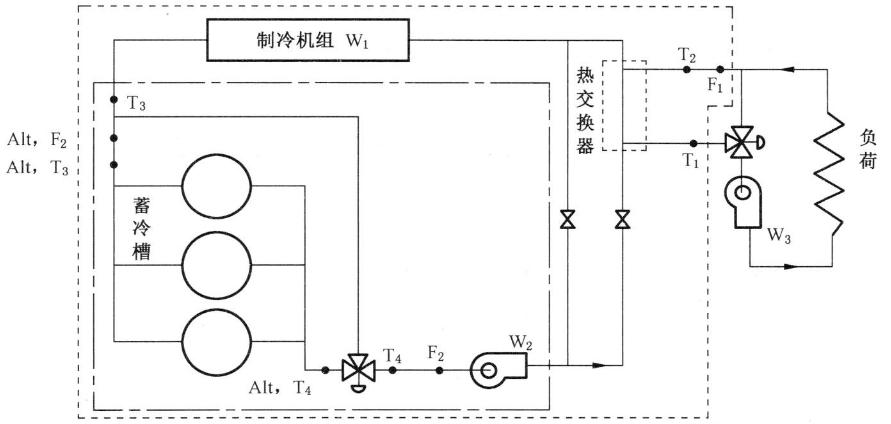

a） 制冷机组位于上游

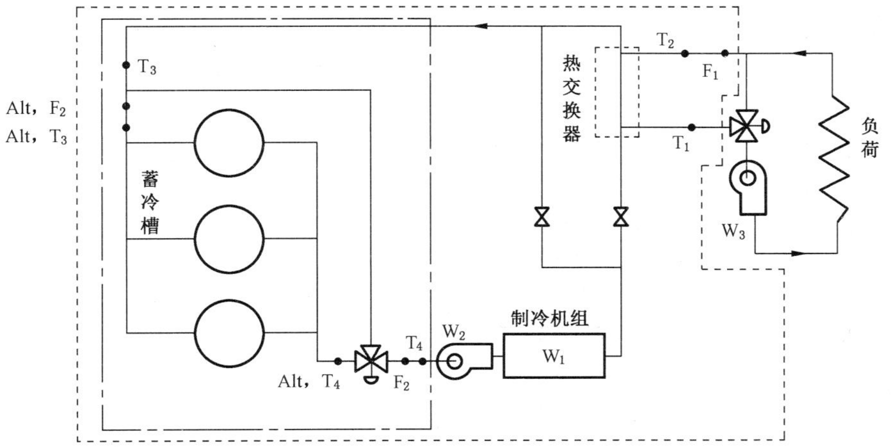

b） 制冷机组位于下游

注：F_1 可位于 T_1 的上游。

图 D.6 盘管内融冰流程示意图

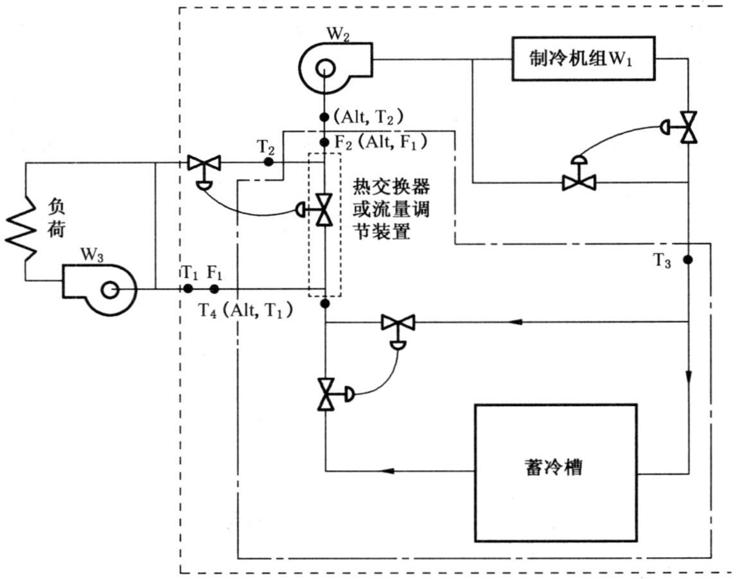

注 1：F_1 可位于 T_2 的上游。

注 2：如果系统载冷剂直接进入负荷侧(直连式系统)，可不设置 F_1，T_1 和 T_2，而设置 Alt. F_1，Alt. T_1 和 Alt. T_2。

图 D.7 典型封装冰结构流程示意图(制冷机组上游)

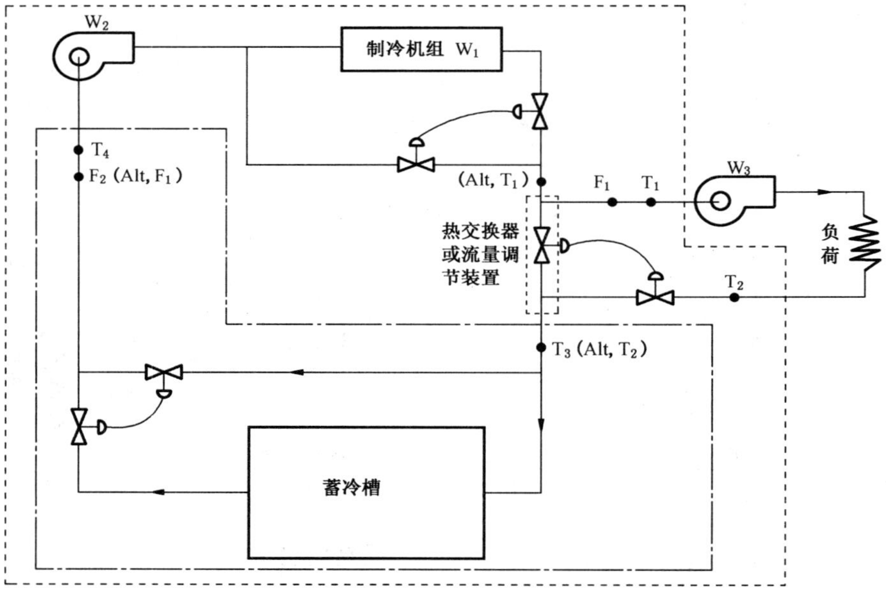

注 1：F_1 可位于 T_1 的上游。

注 2：如果系统载冷剂直接进入负荷侧(直连式系统)，可不设置 F_1，T_1 和 T_2，而设置 Alt. F_1，Alt. T_1 和 Alt. T_2。

图 D.8 典型封装冰结构流程示意图(制冷机组下游)

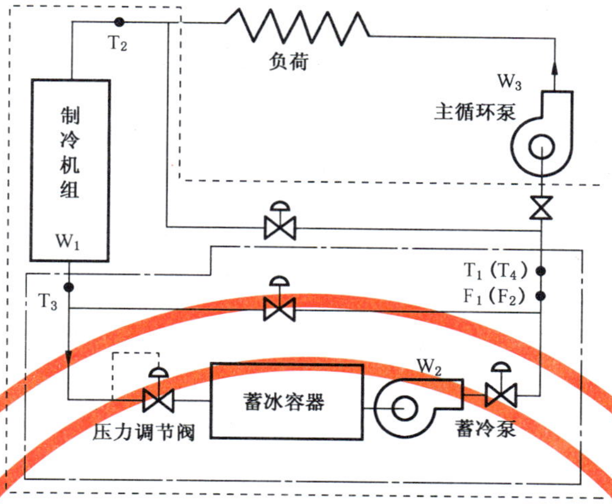

注：F_1 可位于 T_2 的上游。

图 D.9　共融盐结构流程示意图(制冷机组上游)

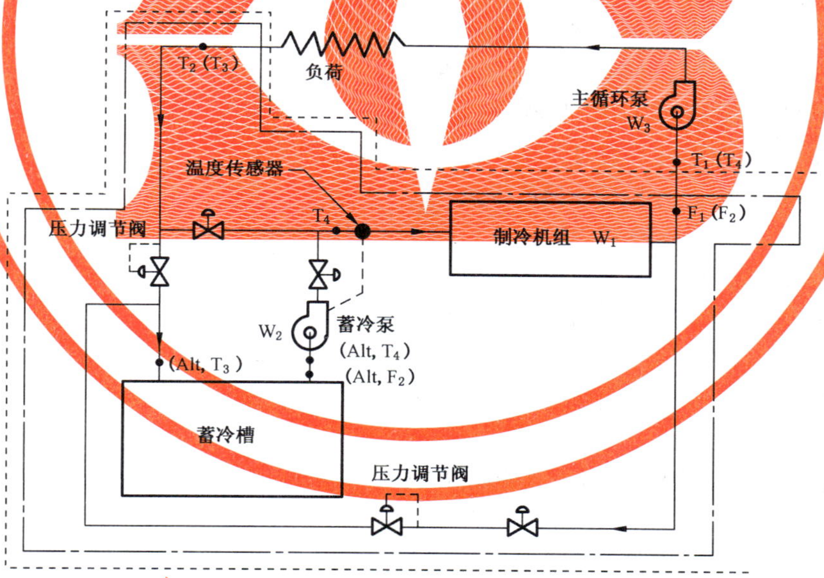

注：Alt. F_2，T_3 和 T_4 应一起使用。

图 D.10　共融盐结构流程示意图(制冷机组下游)

附　录　E
（资料性附录）
测 试 报 告

采用本标准时应使用本附录中提供的格式报告所获得的测试数据。

一般信息 项目：____ 客户：____ 测试人：__________________________ 日期：______________ 测试单位：______________________________________

必要信息：

a) 所要进行的测试类别：______释冷______蓄冷______供冷______系统能效【5.3a)】

b) 设计日负荷分布(流量、供水和回水温度)【5.3b)】。见测试结果。

c) 标明主要部件、测量点和蓄冷系统边界的系统简图【5.3c)】。参见图 E.1。

d) 蓄冷系统能力测试时的运行描述【5.3d)】。见测试结果。

e) 蓄冷系统能效测试时，需要测量耗电量的系统部件清单【5.3e)】。见测试结果。

f) 临界释冷点的负荷量、出现的时间及此时蓄冷库存量与总蓄冷量的比值【5.3f)】。见测试结果。

g) 蓄冷期间最长允许蓄冷周期【5.3g)】。见测试结果。

h) 最高可用释冷温度【5.3h)】。见测试结果。

i) 最高可用供冷温度【5.3i)】。见测试结果。

j) 完全蓄冷状态的判定【5.3j)】。

　　☐ 持续 15 min 离开蓄冷槽的温度低于__________℃

　　☐ 持续 15 min 蓄冷槽内的液体高度或冰的厚度大于__________ cm

　　☐ 累计蓄冷量大于____________________ kWh

k) 完全释冷状态的判定【5.3k)】。

　　☐ 持续 15 min 离开蓄冷槽的温度高于__________℃

　　☐ 持续 15 min 蓄冷槽内的液体高度或冰的厚度小于__________ cm

　　☐ 累计蓄冷量小于____________________ kWh

l) 蓄冷装置周围允许的最高和最低环境温度【5.3l)】。见测试结果。

对于除水以外的载冷剂，载冷剂的体积百分比浓度和折射率之间的关系由流体制造商提供说明。

☐ 折射率：____________________ ☐ 密度：____________________

☐ 制造商：____________________ ☐ 流体：____________________

☐ 所有的说明校准信息可参见【5.3n)】

【5.3c)】示意图

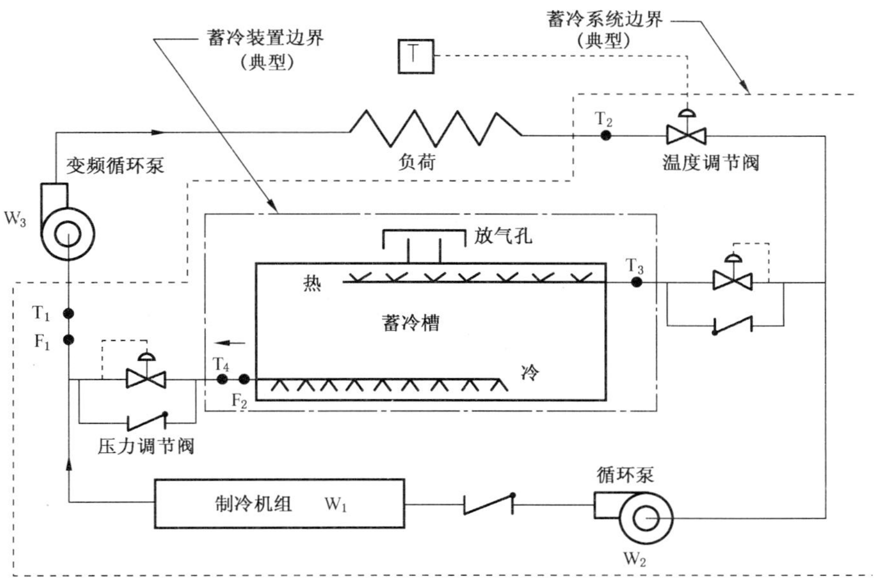

注：F_1 可位于 T_2 的上游；F_2 可位于 T_3 的上游；F_2 为双向流量计。

图 E.1 并联冷水蓄冷系统基本流程

测试结果

蓄冷系统能力测试时的运行描述【5.3d)】

____

____

____

____

进行系统能效测试时，需要测量耗电量的系统部件清单【5.3e)】

____

____

____

____

临界释冷点【5.3f)】	预定值	测量值
时间，单位：h	________	________
负荷，单位：kW	________	________
蓄冷量(相对全蓄冷)，单位：kW	________	________
最长允许蓄冷周期，单位：h【5.3g)】	________	________
最高可用释冷温度，单位：℃【5.3h)】	________	________
最高可用供冷温度，单位：℃【5.3i)】	________	________
最高/最低外界温度，单位：℃【5.3l)】	________	________
释冷量，单位：kW	________	________
蓄冷量，单位：kW	________	________
蓄冷效率，单位：%	________	________
蓄冷阶段(开始/结束)，单位：h	________	________

有效蓄冷量,单位:kW ______________ ______________

峰值释冷量,单位:kW ______________ ______________

追加冷负荷,单位:kW ______________ ______________

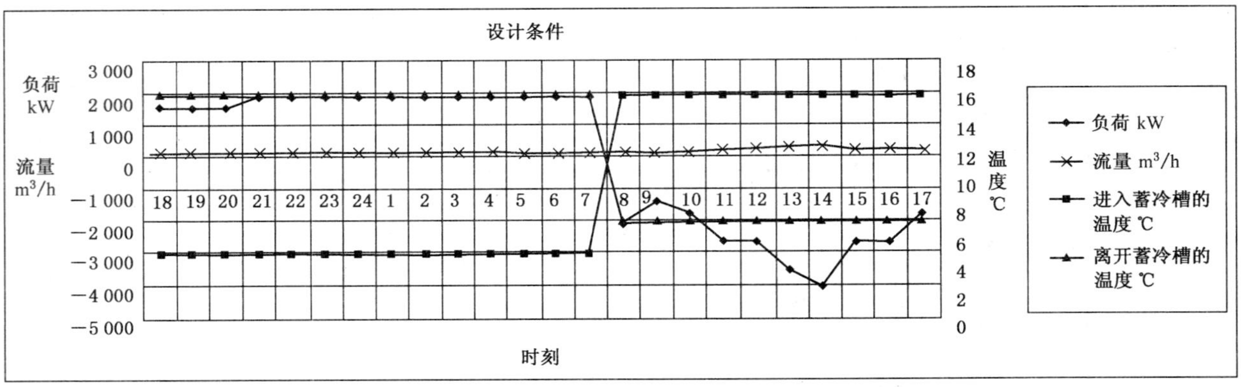

一天中的时刻	18	19	20	21	22	23	24	1	2	3	4	5
负荷 kW	1 530	1 530	1 530	1 882	1 882	1 882	1 882	1 882	1 882	1 882	1 882	1 882
进入蓄冷槽的温度 ℃	4.4	4.4	4.4	4.4	4.4	4.4	4.4	4.4	4.4	4.4	4.4	4.4
离开蓄冷槽的温度 ℃	15.6	15.6	15.6	15.6	15.6	15.6	15.6	15.6	15.6	15.6	15.6	15.6
流量 m^3/h	119	119	119	146	146	146	146	146	146	146	146	146
一天中的小时	6	7	8	9	10	11	12	13	14	15	16	17
负荷 kW	1 882	1 882	−2 110	−1 407	−1 759	−2 638	−2 638	−3 517	−4 045	−2 638	−2 638	−1 759
进入蓄冷槽的温度 ℃	4.4	4.4	15.6	15.6	15.6	15.6	15.6	15.6	15.6	15.6	15.6	15.6
离开蓄冷槽的温度 ℃	15.6	15.6	6.7	6.7	6.7	6.7	6.7	6.7	6.7	6.7	6.7	6.7
流量 m^3/h	146	146	182	121	152	227	227	303	348	227	227	152

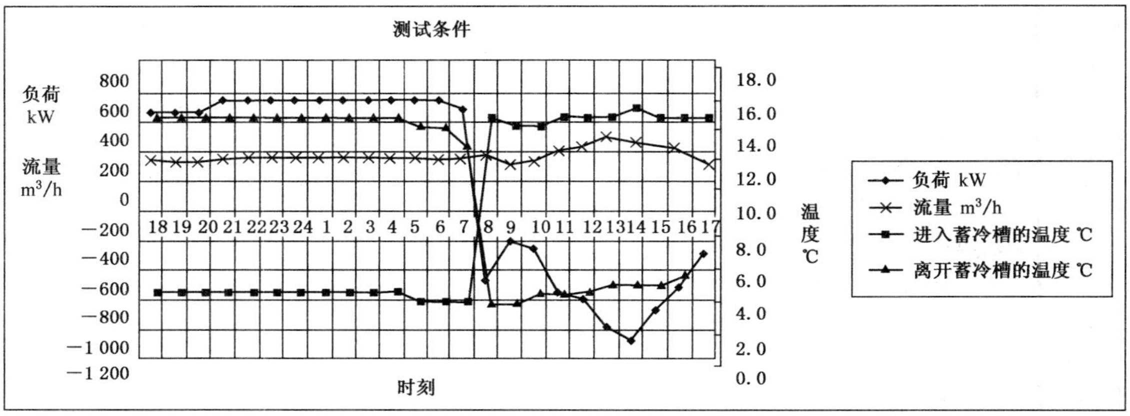

一天中的时刻	18	19	20	21	22	23	24	1	2	3	4	5
负荷 kW	455	455	455	534	534	534	534	534	534	534	534	534
进入蓄冷槽的温度 ℃	4.4	4.4	4.4	4.4	4.4	4.4	4.4	4.4	4.4	4.4	4.4	3.9
离开蓄冷槽的温度 ℃	15	15	15	15	15	15	15	15	15	15	15	14.4
流量 m^3/h	131	131	131	153	153	153	153	153	153	153	153	153
一天中的时刻	6	7	8	9	10	11	12	13	14	15	16	17
负荷 kW	534	478	−667	−396	−450	−752	−792	−975	−1 069	−863	−708	−482
进入蓄冷槽的温度 ℃	3.9	3.9	15	14.4	14.4	15	15	15	15.6	15	15	15
离开蓄冷槽的温度 ℃	14.4	13.3	3.9	3.9	4.4	4.4	4.4	5	5	5	5.6	5.6
流量 m^3/h	153	153	182	114	136	216	227	295	307	261	227	154

仪表

以下仪表用于该类测试和确认(包括用于温度、压力、流量和耗电量)

名称	标签	仪表类型	制造商	型号	范围	准确度	精(确)度	结果[1]	校准日期	校准机构

1) 包括数据获取系统变换

数据获取系统

制造商____________________ 型号____________________

＃通道数____________________ 扫描率____________________

结果____________________

...

仪表——现场校准和确认

下述仪器需现场调整,并在使用前进行校准。

名称	标签	仪表类型	应用范围	1点结果	2点结果	3点结果	4点结果	5点结果[a]	校准日期	校准仪名称

证明

☐ 该测试按 GB/T ××××的要求进行。

☐ 该测试按 GB/T ××××的要求进行,以下几点例外(有需要的可另附页):

____

____

____

____

测试人:________________ 签名:________________ 日期:________________

ICS 71.100.30
Y 88

中华人民共和国国家标准

GB/T 26195—2010

烟花爆竹　烟火药中砷的测定

Fireworks and firecracker—Determination of arsenic in pyrotechnic composition

2011-01-14 发布　　2011-06-01 实施

中华人民共和国国家质量监督检验检疫总局
中国国家标准化管理委员会　发布

前　　言

本标准由中国轻工业联合会提出。

本标准由全国烟花爆竹标准化技术委员会(SAC/TC 149)归口。

本标准起草单位:国家轻工业烟花爆竹安全质量监督检测中心、湖南烟花爆竹产品安全质量监督检测中心、熊猫烟花集团股份有限公司。

本标准主要起草人:黄若岩、罗细、李小平、郑丽琴、罗玲、袁江、刘坤、殷志明。

烟花爆竹　烟火药中砷的测定

警告：使用本标准的人员应有正规实验室工作的实践经验。本标准并未指出所有可能的安全问题，使用者有责任采用适当的安全和健康措施，并保证符合国家有关法律规定的条件。本标准涉及的烟火药是一种易燃易爆的危险品，以下是最主要的安全技术规定：

a） 试样的制备应在有安全防护措施条件下进行；

b） 试样的制备和存放量不能超过安全防护允许的条件；

c） 试样干燥应在安全防爆干燥箱中进行，其干燥温度不超过 55 ℃。

1 范围

本标准规定了烟花爆竹烟火药中微量砷氢化物原子吸收分光光度测定方法。

本标准适用于烟花爆竹烟火药中微量砷的测定。

2 规范性引用文件

下列文件中的条款通过本标准的引用而成为本标准的条款。凡是注日期的引用文件，其随后所有的修改单(不包括勘误的内容)或修订版均不适用于本标准，然而，鼓励根据本标准达成协议的各方研究是否可使用这些文件的最新版本。凡是不注日期的引用文件，其最新版本适用于本标准。

GB/T 602　化学试剂　杂质测定用标准溶液的制备

GB/T 6682　分析实验室用水规格和试验方法

GB/T 15813—1995　烟花爆竹成型药剂　样品分离和粉碎

3 方法原理

将试样处理后注入氢化物发生器，使其在原子化器中形成基态原子对特征电磁辐射产生吸收，将测定试样的吸光度与标准溶液的吸光度进行比较，确定试样中被测元素的含量。

4 试剂

本标准中所用的试剂和水，在没有注明其他要求时，均指分析纯试剂和符合 GB/T 6682 规定的三级水。

4.1　硝酸，保证试剂。

4.2　盐酸，保证试剂。

4.3　盐酸：10%(体积分数)。

4.4　载液：盐酸 1%(体积分数)。

4.5　氢氧化钠，保证试剂。

4.6　氢氧化钠溶液，100 g/L。

4.7　抗坏血酸。

4.8　硼氢化钾，保证试剂。

4.9　载气：氮气或氩气≥99.99%。

4.10　三氧化二砷，保证试剂。

4.11　碘化钾，保证试剂。

4.12　硼氢化钾溶液：称取 3 g 硼氢化钾(4.8)放入塑料瓶中，再加入 0.6 g 氢氧化钠(4.5)，加蒸馏水定容至 200 mL。保存使用期 7 d。

5 标准溶液制备

5.1 砷标准储备溶液1#

按GB/T 602中杂质测定用标准溶液的制备方法，称取0.132 g于硫酸干燥器中干燥至恒重的三氧化二砷(4.10)，温热溶于1.2 mL氢氧化钠溶液(4.6)，移入1 000 mL容量瓶中，稀释至刻度，此溶液含砷100 μg/mL。

5.2 砷标准储备溶液2#

吸取1.00 mL砷标准储备溶液1#放入100 mL的容量瓶中，加入0.8 g碘化钾(4.11)，用盐酸(4.3)定容至100 mL，倒入烧杯中，放置电炉上加热至微沸，冷却至室温，加入0.5 g左右抗坏血酸(4.7)，放置在棕色瓶中密封避光保存，此溶液含砷1 μg/mL。保存期6个月，在保存期内不用价态还原。

5.3 砷标准系列的配制

在6个100 mL的容量瓶中，分别加入0.00 mL、1.00 mL、2.00 mL、3.00 mL、4.00 mL、5.00 mL砷标准储备溶液2#，用盐酸(4.3)定容至100 mL，此溶液分别是0 ng/mL、10 ng/mL、20 ng/mL、30 ng/mL、40 ng/mL、50 ng/mL砷标准系列溶液。根据原子吸收分光光度计和氢化物发生器性能、灵敏度的差异，在做系列标准溶液时可以根据具体情况来配制标准系列。

6 仪器

a) 原子吸收分光光度计；

b) 氢化物发生器；

c) As空心阴极灯；

d) 隔离式防爆烘箱：精度为±2 ℃。

7 试样制备

7.1 按GB/T 15813—1995中的第3章和第4章规定制备试样。

7.2 试样在隔离式防爆烘箱中于50 ℃～55 ℃干燥2 h后，置于干燥器内冷却至室温。

8 分析步骤

8.1 称取试样0.1 000 g，准确至0.000 2 g，放入250 mL烧杯中，加10 mL盐酸(4.2)、5 mL硝酸(4.1)，加热蒸发至近干，加10 mL盐酸(4.2)，冷却后移入100 mL容量瓶中，用蒸馏水定容至刻度，过滤，滤液加入0.8 g碘化钾(4.11)，加热至微沸，冷却后，加入0.5 g抗坏血酸(4.7)。此为样品母液，测定时需稀释至标准曲线范围之内。

8.2 按氢化物发生器要求连接好原子吸收分光光度计及载气(4.9)和载液(4.4)。

8.3 设置好仪器分析参数，用盐酸(4.3)作空白液，分别测定标准系列的吸光度和样品的吸光度。

9 结果计算

砷含量按式(1)计算，数值以%表示：

$$w=\frac{A_1\times c_1\times V\times 10^{-4}}{A_2\times m} \qquad \cdots\cdots(1)$$

式中：

w——试样中砷含量，%；

A_1——样品的吸光度；

c_1——标准曲线上查得的砷浓度，单位为微克每升(μg/L)；

V——试样母液(含稀释倍数)体积,单位为毫升(mL);

A_2——标准的吸光度;

m——试样的质量,单位为克(g)。

测量后仪器将自动生成结果。

10 允许差

在重复性条件下所得两个单次分析值的允许差见表1。

表1 重复性条件下所得两个单次分析值的允许差

以%表示

砷含量	允许差
≤0.001	0.000 5
>0.001~0.01	0.002
>0.01~0.1	0.005

ICS 71.100.30
Y 88

中华人民共和国国家标准

GB/T 26196—2010

烟花爆竹 烟火药中碳含量的测定 高频-红外吸收法

Fireworks and firecrackers—Determination of carbon content in pyrotechnic compositions—High frequency-infrared absorption method

2011-01-14 发布 2011-06-01 实施

中华人民共和国国家质量监督检验检疫总局
中国国家标准化管理委员会 发布

前　　言

本标准由中国轻工业联合会提出。

本标准由全国烟花爆竹标准化技术委员会(SAC/TC 149)归口。

本标准起草单位:广西出入境检验检疫局烟花爆竹检测中心、熊猫烟花集团股份有限公司、中华人民共和国柳州出入境检验检疫局。

本标准主要起草人:商杰、赵伟平、吴文启、李奋、吴俊逸、严春、肖焕新。

烟花爆竹　烟火药中碳含量的测定
高频-红外吸收法

警告：使用本标准的人员应有正规实验室工作的实践经验。本标准并未指出所有可能的安全问题，使用者有责任采用适当的安全和健康措施，并保证符合国家有关法律规定的条件。本标准涉及的烟火药是一种易燃易爆的危险品，以下是最主要的安全技术规定：

a） 试样的制备应在有安全防护措施条件下进行；

b） 试样的制备和存放量不能超过安全防护允许的条件；

c） 试样的干燥应在安全防爆干燥箱中进行，其干燥温度不超过 55 ℃。

1　范围

本标准规定了高频-红外吸收法测定烟花爆竹用烟火药中碳含量的方法。

本标准适用于烟花爆竹用烟火药中总碳含量的测定。

2　规范性引用文件

下列文件中的条款通过本标准的引用成为本标准的条款。凡是注日期的引用文件，其随后所有的修改单(不包括勘误的内容)或修订版均不适用于本标准，然而，鼓励根据本标准达成协议的各方研究是否可使用这些文件的最新版本。凡是不注日期的引用文件，其最新版本适用于本标准。

GB/T 8170　数值修约规则与极限数值的表示和判定

GB/T 15813—1995　烟花爆竹成型药剂　样品分离和粉碎

3　原理

试料在高频感应炉的氧气流中加热燃烧后，生成的二氧化碳由氧气载至红外检测器的测量池，仪器自动测量其对红外光能量的吸收，计算可得试样中碳量。

4　仪器和材料

实验室常用仪器和以下各项：

4.1　红外碳硫分析仪

在选择的仪器工作条件下进行测定。符合以下要求者，可进行本方法的测定。

4.1.1　灵敏度不低于 0.000 1%。

4.1.2　精密度应达到 0.000 2%。

4.1.3　仪器的工作条件：见表 1。

表 1　使用 CS-902T 高频红外碳硫分析仪的工作条件

仪器运行条件	参数值
载气：氧气	≥99.9%
输入氧气压力	0.08 MPa
动力气(氮气)压力	0.2 MPa～0.3 MPa
高频感应炉功率	1.0 kW～2.5 kW
加压时间	15 s～20 s
分析时间	30 s～60 s

4.2 钨粒：粒度 0.4 mm～1.0 mm，含碳量小于 0.000 8%。

4.3 陶瓷坩埚：ϕ25 mm×25 mm，使用前应在马弗炉中于 1 200 ℃灼烧 4 h，取出后置干燥器内冷却备用。

4.4 标准碳含量样品系列：采用碳含量为 0.50%标准钢样、6.72%标准钢样、17.10%分析纯草酸钠和 47.05%分析纯邻苯二甲酸氢钾作为样品系列。

4.5 硝酸钾：分析纯。

4.6 防爆烘箱：精度为±2 ℃。

5 试样的制备

5.1 按照 GB/T 15813—1995 中的第 3 章和第 4 章规定制备试样，试样应通过 60 目筛。

5.2 试样在 4.6 中规定的防爆烘箱中于 50 ℃～55 ℃干燥 3 h 后，置于干燥器内冷却至室温。

6 分析步骤

6.1 仪器准备

6.1.1 开启仪器预热 1 h，按表 1 确定的工作条件使仪器处于稳定状态。

6.1.2 按仪器说明书进行仪器空载运行，确定高频炉和整机工作正常。通过燃烧选取的两个标准试样按 6.5 步骤来调整和稳定仪器。

6.2 仪器校正

6.2.1 空白校正：按仪器操作说明书，反复数次，直至稳定。一般认为空白值应小于 0.001%即可。不同量程或通道，应分别测其空白值并校正。当分析条件变化时，如仪器尚未预热 1 h，氧气源、坩埚或助熔剂的空白值发生变化时，要求重新测定空白并校正。

6.2.2 称取 0.05 g 标准样品(4.4)，精确至 0.1 mg，于坩埚底部，加入 0.5 g 硝酸钾，上面覆盖约 2 g 钨粒(4.2)。

6.2.3 将坩埚放到坩埚托上，升到燃烧位置。于同一量程或通道，按仪器校准步骤进行操作，同一标准样品测定 3 次～5 次，得到一个重现性较好的结果。

6.2.4 将待测样品置于碳硫分析仪中，进行自动分析，得到一个待测样品的碳含量近似值。

6.2.5 再选一个与待测样品碳含量相近的标准样品进行校正，误差应在规定的范围之内，否则应重新校正。

6.2.6 以每个标准样品测定的平均值作为一点，两个标准样品得到两点形成标准曲线。

6.3 试样量

6.3.1 发射药类：称取试样 0.02 g～0.04 g，精确至 0.1 mg。

6.3.2 其他烟火药：称取试样 0.05 g～0.08 g，精确至 0.1 mg。

6.4 平行试验

独立地进行两次测定，取其平均值。

6.5 样品的测定

将试料置于坩埚底部，再加入 0.5 g 硝酸钾，上面覆盖 2 g 钨粒。将坩埚置于碳硫分析仪中，进行自动分析。仪器自动进行空白值扣除后显示结果。

7 结果计算

仪器自动测定后，显示并打印出碳百分含量。所得结果按 GB/T 8170 修约至小数点后第二位数字。

8 允许差

在重复性条件下所得两个单次分析值的允许差见表2,如两次的允许差超出范围,应按标准方法重测,直到得到两次分析值在允许范围之内。

表2 重复性条件下所得两个单次分析值的允许差

以%表示

含量范围	允许差
<1.0	0.05
1.0~20.0	0.50
>20.0	1.00

ICS 71.100.30
Y 88

中华人民共和国国家标准

GB/T 26197—2010

烟花爆竹用硫化锑

Antimony sutfide for fireworks and firecracker

2011-01-14 发布　　　　2011-06-01 实施

中华人民共和国国家质量监督检验检疫总局
中国国家标准化管理委员会　发布

前　　言

本标准由国家轻工业联合会提出。

本标准由全国烟花爆竹标准化技术委员会(SAC/TC 149)归口。

本标准起草单位:国家轻工业烟花爆竹安全质量监督检测中心、湖南烟花爆竹产品安全质量监督检测中心、桃江县朝晖锑品有限公司、湖南桃江县永胜锑品厂、熊猫烟花集团股份有限公司。

本标准主要起草人:邱志雄、赵政、赵伟平。

烟花爆竹用硫化锑

1 范围

本标准规定了烟花爆竹用硫化锑的产品分级、技术要求、试验方法、检验规则和标志、包装、运输、贮存。

本标准适用于专供烟花爆竹产品所用的硫化锑。

2 规范性引用文件

下列文件中的条款通过本标准的引用而成为本标准的条款。凡是注日期的引用文件，其随后所有的修改单(不包括勘误的内容)或修订版均不适用于本标准，然而，鼓励根据本标准达成协议的各方研究是否可使用这些文件的最新版本。凡是不注日期的引用文件，其最新版本适用于本标准。

YS/T 239.1 三硫化二锑化学分析方法 溴酸钾容量法测定锑

YS/T 239.2 三硫化二锑化学分析方法 硫酸钡重量法测定化合硫

3 产品分级

分为三个等级：一等品、二等品、合格品。

4 技术要求

4.1 外观：颜色应为黑色至灰黑色，无外来夹杂物和无结块。

4.2 硫化锑的技术指标应符合表1的规定。

表1 硫化锑的技术指标

以%表示

等级	锑含量	化合硫含量	水分	粒度(0.125 mm孔径)筛上物
一等品	≥25	≥20	≤0.8	≤2
二等品	≥18	≥15	≤0.8	≤2
合格品	≥12	≥10	≤0.8	≤2

5 试验方法

5.1 外观

目视检验。

5.2 锑含量测定

按YS/T 239.1的规定测定。

5.3 化合硫含量测定

按YS/T 239.2的规定测定。

5.4 水分的测定

5.4.1 分析方法

称取10.0 g试样于已恒重的称量瓶中，在电热恒温干燥箱中于105 ℃烘干1 h，取出，在干燥器中冷却0.5 h，称量样品质量，并按式(1)计算水分含量(X)，数值以%表示：

$$X=\frac{m-m_1}{m}\times 100\% \qquad \cdots\cdots(1)$$

式中：

m——样品质量，单位为克(g)；

m_1——烘干后的样品质量，单位为克(g)。

5.5 粒度的测定

称取 10.0 g 试样，用孔径为 0.125 mm 筛子筛后称量筛上物的质量，按式(2)计算筛上物的质量分数(w)，数值以%表示：

$$w=\frac{m_1}{m_0}\times 100\% \qquad \cdots\cdots(2)$$

式中：

m_1——筛上物的质量，单位为克(g)；

m_0——样品质量，单位为克(g)。

6 检验规则

6.1 产品应经出厂质检合格，检验项目包括外观及表 1 中所列项目。

6.2 所有项目符合要求，判该批产品质量合格。

6.3 产品应组批，每批由同等级硫化锑组成，批量不得超过 2 000 kg。

6.4 抽样方法：抽取包装件数的 10%(但不得少于 2 件)。用专用工具在每个包装件的上、中、下部位取样、混匀，用四分法缩分样品，样品量不小于 200 g。

7 包装、标志、运输、贮存

7.1 包装

采用防潮密封包装，包装应牢固、坚实，每件净重不得超过 50 kg。

7.2 标志

包装上应注明：生产企业名称、地址、产品名称、级别、净含量、批号、生产日期、执行标准编号，并附有防潮、防水标志。且每个包装中应有产品合格证。

7.3 运输

运输中注意防水、防潮，不可与氧化剂混运。

7.4 贮存

应贮存在干燥的库房中，保质期为两年，超期应经检验合格方可使用。

ICS 71.100.30
Y 88

中华人民共和国国家标准

GB/T 26198—2010

烟花爆竹用铁粉

Iron powder for fireworks and firecracker

2011-01-14 发布　　2011-06-01 实施

中华人民共和国国家质量监督检验检疫总局
中国国家标准化管理委员会　发布

前　言

本标准由中国轻工业联合会提出。

本标准由全国烟花爆竹标准化技术委员会(SAC/TC 149)归口。

本标准起草单位:国家轻工业烟花爆竹安全质量监督检测中心、湖南烟花爆竹产品安全质量监督检测中心、熊猫烟花集团股份有限公司。

本标准主要起草人:黄若岩、邱志雄、罗细、李小平、郑丽琴、罗玲、黎建芳、郑征、刘坤。

烟花爆竹用铁粉

警告：使用本标准的人员应有正规实验室工作的实践经验。本标准并未指出所有可能的安全问题，使用者有责任采用适当的安全和健康措施，并保证符合国家有关法律规定的条件。

1 范围

本标准规定了烟花爆竹用铁粉的产品分级、技术要求、试验方法、验收规则及包装、标志、运输和贮存。

本标准适用于生产烟花爆竹产品所用的铁粉。

2 规范性引用文件

下列文件中的条款通过本标准的引用而成为本标准的条款。凡是注日期的引用文件，其随后所有的修改单（不包括勘误的内容）或修订版均不适用于本标准，然而，鼓励根据本标准达成协议的各方研究是否可使用这些文件的最新版本。凡是不注日期的引用文件，其最新版本适用于本标准。

GB/T 223.69 钢铁及合金 碳含量的测定 管式炉内燃烧后气体容量法

GB/T 601 化学试剂 标准滴定溶液的制备

GB/T 602 化学试剂 杂质测定用标准溶液的制备

GB/T 603 化学试剂 试验方法中所用制剂及制品的制备

GB/T 3051 无机化工产品中氯化物含量测定的通用方法 汞量法

GB/T 6678 化工产品采样总则

GB/T 6682 分析实验室用水规格和试验方法

GB/T 9723 化学试剂 火焰原子吸收光谱法通则

GB/T 15814.2 烟花爆竹药剂 密度测定

3 产品分级

铁粉分为四个等级：优等品、一等品、二等品、合格品。

4 技术要求

4.1 外观：颜色应为银灰色或灰黑色，无外来夹带杂物和结块。

4.2 产品应明示其粒度分布范围，粒度大于标称最大值的不大于0.5%，粒度小于标称值的不大于10%。

4.3 铁粉的堆密度为1.8 g/cm³～3.2 g/cm³。

4.4 铁粉的化学成分应符合表1的规定。

表1　　以%表示

等级	铁含量	挥发份	碳含量	盐酸不溶物含量	氯化物（以Cl计）含量	铅含量
优等品	≥97	≤0.5	≤5	≤0.5	≤0.01	≤0.01
一等品	≥90	≤0.5		≤1.5	≤0.02	≤0.02
二等品	≥85	≤0.5		≤3	≤0.05	≤0.03
合格品	≥80	≤0.5		≤5	≤0.05	≤0.05

5 试验方法

本标准中所用的试剂和水，在没有注明其他要求时，均指分析纯试剂和符合 GB/T 6682 规定的三级水。试验中所用的标准滴定溶液、杂质测定用标准溶液、制剂及制品，在没有注明其他要求时，均按 GB/T 601、GB/T 602、GB/T 603 规定制备。

5.1 外观检查

采用目视方法。

5.2 粒度的测定

5.2.1 根据粒度选好标准筛组。

5.2.2 称取 50.00 g 试样置于上筛中，装好筛组，盖好压盖，紧固在振筛机上，振动数分钟至不能筛下粉末为止。

5.2.3 拆下筛组，称取质量。

5.2.4 筛分结果的计算：

按式(1)计算上筛筛上物、下筛筛下物铁粉质量分数(w)，数值以%表示：

$$w=\frac{X}{m}\times 100\% \qquad \cdots\cdots(1)$$

式中：

X——上筛筛上物(下筛筛下物)质量，单位为克(g)；

m——样品质量，单位为克(g)。

5.3 堆密度的测定

按 GB/T 15814.2 规定进行。

5.4 铁含量的测定

5.4.1 试剂

a) 硫酸；

b) 磷酸；

c) 盐酸；

d) 硫磷混酸：水：浓硫酸：浓磷酸＝700：150：150(体积比)；

e) 氯化亚锡：10%(质量浓度)溶液；

f) 氯化汞饱和溶液；

g) 二苯胺磺酸钠：0.1%(质量浓度)溶液；

h) 重铬酸钾$\left(\frac{1}{6}K_2Cr_2O_7\right)$0.100 0 mol/L 标准溶液。

5.4.2 分析步骤

称取 0.200 0 g 试样，准确至 0.000 2 g，于 250 mL 锥形瓶中，加蒸馏水湿润，加入 25 mL 盐酸，盖上表面皿，低温加热，直至试样完全溶解，趁热滴加 10%氯化亚锡溶液至黄色消失并过量 1 滴～2 滴，冷却至室温，加氯化汞饱和溶液 10 mL，放置 2 min～3 min，加硫磷混酸 20 mL，摇匀，加蒸馏水 100 mL，加0.1%二苯胺磺酸钠 2 滴，用重铬酸钾$\left(\frac{1}{6}K_2Cr_2O_7\right)$0.100 0 mol/L 标准溶液滴定至呈现稳定的紫红色为终点，同时做空白试验。

按式(2)计算铁含量(X)，数值以%表示：

$$X=\frac{c\times(V-V_0)\times 0.055\ 84}{m}\times 100\% \qquad \cdots\cdots(2)$$

式中：

c——$\left(\frac{1}{6}K_2Cr_2O_7\right)$标准溶液浓度，单位为摩尔每升(mol/L)；

V——滴定试样消耗$\left(\frac{1}{6}K_2Cr_2O_7\right)$标准溶液体积，单位为毫升(mL)；

V_0——滴定空白消耗$\left(\frac{1}{6}K_2Cr_2O_7\right)$标准溶液体积，单位为毫升(mL)；

0.055 84——铁的毫摩尔质量，单位为克(g)；

m——称取试样质量，单位为克(g)。

允许差：取平行测定结果的算术平均值为测定结果，平行结果的绝对差值不大于0.8%。

5.5 挥发份测定

在已恒定质量的结晶皿(m_0)中，称取10 g试样(m_1)，精确到0.01 g。于105 ℃±5 ℃干燥2 h，取出放入干燥器中，冷却后称取结晶皿和冷却后试样质量(m_2)，按式(3)计算挥发份(w_1)，数值以%表示：

$$w_1 = \frac{m_1 + m_0 - m_2}{m_1} \times 100\% \qquad \cdots\cdots(3)$$

允许差：取平行测定结果的算术平均值为测定结果，两次平行测定结果的绝对差值不大于0.05%。

5.6 碳含量的测定

按GB/T 223.69进行，或用碳硫测定仪等相当仪器测定。

5.7 盐酸不溶物测定

称取1.000 0 g试样，于250 mL烧杯中，加25 mL盐酸低温加热，观察试样溶解情况，补加盐酸，至试样溶解，转入已恒重G4抽滤坩埚中抽滤，于105 ℃烘2 h，冷却称量，按式(4)计算盐酸不溶物含量(X_1)，数值以%表示。

$$X_1 = \frac{m_1' - m'}{m} \times 100\% \qquad \cdots\cdots(4)$$

式中：

m_1'——烘后坩埚加不溶物重，单位为克(g)；

m'——坩埚质量，单位为克(g)；

m——试样质量，单位为克(g)。

允许差：平行测定结果的绝对差值不大于0.05%。

5.8 氯化物的测定

按GB/T 3051标准，采用汞量法进行测定。

5.9 铅含量的测定

按GB/T 9723进行测定。

6 验收规则

6.1 组批

每批产品不得超过40 t，不得少于25 kg。

6.2 抽样

按GB/T 6678进行采样，随机从每个包装单元中取出不得小于50 g样品，将所采样品混匀后，以四分法缩分到不小于500 g，将样品分装于两个清洁、干燥的塑料袋中密封。粘贴标签，注明生产厂名、产品名称、等级、粒度、批号或生产日期、采样日期和采样者姓名，一份用于检验，另一份保存备查。

6.3 出厂检验

每批铁粉应由生产企业的质量部门按本标准的规定进行铁含量、盐酸不溶物、氯化物、粒度、铅含量检验，出厂产品应符合本标准要求，并附有产品合格证，内容包括：生产厂名、厂址、产品名称、粒度、等级、生产日期或批号。

6.4 型式检验

在正常情况下，每年至少进行一次型式检验。在更新品种、设备改造时也要进行型式检验。型式检验项目为外观、铁含量、盐酸不溶物、氯化物、粒度、铅含量、碳含量、挥发份、堆密度共九项。

6.5 判定原则

检验结果如有一项指标不符合本标准要求，应重新自两倍量的采样单元数的包装中采样复验。复验结果有一项指标不符合本标准要求时，则整批产品为不合格品。

7 包装、标志、运输和贮存

7.1 包装

铁粉采用双层防潮密封包装，内包装采用聚乙烯塑料薄膜袋或两层牛皮纸袋包装，可分装成多个小袋包装。外包装采用纸箱、木箱、编织袋、金属材料包装，每件净重不得超过 25 kg。

7.2 标志

铁粉包装容器上应注明：生产厂名、厂址、产品名称、粒度、堆密度、等级、净重、批号或生产日期、标准编号，有防潮、防水、防氧化、防火易燃等危险标识。

7.3 运输

铁粉在运输过程中应有遮盖物，防止日晒雨淋。

7.4 贮存

铁粉应贮存于阴凉干燥处，有效保质期一年，超期须经检验合格方可使用。

ICS 55.040
Y 39

中华人民共和国国家标准

GB/T 26199—2010

医用包装原纸

Medical packaging base paper

2011-01-14 发布　　　　2011-06-15 实施

中华人民共和国国家质量监督检验检疫总局
中国国家标准化管理委员会　发布

前言

本标准由中国轻工业联合会提出。

本标准由全国造纸工业标准化技术委员会(SAC/TC 141)归口。

本标准起草单位:民丰特种纸股份有限公司、中国制浆造纸研究院、中国造纸协会标准化技术委员会。

本标准主要起草人:刘海宁、黄晓钢。

医用包装原纸

1 范围

本标准规定了医用包装原纸的分类、要求、试验方法、检验规则和标志、包装、运输、贮存。

本标准适用于常规医用材料、器械包装用的原纸。

2 规范性引用文件

下列文件中的条款通过本标准的引用而成为本标准的条款。凡是注日期的引用文件,其随后所有的修改单(不包括勘误的内容)或修订版均不适用于本标准,然而,鼓励根据本标准达成协议的各方研究是否可使用这些文件的最新版本。凡是不注日期的引用文件,其最新版本适用于本标准。

GB/T 450 纸和纸板 试样的采取及试样纵横向、正反面的测定(GB/T 450—2008,ISO 186:2002,MOD)

GB/T 451.1 纸和纸板尺寸及偏斜度的测定

GB/T 451.2 纸和纸板定量的测定(GB/T 451.2—2002,eqv ISO 536:1995)

GB/T 454 纸耐破度的测定(GB/T 454—2002,idt ISO 2758:2001)

GB/T 456 纸和纸板平滑度的测定(别克法)(GB/T 456—2002,idt ISO 5627:1995)

GB/T 462 纸、纸板和纸浆 分析试样水分的测定(GB/T 462—2008;ISO 287:1985,MOD;ISO 638:1978,MOD)

GB/T 1540 纸和纸板吸水性的测定 可勃法(GB/T 1540—2002,neq ISO 535:1991)

GB/T 1541 纸和纸板 尘埃度的测定

GB/T 4789.2 食品卫生微生物学检验 菌落总数测定

GB/T 7974 纸、纸板和纸浆亮度(白度)的测定 漫射/垂直法(GB/T 7974—2002,neq ISO 2470:1999)

GB/T 10342 纸张的包装和标志

GB/T 10739 纸、纸板和纸浆试样处理和试验的标准大气条件(GB/T 10739—2002,eqv ISO 187:1990)

GB/T 2828.1 计数抽样检验程序 第1部分:按接收质量限(AQL)检索的逐批检验抽检计划(GB/T 2828.1—2003,ISO 2859-1:1999,IDT)

GB/T 12914 纸和纸板 抗张强度的测定(GB/T 12914—2008;ISO 1924-1:1992,MOD;ISO 1924-2:1994,MOD)

GB/T 22837 纸和纸板 表面强度的测定(蜡棒法)

GB/T 24996 纸张中脱墨回用纤维的判定

3 分类

医用包装原纸一般为平板纸。

4 要求

4.1 医用包装原纸的技术指标应符合表1或按订货合同的规定。

表 1

指标名称		单位	规定
定量		g/m²	35.0 40.0 45.0 50.0 55.0 6C.0 65.0 70.0 75.0 80.0
定量偏差		%	±5
横幅定量差 ≤		%	3.0
裂断长(纵向) ≥		km	4.5
平滑度(正面) ≥		s	60
亮度(白度) ≥		%	78.0
吸水性 ≤		g/m²	24.0
耐破度 ≥		kPa	82
交货水分 ≤		%	7.0
表面强度 ≥		级	8
尘埃度	0.3 mm²～1.5 mm² ≤	个/m²	20
	>1.5 mm²		不应有

4.2 医用包装原纸的卫生指标应符合表 2 的规定。

表 2

项　　目	单　位	规　　定
荧光亮度(荧光白度) ≤	%	0.7
菌落总数 ≤	CFU/g	200

4.3 医用包装原纸生产过程中不应使用脱墨回用纤维，且不应使用有毒有害物质。

4.4 纸张纤维组织应均匀，纸面应平整，不应有影响使用的褶子、条痕、透光点、砂子、硬质块、浆团和肉眼可见的针孔。正面应有良好的光泽，不应有严重麻坑点、明显条印及对使用有影响的尘埃。纸的切边应整齐、洁净，同批纸张色调不应有显著差别。

4.5 平板纸尺寸为 889 mm×1 194 mm、889 mm×889 mm，或根据订货合同规定。尺寸偏差应不超过±3 mm，偏斜度应不超过 3 mm。

5 试验方法

5.1 试样的采取及试验前处理按 GB/T 450 和 GB/T 10739 的规定进行。

5.2 定量和横幅定量差按 GB/T 451.2 进行测定。横幅定量差指成品。

5.3 裂断长按 GB/T 12914 进行测定，仲裁时采用恒速拉伸法。

5.4 平滑度按 GB/T 456 进行测定，测正面。

5.5 亮度(白度)和荧光亮度(荧光白度)按 GB/T 7974 进行测定。

5.6 吸水性按 GB/T 1540 进行测定，测试时间 60 s。

5.7 耐破度按 GB/T 454 进行测定。

5.8 表面强度按 GB/T 22837 进行测定。

5.9 尘埃度按 GB/T 1541 进行测定。

5.10 交货水分按 GB/T 462 进行测定。

5.11 菌落总数按 GB/T 4789.2 进行测定。

5.12 尺寸及偏斜度的测定按 GB/T 451.1 进行测定。

5.13 外观质量采用目测检验。

5.14 医用包装原纸中是否含有脱墨回用纤维，按 GB/T 24996 进行判定。

6 检验规则

6.1 检验分类

产品检验分为交收检验和型式检验。

6.2 交收检验

6.2.1 交收检验项目为表 1 的全部指标。

6.2.2 以同一规格原料、同一工艺连续生产的一次交货量为一批，但应不多于 30 t。

6.2.3 产品交收检验按 GB/T 2828.1 进行，样本单位为“件”。接收质量限(AQL)：定量、平滑度、吸水性、裂断长为 4.0；亮度(白度)、表面强度、耐破度、尘埃度、交货水分、尺寸偏差及外观指标为 6.5。抽样方案采用正常检验二次抽样。检查水平 S-3，见表 3。

表 3

批量/件	正常检验二次抽样方案　特殊检查水平 S-3				
	样本量	AQL 为 4.0		AQL 为 6.5	
		Ac	Re	Ac	Re
2～50	3	0	1	—	—
	2	—	—	0	1
51～150	3	0	1	—	—
	5	—	—	0	2
	5(10)	—	—	1	2
151～500	8	0	2	—	—
	8(16)	1	2	—	—
	5	—	—	1	2
	5(10)	—	—	1	2

6.3 型式检验

型式检验项目为表 1、表 2 内容。有下列情况之一，应进行型式检验：

a) 新产品或老产品转产生产的试制定型鉴定；

b) 正式生产后，如配方、工艺有较大改变，可能影响产品性能时；

c) 正常生产时，定期或积累一定产量后，应周期性进行一次检验；

d) 产品长期停产后，恢复生产时；

e) 出厂检验结果与上次型式检验有较大差异时；

f) 合同规定时。

6.4 判定、复验规则

6.4.1 卫生指标和原材料中有一项不合格，则判该批是不可接收的。

6.4.2 可接收性的确定：第一次检验的样品数量应等于该方案给出的第一样本量。如果第一样本中发现的不合格品数小于或等于第一接收数，应认为该批是可接收的；如果第一样本中发现的不合格品数大于或等于第一拒收数，则该批是不可接收的。如果第一样本中发现的不合格品数介于第一接收数与第一拒收数之间，应检验由方案给出样本量的第二样本并累计在第一样本和第二样本中发现的不合格品数。如果不合格品累计数小于或等于第二接收数，则判定该批是可接收的；如果不合格品累计数大于或等于第二拒收数，则判定该批是不可接收的。

6.4.3 需方有权按本标准或合同规定进行验收检验，检验时应先检查外部包装，然后从中取样进行检验。若对产品质量有异议，应在到货后一个月内(或订货合同规定)通知供方，由供需双方共同取样进行复验，或委托共同商定的检验部门进行检验；复验结果如仍不合格，则判为批不可接收，由供方负责处理；如合格，则判为批可接收，由需方负责处理。

7 标志、包装、运输、贮存

7.1 医用包装原纸的包装和标志按 GB/T 10342 或订货合同的规定进行。

7.2 每件产品内应放一张合格证，并注明产品名称、数量、规格、生产日期、生产厂厂名和厂址、采用标准编号和使用保管的注意事项。

7.3 每件产品包装外面应标明“禁止受潮”、“小心轻放”字样。

7.4 纸件应妥善保管，防止雪、雨和地面潮气的影响。

7.5 运输时应使用有篷而洁净的运输工具，严禁与潮湿、易燃的物品混放。

7.6 装卸时不应使纸件受冲撞。

ICS 97.170
Y 64

中华人民共和国国家标准

GB/T 26200—2010

应 急 呼 叫 器

Emergency caller

2011-01-14 发布　　2011-06-01 实施

中华人民共和国国家质量监督检验检疫总局
中国国家标准化管理委员会　发布

前 言

本标准由中国轻工业联合会提出。

本标准由全国家用电器标准化技术委员会(SAC/TC 46)归口。

本标准起草单位:北京金卫捷科技发展有限公司、中国家用电器研究院、北京百利捷科贸有限公司、北京急救科技开发公司。

本标准主要起草人:陈刚、李一、曹研、闫海兵、栾亚非、罗虹。

应 急 呼 叫 器

1 范围

本标准规定了应急呼叫器的技术要求、试验方法、检验规则、标志、包装、运输及贮存。

本标准适用于通过有线电话网络连接的家庭用应急呼叫器和使用移动通讯网络的手机式应急呼叫器。

2 规范性引用文件

下列文件中的条款通过本标准引用而成为本标准的条款。凡是注日期的引用文件,其随后所有的修改单(不包括勘误的内容)或修订版均不适用于本标准,然而,鼓励根据本标准达成协议的各方研究是否可使用这些文件的最新版本。凡是不注日期的引用文件,其最新版本适用于本标准。

GB/T 191 包装储运图示标志(GB/T 191—2008,ISO 780:1997,MOD)

GB 1002 家用和类似用途单相插头插座型式、基本参数和尺寸

GB/T 1019 家用和类似用途电器包装通则

GB 2099.1 家用和类似用途插头插座 第1部分:通用要求(GB 2099.1—2008,IEC 60884-1:2006,MOD)

GB/T 2423.1 电工电子产品环境试验 第2部分:试验方法 试验A:低温(GB/T 2423.1—2008,IEC 60068-2-1:2007,Environmental testing—Part 2-1:Tests—Test A:Cold,IDT)

GB/T 2423.2 电工电子产品环境试验 第2部分:试验方法 试验B:高温(GB/T 2423.2—2008,IEC 60068-2-2:2007,Environmental testing—Part 2-2:Tests—Test B:Dry heat,IDT)

GB/T 2423.3 电工电子产品环境试验 第2部分:试验方法 试验Cab:恒定湿热试验(GB/T 2423.3—2006,IEC 60068-2-78:2001,Environmental testing—Part 2-78:Tests—Test Cab:Damp heat,steady state,IDT)

GB/T 2828.1 计数抽样检验程序 第1部分:按接收质量限(AQL)检索的逐批检验抽样计划(GB/T 2828.1—2003,ISO 2859-1:1999,IDT)

GB/T 2829 周期检验计数抽样程序及表(适用于对过程稳定性的检验)

GB 4706.1 家用和类似用途电器的安全 第1部分:通用要求(GB 4706.1—2005,IEC 60335-1:2004(Ed 4.1),IDT)

GB 5296.2 消费品使用说明 第2部分:家用和类似用途电器

GB/T 14436 工业产品保证文件 总则

GB/T 15279 自动电话机技术条件

GB/T 18287 蜂窝电话用锂离子电池总规范

GB 19212.5 电力变压器、电源装置和类似产品的安全 第5部分:一般用途隔离变压器的特殊要求(GB 19212.5—2006,IEC 61558-2-4:1997,MOD)

3 术语和定义

下列术语和定义适用于本标准。

3.1

应急呼叫器 emergency caller

在室内及室外使用的,在与通讯线路(运营商)连接的情况下,能发出应急呼叫信息(信号)的电子

产品。

3.2

有线应急呼叫器　cable emergency caller

在室内和类似场所使用，与电话线路或网络相连，通过遥控器或直接按动启动按钮，发出呼叫信息的电子产品。

3.3

无线应急呼叫器　wireless emergency caller

通过在手机或类似装置中置入呼叫功能模块，与无线运营网络相连，通过按动一个键发出应急呼叫信息的电子产品。

4　产品分类

4.1　型式

按功能分类：

a)　有线应急呼叫器(以汉语拼音字母 Y 表示)；

b)　无线应急呼叫器(以汉语拼音字母 W 表示)。

4.2　规格

应急呼叫器的规格，按应急呼叫按键数量划分，其推荐规格为：

一键、二键、三键、多键。

4.3　额定参数

4.3.1　额定输入电压 220 V。

4.3.2　额定输入频率 50 Hz。

4.3.3　额定工作频率

4.3.3.1　室内呼叫器无线频率：根据国家无线电管理委员会"微功率(短距离)无线电设备的技术要求"，频率范围为：314 MHz～316 MHz，430 MHz～432 MHz，433.00 MHz～434.79 MHz

发射功率限值：10 mW(e.r.p)

占用带宽：不大于 400 kHz

4.3.3.2　室外无线呼叫器频率：根据国家无线电管理委员会移动电话使用频率的技术要求。

4.4　型号命名及其含义

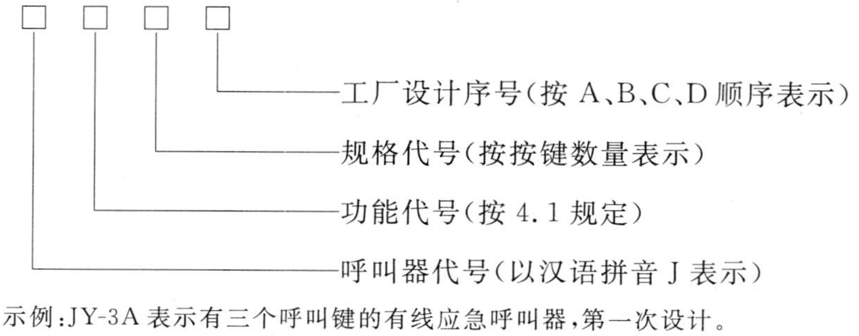

示例：JY-3A 表示有三个呼叫键的有线应急呼叫器，第一次设计。

5　技术要求

5.1　应急呼叫器的安全要求应符合 GB 4706.1 的相应规定。应急呼叫器交流电源的带电部件与外壳间的绝缘电阻应大于 20 MΩ，配用交直流电源变换器的安全要求应符合 GB 19212.5 的要求。

5.2　使用条件

5.2.1　电源电压

a)　有线应急呼叫器：应在额定值的 80%时，能正常工作；交流额定输入电压 220 V，额定输入频率

50 Hz;电源电压偏差±10%,电源频率偏差±1 Hz。

b) 遥控器:应在额定值的80%时,能正常工作。

c) 无线应急呼叫器:按照GB/T 18287的标准。

5.2.2 环境条件

温度:−10 ℃ ~+45 ℃;

相对湿度:≤85%;

大气压:86 kPa ~106 kPa。

5.2.3 工作环境中不得有强磁场干扰。

5.3 外观要求

5.3.1 整体外观

应急呼叫器表面应无明显划痕、无开裂。文字标识符合规定要求,清晰完整。

5.3.2 呼叫按键

呼叫按键由应急呼叫按键及附加按键等组成,应急呼叫按键应只有一个,附加按键可根据功能要求加装,它们应装在外壳上盖上,其功能应明确标出。

5.3.3 电源线(限有线应急呼叫器)

电源线长度从器具入口处至插头端面算起,应不小于1.0 m。

5.3.4 电池(限无线应急呼叫器)

应符合GB/T 18287的标准。

5.3.5 插头、插座

所配用的插头、插座应符合GB 1002和GB 2099.1的有关规定。

5.4 性能

5.4.1 呼叫遥控功能(限有线应急呼叫器)

5.4.1.1 遥控器有效发射距离10 m~50 m范围内。

5.4.1.2 自检功能:遥控器应有测试键,应急呼叫器的状态灯应闪烁,10 s内蜂鸣器应发出蜂鸣声,蜂鸣声音量在70 dB。

5.4.1.3 遥控器应有弱电提醒功能。

5.4.2 应急呼叫器响应时间应不超过30 s。

5.4.3 手动呼叫功能(限有线应急呼叫器)

按动有线应急呼叫器的手动发射键,状态指示灯应闪烁,蜂鸣器应发出呼救信号,响应时间应符合5.4.2的规定。

5.4.4 呼叫中止功能(限有线应急呼叫器)

当发生误操作时,立即按动呼叫中止键,应能消除呼救信号。

5.4.5 可扩展功能(限有线应急呼叫器)

有线应急呼叫器预留接入安防设备接口。

5.4.6 自动重新呼叫功能

当被呼叫方占线或因其他原因一次呼叫不能成功,应急呼叫器应能自动反复重新呼叫,直到呼叫成功为止。

5.4.7 接收呼叫成功通知信息功能

当呼叫成功后,应急呼叫器的接收系统能自动接收被呼叫方发来的通知信息,并通过发出声音等不同方式告知使用者。

5.4.8 远程改变主叫号码功能

当应急呼叫器内原先置入的主叫号码发生变更,可以直接通过通讯网络进行变更。

5.4.9 其他

无线应急呼叫器的手机功能应符合国家手机产品的相关标准要求。

5.5 接入要求

当应急呼叫器接入家庭电话网或移动通讯网络时，不应影响家庭电话机的接收和发送功能，不影响使用移动网络系统功能；有线应急呼叫器当和其他型号的电话机组装时按照GB/T 15279的标准，不影响电话机性能。

6 试验方法

6.1 一般试验条件

试验室内的温度应为(20±5)℃；无线呼叫器的温度测试范围为−30 ℃～70 ℃，测试的空气相对湿度应为15%～90%，空气压力为86 kPa～106 kPa。

6.2 试验电源

试验电源的电压和频率的波动应在±1%的范围内。

6.3 试验用仪表

6.3.1 用于型式试验的电工仪表，其精度应不低于0.5级；用于出厂检验的，其精度不低于1级。

6.3.2 测量时间用的仪表，其精度应不低于0.5%；测量温度用的仪表，其精度应在0.5 ℃以内。

6.3.3 测量气压用的仪表，其精度应不低于1%。

6.4 试验项目

6.4.1 外观检查

在自然光条件下，采用目视法进行，表面应无明显划痕、无开裂。文字标识符合规定要求，清晰完整。

6.4.2 结构检查

拿起应急呼叫器轻摇，应无机械件松动和插接件晃动，用手按动按键开关应灵活可靠。

6.4.2.1 上下面板无明显划痕、裂痕及污垢。

6.4.2.2 显示屏应无显示屏一般缺点(适用于有显示屏的无线呼叫器)。

6.4.2.3 按键应无多余的颗粒、划痕及标示字迹不清；键盘上的字符、标识应齐全、清晰、标注方法正确。

6.4.2.4 上下面板间隙不得大于1 mm并且间隙间距匀称(适用于无线呼叫器)。

6.4.2.5 按键应按动灵活、无卡死现象。

6.4.3 性能试验

6.4.3.1 呼叫遥控功能试验(限有线应急呼叫器)

6.4.3.1.1 应急呼叫器接通电源，并接入有线电话网，使应急呼叫器处于接收状态。分别在距应急呼叫器10 m、25 m、50 m距离处按动遥控器发射按钮，应急呼叫器状态指示灯应闪烁，30 s内蜂鸣器应发出蜂鸣声，蜂鸣音量为70 dB。

6.4.3.1.2 在距应急呼叫器10 m～50 m范围内，按动遥控器自检测试键进行自检，应急呼叫器状态指示灯应闪烁，30 s内蜂鸣器应发出蜂鸣声，蜂鸣音量为70 dB。

6.4.3.2 应急呼叫器响应时间、手动呼叫功能检验(限有线应急呼叫器)

按动应急呼叫器的手动发射键，状态指示灯应闪烁，呼叫信号发出，30 s内蜂鸣器应发出蜂鸣声。

6.4.3.3 呼叫中止功能(限有线应急呼叫器)

按动应急呼叫器的手动发射键或遥控器的发射按钮后，立即按动应急呼叫器的呼叫中止键，状态指示灯应停止闪烁。蜂鸣器也不应发出声音，证明呼救信号已消除。

6.4.3.4 自动重新呼叫功能

让被呼叫方处于占线或其他无法接通状态，按动应急呼叫器的手动发射键或遥控器的发射按钮后，应急呼叫器应能自动判断无法接通，通过蜂鸣器发出反复的提示音或语音提示未能接通，然后进行反复重新呼叫。

6.4.3.5　接收呼叫成功通知信息功能

当被呼叫方处于正常状态时，按动应急呼叫器的手动发射键或遥控器的发射按钮后，应急呼叫器能呼叫成功，应急呼叫器的接收系统能自动接收被呼叫方发来的通知信息，通过蜂鸣器发出提示音或语音提示。

6.4.3.6　远程改变主叫号码功能

先在应急呼叫器内置入一个主叫号码，按动应急呼叫器的手动发射键或遥控器的发射按钮后，应急呼叫器能正确呼叫此号码，并能呼叫成功。通过通讯网络进行远程变更此主叫号码，变更完毕后，按动应急呼叫器的手动发射键或遥控器的发射按钮后，应急呼叫器能正确呼叫变更后的号码，并能呼叫成功。

6.4.4　接入试验

按照 GB/T 15279 规定方法和移动通讯的相关通话质量要求，检验当应急呼叫器接入电话网或 GSM 网时，是否影响家庭电话机的正常接收和发送电话的功能，是否影响移动通讯设备的正常呼叫功能。

6.4.5　安全性能

6.4.5.1　绝缘电阻试验

用 500 V 兆欧表一端接应急呼叫器电流电源的带电部件，另一端接应急呼叫器外壳，手动摇表转动摇柄转速应不低于 120 r/min，读取显示值的最低值并记录。

6.4.5.2　交直流电源变换器安全试验

按 GB 19212.5 的规定方法进行。

6.4.6　环境适应性试验

6.4.6.1　工作温度下限试验

按 GB/T 2423.1“试验 Ad”进行。应急呼叫器须先进行初始检测，严酷程度取 5.2.2 中规定的工作温度下限(—10 ℃)。通电运行 2 h，应急呼叫器工作应正常。取出应急呼叫器，在正常大气条件下断电并放置 2 h。

6.4.6.2　储存运输温度下限试验

按 GB/T 2423.1 中“试验 Ab”进行。严酷程度取储存运输温度下限(—25±2)℃。待温度稳定后，应急呼叫器在不工作条件下，放置 16 h 后。然后取出应急呼叫器，在正常大气条件下，断电并放置 2 h。检测应急呼叫器，应工作正常。

为防止试验中应急呼叫器结霜和凝霜，允许将应急呼叫器用聚乙烯薄膜密封后进行试验，必要时还可以在密封套内装吸潮剂。

6.4.6.3　工作温度上限试验

按 GB/T 2423.2“试验 Bd”进行。应急呼叫器须进行初始检测。严酷程度取 5.2.2 中规定的工作温度上限(45 ℃)。通电运行 2 h，应急呼叫器工作应正常。然后取出应急呼叫器，在正常大气条件下恢复 2 h。

6.4.6.4　温度循环试验(限无线呼叫器)

直接引用温湿度交变试验的国家标准规定的方法，进行本项试验。每一组温湿度的数值和试验持续进行的时间，可在本条款中规定。

温度循环试验过程如下：

a)　测试环境(25±5)℃，RH　60%±15%，1 h；

b)　(70±2)℃，RH　25%±15%，1 h；

c)　(40±2)℃，RH　90%±3%，1 h；

d)　(—30±2)℃，RH　60%±15%，1 h；

e) (25±5)℃,RH 60%±15%。

进行 27 次循环,呼叫器处于关机状态。

6.4.6.5 静电放电试验(限无线呼叫器)

直接放电电压(±4 V),空气放电电压(±8 kV)。

6.4.6.6 包装箱振动试验(限无限呼叫器)

类型/Type:正弦振动;

方向/Direction:三个轴向/Three orthogonal axes;

加速度/Acceleration:1 m/s²(5 Hz～200 Hz),0.3 m/s²(200 Hz～500 Hz);

持续时间/Duration:2 h/2 h/axis。

6.4.6.7 工作温度热冲击试验(限无线呼叫器)

按 GB/T 2423.1"试验 Ad"进行。应急呼叫器须先进行初始检测,冷热冲击是在 15 秒内,实现(-40±2)℃ 和(85±2)℃的瞬间转换。且在每个温度停留 30 min,重复转换 30 次(关机状态)。常温放置 2 h 后,检测应急呼叫器,应工作正常。

6.4.6.8 贮存运输温度上限试验

按 GB/T 2423.2"试验 Bb"进行。严酷程度取储存运输温度上限(55±2)℃。待温度稳定后,应急呼叫器在不工作条件下,存放 16h 后,取出应急呼叫器,在正常大气条件下恢复 2 h。并进行最后检测,应工作正常。

6.4.6.9 恒定湿热试验

按 GB/T 2423.3 进行。将应急呼叫器进行初始检测。严酷程度取温度为(40±2)℃,相对湿度 90%±3%。在应急呼叫器不工作的条件下,存放 48 h 后,取出应急呼叫器,在正常大气条件下恢复 2 h 并进行最后检测,应工作正常。

6.5 手机电池应符合 GB/T 18287 的相关规定。

7 检验规则

7.1 检验分类

产品的检验分为出厂检验和型式试验两类。

7.1.1 出厂检验

产品出厂前必须逐台经公司质检部门进行出厂检验。检验合格,并出具合格证方可出厂。

7.1.1.1 出厂检验项目为 6.4.1、6.4.2、6.4.3、6.4.4。

7.1.1.2 出厂检验的项目全部合格,该台产品判为合格。检验结果有不合格项,退回返修后重新进行出厂检验。

7.1.2 型式试验

7.1.2.1 型式试验在以下情况之一时进行。

a) 新产品试制定型鉴定时;

b) 正常生产,每年至少进行一次;

c) 当设计、工艺或原材料有重大改变,可能影响产品质量时;

d) 停产半年以上,重新生产时;

e) 国家质量监督机构提出进行型式试验的要求时;

f) 抽样样品结果与上次型式试验结果有较大差异时。

7.1.2.2 型式试验抽样按 GB/T 2828.1 和 GB/T 2829 要求。

7.1.2.3 型式试验的项目为本标准的全部项目。

7.1.2.4 如果型式试验的项目全部合格,则该批产品判为合格。型式试验中任何一项不合格,应查明故障原因,提出故障分析报告,改进后重新进行该项试验。

8 标志、包装、运输及贮存

8.1 标志

按 GB/T 191 包装储运图示标志要求。

8.1.1 产品标志

a) 产品名称、型号、规格；

b) 额定电压，V；

c) 额定频率，Hz；

d) 额定功率，W 或 kW；

e) 使用范围(室内或室外)；

f) 商标；

g) 制造厂名称、制造商地址；

h) 制造日期(或编码)或生产批号。

8.1.2 包装箱标志

a) 产品名称、型号、规格；

b) 商标；

c) 制造厂名称、制造商地址、联系方式；

d) 产品数量及颜色(单件包装可不标出数量)；

e) 包装箱毛重(kg)；

f) 包装箱外形尺寸：长×高×宽，(mm)；

g) 注意事项标志：应有“小心轻放”、“切勿受潮”、“向上”等包装储运图示标志，标志应符合 GB/T 191 的规定；

h) 制造日期或生产批号。

8.2 包装

8.2.1 应符合 GB/T 1019 的相关规定。

8.2.2 包装内应有：

a) 全套应急呼叫器；

b) 使用说明书：使用说明书的编写应符合 GB 5296.2 的要求；

c) 产品合格证：按照 GB/T 14436 的要求。

8.3 运输

运输过程中，严禁雨淋、受潮和剧烈碰撞。

8.4 贮存

产品应贮存在通风、干燥、温度低于 40 ℃的环境中，箱体应距地面及墙体应大于 100 mm，其周围应无腐蚀性化学物品。

ICS 85.060
Y 32

中华人民共和国国家标准

GB/T 26201—2010

育苗纸

Seedling-growing paper

2011-01-14 发布

2011-06-15 实施

中华人民共和国国家质量监督检验检疫总局
中国国家标准化管理委员会 发布

前　言

本标准由中国轻工业联合会提出。

本标准由全国造纸工业标准化技术委员会(SAC/TC 141)归口。

本标准起草单位:黑龙江省造纸工业研究所、中国制浆造纸研究院、国家纸张质量监督检验中心、中国造纸协会标准化专业委员会。

本标准主要起草人:王连科、杨金玲、陈海涛、任国庆、姜松。

育 苗 纸

1 范围

本标准规定了育苗纸的术语和定义、分类、技术要求、试验方法、检验规则及标志、包装、运输、贮存。

本标准适用于供加工农作物育苗纸筒的育苗纸。

2 规范性引用文件

下列文件中的条款通过本标准的引用而成为本标准的条款。凡是注日期的引用文件，其随后所有的修改单(不包括勘误的内容)或修订版均不适用于本标准，然而，鼓励根据本标准达成协议的各方研究是否可使用这些文件的最新版本。凡是不注日期的引用文件，其最新版本适用于本标准。

GB/T 450 纸和纸板 试样的采取及试样纵横向、正反面的测定(GB/T 450—2008,ISO 186:2002,MOD)

GB/T 451.1 纸和纸板尺寸及偏斜度的测定

GB/T 451.2 纸和纸板定量的测定(GB/T 451.2—2002,eqv ISO 536:1995)

GB/T 458—2008 纸和纸板 透气度的测定(ISO 5636-2:1984,MOD;ISO 5636-3:1992,MOD;ISO 5636-5:2003,MOD)

GB/T 460—2008 纸 施胶度的测定

GB/T 462 纸、纸板和纸浆 分析试样水分的测定(GB/T 462—2008;ISO 287:1985,MOD;ISO 638:1978,MOD)

GB/T 465.2 纸和纸板 浸水后抗张强度的测定(GB/T 465.2—2008,ISO 3781:1983,MOD)

GB/T 2828.1 计数抽样检验程序 第1部分:按接收质量限(AQL)检索的逐批检验抽样计划(GB/T 2828.1—2003,ISO 2859-1:1999,IDT)

GB/T 10342 纸张的包装和标志

GB/T 10739 纸、纸板和纸浆试样处理和试验的标准大气体条件(GB/T 10739—2002,eqv ISO 187:1990)

GB/T 12914 纸和纸板 抗张强度的测定(GB/T 12914—2008;ISO 1924-1:1992,MOD;ISO 1924-2:1994,MOD)

3 术语和定义

下列术语和定义适用于本标准。

3.1

育苗纸筒 paper pot for nursery

由育苗纸加工而成的圆柱形无底育苗容器。

3.2

育苗期 rearing period

纸筒进入育苗床，开始育苗至小苗移栽前的一段时间，即纸筒的使用时间，以天(d)为单位。

4 分类

4.1 育苗纸按育苗期分为A、B两个型号。A型产品适用于加工育苗期35 d±5 d的育苗纸筒，B型产品适用于加工育苗期25 d±5 d的育苗纸筒。

4.2 育苗纸为卷筒纸，也可根据订货合同生产其他规格育苗纸。

5 技术要求

5.1 育苗纸的技术指标应符合表1规定，或按订货合同规定。

表 1

指标名称		单 位	规 定	
			A型	B型
定量		g/m²	60.0±2.0	58.0±2.0
横幅定量差	≤	g/m²	3.0	
抗张指数(纵向)	≥	N·m/g	45.0	40.0
湿抗张指数(纵向)	≥	N·m/g	20.0	16.0
透气度	≥	μm/(Pa·s)	3.4	
施胶度	≥	s	10	
交货水分		%	7.0～10.0	

5.2 育苗纸中不应含有不利于农作物生长的成分。

5.3 卷筒纸的卷宽度应为拟加工纸筒宽度的整数倍，卷筒宽度尺寸偏差应不超过±5 mm，或按合同规定。

5.4 卷筒端面应平整、无裂口，两边松紧一致，卷芯应牢固，不易变形。

5.5 每卷断头不应超过3个，断头处粘接平整，并有明显标记。

5.6 纸面应平整，不应有明显的褶子、浆块、云彩花、残缺等影响使用的纸病。

6 试验方法

6.1 试样的采取按GB/T 450规定进行。

6.2 试样的处理按GB/T 10739规定进行。

6.3 尺寸及偏斜度按GB/T 451.1测定。

6.4 定量、横幅定量差按GB/T 451.2测定。

6.5 抗张强度按GB/T 12914测定，仲裁时按恒速拉伸法测定。

6.6 透气度按GB/T 458—2008中肖伯尔法测定。

6.7 湿抗张强度按GB/T 465.2测定，浸水时间为60 min，仲裁时按恒速拉伸法测定。

6.8 施胶度按GB/T 460—2008中液体渗透法测定。

6.9 交货水分按GB/T 462测定。

6.10 外观质量采用目测检验。

7 检验规则

7.1 生产厂应保证所生产的育苗纸符合本标准或订货合同规定，每个卷筒应粘贴检验合格证。

7.2 以一次交货数量为一批，但不多于30 t。

7.3 计数抽样检验程序按GB/T 2828.1规定进行，样本单位为件(卷)。接收质量限(AQL)，纵向抗张指数、纵向湿抗张指数、透气度、施胶度为4.0；定量、横幅定量差、交货水分、尺寸、外观质量为6.5。抽样方案采用正常检验二次抽样方案，检验水平为Ⅰ，抽样方案见表2。

表 2

批量/件(卷)	正常检验二次抽样方案　　检验水平 I				
	样本量	AQL=4.0		AQL=6.5	
		Ac	Re	Ac	Re
2～25	2	—	—	0	1
	3	0	1	—	—
26～90	3	0	1	—	—
	5	—	—	0	2
	5(10)	—	—	1	2

7.4　可接收性的确定：第一次检验的样品数量应等于该方案给出的第一样本量。如果第一样本中发现的不合格品数小于或等于第一接收数，应认为该批是可接收的；如果第一样本中发现的不合格品数大于或等于第一拒收数，应认为该批是不可接收的。如果第一样本中发现的不合格品数介于第一接收数与第一拒收数之间，应检验由方案给出样本量的第二样本并累计在第一样本和第二样本中发现的不合格品数。如果不合格品累计数小于或等于第二接收数，则判定该批是可接收的；如果不合格品累计数大于或等于第二拒收数，则判定该批是不可接收的。

7.5　需方有权按本标准或合同规定检查产品质量，若对产品质量有异议，应在到货后一个月内通知供方，由供需双方共同取样复检。如不符合本标准规定，则判为该批不可接收，由供方负责处理；如符合本标准规定，则判为该批可接收，由需方负责处理。

8　标志、包装、运输、贮存

8.1　产品的标志和包装按 GB/T 10342 或订货合同规定进行。

8.2　卷筒纸外包装物的材质及层数应确保外层卷筒纸完好无损。

8.3　产品搬运时，不应将纸卷从高处扔下。

8.4　产品应妥善贮存、保管，防止雨、雪、地面湿气及其他有害物质的影响。

ICS 85.060
Y 31

中华人民共和国国家标准

GB/T 26202—2010

纸 管 纸 板

Core-board

2011-01-14 发布

2011-06-15 实施

中华人民共和国国家质量监督检验检疫总局
中国国家标准化管理委员会 发布

前　言

本标准由中国轻工业联合会提出。

本标准由全国造纸工业标准化技术委员会(SAC/TC 141)归口。

本标准起草单位:昌乐世纪阳光纸业有限公司、中国制浆造纸研究院、中国造纸协会标准化专业委员会。

本标准主要起草人:盛永忠、王东兴、张增国、张洪明。

纸 管 纸 板

1 范围

本标准规定了纸管纸板的分类、要求、试验方法、检验规则及标志、包装、运输、贮存。

本标准适用于制造各类纸管、纸芯、纺织纱管用的纸板。

2 规范性引用文件

下列文件中的条款通过本标准的引用而成为本标准的条款。凡是注日期的引用文件，其随后所有的修改单(不包括勘误的内容)或修订版均不适用于本标准，然而，鼓励根据本标准达成协议的各方研究是否可使用这些文件的最新版本。凡是不注日期的引用文件，其最新版本适用于本标准。

GB/T 450 纸和纸板 试样的采取及试样纵横向、正反面的测定(GB/T 450—2008，ISO 186：2002，MOD)

GB/T 451.1 纸和纸板尺寸及偏斜度的测定

GB/T 451.2 纸和纸板定量的测定(GB/T 451.2—2002，eqv ISO 536：1995)

GB/T 451.3 纸和纸板厚度的测定(GB/T 451.3—2002，idt ISO 534：1988)

GB/T 462 纸、纸板和纸浆 分析试样水分的测定(GB/T 462—2008；ISO 287：1985，MOD；ISO 638：1978，MOD)

GB/T 1540 纸和纸板吸水性的测定 可勃法(GB/T 1540—2002，neq ISO 535：1991)

GB/T 2679.8 纸和纸板环压强度的测定(GB/T 2679.8—1995，eqv ISO/DIS 12192)

GB/T 2828.1 计数抽样检验程序 第1部分：按接收质量限(AQL)检索的逐批检验抽样计划(GB/T 2828.1—2003，ISO 2859-1：1999，IDT)

GB/T 10342 纸张的包装和标志

GB/T 10739 纸、纸板和纸浆试样处理和试验的标准大气条件(GB/T 10739—2002，eqv ISO 187：1990)

GB/T 26203 纸和纸板 内结合强度的测定(Scott 型)

3 分类

3.1 纸管纸板按质量分为优等品、一等品和合格品。

3.2 纸管纸板分为卷筒纸和盘纸。

4 要求

4.1 纸管纸板的技术指标应符合表1或订货合同的规定。

表 1

指标名称		单位	规定		
			优等品	一等品	合格品
定量		g/m²	220±10.0 360±14.0 420±16.0 450±18.0 510±20.0		
厚度	220 g/m²	mm	0.32±0.02	0.33±0.02	
	360 g/m²		0.49±0.02	0.50±0.02	
	420 g/m²		0.57±0.02	0.59±0.02	
	450 g/m²		0.59±0.02	0.60±0.02	
	510 g/m²		0.68±0.02	0.69±0.02	0.70±0.02
环压指数(纵/横) ≥		N·m/g	25.0/18.0	20.0/14.0	14.0/10.0
内结合强度 ≥		J/m²	700	400	280
吸水性(正/反,60 s)		g/m²	50～300		100～400
交货水分		%	7.0±2.0		

4.2 尺寸

4.2.1 卷筒纸管纸板的幅宽为 500 mm～2 000 mm,每 50 mm 为一档,其偏差应不超过 $^{+8}_{0}$ mm。

4.2.2 卷筒纸管纸板的卷筒直径为 800 mm、1 000 mm、1 100 mm、1 200 mm,其直径偏差应不超过 ±50 mm。

4.2.3 盘状纸管纸板的幅宽按合同规定,宽度偏差应为±0.25 mm。

4.2.4 可按订货合同规定生产其他尺寸的产品。

4.3 纸管纸板切边应整齐、洁净。

4.4 纸管纸板每卷纸的接头优等品应不超过 1 个,一等品应不超过 2 个,合格品应不超过 3 个,接头处应用胶带纸粘牢,并作明显标志。

4.5 纸管纸板表面应平整,不应有折子、皱纹、破洞、裂口、砂粒、硬质块等影响使用的外观纸病。

4.6 纸管纸板的纸芯不应有瘪芯现象。卷筒端面应平整,形成的锯齿或凹凸面应不超过 5 mm。

4.7 纸管纸板每 10 m² 内,直径大于 2 cm 的浆块或湿疤:优等品、一等品应不超过 1 个,合格品应不超过 2 个。

5 试验方法

5.1 试样的采取按 GB/T 450 进行。

5.2 试样的处理和测定按 GB/T 10739 进行。

5.3 尺寸及偏差按 GB/T 451.1 进行测定。

5.4 定量按 GB/T 451.2 进行测定。

5.5 厚度按 GB/T 451.3 进行测定。

5.6 环压指数按 GB/T 2679.8 进行测定。

5.7 吸水性按 GB/T 1540 进行测定。

5.8 内结合强度按 GB/T 26203 进行测定。

5.9 交货水分按 GB/T 462 进行测定。

5.10 外观质量采用目测。

6 检验规则

6.1 以一次交货数量为一批,每批应不多于 100 t。

6.2 生产厂应保证所生产的纸管纸板符合本标准或订货合同的规定,每件纸板交货时应附有一份产品质量合格证。

6.3 计数抽样检验程序按 GB/T 2828.1 规定进行,样本单位为卷。接收质量限(AQL):层间结合强度、环压指数 AQL 为 4.0;定量、厚度、吸水性、交货水分、尺寸及偏差、外观质量 AQL 为 6.5。抽样方案采用正常检验二次抽样方案,检查水平为特殊检查水平 S-2,见表 2。

表 2

批量/卷	正常检验二次抽样方案　特殊检验水平　S-2				
	样本数量	AQL=4.0		AQL=6.5	
		Ac	Re	Ac	Re
2～150	3	0	1	—	—
	2	—	—	0	1
151～280	3	0	1	—	—
	5	—	—	0	2
	5(10)	—	—	1	2

6.4 可接收性的确定:第一次检验的样品数量应等于该方案给出的第一样本量。如果第一样本中发现的不合格品数小于或等于第一接收数,应认为该批是可接收的;如果第一样本中发现的不合格品数大于或等于第一拒收数,应认为该批是不可接收的。如果第一样本中发现的不合格品数介于第一接收数与第一拒收数之间,应检验由方案给出样本量的第二样本并累计在第一样本和第二样本中发现的不合格品数。如果不合格品累计数小于或等于第二接收数,则判定该批是可接收的;如果不合格品累计数大于或等于第二拒收数,则判定该批是不可接收的。

6.5 需方有权按本标准或订货合同的规定进行验收检验,检验时应先检查外部包装,然后从中取样进行检验。如果检验结果与标准不符,需方应在到货后一个月内(或按订货合同规定)通知供方共同取样进行复验,如仍不合格,则判为批不可接收,由供方负责处理;如合格,则判为批可接收,由需方负责处理。

7 标志、包装、运输、贮存

7.1 卷筒纸管纸板成品应用三层本身纸板作为外包装,亦可根据需方要求加裹防潮塑料薄膜。盘状纸管纸板应叠齐平放在托盘上,用打包带扎紧,亦可根据需方要求加裹防潮塑料薄膜。纸管纸板应按照 GB/T 10342 或订货合同的规定进行包装和标志。

7.2 运输过程中,应使用有篷而洁净的运输工具。

7.3 装卸时不应钩吊,不应将纸卷(件)从高处扔下。

7.4 纸管纸板应妥善保管,严防受潮。

ICS 85-010
Y 30

中华人民共和国国家标准

GB/T 26203—2010

纸和纸板　内结合强度的测定（Scott 型）

Paper and board—Determination of internal bond strength (Scott type)

2011-01-14 发布　　2011-06-01 实施

中华人民共和国国家质量监督检验检疫总局
中国国家标准化管理委员会　发布

前　言

本标准由中国轻工业联合会提出。

本标准由全国造纸工业标准化技术委员会(SAC/TC 141)归口。

本标准起草单位:中国制浆造纸研究院、国家纸张质量监督检验中心、中国造纸协会标准化专业委员会。

本标准主要起草人:史记。

纸和纸板　内结合强度的测定（Scott 型）

1　范围

本标准规定了纸和纸板内结合强度的测定方法。

本标准适用于单层及多层纸和纸板，包括涂布纸和表面覆有合成聚合物膜的纸和纸板。

本标准不适用于低定量、多孔、柔软或低密度的纸和纸板。

2　规范性引用文件

下列文件中的条款通过本标准的引用而成为本标准的条款。凡是注日期的引用文件，其随后所有的修改单（不包括勘误的内容）或修订版均不适用于本标准，然而，鼓励根据本标准达成协议的各方研究是否可使用这些文件的最新版本。凡是不注日期的引用文件，其最新版本适用于本标准。

GB/T 450　纸和纸板　试样的采取及试样纵横向、正反面的测定（GB/T 450—2008，ISO 186：2002，MOD）

GB/T 10739　纸、纸板和纸浆试样处理和试验的标准大气条件（GB/T 10739—2002，eqv ISO 187：1990）

3　原理

双面胶-试样-双面胶的组合形成一个夹层结构，该夹层被压在一个金属平砧和一个铝块之间，结构如图 1 所示。用摆撞击铝块上部的内表面，使铝块翻转，并在 Z 向破坏试样（见图 2）。通过测定摆动的最高位置来计算试样被破坏过程中吸收的能量。影响测定结果的因素包括：摆在锁定状态时的势能；摆动的最高位置；摆将一个不带试样的铝块敲落所需要的能量；摩擦损失；摆的内部震动损失；双面胶的粘力。

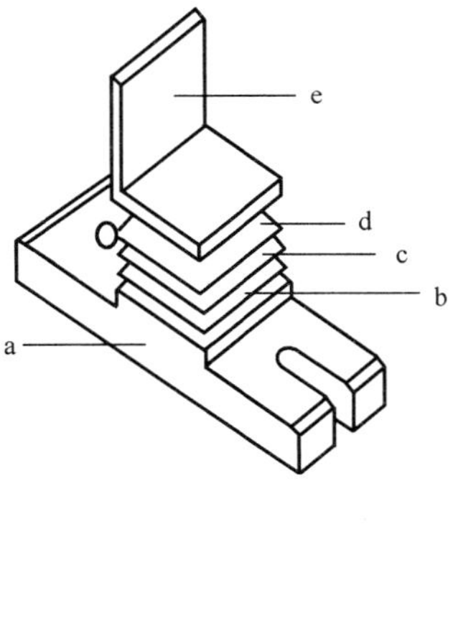

a——金属平砧；
b——双面胶；
c——试样；
d——双面胶；
e——铝块。

图 1

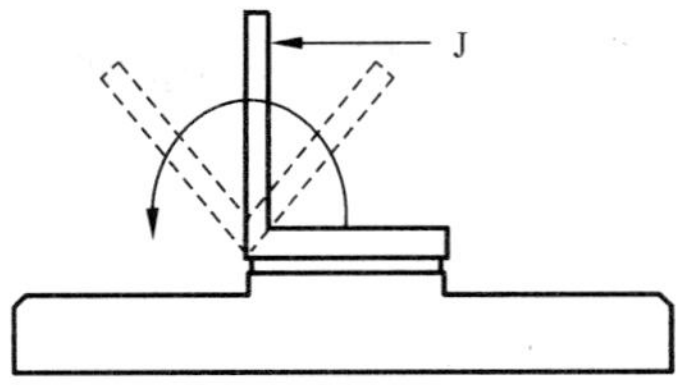

J——摆锤。

图 2

4 仪器和设备

4.1 试样制备台：一次可压制出 5 个 25.4 mm×25.4 mm 的试样，适用试样的最大厚度为 1.25 mm，可选择夹持试样的压力为 345 kPa～1 034 kPa，至少以 345 kPa 压力增加。最常用的夹持压力为(690±21)kPa和(1 034±34)kPa。固定板是试样制备台上的一个组成部分，用于夹紧 5 个铝块并使其保持一条直线，防止试样在压制过程中发生弯曲。

4.2 摆：装在底座上，一个轴装在球或类似低摩擦轴承的两点上，摆的重心距离轴的中心线(127.0±0.6)mm。摆从水平位置开始至少可自由旋转 180°，摆上的撞击球应在竖直方向时撞击铝块(见 4.4)。球的重心下落的高度决定了摆撞击铝块时的速度。如果在摆上增加砝码，砝码应固定在保证重心不变的位置上。如果增加砝码后改变了摆上撞击球的重心，则应在仪器高量程校准时考虑该因素。

4.3 锁紧装置：可将摆固定在水平位置上，并能满足摆瞬间释放的需要。

4.4 一个固定的金属平砧和一个可分离的直角铝块(在横截面上呈直角)。制备好的试样、金属平砧和铝块固定在一个试样台上，其位置应使摆动轴(旋转轴)处于直角铝块的外沿，摆可以撞击铝块的中心，见图 2。

4.5 机械式或电子式记录装置：当摆被释放，并摆过垂直位置时，记录摆动的最高位置。

4.6 仪器的量程范围应为 0～525 J/m^2。

4.7 扩大仪器量程的可选方式：可以通过改变整个摆、在摆上增加砝码或减少试样表面积(不超过 40%)来实现。

4.8 取样器：可裁切出 25.4 mm 宽的试样，且试样两侧边的平行度应不超过 0.1 mm，其长度可满足试样制备台的需要。

4.9 小刀或多刃裁切工具，用于分离和整饰 5 个试样，以获得整齐的边缘。通过试样制备台上金属平砧间的距离来确定合适的刀刃宽度，该宽度由仪器制造商规定，可为 0.25 mm 或 0.38 mm。

4.10 双面胶宽度为(25.4±0.08)mm，粘在一张起皱的离型纸上。双面胶对不锈钢的粘附力应至少为 486 N/m，标称厚度应为 0.13 mm。

注：虽然制造商说明双面胶的保存期为 1 年，但是，6 个月后，双面胶的粘附力会发生明显的松弛。宜把双面胶存放在阴凉、干燥的空调房内，最好保持在 23 ℃、50%相对湿度的环境中。双面胶上有褶皱和缝隙(包含一个疏松伤口)时会加速干燥，从而导致粘附力降低。宜至少剥去 2 m～3 m 旧双面胶，直至可以使用。

4.11 溶剂：用于从金属平砧和铝块上去除残余的胶粘剂，例如异丙醇。

5 仪器的校准

5.1 将仪器放置在稳固的台面上，仔细调节仪器至水平。

注：使用一只 75 mm 或更长的机械水平仪来校准水平比较合适，而不是使用仪器上分辨率有限的水平仪。按仪器说明书的要求，使用试样台或校准砝码作为参考面从两侧和前后来调节仪器的水平。

5.2 检查组合摆的结构完整性，可以通过在垂直于旋转轴并沿其长度方向轻轻地扭动摆来进行。如果摆的下部相对于摆身发生轻微的松弛，内部振动损失会影响校准的准确性，则整个摆应该重新装一下。

5.3 按照仪器说明书的要求，锁紧摆，然后将摆释放，建立一个自由摆动校准点。对于机械式仪器为“校准”线和“零点”间的角度差；或对于电子式仪器为“自由摆数”和“零点”间的角度差，该角度差代表将一个空白铝块从摆上撞落所需要的能量。

5.4 对于机械式仪器，应调节摆的摩擦螺母来确定合适的空摆，从而完成校准程序。

5.5 对于电子式仪器，应按仪器说明书来调节摆垂直位置的读数。如果需要，应重新检查和调节空摆的读数值。

5.6 如果仪器附带校准测试砝码，则应按说明书要求做摆的撞击测试。测试砝码读数可接受的误差由制造商规定。撞击后，应抓住自由砝码，保证其表面不会因落在硬表面上而被破坏。

6 取样

6.1 按 GB/T 10739 规定的大气条件对试样进行温湿处理，并进行试验。

6.2 按 GB/T 450 制备试样。

6.3 准确切取试样(25.4±0.1)mm 宽、140 mm 长，裁切过程中应拿着试样的边缘，并保证试样无变形或起皱。

7 试验步骤

7.1 试验仪器应按照 5.1～5.6 的要求校准。

7.2 调节并确认试样制备台在所有位置施加的均匀压力为(690±21)kPa，半自动仪器会产生一个 3 s 的夹持时间。为避免双面胶与金属(平砧或铝块)发生分离，应采用 690 kPa 以上的压力。

注：压力过大、施压时间过长都会导致胶粘剂迁移到试样上。

7.3 将金属平砧按照序号放在制备台的相应位置上，并使前面销子上的定位孔和槽朝后。保证金属平砧和铝块上没有上次试验留下的胶粘剂和残余纤维。

7.4 拉出一条足够长的双面胶，覆盖在金属平砧上，并多出 25 mm。如果有褶皱、干燥点或明显的胶粘剂松弛，这部分的双面胶应舍弃不用。在导销间仔细摆放，使双面胶处于金属平砧的槽或脊的中间位置。应避免在试样区域的前后发生重叠。放置过程中，在双面胶上应施加轻微的张力，以避免双面胶下出现气泡。用刀背轻轻敲击，以排除滞留的空气，增加胶粘面积。

7.5 将待测试样准确地放置在第一条双面胶上，注意应拿着试样的两端。裁切双面胶，拉出第 2 条双面胶，置于导销之间，覆盖试样并多出至少 25 mm。将第二条双面胶准确地放置在试样上。避免双面胶在试样的前后边缘重叠，防止双面胶与双面胶的连接，双面胶连接会阻止试样破坏，导致试验结果无效。用刀裁切双面胶-试样-双面胶复合层。

7.6 将装有 5 个直角铝块的固定装置定位放好，使其垂直面向前。接触双面胶的每个铝块的表面应平整，没有划痕和缺边。

注：磨损和受污染的铝块会使结果产生至少 15%的误差。

7.7 对于机械式试样压紧装置，用凸边螺钉将固定板夹紧。通过向前拉动凸轮杆 2 s～3 s 来施加压力。夹持时间过长或压力过高都会导致胶粘剂迁移到试样上，从而使试验结果无效。将手柄拉回到顶部，释放压力。

7.8 对于气动式或水压式试样压紧装置，按仪器说明书操作，按下自动压紧环。夹持压力应为(690±21)kPa。

注：内结合强度低于 900 J/m²，出现以下情况时，双面胶-金属剥离将不会发生：

a） 双面胶新制，并且定位正确；

b） 试样平砧和铝块平整、无污点；

c） 试样受到的压力能产生均匀和平整的面对面接触。对于这种情况 690 kPa 的夹持压力即可满足本试验的要求。内结合强度高于 900 J/m² 时，可能需要将夹持压力增加至 1 035 kPa。对于低定量和低厚度的打印纸，不要增加夹持力，因为双面胶可能会渗透到试样中，致使双面胶彼此结合。在很容易变形的试样上不要增加夹持力，例如手抄片或箱纸板，过大的压力将导致异常的试验结果。当测试定量较大且不容易被破坏的试样时，增加夹持力可能有效，例如纸芯用纸板和纸盒。

7.9 小心地打开并移走固定板，使铝块粘在双面胶-试样-双面胶复合层上。用小刀将 5 个试样分离。在每组连续的铝块和平砧间插入小刀，使其彼此分离。在最后一个试样上，小心裁切，避免双面胶重叠或缺口。

7.10 将摆转到右端，直至被锁住。对于机械式仪器，塑料指针应指向同一位置，确保指针接触摆上的锁销。将试样放置在试样台上，平砧的沟槽朝右，铝块的垂直部分朝左。只要定位销位置允许，平砧应远离左边。机械式仪器用滚花螺钉保证锁紧，或启动自动夹持保证锁紧。

7.11 试验时，释放摆，使其破坏试样。对于机械式仪器，快速压下锁，保证销不会拉动下面的锁。对于电子式仪器，用食指按下下降开关，并在摆经过垂直位置前，释放开关。在摆回程时重新锁住摆。读取结果，将机械式仪器的指针回零，从试样台上取走第一个平砧，进行下一个试验。

7.12 检查试样上下面的破坏情况。若在试样中间层附近出现分层、在任何平面上仅有纤维、多层破坏、带有第二层的枕状剥离或上下层带有纤维块的分离，就表明试验结果是可接受的。相反地，若出现部分分层，试样上整块舌状剥离、双面胶间明显结合，或任何类型的双面胶穿透现象，均表明该试验结果不满足要求。若在破裂处的前部边缘发生双面胶-金属剥离现象，则表明该试样无效。若在破裂处的后部边缘发生双面胶-金属剥离，只要该试验结果在其他试验结果的 1% 标准偏差内，即可认为该试样有效。

7.13 在试样的测试方向上应进行 5 次试验。对于许多纸来说，纵向和横向的试验结果没有明显的差异。但是试验方向应一致，并在报告中注明。

8 结果的表示

内结合强度以 J/m² 表示，结果保留三位有效数字。

9 试验报告

试验报告包括以下内容：

a） 本国家标准编号。

b） 报告测试方向，以及：

① 结果的标准偏差，保留两位有效数字，或者以百分数表示；

② 舍弃的试验次数和舍弃的原因；

③ 所用双面胶类型和夹持压力。

c) 试验过程中的任何偏离，例如，夹持时间不是 2 s～3 s，或者夹持压力不是 690 kPa。
d) 所有不规则的破坏表面。
e) 如果仪器重复地不能从试验条上拉坏试样，扩大仪器量程也不可行，试验结果可以报告为“超出(仪器的上限，以 J/m^2 表示)。”

ICS 85.060
Y 31

中华人民共和国国家标准

GB/T 26204—2010

纸面石膏板护面纸板

Plaster liner board

2011-01-14 发布　　2011-06-15 实施

中华人民共和国国家质量监督检验检疫总局
中国国家标准化管理委员会　发布

前　　言

本标准由中国轻工业联合会提出。

本标准由全国造纸工业标准化技术委员会(SAC/TC 141)归口。

本标准起草单位:中国制浆造纸研究院、枣庄华润纸业有限公司、国家纸张质量监督检验中心。

本标准主要起草人:高凤娟、吕艳春。

纸面石膏板护面纸板

1 范围

本标准规定了纸面石膏板护面纸板的分类、要求、试验方法、检验规则和标志、包装、运输、贮存。

本标准适用于纸面石膏板用的护面纸板。

2 规范性引用文件

下列文件中的条款通过本标准的引用而成为本标准的条款。凡是注日期的引用文件,其随后所有的修改单(不包括勘误的内容)或修订版均不适用于本标准,然而鼓励根据本标准达成协议的各方研究是否可使用这些文件的最新版本。凡是不注日期的引用文件,其最新版本适用于本标准。

GB/T 450 纸和纸板 试样的采取及试样纵横向、正反面的测定(GB/T 450—2008,ISO 186:2002,MOD)

GB/T 451.1 纸和纸板尺寸及偏斜度的测定

GB/T 451.2 纸和纸板定量的测定(GB/T 451.2—2002,eqv ISO 536:1995)

GB/T 451.3 纸和纸板厚度的测定(GB/T 451.3—2002,idt ISO 534:1988)

GB/T 458 纸和纸板 透气度的测定(GB/T 458—2008;ISO 5636-2:1984,MOD;ISO 5636-3:1992,MOD;ISO 5636-5:2003,MOD)

GB/T 459 纸和纸板伸缩性的测定(GB/T 459—2002,eqv ISO 5635:1978)

GB/T 462 纸、纸板和纸浆 分析试样水分的测定(GB/T 462—2008;ISO 287:1985,MOD;ISO 638:1978,MOD)

GB/T 1540 纸和纸板吸水性的测定 可勃法(GB/T 1540—2002,neq ISO 535:1991)

GB/T 2828.1 计数抽样检验程序 第1部分:按接收质量限(AQL)检索的逐批检验抽样计划(GB/T 2828.1—2003,ISO 2859-1:1999,IDT)

GB/T 7974 纸、纸板和纸浆亮度(白度)的测定 漫射/垂直法(GB/T 7974—2002,neq ISO 2470:1999)

GB/T 10342 纸张的包装和标志

GB/T 10739 纸、纸板和纸浆试样处理和试验的标准大气条件(GB/T 10739—2002,eqv ISO 187:1990)

GB/T 12914 纸和纸板 抗张强度的测定(GB/T 12914—2008;ISO 1924-1:1992,MOD;ISO 1924-2:1994,MOD)

3 术语和定义

下列术语和定义适用于本标准。

3.1

纸面石膏板护面纸板 plaster liner board

生产纸面石膏板时,覆盖于石膏芯的两面,并能与石膏芯材牢固地黏结在一起的纸板。

3.2

正面纸板 face board

生产纸面石膏板时承载石膏浆的纸板(即施工时使用的面纸)。

3.3

背面纸板　back board

生产纸面石膏板时覆盖于石膏浆上面的纸板(即施工时使用的底纸)。

4　分类

4.1　纸面石膏板护面纸板分为正面纸板和背面纸板。

4.2　纸面石膏板护面纸板按质量分为优等品、一等品、合格品。

5　要求

5.1　纸面石膏板护面纸板技术指标应符合表1或订货合同的规定。

表 1

指标名称		单位	规定		
			优等品	一等品	合格品
定量		g/m²	160　170　180　190　200　210　225		
定量偏差		%	±3.0	±4.0	±5.0
紧度		g/cm³	0.55～0.80		
透气度[a]	肖伯尔法　≥	μm/(Pa·s)	2.20	1.80	1.50
	葛尔莱法　≤	s/100 mL	100	110	120
表面吸水性　≤	正面	g/m²	40.0		
	反面		80.0		
亮度(白度)[b]　≥		%	40.0		
抗张强度　≥	正面纸板　纵向/横向	kN/m	10.5/4.00	10.0/3.20	9.00/3.00
	背面纸板　纵向/横向		9.50/3.50	9.00/2.80	8.50/2.50
伸缩率(横向)　≤		%	2.8	3.0	3.2
交货水分		%	8.0～14.0		

a　透气度可选用其中任意一种方法测试、判定。

b　此项指标只考核正面纸板的正面,彩色石膏板护面纸板不考核亮度(白度)。

5.2　纸面石膏板护面纸板为卷筒纸,正面纸板幅宽为1 225 mm～1 295 mm,背面纸板幅宽为850 mm～1 205 mm,幅宽偏差$^{+5}_{-0}$ mm;卷筒直径为1 100 mm～1 800 mm,也可按订货合同要求生产其他规格的纸面石膏板护面纸板。

5.3　纸面石膏板护面纸板不应出现分层现象,每批纸板的色泽应一致。

5.4　纸面石膏板护面纸板的纸面应平整,不应有褶子、裂口、洞眼等外观纸病。

5.5　卷筒端面应平整,不应有锯齿形和凹凸面出现。

5.6　卷筒纸芯应为干燥、硬实、不瘪芯、不夹纸边的整根纸芯。

5.7　卷筒接头优等品应不多于1个,一等品应不多于2个,合格品应不多于3个。接头处应粘牢,且应有明显标志。

5.8　每个卷筒应标有纸页使用方向的标志。

6　试验方法

6.1　试样的采取按GB/T 450进行。

6.2 试样处理和试验的标准大气条件按 GB/T 10739 进行。

6.3 定量、定量偏差按 GB/T 451.2 测定。

6.4 紧度按 GB/T 451.3 测定。

6.5 透气度按 GB/T 458 肖伯尔法或葛尔莱法测定，两种测试方法中任何一种合格均可判为合格。

6.6 表面吸水性按 GB/T 1540 测定，浸水时间为 60 s。

6.7 亮度(白度)按 GB/T 7974 测定。

6.8 抗张强度按 GB/T 12914 测定，伸裁时按恒速拉伸法测定。

6.9 伸缩率按 GB/T 459 测定，浸水时间 15 min。

6.10 交货水分按 GB/T 462 测定。

6.11 尺寸及偏差按 GB/T 451.1 测定。

6.12 外观质量采用目测检验。

7 检验规则

7.1 以一次交货为一批，每批应不多于 50 t。

7.2 生产厂应保证所生产的纸面石膏板护面纸板符合本标准的要求，每件产品交货时应附有一份合格标识。

7.3 计数抽样检验程序按 GB/T 2828.1 规定进行。样本单位为卷。接收质量限(AQL)：透气度、抗张强度、伸缩率 AQL=4.0，定量、定量偏差、紧度、亮度(白度)、表面吸水性、交货水分、尺寸及偏差、接头、外观质量 AQL=6.5。抽样方案采用正常检验二次抽样方案，检验水平为特殊检查水平 S-2，见表 2。

表 2

批量/卷(筒)	正常检验二次抽样方案　检查水平 S-2				
	样本量	AQL=4.0		AQL=6.5	
		Ac	Re	Ac	Re
≤150	3	0	1	—	—
	2	—	—	0	1
151～280	3	0	1	—	—
	5	—	—	0	2
	5(10)	—	—	1	2

7.4 可接收性的确定：第一次检验的样品数量应等于该方案给出的第一样本量。如果第一样本中发现的不合格品数小于或等于第一接收数，应认为该批是可接收的；如果第一样本中发现的不合格品数大于或等于第一拒收数，应认为该批是不可接收的。如果第一样本中发现的不合格品数介于第一接收数与第一拒收数之间，应检验由方案给出样本量的第二样本并累计在第一样本和第二样本中发现的不合格品数。如果不合格品累计数小于或等于第二接收数，则判定该批是可接收的；如果不合格品累计数大于或等于第二拒收数，则判定该批是不可接收的。

7.5 需方有权按本标准或订货合同检验产品，如对该批产品质量有异议，应在到货后三个月内通知供方共同取样进行复验。如符合本标准或订货合同的规定，则判为批合格，由需方负责处理。如不符合本标准或订货合同的规定，则判为批不合格，由供方负责处理。

8 标志、包装、运输、贮存

8.1 纸面石膏板护面纸板的标志、包装按 GB/T 10342 或订货合同的规定进行。纸面石膏板护面纸板应有外包装。卷筒两端面应有堵头、防止压扁。

8.2 纸面石膏板护面纸板应妥善保管，严防受潮。

8.3 纸卷在运输过程中，应使用有篷而洁净的运输工具。

8.4 不应将纸卷从高处扔下。

8.5 由于贮存或运输不符合本标准的要求造成产品发生变质或其他损失，应由造成损失的责任方负责。

ICS 97.130.20
J 73

中华人民共和国国家标准

GB/T 26205—2010

制冷空调设备和系统减少卤代制冷剂排放规范

Refrigerating and air-conditioning equipment and systems—Specification for reducing the release of halogenated refrigerants

2011-01-14 发布　　2011-06-15 实施

中华人民共和国国家质量监督检验检疫总局
中国国家标准化管理委员会　发布

前　言

本标准按照 GB/T 1.1—2009 给出的规则起草。

本标准以美国国家标准 ANSI/ASHRAE Standard 147—2002《减少制冷空调设备和系统中的卤代制冷剂排放》(英文版)为依据制定，其框架与 ANSI/ASHRAE Standard 147—2002 基本相同，结构和技术内容做了比较多的修改。

本标准由中华人民共和国商务部提出。

本标准由全国制冷标准化技术委员会归口并负责解释。

本标准起草单位：珠海格力电器股份有限公司、浙江大学、美的集团有限公司、浙江鸿森机械有限公司。

本标准主要起草人：陈光明、胡汪洋、张龙、郑崇开、周水根、韩晓红、王月、刘宇春、竺亚均、刘怀灿。

制冷空调设备和系统
减少卤代制冷剂排放规范

1 范围

本标准规定了固定安装的制冷、空调及热泵设备和系统在生产、安装、检测、运行、维护、维修和报废处理的过程中，减少卤代制冷剂排放的方法和要求。

本标准适用于卤代烃类和卤代醚类制冷剂。

2 规范性引用文件

下列文件对于本文件的应用是必不可少的。凡是注日期的引用文件，仅注日期的版本适用于本文件。凡是不注日期的引用文件，其最新版本（包括所有的修改单）适用于本文件。

GB 9237 制冷和供热用机械制冷系统 安全要求

GB/T 18517 制冷术语

GB/T 23682 制冷系统和热泵 软管件、隔震管和膨胀接头 要求、设计与安装

3 术语和定义

GB/T 18517 界定的以及下列术语和定义适用于本文件。

3.1

氯氟烃 chorofluorocarbon（CFC）

包含氯、氟和碳原子的全卤代（无氢）烃类化合物。

3.2

氢氯氟烃 hydrochlorofluorocarbon（HCFC）

包含氯、氟、碳和氢原子的卤代烃。

3.3

氢氟烃 hydrofluorocarbon（HFC）

包含氟、碳和氢原子的卤代烃。

3.4

全氟烃 PFC

一种仅包含氟和碳原子的烃类化合物。

3.5

硬钎焊连接 brazed joint

在高于 426 ℃，低于结合部融熔温度下，通过合金融化来连接金属部件的一种气密性连接。

3.6

机械连接 mechnical joint

通过机械紧固件（例如法兰连接、螺纹连接或喇叭口连接）连接金属部件的一种气密性连接。

3.7

熔焊连接　welded joint

在不低于 426 ℃温度下，通过塑胶熔化状态或使用填充熔化金属来连接金属部件的一种气密性连接。

3.8

大系统　large system

制冷剂充注量不少于 23 kg 的制冷系统。

3.9

中压系统　medium pressure system

在环境温度(25 ℃)下，工作压力高于大气绝对压力但低于 700 kPa(表压)的系统。

注：常用于中压系统的制冷剂有 R12、R500 和 R134a、R152a 等。

3.10

高压系统　high pressure system

在环境温度(25℃)下，工作压力高于 700 kPa(表压) 的系统。

注：常用于高压系统的制冷剂有 R22、R502、R125、R407C 和 R410A 等。

3.11

低压系统　low pressure system

在环境温度(25 ℃)下，系统的绝对压力低于大气绝对压力的系统。

注：常用于低压系统的制冷剂有 R11、R113 和 R123 等。

3.12

小型全封闭系统　small hermetically sealed system

一种在出厂前预先充注好制冷剂的系统，制冷剂充注量小于 2.3 kg。采用熔接、硬焊、软焊或其他方式连接在一起的一个密封系统，一般可以运行 10 年不需维护或维修。

3.13

单元式系统　unitary system

由一个或多个在工厂装配好的组件构成的系统，通常包含一个蒸发器或冷却盘管、一个压缩冷凝单元，实现一种功能。

3.14

设计压力　design pressure

设定的容器顶部的最高压力，与相应的设计温度一起作为设计载荷条件。

3.15

最大工作压力　maximum working pressure

在正常工作情况下，容器顶部可能达到的最高压力，其值不高于设计压力。

3.16

运行压力　operating pressure

制冷系统运行时，某一参考点的压力。

3.17

安全装置　pressure-relief device

当系统压力超过设定值时，设计用于自动排泄压力的阀或排气装置。

3.18

安全膜片　rupture disc

在达到预定压力下会破裂的一种安全装置。

3.19

安全阀 pressure-relief valve

由弹簧力或其他力密封,用于超过压力设定值时自动泄压的阀门。

3.20

高真空 deep (high) vacuum

绝对压力不大于 130 Pa 的真空。

3.21

防真空系统 prevention-of-vacuum system

一种可防止制冷剂损失和防止空气渗透到不工作的低压制冷机中的制冷剂压力控制系统。如果不采用不凝性气体进行检漏时,该系统也可用于制冷系统检漏时的增压。

3.22

排气 purging

排除系统中的不凝性气体。

3.23

排气装置 purging device

一种用来排除在系统充注、维护或正常运行时进入系统的不凝性气体的自动、半自动或手动装置。

3.24

排气阀 purge valve

使不凝性气体排出系统的阀门。

3.25

贮液器 receiver

在制冷系统中,用于维持系统的正常运行和储存足够的液体制冷剂的容器。

3.26

再生 reclaim

将用过的制冷剂经处理达到原产品性能的过程。

3.27

回收 recover

在任一状态下从系统中移除制冷剂并储存在外部容器中的过程。

3.28

再利用 recycle

通过分离油、移除不凝性气体,利用干燥过滤器等设备来除去水分、酸性物质和其他杂质,最终减少已用过制冷剂中的污染物的过程。

3.29

排放 release

制冷剂从系统或设备排出到大气中,包括(但不仅限于)由于泄漏、充注、检测、故障等引起的排出。

4 设计

4.1 在制冷系统设计和建造过程中,应确定制冷剂泄漏到大气中的泄漏源,并采取措施防止制冷剂排放到大气中,参见附录 A。

4.2 对于工厂制造的设备和现场装配的系统,应提供规范文件指导现场人员安装、运行和维护制冷设备,以减少制冷剂泄漏。

4.3 压缩机

压缩机中的泄漏主要是由压缩机的设计或相关的连接设备引起的,例如:压力表、截止阀、安全阀和连接管道等。

4.3.1 轴封

开启式压缩机中所用的轴封为制冷剂的泄漏源,轴封设计应详细说明轴封与压缩机中使用的制冷剂和油的相溶性。

4.3.2 振动

气压脉冲和运动部件的振动也会导致泄漏。为了减少振动引起的泄漏,应考虑压缩机、压缩机底座和管道连接因振动引起的应力,使其在材料疲劳极限内。

4.3.3 压缩机截止阀

不需要从系统移开而可以维修压缩机的系统,应在压缩机的吸气和排气侧安装压缩机截止阀,减少维修工作中的制冷剂泄漏,压缩机连接都应提供隔离能力。在管径大于 150 mm 的应用场合,可不采用截止阀。对于采用全封闭压缩机的单元设备,不要求使用压缩机截止阀。

4.3.4 全封闭压缩机

安装全封闭压缩机,用于维修的工艺管应按照相关的国家标准的要求连接和焊接。

4.4 冷凝器和蒸发器

设计与压缩机相连的管路时,应尽量减小在冷凝器和蒸发器连接处出现振动应力。

4.4.1 风冷冷凝器和蒸发器

在正常运行和运输过程中,风冷冷凝器和蒸发器应具有承受应力、振动和腐蚀的能力。管道支撑应减少振动、提供运动磨损保护及缓解热胀冷缩影响,风冷冷凝器和蒸发器应有足够的管壁厚度。

4.4.2 液冷冷凝器和蒸发器

4.4.2.1 液冷冷凝器和液冷蒸发器中流体特性的不同,容易引起管道的过早损坏,导致全部制冷剂的泄漏。应慎重选择系统的流体及管路材料,应根据流体的特性来确定管路、管壁的厚度以及过滤和处理的技术。

4.4.2.2 选择流体和管材时,应考虑防腐蚀问题。

4.4.2.3 应提供防冻结保护装置,如:制冷剂压力控制装置、制冷剂温度控制装置等。

4.5 管道、配管和连接

4.5.1 管道和连接件应满足 GB/T 23682 的要求,系统的所有设计和安装都应尽量减少接头和其他连接件。

公称尺寸为 25 mm 或更大的锥形螺纹管不应用于制冷剂管路的连接,螺纹用封底焊或采用具有同等有效的其他方式密封除外。

4.5.2 所有的法兰连接应满足 GB/T 23682 的要求,设计者应详细说明法兰连接密封材料与系统中采用的制冷剂和油有良好的兼容性。

4.5.3 所有的管道支撑应满足 GB/T 23682 的要求,支撑件设计时应防止由于运动引起的管道部件的外部磨损。

4.5.4 应对储存制冷剂或直接接触制冷剂的外露钢铁部件进行外部防腐处理,以防止生锈。

4.5.5 为了防止由于热膨胀引起的流体静压力超压,系统含液体的部分应满足 GB 9237 的超压保护要求。

4.5.6 工厂充注全封闭系统和单元式系统应满足 4.5 的要求。

4.6 用于充注、抽真空或两者兼用的检修阀

制冷系统应提供用于抽真空和制冷剂充注的检修阀或检修联结器,每个制冷回路至少应提供一个蒸气检修阀或检修联结器。应将阀或联结器(包括具有自锁功能的)安装在截止阀的入口处或密封盖的出口处,以确保密封效果。密封盖应满足 6.4.1 中的泄漏要求。

单元式系统的室外机的液体管路和气体管路如有检修阀,应焊接连接。

4.7 安全装置

4.7.1 系统安全装置应满足 GB 9237 的要求，大系统应具有警告标识，提示操作人员高压制冷剂可通过安全装置排放。

4.7.2 国家认可的检测机构列出的、工厂充注的小型全封闭系统，如有安全装置，也应符合 4.7.1 的规定。

4.8 排气装置

4.8.1 运行压力低于大气压力的大系统，应提供连续排气装置。新设备设计时，应注意选好排气口的位置，使得排气装置排掉制冷剂的质量小于排掉空气的质量。

4.8.2 在闲置停机状态(饱和制冷剂温度为 18.3 ℃饱和状态，大气压力为 0.101 MPa)下，应确保 4.8.1中描述的带排气装置系统的空气渗透进入量不妨碍系统启动和运行。为满足上述规定，系统还应包含下述一点或几点：

a) 在系统处于闲置停机状态时，排气装置仍处于工作状态；
b) 当系统处于闲置停机状态时，应具有防真空系统以防止空气渗透；
c) 允许在闲置停机状态出现空气渗透时，系统能正常启动和运行。排出制冷机中的空气时，应满足 4.8.1 的要求。

4.9 制冷剂监控器

大型制冷系统的机房应配备制冷剂监控器，以预警早期泄漏。

4.10 储存能力

大型现场装配的系统中(如超市制冷系统)，应配备一个或多个贮液器储存充注的制冷剂，以方便维护和维修。若冷凝器足够大(能够容纳全部充注量)、完全独立且采用安全阀保护，则系统可不配备贮液器。

5 产品开发

5.1 制冷设备的开发包括试验室测试和现场测试。产品开发时，应对系统或部件进行制冷剂泄漏检测，具体要求见第 7 章。

5.2 产品开发时，不应将用于运行测试的制冷剂排放到大气中，应把制冷剂抽出，存放在合适的容器中。

5.3 制冷剂的处理

5.3.1 实验室应配备回收或再生系统，并能储存从测试单元中回收的制冷剂。维修回收或再生设备时，应回收、再生或再加工设备内的制冷剂。

5.3.2 试验结束时，应尽快回收实验系统内的制冷剂。可先把回收的制冷剂放入一个容器，以确定充注级别，并按照第 10 章的要求回收制冷剂。如制冷剂被污染(如发生燃烧)，应将制冷剂回收至合适的容器进行再生、再加工或按照第 9 章的要求进行处理。

5.3.3 实验室应对制冷剂库存进行记录。库存单应包括：接收的制冷剂型号和数量，发出再加工的制冷剂型号和数量，签收和运输的时间。

5.3.4 试验设施应有调节设备，以便为试验提供可控环境，并应按照本标准的要求进行建设和安装，并定期进行泄漏检测。维修时，制冷剂也应被回收、再生或再加工。

5.4 系统清洁

原型机和样机的装配都应保持清洁。对未充注系统进行试验时，同样也应按照产品系统的要求进行抽真空和泄漏检测，在确认系统没有泄漏时，才可进行充注。

5.5 振动试验

除了性能、噪声和寿命试验外，所有产品也应进行运输振动及其影响的试验。

6 制造

6.1 一般要求

工厂制造和现场装配的系统，在运输前应对所有设备、部件和整个系统进行清洁、干燥、抽真空、检漏和密封，参见附录A。

6.2 抽真空

充注制冷剂之前，系统应抽真空至130 Pa或更低的压力。

6.3 保护充注

卤代制冷剂不宜作为保压气体。

6.4 工厂泄漏试验

6.4.1 泄漏率的规定

制造商应对部件和系统进行泄漏检测，单台产品年泄漏率不应超过总充注量的0.5%或单点年泄漏量不超过2.8 g(选两者中的较大值)。

6.4.2 泄漏检测气体

纯的CFC、HCFC或HFC制冷剂不宜作为泄漏检测气体。非CFC的卤代制冷剂，例如HCFC-22，可作为示踪气体，与氮的混合物作为泄漏检测气体。含有卤代制冷剂的混合泄漏检测气体应被回收，并最大程度地再利用。

6.5 运行试验制冷剂的回收

系统和部件运行试验及制造过程中使用的制冷剂应回收，包括在维修或再次使用之前从部件和系统中排出的制冷剂。

7 安装

附录A给出了采用本标准所使用的推荐的惯例和程序。

7.1 现场设备和系统的安装

7.1.1 一般要求

管道和连接设计要求见4.5。

7.1.2 注意事项

7.1.2.1 所有管道的切口应去毛刺和金属屑，以防止破坏压缩机和制冷系统的其他零件，例如：轴封、压缩机轴承、电动机和毛细管等。

7.1.2.2 所有管道和接头都应防止泄漏，在安装之前，所有管道和接头都应清洁。铜管的外侧和接头的内侧在焊接前都应光亮清洁，焊接填充金属应与被连接的材料类型相容。

7.1.2.3 除了4.5.1中的情况外，锥形管螺纹连接不应用于连接管路接头、阀门和其他部件。

7.1.2.4 法兰连接上使用的垫圈材料应在类型和等级上与所使用的制冷剂和冷冻机油相溶。

7.1.2.5 现场装配的系统应检查连接紧固性，对系统进行充注前应抽出水蒸气和不凝性气体。

7.2 现场压力试验

大系统现场充注制冷剂前，系统应进行压力试验，参见附录A。

7.3 现场泄漏试验

所有系统都应进行现场泄漏试验，以确保系统的密封性，减少制冷剂泄漏，参见附录A。

7.4 现场抽真空

进行现场充注的系统确定没有制冷剂泄漏后，应抽真空至130 Pa或更低的压力，去除水蒸气和不凝性气体。

7.5 现场充注

确认系统不泄漏、不含水蒸气且抽真空后才应进行现场充注，系统应按照设备制造商的文件和制冷剂制造商在运输容器上的说明书，进行制冷剂充注。如系统在抽真空后没有充注满，应保持未充注满制冷剂(指高压制冷剂)的系统处于正压状态。

7.6 制冷剂充注记录

在大系统中，应记录下列信息：

a) 设备的标识；

b) 泄漏率、确定泄漏率的方法和充注总量；

c) 发现泄漏率大于允许泄漏率的日期；

d) 发现泄漏时的泄漏位置；

e) 至今所做的维修工作以及工作完成的日期。

如需重新充注替代制冷剂，应记录使用的替代制冷剂的型号、充注日期，记录文件应保持整洁、清晰。

8 维护/运行/保养/停用

8.1 维护

从事制冷和空调系统维护的人员应经过相关的培训(参照附录B)，从事制冷剂处理的人员应取得相关证书。维护时应按生产商的运行保养说明或参照附录A。

8.1.1 卤代烃制冷剂不应用于清除风冷冷凝盘管、冷却盘管或其他类似设备中的碎屑和污垢。

8.1.2 对于有泄漏但没有量化每年制冷剂损失的大系统，不应再加注制冷剂。应注意所有接头、垫圈、控制膜和轴封(油的痕迹可能是泄漏的征兆)，保养后应对这些位置进行泄漏检测。

8.1.3 在泄漏检测前，应使低压系统的低压侧处于正压状态，应预防过压及制冷剂泄漏。为了防止过压，可采用带控制的自动增压过程。采用手动增压时，应不断监测以防止过压。不凝性气体(如氮或干空气)不应用于正常沸点低于29 ℃的制冷剂增压。

8.1.4 在维护保养后，应替换阀门轴封、仪表盖及维护阀密封盖，重新紧密连接后进行检漏。

8.1.5 对于没有装截止阀的油箱或压缩机，在从压缩机中取出润滑油之前，应把油箱内制冷剂的压力至少卸压到大气压力。对于具有油箱加热器的系统，在取出油之前，应把加热器打开，解析出溶解在油里的制冷剂。

8.1.6 小修理(指不涉及压缩机、冷凝器、蒸发器和辅助热交换器盘管的更换)时，在系统或其组件与大气连通之前,可先将压力均衡来防止制冷剂损失。

大修理时,应将需修理的系统部分隔离,以减少制冷剂在回收过程中的损失。如无法隔离,应将系统中的制冷剂抽取到系统的贮液器或其他合适的容器中,然后才能进行修理。制冷剂不应排放到大气中。

8.2 出现机械故障、污染或电机烧毁后的压缩机系统清洁处理

在出现故障的系统中,应回收不能再用的制冷剂,以便进行处理、再生、再加工或销毁,参见附录A。不应将制冷剂直接排放到大气中。在系统重新安装之后,应按照第7章的要求进行抽空、检漏和充注。

8.3 系统运行和维护

应制定书面的运行、维护的程序和计划,以便能迅速监测和处理系统和设备中制冷剂泄漏问题。在制定这些程序时,应严格遵循制造商的要求,可参照附录A推荐的惯例和程序。

8.4 系统监控

应按7.6的要求进行记录,并参照附录A推荐的惯例和程序。

对于制冷剂充注量为90 kg或更多的系统,建议每年至少进行两次检查,确认有无泄漏。该检查包括系统的视觉检查、任一设备运行记录的检查和核实制冷剂充注容量的检查,附录A中给出了推荐的检查方法。如发现有泄漏迹象或系统制冷剂减少,应进行泄漏检测。

9 制冷剂回收、再利用和销毁处理

9.1 制冷剂的回收

充注量大于5 kg的固定安装的制冷、空调和热泵设备和系统中使用的制冷剂,应从设备中回收(再生)或重新用于这些设备,或者装入合适的容器中运送去再加工,不应排放到大气中。对于充注量不大于5 kg的系统,宜回收制冷剂。附录A中给出了回收制冷剂推荐的处理方法。

9.2 制冷剂的转移、运输和储存

从系统或设备中取出的制冷剂,应被转移到现场准备的合适压力容器中储存,或者运输到其他地方,不应重复使用一次性制冷剂储存容器。

9.2.1 安全

9.2.1.1 制冷剂的转移、运输以及储存,都应遵循相应的安全条例,见第10章。

9.2.1.2 制冷剂应存放在适合的特定容器中,容器应用颜色代码标识。

9.2.1.3 制冷剂容器不应过量充装,见10.2.4。即使在充装操作中的瞬间,也不应超过容器的设计最大工作压力。制冷剂和油的混合物比单独的制冷剂密度小,充装制冷剂和油的混合物时,容器的容量将会减小。

9.2.1.4 制冷剂不应被放置在已经储存不同类型或未知制冷剂的容器中,已经储存在容器中的制冷剂不应排放到大气中。

9.2.2 运输

应采取安全的方式运输制冷剂,并应遵循相关法律法规的要求,包括注册登记,获得许可等。

9.2.3 储存

制冷剂应按照当地的法律和法规安全储存，储存场所应干燥，避免天气对制冷剂储存的影响，减少对制冷剂容器的腐蚀。除了设计用于露天储存之外，所有容器应避免阳光直射，见10.2。

9.3 制冷剂的销毁

如果回收的制冷剂不被再生或再加工，则应由国家有关部门认可的机构进行销毁。

10 制冷剂的处理和储存

10.1 系统连接

充注管道应采用与制冷剂兼容的材料。

10.2 储存

10.2.1 制冷剂储存容器如需再次使用，应符合相关标准的规定，并应配有一个设定合理的安全阀和一个防护阀。

10.2.2 用于储存新制冷剂R11、R123或R113(不包括作为清洁剂)的容器，如再次用于储存回收的R11、R123或R113，在充注的时候，应保留一个蒸汽空间，液面到容器顶部的距离至少应为容器高度的10%。

10.2.3 一次性使用的容器不应用于储存和运输回收的氟烃制冷剂。

10.2.4 充注高压和中压制冷剂的容器，充装后的总质量不应大于容器毛重加上总容量的80%。

10.2.5 出于安全原因，避免制冷剂的交叉污染或混淆，容器应仅充注标识标明的制冷剂。

10.3 充注

10.3.1 在没有进行检漏、必要的维修和抽真空之前，制冷空调系统不应进行制冷剂充注。

10.3.2 连接充注时，制冷剂容器不应连接到一个与高压系统或高压部分件连接，以防止高压使制冷剂回流到容器中。

附 录 A
（资料性附录）
推荐的程序和惯例

A.1 推荐的设计惯例

A.1.1 压缩机

A.1.1.1 轴封

可采用非炭表面的轴封设计，推荐使用双面密封和改进的碳单面密封设计。

轴封组件的设计和安装应减少外部油泄漏、防止制冷剂直接泄漏。停机期间缺少润滑会导致密封交合表面干燥，黏附在一起。在大系统中，推荐在压缩机启动前，使用一个单独的油泵来润滑密封件。

开式压缩机通常采用炭表面密封，为确保正常工作，应该保持正压。因不是双向密封，在抽真空时可能会出现泄漏。为了防止泄漏，可采用诸如在密封突出处加密封盖或真空泥等临时密封方法。

电机-压缩机布置的同轴性对制冷剂泄漏有很重要影响，同轴性受电机的耦合、速度和功率的影响。制冷机械要求严格的同轴性，以满足在负荷和温度范围内热胀冷缩的要求。

停机和起动过程应能保证油预先润滑密封表面，需要长时间来停机时，有必要定期性运行油泵和机组。如该操作不可行，应在起动系统前检查和润滑密封。

A.1.1.2 振动

为减小由气体脉动引起的振动，可在靠近压缩机的位置安置高效缓冲器。对于采用弹性安装的压缩机，应在吸气和排气管上进行消振处理。如采用管道减振器，应与压缩机轴平行，并紧固安装在吸气管线上游末端和排气管线下游末端。

A.1.2 冷凝器和蒸发器

A.1.2.1 风冷冷凝器和蒸发器

A.1.2.1.1 来自压缩机或其他设备的过度振动会引起管路损坏，可采用防振垫或消振器来预防。

A.1.2.1.2 应选择合适的制造材料和设计方法，减少在正常运行时由于泄漏引起的制冷剂排放。

A.1.2.1.3 冷凝器和蒸发器的设计应尽可能减小制冷剂的充注量。

A.1.2.1.4 风冷冷凝器和蒸发器在制造时应尽量减少接头和U型弯头的使用，优先选择焊接连接方式，见4.5.2。

A.1.2.2 液冷冷凝器和蒸发器

A.1.2.2.1 过度的振动也会导致壳管式换热器的损坏，由下述任一原因引起的振动都可能导致传热管损坏：

a) 满液式蒸发器内的沸腾会导致传热管在自然频率下的振动，将引起传热管在支撑物处的过度磨损甚至损坏，可通过正确安装和确定管支撑物的尺寸来解决；

b) 冷凝器和蒸发器内的流体流速过高会引起振动，可能导致传热管的过早损坏，采用上述类似的预防措施可以适当减弱这类振动。

A.1.2.2.2 水冷冷凝器和蒸发器内流体流速过高，可导致传热管磨损而引起过早损坏，这种故障出现的机率随速度的平方增长而增长，应使设计的流速在所选材料的承受范围内。尤其是在冷凝器内，会导致流过换热器的流动速度增加，并超过设计值，限制流速可降低损坏机率。

A.1.2.2.3 使用污水做冷凝水会导致传热管的过早损坏，推荐使用内光管。适当的过滤能减少由于流体中外界固体微粒引起的磨损，适当的化学处理可减少流体中腐蚀元素的影响。

A.1.2.2.4 海水冷却的系统极易被腐蚀，使用含有微量的氨或微生物的水系统更易被腐蚀。污染物会侵蚀传热管，也会侵蚀管片和换热器接头，导致泄漏。建议采用能按例行程序进行冲洗和检查的设施，或者采用特殊的连接和特殊管材来减少对表面的侵蚀。

A.1.3 管道、配管和连接

应使用滤网、过滤器和干燥器来控制水分、减少运动部件的损害，避免制冷循环被系统中污染物堵塞。这些部件都应被阀门隔离（或具有抽空能力），以避免进行维修时过多的损失制冷剂。应采用支撑物和双金属材料转换接头以防止电解腐蚀。

A.1.4 检修阀和隔离阀

检修阀应位于需要记录压力读数的位置，应能给系统部件提供足够的隔离，例如：仪表、运行控制器和主部件（压缩机、换热器、膨胀装置、储液器和气液分离器），以减少维护或替换时的制冷剂损失。

A.1.5 安全装置

A.1.5.1 通常为低压和高压侧分别提供单独的安全装置，但高压侧安全装置应用管道连接到低压侧，以将制冷剂排放到系统的低压侧。上述方法适合于：

a) 不受背压影响的系统，且；

b) 低压侧装配足够能力的安全装置，以保护所有连接的容器、压缩机和泵免受超压影响，见GB 9237。

在冷凝器与蒸发器互不隔离的离心式系统，单个安全装置就足以保护系统。

A.1.5.2 在采用安全阀的地方，应在阀的上游安装安全膜片，以保护阀门免受腐蚀或可能的错误动作。应在安全膜片和安全阀之间安装一个指示器来显示膜片是否失效。安全膜片应为非碎裂型的，一旦安全膜片爆破了，应尽快更换，在更换膜片之前，有必要取出残留的充注制冷剂。

如仅用安全膜片作为安全装置，则不需要在下游安装安全阀，也不需要使用非碎裂型的膜片。

A.1.6 标识和说明

生产商应给用户编写文档，提供制冷剂名称、充注量以及设备安装、检测、运行、维护、维修和报废处理等所需的说明。

A.1.7 家用器具

A.1.7.1 制冷系统的阀门是潜在的泄漏源，因此，除了4.6中提供的单一检查点或其他特定场合，一般在工厂充注的密封系统中不应包含阀门。

A.1.7.2 对于工厂封装的系统，锡焊、环氧焊连接和其他能保持系统密封特性的方法都可以用来作为钎焊的替代方法。

A.1.8 单元系统

A.1.8.1 单元设备

单元式空调器和热泵的生产、销售和安装过程中，全封闭的系统很少或不需提供维修，只有在户主或业主注意到系统不能提供舒适性时，才会对制冷系统进行维修。通常，制冷剂泄漏是系统性能下降的原因，因此，单元系统的设计、制造、运输和安装应使这些系统在(15～20)y 的寿命周期内，保持最小的泄漏可能。

A.1.8.2 压缩机

吸气管、排气管接头，不论是机械还是焊接连接，都应容易维修。这有助于在压缩机发生故障而必须被替换时，确保重新安装后的密封性能。

A.1.8.3 风冷冷凝器和蒸发器

船舰上使用的硅树脂密封剂可有效保护铜—铝联接，使其免受电解腐蚀。

A.1.8.4 管道和连接

A.1.8.4.1 优先选择焊接来连接管道和接头、阀门及其他部件。

A.1.8.4.2 建议干燥器采用密封外壳以及焊接接头，当干燥器需要替换时，无论是机械连接还是焊接连接，都应使维修人员方便操作。

A.1.8.4.3 优先选择预充注管道组件来连接分离系统，现场安装管道需焊接、抽真空和充注，容易引起更多的泄漏风险。如提供预充注管道组件来连接分离系统的室内和室外单元，要充分考虑各种安装方式，选择正确的管道，有利于保持清洁，减少接头的使用，确保管道尺寸，以便回油和控制充注量。

A.1.8.5 阀门

A.1.8.5.1 为了减小可能的泄漏源，优先选择在需要读取压力读数的位置安装压缩机检修阀。

A.1.8.5.2 由于制热循环和制冷循环温度的不同，密封帽下的非金属 O 型圈或密封垫圈随时间和温度的变化容易硬化或“固化”，从而使制冷剂通过自压紧阀杆，泄漏出系统。金属-金属型密封帽能帮助减少这一泄漏的可能性，应给出正确紧固检修阀帽的详细说明。

A.1.8.5.3 如在单元系统中使用膨胀阀，应采用在工厂中预先设定过热度的膨胀阀，从而消除连接缝隙产生的过热。阀体和部件应与焊接联接密封。

A.1.8.5.4 工厂制造时，应尽可能将止回阀、换向阀和电磁阀焊接在系统中。

A.1.9 大型设备

A.1.9.1 净化设备

采用净化时间指示器和净化时间记录表，或者其他能显示净化剂消耗量的设备，来自动监控净化单元。

A.1.9.2 防真空系统和检漏增压系统

低压系统在闲置期会产生真空，导致不凝性气体渗入系统。防真空系统通过向蒸发器供热来控制系统内制冷剂压力，可维持制冷机组和外界之间在闲置时的压力平衡，确保既无空气渗透入内，也无制冷剂漏出。防真空系统也可用于在检漏时给低压制冷机组增压。通过加热，防真空系统可使低压制冷剂检漏时，无需使用不凝性气体。

A.2 产品开发

A.2.1 制冷剂处理

应定期(每月)对实验室回收/再生系统进行泄漏检测。

A.2.2 振动试验

应采用严格的包装或管道检查，来预防运输过程中引起的泄漏。

A.2.3 储存

充注制冷剂的临时系统和样机系统，存放时间不应超过 6 个月。储存时间超过 6 个月的系统，应充注正压惰性气体。

A.3 制造

A.3.1 抽真空

在制造过程中，可采用高温干空气(−40 ℃露点)来去除新空调或制冷设备中的水分，也可采用高度抽真空，空气和其他不凝性气体都可通过高度抽真空来去除。

应确保管子内部清洁，且每根管在使用前均应擦洗。公称直径不小于 50 mm 的钢管，建议倾斜放置，仔细检查、锤打，去除剥落物和外部粘着物。推荐使用氮作为焊接时的防氧化保护气，推荐采用氮或干空气吹入管道，以去除焊接或切屑引起等的细小颗粒物。可采用其他类似方法来去除系统的污染物。

A.3.2 工厂泄漏试验

A.3.2.1 检漏方法

泄漏试验方法可为受测的整个系统或部件提供泄漏总量或累积泄漏率测量。当受装置的尺寸或其他限制，不能进行某一产品的累积泄漏检测时，应采用点泄漏检测，例如，正在进行现场维护时。所有可能的泄漏点都应被检测，如，焊接连接点、垫圈、法兰连接和阀杆等。

A.3.2.2 检漏气体

有些制冷剂在高压时与空气混和，可能会燃烧，该混合物不应作为泄漏试验气体，可采用不使用制冷剂作为检漏气体的其他方法。

A.3.2.3 累积检漏方法

A.3.2.3.1 氦质谱真空腔法

被测产品内充以氦气，放置在试验室内，试验室被抽真空，用质谱仪检测泄漏。

A.3.2.3.2 氦质谱真空罩法

被测产品被抽真空后，放置在充满富氦的罩内，用质谱仪检测泄漏到产品中的氦气量。

A.3.2.3.3 示踪气体累积法

被测产品内充以示踪气体，放置在累积箱中，从产品中漏出的气体累积在箱中，被检测仪器测量出来。应放置足够的时间，以使累积箱中的示踪气体浓度达到可检测出的值，卤素气体、氦和六氟化硫气体可作为示踪气体。

A.3.2.3.4 真空度升高法

对被测产品抽高真空 (40 Pa 左右)，关闭真空泵与产品连接的阀门。通过监测真空度升高速率来确定系统是否达到密封和干燥的要求。如不能保持真空度，即意味着系统存在泄漏，找到泄漏点并修补，再重新抽成真空并重新检测。该方法不如A.3.2.3.1、A.3.2.3.2与A.3.2.3.3中所描述的方法灵敏。

A.3.2.4 点检漏方法

A.3.2.4.1 探针技术

被测产品被充以示踪气体，然后用探测器检测。应有足够时间检查所有可能泄漏的位置，卤素、氦和六氟化硫探测器适合探针测试。通过使用积累阱可提高该技术的敏感度。

A.3.2.4.2 气泡法

气泡法可被用于一些规定泄漏率大于1×10^{-4} mL/s的场合。

A.4 安装

A.4.1 现场装配设备或系统的安装

在装配前可用钢丝刷或砂布清洗管路和连接件，避免研磨材料给铜管表面留下较深的痕迹，并去除油污。若可能，加热时推荐用惰性气体保护以防氧化，氧化物易引起干燥器堵塞、油污化和压缩机故障。

A.4.2 压力试验

A.4.2.1 未充注制冷剂、现场装配系统的压力试验

用干燥氮气将整个系统加压，直至接近操作压力，观察在一段时间内的压力衰减。拆除所有传感器及其他压力敏感设备，避免超压或真空对他们的影响。

A.4.2.2 工厂组装、现场充注系统的压力试验

工厂组装、已进行了压力试验的系统，且没有现场提供的制冷剂管路，在现场充注时，除非制造商要求，无需再进行压力测试。

A.4.2.3 预先充注、现场装配系统的压力试验

现场装配系统，采用工厂预先充注的组件和冷凝机组，在现场装配之前，预先充注的部件无需进行压力测试。

A.4.2.4 工厂充注、工厂组装系统的压力试验

工厂组装生产的系统，且没有现场提供的制冷剂管路，除非制造商要求，否则无需再进行压力测试。

A.4.3 泄漏试验

A.4.3.1 未充注制冷剂、现场装配系统的泄漏试验

泄漏监测由以下三步完成：

a) 将系统充注氮气，涂抹肥皂液到可能的泄漏点，观察泄漏泡沫的形成。
b) 将一定压力的氮气与微量卤代烃气体相混合，用卤素检漏仪检查可能泄漏点，优先采用电子类检漏仪，或超声波检漏仪。
c) 在去除增压气体后，将系统抽真空(130 Pa左右)。关闭系统与真空泵间的阀门，监测系统，如系统能保持真空，则说明系统密封性与干燥性达到要求。

a)或 b)可省略,但 c)应被用作最后检查密封性。如 c)失败,则运行 a)或 b)来确定泄漏点位置,然后重复步骤 c)。

完成 c)后,需满足 7.4 的要求。

A.4.3.2 现场充注、工厂组装系统的泄漏试验

在工厂组装,已按 6.4 要求在工厂检漏的系统,除非制造商需要,无需再检漏。在充注制冷剂后,现场充注阀或充注管需检漏。

A.4.3.3 预先充注、现场装配系统的泄漏试验

一些现场装配系统采用工厂预先充注的管路组件和冷凝机组,在现场装配之前,预先充注的部件无需检漏测试。装配后,现场连接接头需按照 A.3.2.4 的点检漏方法检测。除非制造商特别要求,否则无需进行另外的检漏。

A.4.3.4 工厂充注、工厂组装系统的泄漏试验

在工厂组装,并按照第 6 章的要求制造的系统,如没有现场提供的制冷剂管路,除非制造商特别要求,无需再检漏。

A.5 维护/运行/保养/停用

A.5.1 维护

应选取与使用适宜的清洁剂,来清除冷凝器或其他类似设备的污垢和碎片,所选清洁剂应不会对设备的材料以及环境产生影响,应根据实际需要和制造商的要求来确定清洁剂。

在正常运行时为真空的系统,在维护时可通过加热蒸发器使系统处于正压。如果系统具有周期性电除霜,则应在压缩机关闭后,启动除霜。

用皮带或联轴器驱动的开启式机组,每年应至少检查一次,以防磨损、损坏和失调。失调、损坏的传动带,或过紧的传动带可导致压缩机轴封或前置端轴承失效,导致制冷剂泄漏。

对于没有配备自动关闭连接的充注管道,在使用前应去除杂物。

A.5.2 系统运行和保养

A.5.2.1 给维护技术人员和用户的建议

设计时已采取措施来减少制冷剂泄漏的系统,制冷剂发生泄漏的情况相对较少。在正常的寿命期内,所有的设备应妥善操作和保养,以确保最小的制冷剂泄漏。在操作和维护期间,应遵循下列操作指南,以尽量减少设备的制冷剂泄漏。

A.5.2.2 一般检查

正确的、经常性的设备检查可避免重大故障,并可最大限度地减少制冷剂的损失。简单的巡查可发现如漏油等问题,在某些情况下,也可发现过量的制冷剂泄漏。便携式制冷剂检漏仪有助于查找制冷剂泄漏,经常检查系统可避免大量的制冷剂泄漏现象的发生。

A.5.2.3 压缩机的检查

多数的压缩机常规检查为漏油检查,漏油表示有严重的密封不严,可导致制冷剂漏出或空气渗入低压系统。停止运行一定时间的开启式压缩机的密封面会变得干燥,应定期上油,也可通过运行压缩机,来确保有连续的油膜密封，应进行周期性的油分析来确定压缩机的工况。若在油里发现轴承金属材料、管路金属材料及其他污染物，则可判断系统有问题，应采取措施避免重大故障发生及由此带来的制冷剂损失。

A.5.2.4 管壳式冷凝器和蒸发器水侧检查

冷凝器的水侧应每年打开检查，应根据需要经常排空蒸发器水侧，以检查管子，管板和封头。该检查可监测腐蚀程度、管道堵塞和污垢，可用涡流测试方法检测相对管壁厚度，涡流测试方法也可探测管子出现小孔、微小磨损及微小腐蚀。上述检查可最大限度地减少管道的重大故障，并及时更换损坏的管道。

A.5.2.5 干式蒸发器和风冷冷凝器检查

当风机关闭时，可从外部检查换热器，包括翅片状况、污垢、管子和翅片腐蚀、油迹、管子与封头的裂缝等。

A.5.3 系统监控

A.5.3.1 一般要求

不恰当的操作可导致制冷剂的重大损耗。为了记录正确的操作，对于大系统，每天至少应记录下列信息：

a) 冷冻水或其他载冷剂进出口温度；
b) 冷冻水或其他载冷剂流量(如可能)；
c) 冷冻水或其他载冷剂进出口压力(或压差)；
d) 蒸发器制冷剂的温度和压力；
e) 冷凝器制冷剂压力和出口液体温度；
f) 冷凝器进出口水温度；
g) 冷凝器进出口水压力(或压差)；
h) 冷凝器水流量(如可能)；
i) 制冷剂液面高度；
j) 油压力和温度；
k) 油液面高度；
l) 压缩机制冷剂排气温度；
m) 压缩机制冷剂吸气温度；
n) 制冷剂的附加信息(制冷剂记录，见 7.6)；
o) 油(如可能)；
p) 振动级别(如有监测的话)，或观察振动是否超限；
q) 各相电流；
r) 各相电压；
s) 制冷剂 PPM 监测数据(如安装)；
t) 不凝性气体排放时间或排放次数(如安装)；
u) 环境温度(干球和湿球)；
v) 记录的日期和时间数据；
w) 记录人员的签字。

A.5.3.2 冷凝器

定期分析冷凝器的性能数据，可判定是否有空气或污垢的存在。通过检查系统的温度和压力，可确认空气与不凝性气体的存在，去除它们时应尽量减小制冷剂的损失。对于水冷式冷凝器，定期检查水流量、压降及温度，可判断冷凝器何时结垢，或何时管内流速太大，导致侵蚀。

A.5.3.3 冷水机组蒸发器

对蒸发器性能记录及维护记录的检查，可判断污垢是否严重或发生阻塞，制冷剂液面是否合适，换热器是否损坏。污垢或堵塞引起腐蚀，直接造成管漏，或引起蒸发器的温度过低，而间接地导致管漏。过低的蒸发温度可引起管子冻结并破裂；过低的制冷剂液位将使性能降低，制冷量降低，并使蒸发压力和温度降低。

A.5.3.4 系统超压

应监测液体泵，以防止无冷却或系统风扇不运行时系统仍运行，该运行可导致冷却介质温度过度升高，高的制冷剂压力导致系统安全膜片破裂和/或打开安全阀，将制冷剂排入到大气中。

A.5.3.5 冻结破坏

任何水-制冷剂换热器都会受冻结破坏的影响，导致制冷剂回路的破裂，制冷剂全部损失及压缩机的液击损坏。受冻结破坏的各类换热器包括：水冷式冷凝器、满液式蒸发器、干式蒸发器、板式冷凝器和蒸发器。

当换热器中有制冷剂液体时，制冷剂的压力可能降到低于载冷剂相应的冻结温度下的饱和压力。如换热器中的载冷剂不流动，则更易冻结，冻结会毁坏换热器，导致重大事故。

正确设置运行的安全控制，细致的维护都可避免冻结破坏，对于冷水机组，应该采取以下防范措施：

a) 应使吸气压力的最低设置值不低于流体的冻结温度或不低于生产商的推荐值；

b) 为确保可靠运行，应检查冷冻水流量开关；

c) 冷冻水流出口的低温保险装置温度设定值为 1 ℃～3 ℃；

d) 低压开关、冷冻水流量开关和低温保险装置(如有)都打开时，压缩机才应运行；

e) 维修时，需从蒸发器或水冷式冷凝器转移制冷剂，建议让水流经这些换热器；

f) 当从换热器回收制冷剂时，从换热器中移除液体，保持换热器高压要比从换热器中移除蒸气，引起压力减低至零下的状态要安全；

g) 如冷水机组安装在室外，且环境温度低于 0 ℃，系统不工作时，应进行防冻保护。对换热器和管道，包括制冷管道和加热管道，进行保温处理，或者在寒冷季节把水从换热器中排出。

A.5.3.6 泄漏检查

视检应用于检测可能的泄密途径，如接头及其他连接件松动、轴封磨损、漏油。容量检测包括系统制冷剂液位的记录、系统制冷剂充注量的测量及所应用的检漏方法。可通过系统处于真空时，抽取不凝性气体的量的记录来校准系统容量。一旦发现泄漏的证据，或者系统的充注量无法校准，推荐进行泄漏检测，以确定泄漏点的位置。

A.5.3.7 泄漏监测方法

得到市场认可的泄漏检测方法和仪器应用于检测制冷剂泄漏，包括电子检测器、染色法、肥皂泡法或超声波传感器。对已充注制冷剂的低压系统，不应用氮、空气、或其他不凝性气体进行增压漏检。

A.5.4 家用器具

在工厂充注的全封闭系统应遵循下述或类似的步骤：

a) 回收——通过接入点安全进入，并回收制冷剂；

b) 检漏——系统应加压到至少 500 kPa(表压)，可用肥皂泡，卤素检漏仪，电子检漏仪，或其他同样有效的方法来找到泄漏的位置；

c) 系统准备——使用真空泵，压缩机系统，或其他有效方法，确保系统纯净，不含不凝性气体；

d) 充注——应采用任何环境温度下，充注误差小于 7 g 或者总充注量的 1%的充注设备来充注系统。充注后至少等待 5 min，系统才能开机。

A.5.5 大型设备

A.5.5.1 排气装置检查

正确保养排气装置，可避免制冷剂的过多损失。排气系统的压力应按设计值给定，应检查带有液位指示器的油与水位。在排气装置中过多水的累积表明空气内渗透或管道泄漏，放气阀的设定点宜每月至少检查和调整一次。机械式排气装置宜每年至少一次打开并检测油垢和腐蚀。打开后，一些机械元件，如排气浮球阀应进行检查和更新。排气装置应安装一个指示器用以指示排气时间或排放次数，该指示器可表明排气装置的状态和制冷系统的泄漏。

A.5.5.2 监控

A.5.5.2.1 大型设备监控

A.5.3.1 中记录的排气消耗量宜定期检查分析。如发现排气量显著增加，表明需要进行系统检漏与维修。对于没有排气装置的系统，系统制冷剂的温度宜定期检测。如检测到制冷剂过热有显著的增加，表明需要进行系统检漏与维修。

A.5.5.2.2 制冷剂高压警报

大型制冷系统中可提供高压报警装置，通知有关人员系统制冷剂已经处于高压。如果高压得不到解决，系统制冷剂可通过高压安全阀而排放出来。

A.5.5.2.3 压缩机监控

通常情况下，压缩机的关键参数是压力、温度和振动。油温度应维持在设计限度内，以保持轴承寿命和性能。油压应保持在设计限度内，以提供足够的润滑从而防止轴承过热，并保护密封表面。对于开启式机器，过度振动可能会损坏密封，并最终损坏压缩机。吸气和排气参数也应被记录。

A.5.5.3 保养

A.5.5.3.1 压缩机保养

对于半封闭及开启式压缩机应进行预防性的、计划性的及保护性的保养。应定期打开压缩机，进行检测与保养(打开任何一台压缩机都可能导致制冷剂的损失和压缩机重新启动时的密封问题)。设备制造商的操作指南应提供打开压缩机保养的时间间隔，表 A.1 给出了一些设备典型的时间间隔。

检查与保养的频率宜参照设备制造商的推荐，也可根据实际情况作调整。推荐经过培训的技术人员来保养或直接大修。

表 A.1 预防性保养时间间隔

压缩机种类	时间间隔
容积式压缩机(往复式和螺杆式)	常温压缩机——5 年或 15 000 h
	低温压缩机——2 年
离心式压缩机	常温压缩机——5 年
	开启式压缩机——外轴承与密封每年保养

A.5.5.3.2 系统的其他保养

A.5.5 中给出了例行的检查,在系统内部检测时,需注意的部件为:调节或膨胀装置、蒸发器中的挡水板、吸力阻尼器及蝶阀(空封)、滑阀驱动器、气缸卸载装置、排气油分离及冷却器、干燥过滤器。需注意过度生锈、松动等问题,并采取相应的措施。

A.5.5.3.3 大型设备制冷剂的储存

当高压系统不运行时,制冷剂的压力会导致系统发生泄漏,导致全部制冷剂充注的损失。为了最大限度减少损失,许多系统具有抽气能力,可将制冷剂抽取储存在换热器或其他合适的容器中,使其隔离起来,建议在不运行时采用这种方法。如高气压系统不具有抽气能力,建议在长期不运行期间,将制冷剂移走并另外储存。

当低气压系统不运行时,制冷剂通常处于真空中,空气会渗透进来,需要进行排气从而减少可能的制冷剂损失。由于真空,低压系统在长时间不运行时不需要移走制冷剂,也不需要装有抽气系统或其他储存容器。采用 A.1.9.2 中的方法,保持系统内压力与大气平衡,可消除空气渗透。在储存期间,为了防止开启式机组的轴封干燥,推荐定期运行压缩机,以确保轴封带油并起密封作用。

A.6 制冷剂回收、再利用和报废处理

A.6.1 一般要求

制冷剂从设备或系统中移走前,需预先确定制冷剂的处理方案。该方案应考虑系统关闭和制冷剂移走的原因,设备与系统的状态,是否需返回维修等因素。

A.6.1.1 制冷剂回收

日常维护或大修时,从设备中回收的制冷剂通常无需再加工,可直接充回到设备中。如不能确保制冷剂质量,在重新使用前,应对制冷剂中的酸、水分、高沸点残留物及其他污染物进行分析。将制冷剂返回系统时,应按照第 7 章的要求进行抽真空与充注。建议在制冷剂充回到该系统前,更换干燥过滤器。

A.6.1.2 再生重新使用

A.6.1.2.1 由于机械故障、制冷剂的污染、或电机的烧毁而需要维修系统时,应分析制冷剂的污染情况,经再加工后方可重新使用。该再加工可能只需要过滤和干燥制冷剂,或需要蒸馏以消除物理和化学污染物。

A.6.1.2.2 一旦决定将系统中移走的制冷剂重新充回该系统使用时,应对制冷剂进行再生。

A.6.1.2.3 如从系统中移走的制冷剂不被重新充回该系统使用时,则应按照该制冷剂的物性进行再加工,达到要求后出售。

A.6.1.2.4 用于检漏的制冷剂和惰性气体的混合物在再利用之前不需进行再加工。在正式充注制冷剂前，应抽出混合物并储存起来，用于以后的检漏。如检漏气体被污染，尤其是水分污染，将其经过干燥过滤器处理，再充入系统中。

A.6.2 制冷剂的转移、运输和储存—安全性

制冷剂的容器应检查外部和内部(如可能)，以防腐蚀或其他损害，破坏壁厚、封头及连接件。在充注制冷剂前，应进行严格检查。

A.6.3 报废处理

制冷剂通常在专门设备中进行焚烧销毁，该设备可吸收、中和酸和其他有毒物质，或破坏性的加工产品。

A.7 制冷剂的处理和储存

A.7.1 系统连接

检修软管不宜长时间与制冷剂回路连接，他们可能泄漏或爆裂，造成制冷剂的损失。

A.7.2 储存

A.7.2.1 制冷剂的容器应存放在一个凉爽的地方，远离火灾危险，远离阳光直接照射，远离热源直接加热。

A.7.2.2 容器不宜水平放置。

A.7.2.3 在不使用的时候，容器阀应关闭和安装阀盖螺母，按需要更换垫圈。

A.7.2.4 在顶部同时有液体口和蒸汽口的制冷剂容器，不应将它们联在一起。这将导致制冷剂的转移，发生最冷容器充装量过量的危险。

对于在顶部有蒸汽口、底部有液体口的容器，可将蒸汽口和液体口各自平行连接在一起。

A.7.3 充注

A.7.3.1 制冷剂的回流可能导致充注的错误或容器的过量充注，使容器内充满液体，最终可导致内压力过高，而使容器发生爆裂或安全阀打开。

A.7.3.2 将制冷剂转移到一个密封系统时，应使用质量或体积流量计来计量。

A.7.3.3 在细微调整充注量时，例如：通过观察高低压，在维修后加入制冷剂到系统中，应注意缓慢加入制冷剂，以防充注过量。

A.7.3.4 应采用安全和被认可的方法把制冷剂从一个容器转装到另一个容器，两个容器之间需有压差，接收容器可能需要在冰柜或冷库中冷却。不应将接收容器中的制冷剂排泄到大气中，以降低压力。

加热排气罐的惟一许可方法是用热水或电热毯加热。加热的水温应不高于 54 ℃，或不会引起压力超过容器减压阀设定值 85%的温度值。电热毯应配备一恒温器设定在不高于 54 ℃，或附加恒温器使温度保持在该制冷剂饱和压力不超过容器减压阀的 85%所对应的温度。

应使用配有减压阀、标有容积刻度的充注罐。充住罐应按照 8.4 的要求进行充注，针对这种类型的容器的沉浸式加热器允许无恒温器，条件是不考虑在容器的液位，且瓦特数是有限的。如果连续运行加热器，装有制冷剂容器的压力应小于减压阀设定值的 85%。

A.7.4 回收设备

A.7.4.1 回收设备通常是一个机械系统，包括蒸发器、油分离器、压缩机和冷凝器，将制冷系统中的制

冷剂抽出并存放在储藏容器中。该设备使用可替换的干燥过滤器来除去水分、酸、颗粒物和其他污染物。

A.7.4.2 回收设备也需保养。当更换回收设备中的干燥过滤器时，含有过滤器的部分应加以隔离，将制冷剂收集并储藏到一个合适的容器中，然后才可开启过滤器的外壳。

A.7.4.3 应按照回收设备制造商的要求，进行回收设备和过滤器的保养。

附　录　B
（资料性附录）
人　员　培　训

减少制冷剂排放涉及到许多细节，所有从业人员、用户、系统经营者、消费者将受到影响。实际操作规程的变化，需要设计工程师和维修技师接受一些额外的教育、培训，本附录推荐了针对不同人员的培训内容。

B.1　设计工程师

B.1.1　定义

B.1.1.1　臭氧

a） 平流层臭氧；
b） 大气臭氧；
c） 臭氧空洞。

B.1.1.2　卤代烃制冷剂

a） 氯氟烃；
b） 氢氯氟烃；
c） 氢氟烃。

B.1.2　有关特点

a） 臭氧；
b） 氯氟烃。

B.1.3　平流层臭氧的影响

a） 氯氟烃；
b） 氢氯氟烃和氢氟烃；
c） 其他化学品。

B.1.4　平流层臭氧损耗的影响

a） 人类；
b） 环境；
c） 食物链。

B.1.5　CFC 削减的历史

a） 气雾推进剂禁令；
b） 氯氟烃使用的日益增加。

B.1.6　“温室效应”的说明

a） 与臭氧耗损不一样；

b) 氯氟烃可能带来温度效应。

B.1.7 阻止耗损的法律

a) 蒙特利尔议定书；
b) 立法影响：
   1) 制冷行业；
   2) 发泡；
   3) 电子化学清洗。

B.1.8 工业界的行动

a) 制冷剂替代：
   1) 现有的和新的；
   2) 无“直接充灌”制冷剂；
   3) 计划；
   4) 现状。
b) 新型压缩机：
   1) 产业需求；
   2) 现状。
c) 保存，回收，再生。

B.1.9 制冷剂保存

a) 设计：
   1) 压缩机；
   2) 冷凝器和蒸发器；
   3) 管道与连接；
   4) 阀门；
   5) 安全装置；
   6) 空气排除器；
   7) 真空保护系统；
   8) 排气能力；
   9) 换油。
b) 开发：
   1) 密封系统；
   2) 单元系统；
   3) 分体系统；
   4) 主要零部件。
c) 制造：
   1) 抽真空程序；
   2) 保持充注；
   3) 清洁系统；
   4) 泄漏检测；
   5) 抽气设施。
d) 系统的运行与保养。

B.1.10 制冷剂的回收、再利用和销毁

a) 制造；
b) 安装与维护；
c) 销毁。

B.1.11 制冷剂的处理及贮存

a) 贮存；
b) 使用；
c) 容器间的制冷剂转移。

B.2 安装与服务技术人员

B.2.1 定义

a) 臭氧：
  1) 平流层臭氧；
  2) 大气臭氧；
  3) 臭氧空洞。
b) 卤代烃制冷剂：
  1) 氯氟烃；
  2) 氢氯氟烃；
  3) 氢氟烃。

B.2.2 有关特点

a) 臭氧；
b) 氯氟烃。

B.2.3 平流层臭氧的影响

a) 氯氟烃；
b) 氢氯氟烃和氢氟烃；
c) 其他化学品。

B.2.4 平流层臭氧损耗的影响

a) 人类；
b) 环境；
c) 食物链。

B.2.5 CFC 削减的历史

a) 气雾推进剂禁令；
b) 氯氟烃使用的日益增加。

B.2.6 “温室效应”的说明

a) 与臭氧耗损不一样；

b) 氯氟烃可能带来温度效应。

B.2.7 阻止耗损的法律

a) 蒙特利尔议定书;
b) 立法影响:
   1) 制冷行业;
   2) 发泡;
   3) 电子化学清洗。

B.2.8 工业界的行动

a) 制冷剂替代:
   1) 现有的和新的;
   2) 无“直接充灌”制冷剂;
   3) 计划;
   4) 现状。
b) 新型压缩机:
   1) 产业需求;
   2) 现状。
c) 保存,回收,再生。

B.2.9 制冷剂保存

a) 设计:
   1) 压缩机;
   2) 冷凝器和蒸发器;
   3) 管道与连接;
   4) 阀门;
   5) 安全装置;
   6) 空气排除器;
   7) 真空保护系统;
   8) 排气能力;
   9) 换油。
b) 安装与维护:
   1) 设备的安装;
   2) 设备维护的一般程序;
   3) 全封闭或半封闭压缩机损坏后的系统清洁方法。
c) 系统运行与保养。

B.2.10 制冷剂的回收、再利用和销毁

a) 制造;
b) 安装与维护;
c) 销毁。

B.2.11 制冷剂的处理及贮存

a) 贮存;

b) 使用；
c) 容器间的制冷剂转移。

B.3 最终用户和普通公众

B.3.1 定义

a) 臭氧：
   1) 平流层臭氧；
   2) 大气臭氧；
   3) 臭氧空洞。
b) 卤代烃制冷剂：
   1) 氯氟烃；
   2) 氢氯氟烃；
   3) 氢氟烃。

B.3.2 有关特点

a) 臭氧；
b) 氯氟烃。

B.3.3 平流层臭氧的影响

a) 氯氟烃；
b) 氢氯氟烃和氢氟烃；
c) 其他化学品。

B.3.4 平流层臭氧损耗的影响

a) 人类；
b) 环境；
c) 食物链。

B.3.5 CFC 削减的历史

a) 气雾推进剂禁令；
b) 氯氟烃使用的日益增加。

B.3.6 “温室效应”的说明

a) 与臭氧耗损不一样；
b) 氯氟烃可能带来温度效应。

B.3.7 阻止耗损的法律

a) 蒙特利尔议定书；
b) 立法影响：
   1) 制冷行业；
   2) 发泡；
   3) 电子化学清洗。

B.3.8 工业界的行动

a) 制冷剂替代：
   1) 现有的和新的；
   2) 无“直接充灌”制冷剂；
   3) 计划；
   4) 现状。
b) 新型压缩机。
c) 保存，回收，再生。

B.3.9 对最终用户和消费者的影响

ICS 97.170
Y 64

中华人民共和国国家标准

GB/T 26206—2010

注水式足部按摩器

Injecting water foot massager

2011-01-14 发布 2011-06-01 实施

中华人民共和国国家质量监督检验检疫总局
中国国家标准化管理委员会 发布

前 言

本标准由中国轻工业联合会提出。

本标准由全国家用电器标准化技术委员会(SAC/TC 46)归口。

本标准主要起草单位:上海荣泰健身科技发展有限公司、艾力斯特健康科技有限公司、中国家用电器研究院、宁波奥森健身器材科技有限公司、宁波市产品质量监督检验所、深圳市检验检疫科学研究院。

本标准主要起草人:林琪、舒小红、洪承志、王忠发、鲍俊、谢晋雄、邓哲。

注水式足部按摩器

1 范围

本标准规定了家用和类似用途注水式足部按摩器(以下简称足浴器)的术语和定义、产品分类与命名、技术要求、试验方法、检验规则、标志、包装、运输、贮存。

本标准适用于家用和类似用途的足浴器。

2 规范性引用文件

下列文件中的条款通过本标准的引用而成为本标准的条款。凡是注日期的引用文件,其随后所有的修改单(不包括勘误的内容)或修订版均不适用于本标准,然而,鼓励根据本标准达成协议的各方研究是否可使用这些文件的最新版本。凡是不注日期的引用文件,其最新版本适用于本标准。

GB/T 191 包装储运图示标志

GB/T 1019 家用电器包装通则

GB/T 2828.1 计数抽样检验程序 第1部分:按接收质量限(AQL)检索的逐批检验抽样计划(GB/T 2828.1—2003,ISO 2859-1:1999,IDT)

GB/T 2829—2002 周期检验计数抽样程序及表(适用于对过程稳定性的检验)

GB/T 4214.1—2000 声学 家用电器及类似用途器具噪声测试方法 第1部分:通用要求(eqv IEC 60704-1:1997)

GB 4706.1 家用和类似用途电器的安全 第1部分 通用要求(GB 4706.1—2005,IEC 60335-1(Ed4.1):2001,IDT)

GB 4706.10 家用和类似用途电器的安全 按摩器具的特殊要求(GB 4706.10—2008,IEC 60335-2-32:2005,IDT)

GB 17602 工业己烷

3 术语和定义

下列术语和定义适用于本标准。

3.1

注水式足部按摩器 injecting water foot massager

安装了以电能加热、驱动水循环和驱动按摩部件,对人体的足部进行温热水泡脚、温热水循环冲浪以及对足部各个部位进行按摩的按摩器具。

3.2

足浴器容器 container of foot massager

带有按摩功能的盛水的容器。

3.3

足浴器底座 base of foot massager

支承足浴器容器并安装电器的下部外壳体。

3.4

防溅挡板 anti-splasher

防止水外溅和防止散热的挡板。

3.5

冲浪　surfing

由水泵产生的冲击水而形成的水浪。

3.6

注水口　water inlet

往足浴器容器中注水并能实现冲浪功能的入口。

3.7

回流口　water circumfluence

将足浴器容器中的水排出的出口。

3.8

堵塞保护　obstruct protection

为防止由于污秽物造成水路循环受阻而引起器件损坏所采取的措施。

3.9

额定容量　rated volume

由制造厂商对足浴器规定的水容积。

3.10

额定容量水位线　rated volume water line

对应额定容量的水位刻度线。

3.11

正常工作　normal operation

足浴器在下述条件下工作。

按使用说明书注入水，加热至 50 ℃±2 ℃（中部容积温度），并在其脚踏板上均匀分布于 100 mm×300 mm 面积上施加 10 kg 负载的情况下工作。

4　产品分类与命名

4.1　产品分类

4.1.1　按功能可分为单功能足浴器和多功能足浴器：

a）单功能足浴器：只有一种功能的足浴器（用汉语拼音字母 Y 表示）；

b）多功能足浴器：有两种或以上功能的足浴器（用汉语拼音字母 D 表示）。

4.1.2　按结构可分为整体式足浴器和分离式足浴器。

a）整体式足浴器：足浴器容器和足浴器底座是不可拆卸的足浴器（用汉语拼音字母 Z 表示）；

b）分离式足浴器：足浴器容器和足浴器底座是可分离的足浴器（用汉语拼音字母 F 表示）。

4.2　命名

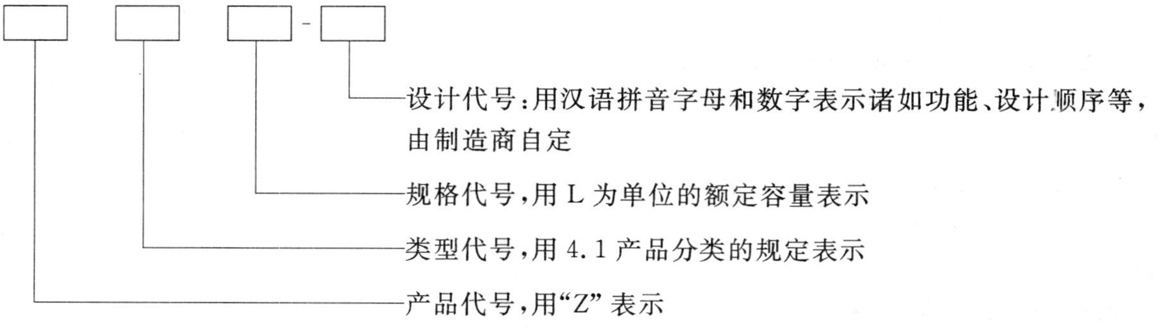

举例：ZD5.6L-AA3311，“ZD”表示多功能足浴器，“5.6L”表示额定容量为 5.6 升，“AA3311”表示制造商设计代号。

5 技术要求

5.1 工作环境条件

足浴器应在下列条件下使用：

a) 环境温度为 10 ℃～35 ℃；

b) 相对湿度在 95%以下(温度为 25 ℃时)；

c) 大气压力:86 kPa～106 kPa。

5.2 基本要求

5.2.1 水管的连接应符合国家有关水管接头标准的要求。

5.2.2 足浴器的进出水管应具有足够的强度。

5.2.3 连接的水管应具有足够的耐高温性能，以免在使用中损坏。

5.3 安全要求

足浴器的电气安全应符合 GB 4706.1 和 GB 4706.10。

5.4 外观要求

5.4.1 整机外观

应光洁、平整、圆滑，无划痕、刮伤、锐角、毛边等；紧固件不松动，底座脚垫不应脱落；操作面板标贴图形符号和字迹应准确、清晰，粘贴牢固，不起翘，粘贴位置端正。

5.4.2 塑料件

外露表面应光洁、色泽均匀，无严重变形、龟裂等现象。塑料件涂层应附着力强，结合牢固。不得有露底、凸起、凹坑、皱皮、飞漆、色差和流挂。

5.4.3 控制键

电源开关和各功能控制键应操作灵活，工作可靠，无卡阻、接触不良等缺陷。

5.5 水温控制误差

当水温达到额定温度时温控误差应不超过±4%。

5.6 额定容量

足浴器的实际容量 V 与额定容量 V_R 的偏差应不超过±10%。

5.7 升温速度

在额定电压和额定容量下，足浴器的加热速度应不小于 1.3 ℃/min。

5.8 热效率

在额定电压和额定容量下，足浴器的热效率应大于 60%。

5.9 计时器

带有计时功能的足浴器应满足如下要求：

计时器的精度误差不超过额定工作时间的±1%。

5.10 堵塞保护

当注水口被堵塞时，中部容积温度在达到设定值时，足浴器应自动断开电源。

5.11 防干烧

当足浴器无水或水容量小于额定容量的 10%时，足浴器应不能启动。

5.12 噪声

足浴器装入额定容量的水，开启所有功能，其声功率级噪声值应不大于 68 dB(A)，且无明显异音。

6 试验方法

6.1 试验的一般条件

在无强制空气对流的条件下：

a） 环境温度：23 ℃±2 ℃；

b） 大气压力：86 kPa～106 kPa；

c） 相对湿度：45%～75%。

6.2 试验用仪器、仪表和设备

试验用仪器、仪表和设备的精确度要求见表1。

表1 仪器、仪表和设备的精确度

序号	名　　称	精确度
1	热电偶	±0.5 ℃
2	噪声声级计	±1 dB(A)
3	秒表	±0.1 s
4	质量衡器/kg	±0.3%
5	泄漏电流测试仪	±5%
6	耐压测试仪	±5%
7	接地电阻测试仪	±5%
8	量杯	±1%
9	其他试验设备	精确度应满足试验条件要求

除有仪器的实测数据与标准值对照以外，其余根据检查人员目视或者根据足浴器的运行状况判定。

6.3 电气安全试验

电气安全性能试验：按GB 4706.1、GB 4706.10标准要求的方法试验。

6.4 外观及涂覆层、印刷附着力检验

6.4.1 外观检验

在40 W日光灯下，距离被检物0.45 m处，与水平面成45°的夹角，目视检验整机外观应满足5.4要求。

6.4.2 塑料涂层附着力测试

a） 用划格器在待测区域划出10 mm×10 mm的方格区，方格深度必须刮透整个涂层；

b） 将宽度为25 mm，粘着力(10±1)N/25 mm的压敏胶带紧贴在切割区域，确保胶带粘贴接触良好；

c） 拉住胶带的一端，在与涂层形成45°的方向，迅速连贯地把胶带拉脱；

d） 上述测试连续进行3次，切割区域的涂层不被拉脱且无起皮现象。

6.4.3 印刷附着力测试

通过视检并用沾水的擦拭布，且在擦拭布上施加10 N的垂直压力，以每秒1次(1个往复)的速度连续擦拭15次；再用沾汽油的布，用同样的方法擦拭，字迹和图案应清晰易读，印刷品不应脱落和卷边。

注：用于此试验的汽油是一种烃类溶剂，相当于GB 17602《工业己烷》。

6.5 水温控制误差试验

在足浴器正常工作时，将控制面板上的温度控制键调节到最大额定值 T_R。

当温度控制显示已达到额定值后，用热电偶在离水面25 mm～40 mm，距容器中心90 mm～100 mm处近似均匀的分布测量5个点的温度3次，记录并计算实际温度的平均值 T。

按式(1)、式(2)和式(3)计算水温控制误差：

每次测量的温度平均值 $$T_n = \sum_{i=1}^{5} T_i/5 \qquad \cdots\cdots(1)$$

实际测量的温度平均值 $$T = \sum_{n=1}^{3} T_n/3 \qquad \cdots\cdots(2)$$

水温控制误差：

$$\Delta T=\frac{T-T_{\mathrm{R}}}{T_{\mathrm{R}}}\times 100\% \qquad \cdots\cdots(3)$$

式中：

ΔT——温度误差；

T——实际测量的温度平均值，℃；

T_n——每次测量的温度平均值，℃；

T_{R}——额定温度值，℃；

i——测量点数；

n——测量次数。

6.6 额定容量偏差试验

用量杯将额定容量的水注入足浴器容器内，观测是否已到（或超过）额定容量水位线；

再用量杯将水（不够时）注入或（超过时）取出足浴器容器内的水，直至额定容量水位线；

按式(4)计算容量偏差：

$$\Delta V=\frac{V-V_{\mathrm{R}}}{V_{\mathrm{R}}}\times 100\% \qquad \cdots\cdots(4)$$

式中：

ΔV——容量偏差；

V——实际容量，L；

V_{R}——额定容量，L。

6.7 升温速度试验

将 15 ℃±1 ℃水注入到器具容器内，直至器具额定容量水位线，开启加热功能，当水温加热至35 ℃～40 ℃（用热电偶在离水面 25 mm～40 mm，距容器中心 90 mm～100 mm 处近似均匀地分布测量 5 个点的温度）时，用热电偶测量注水口的水温，记录此时的水温 T_{C}；1 min 后记录此时的水温 T_{A}，重复测量 5 次。

并按式(5)和式(6)计算升温速度：

每次测量的升温速度

$$K_i=\frac{T_{\mathrm{A}}-T_{\mathrm{C}}}{t} \qquad \cdots\cdots(5)$$

实际测量的升温速度平均值

$$K_n=\sum_{n=1}^{5}K_i/5 \qquad \cdots\cdots(6)$$

式中：

K_i——每次测量的升温速度，℃/min；

K_n——实际测量的升温速度平均值，℃/min；

T_{C}——试验初始温度，℃；

T_{A}——试验结束温度，℃；

t——测量时间，min；

n——测量次数。

6.8 热效率试验

在环境温度为 23 ℃±2 ℃的条件下，将 15 ℃±1 ℃额定容量 V_{R} 的水注入到足浴器容器内；记录试验初始水温 T_{C}；启动器具并迅速调节到最大额定功率挡，当温度计的温升接近 35 K 时，关闭器具，同时记录消耗的电能量 E，并读取 1 min 内的最高温度 T_{A}，温升 ΔT 在(35±1)K 范围内为有效，并按式(7)计算热效率：

$$\eta=V_{\mathrm{R}}\times\rho\times\frac{T_{\mathrm{A}}-T_{\mathrm{C}}}{E\times 860}\times 100\% \qquad \cdots\cdots(7)$$

式中：

η——热效率；

V_R——额定容量，L；

T_C——试验初始温度，℃；

T_A——试验结束温度，℃；

E——加热耗电量，kWh；

ρ——密度，kg/L(水的密度为 1 kg/L)。

注：水的比热容 C=4.2{kJ/(kg·℃)}≈1/860 kWh/(kg·℃)。

6.9 计时器误差试验

将计时器分别设定在 15 min、20 min、30 min、60 min 挡，用 t_R 表示所设定时间值；

将秒表和足浴器的计时器同时启动，分别记录计时器在 15 min、20 min、30 min、60 min 停止时的秒表数字 t；

按式(8)计算计时器精度误差：

$$\Delta t=\frac{t-t_R}{t_R}\times 100\% \qquad \cdots\cdots(8)$$

式中：

Δt——计时器精度误差；

t——实测时间值，min；

t_R——设定时间值，min。

6.10 堵塞保护试验

将温度控制设定在任意值，堵塞注水口，足浴器应在达到温度设定值时断电，目视检查试验结果。

6.11 防干烧试验

无水时，此时足浴器不应启动；

用量杯将少于 10%额定容量的水注入足浴器，此时足浴器不应启动。

6.12 噪声试验

将足浴器置于环境噪声低于声压级 38 dB(A)的静音室内，在空载(但需装入额定容量的水)时开启所有功能，工作 5 min～10 min 后，按照 GB/T 4214.1—2000 中 7.1.4 规定的声压级的测量方法试验，并按照第 8 章规定的声压级和声功率级的方法计算，其声功率级噪声值应不大于 68 dB(A)，且无明显异音。

7 检验规则

7.1 检验分类

足浴器的检验分为：

a) 出厂检验；

b) 型式试验。

7.2 出厂检验

7.2.1 每台足浴器均应经制造商质量管理部门检验合格后方能出厂，并附有合格证、使用说明书，并在合格证上标明出厂日期。

7.2.2 每台足浴器出厂前应按表 2 的出厂检验项目进行检验。

7.2.3 订货方对产品质量有疑义时，有权在型式试验项目内增加交收试验项目，此时抽样检查方法应用 GB/T 2828.1 中有关规定，采用一次计数抽样方案，检查水平Ⅱ。或者抽样方案、检查水平和合格质量水平由生产厂家与订货方共同商定。

7.2.4 出厂检验项目和顺序见表 2。

表 2 出厂检验项目

序号	检验项目	技术要求	试验或检验方法
1	泄漏电流	5.3	GB 4706.1
2	电气强度	5.3	GB 4706.1
3	接地电阻	5.3	GB 4706.1
4	外观	5.4	6.4
5	噪声	5.12	噪声出厂检验的替代方法由企业产品标准中自行规定
6	标志	8.2	8.2
7	说明书	8.2	8.2
8	包装	8.3	8.3

7.2.5 不合格分为致命缺陷和 A、B、C 三类，不合格分类按表 3 的规定，GB 4706.1、GB 4706.10 中的任一项不合格将判为致命缺陷。

7.2.6 可接收质量水平 AQL 值，A 类为 1.0；B 类为 2.5；C 类为 6.5，按 GB/T 2828.1 抽样方案，见表 3。

表 3 不合格项目分类

不合格项目	技术要求	试验方法	不合格分类
安全	5.3	GB 4706.1、GB 4706.10	致命缺陷
外观	5.4	6.4	A
标志	8.2	8.2	B
说明书	8.2	8.2	B
噪声	5.12	6.12	致命缺陷
包装	8.3	视检	C

7.2.7 经出厂检验不合格的批次应全部退回进行 100%重检，返工或返修后的产品应再次检验，并采取加严检验抽样方案。

7.2.8 检查足浴器电机、变压器、开关、电源线、电子元器件及其他通用件执行国家有关标准的情况，应有标志或提供资料说明。

7.3 型式试验

7.3.1 型式试验应在下列情况之一进行：

a) 新产品试制定型鉴定；

b) 新产品转厂生产试制定型鉴定；

c) 设计工艺或材料有重大改变，可能影响产品性能时；

d) 不经常生产的产品间隔 1 年以上；

e) 成批或大量生产的产品进行定期抽试，每年至少一次；

f) 出厂检验结果与上次型式检验结果有较大差异时；

g) 国家质量监督机构提出进行型式检验的要求时。

7.3.2 型式试验项目和内容是标准 GB 4706.1、GB 4706.10 和本标准所要求的所有试验项目。

7.3.3 对于 7.3.1 的 a)、b)、c)三种情况下进行的型式检验，应抽取 4 台产品进行试验(安全使用寿命试验可在同一批产品中另行抽取样品单独进行)，其中 2 台兼做安全要求试验。试验时，如任一台试样不符合本标准及 GB 4706.1、GB 4706.10 中有关任一条要求时，应从该批产品中加严抽取样品对不合格的项目及相关联的项目进行复试，如仍有任何一台试样不符合任一条的要求，则型式试验为不合格。

7.3.4 对于7.3.1的d)、e)、f)、g)四种情况下进行的型式试验的抽样，采用GB/T 2829—2002中的二次抽样方案，判别水平Ⅱ。样本大小、不合格质量水平及其判定见表4。

表4 不合格判定

判定水平	抽样方法	样本大小	不合格质量水平					
一般判定水平Ⅱ	二次抽样		A类不合格		B类不合格		C类不合格	
			RQL=25		RQL=40		RQL=65	
	第一	$n_1=4$	$Ac_1=0$	$Re_1=2$	$Ac_1=0$	$Re_1=3$	$Ac_1=1$	$Re_1=3$
	第二	$n_2=4$	$Ac_2=1$	$Re_2=2$	$Ac_2=3$	$Re_2=4$	$Ac_2=4$	$Re_2=5$

7.3.5 允许对型式试验不合格的原因进行分析且采取纠正，然后再抽样检验，有关检验后的处置办法按照GB/T 2829—2002中4.12的规定。

8 安全警示要求、标志、包装、运输、贮存

8.1 安全警示要求

8.1.1 足浴器应予以安全警示：

a) 儿童和智障残疾人应在有人看管的情况下使用；

b) 儿童和智障残疾人不得在足浴器上游戏和踏踩；

c) 对热不敏感的人使用时必须注意；

d) 要保持过滤网的清洁，以免堵塞损坏足浴器；

e) 不要将注水口和回流口与其他非制造厂商提供的配件连接。

8.1.2 安全警示标志，应符合如下相关要求：

a) 图案醒目、清晰、易于识别；

b) 所表达的意思要简明扼要，且能被使用者理解。

8.2 标志和说明

8.2.1 足浴器上应有永久性的铭牌，并标出以下各项：

a) 足浴器名称、型号(或规格)；

b) 额定电压(单位：V)、额定频率(单位：Hz)、额定功率(单位：W)；

c) 额定容量(单位：L)；

d) 热效率等级；

e) 电击防护类别；

f) 制造厂名称和生产场地地址。

8.2.2 足浴器应有出厂日期、出厂编号、生产批号。

8.2.3 每台足浴器应有使用说明书，应包含下述内容：

a) 应标明足浴器的名称、型号、规格、主要参数(额定电压、额定功率、额定容量等)；

b) 足浴器上所使用的数字、记号、符号、警告、注意事项等的意义及解释；

c) 使用方法；

d) 使用环境和使用条件；

e) 注意事项；

f) 故障排除及保养；

g) 对某些特定或限制的使用要求。

8.3 包装

8.3.1 产品的内、外包装，应符合下列要求：

a) 应有适宜的内、外包装或产品贴体包装。如:塑料袋、瓦楞纸箱、木箱等;

b) 内包装应具有一定的防潮、防碰撞性,而外包装应具有适应正常搬运和堆放要求的一定强度。

8.3.2 外包装应符合 GB/T 1019 的规定。

8.3.3 外包装箱上图示标志应符合 GB/T 191 的如下内容:

a) 足浴器的名称、型号(或规格);

b) 商标;

c) 产品数量;

d) 单件产品净重(单位:kg);

e) 毛重(单位:kg);

f) 外形尺寸:长×宽×高(单位:mm);

g) 注意事项及标记"小心轻放"、"切勿受潮"、"向上"等字样或符号;

h) 堆码;

i) 出厂日期(或编号);

j) 制造商全称和生产场地地址。

8.3.4 包装箱内应有:

a) 全套按摩足浴器;

b) 产品合格证;

c) 装箱清单;

d) 使用说明书;

e) 保修卡;

f) 其他附件。

8.4 运输

产品的运输应符合下列要求:

a) 严禁与化学品、潮湿物品或易燃易爆物品混装;

b) 装运产品的车箱、船舱应基本清洁,无明显潮湿、无腐蚀污染;

c) 敞车运输时,须用帆布等防水材料覆盖严密,应避免摔撞和雨雪淋袭;

d) 产品运输中的装卸,应按包装箱或包装物上的储运图示标志规定,采用合理的装卸方法,严禁野蛮装卸,以防产品受损。

8.5 贮存

产品的贮存应符合下列要求:

a) 应贮存在干燥、通风、无雨漏、无化学性腐蚀、无污染物的库房内,严禁长期露天存放;

b) 产品的堆放应遵循包装箱或包装物上的堆码极限要求,应堆放在有不小于 100 mm 的干燥垫板上;

c) 贮存于库房内的产品,应离开无明火的采暖热源 0.5 m 以上,库房内严禁烟火;

d) 严禁与化学品、潮湿物品、易燃易爆物品同库贮存。

ICS 91.160.20
K 70

中华人民共和国国家标准化指导性技术文件

GB/Z 26207—2010/CIE 94—1993

泛光照明指南

Guide for floodlighting

(CIE 94—1993,IDT)

2011-01-14 发布　　2011-06-01 实施

中华人民共和国国家质量监督检验检疫总局
中国国家标准化管理委员会　发布

前　言

本指导性技术文件等同采用 CIE 94—1993《泛光照明指南》(英文版)。

本指导性技术文件等同翻译 CIE 94—1993。

为便于使用,本指导性技术文件做了下列编辑性修改:

a)　“本技术报告”一词改为“本指导性技术文件”;

b)　用小数点“.”代替作为小数点的“,”;

c)　删除 CIE 94—1993 的前言。

本指导性技术文件由中国轻工业联合会提出。

本指导性技术文件由全国照明电器标准化技术委员会(SAC/TC 224)归口。

本指导性技术文件起草单位:国家电光源质量监督检验中心(北京)、中国质量认证中心、生辉照明电器(浙江)有限公司、东莞市科磊得数码光电科技有限公司、中山市鸿宝电业有限公司、北京电光源研究所。

本指导性技术文件主要起草人:华树明、邢合萍、沈锦祥、陈德华、欧文、杜姬芳、江姗。

本指导性技术文件首次发布。

本指导性技术文件仅供参考。有关对本指导性技术文件的建议和意见,向国务院标准化行政主管部门反映。

引　言

本指导性技术文件的目的是提供如何使用室外照明装饰城市夜景的信息。在城市里的许多照明应用中，本指导性技术文件只针对那些完全出于美观和装饰目的方面。这样的照明每晚都可能被使用，例如在纪念堂、公共艺术区、商业建筑，或者周期性的举办节日庆典的公共聚集场所。对于自然场所、公园和花园的照明也包含在本指导性技术文件中。交通和公共安全照明虽然也影响着城市夜间景象，但不包含在本指导性技术文件中。本指导性技术文件为室外照明设计师提供参考，为城镇建筑师提供建议。对于那些需要做经费决定的人，本指导性技术文件论述了城市美观照明与经济和能源高效利用相结合的装饰性照明方案。

泛光照明指南

1 总则

1.1 调研

随着照明技术的发展，照明的相对成本已不断下降。如今，可以理所当然地利用室外照明来装饰城市夜景，使其生机盎然，美不胜收。城市装饰照明投入既可带来社会效益又可带来经济效益。

有良好照明的城市是人们梦寐以求的安定而惬意的居住地。它可吸引游客，并使游客的兴致经久不衰。通过为个人提供较长的接触时间，它可改善居民的生活质量。城市照明可将建筑物与现场环境有机地融为一体。建筑物不再单纯由成几何比例的建筑立面构成，建筑物成为复杂组合体的组成部分，在这里物体与空间随设计者的创造性而不断交替。建筑就像一次旅行，而灯光就是旅途中无处不在的路线指示灯。无论距离目标是远或是近，观众眼中的空间印象不断更新。如今，建筑师和城市规划师在灯光运用上达到史无前例的程度，其规模从最初的微乎其微达到了目前的宏伟壮观。

照明应用规模越来越广，这是人们对装饰照明的兴趣不断变化所致，照明物体与光源越来越密不可分。几年前，如果某个装饰照明工程通过巧妙布置灯光而使观众能够认识物体，该工程就被视为成功工程。如今，情况有所不同，现代建筑师将灯光作为辅助工具，照明工程不再属于中性或目标性照明。它允许夜间从某个初始观察位置或预先设定的观察位置观看到建筑物和其他物体。

无论照明属于古典或现代、普通的或具有选择性、恒光或闪光、慢或快的类型，它均可照射城市空间和建筑物，并且物体将在灯光照射下发光。

白天明显的构筑物特性并非在夜间也始终明显。如今灯光可产生其他效果，部分原因在于好的装饰照明工程采用的光源不仅适用于物体外部，而且还与物质和空间密切关联。每个角落将产生以往未知的新效果。这旨在增强建筑的三维成像。

有必要意识到：

a) 由于技术和电子的发展，可以史无前例地满足用户对灯光的各种需求；

b) 综合运用日光和人造光的趋势日益明显，从而使室外装饰照明产生新的视角；

c) 许多新兴艺术家使用灯光来增加建筑物的活力，无论所用灯光是属于功能性或是纯装饰性的；

d) 建筑物上采用的灯光效果与建筑师所运用的声音、运动、水源和先进技术等其他手段的关系日益密切。

最后，我们需在此提及建筑师 Venturi 和 Rauch 合著的书籍《建筑的复杂性与矛盾性》；如果这两个关键词适用于城市规划和建筑，难道人们不会为了描述环境的多重可能性和照明的复杂性而提及“装饰照明的复杂性和矛盾性”吗？

1.2 范围

在城市照明的多种可能性方案中，本指导性技术文件仅针对出于纯粹美学和装饰目的的照明方案。该照明方案可能用于每个夜晚，或仅用于节日或公共活动场合。对于后者而言，照明设备仅为节日活动而安装。

本指导性技术文件既未涉及为车辆和步行者的照明，也未涉及到财产安全照明，这些情况包括在 CIE 12.2，CIE 23，CIE 32/AB，CIE 33/AB，CIE 47，CIE 61，CIE 68，CIE 88 和 CIE 92 中。

2 定义

2.1 研究对象的类型

当照明工程主要或纯粹出于装饰目的时，使用灯光可展现许多物体的明显特征。这些物体可能为自然或人造景区及古典和现代建筑物。

2.1.1

经典建筑物 classic building

凭借其建筑学、美学或造型优势获得人们关注的建筑物，如大教堂、城堡、教堂、剧院和一些公共或私人建筑物等。

2.1.2

商业和工业建筑物 commercial and industrial building

如果被作为办公室或工厂的建筑物的美观性、面积平衡及立面品质需要安装照明装置，那么可为这些建筑物提供照明。此类照明有悖于装饰性照明理念，因为它的主要目的通常在于确保安全并展现商业或公共关系优势。

2.1.3

天然场所 natural sites

自然本身就是一个伟大的建筑物。如果位于大都市外围，悬崖、峡谷和瀑布也会为城市夜色带来生机或成为名胜古迹。

2.1.4

构筑物 constructions

构筑物为技术性或实用性结构，不用于人类居住，它们凭借其审美运用、大胆或新颖的理念而成为技术知识和技能发展的基准。这些构筑物如桥梁、高架桥、塔、火车站、水塔、围墙、水坝等。

2.1.5

艺术制品和亭阁 artworks and pavilions

艺术制品可以用任何材料或介质精制而成，起纯粹的装饰作用，如雕像、塑像、浅浮雕、动态雕塑等。

亭阁是一些小的构筑物，用于装饰或空间布置，通常既无功能性也不用于居住，如：风雨棚、露台和一些华美的建筑等。

2.1.6

公园、花园和花坛 parks, gardens, and flowerbeds

这些包括所有风景区，尤其是娱乐休闲场所，如林地、灌木丛、花坛（根据固定或季节计划），以及行人区内花坛和箱子内的所有种植物。

2.2 照明效果

为了打造夜间城市装饰效果，可以通过多种方式将灯光用于展示天然场所或建筑物。用户可以选择使用种类最为广泛的光源或者灯具。

现代技术能够充分灵活地制造所需的装饰照明效果，或为任何大厦或艺术制品提供重点照明。在与照明工程师配合时，建筑师、艺术家和装潢者将各自制定出一套全方位的方案，以达到理想的效果。

2.2.1

静态泛光照明 static floodlighting

泛光照明指平面或三维物体的照明，如建筑物立面、纪念碑或艺术制品，以使其在夜间能够达到可视效果，并展示其造型或历史特性。

由于获得了相对较高的亮度，物体从其背景和环境中脱颖而出。这种照明效果是永久和静态性的。通常，可通过在物体周围周密布置泛光灯来达到这种效果。

2.2.2

具有可变照明效果的泛光照明-动态泛光照明 floodlighting with variable luminous effects-dynamic floodlighting

动态泛光照明的基本概念与2.2.1中的泛光照明相同，但是通过改变物体不同部分上的照度可强化这种照明效果，从而创造动态效果。

2.2.3

轮廓照明　outline lighting

通过在建筑物表面与其空间之间或在物体轮廓与其背景之间制造强烈的对比来达到此种效果。

通过将光照射在物体背面或营造出物体结构轮廓呈暗色或黑色的照明背景来实现轮廓或逆光。这尤其适用于非规模化构筑物，如柱廊、垛口或金属骨架结构。此时，物体处于黑暗之中，并且光空间变得至关重要。

通过在暗背景下增亮前景中的物体边缘和轮廓的方式，背轮廓突出了构筑物的主要特性，从而展示了物体的整体形状和外观。

2.2.4

自发光效果　self-luminous effects

自发光装饰效果可由光源本身的形状、颜色和布置来实现，而非通过照明特定物体来实现。例如，使用装饰性的灯串或彩灯；另外一种方式是显示照明图案（蝴蝶、鸟、花等）。

在自发光效果上运用一些新技术，这些新技术仍处于开发之中。这包括激光、全息摄影及幻灯片放映，以用于实现动画或固定显示效果。这些装置通常进行局部临时布置。

2.2.5

“声光表演”　son et lumière

声光表演是一种在有限时间内通过戏剧表演形式，以多组白色和彩色光对物体进行泛光照明为基础、以叙述历史或其他叙述类型的韵律进行讲述，并辅助以音乐和声音效果来展现的一种节目。仅在此提及这种特殊技术，而不对其进行详述，因为它的表演特点超过了其作为装饰照明工程的特点。

3　装饰照明的概念与成就

装饰照明工程的技术与艺术设计仅为初始决定到装置启用期间所执行的整个任务的一部分。在许多必要因素之中，应仔细研究某些历史和行政问题，以避免错误和失望。

以下段落将按顺序叙述重要观点。

3.1　初步研究

在通过静态泛光照明、动态泛光照明、轮廓照明或“声光表演”方式为建筑物或艺术构筑物提供照明时，有必要搜集有关物体的历史、建筑和当地信息。这需要设计者认识到大厦不同部分的重要性、它们的象征意义和它们的益处，并设计照明层次。

对于旧的建筑物，与这些纪念碑相关的建筑师、历史学家和保管员通常是提供此类信息的最佳人选，也可从市、地区或国家级建筑和档案部门获取相关信息。对于当代建筑物，参与建筑师设计和修建的建筑师和工程师应协助任何照明决定的执行。

3.2　私人和行政授权

3.2.1　业主授权

推行装饰照明工程的单位并非总是被照明物体的主人。即使照明设备未安装在物体上，同样也有必要获得业主的授权，无论该业主为私人机构或当地、地区或国家部门。

3.2.2　行政授权

在历史遗址，必须得到负责保护和工程协调的行政和或建筑部门的许可。

根据需要提供装饰照明的纪念碑位置的不同，可能有必要与航空和航海部门协调照明可能对空运或海运造成的干扰问题。

3.2.3　社区和第三方利益

城市里的灯具（泛光灯和装饰性灯串照明）通常安装在邻近建筑物上。在将灯具安装在业主建筑物之前，有必要先征得业主的许可。

3.3 文件

对于装饰性照明工程而言，需要了解到照明物体的表面和组成部分、照明位置及支撑点。需要研究以下文件。

3.3.1 地图和平面图

应研究纪念碑的平面布置图和立面图、测绘员的平面图、街道和区域地图以及任何草图或测绘。

通常可从建筑师、保管员和市、地区或国家级档案馆获得这些文件。而其他道路详图和其他公用路线穿越用地图则从城市技术服务部门获得。

3.3.2 照片

物体、周围环境或公路的照片是对地图和平面图的补充。周围区域的视图有利于在初步研究时找到可行的位置，以便将灯具安装在适当的高度和邻近建筑物上。

合成照明片和鸟瞰图也有利于推动此照明工程。

3.4 初步场地研究

公路、办公室或工厂照明仅根据平面图设计而成，与此相反的是，装饰性照明工程要求预先参观现场，以便设计者能够全面了解周围环境的特点以及它们对于此工程的影响。设计者应考虑到以下因素：

3.4.1 周围夜间照明

无论周围照明属于公共性或商业性照明，有必要对其进行调查，以便确定为达到物体照明效果所需的照度等级。周围区域的亮度越高，用于达到装饰性照明效果所需的照度将会越高。

3.4.2 季节性影响

在布置永久照明装置时应考虑到落叶型树木和灌木丛的存在。树叶可发挥面罩功效，根据具体情况的不同，它可阻挡灯具发出的光线或隐藏光线，从而使整个装置更加宜人并减少眩目现象。

在冬季，喷泉会停流，池塘可能干涸，这可能会大大改变某个市区场所的特征。

在选择光源时，还应考虑到季节情况。在冬季无叶树上可使用暖光光源(如高压钠灯)，而在夏天最好在有叶树上采用冷光光源。可能需要两套并行照明装置，分别用于冬季和夏季。

3.4.3 检修入口

泛光和其他光源的安装和后续维护作业可能需要使用高架检修车或其他设备来进行检修作业。应事先确认将此设备运至现场的路线，尤其是在通过行人区或狭窄街道时更是如此。

3.4.4 观察点

对于泛光照明工程而言，观察位置或观察点将会对照明的最佳位置产生重大影响(见第 5 章)。为了将眩光风险降至最小，无论白天或是晚上，应避免将光源布置在直接目视范围内。

当知道观察方向时，应安装其他光源(如装饰性彩灯)。

3.4.5 电源

所有照明位置应易于连接电源。供电成本可能与照明工程重要性相关。

应尽可能避免选择难以连接电缆的照明位置。为了确保检修，应在选择灯具位置的同时确定电线铺设线路。

3.4.6 财务因素

装饰照明或泛光照明工程的成本估算是一项较为复杂的工作：某个方案的标准可能不适用于看上去类似的方案，因为应根据其特定的地理环境对每个物体的具体特征进行评估。

在规划初期，可策划出几种照明设计方案，以提供一系列成本和建造计划，然后从中选出最佳方案。

3.5 初步设计

3.5.1 程序和标准

一旦获得以上信息和文件，设计者就可开始初步研究。

此阶段最为重要的是确定适合于特定物体或场所的照明效果以及确定是否可行、是否符合工程目标。通常，当物体尺寸较大、结构复杂或具有重大的历史价值时，整个照明设计需要更高的专业等级。

在复杂方案中,小规模的照明测试可为设计正式工程提供有价值的信息。另外,该测试可向参与工程设计的非专业人员展示照明设备是如何实现最终结果的。它更能形象化地让人体会到用钱得到了什么。尽管照明测试有利于各种规模的照明工程,但是照明测试成本通常只在大型而复杂的照明项目中存在。

光源选择、功率评估和灯具选择取决于照明工程目标、使用频率(每日、每周、每季度、定期或临时)及物体特征、尺寸和颜色等。

初步设计应包括:

——确定每个光源点所用的灯具数量、功率和类型;

——估计所用电源;

——评估安装和运行成本及工期;

——工程主管和主管部门初步批准;

——在最敏感区域进行初步照明测试;

——就照明设备位置和途经私人财产(道路通行权)而进行授权谈判。

3.5.2 节约能源

虽然任何工程的主要目标是达到高质量的照明效果,但是找到最有效的方法节省装置装成本和能源消耗也很重要。

3.6 工程最终设计

初步调查期间搜集到的信息足以能够确定最终的工程方案。该方案应包括照明设备和辅助设备数量和类型、灯具功率和品牌及部件安装支持说明等信息。电源详情(路线和电、变电站功率和位置及电路保护)未包括在照明设计之中,因为它们需要不同的技术知识。这些设计详情可由同一个人设计而成,只要该人员也擅长这些领域的技术。

最终工程设计可确定确切的财务预算。它同时还有利于寻求最终审批(附件、公共和私人财产的使用、道路通行权等)。

3.7 安装和调整

安装工作必须由有资质的装饰照明承包商来完成,该承包商应保证所选设备的正确安装。

照明工程投入运行前的最后一个阶段是调整。此时,应对泛光灯、声音和光源进行检查,并且对工程进行其他必要的最后修正。建议在大型装置中使用双向无线电设备。该调整阶段对于成功执行装饰照明工程至关重要,应与照明装置设计者一起认真完成该工程。

4 光源

本章概述了外部装饰照明所用光源的主要特性,见表1。大部分种类的灯稳步发展,本章阐述了1992年的光源发展情况。

4.1 白炽灯(钨丝灯)

尽管白炽灯不再适用于城市或公路照明,但它们仍用于多种外部装饰照明。由于外部装饰照明通常只是短时间的应用,因此白炽灯的短暂使用寿命和低效能不是问题。

这些灯具有以下优点:

——色温适用各种各样的照明效果;

——具有较好的显色性;

——种类和参数众多;

——可使用极低电压的电源;

——能够反复切换展现动态效果;

——可调光。

4.1.1 普通照明用光源

这些照明灯的发光效能为5 lm/W～25 lm/W(根据它们的标称值),额定寿命约为1 000 h。在用于装饰照明时,尤其是用于彩灯照明,这些普通照明灯为低功率各种颜色彩灯。

应用:装饰灯串照明、发光图案、花坛弱照明。

4.1.2 软质玻璃型反光灯

灯泡包含有一个反射器,通常由铝或硅酸盐材质制成,可发出定向光束。这些灯泡可为白色和彩色,功率为40 W～300 W,通常具有多个光束角。配置有钕玻璃灯泡的特殊灯可提高蓝色和绿色灯光的相对输出量。

应用:局部照明。

4.1.3 冠式镀铝灯

灯泡内部的镀铝表面反射灯丝发出的光线,当光线射在外部反射镜中时,可获得窄光束。这些灯泡的功率为:24 W、40 W、60 W和100 W。

应用:采用特殊灯具的局部照明。

4.1.4 超低压灯

超低电压白炽灯的主要优势在于可提高发光效率。紧凑型灯丝有利于控制光输出,并可在射束轴边沿使用具有窄光束和增强光强的泛光灯。这些灯限用于低功率使用。使用超低电压灯可在故障或事故发生时减少行人所面临的危险。有标准超低电压灯和超低电压卤钨灯。

应用:准确聚光照明,需要对公众保护的装置。

4.1.5 卤钨灯

这些灯利用卤-钨循环来产生比标准白炽灯更高的发光效率、更高的色温和更长额定寿命。在处理这些卤钨灯时,有必要采取某些预防措施,以避免损坏石英灯泡。

卤钨灯的额定功率为100 W～2 000 W,呈管状,每端各有一个插座触点,应用于水平位置。卤钨灯的线性型可对抛物线槽式反射镜中的光通量实施精确控制。

在"双层玻壳"灯中,石英玻壳固定在单灯头玻璃玻壳内。这种灯可安装在任何位置上,不会产生操作问题。

这些灯中运用的技术正在快速发展。选择不断扩大,尤其是在电源电压和超低电压灯的低功率值范围内。

应用:泛光照明。

4.1.6 聚光灯(PAR)

灯泡由一块较厚的压制玻璃组成,其内表面镀银或镀铝,前端为扁平状或棱柱状。该光学系统可对光通量进行简单控制,并可在无需外置反射镜的情况下形成光束。该光束范围为6°～120°,视光束灯的功率和类型而定。

白炽灯的功率为25 W～599 W,平均额定寿命为2 000 h。卤钨灯的功率高达1 000 W,某些灯的平均寿命4 000 h。由于每次换灯时反射面随之而更新,因此可获得稳定的输出。PAR灯可用于低压(120 V和240 V)和超低压(6 V、12 V等)的环境下。

通过使用彩色滤光器、二向色涂层或彩色漆(蓝色、绿色、黄色或红色,80 W),PAR灯可发出彩色光。其内部为二向色反射面(而非金属反射面)可在无需使用彩色玻璃或彩色漆的情况下从光束中发出彩色光,或可发出所谓的"冷光束"输出;此类灯可加热灯具,其产生的热量高于金属反射热量。

PAR灯非常适合建筑物和艺术制品的照明。

应用:泛光照明、局部照明。

4.2 放电灯

所有放电灯需要采用辅助电气设备(镇流器、触发器、电容器)来限制电流和确保放电的触发和再触发的正确性。多数灯中存在触发和再触发延时现象。

与白炽灯相比，这些灯发光量更多、寿命更长。目前这种灯技术发展迅速。

4.2.1 荧光灯

4.2.1.1 标准管形荧光灯

这种灯有多种不同的功率、长度、直径及细微变化的色差。线性形状使得它们适合在构筑物的轮廓照明、栏杆照明及其他类似照明中应用。

通过采用彩色荧光灯和不同色调的“白光”或“日光”灯可达到装饰效果。

其户外应用受到低温敏感性的限制。

4.2.1.2 紧凑型荧光灯

这种灯为小型荧光灯，具有多种类型。紧凑型灯通常直径较小，具有多种形状：U型、双U型和双D型。某些可直接取代普通白炽灯，内部配备有电感或电子镇流器和触发器及E27或B22灯头。与特殊插孔配合使用的其他类型仅配备有触发器，并且需要配备外置镇流器。

紧凑型荧光灯比传统白炽灯具有经济优势，其额定寿命至少是传统白炽灯的5倍，光效是传统白炽灯的4倍～5倍。

在外部装饰照明中，它们可用于多种用途，如装饰性灯串或彩灯的泛光照明等。然而，还有必要考虑到环境温度对此类荧光灯工作特性的影响。紧凑型荧光灯与其他荧光灯制作原理相同，虽然可长时间连续有效工作，但频繁开关不利于其使用寿命。

应用：发光轮廓、广告牌及交通灯。

4.2.2 冷阴极灯

这些长型灯管可制造成多种形状，以用于多种用途，如沿构筑物线路布置或形成单独的装饰图案。

它们的光效较低，但额定寿命较长。众多的颜色可达到多种特殊效果。它们可立即点亮，不受反复切换的影响，因而适于长时间的动画效果。

由于这种灯需要几千伏的电源，使用时要采取某些防范措施，并严格遵守电气安全规范，以保护公众安全。

应用：建筑物发光轮廓、发光装饰图案。

4.2.3 高压汞灯

高压汞灯是基于高压汞蒸气的放电原理，其功率为50 W～1 000 W。放电管位于一个玻璃灯泡内，通常在内部涂有荧光粉，以纠正放电管发出的灯光颜色。

对于水池和树叶的装饰照明，有时会使用带透明管形外壳或椭圆形外壳的汞灯，因为它们的蓝-绿灯光尤为适用。某些汞灯配备有内置荧光反射镜。

还有其他灯也与高压汞灯原理相同，但是它们是通过内置灯丝来稳定。它们所发出的灯光更为暖和，但是光效却大幅降低。

高压汞灯的额定寿命较长，其光效为30 lm/W～60 lm/W。受形状和尺寸限制，不能将其用于窄光束投射器进行远距离照明，但是它们非常适合大面积区域的照明。高压汞灯照明不是瞬时照明，再触发需要冷却间隔或一个特殊的高压再启动系统，因此，这些灯特别难以用于动态效应中。

应用：树和植被(主要为蓝-绿色)的泛光照明。

4.2.4 金属卤化灯

这些灯由一根内含汞蒸气和不同金属卤化物添加剂的石英放电管组成。它们的形状各异。放电管可以为裸灯，每端上有一个触点；或装入涂有荧光粉的透明管或卵形灯管内，配置或不配置内置反射镜，配备有标准灯头。

它们的功率为30 W～3 500 W，发光效能为50 lm/W～125 lm/W，色温为3 500 K～6 500 K，显色性指数为50～85。

安装在玻璃壳内的放电管尺寸较小，可以聚焦在投射器中，从而发出精确的光束。应考虑到工作角度的限制，工作角度可能随灯类型不同而有所不同。应遵照制造商的建议。

存在带内置反射面的 PAR 型金属卤化灯，其功率为 1 000 W。窄光束范围（约为 6°）和高轴向光强使得它适于远距离照明。可使用外置棱柱透镜调整光束范围和光强。

除了使用镇流器和电容器来稳定外，这些灯还需要配置一个单独的触发器。与使用高玉汞灯一样，触发和再触发需要几分钟来完成。还有特殊的“瞬时”再触发型金属卤化物灯。

应用：具有十分精确的显色性的泛光照明投光灯。

4.2.5 高压钠灯

高压钠灯的灯光为金白色（T=2 000 K），光效为 90 lm/W～170 lm/W，可接受的显色指数为 20～85，额定寿命较长，因此它们可广泛运用到外部装饰照明中。小型放电管封装在透明管形玻璃灯泡内或卵形乳白玻璃灯泡内，视制造规格而定。透明玻璃型高压钠灯可能通过精确的光束投射器聚光。

除了使用镇流器和电容器来稳定外，多数高压钠灯需要采用单独的触发器。

还有小功率型高压钠灯（35 W 和 50 W），色温达 2 500 K，显色指数为 80，发光效能为 45 lm/W。它们的颜色可产生与白炽灯相同的效果，但是其寿命为白炽灯的 5 倍，光通量为白炽灯的 4 倍。由于它们的尺寸很小，它们能够通过精确的反射镜聚光，因而能获得一些特殊照明效果。

高压钠灯可用于标准高压汞灯灯具中。它们具有相对较低的瓦数，能够多产生大约 50% 的灯光，因此，升级照明装置的成本很低。此外，可对高压钠灯进行调整，使其满足不同季节的灯光颜色需求，但是使用高压钠灯进行植被照明的效果有时会不尽人意。

应用：建筑物泛光照明，主要针对棕色、红色或黄色材料。

4.2.6 低压钠灯

这些灯具有较高的光效（达 200 lm/W）和相当长的额定寿命。内部放电管封装在一个管状外壳内，其功率为 15 W～200 W。低压钠灯的灯光为纯单黄色，无显色性，因此仅限用于特殊的照明效果，比如黄色或橙色表面照明、轮廓照明、强调建筑结构要素（如拱顶或桥拱）的照明。

应用：特殊（黄色）泛光照明、安全照明。

表 1 光源的主要性能指标

本文件中的灯类型和章条号	初始光通量 lm	功率范围 W	必要辅助设备	发光效能（lm·W^{-1}）		大致色温 K	显色指数 Ra	额定寿命 h	触发时间	再触发时间
				只有灯	包括镇流器损耗					
钨丝灯										
4.1.1 普通照明	50～35 000	10～1 500	无	5～25	—	2 500～3 000	100	100～2 000	瞬时	
4.1.5 卤钨灯	150～120 000	10～5 000	无	15～30	—	2 800～3 300	100	50～2 000	瞬时	
4.2 低压放电灯										
4.2.1 荧光灯（管形、紧凑型）	150～15 000	4～200	有	40～100	30～80	2 500～6 500	60～95	5 000～20 000	<3 s	<1 s
4.2.6 低压钠灯	1 500～35 000	15～200	有	100～200	72～160	1 700	—	10 000～15 000	7 min～12 min	0～10 s
4.2 高压放电灯										
4.2.3 高压汞灯	达 60 000	50～1 000	有	30～60	26～57	3 000～6 000	25～60	10 000～20 000	4 min	10 min
4.2.4 金属卤化物灯	1 500～300 000	30～3 500	有	50～125	43～120	3 500～6 500	50～85	2 000～10 000	5 min	10 min
4.2.5 高压钠灯										
正常	达 150 000	35～1 000	有	70～150	90～170	2 000	20	10 000～25 000	5 min～10 min	1 min～5 min
颜色增强型和白色型	达 40 000	30～400	有	45～100	36～94	2 100～2 800	60～85	5 000～15 000	5 min～10 min	1 min～5 min

注：这些数据仅供非专业的用户参考。准确数据可从制造商那里获得。光源技术是不断发展的，而此表描述的是 1992 年的情形。

4.2.7 氙灯

氙灯发出接近阳光的白色光，但是它们的光效低。

氙灯通常为线性形状，在水平位置上运作，需要点火装置和复杂的稳定装置。高成本使得它们仅限用于1.5 kW～20 kW的特殊场合。还有紧凑高压型氙灯，它们适用于窄光束、高光强投射器，如跟踪聚光灯和远程聚光灯。

4.2.8 紫外线灯

CIE UV-A波段中的长波紫外线辐射不会对眼睛造成危害，它们可通过汞放电产生，并由特殊的蓝-黑滤光器或伍德(Woods)玻璃过滤。

紫外线辐射用于激发或增强特种荧光涂料的性能。它还可在无紫外线辐射情况下显示图形、文本和图像，并可形成一定的动画效果和营造出戏剧色彩的环境。

紫外线辐射源可以是通过内部灯丝或传统镇流器来稳定的高压汞灯，或者是尺寸与荧光管相同、有紫外线辐射荧光涂层并使用相同镇流器工作的管形灯。

5 静态泛光照明

5.1 原理

泛光灯是为建筑物或自然物体提供照明的有效方式。泛光灯通常布置在靠近物体的周围，为物体的各个面提供照明。然而，鉴于环境的特殊原因，可能直接将泛光灯安装在物体上。

在决定泛光灯位置和所需发光量和光度特征时，需要考虑到以下多种因素：表面质量和颜色，组成部分，视点位置，物体发光距离，周围地区的照明及期望效果。

5.2 物体选择

泛光照明工程的成功不仅仅取决于照明技术和所用设备的质量。对物体特性及其周围环境的初步研究也至关重要。

5.2.1 建筑和艺术特征

在城市背景中，许多因素有利于照明。城堡、教堂和其他宏伟建筑物容易引起人们的极大关注，但是其他需要照明的一般物体也不应忽视。

然而，对于任何需要照明的物体，应当从建筑、历史、雕塑或技术上加以考虑。

应通过敏锐的判断来选择物体：灯光在于展示美，而不是创造美。

5.2.2 物体层次

当白天从某个特别有利的位置观看时，他们可能会无意地为所看到的各物体的重要性价值进行分级。例如，城堡也许是最引人入胜的物体，其后有序地布置了天然岩层、树木、花园和火车站。天黑后，泛光照明应通过为照明方案中的每个物体提供正确的照度来重建物体层次。

5.2.3 环境特征

泛光照明的一大优势在于：当环境无需关注或不能被看见时，环境处于阴影之中，此时泛光照明能够通过将某单个物体从环境中分离出来而为其提供合格照明。然而，如果视角中只有一个需要关注的物体，通常建议为环境提供一定程度的照明，以便为物体提供一个背景或将其和那些与之存在历史或建筑联系的其他物体进行视觉连接。在城市背景中，公共照明通常具有此功能。还应考虑到功能性照明，由于光强或位置的原因，功能性照明可能会有损物体视图。大型露天体育馆、铁路调车场、工业中心和公路立交桥是最可能造成干扰的物体。

白天选择需要泛光照明的物体后，应在天黑后从可能的视角进行检查。

5.3 泛光照明技术

泛光照明不应将物体“淹没在灯光的海洋中”。通过使相邻几个区域分别得到较多或较少的照明或阴影，泛光照明应能显示物体不同平面和组成部分的起伏轮廓。

应考虑到以下要点。

5.3.1 入射角

正是阴影将立面起伏突现出来，因此，照明应始终能够提供表面成像。以正对角度射向立面的灯光将不会形成阴影，并使表面显示为平面状。

阴影尺寸取决于表面起伏和灯光入射角。平均照明方向角(见图5.3.1.A)应为45°。若起伏极小，此角度应大于45°(见图5.3.1.B)。

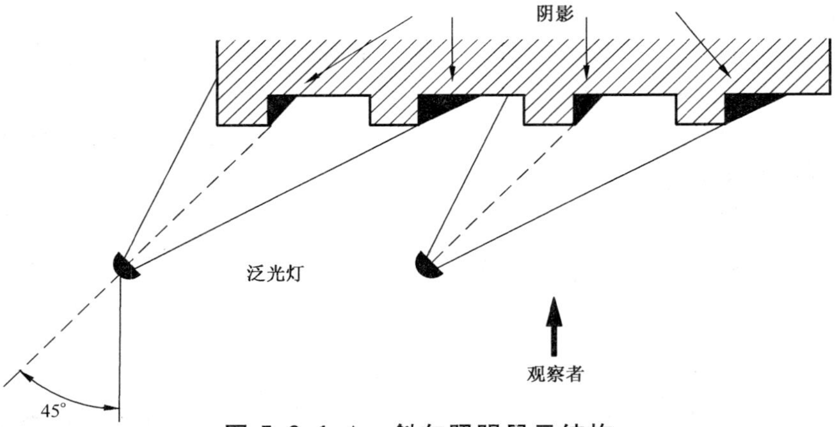

图5.3.1.A 斜向照明显示结构

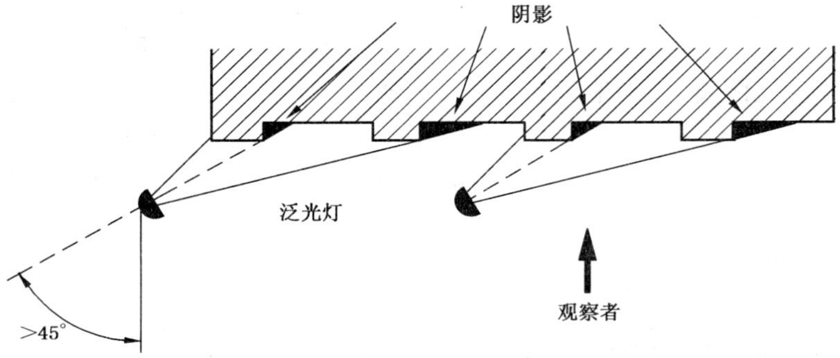

图5.3.1.B 松散结构需要较大的斜度

5.3.2 照明方向

为了使表面照明看起来平衡，所有阴影应投射在同一方向。为一个投影区域中的表面提供照明的所有灯应具有相同的投射方向。例如，如果两盏灯对称地瞄准某一表面的垂直方向，阴影将会减少并可能会出现混乱，因此有可能无法看清表面起伏。然而，大型突出物可产生大的密集阴影，为了避免破坏立面的整体性，建议在与主光照明成90°的角度提供较弱的照明来弱化阴影(见图5.3.2)。

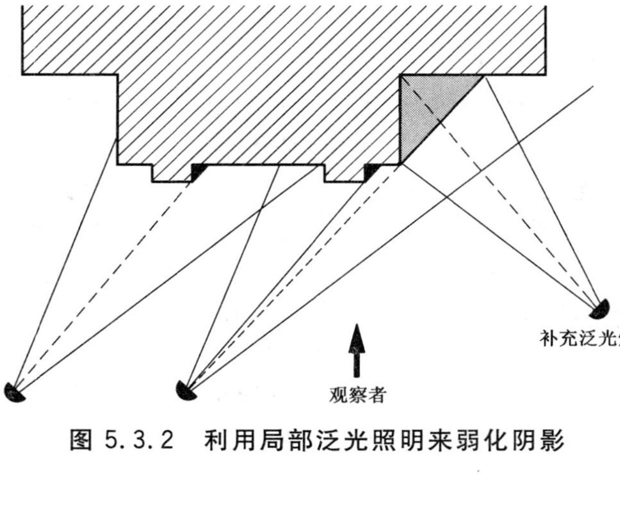

图5.3.2 利用局部泛光照明来弱化阴影

5.3.3 视角和照明方向

为了看清阴影和表面起伏，照明方向应不同于观察方向，这两个方向所成的角度应至少为45°。然而，对于可从几个地方看见的纪念碑而言，不可能严格遵守此规则，应选择主观察点，照明设计中优先考虑此观察方向。

5.4 泛光灯位置

5.4.1 确定位置

应根据上述5.2和5.3的规定来确定灯具的安装位置。在城市背景中，通常不可能将泛光灯安装在理想位置，应在现场对以照明设计为基础初步研究作出调整，以便考虑到位置的物理限制并达成最满意的方案。

在此研究期间，应考虑到以下5.4.2～5.4.4的要求。

5.4.2 日光下的外观

一旦确定夜间照明所需的灯具安装位置，应确保照明装置既不会有损于艺术效果，又不会有损于白天的视觉效果。

5.4.3 眩光

在多数泛光照明方案中，灯具的光度特征会导致无法承受的眩光危险。因此，有必要检查眩光的可能性，无论是直接引起或由反射引起的眩光，都会影响到邻近建筑物的住户或附近的司机或行人。有必要对照明设备进行调整，以消除这种风险。

5.4.4 维修和调整入口

当泛光照明装置首次投入使用时，有必要对其进行调整，以达到最佳效果。定期进行检查是必要的，以及时检验和调整设置，更换光源和维修灯具。

所选的照明装置应尽可能容易接近，以简化维修作业和避免不必要的成本。如果难以接近照明装置将会导致低效维修和系统故障，这将降低照明工程的美观性。还应为运行设备所需的电气部件(镇流器、保险丝、控制开关等)的更换制定规范。

5.5 泛光灯特性

5.5.1 光度特性

泛光灯的主要特性包括：

——沿光束轴向的光强；

——光束范围；

——光强分布曲线形状；

——灯额定光通量(lm)；

——光输出比；

——一般而言，这些特性是相互独立的。

5.5.1.1 沿光束轴向的光强

灯具的光学特性允许将光强高度集中在某个选定方向。沿光束轴向的强度峰值为泛光灯的特性之一。产生的光束轴可能会或不会与灯具的机械轴吻合。

5.5.1.2 泛光灯的光束范围

产生的光束宽度可能更大或更小，这取决于光学系统和光源在灯具中的位置调整。

按照惯例，泛光灯的光束范围(光束发散度)由等于光束轴向(图5.5.1.2.A)上峰值发光强度(I_M)50%的发光强度方向来确定。圆形对称式泛光灯的光束范围在各个面上保持不变。矩形泛光灯的光束范围通常为卵形，它由对应于两个对称平面的两个值确定。

在某些应用中，使用的灯具光束在峰值光强情况下不对称。在此情况下，光束范围为等于50%的光强(I_M)所确定的两个半角(图5.5.1.2.B)。

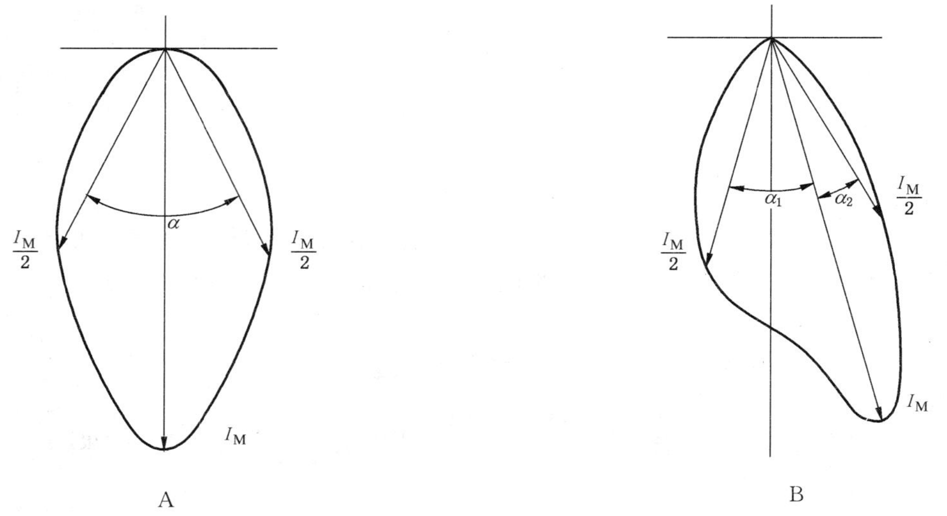

图 5.5.1.2　光强分布极坐标图

5.5.1.3　光强分布曲线

拥有相同强度峰值和相同光束范围的两盏泛光灯可能会拥有不同的光强分布曲线；在选择最适合解决某一泛光照明问题的灯具时，这些曲线将提供有用的信息。

由于许多泛光灯的光束范围窄，图 5.5.1.2 中的极坐标中曲线通常不可能读取或不准确。一般来说，如果图中使用 XY 来表示，其中竖轴 OY 表示照度，横轴 OX 表示光束中的角度(图 5.5.1.3)。

在大多数泛光灯中，转移光学系统的光源将会改变分布曲线的形状(光束范围、光强和对称)。

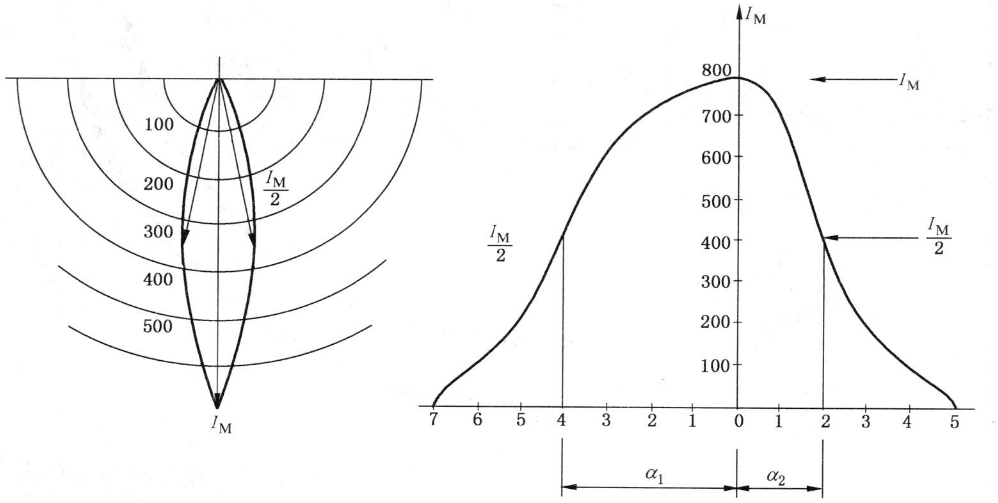

图 5.5.1.3　形成窄光束的发光强度分布的直角坐标图

5.5.1.4　泛光灯的光输出

一些泛光照明可配备具有不同光通量输出的灯。因此，通常泛光照明的强度由灯的光通量达到 1 000 lm时得出，实际强度可根据所用灯的光输出而算出。

5.5.1.5　光输出比

当设计者在估计 5.6.3 中所述的总效率系数 U 时，可能需要光输出比和光束系数。

光输出比为泛光灯与裸灯发出的总光通量之比；它是泛光灯效率的通用指标。

另一个实际的数字是光束系数，它表示光束范围内发出的光通量与裸灯发出的光通量之比。

5.5.2 机械特性

5.5.2.1 调整范围

在安装时，泛光灯的照射方向应是可调整的，以使其光度计轴对准所照表面上的任何点。

对于某些圆形对称泛光灯，由于实际光源形状的原因，光束在一定程度上呈卵形，在采用聚光灯的情况下更是如此。应能够将投光灯绕其光轴转动，以在需要时利用灯光。

5.5.2.2 调整的锁定

一旦泛光照明方案投入使用，应为泛光灯提供一个有效的系统，以锁定位置的调整。

应注意，在受到风、交通工具和栖鸟压力的影响时，泛光灯将受到振动。在每次换灯时，应检查调整、定向和锁定系统。

5.5.2.3 防腐

泛光灯通常安装在户外。因此，它们应能够抵抗气候腐蚀性，以维持外观美观和避免支座和安装面上产生不易察觉的锈印。

5.5.2.4 防尘和防水

灯具应能够充分防止雨水、喷水和灰尘的进入，以维持灯具反射面的质量、光度质量及光输出。防尘和防水级别由IP(国际防护)等级表示，建议防护等级至少为IP54。

5.5.2.5 其他特性

除了上述主要特征性，应考虑到以下特性：

a) 电气设备的质量，以确保维修小组和公众的安全。

b) 应遵照的国家标准；如果这些标准不适用，应遵照相应的国际标准。

c) 总体的机械牢固性，以确保较长的使用寿命。

d) 防止故意破坏和偷窃行为。

e) 灯的耐热性和工作温度。

5.6 灯功率

5.6.1 推荐的物体亮度

为了正确地显示物体的外观，应根据环境照度、所述物体的尺寸和位置来确定被照立面的平均亮度。环境(尤其是背景)的平均亮度越高，被照物体亮度越高。照度低的物体将无法在明亮背景下显示。另一方面，亮度高的物体在低亮度环境下可能会太过显眼。

为了创造充分的视觉效果，一小块单独的表面应获得高的亮度。在类似环境中，大面积表面需要较弱的亮度。对于同样的区域和尺寸，从远处看到的物体比从近处看到的物体需要的亮度高。

以下值通常被认为是适用于特定环境的平均亮度：

——在照度低的地区(照度低或较低的农村地区)，4 cd/m^2；

——在一般地区(小城镇、大城市郊区)，6 cd/m^2；

——在照度高的地区(市中心的娱乐和商业区)，12 cd/m^2。

建议将这些值作为计算和设计依据。可根据特定情况进行相应调整。

5.6.2 照度和反射率(反射系数)

在确定亮度后，将要达到的照度取决于立面或表面的反射特性。表面各点的反射率不一定相同，因此应采用平均值。该值可使用适当设备直接测出，或通常根据已知值估计而得。

反射率值不仅要适用于使用的灯光的光谱质量，而且还需适用于被照表面的颜色。例如，黄-橙色表面反射低压钠灯的光多于反射未校正的高压汞灯的光。因此，可根据亮度和显色不同选择光源和表面颜色。

照度值通常从适用于扩散表面的以下方程式中得出，但该值只是为简化计算的近似值：

$$E = L\frac{\pi}{\rho}$$

式中：

L——平均亮度（cd/m^2）；

E——为表面照度（lx）；

ρ——表面平均反射率。

表 2 列出了在一般环境亮度情况下不同材料所需的照度平均值，以达到 5.6.1 所建议的亮度值。

这些照度值是在假设使用大约为 2 800 K 的钨丝灯的情况下而得。同时给出的还有某些其他光源校正因数。

作为基准的材料被看作是洁净的，校正因数根据表面情况而定。当从远处看时，该值应提高 30%。

当材料表面高度抛光时（如玻璃、抛光大理石、不锈钢或经阳极电镀的铝），将主要产生镜像反射。此时，以上公式无法使用，并需要进行全面检测以测出正确的照度。对于安装位置低的光源，灯光向上反射，并超出视野范围。但是，如果泛光灯安装位置较高，比如安装在桅杆或另一建筑物上，可能会产生令人不适的反射。

材料表面颜色越饱和，吸收的光越多。因此，照度需要与使用产品的平均反射率匹配。

在研究装置和选择泛光灯类型后，可计算照明度。图 5.6.2 中安装方式的公式如下：

$$E_P = \frac{I}{D^2}\cos^3\gamma$$

式中：

E_P——表面（假设为垂直表面）P 点上照度；

I——指向目标点 P 的投光灯光强；

D——泛光灯与表面之间的距离；

γ——光线与表面法线向之间的角度（$\cos\gamma = \cos A\cos B$，其中 A 为方位角，B 为仰角）。

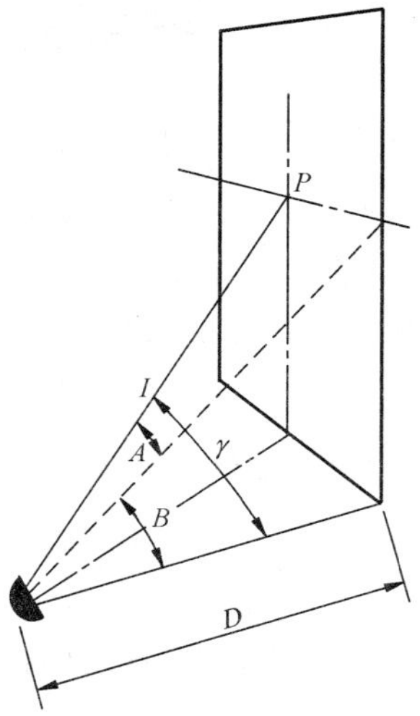

图 5.6.2 泛光照明中涉及的角度

表 2　建议的照度值

被照表面的材料	建议照度/lx			校正因数				
	环境亮度			灯类型校正		表面条件校正		
	低	中	高	汞卤灯	低压钠灯和高压钠灯	较干净	脏	很脏
浅色石头、白色大理石	20	30	60	1	0.9	3	5	10
中色石头、水泥、浅色大理石	40	60	120	1.1	1	2.5	5	8
深色石头、灰色花岗岩、深色大理石	100	150	300	1	1.1	2	3	5
浅黄色砖	35	50	100	1.2	0.9	2.5	5	8
浅棕色砖	40	60	120	1.2	0.9	2	4	7
深棕色砖、粉红色花岗岩	55	80	160	1.3	1	2	4	6
红砖	100	150	300	1.3	1	2	3	5
深色砖	120	180	360	1.3	1.2	1.5	2	3
建筑用混凝土	60	100	200	1.3	1.2	1.5	2	3
天然铝、热漆面	200	300	600	1.2	1	1.5	2	2.5
鲜色(10%)	120	180	360	—	—	1.5	2	2.5
红-棕-黄色	—	—	—	1.3	1	1	—	—
蓝-绿色	—	—	—	1	1.3	—	—	—
中色(30%～40%)	40	60	120	—	—	2	4	7
红-棕色	—	—	—	1.2	1	—	—	—
蓝色-绿色	—	—	—	1	1.2	—	—	—
浅色（60%～70%)	20	30	60	1.1	1	3	5	10
红-棕-黄色	—	—	—	1.1	1	—	—	—
蓝-绿色	—	—	—	1	1.1	—	—	—

注：如果物体较远，所有值应增加30%。设计照度应考虑到运行过程中的维修程度。

5.6.3　光通量

一旦知道运行所需的照度，灯的光通量可从以下公式中计算出：

$$\Phi=\frac{E\cdot S}{U}$$

式中：

Φ——灯的总光通量(lm)；

E——平均运行照度(lx)；

S——指整个被照面积(m^2)；

U——系统的整体效率系数。

系数 U 产生于：

a)　所安装灯具的光输出比，可从制造商提供的资料中获得；

b)　维护系数，取决于当地条件、清洁和更换照明灯的频率。如果定期清洁和更换照明灯，在无更好信息的情况下，可采用系数 0.8；

c) 浪费的光系数。部分光通量可能未照射在目标表面。溢出光的比例取决于光束范围、表面尺寸及距离之间的关系。可能还需考虑到大气散射，尤其是在远距照明时更应如此。

系数 U 的典型值为 0.30。

5.6.4 泛光灯数量计算

在使用泛光灯为表面提供照明时，要使表面能够被察觉到，应将泛光灯安装在 5.5.1.2 规定的光束的角分布之内。

因此，为了对构筑物立面进行照明，可使用泛光灯，且泛光灯位置上整个立面角分布与光束范围相同。还可以使用几盏泛光灯，使其产生较小的光束分布，并在布置时使被照区域并列，以便泛光灯照射到整个立面。

为了达到均匀的效果，单只泛光灯的光输出量应与用于第二个方案的一组泛光灯的光输出量大致相等。由多只泛光灯构成的组合装置具有更大的适应性，可微调，以达到理想的效果。本解决方案存在成本高和不方便的缺点。对于既定表面，应根据泛光灯与被照物体之间的距离进行选择。对于远距离而言，使用几盏密集布置的泛光灯优于具有更高输出量的一盏泛光灯，因为这样可形成较宽的光束范围。当照明距离短时，具有中等光束范围的单盏泛光灯比较适合。

在选择泛光灯时，应考虑到所用泛光灯的特性(光通量和光束宽度)和安装设计。

在标准均匀照明中，最大值与最小值的比率为 2∶1 时可能可接受，但是 3∶1 时可能较为明显。建议不对此比率值作出限制，而是需要根据实际情况进行评估和判断。

5.7 背光照明

可通过泛光灯提供轮廓照明或背光照明，以照亮形成主要物体背景的表面，而主要物体在背景下呈暗色。泛光灯安装在物体与背景之间。物体与背景之间的距离应与被照表面的高度相当，以便能够形成统一的亮度背景。在某些情况下，可能需要为物体立面提供微弱泛光照明，以显示其形状。

还可通过为物体背面提供照明来达到背光照明效果。由于墙厚度的原因，外脊线和后方突出物会产生各种光线，以标出物体组成部分和开口。泛光灯安装在物体后面，面对观察方向。因此，它们应能够完全藏好，以避免观众受到任何的眩光影响。所用灯的功率取决于邻近环境的一般亮度。

背光照明仅适用于非大型物体，这些非大型物体的结构亮度明显。

5.8 彩色光的使用

5.8.1 使用注意事项和限制

使用彩色光进行泛光照明比用于“声光表演”复杂得多，因为在声光表演中，颜色由文本来解释，从而使其完整、强烈。在典型泛光照明工程中，使用彩色光的理由对观众来说并不明显，只有在隐藏想法或情形易于诠释时才应使用彩色光。

需要记住的是，彩色光强化了相应的颜色，但是却有损于其他色调。并列布置彩色光可能会使邻近表面充满活力，但是使用不同的颜色还会产生过多的对比。该情况适用于演出期间的短期照明，但是却不适合长期安装。

对于不同材料组成的立面也是同样的情况，彩色光改变色调值，并会导致不均衡的照明效果。

5.8.2 彩色光源

泛光照明中使用的灯为白炽灯、卤钨灯、高压汞灯、高压钠灯、低压钠灯，每种灯会产生各具特色的灯光。创造彩色泛光照明的最简单和最经济的方式是选择最适合照明效果的光源。除了易于使用，缺少浓色会降低产生不利因素的风险。

在使用某些白炽投光灯的情况下，可通过防护玻璃罩上的彩色色调或使用二向色反射镜来产生彩色光。通过选择性地吸收照明灯发出的部分灯光可实现着色，从而一定会减少输出。

5.8.3 滤色器

通过在泛光灯上安装滤色器，可获得彩色光。该技术用于剧院和“声光表演”。由软质塑料构成的滤色器可提供更多的颜色，但是它们对热敏感。由于短暂和偶尔使用，它们可能会在展览照明中持续较长时间。

对于配置有高输出灯的永久装置，必要时常检查滤色器状况，这将增加工程的运行成本。玻璃滤色器具有较好的防热功能，但是其颜色选择受到限制。为了便于滤色器的安装和更换，泛光灯应配备特殊装置。在使用彩灯的情况下，光输出量较低，并且灯的功率应相应增大。

5.9 维护

泛光照明工程主要通过其质量和为城市空间带来的美学效应来判断。因此，应使设备保持良好的运行状况，并保持初期效果。为此，应制定有效的维护计划。第11章将对此问题作详细说明。

6 动态泛光照明

6.1 原理

动态泛光照明是展示所选的自然或人造物特征的传统静态泛光照明与更具舞台效果的“声光表演”照明技术的结合；它从后者借鉴了发光的移动，从而相继改变场景不同部位的光照重点。

它是从典型泛光照明简单演化而来，采用白色或彩色光。根据第5章的设计原理，过程中的每一步通常需要充足的时间。通过改变光源输出（从全照度、低照度至关闭）而不是通过移动光源来不断改变整个场景的组成部分的外观；通过自动电控器逐渐或突然改变不同灯组的功率水平。

6.2 使用范围

动态泛光照明最适合从正常视角观看时超出视野中心和可分成离散部分的大型建筑物或天然物体。在静态照明中，如果此类大型场景缺少某个小规模的关注焦点，可能会对观众产生极大的压抑感。此类大规模照明可能会有损于对物体的关注。

动态泛光照明还可用于融合了多个世纪不同风格的建筑群。选择性照明可分别形成各种风格，并可展示其特定的重要性。

动态泛光照明通常不适合同类物体，也不适合小型物体。当从较远距离观看时，它的效果不明显。

6.3 合理性

动态泛光照明具有双重合理性。首先，通过不断更新显示和形成生命和运动，不断变化的场景强化了重要性。其次，由于整个装置的每一部分仅使用一会时间，从而减少了运行和维护成本。然而，需要强调的是，由于电路的细分和可编程控制系统的使用，初期安装成本可能会较高。

6.4 规划

6.4.1 物体细分

对设计至关重要的是，物体细分成基本部分，每个部分相互关联而又各自完整。组件数量应当充足，以便达到有效的生动效果，但不能太多，以至于作为整体的一部分的单个组件显得微不足道。

6.4.2 照明效果研究

每个部分应当被照射，以便它自身能够突现出来，并且可与其他部分融合，而不会与不同效果产生冲突。每个部分的照明时间应与从主要观察点看到的美观效果相符。

为单个部分提供照明或产生相同照明效果的所有泛光灯应采用同一电路。用于某个特殊部分的背光照明可能采用单独的电路。

6.4.3 场景和项目

场景需要记录下来以便于控制程序，包括整个周期内几大照明效果的顺序、组合及期限。安排时间时应当极为小心谨慎，如果太慢，动态效果的影响可能会丢失；如果太快，观众可能无法欣赏到项目的每一阶段。

6.4.4 彩色光的使用

通过运用5.8中所讨论的技术，彩色光可用于动态泛光照明方案中的某些组件，除了存在延时情况的放电灯外。

6.5 控制装置

指挥控制装置基于存储器的使用，该存储器可在泛光照明期间存储不同的操作指令和复制这些操作指令。光盘和磁带难以适合此类动态类型。

在电子设备处于稳步发展的情况下，不可能对单件设备进行描述，但可以对必有的特征进行说明。以下功能是每次输出都应能分别实现的：

a） 全功率下的完全照明；

b） 关闭；

c） 为获得中等照明等级而减小功率的两种控制状态；

d） 在增加和减少亮度的情况下控制照明等级的变化率；

e） 及时进行“开”和“关”切换。

没有必要提供两个以上的中级照明等级，否则它们之间可能不会存在明显的差异。

6.6 互补效应

动态泛光照明装置可单独运行。然而，在泛光照明程序连接到电源和音乐调音装置的情况下，可通过音乐伴奏来补充效果。这需要照明程序与任何特殊场合上播放的音乐风格相符。可使用其他音响效果，但它们应是分散和不引人注目的。

由人为因素形成的场景整合或使用朗诵文本不属于动态泛光照明的内容，而属于“声光表演”的范围，声光表演超出了本指导性技术文件范围。

7 安装设计

7.1 介绍

所有构筑物都可被认为是简单几何形状的组合。下文所述的典型安装指目前建筑物中存在的一些几何形状，在设计时需要予以关注。

本指导性技术文件的推荐内容能够起到基本指导作用，需要根据实际情况加以调整，需考虑到观察点离物体之间的距离、物体尺寸和外观，以及泛光灯的位置。

7.2 柱形塔

为了能够看见塔的圆形，塔宽度上的亮度应不断变化。然而，光线应当在竖线上保持不变。

为了能够从各个方向看到建筑物，应根据图 7.2.A 和 7.2.B 来布置泛光灯。该选择取决于灯具距离物体的距离与塔直径之间的比率。当比率高时，即当窄塔被远处的泛光灯照亮时，根据图 7.2.A 布置 2 盏泛光灯比较合适。当被安装在建筑物附近的泛光灯照射时，应根据图 7.2.B 为矮塔布置三组泛光灯，相互间的角度约为 120°。

当环境允许选择在近处或远处安装泛光灯时，应根据塔外观来作出选择。应优先从远处照射具有多个突出部分（如阳台、嵌条、过梁、撑架等）的塔，以减少阴影效果。

泛光灯的光束范围取决于从泛光灯安装位置看到的建筑物的对向角（见 5.6.4）。产生高强度窄光束的灯具主要用于高层或窄小建筑物和从远处照射的物体，以限制杂散光。

对于从近处照射的高层窄小建筑物，应当在建筑物上部投射强度较大的灯光，以产生均衡的效果，但是上部照明应得到控制，避免使建筑物看起来比实际更窄小或更高而产生视觉变形。使用的光颜色可产生类似效果，上部使用冷光而底部补充使用暖光会增加高度幻觉，但这种幻觉仅从近处观看时才会产生。

当只能从一个方向看到大直径柱形塔时，可能会产生两种效果。可在两个较暗区域之间（图 7.2.B、图 7.2.D、图 7.2.E）创建一个照亮的中心区，或进行相反布置（图 7.2.A、图 7.2.C、图 7.2.F）。该选择取决于建筑物背景的特征。

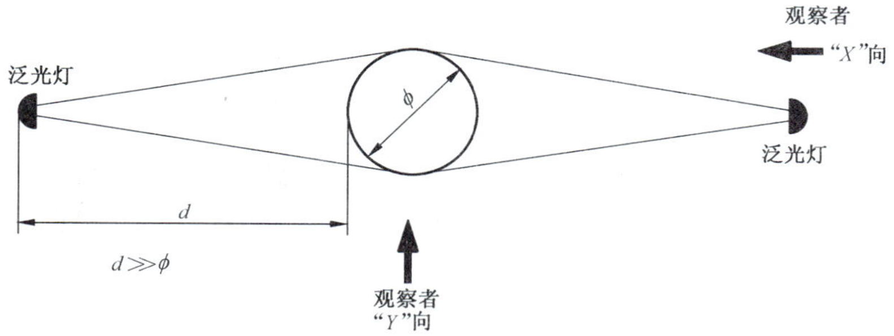

图 7.2.A

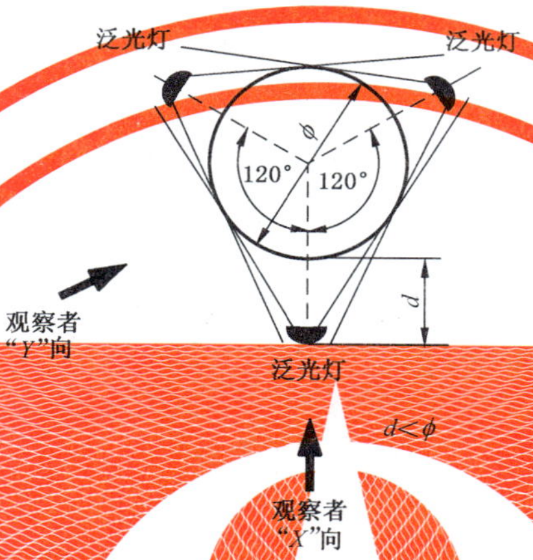

图 7.2.B

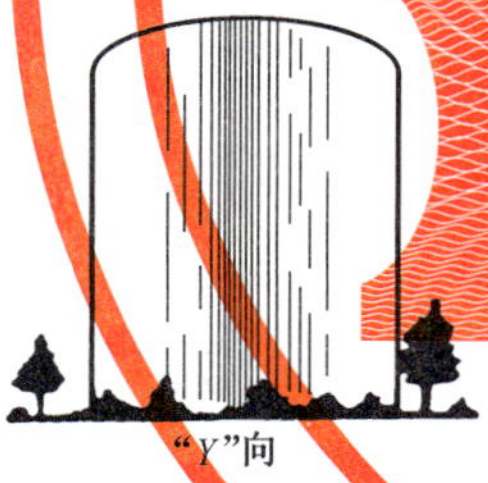

图 7.2.C

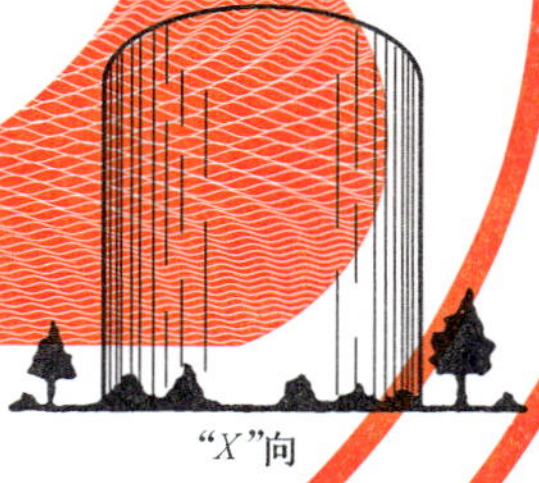

图 7.2.D

图 7.2.A～D　柱形塔的布置图

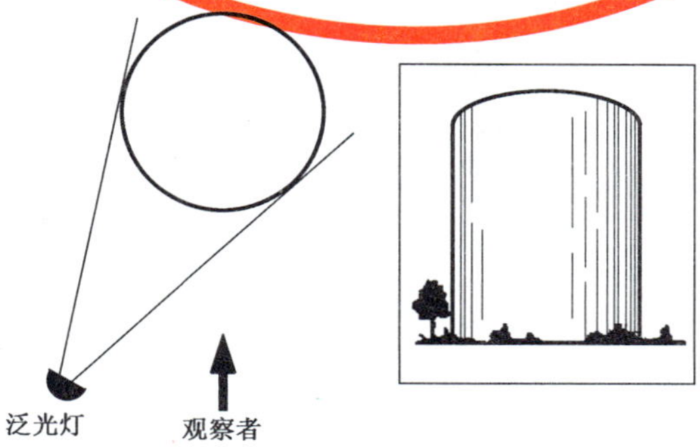

图 7.2.E

图 7.2.E 和 F　柱形塔的布置图

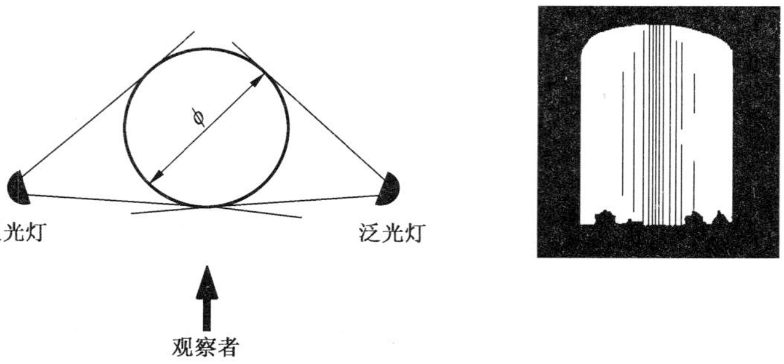

图 7.2.F

图 7.2.E 和 F（续）

7.3 多面塔

为了显示此种构筑物的特征，两个相邻面的亮度应不同。因此，不应在任何两个相邻表面上对称地布置泛光灯。每个面的亮度取决于光束轴的倾角和泛光灯与物体之间的距离。

对于可从各个方向观看的矩形或六边形建筑物，通常两个照明方向就足够了(图 7.3.A 和图 7.3.B)。

对于从各个方向观看的 8 个或更多面的构筑物，泛光灯位置数量取决于可用地点。应对每种实际情况进行研究，以免任何面处于阴影内(图 7.3.C)。

泛光灯　　$d<\phi$

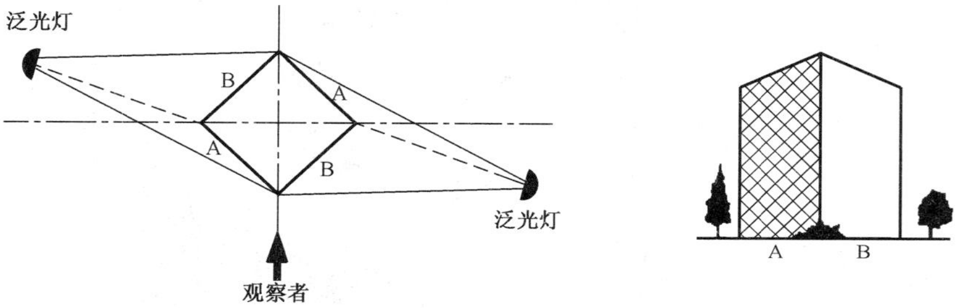

图 7.3.A

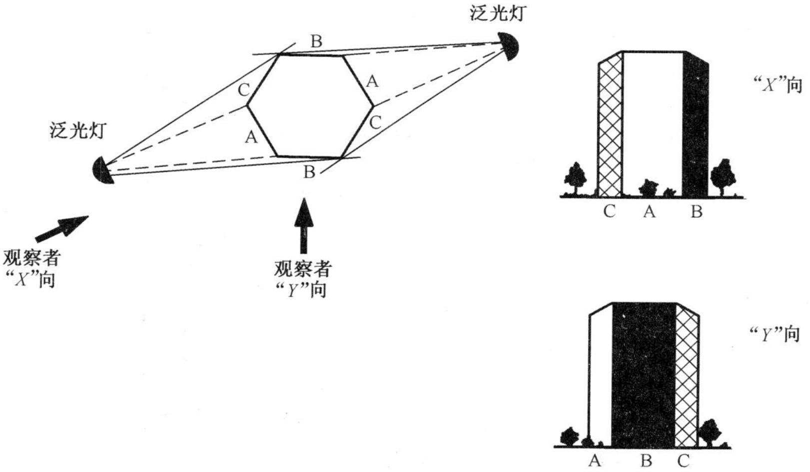

图 7.3.B

图 7.3.A～C　柱形塔或多面塔的布置图

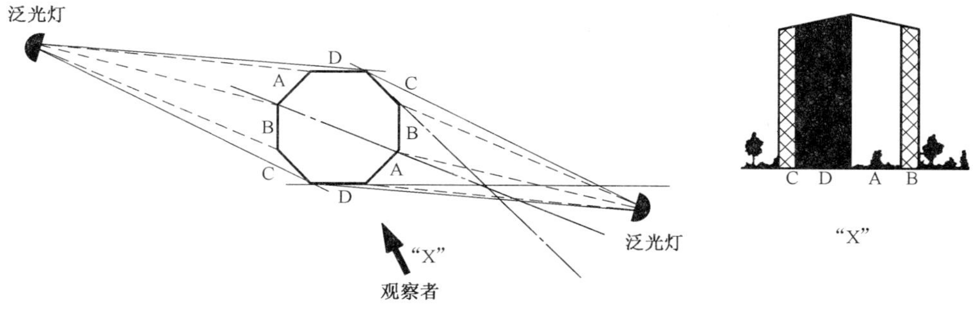

图 7.3.C

图 7.3.A～C（续）

7.4 屋顶形状

屋顶是建筑不可缺少的一部分，它能够维持整个结构的建筑平衡。

有必要在夜晚为屋顶提供照明，以重塑建筑的美感，这就需要特别注意勾画出建筑高度的屋顶线。

当照射到立面的泛光灯相隔距离近时，通常不可能从同一位置照射屋顶。在城镇中，通常可将泛光灯安装在相邻的建筑上。

在其他情况中，泛光灯可以安装在相应距离的桅杆上或屋顶上（如图 7.4.A 和图 7.4.B）。

如果将泛光灯安装在屋顶上，要注意这些泛光灯要安装在隐蔽处，以在白天保持建筑外观的美观性。天窗、窗户、排水系统、烟囱等建筑上都可提供位置来安装和隐蔽泛光灯。将泛光灯安装在屋顶平台边缘能够很容易照亮平台以上的立面（如图 7.4.C）。

当建筑照明由安装在约为立面高度两倍远处的泛光灯提供时，光束中溢光通常能够照亮屋顶（如图 7.4.D）。

屋顶通常用比立面颜色深的材料制成，因此其亮度较低，即使在白天也如此。为了保持平衡，屋顶照明的照度不能高于建筑的其他部分。如果屋顶的颜色很显眼时，可以通过采用具有适当主色的光源来增强这种效果。例如，氧化铜的绿色遮盖物可以用汞灯进行照明，而建筑物的其他部分受到较暖光的照射。

这些方案要求具备丰富的经验，通常要求进行几次初步试验以避免出现严重的错误。

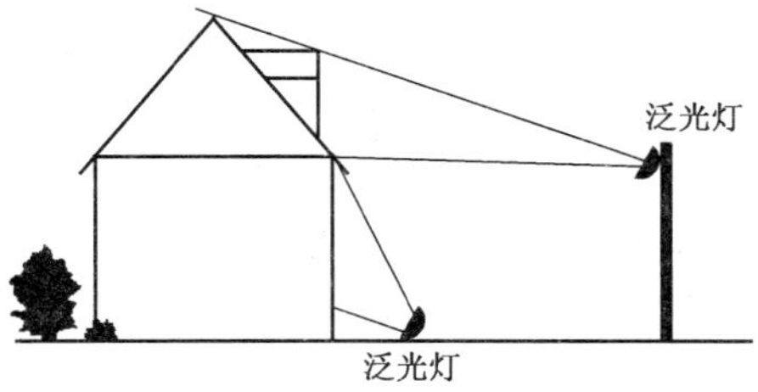

图 7.4.A

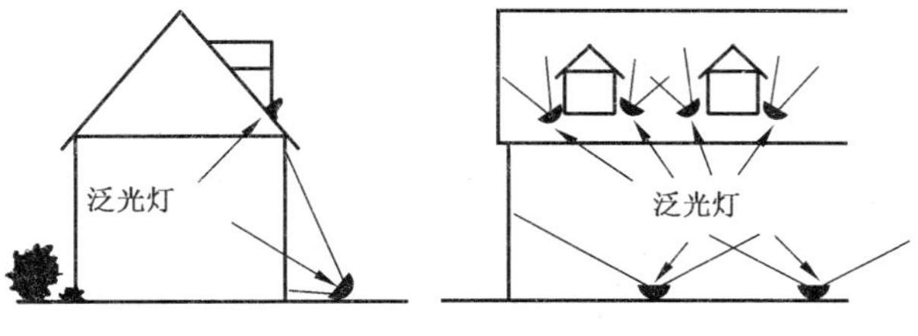

图 7.4.B

图 7.4.A～D 屋顶照明的布置图

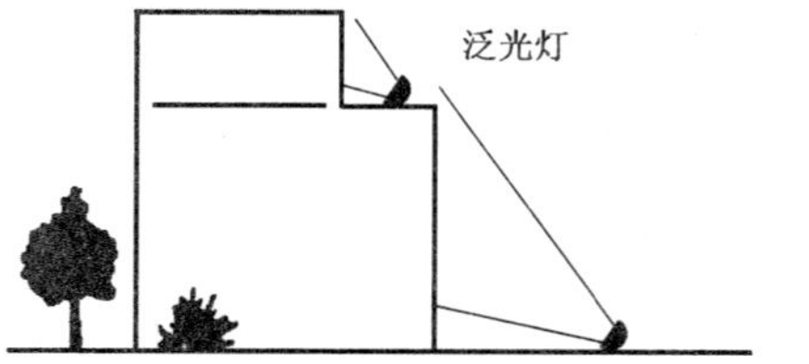

图 7.4.C

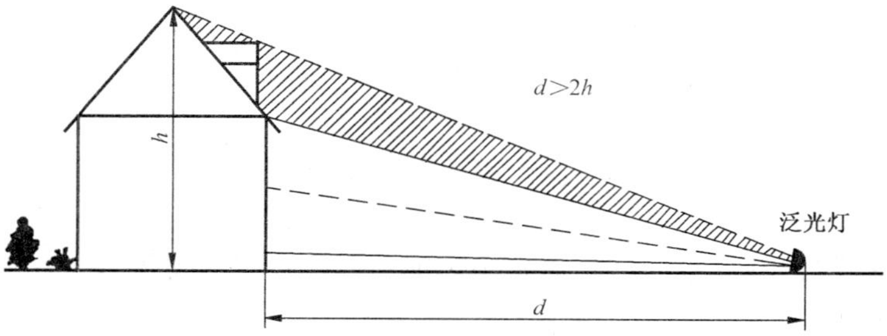

图 7.4.D

图 7.4.A～D（续）

7.5 阳台和走廊

阳台和走廊的投影会在墙壁或立面上产生阴影。光源离建筑越近，阳台突出部分越大，走廊深度越深，同时阴影也越大。如果产生的效果不雅观，就需要通过改变泛光灯布置或通过在阳台或走廊中另外增加泛光灯以减少对比度，从而减少阴影的影响(如图 7.5)。

暖光和冷光照明的使用可使部件存在明显的差异，并且有时可以增强轮廓幻觉。该技术的应用十分复杂。

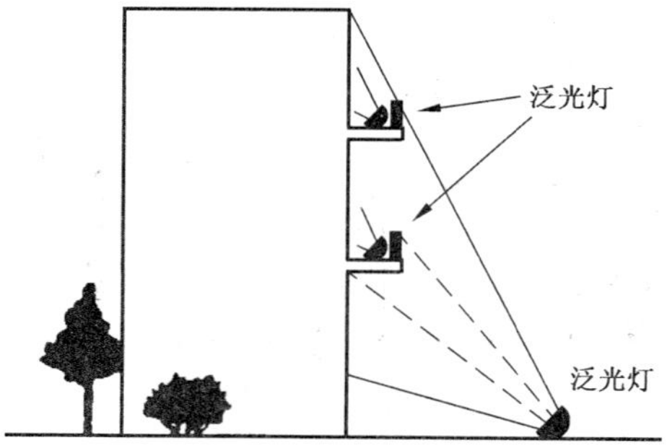

图 7.5 阳台照明的布置图

7.6 柱廊

柱廊可以通过背景的正、反轮廓效果来增强其视觉效果。在照明背景下(如图 7.6.A)，柱子的轮廓会突显出来。应为柱子提供低光强照明，以限制反差或突出柱子的质地。直接照明中(如图 7.6.B)，采用探照灯为每个柱子提供照明，并使其从暗色或较暗背景下呈现出来。

这两种方案的选择取决于周围环境、物体现状和期望效果。

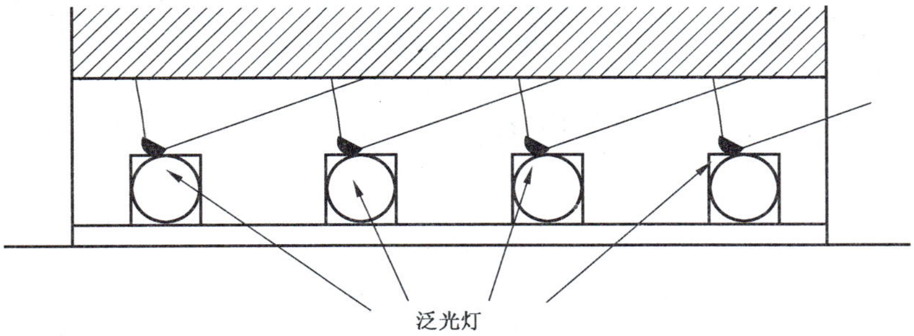

图 7.6.A

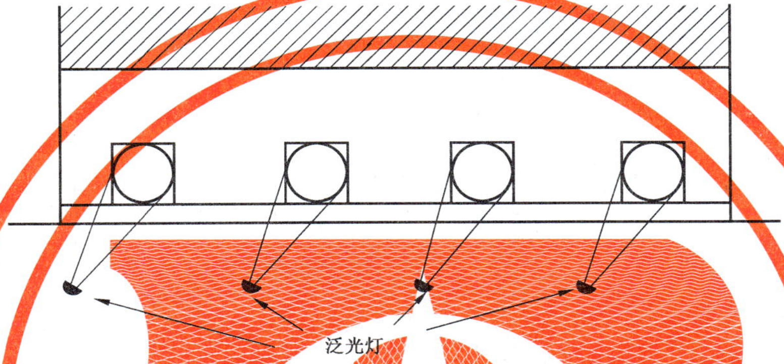

图 7.6.B

图 7.6.A 和 B　柱廊照明的布置图

7.7　桥梁

桥梁最显眼的部分在于上游或下游的立面和拱顶的下部。目前采用的方案是在岸边安装泛光灯进行照明。

根据桥的长度、高度和拱跨度，立面泛光灯照明散射的光可以充分照亮拱顶，否则就可能需要增加照明以限制这种反差。另一种方案是能够对拱下部进行强照明，对两个立面进行微照明。本方案更加有效，建议可用于金属结构桥梁的辅助照明。它同样也适用于开敞的且有穿孔的护栏。道路或桥面照明可使明亮背景下显得昏暗的护栏部件之间有所区别。

在大的吊桥上，通常会采用窄光束的泛光灯单独对上部结构进行照明。桥面通常采用路灯照明，从而沿桥形成一条星星点点的灯光。

桥梁是一个观看周边环境的场所，泛光灯照明的设计不应影响这种功能，也不能影响交通车辆和海上航行。当存在江河泛滥的危险时，在安装泛光灯和控制设施时应采取特殊的预防措施。这些灯通常可以抵抗雨水，但不能受雨水的浸泡，即使是完全防水的灯具从水中拿出后也不是都能工作的。

7.8　预防工事和护城墙

历史古城中高大的护城墙的照明常常是一个问题。由于它们面积大，不希望也不可能对其进行均匀照明。

均匀照明从美学观点上来说是不合理的，可能会使路人觉得压抑，从经济角度也难以接受。对整墙进行照明，墙角与顶部以及墙体的亮度都应有所不同，要避免出现特别昏暗的区域，从而使整墙都可以被欣赏到。

发光度应标出重要的位置，如门、瞭望塔、角楼等。以上每个位置都作为独立个体进行照明，但又应融入整体照明中。

墙角下地面的结构可能要求泛光灯安装在较近的地方。例如，当纪念碑位于石尖塔上，或当游客可以进入的墙角区域时，更是如此。非对称光束泛光灯可以对墙顶部进行充分的照明，而又不会盖过较低部位。换句话说，可用窄光束为上部照明，而用宽光束为下部照明(如图 7.8)。

宽光束泛光灯通常沿墙基安装，或嵌入地面不显眼的地方(如图 7.12.2.H)。泛光灯应安装在墙和路之间，这样可以避免眩光和游人产生的阴影。如果不能避免这些影响，则应将泛光灯安装在高的平台或附近的建筑上。

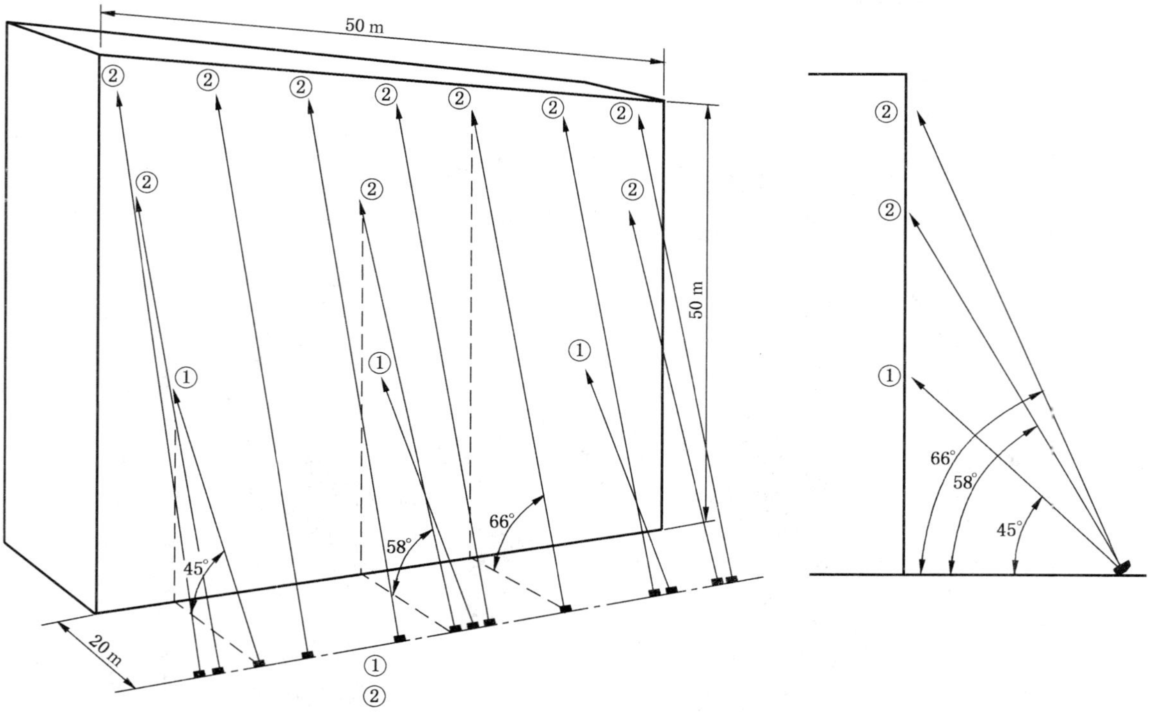

图 7.8　高墙照明的布置图

7.9　雕像、雕塑、移动物体和旗帜

本节介绍小型或中等尺寸的装饰物，它们的高度通常不超过 5 m 或 6 m。照明点的数目和布置取决于装饰物的形状。这样可以进行整体但不均匀的照明，从而可以通过阴影或亮度差异重塑浮雕效果。

本方案的采用取决于物体现状及其周围环境：

a) 地面上的物体独自位于草坪的中间(如图 7.9.A)。泛光灯安装最好与地面齐平，这可保持周围环境的外观并降低眩光的风险。泛光灯也可以安装在植被或石头屏障后的地面上。

b) 安装在基架上的物体，位于草坪中(如图 7.9.B)。为了限制基架的亮度，泛光灯要安装在较远的地方。另外，基架边缘不得在物体基部形成阴影。

c) 物体安装在行人可以进入区域的基架上(如图 7.9.C)。通常不可能将光源安装在基架的周围，因为这样距离过近。只能将泛光灯安装在公共照明柱或四周建筑物的立面上，但是要采取防范措施避免对行人等产生眩光。

通常雕像的面部以及塑像的前部是被照主体。只有雕像后部才需要较少的照明，或在一些情况中可以完全不需要照明。尽管最容易从下部进行照明，但应注意，这种情况下雕像面部会产生令人不舒服或变幻不定的光影。

某些非人物雕塑所用材料的颜色是一大重要因素，通常而言，采用白炽灯照明(标准灯或卤钨灯)可以产生好的效果。材料的颜色也可以采用合适的光源(汞灯、金属卤化物灯、钠灯)来强化，但是本方案需要采取多种预防措施、初步试验并获得艺术家或管理员的许可。

旗帜照明应考虑旗帜随风摆动的潜在幅度。该照明应向上以避免眩光。对于建筑物顶部的独面旗帜，根据旗帜移动范围内在屋顶上可以安装一圈探照灯，这些灯是向上照明的并稍微向旗杆倾斜。根据旗帜的大小和旗杆的高度，可以采用四到八盏中等宽度光束的泛光灯(如图 7.9.D)。

当旗帜位于立面的一标准倾斜面时，需要在旗杆任意一边旗帜的最低点处(无风时判断)安装两盏泛光灯(图 7.9.E)。

旗杆上孤立的旗帜也可以通过在柱子或旗杆上安装一圈聚光 PAR 灯来照明。这些灯应位于地面以上至少 2.50 m 处，以避免眩光；且位于旗帜(无风状态时)以下至少 40 cm 处，以避免烧坏织物(如图 7.9.F)。

悬挂在众多旗杆上的旗帜可以通过将 PAR 聚光灯安装在地面或垂直于地面的柱子上。探照灯的数量和布置取决于照亮所有(各个方向的)旗帜需要的照明水平。

图 7.9.A

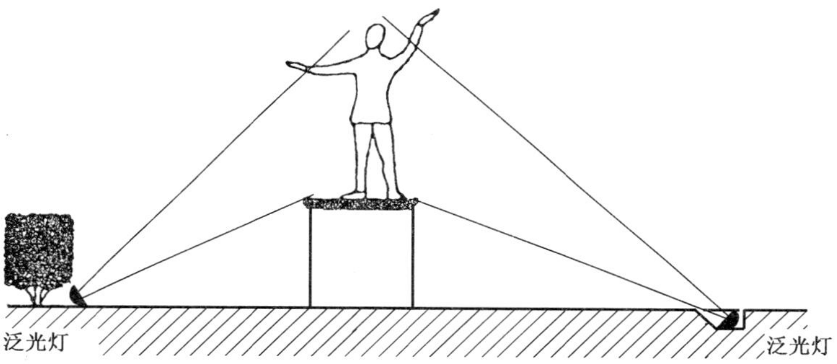

图 7.9.B

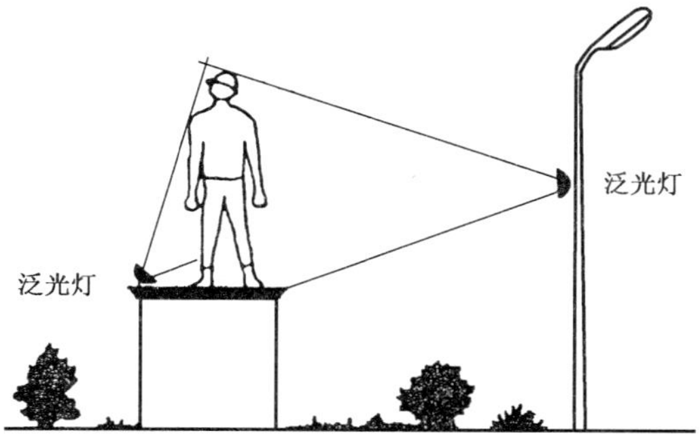

图 7.9.C

图 7.9.A～C　雕像照明的布置图

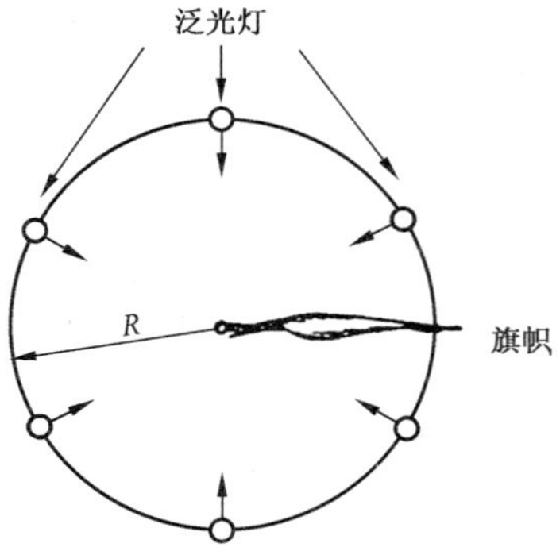

图 7.9.D

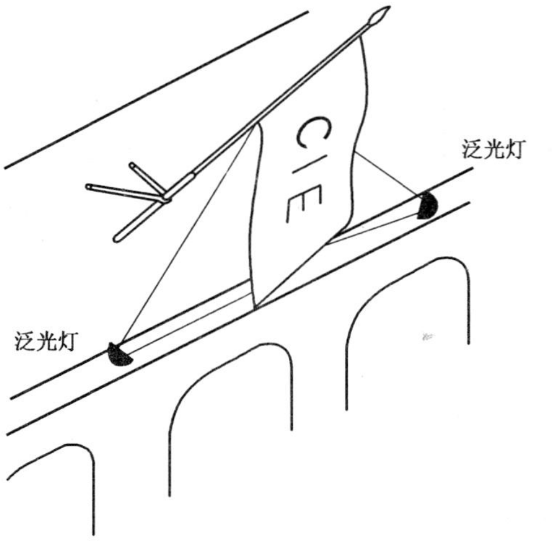

图 7.9.E

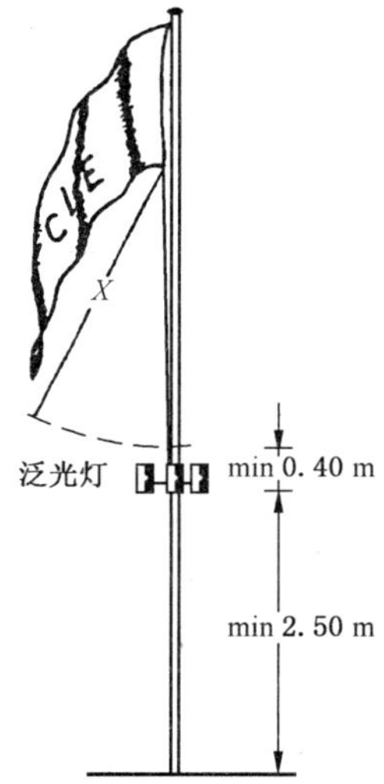

图 7.9.F

图 7.9.D～F 旗帜照明的布置图

7.10 窗户

窗户和其他各种开口构成了泛光灯立面中不引人注目的黑洞。对它们采取照明可以避免这种令人不悦的效果，并能够使建筑充满生机。最简单的方案将开口向立面的室内的灯打开。特别需要注意的是光色和强度及从外部观察时光源的可见度。

可以在每个开口的底部安装一个或多个照明灯照亮织物，或没有织物时照亮窗楣和窗框。在一些古建筑中，出于安全考虑禁止在非正常营业时间提供照明。在这种情况下，可将灯安装在窗台上，但这样很难在白天得以隐藏。当开口与立面相比相对小或不重要时，可采用有色光源用来显示建筑物内的各种活动。

7.11 水特征

水的流动与伴随其流动的柔缓声响皆为城市生机盎然的重要组成部分。静静的水塘是凸显优美环境的明镜。

7.11.1 喷泉

涵盖多种基本喷水效果的喷泉可创造最简单到最复杂的形态。

7.11.1.1 喷水

对于喷水，最好的观赏效果是在临近喷头处或喷水束入池点安装泛光灯，或同时于两处安装泛光灯。

在喷水底部，水束最为集中，水束仅在穿越空气时散开。由于水与空气的折射指数不同，进入水束的光线会部分停留于其中，尤其在使用窄光束泛光灯时更是如此。在“落点”处，通常水束的形态像一场细雨，安装于水中大约 10 cm 深处的泛光灯会让水滴微微泛光(如图 7.11.1.A，B，C)。

7.11.1.2 瀑布

对于流水或瀑布，泛光灯安装于其水流底部。光输出取决于水的落差、厚度(与流量成正比)以及水外流形成的扩散。

对于流动缓慢伴有小水滴溅落的“水梯”，要求在每阶底部安装线性照明灯(荧光灯、线性白炽灯)。灯具的调整与安装可能会受到落水重量的影响，应将其牢固安装于池壁或池中。装置与底座的锁定系统也应牢固。

可同时根据静水和动水效果设计带色彩变化的动态照明系统。该设计的实现要求与艺术家和水利安装专家协作进行系统的研究。

图 7.11.1.D 至图 7.11.1.F 说明了水中或置于密封玻璃腔内的泛光灯主要安装方式。

图 7.11.1.A

喷射高度	泛光灯类型	灯
3 m	窄光束	3 只×150 W
3 m～6 m	窄光束	6 只×150 W
7 m～10 m	窄光束	9 只×250 W

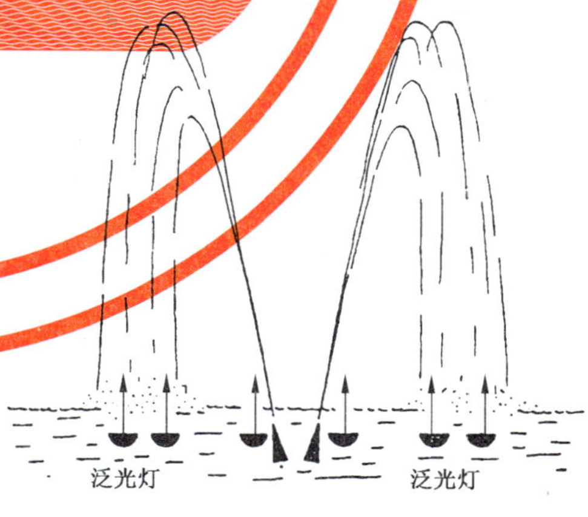

图 7.11.1.B

图 7.11.1.A 和 B　垂直喷泉照明的布置图

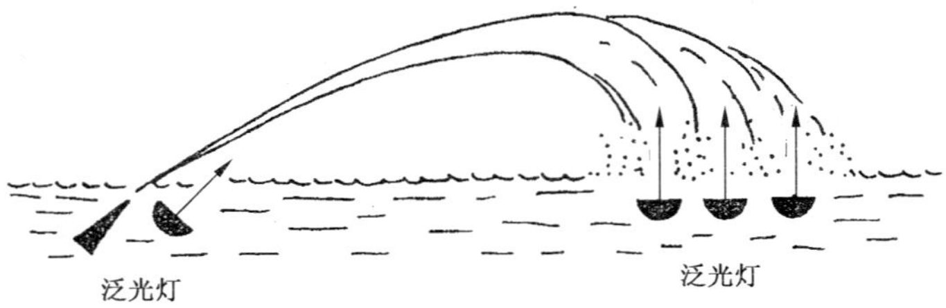

喷射高度	喷射起点	喷射终点
1 m～3 m	1 只×250 W 窄光束	1 只×250 W 窄光束
3 m～6 m	2 只×250 W 窄光束	2 只×250 W 窄光束
6 m～10 m	3 只×250 W 窄光束	2 只×500 W 宽光束

图 7.11.1.C　倾斜喷泉照明的布置图

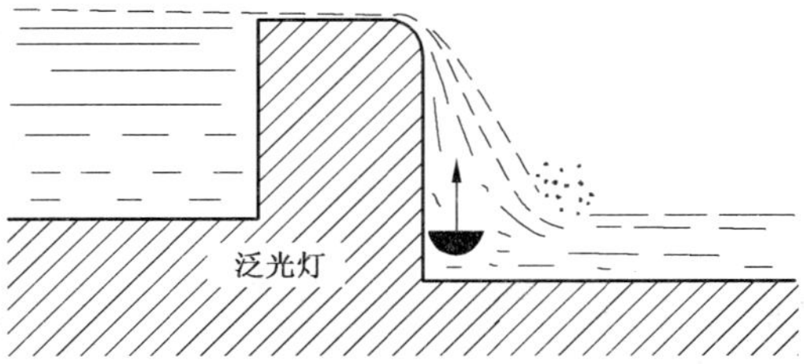

图 7.11.1.D

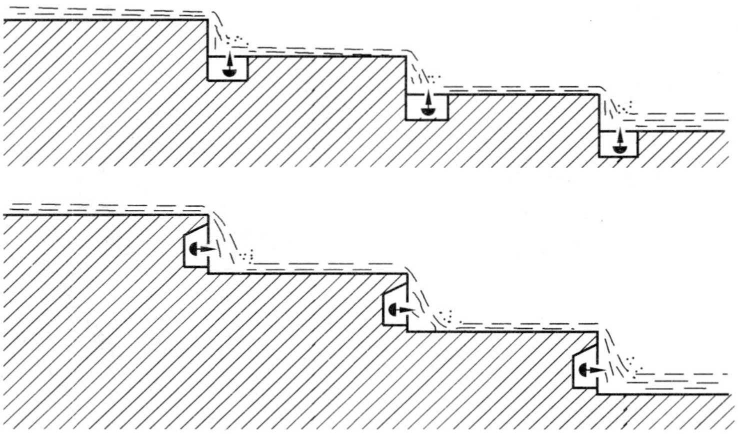

图 7.11.1.E

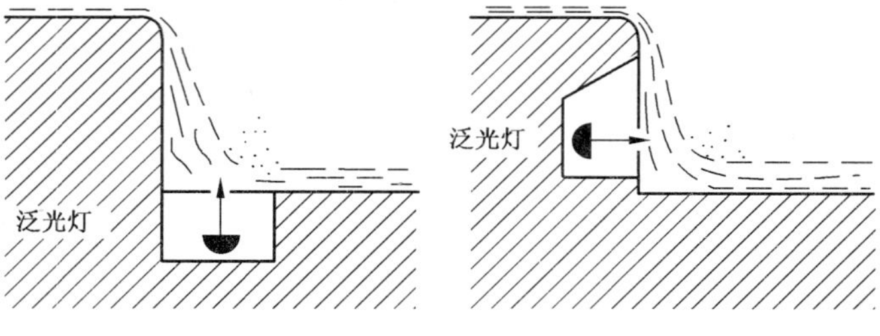

图 7.11.1.F

图 7.11.1.D～F　瀑布照明的布置图

7.11.2　止水与静湖

所有止水或水流缓慢的区域，如水池、水塘、湖或小河都因其镜面效果而吸引人。岸边的被照物体被水面反射可增加其夜间吸引力。可将泛光灯安装于水中用以照射位于岸边或悬于水面之上的物体，例如：岸边倾斜的树木。

在水池和瓷砖地面的水塘中安装泛光灯相对容易，而在湖或小河中稳定安装比较困难，具体取决于河床的特征。

若水流湍急，则可通过从岸上直接照射水面而达到灵动的效果。反射灯光不再均匀，照明产生了一系列呈不同亮度的区域且不断变化的形式。

7.11.3 设备性能

所有设备须具防浸泡性能，且在水面意外下降时操作应无损坏危险。操作须严格遵守国家相关电气安全规范。

7.12 公园及野外

7.12.1 原则

任何植物——树木、灌木或花草，都凭借其颜色、协调的布置、优美的形态成为装点城市的元素。照明延长了夜晚娱乐的时间。虽然太阳是无法复制的，但物体白天的效果可以再现，比如对纪念碑进行泛光灯照明。从美学和经济的角度讲，对某个绿色区域进行整体照明是不可能的，小型区域除外。根据颜色、形态或种类调查出最吸引人的物体，进行最终筛选后方可对之进行照明。一般来讲，幼小和未成形的植物及树木不考虑照明。

在设计装置时应考虑下列因素：

a) 植物的几何形态（圆锥形、球形、发散形）及茂密或稀疏的外形。要求为每种植物配置相应类型的照明，例如：小巧而稀疏的植物可从侧面进行轮廓照明或将光源置于其中。

b) 针对植物颜色，禁止使用某些光源以避免产生不自然的外观。也可使用某些色彩鲜艳的光源为某些植物增色。

c) 许多植物的颜色和外观会随着季节发生变化。照明应考虑植物的四季颜色。

d) 可以从单独的位置观赏某个泛光灯照明物体，也可以从附近的多个角度对其进行观赏。因此，应保证各种情况下都不会发生眩光现象。

e) 从远处观看时，通过泛光灯照明的树木或植物一般作为背景。此时，不考虑物体的单独形态，而考虑其颜色和整体效果。而从近处观看时，其单独形态应清晰可见。

f) 对前景应进行朦胧照明或无需照明以避免造成对主要物体观赏的影响。

7.12.2 设备的选择与布置

照明设备的选择（型号、光源等级、泛光灯光束传播）取决于植物的形态和重要程度及要求达到的效果。

通常将泛光灯安装在地面上或地面下以避免白天暴露在外。可用略高于地面的混凝土将其固定以防止被维护设备损坏，尤其是在草地上。这种布置适用于仅有一个观赏点时，如果观赏者围绕物体观赏时就会觉得光照过于强烈，这种情况下，则应将泛光灯安装于沟渠中以对其进行保护及保证恰当的光照方位。

在泛光灯周围种植灌木可美化其白天的效果并减小了产生眩光的风险。

所有设备须具防水性能并能抵抗虫噬和除草剂腐蚀。

7.12.2.1 树木

通常由安装于地面上的泛光灯对树木进行照明。照明设备的布置取决于各个物体具体的形态和外形。

存在可能损坏泛光灯的情况时，不建议将其安装于树木上。若通过卡圈将其固定在树枝上，则需随树枝的生长有规律地对卡圈进行调整。

若要求对树木的较高处进行照明，例如：对树木第一层树枝以上进行照明，则需将泛光灯固装于高于该平面的细杆上。

可将动态与装饰照明效果应用于落叶树木上，冬天可将一串串低瓦数的白炽小灯绑在主枝上。这种装置仅限于冬季。

图 7.12.2.2A～H 展示了当前照明布置情况。

7.12.2.2 花圃和低矮灌木丛

对于绿草带或低矮灌木丛，可将 PAR 灯或类似泛光灯安装于地面之上或临近地面位置，与其保持一定安全距离并进行适当的机械及电气保护(如图 7.12.2.I)。其中，可使用泛光灯(蘑菇灯)从 50 cm 至 1 m 的高度对花圃进行向下照明(如图 7.12.2J 和 K)。

花朵具有多种色彩，这就要求使用显色良好的光源，如白炽灯、节能灯及一些低瓦数高压钠灯(显色指数高于 75、色温接近 2 500 K)都是适用的。

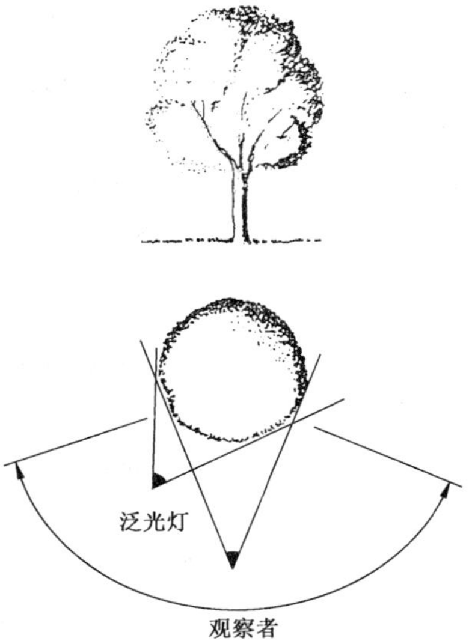

图 7.12.2.A

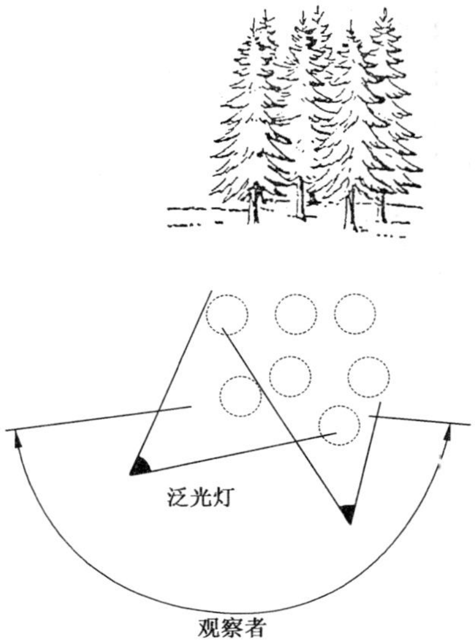

图 7.12.2.B

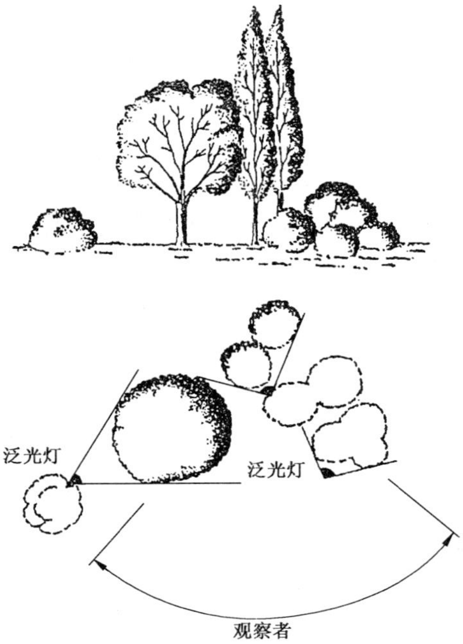

图 7.12.2.C

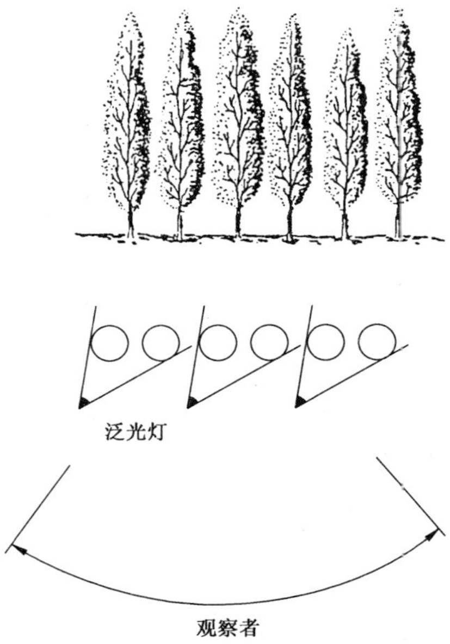

图 7.12.2.D

图 7.12.2.A～D 树木和灌木丛照明的布置图

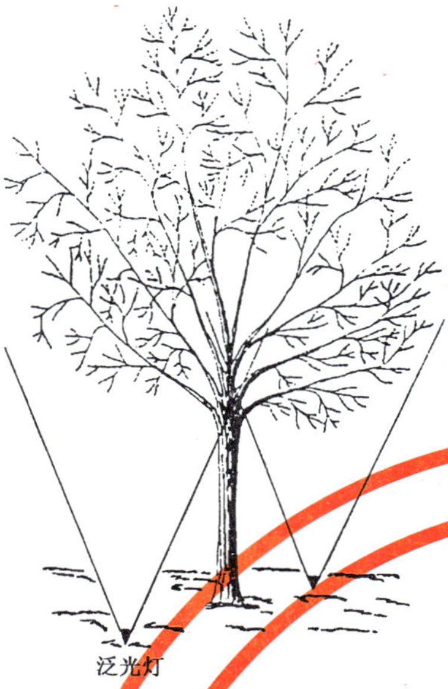

图 7.12.2.E

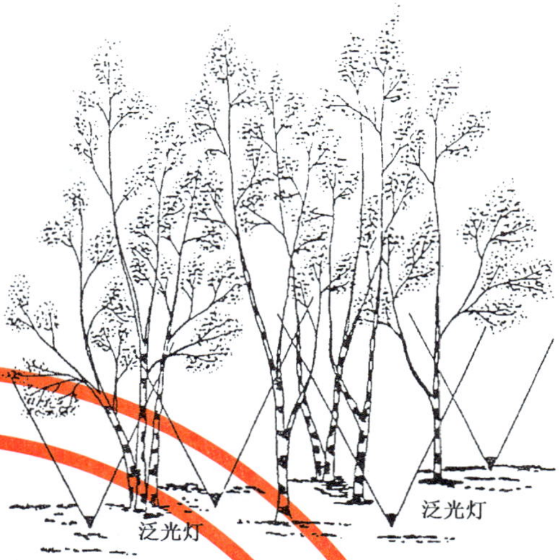

图 7.12.2.F

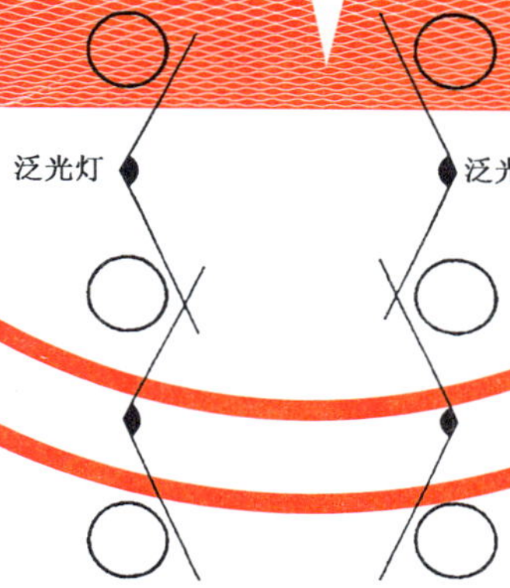

图 7.12.2.G

图 7.12.2.E～G　成组树木照明的布置图

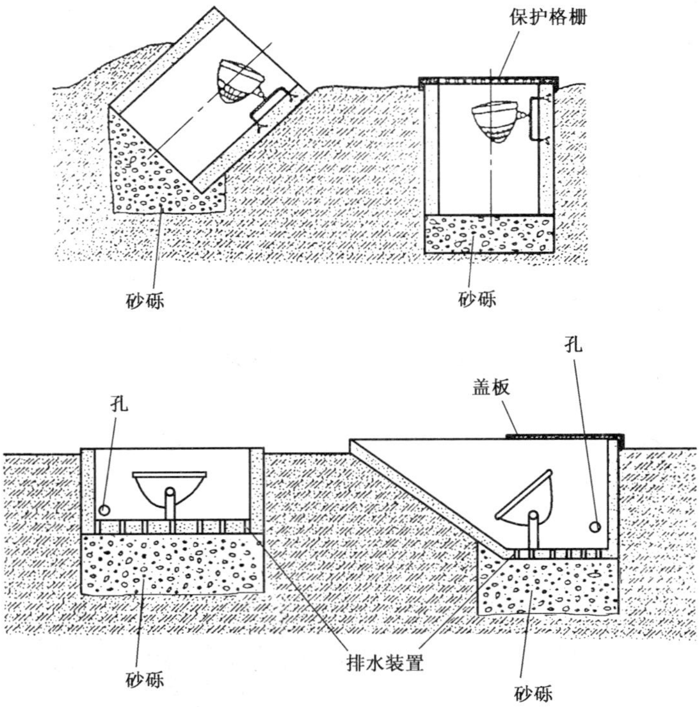

图 7.12.2.H　隐蔽的泛光照明的布置图

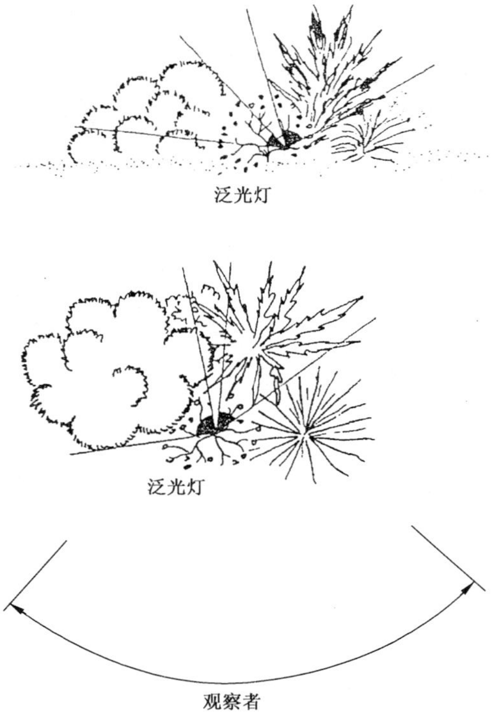

图 7.12.2.I

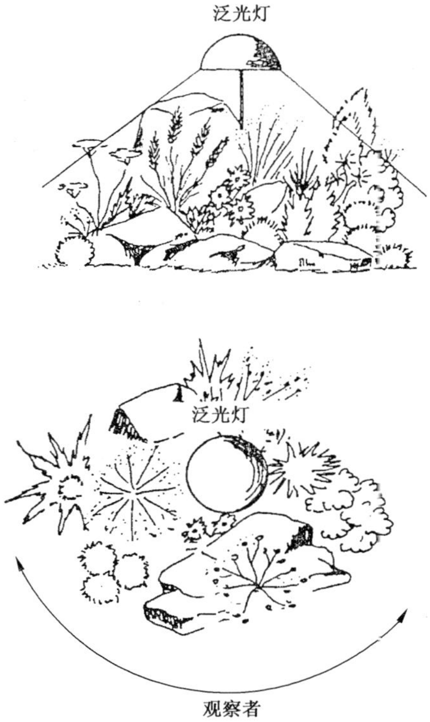

图 7.12.2.J

图 7.12.2.I～K　花圃照明的布置图

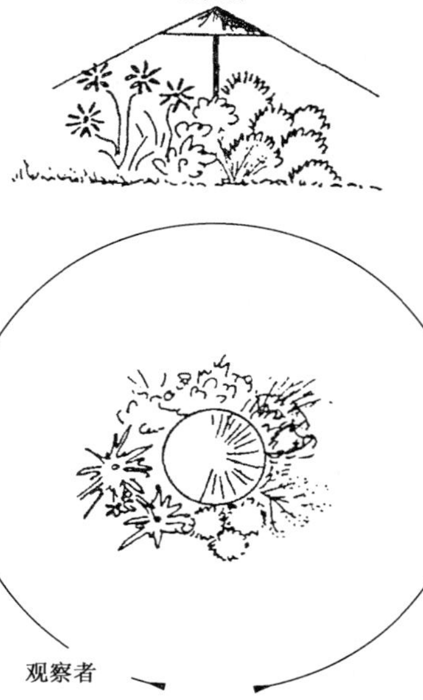

图 7.12.2.K

图 7.12.2.I～K（续）

8 轮廓照明

8.1 原理和局限

轮廓照明用于呈现建筑的主体轮廓。若干组照明灯勾勒出建筑的轮廓,包括门窗口,不同建筑形态的交叉处,屋脊和房顶线。这些轮廓在闪闪发光下展现出来,但是整个表面,通过漫反射光被照射,只有很低的照度。从建筑学角度来看,这与泛光灯营造的效果截然不同,因为可以看见建筑物的主要轮廓线。它在夜晚的作用十分重要,营造一种类似于街道展览的气氛。

轮廓照明不适用于历史纪念碑和名人雕像、雕塑一类的建筑。它也不适用于小的物体,因为这样光线会太密集或太混乱。

它尤其适用于大的建筑,只需对建筑的主体形态进行勾勒,就可传达出此建筑的独特创意,而不用对细节部分进行照明。大厅、大桥、大的拱门和大楼很适合用这种方式来照明。

5.7 已对轮廓照明和逆光现象进行阐述。

8.2 优点和缺点

轮廓照明系统的主要优点是可以进行独立安装。不再需要获得邻居同意以安装泛光灯,也不需要民政部门批准悬挂公共照明灯。电源的使用也简单化了,因为照明设备都安装在建筑上。

另一方面,安装轮廓照明系统成本很高,因为所需的电线会很长。其他的缺点还有:

a) 大面积地安装光源会不容易维护,且维护起来成本高。

b) 由于在投射角或其周围有很多附着物,所以损坏的可能性就更大。

c) 由于在一些可视位置(建筑的角上、屋檐、门窗框等)安装光源,使得白天建筑物的视觉效果发生了改变。

8.3 方法

8.3.1 白炽灯

在立面上使用传统的装饰灯串会更容易安装,通电后就可以有不同形状和方向的改变。安装时,应使灯可以突出于表面。

灯与灯的间距取决于建筑的大小及其与观测点的距离。可以将若干装饰灯串平行排列，以增加光源的数量。

此外，塑料导管可以和线槽及电源配线搭配使用，因为其质量足够坚硬，所以电源连接处的数量就减少了，但是只能安装成直线。也许建筑的外观在白天显得很庞大，但如果平行的装饰灯一开，它就会显得灵巧了许多(也可参见9.2.1对彩带灯的介绍)。

可以使用标准白炽灯和大玻壳白炽灯。灯光要与周围的照明环境搭配，也避免了眩光对驾车或行走的影响。

使用大量的光源给维护带来了诸多问题。最好通过降低灯功率延长它们的使用寿命，虽然这意味着选择较大功率的光源。做选择时，应考虑能源消耗，光源费用，更换维修的人力费用。

8.3.2 冷阴极灯

冷阴极灯由玻璃管组成。这种玻璃管能呈现出各种形状，使冷阴极灯可以适应建筑物立面上呈现出各种轮廓、角度或其他变化。玻璃管的长度刚好适合安装在建筑的各条边上，而不会断开或重叠。灯每次发生变化(经常间隔很长时间)便呈现出新奇的形状。这种灯比直管形灯费用更高。

需要提及的是：坏了的灯管会破坏数米长的照明线路，为了保持视觉效果，需要立即进行维修。提高这些灯的寿命会减少维修的次数。冷阴极灯的亮度很合适，不会产生眩光危害驾车者或路人。“暖白光”或“冷白光”的色彩搭配上已有的不同色彩，再加上不同的形状，营造出丰富的视觉效果。但是应避免把被灯光装饰的建筑混淆成商家的电子招牌。

由于这些灯都在高电压的情况下运行，一定要做好预防工作，保证公众的安全，尤其要警惕在窗口周围或墙角的灯。应根据相关安装规范进行安装。用电变压器应安装在一起，这样维修起来就更方便。

8.3.3 荧光灯管

荧光灯管的适应性没有白炽灯组和冷极阴灯强。它们直直的灯管有固定的长度而且让亮，每个灯都需要辅助装备(镇流器和起动器)，这就使安装和维护的过程更复杂了。

9 自发光效果

9.1 原理

上几章中阐述的泛光灯照明技术和轮廓照明技术是用灯光来增强建筑物视觉效果。灯光本身也可作为产生独立发光和自发光效果的材料，通过光源和发光元件的排列和形式变换创造装饰效果。

使用装饰灯串是这些效果中最传统和最常用的。但是为使城市上空在夜晚生动起来，人们利用了现代照明技术，包括：激光、全息图和光纤。

9.2 装饰灯串和发光图形

利用装饰灯串和发光图形自身的颜色和不同的排列可营造出装饰效果。

9.2.1 装饰灯串

9.2.1.1 组成

装饰灯串(彩色灯串)由特殊的电缆组成，这个电缆中有两个横截面直径为2 mm～6 mm的柔软的导体，灯插座附在上面。灯座为特殊类型，不需要断电就可以连接附加装置或电连接。电缆横截面的大小取决于灯串的长度和为达到效果每米所需的灯的数量。

还有即时安装型灯串，每米装有3个～5个灯座，灯座可根据型号采用不同长度和横截面积的导线。电灯插座可以是标准的B22，或常用的E27，要根据国家规定进行选择。

9.2.1.2 安装

装饰灯串用来组成多行灯。在短距离内它可以支撑自身重量，但为减少支撑点的数量，可以把它与金属电缆连到一起，一般来说，这样会更方便。

9.2.2 发光图形

通常的装饰灯串常常与发光图形结合使用，把灯附在金属构架上就形成了发光图形。图形的形状、图样和大小由活动主题以及所要装饰的场所的大小和位置决定。灯与灯间的距离是 5 cm～20 cm，具体取决于金属框架的几何形象和观看图形的距离。一行一行的灯光持续不断地映入眼帘，这就是发光图形想达到的效果。

发光图形既可安装在公共设施支杆上，也可安装在宣传特殊活动的特定支架上。图形与图形之间相隔 10 m～30 m，具体取决于所在地点和要达到的效果。这些发光图形组成一个连贯且吸引人的主题，它们的设计者一般是该领域的专家。

因为发光图形一般都安装在街上，常常暴露在恶劣天气下，所以它们应满足机械和电力安全规定。

9.2.3 灯

装饰灯串和发光图形一般都装有带 B22 或 E27 灯头的球形白炽灯，以避免下雨时破碎。也有透明的，内部涂层的或彩色玻壳的灯，根据生产商和颜色的不同，灯功率为 15 W～20 W 或 25 W。给灯泡玻璃涂上不同颜色，便得到了蓝、绿、黄、红或白等各种彩色灯。

9.2.4 电源

虽然每盏灯用电量小，但是灯的数量还是多。100 m 的单线装饰灯串平均就有 400 盏灯，消耗掉大约 8 kW 的电量。一个 6 m 长的发光图形可能有高达 500 盏灯，消耗 10 kW 电。设置供电点时一定要考虑到装置的负荷问题。

9.2.5 动态效果的控制

彩带和发光图形可以直接与公众照明供电电路相连，这就简化了装置的控制。虽然可以不停地开关电源实现画面的律动，但是所需的电路增加了安装成本。电子系统可以很便捷地控制和记录这一切。

9.3 激光

激光束极其狭窄，而且几乎不发散。它通常根据颜色和其光束辐射功率来定性。发光的用电量仅是激光装置用电量的一小部分。由于电能在很小范围内消耗掉，所以对于大功率激光器需要进行水冷却。如果冷却剂有任何异样，应马上关掉激光。

“离子激光器”最适合用于表演和展示。氦氖激光器散发出红光，用电量仅为 50 mW。同样的用电量，其他灯的亮度就会很微弱。只有水晶激光器才会发出不连续的闪光。诸如红外线激光器一类在视线范围以外的激光器是不被使用的。

9.3.1 离子激光器

以下是在激光展示会上最常用的几种离子激光器类型。

9.3.1.1 氩激光器

辐射光的额定范围从 100 mW～20 W。

主要的氩激光线是绿色的，但是通过棱镜和衍射分级，也可以产生蓝色和紫色光。发光功率仅为整个光束功率的一部分。

6 W 的激光器常常用于展览，需要 13 kW 的电量和每小时 500 L 流动的水用来冷却。

9.3.1.2 氪激光器

其射出的氪激光束主要是红色的，需要 1 W、2 W 到 6 W 的用电量。

需要同样大小和同样的水电消耗量，但是氪激光器的发光量仅为氩激光器的 25%。

光束可以通过棱镜分散产生蓝、绿和黄光，但是光依然很弱。

9.3.1.3 染料激光器

这些激光器会产生各种波长各种颜色的激光，颜色可从蓝色到红色，但是它们需要其他激光和强烈的光脉冲来激活。其输出辐射功率比其输入辐射功率的 20% 还低，只有其用电量的 1/2 000～1/10 000。

即便是很弱的输出，也需要庞大而且贵重的设备。

9.3.2 用途

激光器发出的光是一种狭窄且有颜色的光束，激光只有在空气中有杂质（诸如灰尘、烟、雾或云）来分散光时才可见。

如果快速地移动光束，可形成平面或圆锥形，若把它们投射到屏幕上、墙或立面上，激光就可以用来写字或画画。

连接在计算机控制的电动机上的镜子，可吸收激光的移动并复制下来，用来写字画画。

控制镜子的机电系统的移动范围决定了所写的字或所画的画的大小。但是整个激光扫过镜子的时间不大于二十五分之一秒。这个系统利用视觉原理使字体和图画的形象看起来稳定且完整。

9.3.2.1 激光表演

当激光表演向观众展示它们在空中创造的发光体时，观众观望到的是由大气分散了的激光，如果空气过于干净，就需要发散雾气来增加激光的散射。当观众的视线近乎垂直于激光束时，他们会更不易看见激光。

当在屏幕上写字或画画时，观众应像坐在电影院一样背对激光器。

所需激光器的种类取决于到屏幕的距离和屏幕的质量。例如，一束 5 W 的激光器在离屏幕 200 m～300 m 的地方，可在屏幕上形成长和宽为 100 m 和 150 m 的范围。

激光表演的激光器既可人工操作也可电脑操作。电脑键盘输入和数字板输入复制的字画和标识将用在激光表演中。激光动画也可以搭配音乐。

9.3.3 安全

目前，国际上还没有针对激光器在公共场合使用安全问题的规定。应当在各地区开展关于此类设备现行规定的调查。

激光器一般应放在离地至少 2.6 m 的地方，避免朝着观众发射激光时发生危险。

9.4 全息摄影

此项技术最早发起于 1962 年，全息处理可以在一个空无一物的环境中把事物的三维立体形状用一张照片形象逼真地表现出来。暂且抛开它的技术原理和科学依据不谈，这项技术在夜间户外光照效果应用上有很大的潜力。

9.4.1 全息摄影的原理

与普通的拍照类似，全息摄影是在一个感光材料板上捕捉到的一个影像，感光材料一般是水银乳胶剂，有时候也会用到双色胶质材料。产生全息图像的技术不止一种，不过这些技术都是基于同一个原理。

要进行全息摄影，需要准备一个激光器和一个半透明镜子，激光器发射出来的光束经过半透明镜子产生两道具有不同物理性质的"同调"光束。这两条光束中有一条叫基准光束，它直接投射到感光板上，而另一条光束会投射到物体上。

根据光学原理，投射到物体上的光束经过物体反射后也会投射在感光板上。这支光束就是物体的光束。这些光束中的光波在感光板上的干涉过程被记录下来形成了干涉图。经过漂白处理时，感光板照度的周期性变化会在感光材料的厚度上体现出来。

全息摄影具有衍射光栅的所有特性，而且可以对入射光线进行衍射。干涉图(被衍射的元素)的描绘是以微米为单位测量的，而且当光线入射到感光板上，一些衍射光束就会被反射出去，其中一支就与物体的光束完全相同。

在合适的光源下，全息摄影照度可以展现物体的原本形象，观察者可以看到完全的三维形象和平行视差。

9.4.2 成像限制

为了使物体光束和基准光束能够正确地干涉，它们应在从激光发射器到感光板的过程中始终保持一贯的平行相邻运行，这样可以有效地减少全息图像所需扑捉到的物体尺寸。感光板曝光的地方只是 1 μm 的一小部分，这个过程中物体应保持绝对静止，以保证干涉图能够清晰形成。对于没有生命的物体，完全静止不是什么问题，不过对于具有生命的事物操作起来简直是不可能的。

为了记录干涉图,需要用到一些特殊的高清晰度感光乳胶剂,最为人熟知的是全息感光乳胶剂。这些高清晰度感光乳胶剂被裱在非常稳定的媒介上。相对较小事物的全息图用胶片就可以描绘完整,不过任何大于10 cm的物体要描绘全息图就一定得用玻璃感光板。重量和价格很快成了为较大物体描绘全息图的瓶颈。其原因恰恰在于全息摄影的原理,全息摄影就好像是从窗户里看窗口的物体,因此感光板将不得小于它所要表现物体的尺寸。在当前的技术条件下,人估计也是全息摄影所能扑捉的最大的图像了。

9.4.3 全息摄影的类型

根据记录和再生成影像手段的不同,全息摄影可以分为反射型和透射型。

最为常用的是反射型全息摄影。反射型全息摄影要求光源与观察者处于同一面。原本物体的形象似乎并没有投射到感光板,而是大家熟知的“虚拟”形象投射到了感光板上。

然而,对观察者来说,最为清晰的效果莫过于对“真实”影像的发射型全息摄影了。影像在感光板前形成,似乎随后又向空间发散。因此,为取得最好的效果,发射型全息摄影的感光板需要比原始物体更大些。为了正确感知物体,观察者需要站在正确的位置上,由于全息感光板尺寸的限制,观察者需要站在那里轻微移动就可以从不同角度观察到物体。

通过在同一个感光板上做两次全息影像记录,可以看到图像好像已经渗入感光板。这种效果也可以通过一个辅助光学系统来获取。

全息图像动画是用全息摄影技术程序从电影胶卷上获得的。压痕深度由观察者移动位置产生不同的全息图实体镜像所决定。

在曝光过程中用全像底片围绕物体做过完全的转动后就可以获得360°的全息图。如果要模拟再现,通过变换全息摄影位置或者观测者移位都可能看到物体的任何一面。目前,此项技术只适用于长度大约有几厘米的小物体。

“彩虹”全息图可能会在白光下看到,不过这个过程消除了上下视差。每条白光的波长都产生自己的影像,全息图也随着观察者位置的变化而变换颜色。这种全息图在两个阶段生成,一是作为“目标”的“全息原版图”,而另一种在最终全息图阶段生成。

9.4.4 全息图的再现

用来照亮全息图的光束一致性应非常好,不过这个要求在记录图像时却没有那么严格。实际上,除了激光器之外,一个直径较小的光源也可以用作发光体,而且,根据全息摄影类型的不同,光线可以是白光,或者也可以是单色光。

9.4.5 限制情况

9.4.5.1 保护

不管是什么类型的感光材料,水银乳胶剂或者双色胶质材料,全息摄影不能承受严寒天气状况,而且如果在户外曝光应具有保护措施。应该考虑由专人保护。

9.4.5.2 安装

为了便于观察者观看,全息图通常是放在与眼睛平行的地方。座架和框架需要与全息摄影的类型(反射型或者是透射型)一致。透射型全息摄影需要有一个统一的背景,一种与被拍物相适合的颜色。光线既不能干扰观察者,也不能影响到邻近观察全息图的视角。一个专用头罩或者屏风通常可以很有效地将图像隔开。

9.4.5.3 光源

如果是白光,低功率的点光源效果就不错,不过每次全息摄影只能用一个点光源。如果用的是单色光,光源可以是一个配有绿光滤光器的高压汞灯或低压汞灯。

为了便于观察者观看,点光源应该放置在比全息摄影位置稍高的地方。

9.4.5.4 观察者

观看全息图应该是单独活动,或最多限于少数几个人。安排展示时应当让观察者能够以最佳位置

（衍射光线正好从事先预定的位置发出）观看，而且可以在轻微移动的情况下就能欣赏到全息图的三维影像。

全息图的表面会有一些反射。应采取细致的措施保证邻近光源的反射不会干扰到其他观察者。

在这种情况下，光电池系统应配有一个定时器。一个可以定周闹钟的表刚好合适，因为这个系统是在一周内的某些天才运行。这个闹钟的开灯时间应跟日落的时间保持一致。

由微处理器控制的电子程序装置可以将这些变量整合和标识，进而实现整个运行计划的自动化控制。

9.4.5.5　安全

使用的光源只存在与电器相关的一般危险。

应该采用某种形式的防碎罩保护全息摄影，避免它发生事故或是被破坏，因为它成本高昂，且不适宜公共场所。

9.5　光纤

光纤从其一端点亮，发光距离超过 300 m。光纤的弯曲性和延展性使得它可以产生出图画和文字，而这些图画和文字在日光下和夜晚都不能被看见，只有使用光源时才能看见。

10　电气安装

10.1　工作电压

几乎所有的光源和控制器都被设计为在交流低电压电网条件下工作。

白炽灯在 230 V 电压下工作时的光效略低于在 110 V～127 V 系统下工作的光效。而对于放电灯，由于其镇流器更简单，在 230 V 电压下工作时的光效略高。另外，当额定功率相同时，导体的容量降低，线路损失减少。

特低电压的灯需要有变压器。一个变压器可以带一只灯或多只灯，前者尽管造价高，但是应优先考虑，因为它降低了电流和减少了线路损失，同时能更好地保证电压稳定性。

直接连接到中高电压电网并带有专用于泛光灯的变压器，仅适用于高耗能设备。对于场地面积很大，每组灯之间的距离较远的大规模设施，比较经济的方法是设计一个 5 kV 的中电压配电系统，即一组灯配一个变压器。如果局部电网条件允许，可以考虑每个照明区域用单独接入点。这种方法虽然大大降低了电气设备总数，但是增加了开关盒的数量，安全控制和维护也难以保障。

关于接网点的布局和电源的特性，应和电力供应系统的人员共同进行现场调研。

10.2　开关盒和线路保护

位于照明装置和接网点之间的开关盒应包括：

a)　熔断器或断路器的总保护；

b)　计量；

c)　每条线路的独立保护；

d)　操作控制装置。

主线路的保护措施 a)应符合电力部门的规定。通常安装一个断路器，来适应照明装置的电力需求，同时应考虑到所有光源同时点亮或是放电灯瞬时启动所引起的瞬变电流的冲击。

计量系统 b)取决于用电情况。包括不同照明用电时段的记录。可能需要特别在大功率的设备上安装一个无功计时器。小时计数器有助于核查装置工作是否正常，并有助于有效维护程序的编辑。

每条线路应有独立的保护 c)，故障时切断故障线路，避免干扰系统中其余部分。

这种熔断器或微分继电器的保护应把所有放电灯的启动情况考虑进去，同时须符合当地安全条例。

开关 d)可手动控制，可用定时控制开关、光电池继电器、程序或电脑远程控制。作为背景照明的一项功能，光电池可以控制开关，并把一年中日照时间的变化考虑进去。总体来说，夜间活动中的泛光灯和装饰照明只是起到美化作用，通常会持续到凌晨一点。如果出于安全需要，照明可处于满功率或降低功率，这种情况下，光电池系统需要增加一个计时器。使用周时钟可以符合该系统的要求，即仅在每周特定的日子进行操作。周时钟设定的照明时间应与日落的时间一致。

微处理器控制的电子程序装置可以对这些变化进行整合和存储，使操作程序完全自动化。

10.3 电网

一些配电网方案是可行的。

a) 地下电缆，尽管安装成本很高，但具有美观而且可靠的优点，建议在人口密集的地区使用。

b) 高架电缆，尽管更加经济，但会影响泛光照明区域及其周围区域的美观。明线网已不再使用。

c) 爬墙电缆，相对于高架电缆更加合理，但需要特别小心以防止安装线缆时对建筑物立面造成损害。

这三种类型的电网配置可以结合使用，以达到降低安装成本，同时出于美观考虑可以改善电网的美观性。不管采用何种方案，电网系统都应配有泛光灯或者装饰性照明，因为运行计划跟普通公共照明的用电是大不相同的。线缆和导体应满足当前国家实施的规则和标准。推荐使用输电电压不小于 1 000 V 的电缆。电缆直径的选择由其电压损耗决定。

10.4 照明设备的连接

每条从控制箱里分出的电路都会有一个或几个分线箱，在分线箱里灯和设备（如泛光灯、装饰带、发光图形等等）由软线缆连接。每条线缆通常有两条有效导体和一个保护性接地线。由三相供电的动力平衡在控制箱中运行，并且相应分出不同的电流。为了防止为某只灯供电的单条线路烧毁，每个泛光灯或者发光图形的线缆上都需安装保险丝。

用来拆卸灯具的辅助设备可以安装在距照明灯具有一定距离的地方，但以不超过系统的技术（控制）界限为准。由于这种设备外观笨重，建议将其固定在防水的盒子里放在与灯具接近的地方，这样也便于就近维护。位于辅助设备和灯之间的绝缘材料的性能需要考虑到某些启动器的运行特点。

10.5 安全规章制度

整个安装过程一定要完全遵守现行的安全规章制度，特别是当照明设备能够影响到公众的时候要考虑周全。

根据其位置具体情况，照明设备应防水：

a) 防雨（通常状况下的雨水）；

b) 防浸渗（喷泉和瀑布）；

c) 防喷溅（地表照明系统可能有受到排水系统喷溅的风险）。

为了最大限度地保证安全，建议对所有金属部件采用适当的接地并采用不同的断路器。

11 运行和维护

11.1 维护的必要性

装饰性照明工程的最初目的是照亮物体或者营造一种节日气氛。因此，绝不允许任何因安装此类设施而降低其原本目的的过失出现。

然而，所有的照明系统，包括常用的照明系统也都会折旧，此外还要考虑到环境影响比如落叶、烟雾、意外冲击、震动以及人为损坏，因此需要一个严格的维护系统程序来处理上述可能出现的情况，进而保证工程始终处于高质量的运行状态。

11.2 折旧

许多因素都可能导致装置的一般折旧。评估时要把所有的因素都考虑进去，在什么程度下光线级别、光线亮度以及整体美观度降到了当初研究设计此项工程时的最低值，视觉效果也与最初所期望达到的审美效果不能匹配（参见 5.6.3）。

11.2.1 灯的光输出

光输出随使用时间变化的曲线取决于光源的类型。光输出曲线可以用来测算理论寿命，年限过后就无法满足研究阶段想要达到的光照效果了。这个曲线图由光源生产厂家提供。

11.2.2 灯的额定寿命

某种灯提供的额定寿命是使用状态下它的平均使用年限。

任一个不能正常工作的灯都会产生一个让人看着很不舒服的阴影区域。

为了减少由于换一盏灯而进行多次维修的情况，泛光灯应该平行安装两个(具有附加发光输出量)。一盏灯坏了可能会影响某个地点的光线照明却不会产生显眼的黑暗点区。两盏灯之间的置换时间间隔可以稍微拖后。可能跟最初投入时相比，这个方案多少有点繁琐，而且成本也不低，不过可能维护费用会更经济些，维护的难度会低些，而且对于普遍的装置更易操作。然而，在主要的纪念碑或者高知名度的位置这种方法应避免使用。

11.2.3 设备上的沉积物

上述所提到设备上所堆积的灰尘、烟尘、落叶以及鸟类排泄物都会影响到装置所发射出的光照强度和改变其光输出。

沉积物的堆积速率取决于设备的安装状况、环境的特征和泛光灯防水的有效性。如果定期清洁灯具、镜面以及玻璃保护罩，设备会尽可能达到最初设计的光度指标。

11.2.4 运行状况

从发热角度来分析的话，泛光灯的运行状况可以说是经常处在严酷的环境之下。安装时要严格遵守生产厂家安装指南中所要求的倾斜度、通风状况和额定功率。

如果在安装过程中未采用合适的防护措施，如良好的通风和合适的终端配置，放电灯的辅助设备效果会降低。

11.2.5 调整

由于风、交通、建筑工程或飞鸟在泛光灯上聚集产生的震动使得泛光灯的准确位置发生改变。如果泛光灯未调节好，就不能正常发挥其功能，可能会影响驾驶员和行人。

与安装在建筑物或水泥块上的泛光灯相比，那些安装在地面或灯柱上的泛光灯更易损坏。

11.3 维护

需要进行必要的常规维护，解决上述章节提及的问题，以及进行预防。

11.3.1 周期性检查和检测

在装置使用期间，需要在夜间进行检查，对无法正常工作的照明灯和存在缺陷的泛光灯进行检查。

检查的频率要根据灯的数量及其夜间对周围环境的作用。大部分装置推荐采用周检。

对于作用不大仅在周末或淡季使用的装置，每两到四个星期进行一次检查就可以了，并根据灯泡的类型而定。

11.3.2 光源更换

光源的更换适宜于在夜间进行，因为装置临时关闭可以保证安全。更换灯泡时，要即刻检查确保进行的调节未改变其性能，更换灯泡时也要对反射镜和防护玻璃罩进行清洁。

放电灯装置有较长的额定使用寿命，当估计平均光输出低于额定输出的80%时，要全部进行更换。

11.3.3 清洁

每年要对灯泡、反射镜和防护玻璃罩进行系统的清洁，即使灯泡的使用年限中不要求进行更换。对于长期和终年使用装置，要在秋季树叶落后进行维护，因为使用用来防止眩光的灯罩会在泛光灯的上部堆积落叶。对于只在夏季使用的装置，要在使用前进行清洁。同时要进行频繁的环境清理，根据旅游景点游客人数或环境中的污染物质(工业粉尘、烟尘、鸟类粪便)，要求每年进行两次清洁，分别在春季和夏季进行。

夜间进行对泛光灯的检查后要进行清洁。

11.3.4 调节

泛光灯方向的精确度是照明设备保持稳定性的一个重要因素。每年应当对设备进行至少一次调节检查，通常要结合清洁、更换灯泡或其他机械和电力维护进行。

11.3.5　机械及电力维护

每年应对电力装置进行系统检查以防止其在运行期发生故障。该检查应包括线路及连接检查、绝缘检查和放电灯输出电压确认。

鉴于美学审美和保护的原因，应周期性对任何可能遭受腐蚀的金属部件进行漆膜保护。且应对其进行因气候因素引起的必要检查，检查频率应与公共照明设施相同。

11.3.6　树木修剪

经过长年累月的生长，树木或灌木可能会遮挡光线并带来难看的阴影。树枝修剪间隔取决于植物类型、生长阶段以及气候因素。

11.3.7　维护人员

负责维护装置的维护人员须具有维修高低压电力系统的资格。

其须接受直接涉及泛光灯及装饰灯问题的特殊培训，例如：正确操作泛光灯，恰当操作特殊光源及探照灯反射镜维护。

11.3.8　维护费用预算

对照明装置年维护成本的精确预算非常困难。现有公式仅能计算出大约值。如下所示计算中应考虑的主要因素：

a)　电力装置年折旧费用(理论寿命为 20 年)；

b)　泛光灯及其辅助设备年折旧费用(理论寿命为 10 年)；

c)　使用中的各类型灯泡之平均寿命及成本；

d)　年运行期长度；

e)　劳动力成本：

　定期现场检查；

　灯泡更换；

f)　年费用：

　泛光灯清洁；

　探照灯调整；

　电力及机械维护；

　树木修剪。

除维护成本外，运行成本取决于电能的平均成本。

11.3.9　操作进度

通常情况下，带独立电源的固定式泛光灯在公共照明设施运行半小时后开始运行，其效果非常明显。

运行期随地方因素(如经济、社会、安全利益等)的变化而变化。值得注意的是，与运行费用(如电费、灯泡更换成本)相比，安装费用在年成本中占了绝大部分比例。因此，若不会导致总成本大额增加，可延长其运行时间。

临时装置中灯彩是一种主要的类型，这种系统可以直接连接到公共照明系统中，按照相同的时间运行，这样可以简化输电问题。但是，当临时装置通常在同一场地运行时，要考虑采用独立的供电系统。

11.4　环境保护

应当对外部装饰灯的相互关系和其所处环境进行认真的检查，并且要进行保护。

在 11.2 和 11.3. 中介绍了关于技术方面的设备贬值。

结合视觉环境的装饰照明，照明的益处不能因为破坏周围环境的满意度而不合比例地受到削减。眩光会让人觉得不舒服，所以要加以控制。航空灯的光污染，如泛光灯溢光和物体反光，会扩大到较广的范围且难以控制。在照明和未照明区域需要形成对比，但是需要一些可控制的过渡带避免过度对比。

另一方面，可以设置暗的区域用于防止不必要的光。在一些情况中，由于夜间的光过强，动物和植物的正常生命周期受到影响。除了数量的考虑，也需要关注社会问题和地区敏感性，尽管本指导性技术文件中未提及。

11.5 摄影照明效果

为了推动旅游业，照相通常采用泛光灯照明或装饰照明。由于光源色彩和色温的巨大差异和胶卷不同的感色灵敏度，在照相中很难获得好的色彩复制。该特性由于品牌的不同而不同，同一品牌也由于产地不同而不同。

通常过滤器的使用是必不可少的，分级的选择依赖于胶卷的特性和照明的色彩温度。应当咨询胶卷生产商公布的信息。如果照明现场有多个不同类型的照明灯（卤钨灯、汞灯、钠灯）时，针对一种类型灯的过滤器可能会降低其他灯的效果。要通过比较试验确定哪种是最佳的过滤，而专业的经验则是最佳的向导。

参 考 文 献

[1] CIE Publication No. 37 Exterior lighting in the environment, 1976 (withdrawn, superseded by present publication).

[2] CIE Publication No. 97 Maintenance of indoor electric lighting systems, 1992.

[3] Recommandations Relatives *à* I’éclairage des Parcs et Jardins, 1977.
Association Française de I’Eclairage.

[4] Recommandations relatives *à* I’éclairage des Voles Publiques, 1988.
Association Française de I’Eclairage.

[5] IES Lighting Handbook, 1987.
Iluminating Engineering Society of North America.

[6] ClBSE Lighting Guide, The Outdoor Environment, Publication no. LG6, 1992.
The Chartered Institution of Building Services Engineers (U. K.).

[7] IEC Publication 598. 2. 3 Luminaires for road lighting.
International Electrotechnical Commission.

[8] IEC Publication 598. 2. 20 Lighting chains.
International Electrotechnical Commission.

[9] IEC Publication 598. 2. 5 Projectors.
International Electrotechnical Commission.

[10] Norme NF C 17 200: Installation for road lighting.
Union Technique de I’Electricité.

ICS 17.180.20
K 70

中华人民共和国国家标准化指导性技术文件

GB/Z 26208—2010/CIE 141—2001

光度辅助测量系统

Testing of supplementary systems of photometry

（CIE 141—2001，IDT）

2011-01-14 发布　　　　2011-06-15 实施

中华人民共和国国家质量监督检验检疫总局
中国国家标准化管理委员会　发布

前　　言

本指导性技术文件等同采用 CIE 141—2001《光度辅助测量系统》(英文版)。

本指导性技术文件等同翻译 CIE 141—2001。

为便于使用,本指导性技术文件做了下列编辑性修改:

a) “本技术报告”一词改为“本指导性技术文件”;

b) 用小数点“.”代替作为小数点的“,”;

c) 删除 CIE 141—2001 的前言;

d) 将 CIE 141—2001 中“中间视觉测光法(TC 1.21)少数派报告”一章的内容转为资料性附录。

本指导性技术文件附录 1 至附录 11 为资料性附录。

本指导性技术文件由中国轻工业联合会提出。

本指导性技术文件由全国照明电器标准化技术委员会(SAC/TC 224)归口。

本指导性技术文件起草单位:浙江省标准化研究院、国家电光源质量监督检验中心(北京)、广东省东莞市质量计量监督检测所、北京电光源研究所。

本指导性技术文件主要起草人:郑培、华树明、李宁、谷历文、姚志慧、江姗。

本指导性技术文件仅供参考。有关对本指导性技术文件的建议和意见,向国务院标准化行政主管部门反映。

引　　言

本指导性技术文件涵盖了10种测光系统的最新方案(其中4个用于2°视场,6个用于10°视场),这些方案都被提交到国际照明委员会(CIE)的第1分部,作为光线在人类视觉灵敏度所有范围内的相对视亮度的测定方法。为了对这些系统进行定量测试,使用多个由独立实验室提交的对于异色视亮度匹配测试(HCBM)采用不同刺激组合和实验程序得到的数据集。并且,使用6个研究小组采用相同颜色色样在非常类似条件下进行HCBM实验所获得的数据对每个系统进行了测试。这些数值试验主要是为了测试视亮度匹配刺激的等效亮度的相等性,而不是测试视亮度尺度的绝对水平。本指导性技术文件描述了这些定量测试的结果,对新CIE系统,不作任何建议。

光度辅助测量系统

1 总则

当前 CIE 测光系统范围内所定义的测光亮度，与对有色物体或光源的视亮度感觉并不充分关联。亮度和视亮度的区别，本身就表现为一个叠加缺失问题；将两种或两种以上的单色光源叠加后得到的表观视亮度经常不同于它们的亮度相加之和。在明视觉中，叠加效果通常小于亮度之和，这时的可加性缺失主要表现在次可加性方面。目前的色彩理论根据人眼锥状细胞之间的相互作用来解释这种现象(即赫尔姆霍-科耳劳奇效应(Helmholtz-Kohlrausch))；饱和颜色对生理视亮度信号产生“颜色贡献”。

强叠加性缺失也会发生，在这种情况下，两种或更多单色光源叠加的效果，远大于对它们进行亮度叠加的效果。由于这种现象经常发生在中间视觉水平，所以推断这是人眼锥状细胞-人眼杆状细胞相互作用的结果。从人眼锥状细胞到人眼杆状细胞的光谱灵敏度的转变，伴随视亮度的降低，使得相对于红色光而言，蓝色光的视亮度会得到增强。在暗视觉中，这种普尔基涅转移(purkinje shift)是完全的，因此，叠加缺失现象趋向于消失。

在认识到视亮度和亮度的这些区别之后，CIE 第 1 分部在过去的 15 年里已经任命了多个技术委员会来调查异色视亮度匹配(HCBM)问题，并且努力开发一种用于测定视亮度的新型测光系统。最早的几个技术委员会如下所示：

TC 1-01 中间视觉光度学(由 J. A. S . Kinney 负责)

TC 1-02 发光效率函数(由 M. Ikeda 负责)

TC 1-03 异色视亮度匹配模型 (由 P. K. Kaiser 负责)

TC 1-01 提供了一份关于 20 世纪 80 年代末以来出现的中间视觉测光系统的极好的摘要(国际照明委员会，1989)，为 TC 1-21 奠定了基础。TC 1-02 建立了在 2°和 10°视场上适用于点光源、基于视亮度的光谱发光效率函数(国际照明委员会，1988)。这些发光效率函数不仅可以作为光度学的参考数据，而且也为异色视亮度匹配测试的进一步研究提供了参考数据。TC 1-03 则调查和研究了视亮度匹配测试的生理学模型(国际照明委员会，1986)。

响应这些技术委员会的举措，一些研究小组已经提出基于异色视亮度匹配测试的测光系统方案。考虑到将来国际标准发展的需要，该标准要求能提供一种令人满意的、适用于所有亮度水平的视亮度测量方法，第 1 分部对这些系统进行了评估。

TC 1-21，“辅助测光系统的测试”，在 1987 年于威尼斯举办的第 21 届四年一度的国际照明大会上成立。这个技术委员会是通过将被提议的系统用于来自 HCBM 试验的数据上来对系统直接进行量化测试。它的任务是报告系统预测这些数据的好坏程度。然而，它的职责范围不会扩展到推荐任何一种系统作为国际照明标准。

目前的报告提供了用于测试的数值数据和程序。考虑到有色物体或光源视亮度关系的可预测性是光度测量的一个主要功能，目前的测试被设计用于针对每个被提议的系统，检验其描述来自 HCBM 试验的视亮度匹配对的视亮度相等程度的优劣。

第 1 章指出了国际照明委员会当前测光系统所存在的问题以及 TC 1-21 为解决这些问题而设定的目标。第 2 章概述了当前被提议的、基于 HCBM 的测光系统，更新了 TC 1-01 的报告(国际照明委员会，1989)并添加了一些新近被提议的系统。对于每个系统，本章提供了一个用于计算“系统等效亮度”的过程以及一个计算实例，“系统等效亮度”被用作针对具体参考刺激的视亮度的度量。第 3 章描述了系统测试所选用的数据集和测试过程。第 4 章报告了把被提议的测光系统应用于这些数据集所获得的系统等效亮度。第 5 章报告了将这些系统运用在新数据集上所得到的定量结果，新的数据集来自于 4 个不同国家的 6 个实验室在通用刺激和一般试验条件下进行的试验，这些工作是 TC 1-21 为 1991 年在墨尔本举行的第22届国际照明大会的专题研讨会所准备的。第6章描述了这些定量测试之间的关系以及视亮度标度存在的问题。第7章是结论。

为了同TC 1-21的预期范围保持一致，这篇报告不包含对基于HCBM的新的测光系统的推荐。这项任务以及对系统的定性研究将留给新的技术委员会(TC 1-37，辅助测光系统)来完成。

2 评估物体和光源视亮度的测光系统

用于评估光源视亮度的测光系统主要依赖于观测者对测试色样和参考刺激进行视亮度匹配所得到的数据。被测试色样的视亮度通过与之相匹配的参考刺激的亮度来定义。也就是说，视亮度通过"等效亮度"来度量；"等效亮度"亦即看上去与被测试色样视亮度相等的参考刺激的亮度。不同的系统一般基于不同的数据集，在参考刺激的选择上也有巨大差别。根据第23届国际照明大会上国际照明委员会第1分部的决议案，术语"等效亮度"已经被正式认定为参照540 THZ(接近555 nm)刺激的亮度。而在其他参考刺激条件下的等效亮度，在本指导性技术文件中将被称之为"系统等效亮度，L_{seq}"。

表2.1 基于异色视亮度匹配测试的测光系统

2°系统	说　明
Ware-Cowan(1983)	用色度坐标(x，y)的多项式函数来测定B/L比率值
Guth等(1973，1980)	色度响应和消色差响应的矢量亮度
Yaguchi-Ikeda(1980，1983，1984)	非线性矢量亮度
Nakano(1988，1992)	人眼锥状细胞体响应的对数线性组合
10°系统	
Palmer第一系统(1968)	L_{10}和L的线性组合
Palmer第二系统(1981)	L_{10}和L的非线性组合
Sagawa-Takeichi(1987，1992a)	L'和(L+色度响应)的几何加权平均值，迭代计算
Nakano-Ikeda(1986，1988，1992)	(L_{10}和L'的几何加权平均值)+色度响应
Kokoschka-Bodmann(1975，1980，1991)	(X_{10}，Y_{10}，Z_{10}和L'的线性组合)+色度响应，迭代计算
Trezona(1983a，1987，1989)	X_{10}，Y_{10}，Z_{10}和V的四刺激值多项式函数的双曲正切函数
* Ashizawa等(1985，1989，1991)	物体颜色视亮度的双曲正切函数
* Ashizawa等使用的系统是一个测量物体色的等效视亮度的系统，不能直接应用到当前的系统等效亮度的计算中。	

表2.1总结了目前提交到国际照明委员会的系统的特征。所有这些系统都是基于HCBM试验所获得的数据。在大部分试验中，亮度水平在明视觉-中间视觉范围内变化。由于中央凹小视场中锥状细胞视觉更为突出，将这些系统分成了两组。其中有4个系统是基于来自2°视场视亮度匹配的试验数据，这些系统所针对的主要问题是由明视觉水平上锥-锥作用所引发的色度贡献问题和次可加性问题。其余的6个系统则是基于来自10°视场的数据，考虑了锥-锥作用和锥-杆作用的效果，这些系统计划被应用于明视觉，中间视觉和暗视觉水平。

表2.1提供了针对每个系统的简要描述。本章接下来的部分会更加详细地介绍各个系统及其计算示例。

2.1 2°视场的系统

2.1.1 Ware-Cowan系统

在明视觉中，彩色光源的视亮度可以依据视亮度/亮度(B/L)比率值来描述，这里L表示测试色样的明视觉亮度，B则表示与光源视亮度匹配的参考刺激的明视觉亮度(Kinney，1983)。Ware-Cowan系统对这一原理进行了扩展，给出一个公式把B/L值描述为色度的函数。

Ware和Cowan一开始从已发表的文献中筛选了在2°视场上使用HCBM并且满足一定的其他条件的50多个试验(Ware & Cowan，1983)。利用来自这些试验已发表的数据，他们得到一个因数c，该因数能将对数亮度L转化为对数表观视亮度B；因此，B/L值可以用10^c来给出。转换因数c作为色样

的 x,y 色度坐标的多项式函数进行计算。该系统的框图如图 2.1 所示。B 以 L_{seq} 表示,在整篇报告中,都用它来表示系统等效亮度。

Ware 和 Cowan 将这个系统的结果用画在 1931 年国际照明大会色度表上的一系列 B/L 等值线来表示(详见附录 2 中图 A.2.1)。而当 B/L 值为 1.0 时,光源为 D65,该光源也是系统的参考刺激。

Ware-Cowan 系统简单而且使用方便。它主要是用于锥状细胞视觉占主导的小视场。作为一个经验公式,它不希望可用于描述视觉系统中的所有生理过程。这个系统已被先前的技术委员会 TC 1-03 推荐试用(国际照明委员会 TC 1-03,1986)。

计算:

1) 根据 CIE 2°视场的色度 x,y 坐标来计算 c,

$$c=0.256-0.184y-2.527xy+4.656x^3y+4.657xy^4 \quad (2.1)$$

式中:$y>0.02$

当 $y\leqslant 0.02$ 时,通过参照其他数据(如附录 2 中图 A.2.1 所示),从其主要波长得到 c 值。

2) 计算系统等效亮度,L_{seq},

$$L_{seq}=L\cdot 10^c \quad (2.2)$$

示例:(色样:孟塞尔色样 10B5/10,亮度为 10 cd/m²)[1)]

1) 从附录 1 中给出的色样数据中得到,

$x=0.205$,$y=0.245$

2) 由式(2.1),

$c=0.0973$

3) 由式(2.2),

$L_{seq}=10\cdot 10^{0.0973}=12.5\ \text{cd/m}^2$,D65 的参考刺激

系统等效亮度,L_{seq}

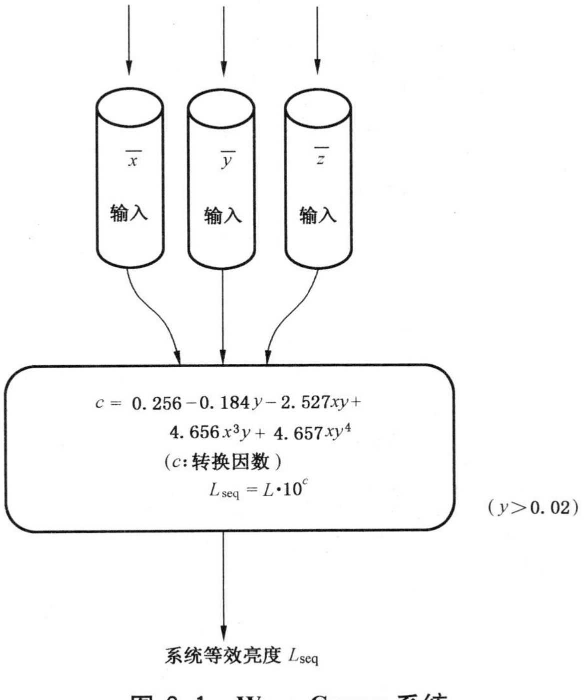

图 2.1 **Ware-Cowan 系统**

1) 孟塞尔色样 10B5/10 作为所有计算示例的被测色样。它用荧光灯 EDL-50 进行照亮,用以获得 10 cd/m²(明视觉条件)或 0.01 cd/m²(中间视觉条件)的亮度。附录 1 中展示了该色样的色度和光度数据。

2.1.2 Guth 等使用的系统

Guth 的系统源于"矢量亮度"概念，S. L. Guth 和他的同事提出这一概念，作为他们的色觉理论(Guth，1973;Guth，1980)中的组成部分。图 2.2 展示了这个系统的框图。基于 Judd 修改过的 $V(\lambda)$ 函数的三刺激值 X'，Y' 和 Z' 被用作系统的输入量。这些值以 Guth 小组的色觉模型所规定的方式被转化为 A(消色差成分)，T(蓝色盲色彩成分)和 D(绿色盲色彩成分)。然后 A，T 和 D 值被作为欧几里德的三维空间坐标，然后进行几何平均得到矢量亮度，这里称之为系统等效亮度 L_{seq}。将 $X'Y'Z'$ 到 ATD 的转换因数进行归一化处理，以便在 545 nm(即 Guth 系统的参考刺激)的单色刺激下计算 $(A^2+T^2+D^2)^{1/2}=1$。

计算：

1) 用 Judd 修改过的 $V(\lambda)$ 函数，计算色样的 X'，Y' 和 Z'。

2) 计算 A，T 和 D。

$$\begin{bmatrix} A \\ T \\ D \end{bmatrix} = \begin{bmatrix} 0 & 0.934\,1 & 0 \\ 0.740\,1 & -0.680\,1 & 0.156\,7 \\ -0.006\,1 & -0.021\,2 & 0.031\,4 \end{bmatrix} \cdot \begin{bmatrix} X' \\ Y' \\ Z' \end{bmatrix} \qquad (2.3)$$

3) 参照 545 nm 的单色刺激，求出色样的系统等效亮度。

$$L_{seq} = (A^2 + T^2 + D^2)^{1/2} \qquad (2.4)$$

示例：(色样：孟塞尔色样 10B5/10，亮度 10 cd/m^2)

1) 由附录 1，

$Y' = (L_{Judd}/L)Y = 10.10$

$X' = (x'/y')Y' = 8.189$

$Z' = ((1-x'-y')/y')Y' = 20.71$

2) 依据式(2.3)，

$A = 9.434$ $T = -4.054$ $D = 0.386\,2$

3) 依据式(2.4)，

$L_{seq} = 10.27$ cd/m^2，参照刺激为 545 nm。

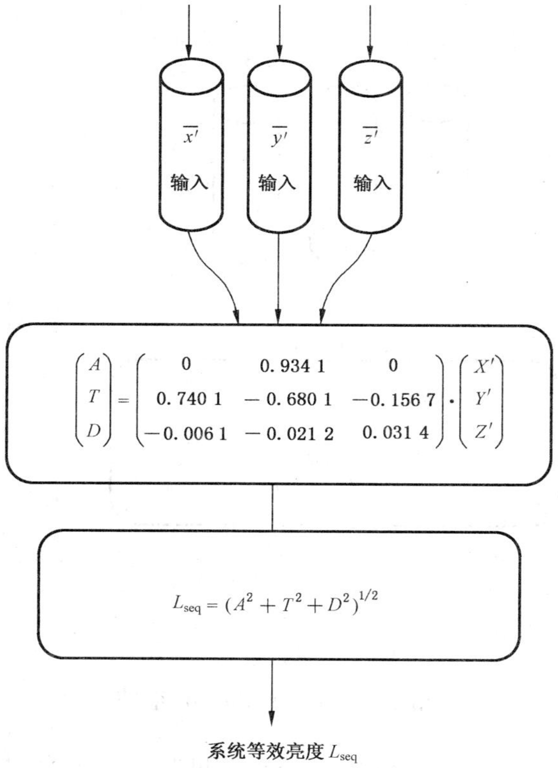

图 2.2 Guth 等使用的系统

2.1.3 Yaguchi-Ikeda 系统

Yaguchi-Ikeda 系统是对 Guth 系统的一个修改，其为两种彩色信号提出了新的指数。图 2.3 展示了该系统的框图。因数 C_1 和 C_2，代表两种彩色信号（Yaguchi，1984）。Yaguchi 发现其视亮度-叠加数据（Yaguchi，1980，1983）需要引入不同的指数到产生系统等效亮度 L_{seq} 的公式中。因此，L_{seq} 的计算变得有些复杂。该系统的参考刺激是白光（$x=0.38$，$y=0.33$），在这个白光下，B/L 值被归一化为 1.0。

计算：

1） 使用 Judd 修改过的 $V(\lambda)$ 函数，计算色样的 X'，Y' 和 Z'。

2） 计算 A，C_1 和 C_2。 （2.5）

3） 采用数值预测，找到一个满足下列方程的 L_{seq} 值，

$$(A/L_{seq})^2+(C_1/L_{seq})^{1.28}+(C_2/L_{seq})^{0.72}=1 \qquad (2.6)$$

示例：（色样：孟塞尔色样 10B5/10，亮度 10 cd/m²）

1） 依据附录 1，

$Y'=(L_{Judd}/L)Y=10.10$

$X'=(x'/y')Y'=8.189$

$Z'=((1-x'-y')/y')Y'=20.71$

2） 根据式（2.5），

$A=10.10 \quad C_1=-4.457 \quad C_2=-0.358\,2$

3） 估计 L_{seq} 和求解式（2.6）。取 $L_{seq}=12.4$，

$(10.10/12.4)^2+(-4.457/12.4)^{1.28}+(-0.358\,2/12.4)^{0.72}=1.011\,3>1$

4） 增大估计值和再次求解式（2.6）。取 $L_{seq}=12.5$，

$(10.10/12.5)^2+(-4.457/12.5)^{1.28}+(-0.358\,2/12.5)^{0.72}=0.997\,5<1$

5） 插值计算，找到满足式（2.6）的 L_{seq} 值。

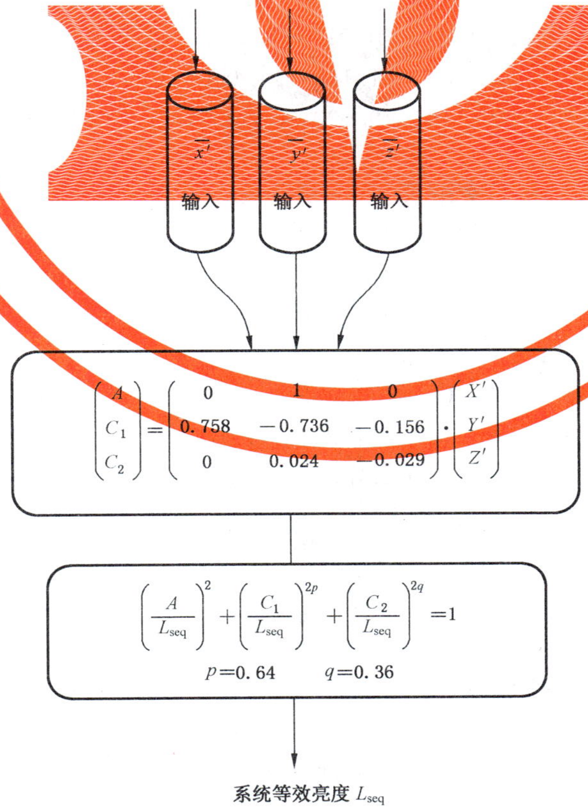

图 2.3 Yaguchi-Ikeda 系统

2.1.4 Nakano 系统

Nakano 系统是基于 Y. Nakano 提出的视亮度感知模型(Nakano,1988;Nakano,1992)而建立的,该模型中采用三种锥状细胞信号的对数线性组合得到生理视亮度信号。这个系统进行扩展后包含了暗视觉的发光效率函数,运用了 Nakano-Ikeda 系统(Nakano,1986)为 10°视场开发的原理,Nakano-Ikeda 系统将在 2.2.4 详细讨论。

图 2.4 展示了该系统的框图。该系统使用国际照明委员会明视觉亮度 L,暗视觉亮度 L' 和 CIE 1931 的 x,y-色度坐标作为输入量。转换因数 c 可以将色样亮度转化为参考刺激的系统等效亮度。c 是从明视觉和暗视觉分量中衍生而来的。明视觉转换因数 p 通过模型计算从 x 和 y 得到(Nakano,1988);暗视觉转换因数 s 利用暗视觉到明视觉的亮度比 L'/L 得来。

这个系统对人类视亮度感知的生理机制建立了模型。它的计算需要多个步骤,该系统的参考刺激是光源 D65。

计算:

1) 通过式(2.7)和式(2.8)得到明视觉亮度 L 和到暗视觉亮度的量化比例 L_s,

$$L = 683 \cdot \int L_{e,\lambda}(\lambda) \cdot V(\lambda)\mathrm{d}\lambda \tag{2.7}$$

$$L_s = 689.7 \cdot \int L_{e,\lambda}(\lambda) \cdot V'(\lambda)\mathrm{d}\lambda \tag{2.8}$$

在这里 $L_{e,\lambda}(\lambda)$ 是指被测光源在 $\mathrm{d}\lambda$ 区间内的光谱辐射亮度。需要注明的是 L 同国际照明委员会对明视觉亮度的定义严格对应,但是 L_s 仅代表 CIE 暗视觉亮度的一个区间(689.7/1700)。CIE 定义的暗视觉亮度在 1700 暗视觉每瓦流处设定了最大暗视觉发光效率。

2) 计算 ξ,η,ζ,

$$\begin{bmatrix} \xi \\ \eta \\ \zeta \end{bmatrix} = \begin{bmatrix} 0.400\,24 & 0.707\,60 & -0.080\,1 \\ -0.226\,30 & 1.165\,32 & 0.045\,70 \\ 0.000\,00 & 0.000\,00 & 0.918\,22 \end{bmatrix} \cdot \begin{bmatrix} \dfrac{x}{y} \\ 1 \\ \dfrac{1-x-y}{y} \end{bmatrix} \tag{2.9}$$

3) 计算 α,β,γ,

$$\begin{aligned} \alpha &= 0.374\xi/(\xi+\eta+\zeta) + 0.002(\eta-\zeta)\xi \\ \beta &= 0.374\eta/(\xi+\eta+\zeta) + 0.002(\zeta-\xi)\eta \\ \gamma &= 0.374\zeta/(\xi+\eta+\zeta) + 0.002(\xi-\eta)\zeta \end{aligned} \tag{2.10}$$

4) 计算 $F_{\text{L-M}}$ 和 $F_{\text{M-L}}$,得到 F,

$$F_{\text{L-M}} = (1.015+\alpha)\ln(\xi+1) + (-0.389+\beta)\ln(\eta+1) + (0.000+\gamma)\ln(\zeta+1) \tag{2.11}$$

$$F_{\text{M-L}} = (-0.537+\alpha)\ln(\xi+1) + (1.341+\beta)\ln(\eta+1) + (-0.178+\gamma)\ln(\zeta+1) \tag{2.12}$$

$$F = \max(F_{\text{L-M}}, F_{\text{M-L}}) \tag{2.13}$$

5) 计算暗视觉因数 s 和明视觉因数 p,

$$s = L_s/L \tag{2.14}$$

$$p = \exp(F) - 1 \tag{2.15}$$

6) 计算转换因数 c,

$$c = [0.026/(L+0.026)]\log s + [L/(L+0.032)]\log p \tag{2.16}$$

7) 计算系统等效亮度,

$$L_{\text{seq}} = L \cdot 10^c \tag{2.17}$$

示例:(色样:孟塞尔色样 10B5/10,亮度为 10 cd/m²)

1) 因为式(2.7)是对 2°视场的 CIE 亮度的定义,以及依据附录 1,

$L = 10$

2) 因为式(2.8)是指 689.7/1700 的暗视觉亮度，并且暗视觉亮度是 4.411 · L，

L_s = (689.7/1700) · 44.11 = 17.90

3) x=0.205，y=0.245 (见附录 1)，利用式(2.9)计算 ξ，η，ζ，

ξ = 0.861 1，η = 1.078 6，ζ = 2.061

4) 根据式(2.10)，得出

α = 0.078 8，β = 0.103 4，γ = 0.191 8

5) 根据式(2.11)、式(2.12)和式(2.13)，

$F_{L\text{-}M}$ = 0.685 0

$F_{M\text{-}L}$ = 0.787 7

F = 0.787 7

6) 根据式(2.14)和式(2.15)，

s = 1.791

p = 1.198

7) 根据式(2.16)，

c = 0.078 95

8) 根据式(2.17)，

$L_{seq}=10\cdot 10^{0.078\,95}=11.99\ \text{cd/m}^2$，参考刺激为 D65。

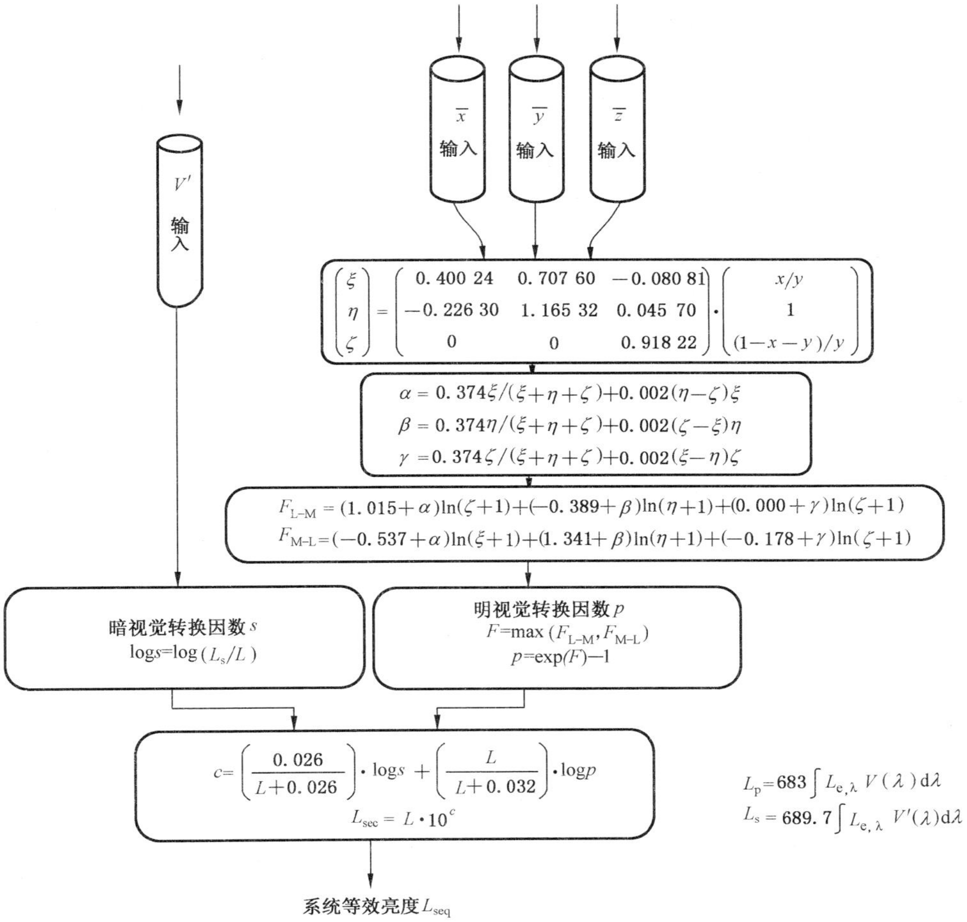

图 2.4 **Nakano 系统**

2.2 10°视场的系统

2.2.1 Palmer 第 1 系统

D. A. Palmer 最早提出中间视觉测光系统建议(Palmer,1968)。他在 CIE 1964 $y_{10}(\lambda)$的基础上,组合 CIE 暗视觉亮度和明视觉大视场亮度,从而衍生出一个系统等效亮度。如果暗视觉亮度用 L'表示,明视觉亮度用 L_{10}表示,

$$L_{seq}=(L'M+L_{10}{}^{2})/(L_{10}+M)$$

此处,M 参数的单位是 cd/m²。如果上述公式写成另外一种形式,

$$L_{seq}=aL'+(1-a)L_{10}$$

这里 $a=M/(L_{10}+M)$,就可以清楚的发现,系统等效亮度是暗视觉亮度与大视场明视觉亮度的加权平均值。加权因数 a,也被称为适应系数,取决于明视觉亮度。在这个系统中,Palmer 规定了 M 的值为 0.04 cd/m²。他的数据库是采用 2 042 K 的钨灯做光源的 HCBM 中获得的,这就是先前 CIE 用来定义等效亮度的标准光源(CIE,1989)。

Palmer 第一系统,如图 2.5 所示,简单而且使用方便。它被设计用来反映当光源减弱时,杆细胞活性不断增强的效果。它没有试图涵盖明视觉水平下对视亮度的色度贡献。该系统的参考刺激为 2 042 K 的普朗克辐射体。

计算:

1) 使用 $L_{10}=Y_{10}=683\int L_{e,\lambda}(\lambda)y_{10}(\lambda)d\lambda$,计算适应系数,

$$a=[M/(L_{10}+M)]=[0.04/(L_{10}+0.04)] \quad (2.18)$$

2) 计算 L_{seq},

$$L_{seq}=aL'+(1-a)/L_{10} \quad (2.19)$$

示例:(色样:孟塞尔色样 10B5/10 ,亮度为 0.01 cd/m²)

根据附录 1,

$L_{10}=L\cdot 1.197=0.011\ 97$

$L'=L\cdot 4.411=0.041\ 1$

根据式(2.18),

$a=0.770$

3) 根据式(2.19),

$L_{seq}=0.036\ 7$ cd/m²,参考刺激为 2 042 K 的普朗克辐射体。

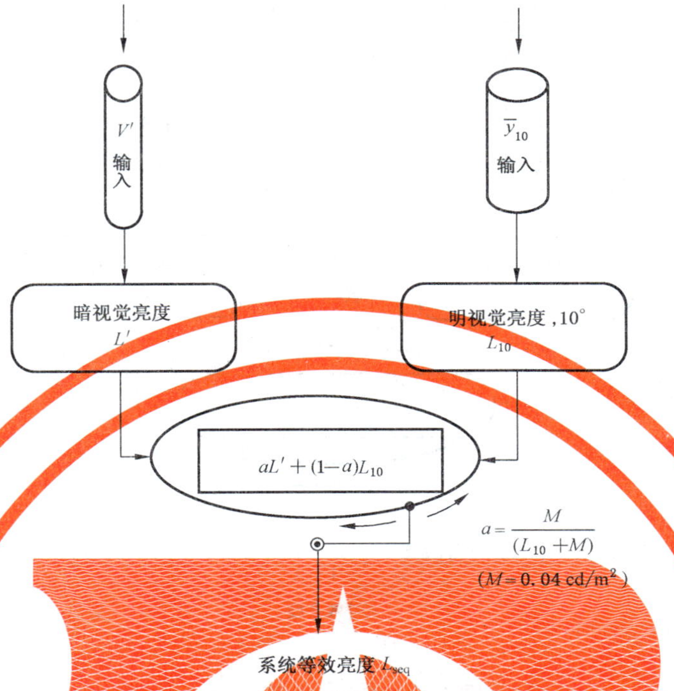

图 2.5　Palmer 第 1 系统

2.2.2　Palmer 第 2 系统

Palmer 修正了其第 1 系统，使之能同他的 HCBM 数据(Palmer，1981)更为匹配。图 2.6 展示了第 2 系统。这个系统采用了与第一系统相同的输入，但在新的系统中，系统等效亮度为 L_{10} 和 L' 的非线性函数。适应系数 a 已经消失，参数 M 的新值为 0.06 cd/m²。

虽然 Palmer 的第 2 系统看起来比较复杂，但"它实际上是描述杆状细胞和锥状细胞对暗视觉视亮度相对贡献的简单关系的二次方程方案"(CIE 1989，第 5 页)。这个系统派生自 2 042 K 的钨参考光源与不同强度、色度和纯度的光源之间进行的视亮度匹配。因此，L_{seq} 值应被理解为看上去和被测刺激具有相同视亮度的 2 024 K 的钨灯亮度。

计算：

1)　使用 $L_{10} = Y_{10} = 683\int L_{e,\lambda}(\lambda) y_{10} V(\lambda) d\lambda$，计算系统等效亮度，

$$L_{seq} = (ML)^{1/2} + L_{10} + M/2 - \{M[(ML)^{1/2} + L_{10} + M/4\ ]^{1/2} \qquad (2.20)$$

此处，$M = 0.06$ cd/m²

示例：(色样：孟塞尔色样 10B5/10，亮度为 0.01 cd/m²)

根据附录 1，

$L_{10} = L \cdot 1.197 = 0.011\ 97$

$L' = L \cdot 4.411 = 0.041\ 1$

2)　根据式(2.22)，

$L_{seq} = 0.024\ 8$ cd/m²，参考刺激为 2 042 K 的普朗克辐射体。

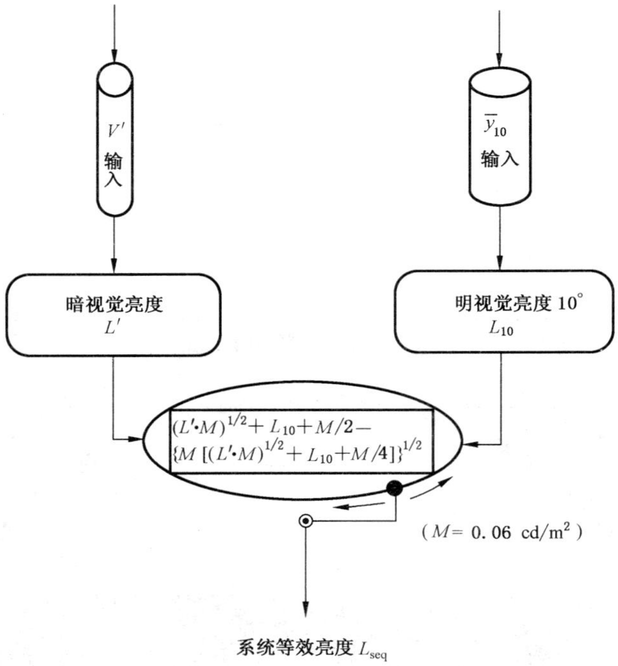

图 2.6 **Palmer 第 2 系统**

2.2.3 Sagawa-Takeichi 系统

Sagawa-Takeichi 系统同样结合明视觉和暗视觉贡献来测定色样的系统等效亮度。然而，从 CIE 明视觉和暗视觉亮度开始，Sagawa-Takeichi 系统首先计算得到系统等效亮度的两种分量，$L_{seq,p}$ 和 $L_{seq,s}$，分别代表了明视觉和暗视觉对 L_{seq} 的贡献，其中 L_{seq} 是这两种分量的几何加权平均值。

明视觉系统等效亮度 $L_{seq,p}$ 利用了 Ware-Cowan 转换因数 c（见 2.1.1），并对该因数进行修改使其可以被扩展应用到 10°视场。暗视觉系统等效亮度取为 CIE 暗视觉亮度的常数倍。适应系数 a 作为组合明视觉和暗视觉分量时的权重因数。它的数值可以利用附录 3 表格中的数据进行计算。

因为 a 值的确定也依赖于系统等效亮度，所以 L_{seq} 需要使用迭代过程进行计算。图 2.8 是这一计算过程的图示。因为 L_{seq} 是通过一个基于光谱发光效率函数（在 570 nm 归一化）的方法计算得到，所以 Sagawa-Takeichi 系统的参考刺激为 570 nm 的单色光刺激（Sagawa，1986，1987，1992a）。

计算：

1） 使用 CIE 1931 明视觉亮度 L 和 x，y 色度坐标，计算明视觉系统等效亮度，

$$L_{seq,p}=L\cdot 10^{c'} \tag{2.21}$$

$$c'=2(c+0.047) \tag{2.22}$$

这里 c 是式（2.1）中定义的 Ware-Cowan 转换因数。

2） 使用 CIE 暗视觉亮度 L'，计算暗视觉系统等效亮度，

$$L_{seq,s}=1.84\ L' \tag{2.23}$$

3） 如图所示，附录 3 中所示的（L_{sea}，a），在点（$L_{seq,p}$，0）和（$L_{seq,s}$，1）之间画了一条直线。取这条线同函数（L_{seq}，a）的交点作为 L_{seq}。

示例：（色样：孟塞尔色样 10B5/10，亮度为 0.01 cd/m²）

1） 根据式（2.1），使用 2°x，y 色度坐标，

$c=0.0973$

2) 根据式(2.22),

$c' = 2(c + 0.047) = 0.2886$

3) 根据式(2.21)和式(2.23),

$L_{seq,p} = 0.01 \cdot 10c' = 0.01944$

$L_{seq,s} = 1.84L' = 0.08116$

4) 在(L_{seq},a)图中,在点(0.019 44,0)和(0.081 16,1)之间画一条直线,如图 2.8 所示。找到这条直线和(L_{seq},a)函数(在附录 3 中定义的)的交点。

$L_{seq} = 0.036\ cd/m^2$,在 570 nm 的参考刺激下。

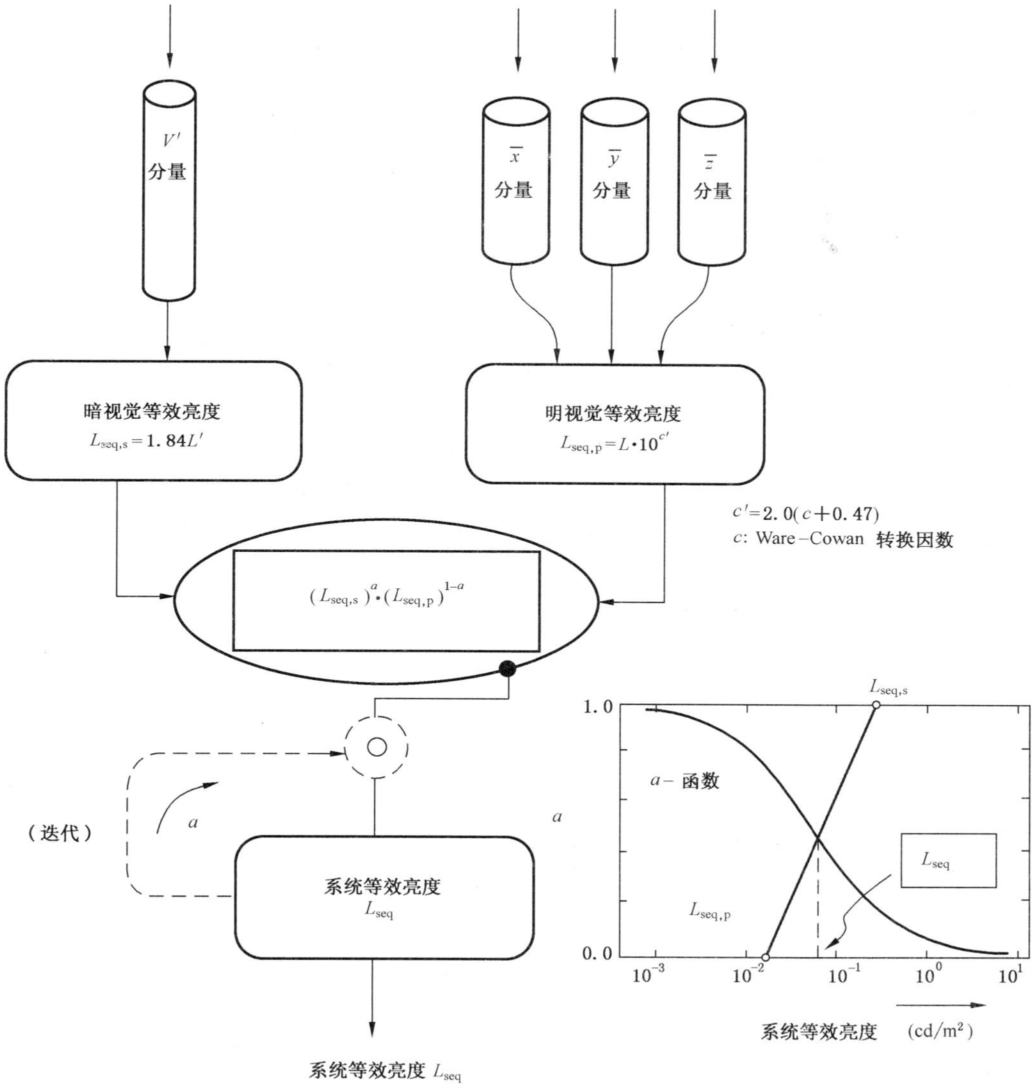

图 2.7 Sagawa-Takeichi 系统

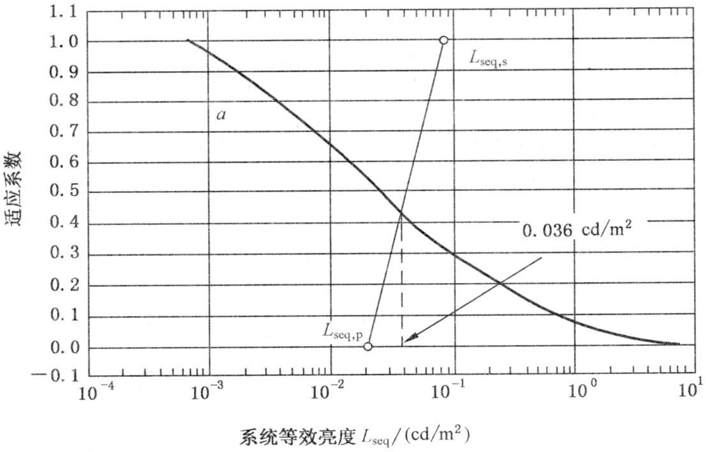

图 2.8 **Sagawa-Takeichi** 系统的工作表

2.2.4 **Nakano-Ikeda** 系统

Nakano-Ikeda 系统同 Nakano 2°视场系统是并列的(见 2.1.4),只是修改了一些参数使其可以用于 10°视场。除了这些参数之外,图 2.9 所示的 Nakano-Ikeda 系统同图 2.4 所示的 Nakano 2°视场系统是完全一样的。正如 Nakano 2°视场系统中一样,10°视场系统也需要计算把亮度转换为视亮度的转换因数 a,该转换因数含有明视觉和暗视觉分量,各分量的相对权重取决于亮度(Nakano,1992)。该系统的参考刺激为光源 D65。

计算:

1) 通过式(2.24)和式(2.25)可以得到 10°明视觉亮度 L_p 和暗视觉亮度 L_s 的量化比值,

$$L_p = 621.1 \cdot \int L_{e,\lambda}(\lambda) \cdot y_{10}(\lambda)(\lambda)\mathrm{d}\lambda \tag{2.24}$$

$$L_s = 689.7 \cdot \int L_{e,\lambda}(\lambda) \cdot V'(\lambda)\mathrm{d}\lambda \tag{2.25}$$

需要注明的是,L_p 公式是从 2.1.4 中的 L 公式衍生而来,使用 621.1 作为乘数(取代 683),用 $y_{10}(\lambda)$代替 $y(\lambda)$。因此 L_p 同 Y_{10}成比例关系。与 2.1.4 一样,L_s 仅代表 CIE 暗视觉亮度范围的一部分(689.7/1700)。

2) 用 CIE 1964 x,y 色度坐标中 x_{10} 和 y_{10},计算 ξ,η,ζ,

$$\begin{bmatrix}\xi\\ \eta\\ \zeta\end{bmatrix} = \begin{bmatrix} 0.383\,55 & 0.732\,68 & -0.089\,77 \\ -0.249\,31 & 1.202\,94 & 0.031\,16 \\ 0.000\,63 & 0.001\,63 & 0.930\,97 \end{bmatrix} \cdot \begin{bmatrix} \dfrac{x_{10}}{y_{10}} \\ 1 \\ \dfrac{1-x_{10}-y_{10}}{y_{10}} \end{bmatrix} \tag{2.26}$$

3) 计算 α,β,γ,

$$\begin{aligned} \alpha &= 0.374\xi/(\xi+\eta+\zeta) + 0.002(\eta-\zeta)\xi \\ \beta &= 0.374\eta/(\xi+\eta+\zeta) + 0.002(\zeta-\xi)\eta \\ \gamma &= 0.374\zeta/(\xi+\eta+\zeta) + 0.002(\xi-\eta)\zeta \end{aligned} \tag{2.27}$$

4) 计算 $F_{L\text{-}M}$和 $F_{M\text{-}L}$,得出 F,

$$F_{L\text{-}M} = (1.015+\alpha)\ln(\xi+1) + (-0.389+\beta)\ln(\eta+1) + (0.000+\gamma)\ln(\zeta+1) \tag{2.28}$$

$$F_{M\text{-}L}=(-0.537+\alpha)\ln(\xi+1)+(1.341+\beta)\ln(\eta+1)+(-0.178+\gamma)\ln(\zeta+1) \quad (2.29)$$

$$F=\max(F_{L\text{-}M},F_{M\text{-}L}) \quad (2.30)$$

5) 找到暗视觉因数 s 和明视觉因数 p，

$$s=L_s/L_p \quad (2.31)$$

$$p=\exp(F)^{-1} \quad (2.32)$$

6) 计算转换因数 c，

$$c=[0.026/(L_p+0.026)]\log s+[L_p/(L_p+0.032)]\log p \quad (2.33)$$

7) 计算系统等效亮度，

$$L_{seq}=L_p\cdot 10^c \quad (2.34)$$

示例：(色样：孟塞尔色样 10B5/10，亮度为 0.01 cd/m²)

1) 依据式(2.24)和式(2.25)，

$L_p=0.010\ 89$

$L_s=0.017\ 90$

2) 依据式(2.26)，

$\xi=0.849\ 6, \eta=1.073\ 1, \zeta=1.842\ 2$

3) 根据式(2.27)，

$\alpha=0.083\ 09, \beta=0.108\ 7, \gamma=0.182\ 2$

4) 根据式(2.28)、式(2.29)和式(2.30)，

$F_{L\text{-}M}=0.661\ 3$ $F_{M\text{-}L}=0.782\ 2$，因此 $F=0.782\ 2$

5) 根据式(2.31)和式(2.32)，

$s=1.644$

$p=1.186\ 3$

6) 根据式(2.33)，

$c=0.171\ 4$

7) 根据式(2.34)，

$L_{seq}=0.016\ 2$，参考刺激为 D65。

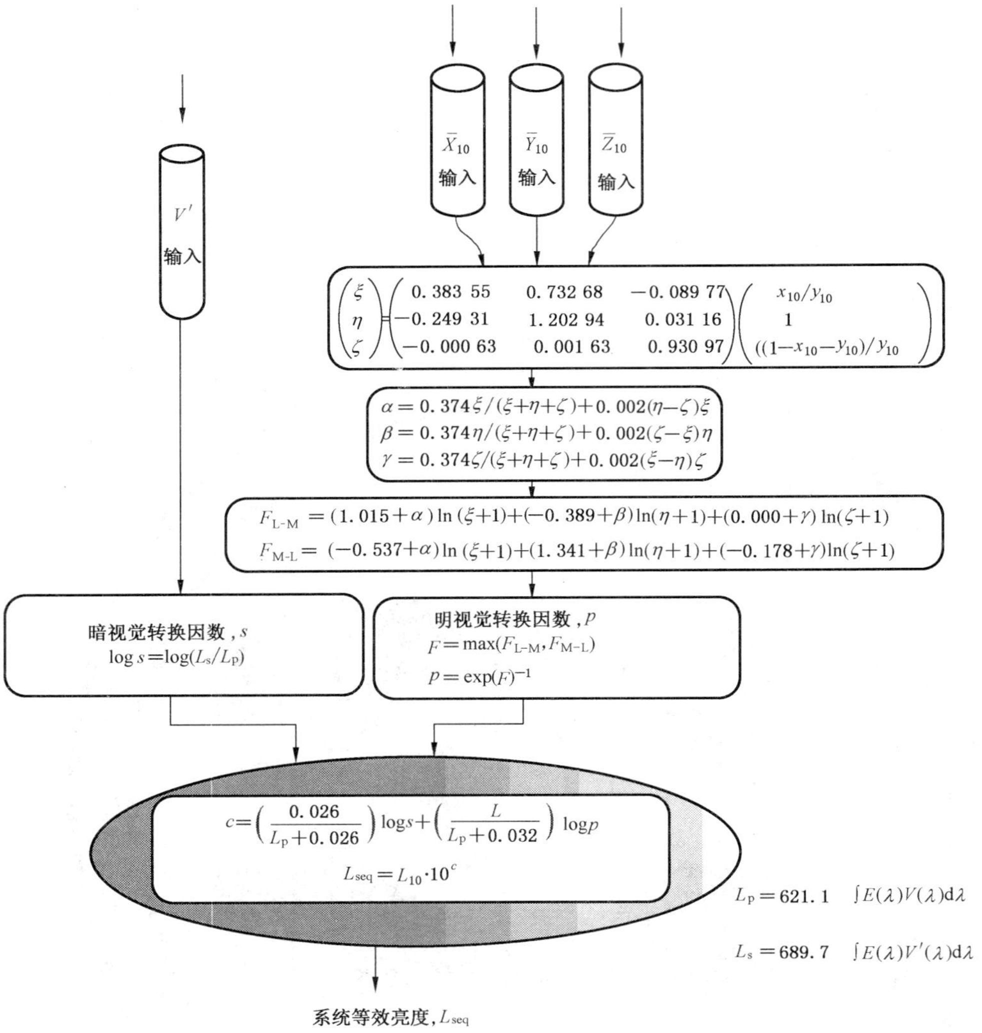

图 2.9 **Nakano-Ikeda** 系统

2.2.5 Kokoschka-Bodmann 系统

Kokoschka-Bodmann 系统基于对 4 种分量的线性加权求和，这四个分量就是色样在 10°视场的 3 个刺激值以及它的暗视觉亮度(Kokoschka & Bodmann，1975)。可以认为这四个分量反映了三种锥受体以及杆细胞的活性。图 2.10 展示了这个系统。

用于加权因数的 F 系数主要取决于系统等效亮度，L_{seq}。他们的数值，最初是从 HCBM 数据中测定得到的，可以用附录 4 中的表计算。由于 F 系数介入到 L_{seq} 的计算中，所以 L_{seq} 计算需要迭代进行。图 2.11 提供了帮助进行计算的工作单。

该系统最初在 1975 年提出，它当时并没有考虑对视亮度的色度贡献；因此，它的 L_{seq} 值更接近明视觉水平中的 L_{10}。为了解决 Helmholtz-Kohlrausch 效应，该系统最近加入修饰值 f 进行更正。f 的取值通过一个函数依赖于色度值，该函数与用于计算转换因数 c 的 Ware-Cowan 经验公式(Ware & Cowan，1983)相类似。然而，Kokoschka-Bodmann 版本基于的是 CIE 1964 的大视场色度坐标 x_{10}，y_{10}，取代了 CIE 1931 的 x，y 色度坐标。然后将得到的 f_0 值代入到基于 Ikeda-Ashizawa 适应系数函数的公式中。该函数(Ikeda & Ashizawa，1991)把色度贡献描述成随对数亮度线性递增，在最小亮度值 0.001 cd/m² 时色度贡献取最小值 0，在 100 cd/m² 亮度时，色度贡献取得 Ware-Cowan 转换因数所定义的最大值。

虽然 Kokoschka 系统建立在参考刺激为 530 nm 的单色光视场 HCBM 试验基础之上，附录 4 中定义的 F 系数和计算 L_{seq} 的方程都是建立在参考刺激为 2 045 K 的铂光源的基础上（Kokoschka & Bodmann）。

计算：

1） 测定色样的 CIE 1964 的三色刺激值，x_{10}，y_{10}，z_{10} 以及 CIE 暗视觉亮度 L'。

2） 在附录 4 中的 F 系数表中选择与 Y_{10} 相等的级别附近的一个区域，在表中 2 个或者 3 个 L_{seq} 级别上使用式 2.35 计算 L_{est}（L_{seq} 的估计值）。

$$L_{est} = F_x X_{10} + F_y Y_{10} + F_z Z_{10} + F_s L' \tag{2.35}$$

在大多数情况下，我们会发现式(2.35)产生的 L_{est} 值与表中对应这些 F 系数的 L_{seq} 不同。

3） 使用迭代或图解法（见图 2.11）在表中所列水平之间进行插值，找到一组 L_{seq} 值和 F 系数值，在这些值上，式(2.35)得出的 $L_{est} = L_{seq}$。

4） 计算色度校正因数 f，

$$f = 1 + (f_0 - 1)(0.6 + 0.2\log L_{10}) \tag{2.36}$$

利用下列方程确定 f_0：

$$f_0 = 10^{c*} \tag{2.37}$$

$$c* = c_{10} + 0.067 \quad 和 \tag{2.38}$$

$$c_{10} = 0.256 - 0.184 y_{10} - 2.527 x_{10} y_{10} + 4.656 x_{10}{}^{3} y_{10} + 4.657 x_{10} y_{10}{}^{4} \tag{2.39}$$

式(2.39)同用来计算转换因数的 Ware-Cowan 方程一样，除了改成 CIE 1964 的色度坐标。

5） 用色度校正因数来校正步骤 3 中得到的 L_{est}：

$$L_{seq} = L_{est} \cdot f \tag{2.40}$$

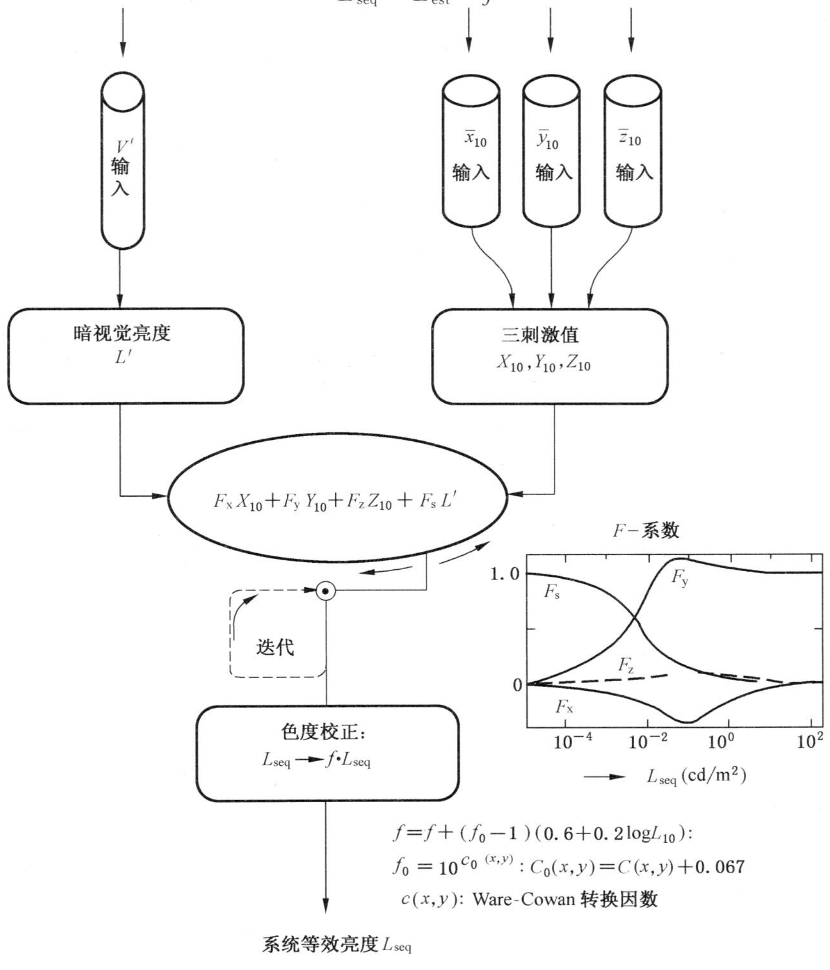

图 2.10 **Kokoschka-Bodmann 系统**

示例:(色样:孟塞尔色样 10B5/10 ,亮度为 0.01 cd/m²)

1) 由 $x_{10}=0.205$,$y_{10}=0.267$ 以及 $L=0.01\ \text{cd/m}^2$ (附录 1)

$Y_{10}=(L_{10}/L)L=1.197\times0.01=0.011\ 97$

$X_{10}=(x_{10}/y_{10})Y_{10}=0.009\ 19$

$Z_{10}=((1-x_{10}-y_{10})/y_{10})Y_{10}=0.023\ 67$

$L'=(L'/L)L=4.411\times0.01=0.044\ 11$

2) 从附录 4 中的表中选择接近 Y_{10} 值的 L_{seq} 级别,用式(2.35)计算相应的 L_{est}(如图 2.11 所示)。

对于图 2.11 中的全部三个 L_{seq} 值,式(2.35)产生一个不同于 L_{seq} 的 L_{est} 值。然而,附录 4 中 $L_{seq}=0.017\ 5$ 所对应的 F 系数会导致 $L_{est}>L_{seq}$,而对于 $L_{seq}=0.028\ 8$ 时则会产生 $L_{est}<L_{seq}$。通过在表中进行线性插值,可以发现在 $L_{seq}=0.017\ 5$ 线和 $L_{seq}=0.028\ 8$ 线之间、距离为 0.4 的一组 L_{seq} 和 F 系数的值,这组数值具有以下的插值。

L_{seq}	F_x	F_xX_{10}	F	F_yY_{10}	F_z	F_zZ_{10}	F_s	F_sL'	L_{est}
0.022	−0.269	−0.002 47	1.10	0.013 17	0.048 4	0.001 15	0.225	0.100 7	0.021 92

因为 L_{seq} 取 0.022 时,计算得到 $L_{seq}=L_{est}$,L_{est} 值 0.022 参与继续迭代。

当使用计算机进行计算时,通过迭代很容易得到解。否则,L_{seq} 和 L_{est} 的三个值可能画在图上,如图 2.11 所示,可以看到在这个区域上 L_{est} 与 L_{seq} 的差异程度。接着可以从图上找到 $L_{est}=L_{seq}$ 的点。

3) 为了校正所有可能的色度贡献,使用式(2.37)~式(2.39)进行计算。

$c_{10}=0.084\ 1$

$c*=0.151\ 1$

$f_0=1.416$

4) 根据式(2.36),

$f=1+(0.416)(0.6+(0.2(-1.921\ 91)))=1.090$

5) 根据式(2.40),

$L_{seq}=f\cdot L_{est}=0.024\ 0\ \text{cd/m}^2$,2 045 K 的铂参考刺激。

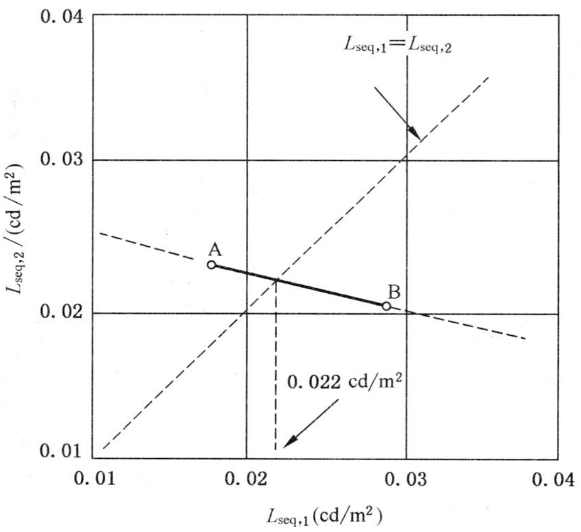

图 2.11 Kokoschka-Bodmann 系统的工作单

2.2.6 Trezona 系统

P. W. Trezona 基于四色比色法概念形成了它的系统。在它的系统中使用 4 种单原色的混合与单色光源进行匹配,这种方法在暗视觉和明视觉亮度水平上都保持有效(Trezona,1973)。在暗视觉水平之上,测试视场和参照视场必须在视亮度和色度上相匹配,而在暗视觉水平,则只需要考虑表观视亮度。对于在这两种水平上保持有效的比色法,Trezona 坚持认为必须使用 4 种分量。它在开发一种能够在明视觉、中间视觉和暗视觉 3 个级别上保持有效的测光法时也引发了类似的争论。图 2.12 是它的测光系统的示意图。

使用一个 588 nm 的单色光匹配视场，Trezona 跟踪到了当视网膜亮度从 +2 以上降到 −2 以下对数辐射托兰时，个别测试光源视亮度的下降情况。在每组观测中，与测试光源匹配的对数辐射托兰在两个区域里随对数视网膜亮度的下降而线性下降；一个区域是明视觉区域，这里的下降同来自 $V(\lambda)$ 的预测相一致，但不完全重合；另一个是暗视觉区域，在这里可以同来自 $V'(\lambda)$ 的预测完全重合。这两条斜线都具有单位斜率，在这两条线之间，Trezona 的数据呈现平滑的过渡。整个函数采用辐射微托兰为单位，可以用双曲正切函数来描述。

Trezona 系统针对每个测试物体或光源，通过测定两个线性区间的位置（这些位置因被测色样而异）和过渡区域的极限值，描述了这个函数。由于该线性区间有单位斜率，它们的位置可以通过其在对数单位的参照光轴上的截距来确定（图 2.12 中的 $\mathrm{Log}\, L_{e,\mathrm{ref}}$）；参数 a 和 b 分别表示暗视觉截距和明视觉截距。参数 S 和 P 表示两个点，过渡区域在这些点上首次偏离临近的暗视觉或明视觉斜线达 0.05 对数单位（即大约 10%）。本系统使用了基于 CIE 1964 的色彩匹配函数和 $V'(\lambda)$ 函数的 4 个输入量，计算得出正确的双曲正切函数，基于此，任何测试色样的等效亮度 L_{seq} 都可以算出。尽管 Trezona 的数据是使用 588 nm 的参考刺激获得的，Trezona 系统以其目前形式产生了一个可以解释为参照 555 nm 光亮度的系统等效亮度 L_{seq}，它看上去与被测色样具有相同视亮度。Trezona 采用 555 nm 的参考光源是为了将它的系统同 1979 年坎德拉新定义紧密结合。

出现在 TC 1-01 报告（CIE，1989）中的 Trezona 方程常数已经被更正，用于反映经验数据的增加，但这些方程的形式在本质上保持不变。有现成可用的计算机程序（Trezona，1990）来辅助用户进行计算。

计算：

1） 利用色样的辐射数据来确定四刺激值，

$$X_t=\frac{\int L_{e,\lambda}(\lambda)x_{10}(\lambda)\,d\lambda}{\int L_{e,\lambda}(\lambda)\,d\lambda}$$

$$Y_t=\frac{\int L_{e,\lambda}(\lambda)y_{10}(\lambda)\,d\lambda}{\int L_{e,\lambda}(\lambda)\,d\lambda} \tag{2.41}$$

$$Z_t=\frac{\int L_{e,\lambda}(\lambda)z_{10}(\lambda)\,d\lambda}{\int L_{e,\lambda}(\lambda)\,d\lambda}$$

$$V'_t=\frac{\int L_{e,\lambda}(\lambda)V'(\lambda)\,d\lambda}{\int L_{e,\lambda}(\lambda)\,d\lambda}$$

2） 利用这些四刺激值来计算暗视觉和明视觉极限值 S 和 P，

$$S'=-1.283\,4+0.124\,2X_t/Y_t+0.120\,7Z_t/Y_t-1.391\,9V'_t/Y_t-0.150\,7X_t^2/Y_t^2-0.019\,0X_tZ_t/Y_t^2+0.015\,6Z_t^2/Y_t^2-0.116\,6Z_tV'_t/Y_t^2+0.330\,1V'^2_t/Y_t^2+0.149\,3V'_tX_t/Y_t^2 \tag{2.42}$$

$$S=S'-\mathrm{Log}Y_t \tag{2.43}$$

$$P'=+0.442\,3-0.705\,4X_t/Y_t-0.110\,0Z_t/Y_t-0.109\,9V'_t/Y_t+0.202\,0X_t^2/Y_t^2+0.034\,1X_tZ_t/Y_t^2-0.018\,8Z_t^2/Y_t^2+0.001\,7Z_tV'_t/Y_t^2+0.051\,9V'^2_t/Y_t^2+0.345\,8V'_tX_t/Y_t^2 \tag{2.44}$$

$$P = P' - \log Y_t \tag{2.45}$$

3） 使用 CIE 1964 中的 x_{10}，y_{10} 色度坐标分别测定函数的对数线性斜线在暗视觉和明视觉区域的截距 a 和 b，

$$a = \log V'_t + 1.1278 \tag{2.46}$$

$$b' = 0.325 - 0.184 y_{10} - 2.527 x_{10} y_{10} + 4.656 x_{10}{}^3 y_{10} + 4.657 x_{10} y_{10}{}^4 \tag{2.47}$$

$$b = b' + \log Y_t \tag{2.48}$$

4） 利用 a，b，s 和 P，找到过渡区域中的双曲正切函数中的参数 d 和 m，

$$d = (s + p)/2 \tag{2.49}$$

$$m = 2\tanh^{-1}[1 - 0.1/(a - b)]/(P - S) \tag{2.50}$$

5） 在附录 5 中的转换表格内进行线性插值，将色样的对数 Y_{10} 值（单位为 log cd/m²）转化为 N_p（单位为对数明视觉托兰）。

6） 将 N_p（对数明视觉托兰）转化为 N（对数辐射托兰），

$$N = N_p + 0.1656 - \log Y_t \tag{2.51}$$

7） 在与色样表观视亮度相匹配的 555 nm 的参考刺激下，计算以对数辐射托兰为单位的 M 值，

$$M = N + (a + b)/2 - [(a - b)/2]\tanh[m(N - d)] \tag{2.52}$$

8） 将 M（对数辐射托兰）转化为 R（对数明视觉托兰），

$$R = M - 0.4148 + 0.3172[\tanh 1.845(M + 0.489)] - 0.1660 \tag{2.53}$$

9） 用附录 5 中的转化表，将 R 转化为对数 cd/m²，得到 L_{seq} 的对数值。

示例：（色样：孟塞尔色样 10B5/10，在 0.01 cd/m² 下）

1） 附录 1 提供色样的四刺激值，

$X_t = 0.267$　　$Y_t = 0.349$　　$Z_t = 0.691$　　$V'_t = 0.510$

2） 根据式(2.42)～式(2.45)，

$S' = -2.514$　　$S = -2.0569$

$P' = 0.1281$　　$P = 0.5853$

3） 根据式(2.46)～式(2.48)，

$a = 0.8405$　　$b' = 0.1531$　　$b = -0.3041$

4） 根据式(2.49)和式(2.50)，

$d = -0.7358$　　$m = 1.168$

5） 将 log L_{10} 转化为对数辐射托兰（附录 5），

$\log L_{10} = -1.922$（log cd/m²）

$N_p = -0.3506$　（对数明视觉托兰）

6） 根据式(2.51)，

$N = N_p + 0.1656 - \log(0.349) = 0.2722$　（对数辐射托兰）

7） 根据式(2.52)，

$M = N + [0.8405 + (-0.3401)]/2 - [0.8405 - (-0.3041)]\tanh[1.168x(N + 0.7358)]$

$= 0.0674$　（对数辐射托兰）

8） 根据式(2.53)，

$R = 0.2722 - 0.4148 + 0.3172[\tanh 1.845(0.2722 + 0.489)] - 0.1660$

$= -0.2684(\log Td) = -0.2684$　（对数辐射托兰）

9） 将 R 值（以对数辐射托兰为单位）转化为 L_{seq}（单位为 cd/m²）（附录 5），

$\log L_{seq} = -1.833$　log cd/m²

$L_{seq} = 0.0147$ cd/m²，参考刺激为 555 nm

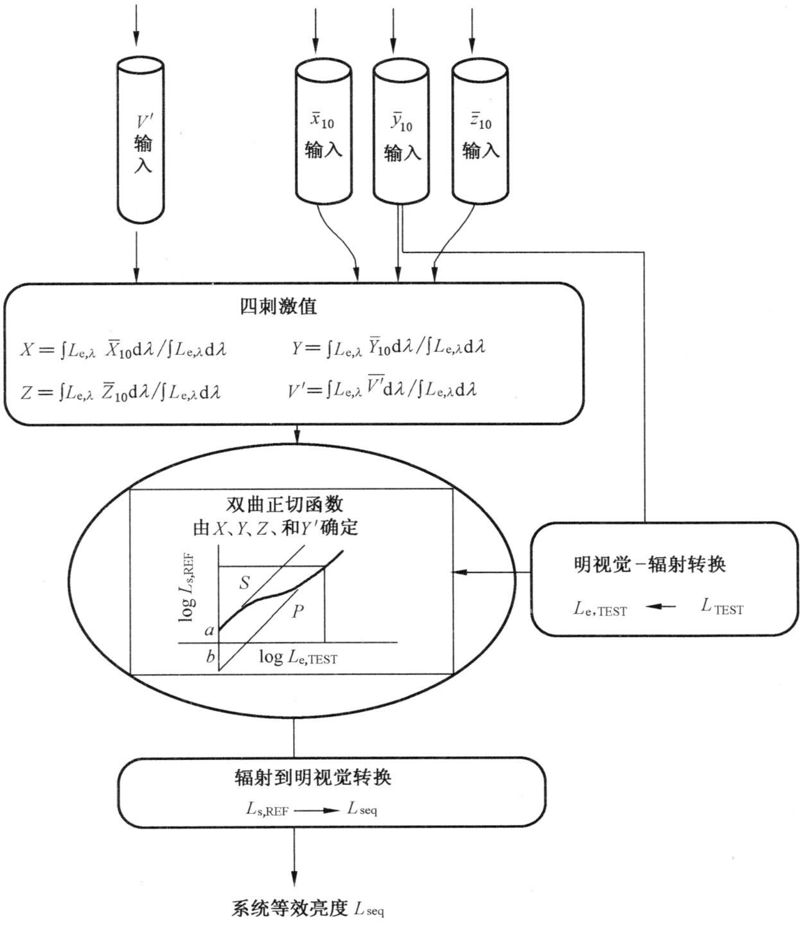

图 2.12 **Trezona** 系统

2.2.7 其他系统

除了以上被提议的系统外，Ashizawa 和 Ikeda 也提出了一个可以测定物体颜色的等效视亮度的系统(Ashizawa，1985；Ikeda，1991)。该系统的设计也是基于相同的 10°视场概念，可以工作在较宽视觉灵敏度范围，包括暗视觉。由于将系统直接应用于在发光模式下获得的视亮度匹配数据存在一定难度，所以在当前的数值测试中没有包括这个系统，在附录 6 中对该系统进行了详细描述。

3 测试数据和测试程序

3.1 数据源

用于测试被提议的测光系统的数据是从大量实验报告中筛选出来的，这些实验在多位观测者上进行直接视亮度匹配测试(HCBM)。这些数据覆盖了较多数量的测试刺激(包括光谱光源和非光谱光源)以及多种不同的观测条件，如孔径模式和物体模式。只选择了那些所有检测刺激均被以光谱功率分布或一整套 CIE 比色法和光度法测量值完全规定的测试数据(2°视场，10°视场和 Judd 修改后的三刺激值；暗视觉亮度和四刺激值)。

表 3.1 概括了用在这篇报告中的数据集，给出了测试刺激的数量，光源类型，视场大小、观测者人数和研究的亮度水平。这些数据集中的一部分是已经完全公开的，其他的则是通过与试验人员进行个人交流所得到的。附录 8 提供了在每个试验中使用的测试刺激的色度坐标，以及表示视亮度匹配数据的图。

表 3.1 测试中所使用的测试数据

数据源	刺激编号	光源类型	视场尺寸	观测者数量	亮度水平，水平数量	参照
2°视场数据						
CIE $V_{b,2}(\lambda)$	34	光谱	2°	63	100 Td	(CIE,1988)
Yujiri 2°	12	物体	2°	4	10.2;41.0;64.1;cd/m²	(Yujiri,1989)
Sato	88	物体	2°	13	455 lx	(Sato,1989)
10°视场数据						
Sagawa/Piao[a]	31	光谱	10°	24+26	0.01～100 Td (9)	(Sagawa,1987,Piao,1988)
Viénot-Chiron	9	光谱	10°	4	100～0.00316 Td(10)	(Viénot,1991,1992)
Sagawa-Takeichi	20	非光谱	10°	20	0.01～100 Td (5)	(Sagawa,1992b)
Piao 等	24	非光谱	10°	21	0.01～100 Td (5)	(Piao,1992)
Ashizawa 等	36	物体	8°	5	0.01～1000 lx (10)	(Ashizawa,1985)
Yujiri 10°	39	物体	10°	5	0.01～3000 lx (12)	(Yujiri,1990)
Howard	72	非光谱	10°	6	0.001～10 cd/m²(3)	(Howard,1990)

[a] 指 Sagawa-Takeichi 和 Piao 等的数据的加权平均。

在这些数据集中的三个数据集中(Sato,Ashizawa 等,Yujiri 10°),测试程序所需的 CIE 色度和光度数值必须从光源的光谱功率分布和用作测试刺激的色样的光谱反射分布推理得到。附录 7 中描述了计算表面颜色亮度的方法。

3.2 测试被提议系统的程序

来自每个实验的数据实际上都是一对刺激,即在表观视亮度上匹配的一个测试刺激和一个参照刺激。可以用每个测光系统来计算数据对中每一成员的系统等效亮度,也就是说,一个是测试刺激的 L_{seq}(基于其色度和光度规格),另外一个是参照刺激的 L_{seq}(基于其规格)。根据定义,组成数据对的测试刺激和参照刺激构成了视亮度匹配,因此一个准确的光学系统应能计算得到相等的 $L_{seq,T}$(测试刺激的 L_{seq})和 $L_{seq,R}$(参照刺激的 L_{seq})。

图 3.1 是依据这个原理的测试过程的图示。将匹配测试对的色度和光度数据运用到被测试的测光系统中,则可以计算出匹配对中每个分量的系统等效亮度。如果系统能准确预测表观视亮度,那么 $L_{seq,T}$ 与 $L_{seq,R}$ 之间的差应该为 0,并且该差值的大小可以用作判断系统优劣的指标。对于含有 n 个视亮度匹配的测试-参照对的数据集,可以按式(3.1)定义残差 σ_E。

$$\sigma_E = \{\sum(L_{seq,Ri} - L_{seq,Ti})^2/(n-1)\}^{1/2} \tag{3.1}$$

在系统精度较高时,在大多数数据对上的差会很小,残差也会相对比较小。

在大部分数据集上依照该程序进行了测试。然而,在有些视亮度匹配试验中,当准确的色度数据无法得到时,所有的测试刺激都被匹配到一个固定的白色参照视场。在这种情况下无法计算 $L_{seq,R}$,事实上也不需要计算。当参照视场恒定时,$L_{seq,R}$ 将是一个常数。式(3.1)等于 $L_{seq,T}$ 值的标准差,因此在这种情况下,σ_E 被当作 $\sigma_E(L_{seq,T})$。

由于该测试程序自身设计原因,其测试过程并不能对“哪个系统提供被测数据最准确的等效亮度值”问题提供答案。事实上,即使两个系统在所有测试刺激上形成宽泛不同的 $L_{seq,T}$ 值,这个时候根据该测试程序仍然可能认为这两个系统具有相同精度。实际的 $L_{seq,T}$ 值将取决于参照刺激,不同系统以黄、绿或白色参照来陈述 L_{seq}。TC 1-21 结论认为关于最适当参照刺激的争论可能还会继续,有关建立最佳视亮度衡量方式的讨论还没有形成令人满意的结论。因此,该测试过程陈述了一个简单的问题,“对于根据试验判断视亮度相同的刺激对,哪一个系统在预测其相等性方面做得更好?”

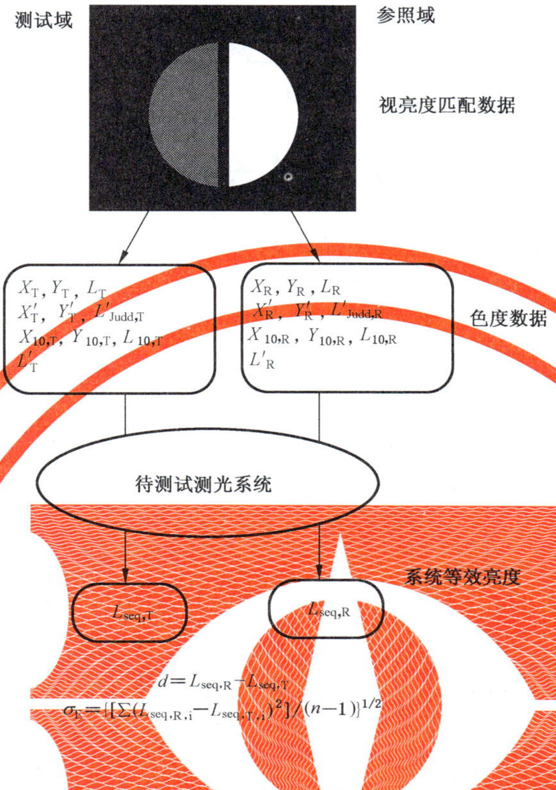

图 3.1 测试程序示意图

4 测试程序的结果

4.1 2°系统上 2°视场匹配数据的结果

4.1.1 计算 $V_{b,2}(\lambda)$ 数据的系统等效亮度

调整在获取 $V_{b,2}(\lambda)$ 函数时使用的单色光刺激（见附录 8，图 A.8.1）的视亮度，使之同恒定参照视场的视亮度匹配。因此 $L_{seq,R}$ 在这种情况下是一个常数，任何系统的残差 σ_E 是该系统的 $L_{seq,T}$ 的预测值的标准差。

图 4.1 绘制了 4 个 2°视场系统的对数 $L_{seq,T}$ 值与单色测试刺激波长的关系图。对于这些计算，$V_{b,2}(\lambda)$ 函数的倒数被用作进行视亮度匹配所需要的相对光能量。如果系统是视亮度的理想预测器，那么 $L_{seq,T}$ 的对数值在光谱范围上应该是一常数。每一张图中，在系统的 $L_{seq,T}$ 平均值处画一条水平虚线，σ_E 值也显示在图中。

根据图 4.1 显示的结果，我们可以得出结论：依据 $V_{b,2}(\lambda)$ 函数，被测试的所有系统都能对视亮度匹配做出不错的预测。其中 Guth 系统的残差最小。大多数系统的最严重问题均存在于短波长区域。如果我们考虑产生 $V_{b,2}(\lambda)$ 函数的原始数据在光谱范围内大约 0.2 对数单位的变化程度，在这些数据上进行的测试反映不出来 4 个系统之间任何更大的差异。

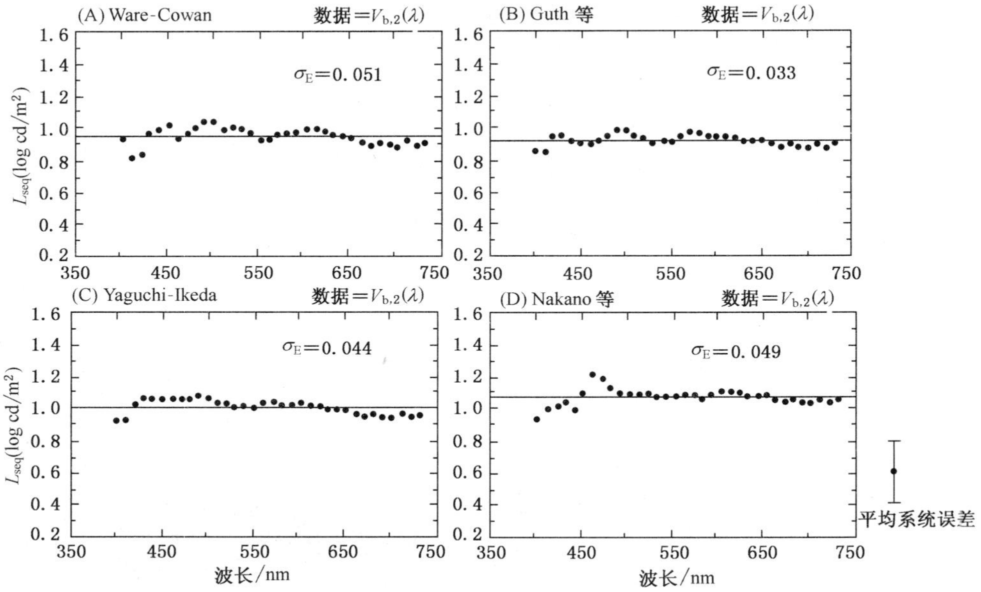

图 4.1　2°视场系统的系统等效亮度 L_{seq}，用于计算 $V_{b,2}(\lambda)$

4.1.2　在 Yujiri 2°视场系统和 Sato 数据上计算系统等效亮度

在一个黑色的试验房间里，Yujiri 的 4 个观测者观察显示在中性灰（孟塞尔/6）背景下的瑞典自然色系统（NCS）反射纸。它们选择一个消色差色样来对 10 种亮度水平上的 12 个彩色色样逐个进行视亮度匹配（Yujiri，1989）。调整光照以达到每个测试色样的期望亮度；因此，对于不同的测试色样而言，对中性灰背景和消色差参照刺激的照明是不一样的。附录 8 中显示了 12 个测试刺激的色度坐标和这部分 Yujiri 试验所得到的数据（图 A.8.2a 和图 A.8.2b）。

图 4.2a 仅包含在 3 个明视觉水平所得到的数据（61.5；40.96 以及 10.24 cd/m²）。4 个 2°视场系统的各自总共 36 个匹配对的 $L_{seq,T}$ 和 $L_{seq,R}$ 都用程序分别计算得到。每个系统的结果显示在各自单独的图中，在图上，每个匹配对用坐标值为（$L_{seq,T}$，$L_{seq,R}$）的单点表示。用单位斜率的虚线表示理想的匹配（即 $L_{seq,T}=L_{seq,R}$）。残差 σ_E 用于衡量与这条线的偏差。在这条线上方的点代表那些系统预测的 $L_{seq,T}$ 过小，不能与实验决定的等效视亮度参考刺激的 $L_{seq,R}$ 相匹配的颜色。而在这条线的下方的点代表那些系统预测的 $L_{seq,T}$ 过大的颜色。从这些图中可以看出，对于大多数测试色样，Nakano 系统预测的 L_{seq} 值都偏高。而其他三种系统的残差均比 Nakano 系统的低，主要在误差值上有差别。

在图 4.2b 中，对数 $L_{seq,T}$ 与对数 $L_{seq,R}$ 的差异被作为测试色彩的函数作图，用以观察一定亮度水平上误差的色彩相关性。Guth 等，Yaguchi-Ikeda 和 Nakano 系统的误差模式彼此相似。所有的系统均在 Y70R 颜色出现较大的负误差，而较大的正误差出现在 R70B 颜色。除 Ware-Cowan 系统外，其他系统对于绿色和黄色的颜色表现出良好的预测。

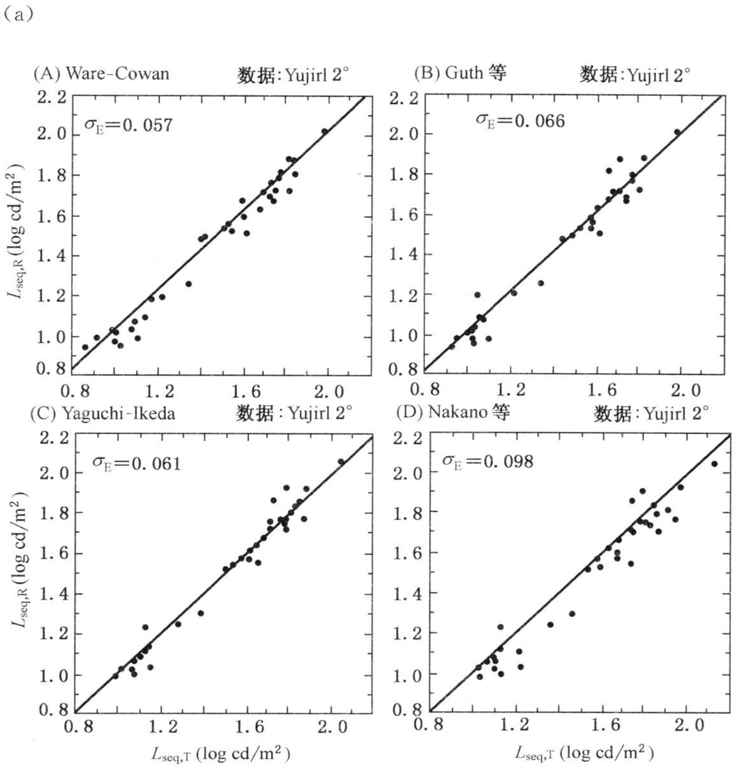

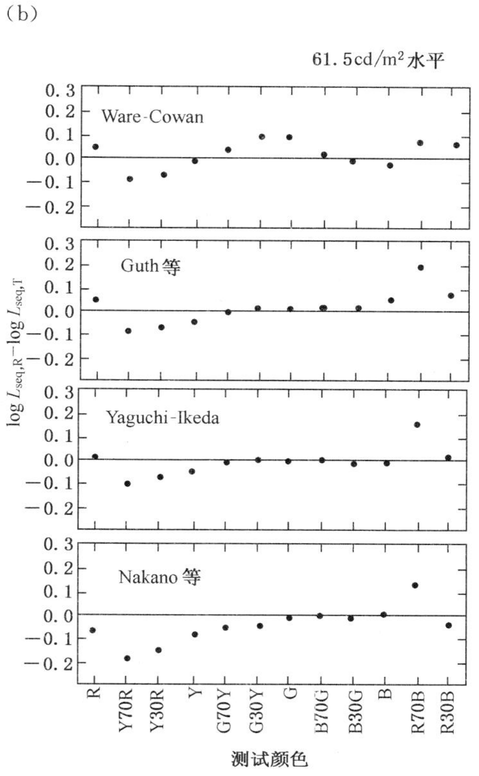

图 4.2a　2°系统和 Yujiri 数据的系统等效亮度的计算

图 4.2b　对数 $L_{seq,T}$ 与对数 $L_{seq,R}$ 的差异同测试颜色的关系图(关于颜色标注详见附录 8,图 A.8.2)

Sato 的 13 个观测者选择大量消色差色样作为同等照度水平下(光源 C 提供的 455 lx 照度)的88 个孟塞尔色样的视亮度匹配。2°视角、正方形色样在 30°的中性灰背景下进行观测;背景和测试色样的孟塞尔值相同,都为孟塞尔/6。尽管 Yujiri 的 12 个自然色系统(NCS)色样均呈现高色度,Sato 色样的色度分布在较低和中间范围内,色度坐标如附录 8 中图 A.8.3 所示。

图 4.3a 和图 4.3b 表示了全部 4 个系统在 88 个视亮度匹配对上的计算结果。同样的,在图 4.3a 中,每个匹配对用色度坐标为($L_{seq,T}$,$L_{seq,R}$)的单点表示。图 4.3b 展示了 $L_{seq,T}$ 与 $L_{seq,R}$ 的差异。对于这些数据,所有系统都低估了被测彩色色样的视亮度。由图 4.3b 可以看出,红色的色样在所有的系统上都表现出较大误差;紫色的色样在除 Nakano 系统外的所有系统上也呈现较大误差。在 Guth 等和 Yaguchi-Ikeda 系统中,白色,绿色和蓝色色样的误差相对比较小。而对于 Ware-Cowan 和 Nakano 系统而言,浅绿色色样易出现较大误差,但它在 Yaguchi-Ikeda 系统中的误差却很小。Nakano 系统的残差最小。因此,与其他 3 个系统相比较而言,Nakano 系统表现出的不同之处在于其在大多数有色色样上,给出了相对较高的视亮度估测值。这种趋势改善了对 Sato 数据的预测,但是不利于对 Yujiri 数据的预测。

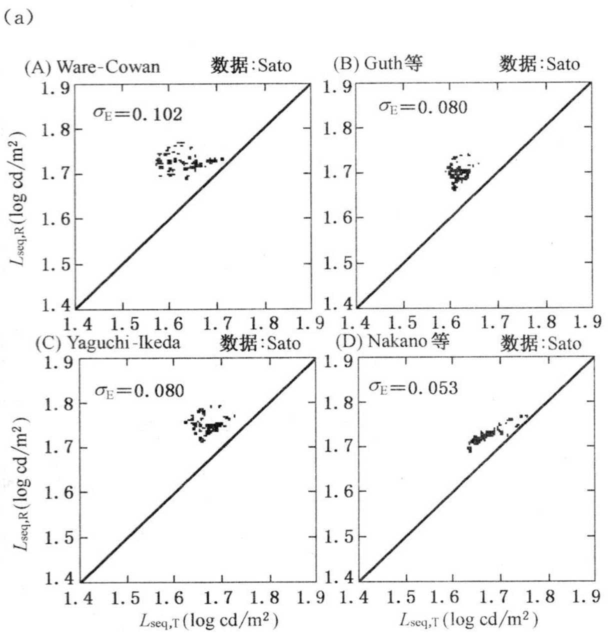

图 4.3a 2°系统上 Sato 数据的系统等效亮度的计算

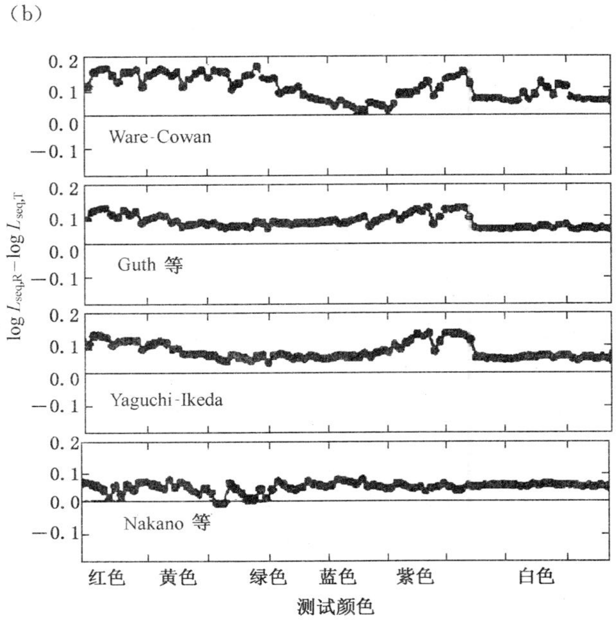

图 4.3b $L_{seq,T}$ 与 $L_{seq,R}$ 的差异同测试颜色的函数

4.1.3 2°系统测试结果的总结

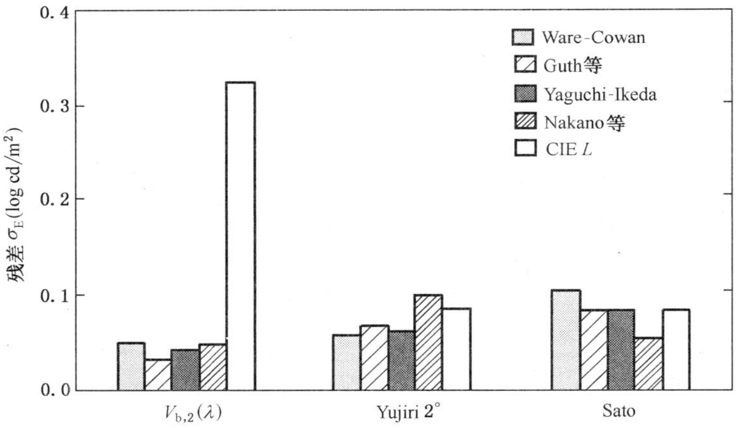

图 4.4 2°系统的残差同测试数据集的函数关系

图 4.4 总结了 2°系统的测试结果。在这张图中绘制了每个系统在 3 个数据集上的残差。当仅考虑单色光源时($V_{b,2}(\lambda)$数据),所有的 4 个系统都有等于或小于 0.05 对数 cd/m² 的残差;以 $V(\lambda)$(CIE 亮度)表示的视亮度预测在这样的光源条件下产生较大误差。而对于恒定亮度的饱和物体颜色(Yujiri 数据),被提议系统中有 3 个的残差仍接近于 0.05 对数 cd/m²,但是 Nakano 系统趋向于产生过高的 $L_{seq,T}$ 值。当物体颜色仅在色调和色度上变化时(Sato 数据),除 Nakano 系统的残差下降外,其余 3 个系统的残差增加。值得一提的是,对于除单色光外的任何光源,这些被提议的系统并不比 $V(\lambda)$表现得更好,而对于单色光源,$V_{b,2}(\lambda)$自身可以用作视亮度的度量。

4.2 10°系统上10°视场匹配数据的结果

4.2.1 计算 Sagawa 和 Piao 光谱数据的系统等效亮度

Sagawa 和 Takeichi(1987)和 Piao 等(1988)收集了来自总共 50 个观测者的数据，每个观测者把 31 个单色光刺激匹配到一个恒定白色参照视场。这些刺激以 10 nm 的间隔分布在 400 nm～700 nm 范围内。在每次单独匹配实验过程中，白色的参照视场设置为 9 个级别，间隔 0.5 对数单位分布在从 0.01 Td～100 Td 范围上。每组数据的平均值如附录 8 中的图 A.8.4 所示。从这些数据可以明显看出人的视觉效率函数从明视觉亮度到暗视觉亮度水平的变化形状，这一点可能应该作为任何理想的测光系统所需要达到的目标之一。

为了测试这些被提议的系统，对来自这两组试验的数据进行了组合，得到不同测试刺激在不同水平上的视亮度匹配亮度的加权平均值。

图 4.5 中的 6 张图对应表示 6 个系统的 9 组(每组 31 个对数 $L_{\mathrm{seq,T}}$ 值)数据结果与被测试波长的关系图。对于指定的亮度水平，以 31 个匹配测试刺激的色度数据和光度数据作为系统方程的输入量，计算得到了系统等效亮度 $L_{\mathrm{seq,T}}$。因为这些数据都是在恒定视亮度的水平上得到的，所以我们期望由这些实验数据计算得出的对数 $L_{\mathrm{seq,T}}$ 值在任一亮度水平上保持一致。相应的，图 4.5 中的点应该都落在 9 条不同的水平线附近。

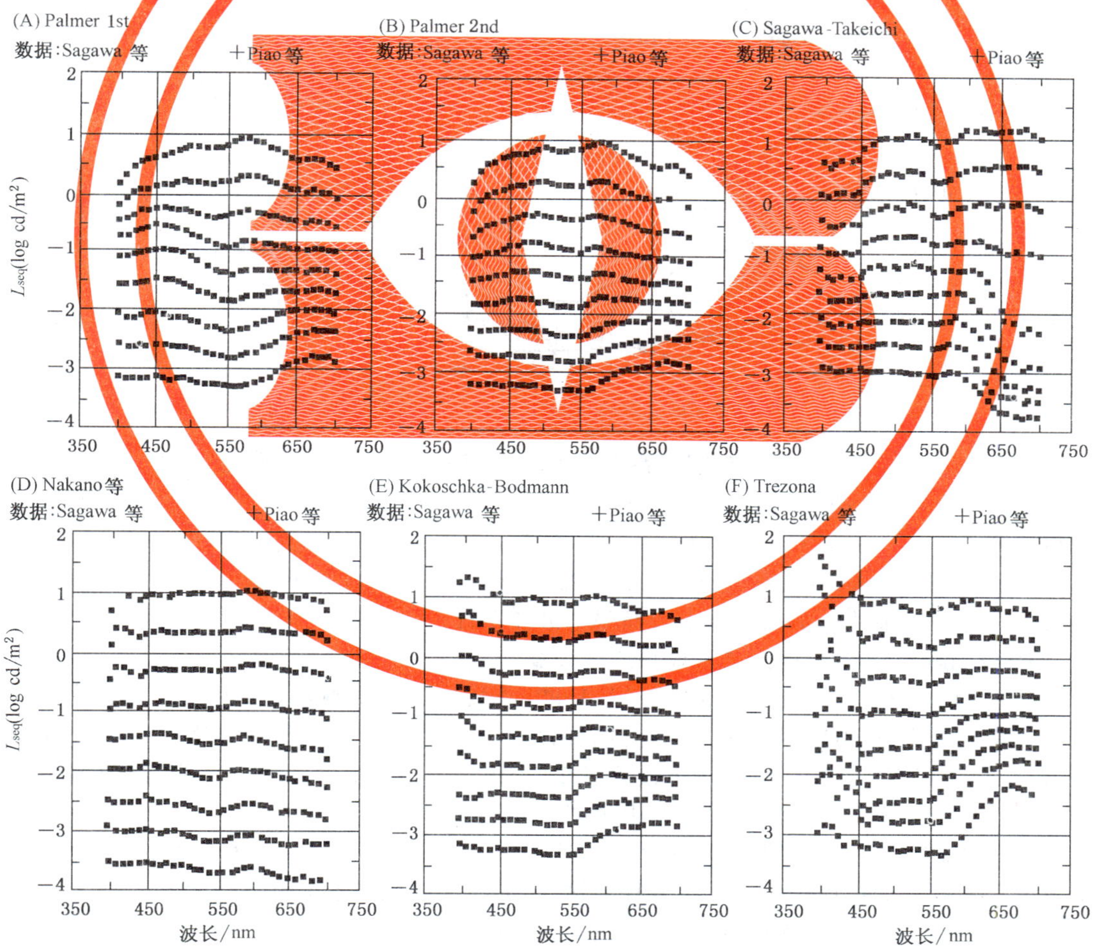

图 4.5 10°系统使用 Sagawa-Piao 平均数据计算得出的系统等效亮度

Palmer 的第 1 系统和第 2 系统在 3 个最高水平和 3 个最低水平上表现得比较类似。而在 3 个中间水平上，第 2 系统似乎表现更好。Sagawa-Takeichi 系统在中等波长范围上表现特别好，尤其是中间视觉和暗视觉亮度水平更是如此。而在明视觉水平，它对短波长的表现较差；在明视觉以下水平，对较长波长的反应也有特别明显的问题。Nakano-Ikeda 的结果在不同波长上基本保持一致，在较高亮度水平和中等波长区域的表现尤其如此。而对于明视觉水平上的较短波长和较长波长，该系统表现最差。在中间视觉和暗视觉水平，预测的 $L_{seq,T}$ 值偏低的趋势越发明显。Kokoschka-Bodmann 系统在 450 nm～550 nm 的波长范围内的所有亮度水平反应都比较好，但是它在明视觉和中间视觉水平对短波长的反映较差。这种较差现象在 3 个最低亮度水平有所改善，但是紧接着对长波长的表现又比较差。

Trezona 系统在中等波长和长波长区域的 3 个最高亮度水平上，都显示出恒定的 $L_{seq,T}$ 值，但在明视觉和中间视觉水平的短波长和中间视觉和暗视觉水平的长波长区域，该系统则存在明显的问题。

总之，在 450 nm～550 nm 的波长范围内，这 6 个系统全都表现最好。Kokoschka-Bodmann 系统和 Trezona 系统针对短波长，特别是对于暗视觉水平的短波长，所产生的系统等效亮度比数据指示的要高。然而两个 Palmer 系统以及 Sagawa-Takeichi 系统针对短波长在明视觉水平所产生的系统等效亮度比数据指示的要低。在明视觉水平，所有系统针对较长波长给出的系统等效亮度都比数据指示的要低。仅 Sagawa-Takeichi 系统在较低亮度水平仍然保持这种趋势，此时该系统对于被测视亮度的实际匹配显得尤其低。在暗视觉水平上，Palmer 第 1 和第 2 系统，Kokoschka-Bodmann 系统和 Trezona 系统对长波长所产生的系统等效亮度明显比数据指示要高。没有系统能够在人类视觉敏感范围内给出对这些发光效率定义数据的较好重现。

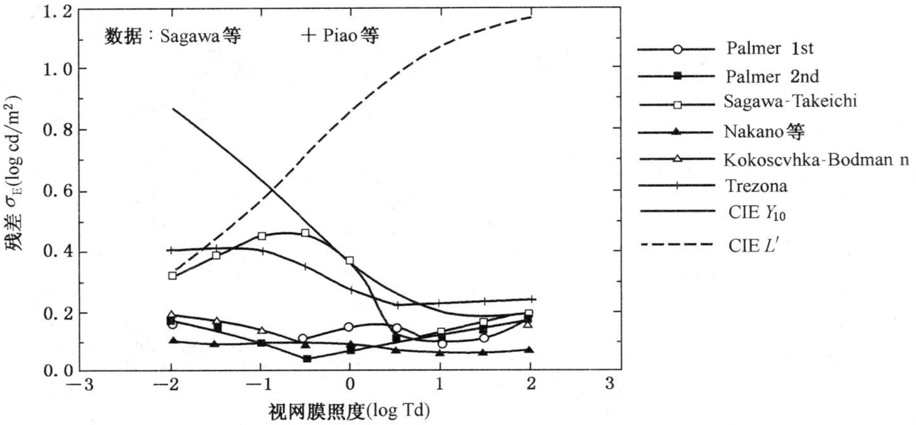

图 4.6　10°视场系统上 Sagawa-Piao 平均数据的残差

图 4.6 使用在 9 个亮度水平的残差对这些数据进行了总结。就视亮度测量而言，所有系统相对于目前使用的基于 $y_{10}(\lambda)$ 和 $V'(\lambda)$ 上的测量都具有优势。大多数系统的残差值介于 0.1～0.2 之间。Sagawa-Takeichi 系统和 Trezona 系统给出的误差都比较大，特别是在暗视觉和中间视觉亮度水平更是如此。很难依据这些结果从测试的系统中选择一个最佳系统。

4.2.2　Viénot-chiron 光谱数据系统等效亮度的计算

Viénot 和 chiron(Viénot 和 Chiron，1991，1992)收集了 4 个观测者分别用 9 个单色光刺激在恒定的白色参照视场下进行 HCBM 和闪烁匹配试验的数据。在每个单独的试验过程中，以 0.5 的对数单位作间隔，在 0.003 16 Td～100 Td 范围上设置了 10 个级别的白色参照视场。每种匹配方法在 9 个被测刺激上所得到的视网膜照度比值如附录 8 中的图 A.8.5 所示。

依据与绘制图 4.5 相同的程序，用这些数据绘制出图 4.7。9 个匹配测试刺激在一个指定照度水平的色度数据和光度数据被用作每个系统方程的输入，进而计算得到系统等效亮度 $L_{seq,T}$。对于一个好的系统，我们期望图 4.7 中的这些值分布在 10 条不同的水平线附近。

图 4.5 中提到的许多特征也出现在这次针对 6 个系统的测试中。Nakano 系统对较低视亮度水平的较长波长视亮度的预测偏低，这一点在 Sagawa-Takeichi 系统中更为突出。其余系统(Palmer，Kokoschka-Bodmann 和 Trezona)，当视网膜照度下降时，对长波长视亮度的预测偏高越发明显。由于没有使用小于 445 nm 的测试刺激，所以图 4.5 中提到的短波长问题没有在图 4.7 中出现。

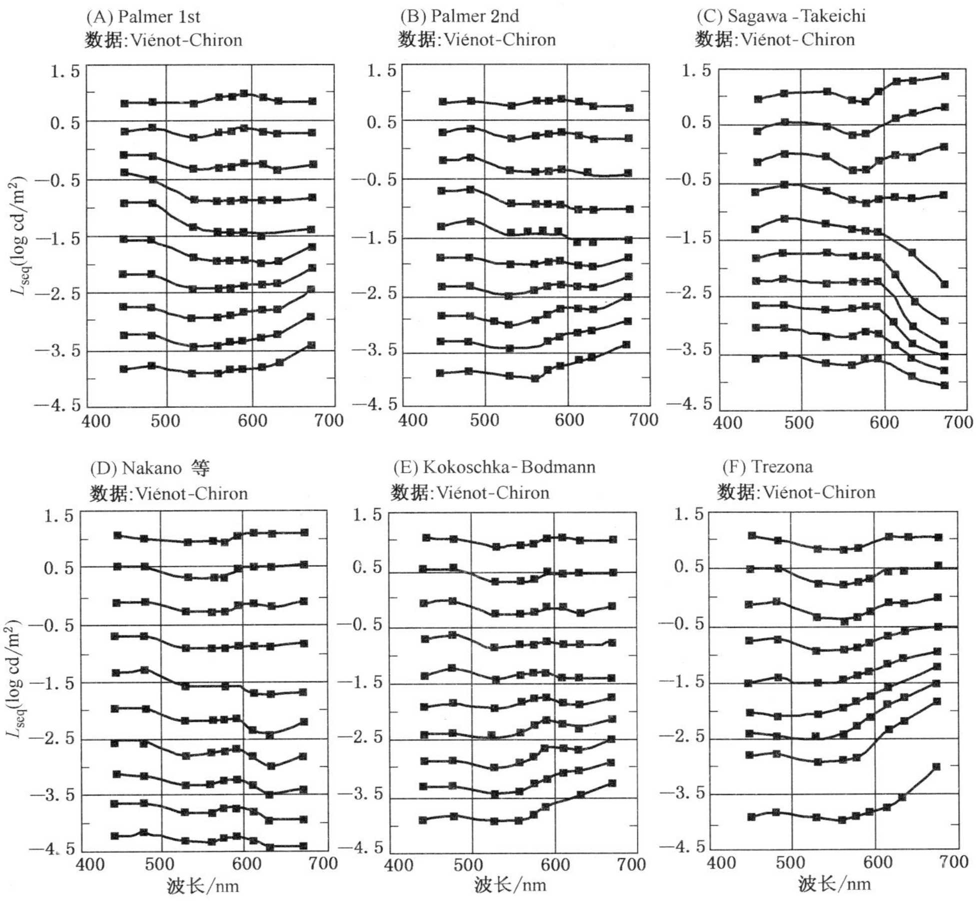

图 4.7　10°系统 **Viénot-Chiron** 数据系统等效亮度的计算

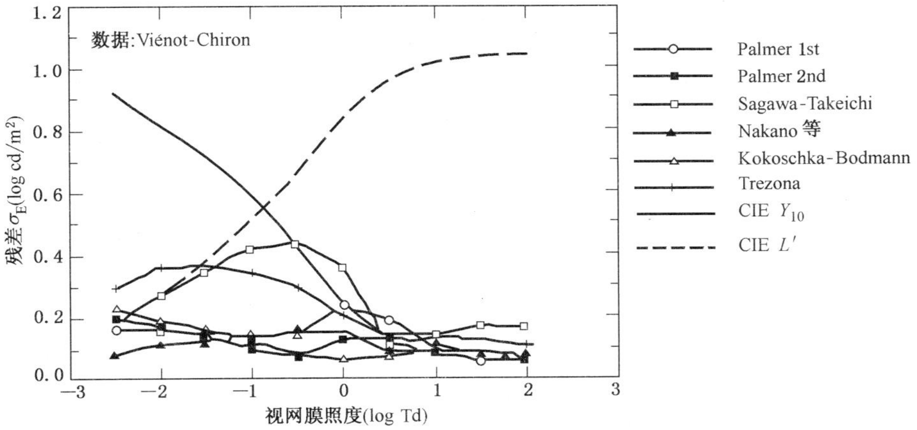

图 4.8　10°系统 **Viénot-Chiron** 数据的残差

Viénot-Chiron 数据的残差如图 4.8 所示。同图 4.6 一样,该图上绘制的点对应所有被测刺激在指定亮度水平下的系统等效亮度的标准差。Sagawa-Takeichi 系统在视网膜亮度范围−2～0 对数 Td 以及 Trezona 系统在视网膜亮度范围−2.5～−0.5 对数 Td 上,图上表现出相对较大偏差。

4.2.3　Sagawa-Takeichi 非光谱数据系统等效亮度的计算

Sagawa 和 Takeichi 采用与其光谱发光效率试验(Sagawa,1987)相同的试验程序,也对非光谱光源的 HCBM 进行了研究。20 个测试刺激的色度坐标如附录 8 中的图 A.8.6a 所示。图 A.8.6b 绘制了

20 个观测者在将每个测试刺激匹配为常量白色参照刺激所需要的平均视网膜照度。这些配对是在从 100 Td～0.01 Td 范围内的 5 个视网膜照度水平下进行的。

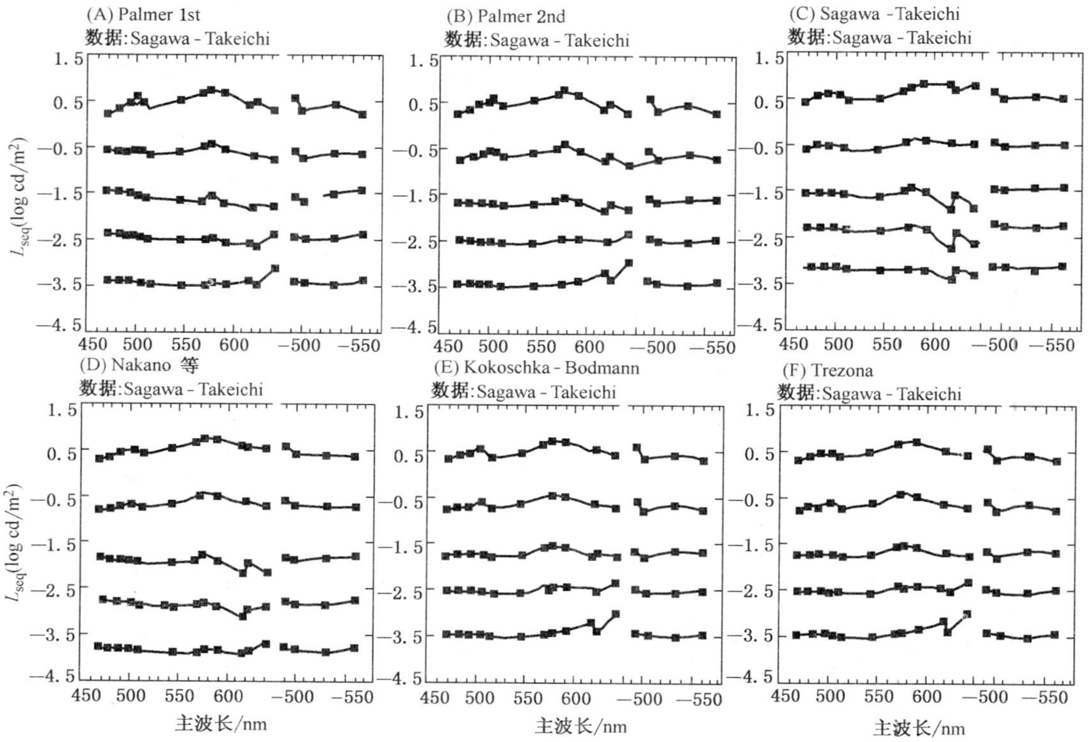

图 4.9　10°系统 Sagawa-Takeichi 数据系统等效亮度的计算

图 4.9 表示使用这些数据在 6 种被提议系统上计算得到的系统等效亮度。L_{seq} 数据同测试颜色的主波长联合作图。因为参照刺激在每个水平是恒定的，所以我们期望这些系统的系统等效亮度分布在一条水平直线附近。

所有 6 个系统在最低亮度水平时的表现都比在明视觉水平好，所有系统对一些水平上的 2 种最饱和红光(λ_d>600 nm)的表现尤其差。图 4.10 为所有系统的残差同亮度水平的关系图。把图 4.10 同图 4.6 和图 4.8(针对光谱测试刺激的数据)进行比较时可以看到，对于非光谱测试刺激，包括 CIE L'以及 Y_{10} 在内的所有系统的残差都明显比较小(注意纵坐标标度的变化)。除 Trezona 系统外，在 3 个最低水平的所有误差范围都在 0.05 log cd/m^2～0.15 log cd/m^2 之间。

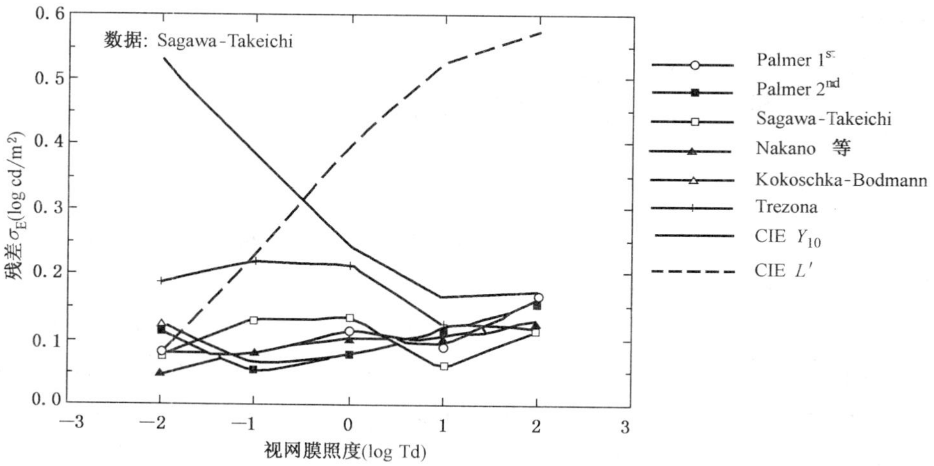

图 4.10　10°系统 Sagawa-Takeichi 数据的残差

4.2.4 Piao 等非光谱数据的系统等效亮度的计算

Piao 等(1992)研究了 24 种非光谱光源，采用了与 Sagawa 和 Takeichi 试验相同的亮度范围，即 0.01 Td～100 Td 范围上的 5 个亮度水平。这些颜色的色度坐标如附录 8 中图 A.8.7a 所示。图 A.8.7b 则表示在不同亮度水平匹配恒定白色参照所需要的视网膜照度，它与主波长(以纳米为单位)联合作图。

图 4.11 表示在 6 种被提议系统上使用这些数据计算得到的系统等效亮度。L_{seq} 值与测试刺激的主要波长联合作图，所以可以将它同图 4.9 进行比较。图 4.11 中的结果同图 4.9 中的基本相似。全部 6 个系统在最低亮度水平的表现均优于在明视觉水平的表现，所有系统对处于一些亮度水平的两种饱和红色光源的表现尤其差。

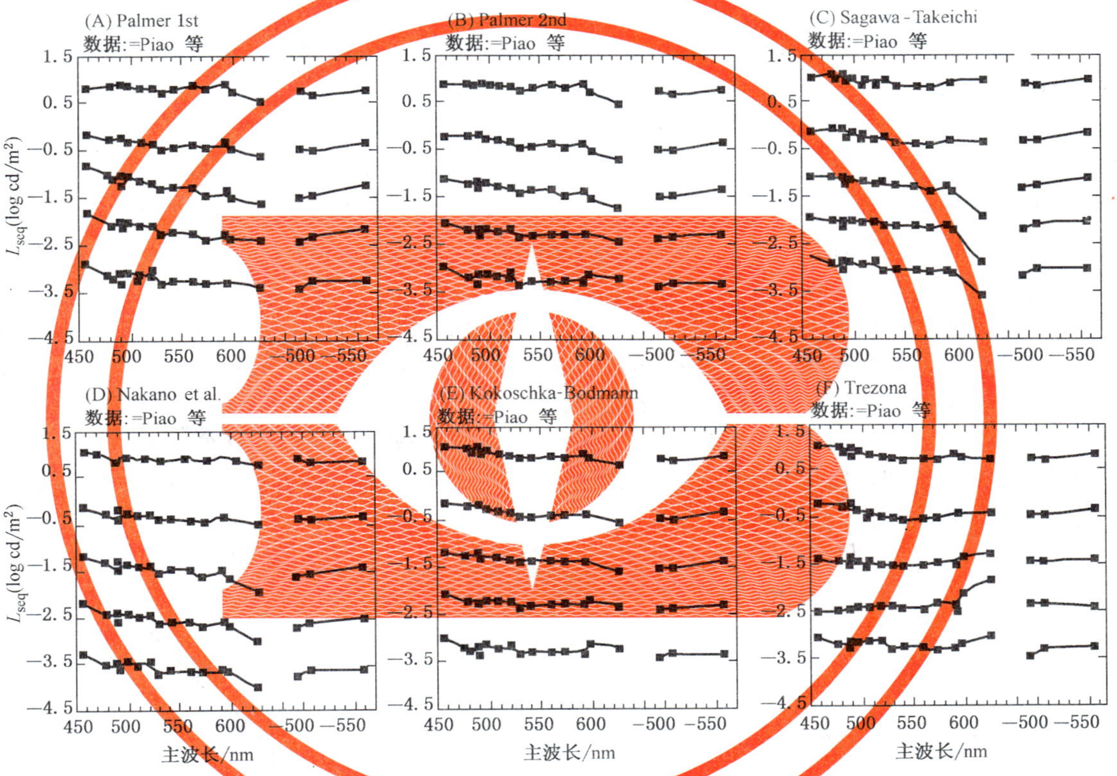

图 4.11 10°系统 Piao 等数据系统等效亮度的计算

图 4.12 展示了所有系统的残差，与亮度水平联合作图。对于这些数据，在 100 Td 和 10 Td 亮度水平的残差在所有系统上相似并且相对较低。对于其他 3 个亮度水平，除 Trezona 系统外的其余系统对于这些数据的残差比类似 Sagawa-Takeichi 数据的残差大。Trezona 系统对 Sagawa-Takeichi 数据的残差在这个区域上相对比较高，而对于 Piao 数据的残差比较小。Kokoschka-Bodmann 系统在全部5 个亮度水平的表现最为一致。

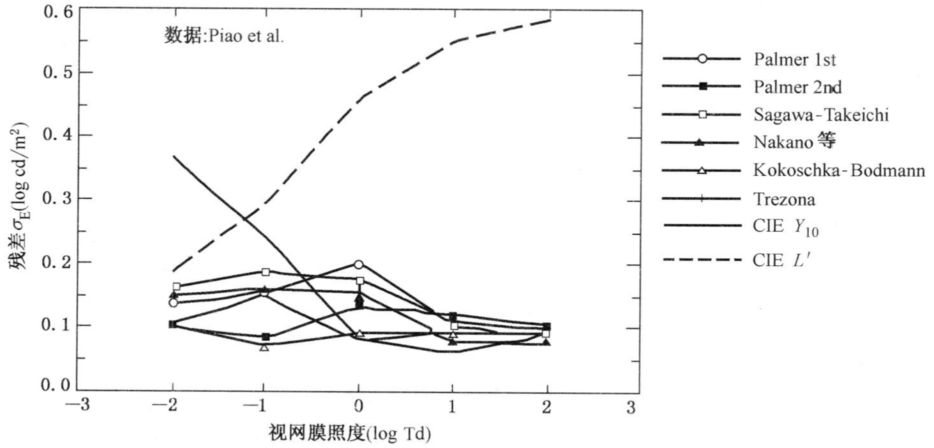

图 4.12　10°系统 Piao 等数据的残差计算

4.2.5　Ashizawa 等物体色数据系统等效亮度的计算

在 4.2.1～4.2.4 中讨论的所有测试数据都是在孔径模式条件下得到的;接下来的两小节将会讨论在物体模式条件下得到的数据。Ashizawa 等(1985)收集了 36 组彩色布料色样的视亮度匹配数据,这些彩色布料色样被置于中性灰背景下,使用从 0.01 lx～1 000 lx 范围的 10 个照度水平进行照明。他们的 5 位观测者选择了一个看上去能与参照刺激相匹配的中性灰色样。所有 36 组测试刺激的色度数据以及与 36 个与颜色相匹配的中性灰度的 V 值显示在附录 8 的图 A.8.8 中。

与 Sagawa-Takeichi 和 Piao 等试验中使用的非光谱颜色范围相比,必须将这些物体色的色度坐标限制在一个更为有限的范围内。而且,匹配参照刺激的亮度以及测试刺激的亮度也必须因亮度水平而异。因此,图 4.13～图 4.15 中测试结果的表达遵循与图 4.2 和图 4.3 展示 Yujiri2°数据和 Sato 数据相同的模式。对于每一个视亮度匹配试验,分别在 6 个被提议的测光系统上计算得出测试刺激的系统等效亮度($L_{seq,T}$)和与之相匹配的中性灰参照刺激的系统等效亮度($L_{seq,R}$)。如果系统能完美地预测试验数据,那么 $L_{seq,T}$ 应该等于 $L_{seq,R}$。

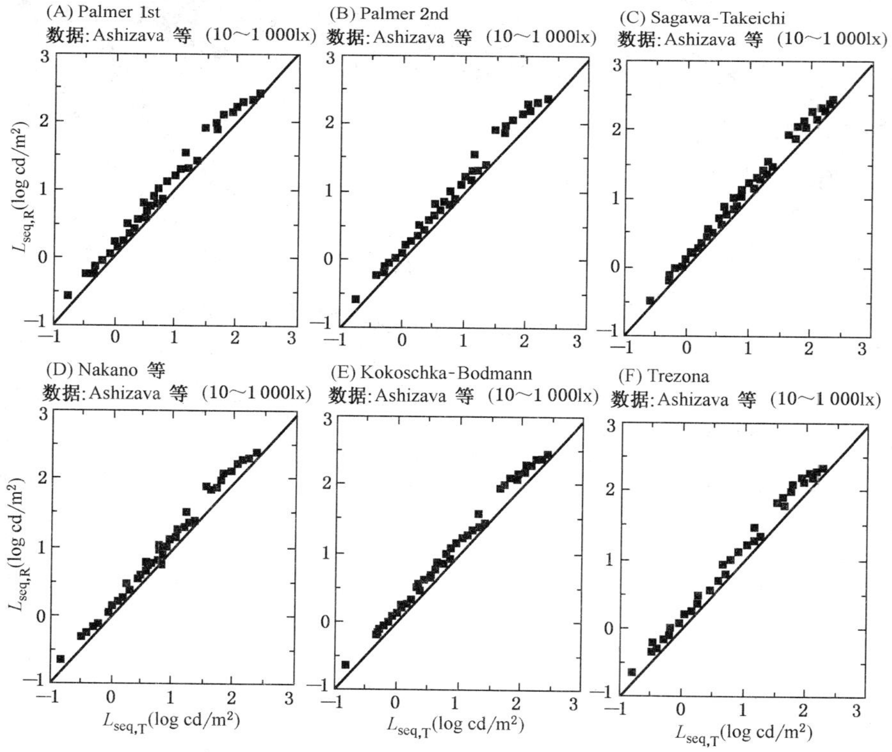

图 4.13a　在 10 lx～1 000 lx 照度范围内计算得到的 Ashizawa 等数据的系统等效亮度

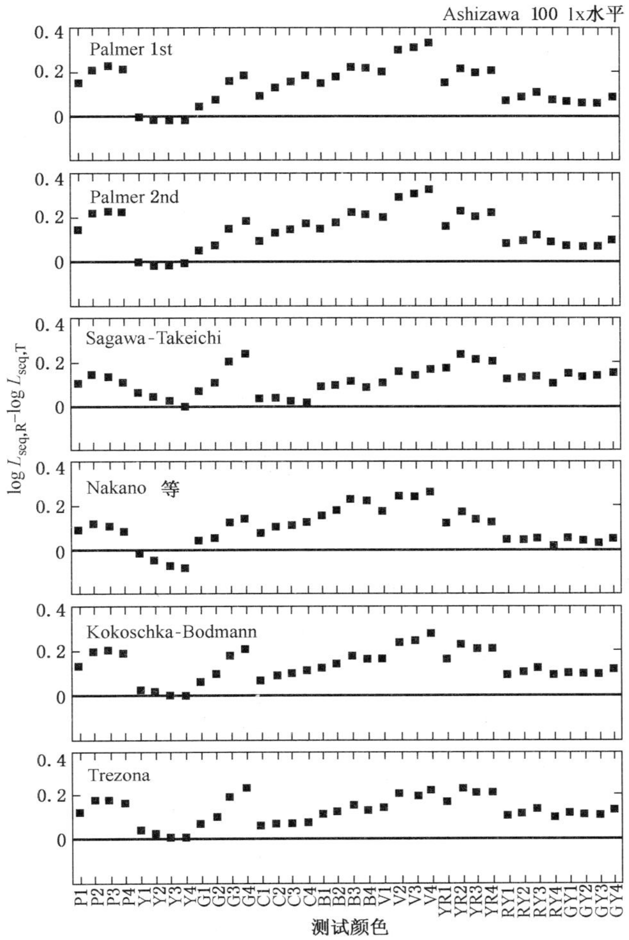

图 4.13b 在 100 lx 照度 $L_{seq,T}$与 $L_{seq,R}$之差与测试颜色的函数关系

（见图 A.8.8 中对测试颜色的注解）

图 4.13a 代表了在最高照度水平范围(10 lx～1 000 lx)的测试结果数据。所有系统的表现都很类似，并且随着色度的增加，所有系统低估 $L_{seq,T}$的程度也都呈逐渐增加的趋势。这种色度增加的效果在图 4.13b 中能清晰看到，这里色彩的英文名称用开头字母(P，Y，. . . ，GY)标注在坐标轴上，渐增的色阶使用数字 1～4 进行标注。(注意这里的色彩顺序同光谱顺序是不对应的)。这些结果表明，这些系统中的任何一个都不能充分表现在明视觉水平对视亮度的颜色贡献。

图 4.14a 和图 4.14b 表示在 0.3 lx～3 lx 的中间视觉范围的测试结果。可以明显看到 $L_{seq,T}$与 $L_{seq,R}$之间的区别在这种照度水平变得比较小。图 4.15a 和图 4.15b 表示在 0.01 lx～0.1 lx 的暗视觉水平附近的测试结果。在这种低照度水平每一个系统看上去均能正确的表示视亮度。

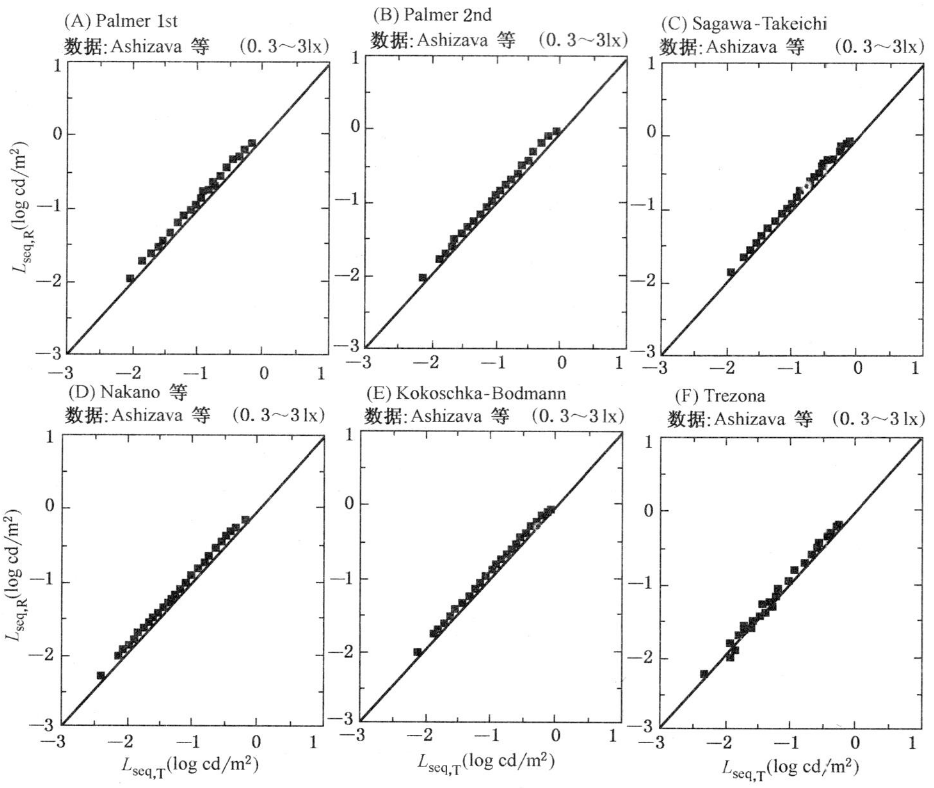

图 4.14a 与图 4.13a 相同，但是照度范围为 0.3 lx～3 lx

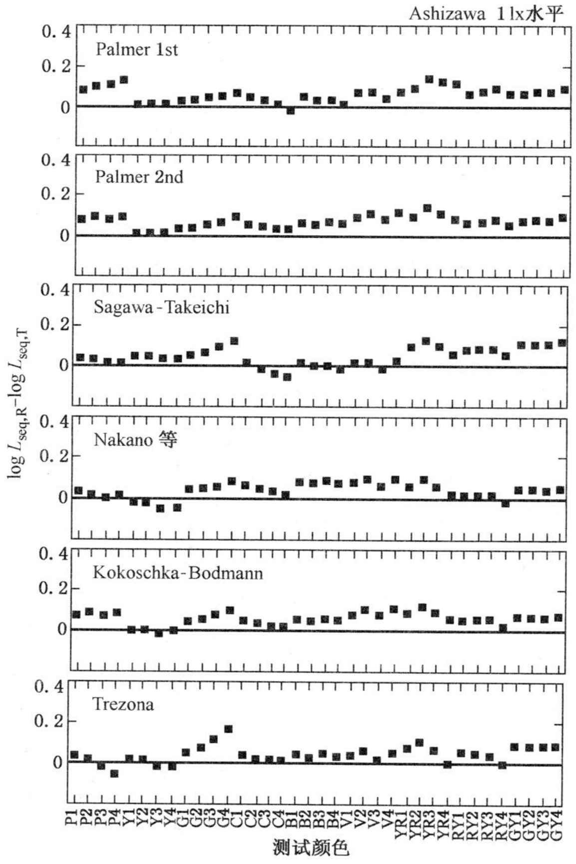

图 4.14b 与图 4.13b 相同，但是照度为 1 lx

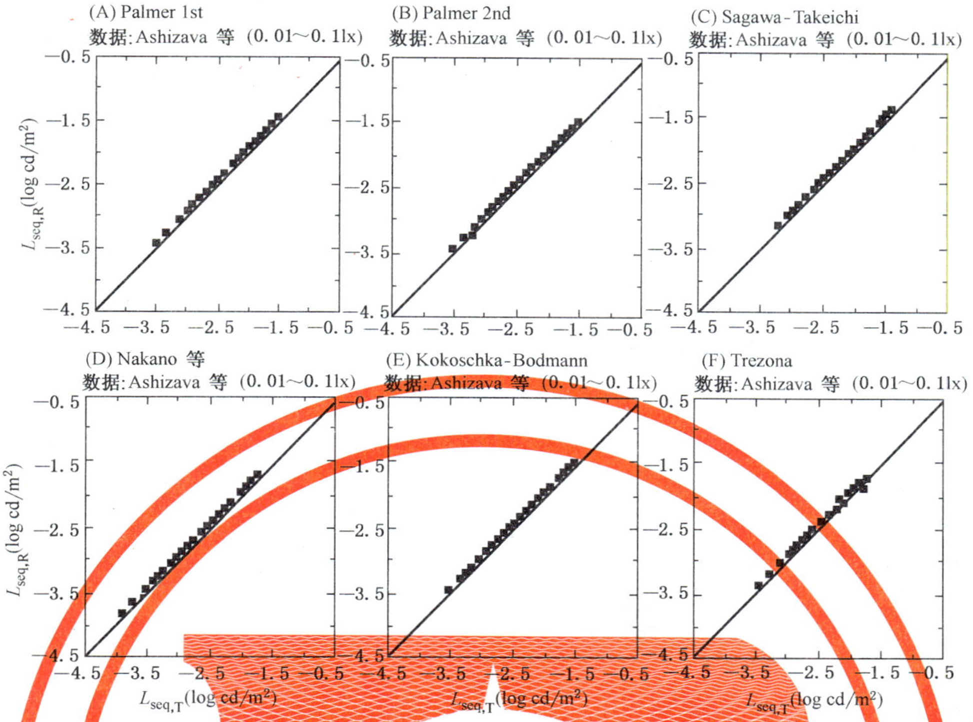

图 4.15a 与图 4.13a 相同,但是照度范围为 0.1 lx~0.01 lx

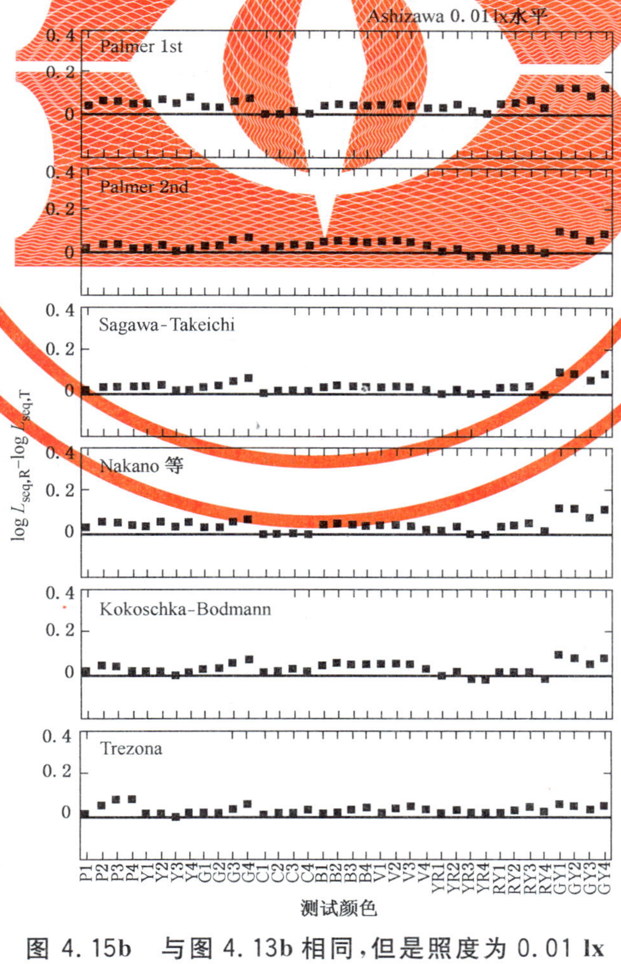

图 4.15b 与图 4.13b 相同,但是照度为 0.01 lx

这些数据的残差与照度水平的函数关系如图 4.16 所示。所有系统在最低照度水平时的误差都接近 0.05；所有这些残差在最高照度水平时将会增加到 0.15 甚至 0.20。两个 Palmer 系统在明视觉水平的残差比其他系统的都高，意味着这两个系统都无法解释对视亮度的颜色贡献，因为它们在最初都没有尝试引入 Helmholtz-Kohlrausch 效应。

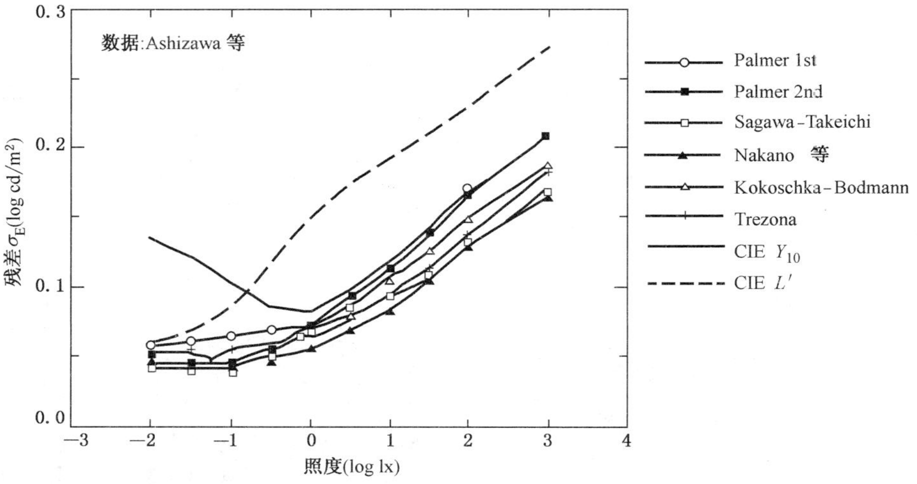

图 4.16　10°系统 Ashizawa 等数据的残差

4.2.6　Yujiri 10°物体色数据的系统等效亮度的计算

Yujiri(1990)报道了使用 39 个孟塞尔色样在 0.01 lx～3 000 lx 照度范围的 12 个照度级别上进行视亮度匹配测试的数据。这些测试刺激的色度坐标和 5 个测试者的平均匹配值如附录 8 中的图 A.8.9 所示。这些测试刺激包括一系列孟塞尔色调 5R 光源以及一些在 Ashizawa 刺激集合中无法找到的饱和红色。取自另外四个色调的测试刺激的数据可以直接与 Ashizawa 数据进行比较(注意图 A.8.9b 中的横坐标标注的方向同图 A.8.8b 的相反)。匹配 V 在−2 log lx 与+3 log lx 之间的变化与 5Y、5P 系列(Ashizawa 的 Y 和 P)具有相同的大小和方向，然而 Yujiri 数据显示出在相同色调和不同色度的测试刺激之间更小的差别。Ashizawa 的观测者也大都为最低色度刺激选择较高的 V 匹配；所有色调的平均匹配 V 值均达到了 8 或者 9V 标度，然而 Yujiri 数据的平均匹配 V 值在使用色调 5Y 时极少达到 8，对于其他所有颜色一般都保持在 7 以下。

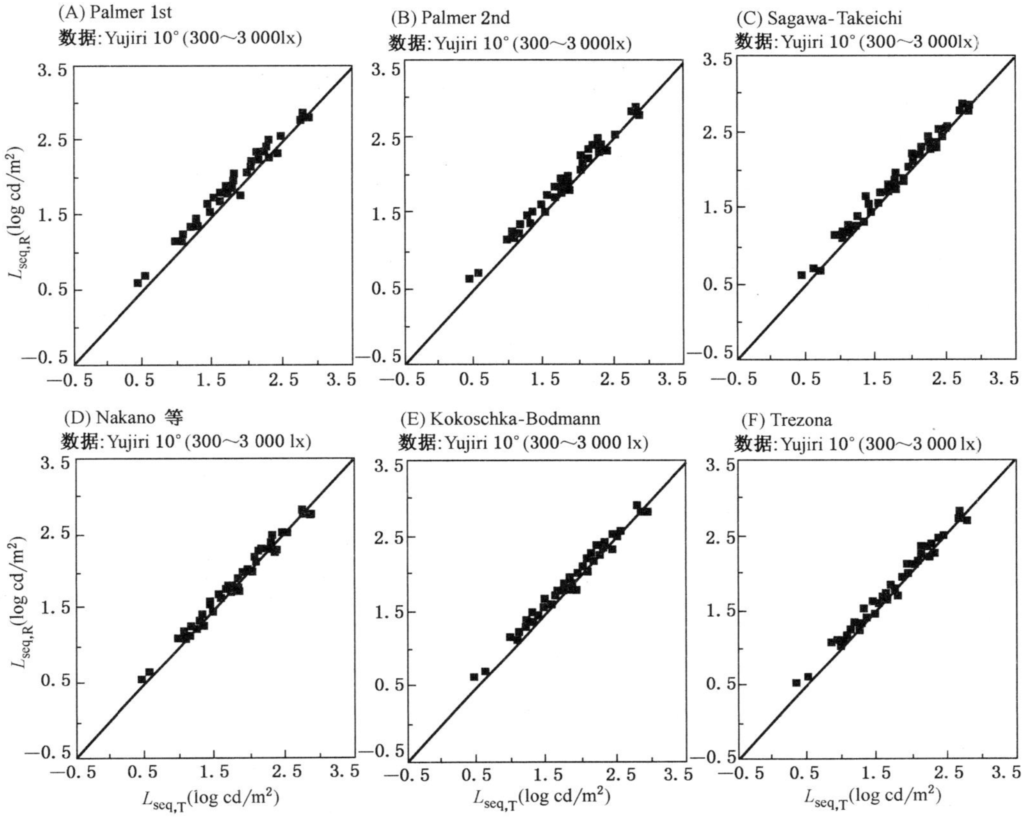

图 4.17a Yujiri 10°数据在 300 lx～3 000 lx 照度范围计算得到的系统等效亮度

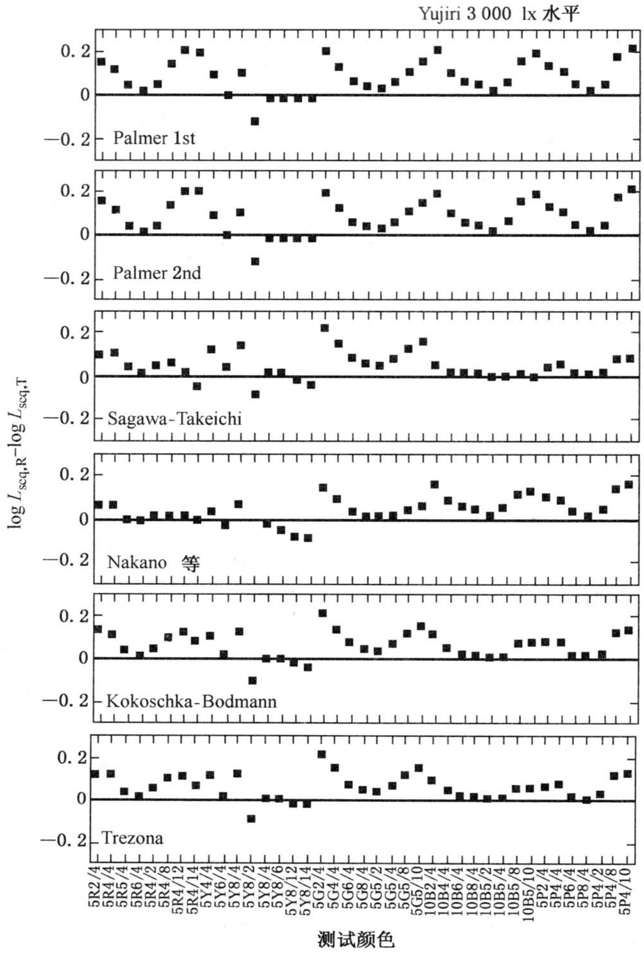

图 4.17b 在 3 000 lx 照度 $L_{seq,T}$ 与 $L_{seq,R}$ 之差同测试颜色的函数关系

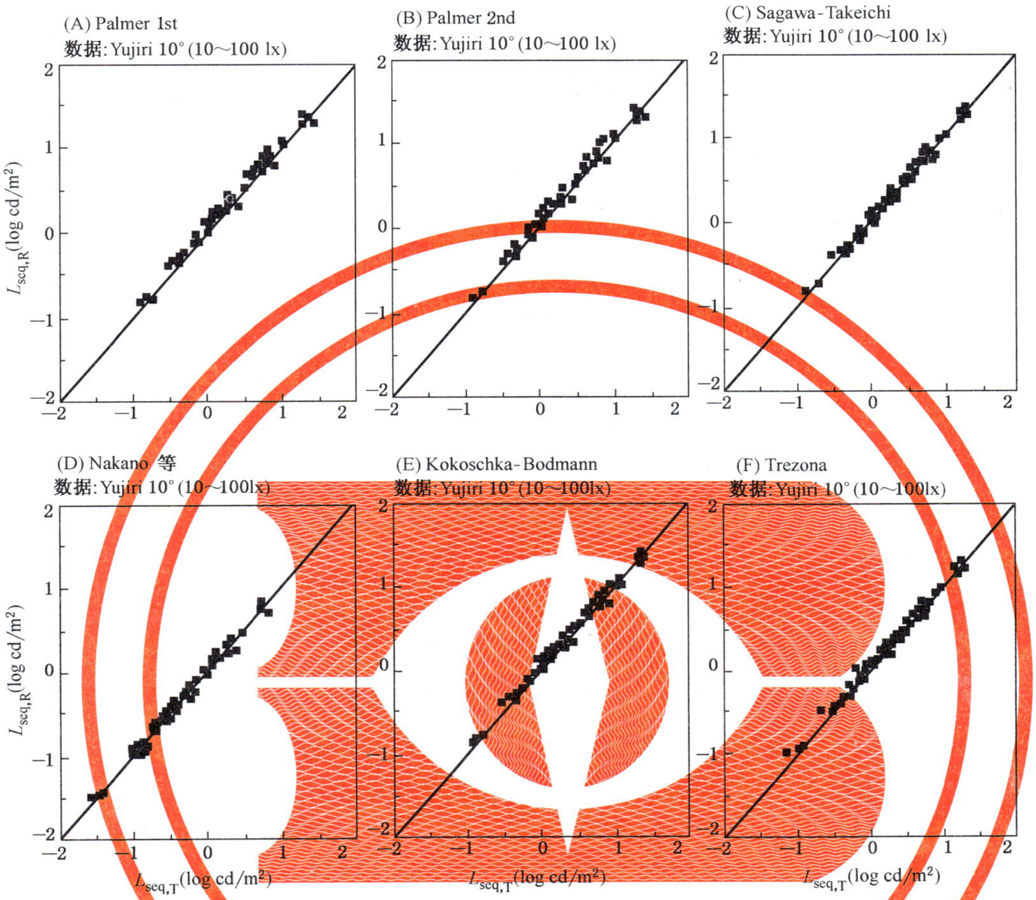

图 4.18a　与图 4.17a 相同,但是照度范围为 10 lx～100 lx

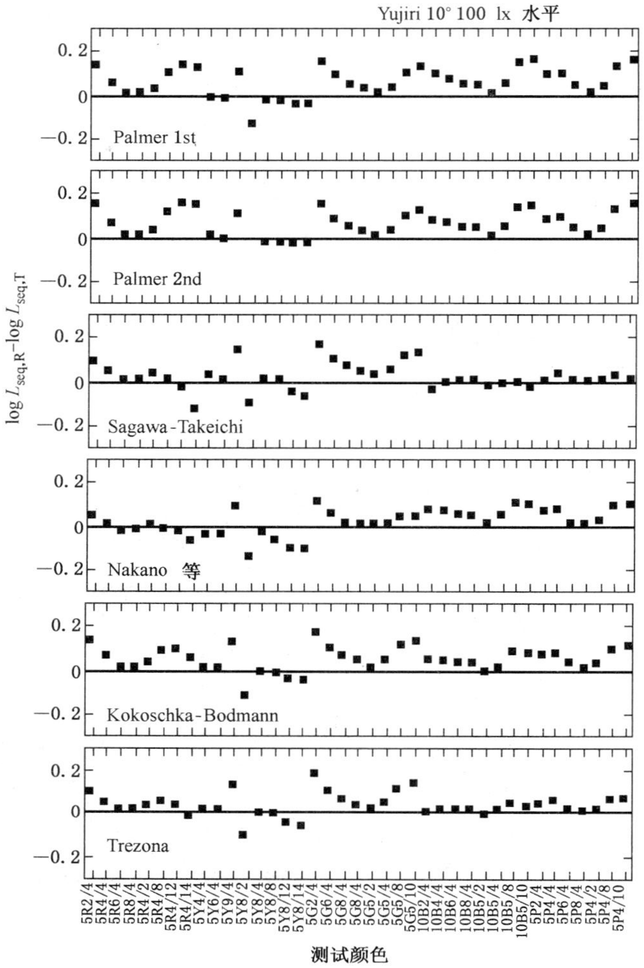

图 4.18b 与图 4.17b 相同，但是照度为 100 lx

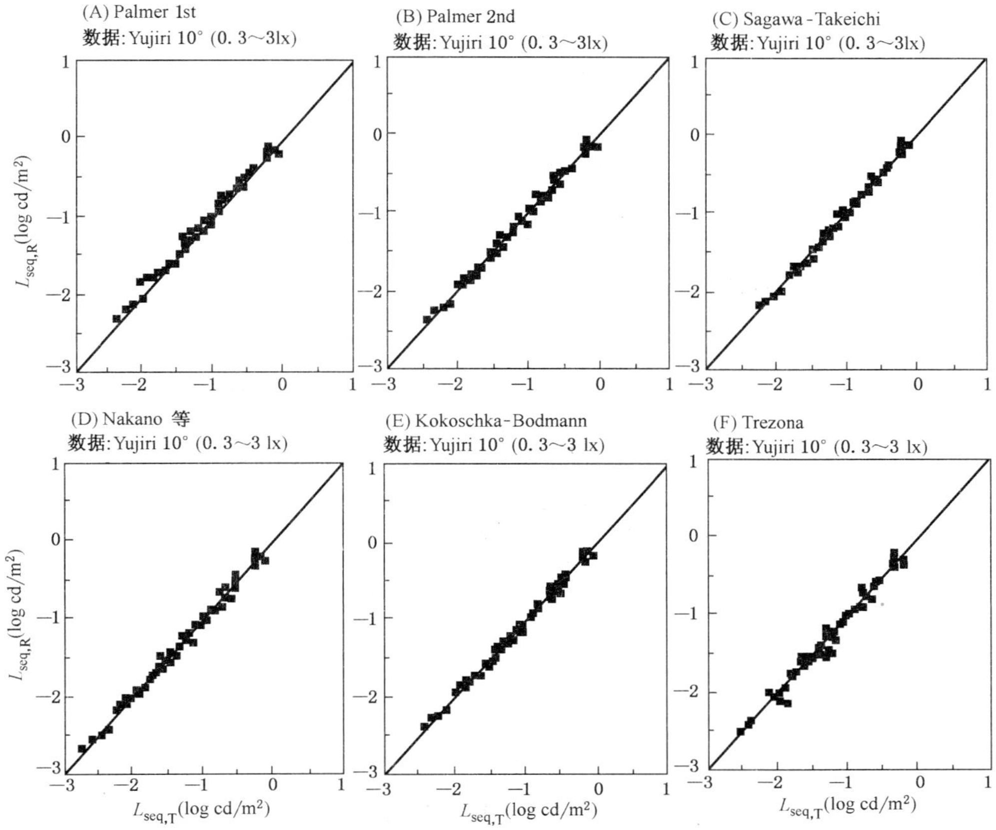

图 4.19a　与图 4.17a 相同，但是照度范围为 0.3 lx～3 lx

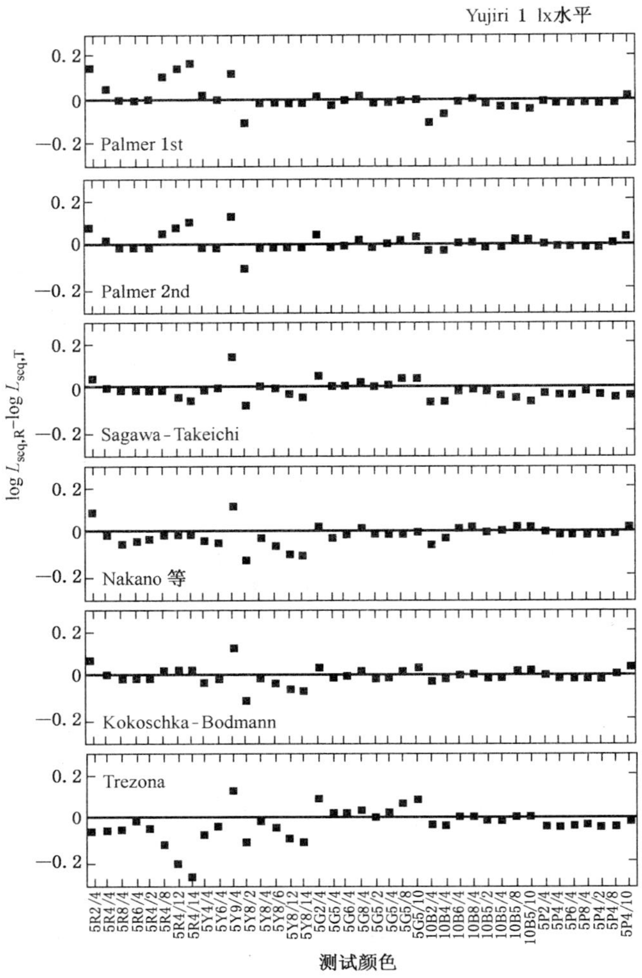

图 4.19b　与图 4.17b 相同，但是照度为 1 lx

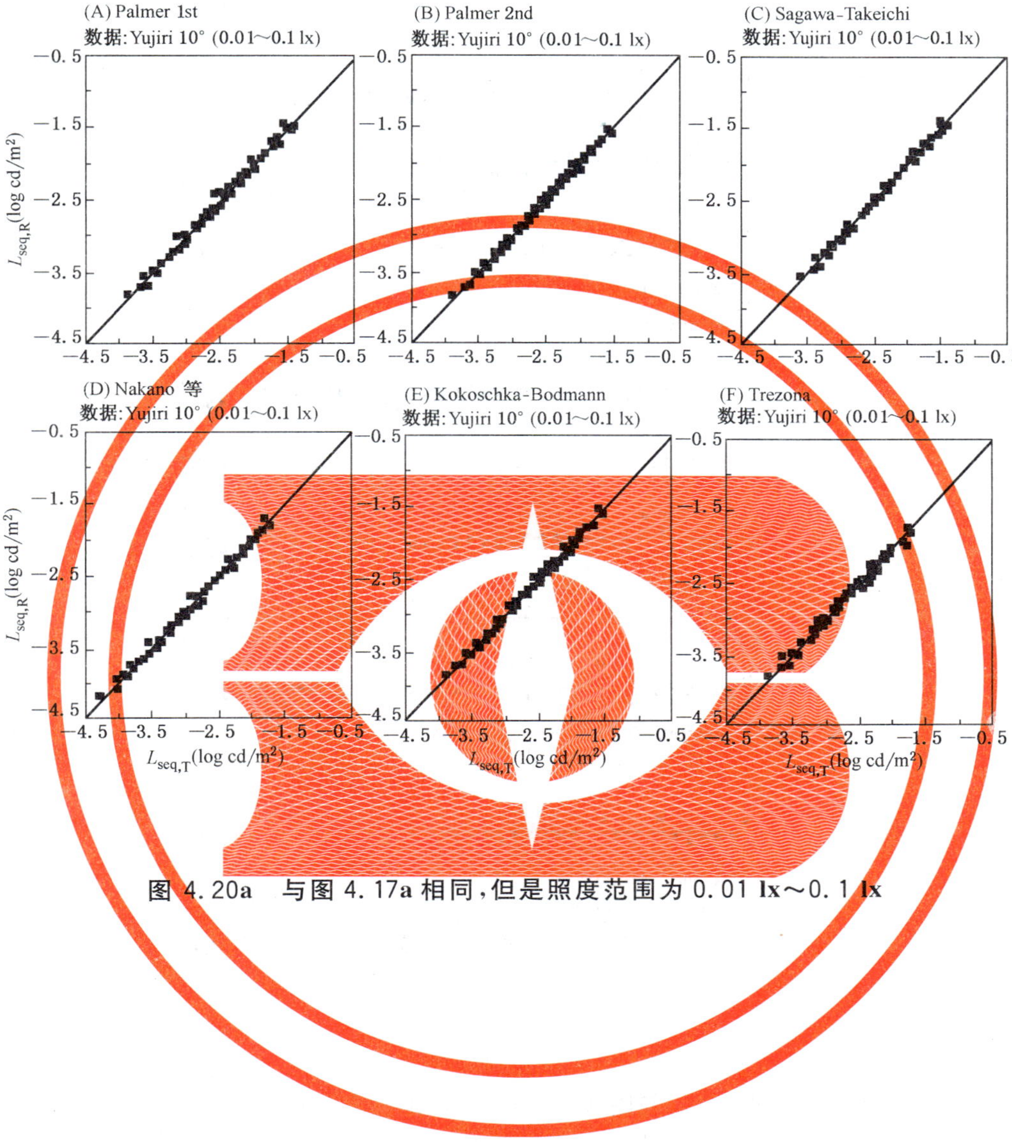

图 4.20a　与图 4.17a 相同，但是照度范围为 0.01 lx～0.1 lx

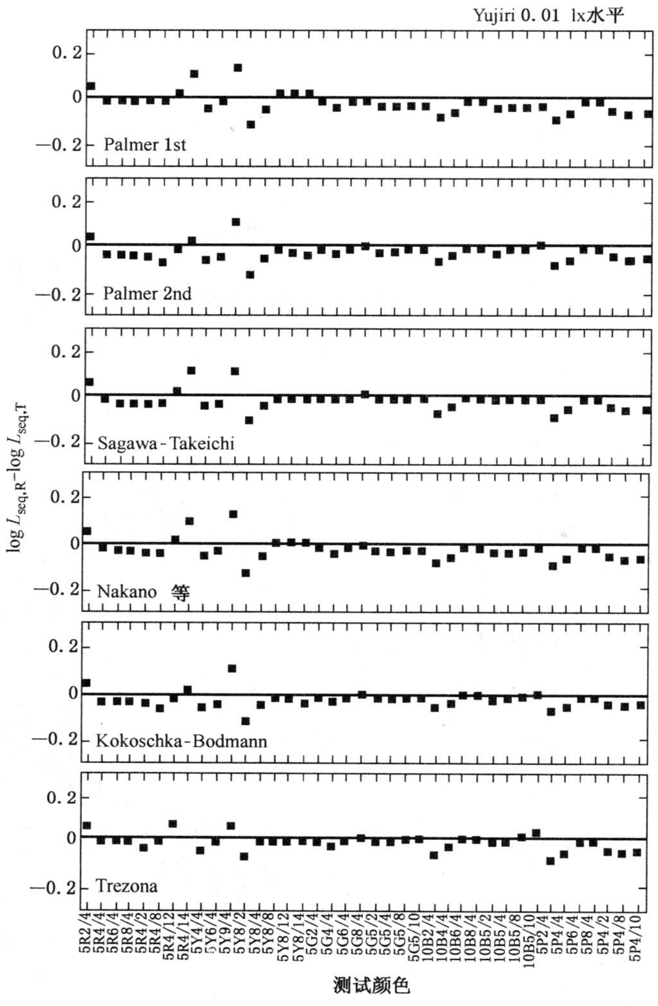

图 4.20b　与图 4.17b 相同，但是照度为 0.01 lx

6 个测光系统各自使用相应匹配对计算得出了测试视场和参照视场的系统等效亮度，$L_{seq,T}$ 和 $L_{seq,R}$，结果如图 4.17a、图 4.17b，图 4.18a、图 4.18b，图 4.19a、图 4.19b 和图 4.20a、图 4.20b 所示。图 4.17a、图 4.17b，图 4.18a、图 4.18b 可以同源自 Ashizawa 数据的图 4.13a、图 4.13b 进行比较。所有系统在明视觉水平对 Yujiri 数据的表现都比较好；与图 4.13a、图 4.13b 相比，即使在最照亮度水平时，对测试视亮度的过低估计也不经常出现(如图 4.17a、图 4.17b 所示)。图 4.19a、图 4.19b 和图 4.20a、图 4.20b 看上去同 Ashizawa 数据中的图 4.14a、图 4.14b 和图 4.15a、图 4.15b 十分相像；所有系统在低照度水平下的表现均再次优于照亮度水平下的表现。但是对于这些 Yujiri 数据，Trezona 系统似乎在 0.01 lx～3 lx 照度范围高估了测试视亮度。

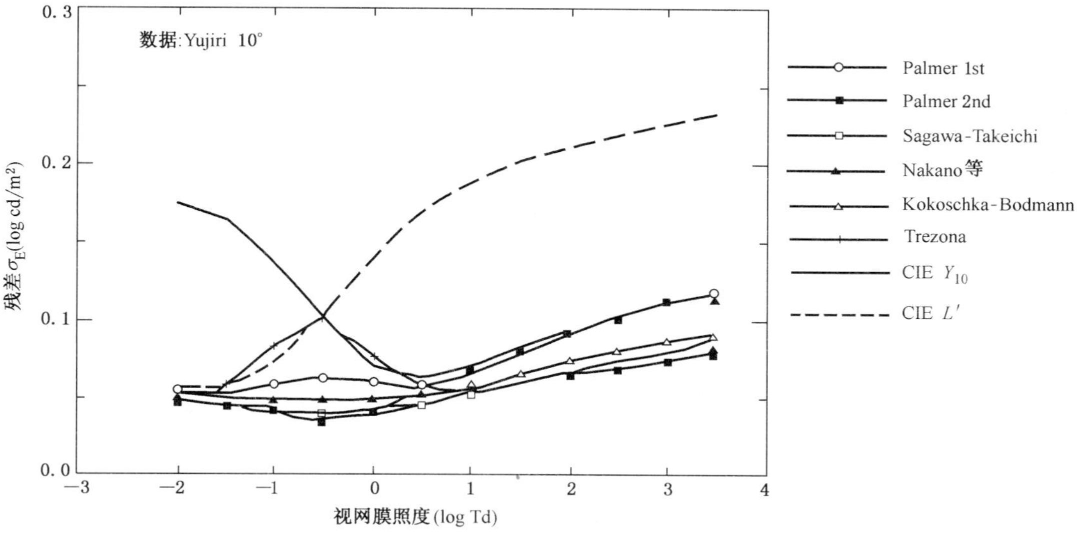

图 4.21 10°系统 **Yujiri** 数据的残差

Yujiri 数据的残差如图 4.21 所示。误差模式与图 4.16 中的 Ashizawa 数据的残差很相似，但是在明视觉水平误差增加比较小。在 0.5 log lx 照度下，Trezona 系统呈现出令人吃惊的与 CIE Y_{10} 和 L' 曲线相一致的趋势。

4.2.7 Howard 自发光型显示器数据的系统等效亮度的计算

Howard(1990)提出了使用阴极射线管垂直方向上 10°×5°矩形视域的 72 种测试刺激。它的观测者调整位于被测光斑右侧偏离 0.5°的一个相同大小的中间色矩形，来匹配测试颜色的表观视亮度。测试和匹配视场在黑色背景下显示 2 s，然后换成同测试视场具有相同视亮度的全屏白色适应视域显示 8 s；为了找到匹配，观测者可以根据需要观察测试显示任意多次。匹配视场和适应视场的色度都接近 D65。

所有测试刺激均以 12 cd/m² 亮度显示；使用中灰滤光片将亮度降低到 0.12(NDF 2.0)或 0.001 2 (NDF 4.0)cd/m²。这些中灰滤光片的使用改变测试刺激的色度。附录 8 中的图 A.8.10 显示了测试刺激在最低亮度水平的色度坐标和全色域(点划线)，以及在最高亮度水平的全色域(虚线)。

72 种测试刺激被分为 6 组，每组 12 个；每组测试刺激的色度坐标沿经过 D65 的直线分布。使用每组测试刺激在每个亮度水平上进行一组试验。附录 8 中的图 A.8.10b 展示了来自两组测试刺激的 B/L 比率数据。在图 A.8.10(b1)中，最右部分点集对应的数据可以同孟塞尔色调 5R 的 Yujiri 数据进行比较。两者的匹配视亮度在明视觉水平上增加，而在暗视觉水平上是下降的，而增加或者下降的大小取决于饱和度或色度。

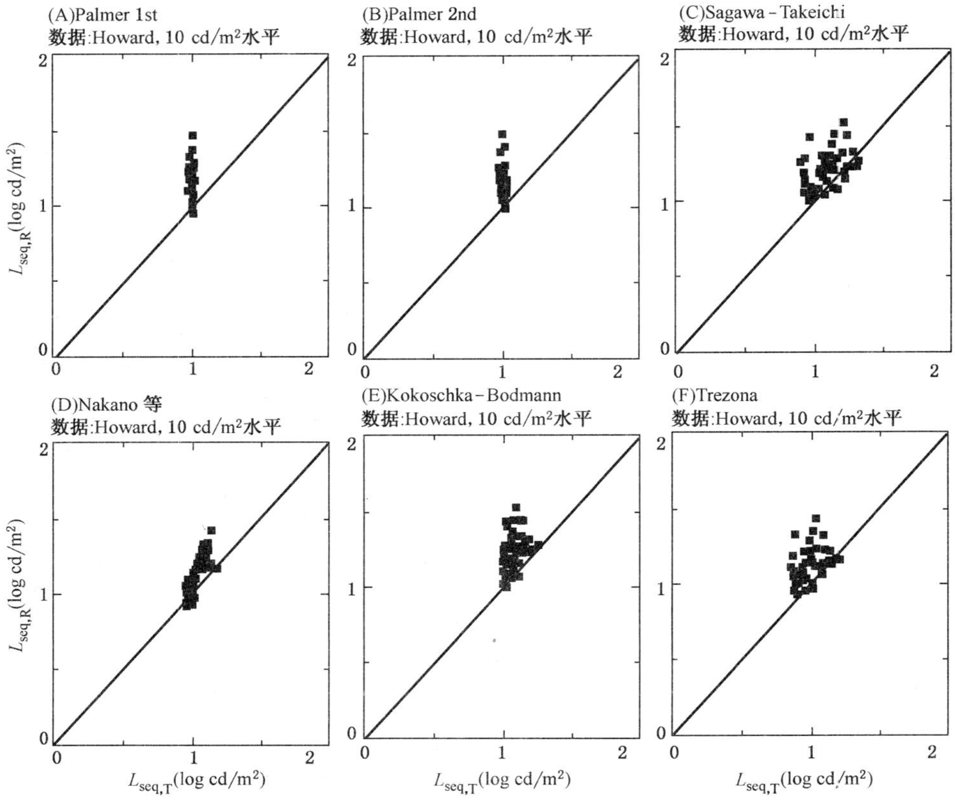

图 4.22a 在亮度 10 cd/m² Howard 数据系统等效亮度的计算

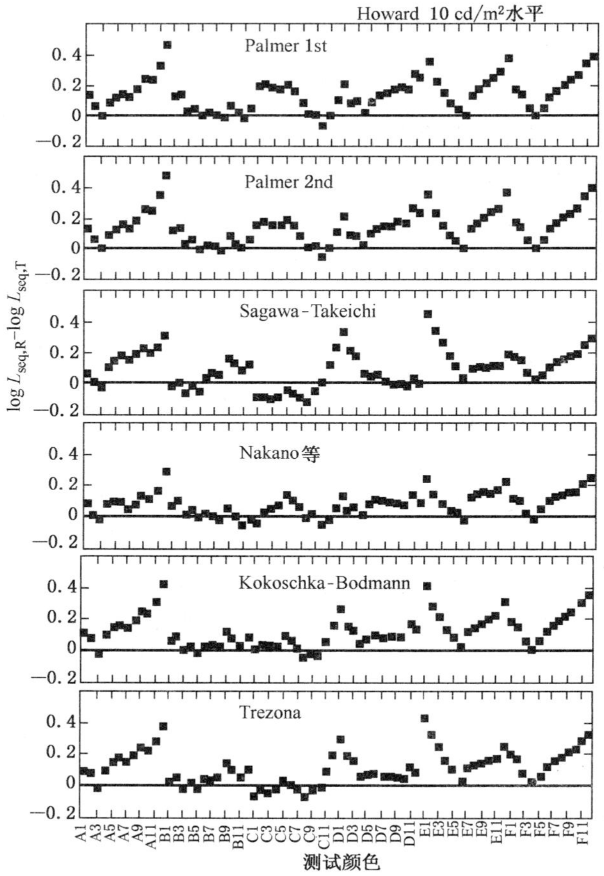

图 4.22b $L_{seq,T}$与 $L_{seq,R}$之差与测试色彩的函数关系

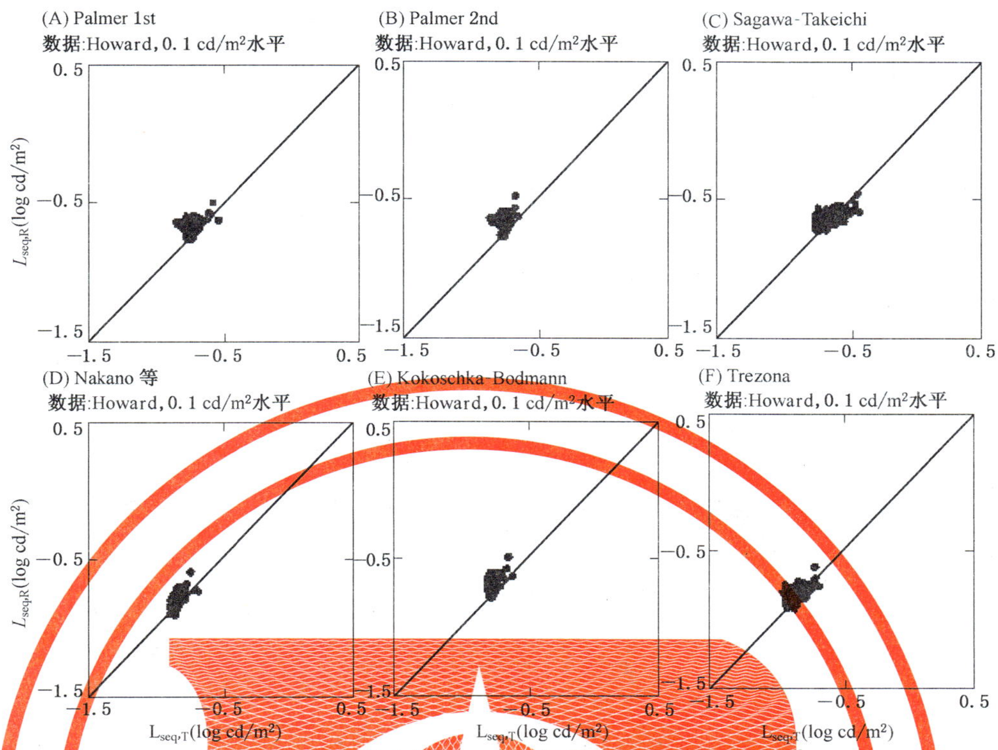

图 4.23a　同图 4.22a 一样，但是亮度为 0.1 cd/m²

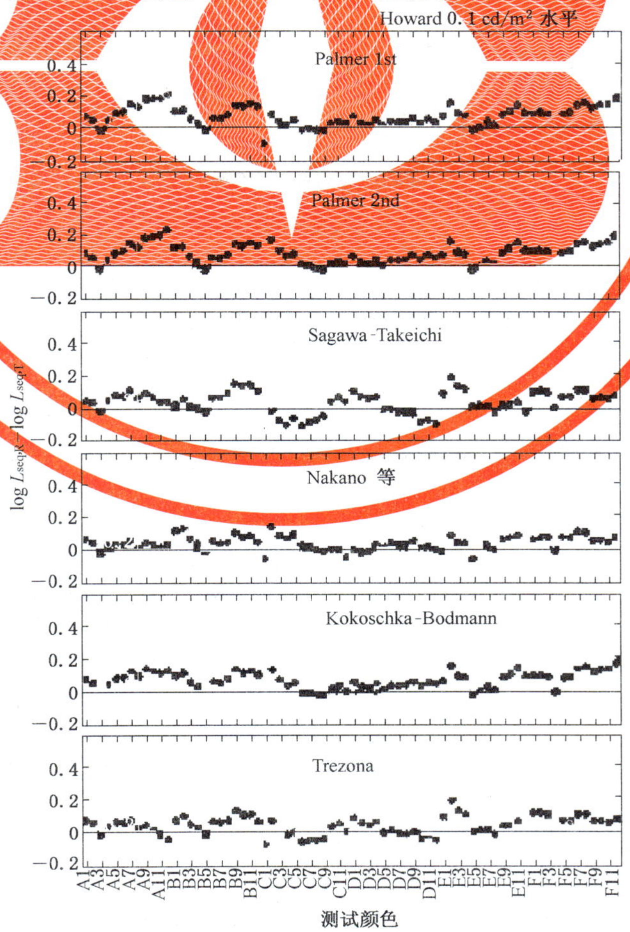

图 4.23b　同图 4.22b 一样，但是亮度为 0.1 cd/m²

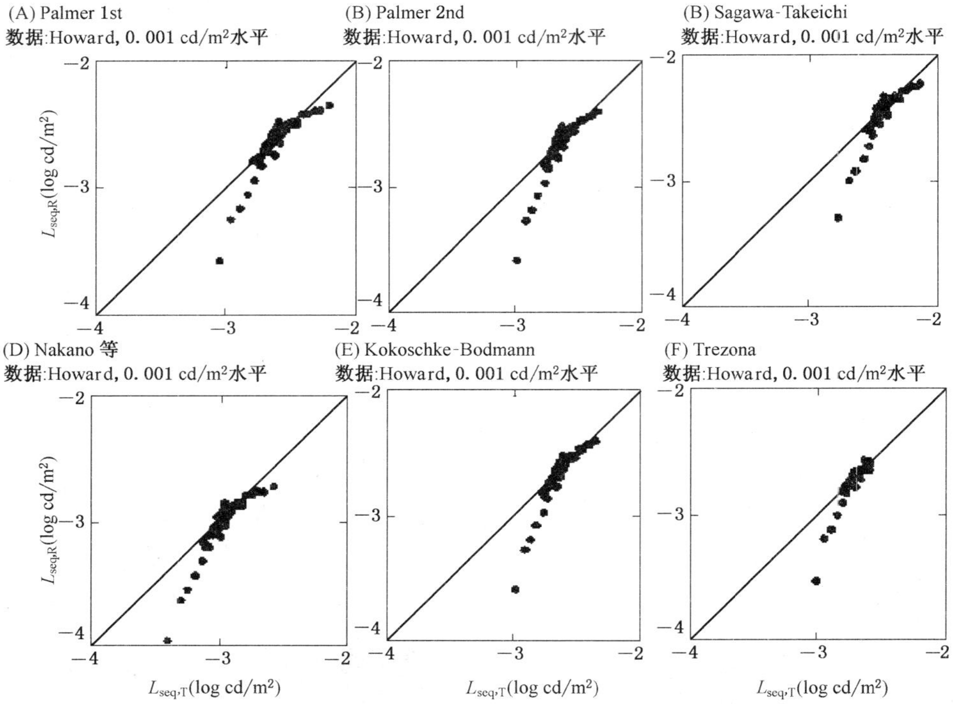

图 4.24a　同图 4.22a 一样，但是亮度为 0.001 cd/m²

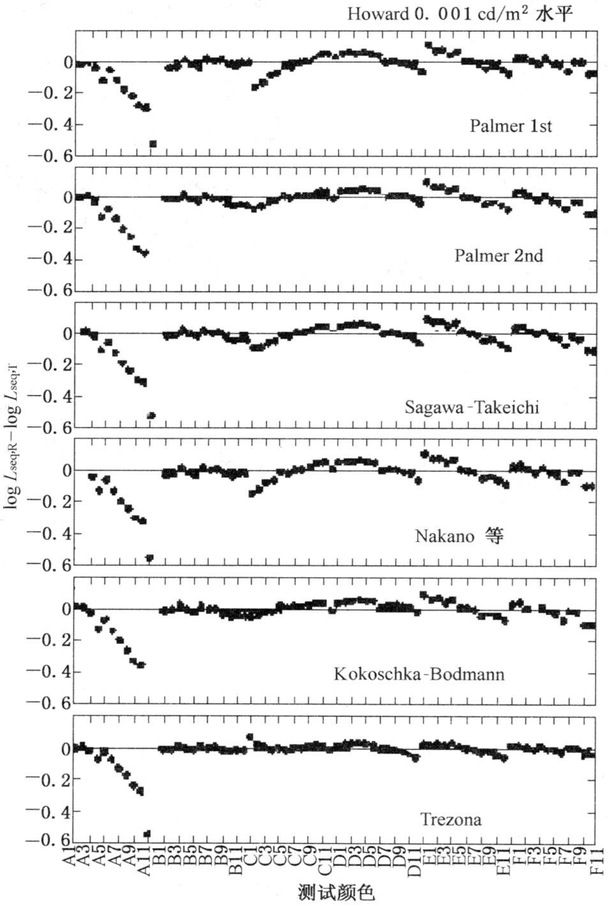

图 4.24b　同图 4.22b 一样，但是亮度为 0.1 cd/m²

图 4.22a、图 4.22b～图 4.24a、图 4.24b 是 Howard 数据的 $L_{seq,T}$ 和 $L_{seq,R}$ 图。在如图 4.22a 和图 4.22b 所示的明视觉水平上，Palmer 第 1 系统和第 2 系统对所有测试刺激均显示了几乎恒定的 $L_{seq,T}$；在这两个系统中，L_{seq} 同 CIE 亮度几乎是一样的，对所有测试颜色都是 12 cd/m^2。而其余 4 个系统采取了纠正对视亮度的颜色贡献的措施，在更多的刺激上显示出 $L_{seq,T}$ 约等于 $L_{seq,R}$，但是都显示出低估 $L_{seq,T}$ 值的趋势。对色度贡献的纠正，就与数据集所显示出来的视亮度对饱和度的巨大依赖性相匹配而言是不够的。

所有系统在中间视觉水平的表现都很好，如图 4.23a、图 4.23b 所示亮度为 −1 log cd/m^2。而在如图 4.24 所示的 −3 log cd/m^2 亮度，所有系统所显示的大部分点都靠近单位斜率线，其中有些点对 6 个或更饱和颜色明显过高估计 $L_{seq,T}$。在上下两头，大多数点迹在底部和顶部显示出偏差"拖尾"；顶部拖尾含有饱和蓝色测试刺激，而底部拖尾则含有饱和红色。所有系统对饱和红测试刺激的预测表现都比较差，Kokoschka-Bodmann 系统和 Trezona 系统预测饱和蓝色测试刺激方面比其他系统表现的要好。

所有系统对 Howard 数据的残差如图 4.25 所示。误差模式与 Ashizawa 和 Yujiri 数据集的误差模式比较类似；所有系统在中间亮度水平的表现最好，而在明视觉水平的表现最差，此处颜色贡献是一个很重要的因素。有些系统有可能在 −3 log cd/m^2 的表现差一些；值得一提的是，尽管 Trezona 测光系统所基于的数据包含这一水平，这里讨论的其他数据集都不包括如此低的亮度水平。Trezona 系统显示的残差小于在这个水平上 L' 的残差。

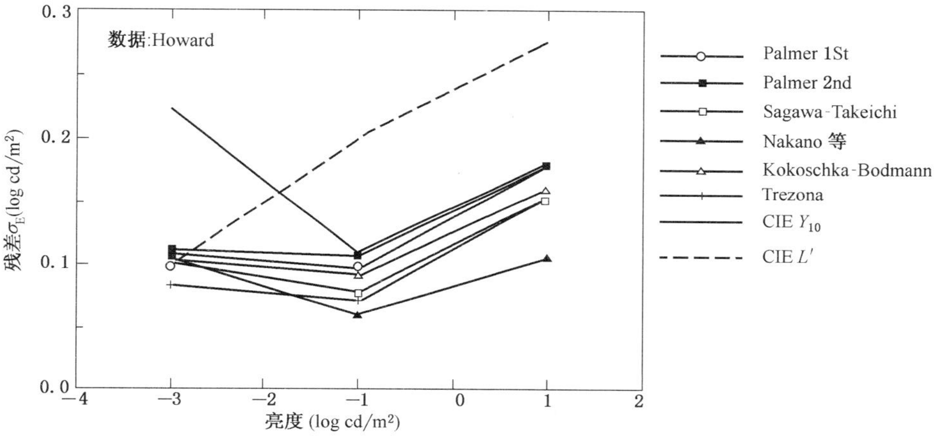

图 4.25　10°系统中 Howard 数据的残差

Howard 利用了自发光型显示器(SLDs)，将这些系统置于比物体表面反射显示更为苛刻的测试条件下，意识到这一点十分重要。SLDs 可以产生处于不依赖表面反射的亮度水平、具有高饱和度的颜色；使用反射纸永远不可能以相同视亮度和相同光源同时显示高色度和低色度的红色，蓝色和紫色。想要使用反射纸达到 Howard 实验的条件，必须在不改变背景照明的前提下增加反射纸的高色度照明光源。这种情况下，这些颜色将会出现荧光(Evans，1974)。然而 CRT 通常强迫观察者把它的显示理解成反射表面的模拟，而不是发光光斑。这样参与 Howard 试验的有些观测者需要高视亮度的中性参照视场去匹配高色度、高亮度测试刺激的视亮度，这点就不足为奇了。表面颜色试验将不允许选择如此高的匹配亮度。Sagawa-Takeichi 系统和 Piao 系统下的试验允许这么做，但是这种情况不会发生，因为在那些试验中，中性参照视场保持恒定亮度，同时改变测试视场的亮度来获得匹配。

4.2.8　10°系统测试结果总结

通过使用 7 个数据集在不同刺激类型和不同观测模式下进行试验，可以看出测试结果非常依赖于测试所用的数据。对于单色光，在从明视觉到暗视觉的亮度水平范围上同时实现对极端短波和长波的视亮度预测具有很大难度。对于发光模式下的非光谱光源也存在同样的问题，只是程度比较小。对于物体色，上述 6 种测试系统都能很好地表现暗视觉贡献，其视亮度可以准确地被预测。而对于反射色样，预测在明视觉水平的色度贡献显得尤其困难。

与 2°系统一样，目前的测试仍然没有找到一个能够对所有测试数据集做出最佳视亮度预测的较好的系统。然而，与 CIE 测光量 Y_{10} 和 L'（如果用作视亮度的度量）相比，所有的系统表现出较好的视亮度预测能力，尽管不期望这些试验用于上述目的。

5　基于 CIE 91 研究组数据的其他测试

5.1　CIE 91 研究组数据

1991 年在澳大利亚墨尔本举行的第 22 届 CIE 大会上，CIE 第 1 分部和 TC 1-21 组织了一个研究"在明视觉，中间视觉和暗视觉水平基于异色视亮度匹配的新测光系统"的工作组。在小组的筹备过程中，他们邀请了很多试验人员参与收集在相同试验条件下针对 7 份孟塞尔色样组成的普通集合进行视亮度匹配试验的新的视亮度匹配数据。来自 4 个国家的 6 个研究小组对此做出回应，总共收集了 76 名观测者观测的数据。表 5.1 总结了试验条件和参与的研究组织。

表 5.1　CIE 91 研究组数据的试验条件和研究组织

测试的色样	5R4/14,5YB/14,5G5/10,10B5/4,10P5/10,5R4/4,10B5/4（使用孟塞尔记法）
参照视场	孟塞尔灰阶（N=2.0～9.5，每 0.5 为一个间隔）
周围视场	中性灰度视场（N=3.0）
照度水平	0.3 lx,30 lx,1 000 lx
光源	荧光灯（EDL50 或 Color 95）
视场大小	2°,10°
方法	直接视亮度匹配
观测者人数	每个研究组中至少有 5 个成员
研究团体（国家，观测者人数）	Howard（美国，12）；Kokoschka（丹麦，12）；Nakano（日本，7）；Piao（中国，22）；Sagawa（日本，8），Yujiri（日本，15）

图 5.1 给了色样的色度坐标。除 Howard 和 Kokoschka 外的所有研究团体均使用了 EDL-50 灯泡，该灯泡给色样染上色度，如图中的空心圆环所示。Howard 的 Color 95 光源下的色度如图中实心圆环所示，7 份色样中有 5 份与 EDL-50 的差异比较大。Kokoschka 使用的 OSRAM L40W/25 光源的色度如图中十字叉所示，与 EDL-50 的差异可能比图示的还要小。

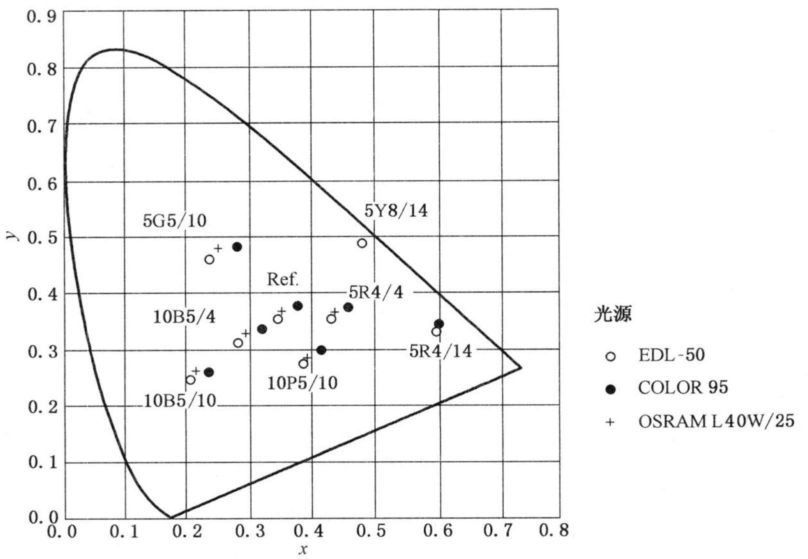

图 5.1　在研究组数据中使用的彩色测试色样的色度坐标

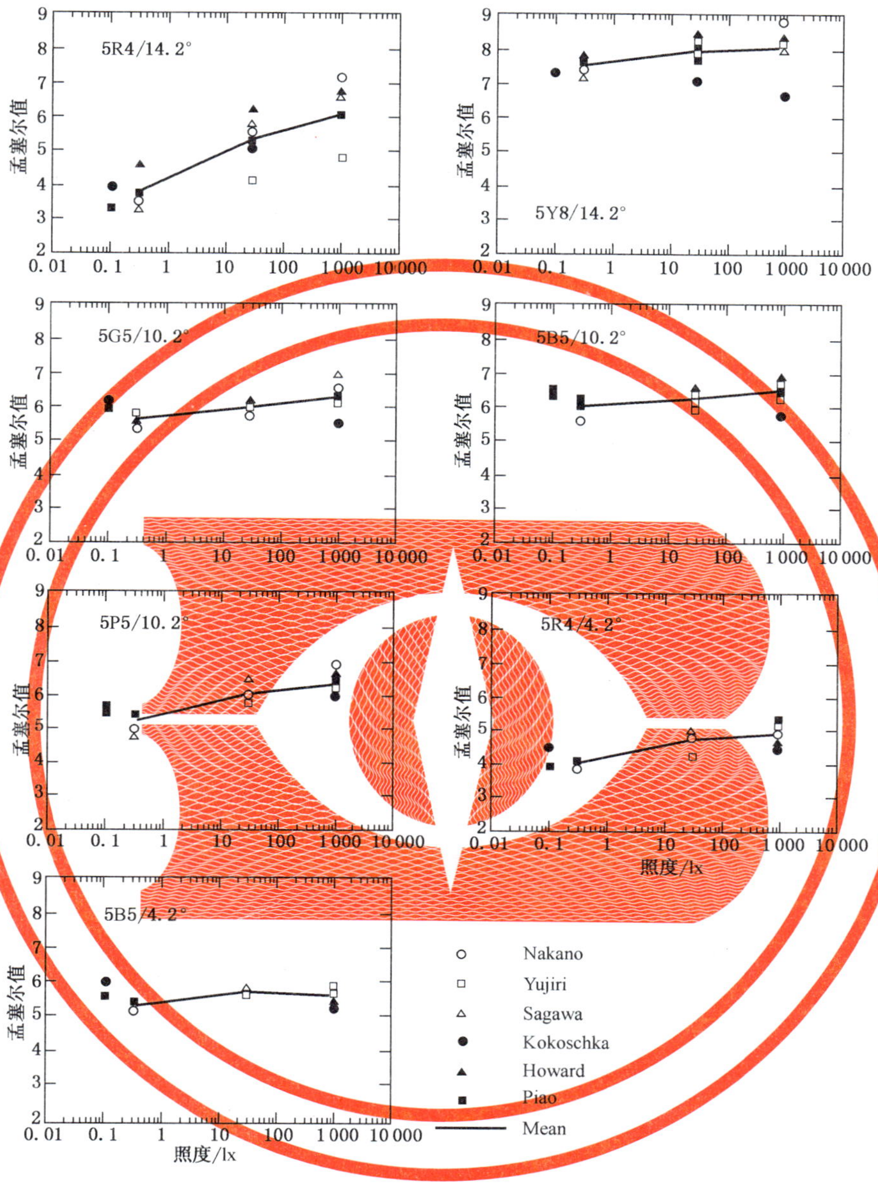

图 5.2　用于 2°视场的 CIE 91 研究组数据

图 5.2 展示了 2°视场条件下的结果。7 个小图，每个对应一种颜色，用单独的符号显示了每个研究团体在 3 个照度水平试验得到的平均匹配 *V* 值；Kokoschka 和 Piao 这两个研究团体同时还提供了在 0.1 lx 照度的数据，这也在图中显示出来。实线表示组平均值的未加权平均值。组平均值，特别是在最高照度水平的红色和黄色色样，显示了显著的可变性。

图 5.3 展示了 10°视场条件下的类似结果。对所有高色度色样，尤其是在 2 个明视觉水平，它们的组平均值相互之间差异显著。因此收集到的数据即使是同样色样在极其相似试验条件下的试验数据，仍然不能提供用来比较测光系统性能的明确的判据。附录 8 给出了这些组平均值的数值。

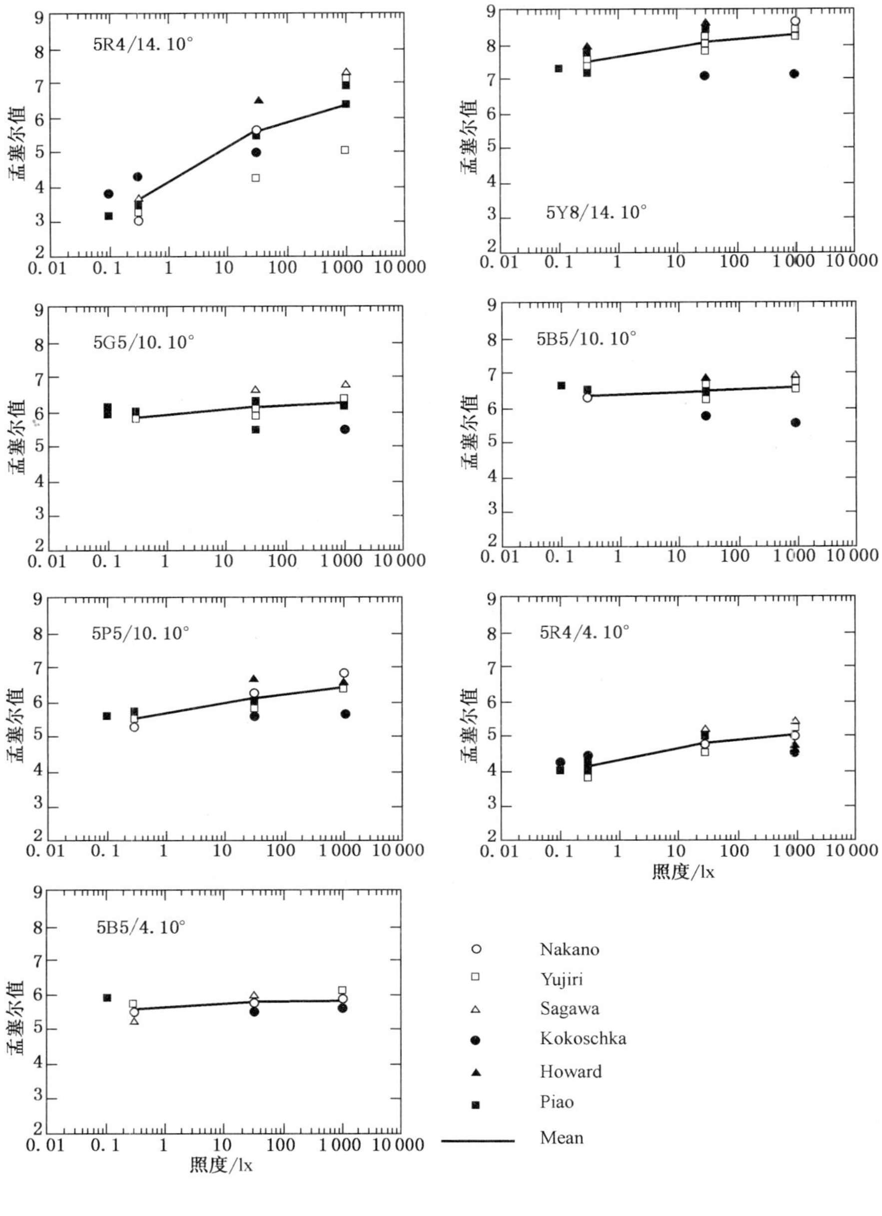

图 5.3 10°视场的 CIE 91 研究组数据

5.2 使用研究组数据的测光系统测试

利用与第 4 章所描述的相同的程序，选择测试刺激以及 V 值与组平均值的非加权平均相同的中性孟塞尔参照刺激组成“匹配对”，为不同测光系统计算出了针对不同颜色和不同照度水平的系统等效亮度。图 5.4a、图 5.4b～图 5.6a、图 5.6b 显示了 4 个系统对 2°数据的预测结果；图 5.6 主要描述在 0.3 lx 照度水平的数据，也包括了 Kokoschka 和 Piao 等收集的在 0.1 lx 水平的数据。在这些图中，以 ($L_{seq,T}$，$L_{seq,R}$)为坐标为每一颜色画出了单独数据点。$L_{seq,T}$ 与 $L_{seq,R}$ 之间的差越小，说明该系统性能越好，并且这 7 个点将越接近于单位斜率的直线。

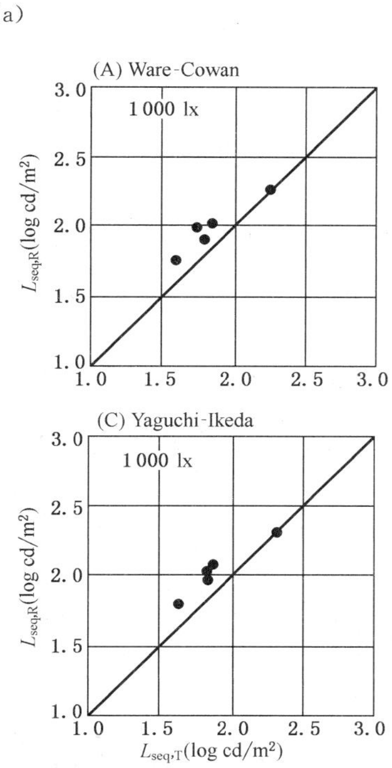

图 5.4a　在 1 000 lx 照度、2°视场 CIE 91 研究组数据的系统等效亮度

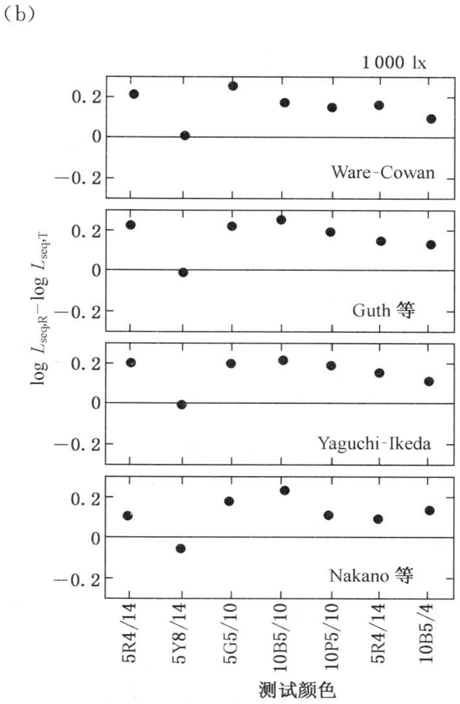

图 5.4b　$L_{seq,R}$与 $L_{seq,T}$之差同测试颜色的函数关系

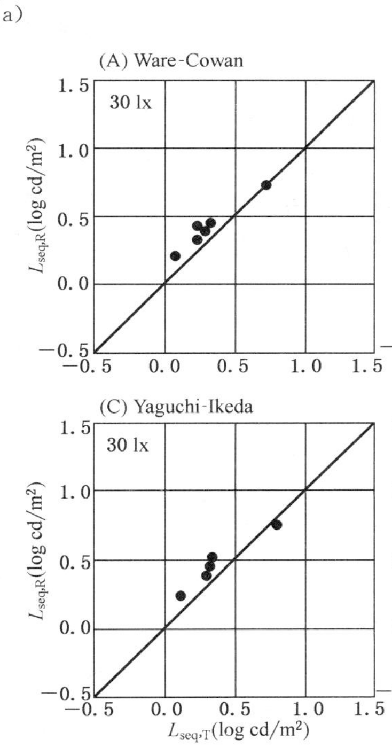

图 5.5a　与图 5.4a 相同，但是是在 30 lx 下的数据

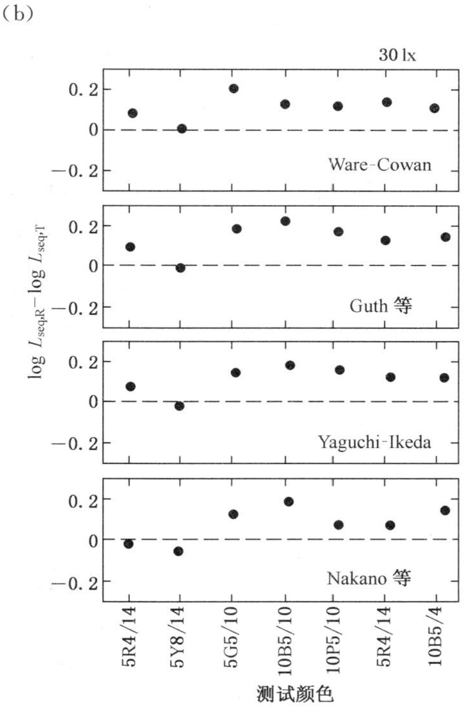

图 5.5b　与图 5.4b 相同，但是是在 30 lx 下的数据

所有系统在 1 000 lx 照度水平时与理想直线的偏差是最大的，表明这些系统对匹配视亮度的预测随着照度的增加而变得更差。Ikeda，Huang 和 Ashizawa(1989)指出即使在明视觉范围内，B/L 比值也会随着照度的增加而增加。CIE 工作组的数据与这一发现相一致；在 1 000 lx 照度的数据计算得到的

B/*L* 值明显大于在 30 lx 计算得到的数值。被提议的系统似乎都不能显示这种增长。

由于 4 个 2°系统中的 3 个都没有考虑杆状细胞贡献，所以看上去不应该将这些系统应用于在 0.1 lx 和 0.3 lx 这些较低照度所收集的数据。然而，这 4 个系统在这个水平上的表现与它们在明视觉水平上的表现是十分类似的。Nakano 系统考虑了杆状细胞贡献，则可以真正较好地预测中间视觉水平的组平均值。

图 5.7 绘制了 4 个系统对 2°视场研究组数据的残差。其中 Nakano 系统在所有水平上的误差最小，所有系统在预测明视觉视亮度上都优于 CIE 亮度。

(a)

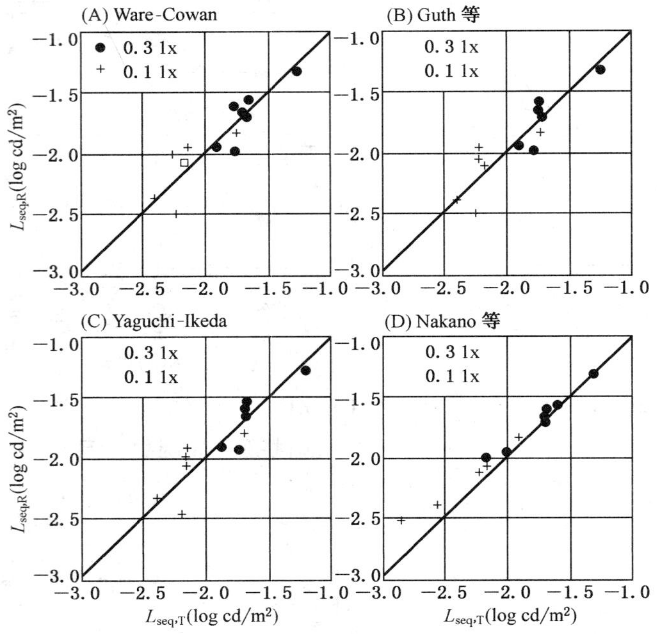

图 5.6a　同图 5.4a 一样，但是是在 0.3 lx 和 0.1 lx 下的数据

(b)

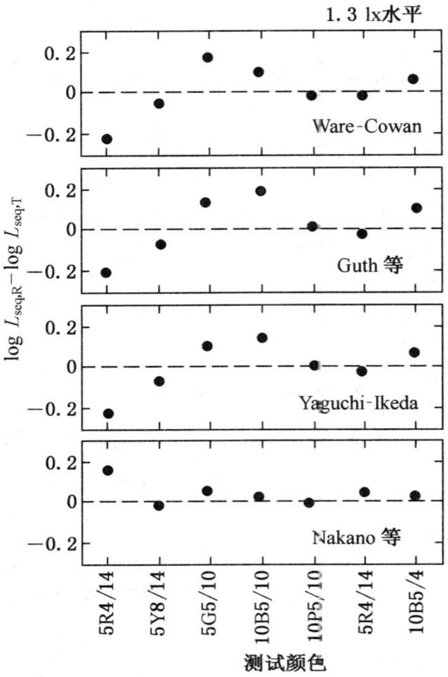

图 5.6b　同图 5.4b 一样，但是是在 0.3 lx 和 0.1 lx 下的数据

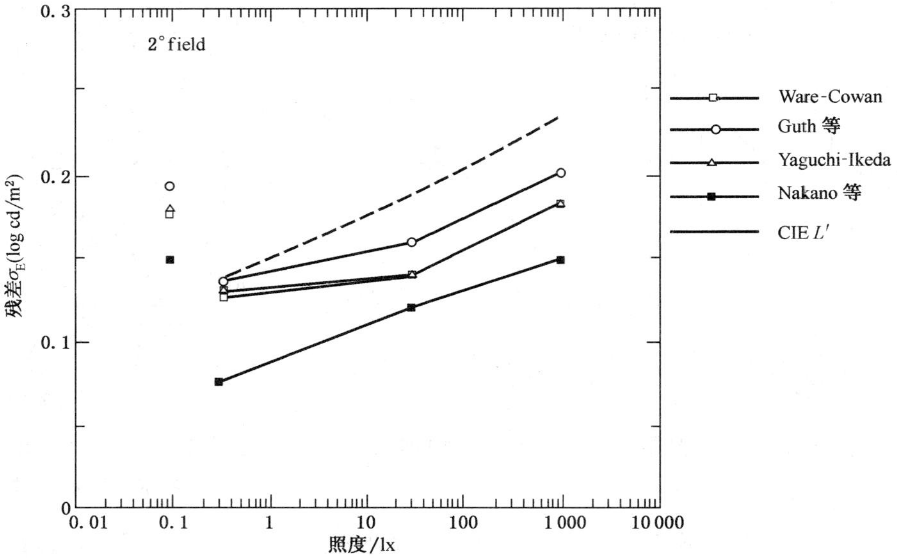

图 5.7　2°系统对 10°视场 CIE 研究组数据的残差

图 5.8～图 5.11 显示了 10°视场研究组数据的测试结果。正如 2°视场的测试结果图一样，所有系统对黄色测试刺激的预测都非常准确，并且所有系统在明视觉水平对于其余测试颜色的视亮度都有低估的趋势。在 0.1 lx 和 0.3 lx 的中间视觉水平，这 6 个系统都考虑了杆状细胞贡献，表现都很好。如图 5.11 中所示，在这个照度水平的残差比明视觉水平的要小。与其余 4 个系统相比，Sagawa-Takeichi 系统和 Nakano-Ikeda 这两个系统的误差始终比较小，忽略了色度的贡献 Palmer 系统的误差十分接近 CIEY_{10}的误差水平。

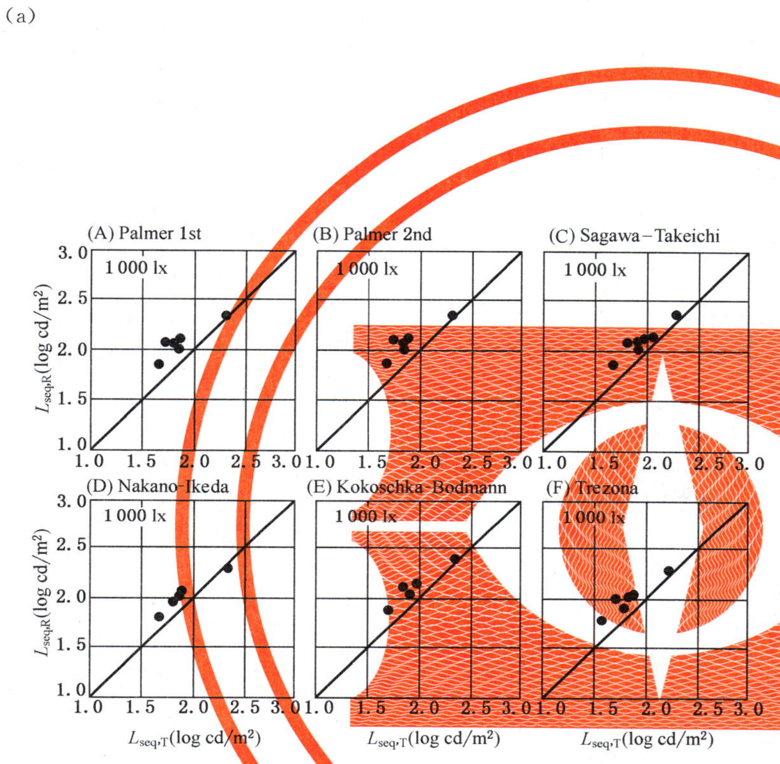

图 5.8a

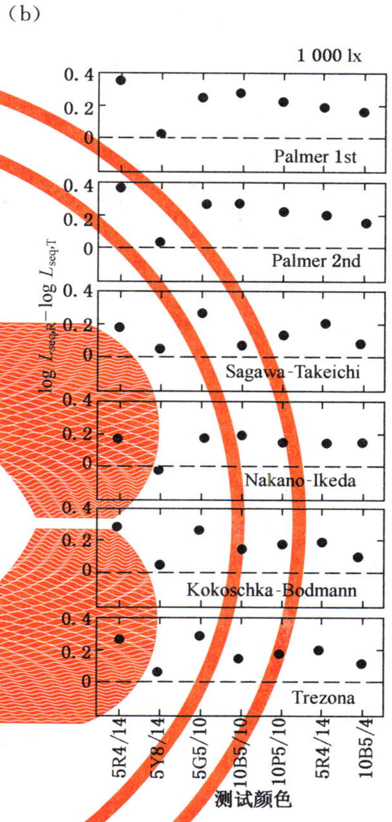

图 5.8b

(a)

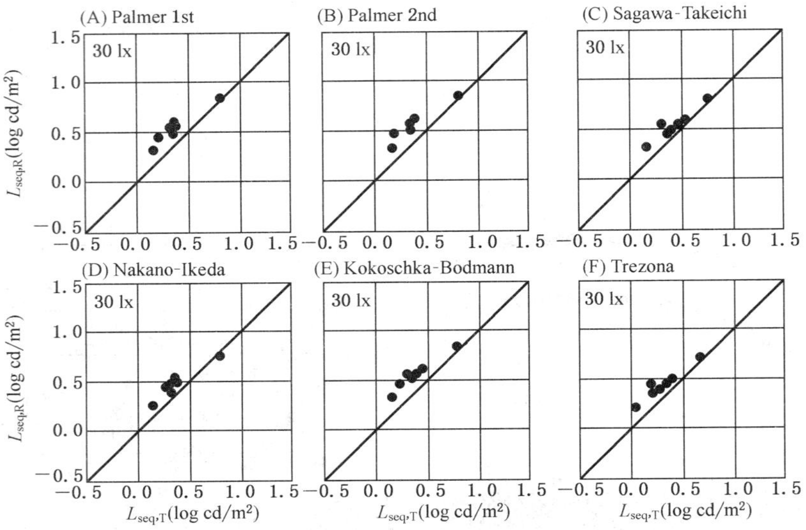

图 5.9a　与图 5.8a 相同，但是是在 30 lx 的数据

(b)

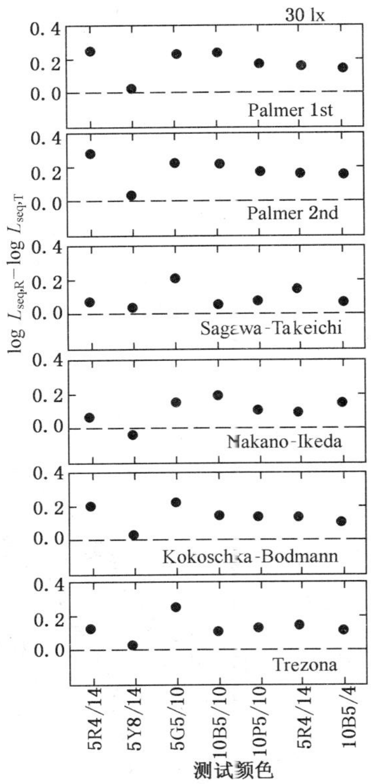

图 5.9b　与图 5.8b 相同，但是是在 30 lx 的数据

(a)

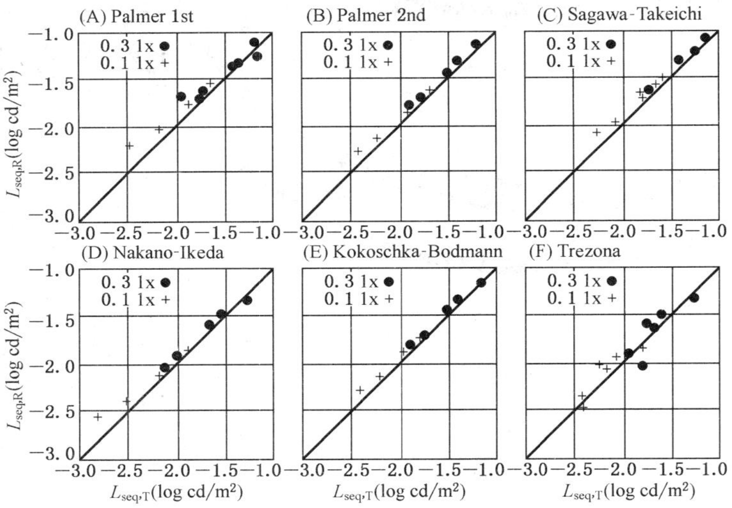

图 5.10a　与图 5.8a 相同，但是是在 0.3 lx 和 0.1 lx 的数据

(b)

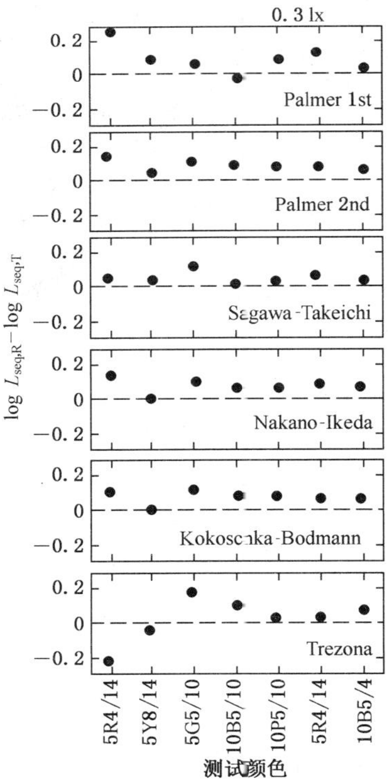

图 5.10b　与图 5.8b 相同，但是是在 0.3 lx 和 0.1 lx 的数据

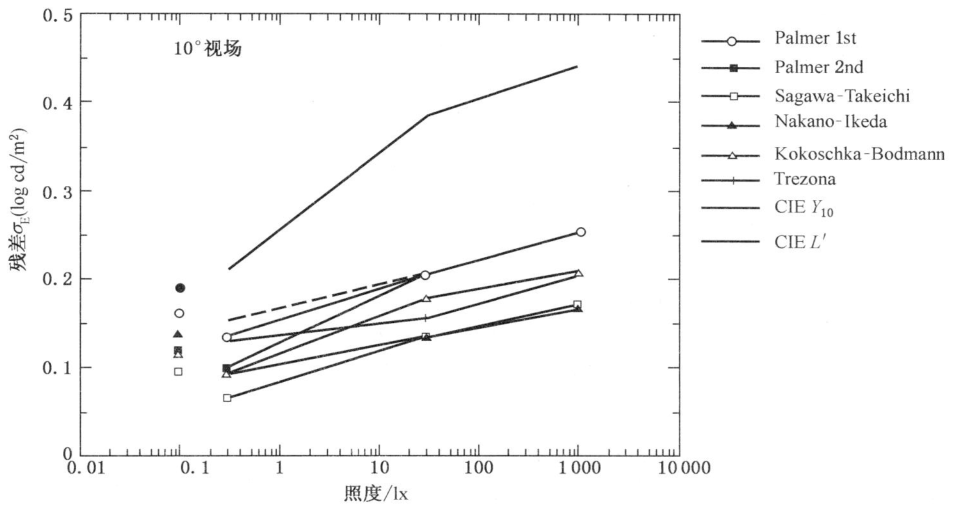

图 5.11　10°系统对 10°视场的 CIE 研究组数据的残差

6　讨论

6.1　系统等效亮度的标定

在目前的测试中，主要使用了现存的数据以及 CIE 91 研究组数据，对系统的评价主要是基于与特定参照刺激在对数系统等效亮度（log L_{seq}）的差异。这个方法没有考虑参照刺激自身的效能与亮度相关的变化。如图 6.1 所示，使用不同参照刺激（红色和蓝色）的两组数据将产生不同的视亮度匹配水平，即使参照刺激被设定为相同系列的明视觉亮度也是如此。因此，数据集与红色参照刺激进行匹配时产生的视亮度标度将会不同于采用蓝色参照刺激产生的视亮度标度。

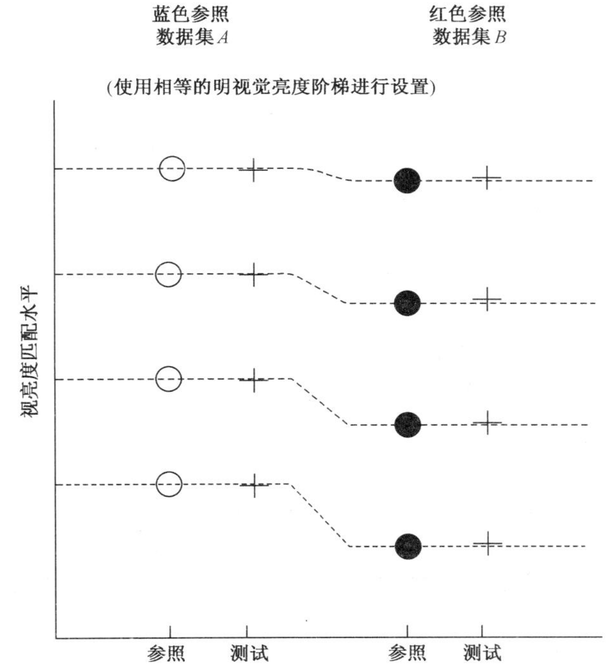

图 6.1　采用不同参照刺激下的视亮度匹配水平

在亮度从暗视觉经由中间视觉变化到较高的明视觉水平的过程中，几乎所有参照刺激的视亮度发光效率都会发生变化。这些亮度相关的变化在这里将被用作参照刺激的标度函数。很自然地，这样一个函数不需要同亮度呈线性关系。参照刺激标度函数的不同将对目前测试的有效性产生什么影响呢？

1）　不同的数据集采用了不同的参照刺激。测试将不受这些差异的影响，因为测试方法只是简单在一组经过试验认为具有相同视亮度的多个颜色上提问“系统对每个颜色所计算得出的 L_{seq} 值是否会大致相等？”

2）　不同的系统基于不同的参照刺激。也就是说，有些系统的 L_{seq} 计算是参照 D65 进行的，有些系统则参照 2 042 K 进行计算，还有些系统参照波长为 545 nm、555 nm 或 570 nm 单色光计算 L_{seq} 值。测试会受这些差别的影响。如果参照刺激的视觉效果自身在特定亮度范围内迅速变化，在这种参照刺激下计算得到的 L_{seq} 值的变化将大于在缓慢变化的参照刺激下计算得到的 L_{seq} 值的变化，即使对一组视亮度匹配的光进行计算也是这样。为了评估参照刺激对系统测试的影响，使用不同参照刺激计算的原始 L_{seq} 值应被转换为基于通用参照刺激的新值。555 nm 的单色光是一个比较好的通用参照刺激。这种光源现在被用来定义坎德拉和等效亮度。

图 6.2(a)显示了每个 2°系统在通用参照刺激(555 nm 刺激)的每个亮度水平计算得到的系统等效亮度 L_{seq} 值，与 555 nm 的亮度(表示为 L_{555})函数联合作图。有 3 个 2°系统的对数 B/L 比率(例如 L_{seq}/L_{555})在整个范围内都是常数，函数的斜率为＋1。然而，Nakano 系统还考虑在 2°系统中的暗视觉贡献；因此，其 B/L 值在暗视觉到中间视觉范围内是变化的。图 6.2(b)显示了全部 4 个系统的 L_{555} 偏差与亮度水平的函数关系。由于这里显示的偏差对于所有 2°系统在明视觉范围内(0～3 log cd/m²)都是恒定的，因此可以得出结论，使用通用参照刺激将不会改变目前的测试结果。

(a)

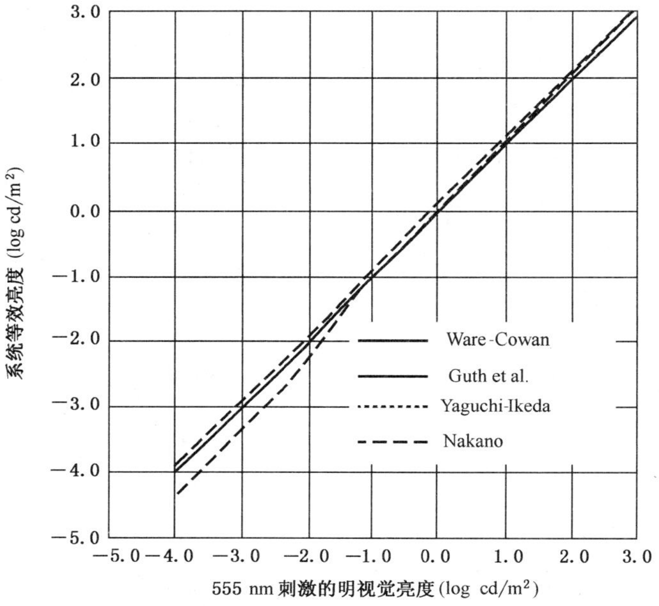

(b)

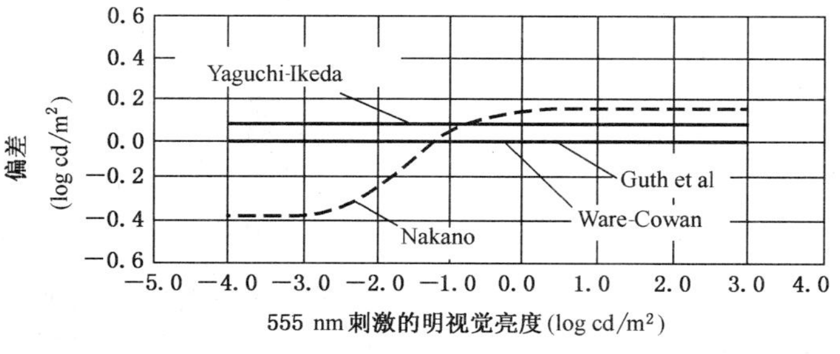

图 6.2　每个 2°系统的系统等效亮度 L_{seq} 同 555 nm 亮度 L_{555} 的函数关系，以及 L_{seq} 与 L_{555} 之间的偏差

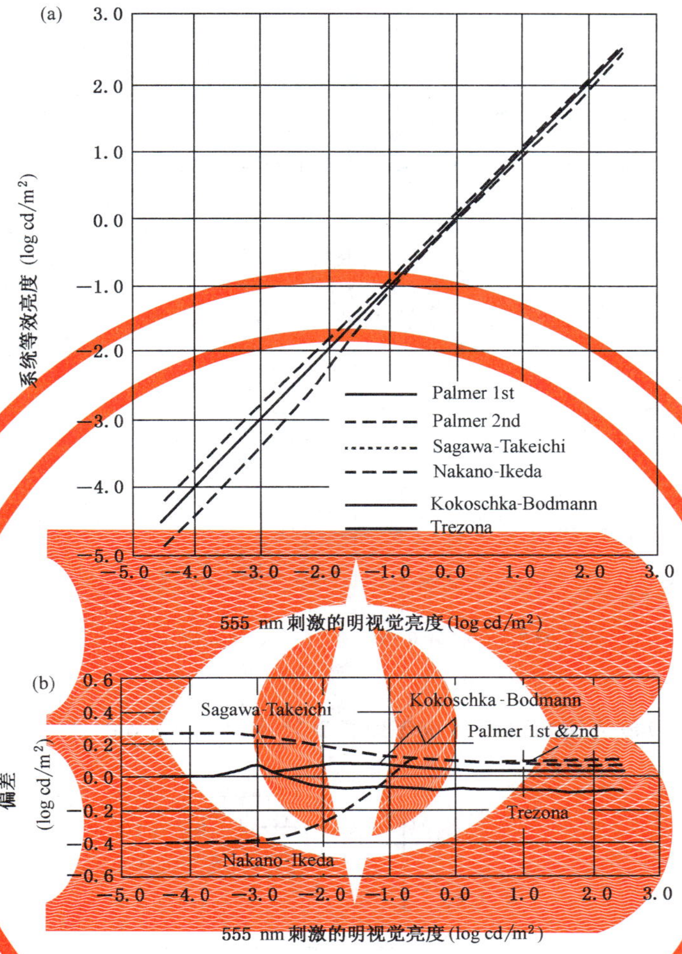

图 6.3 所有 10°系统的系统等效亮度 L_{seq} 同 555 nm 亮度 L_{555} 的函数关系以及 L_{seq} 与 L_{555} 之间的偏差

图 6.3(a)和(b)显示了 6 个 10°系统的 L_{seq} 相对 L_{555} 的曲线。在明视觉范围，3 个系统（Kokoschka-Bodmann，Nakano-Ikeda 和 Sagawa-Takeichi）的 L_{seq} 都大于 L_{555}，Trezona 系统的 L_{seq} 较小。Palmer 系统的 L_{seq} 值同 L_{555} 没有差别。Palmer 的 2 045 K 参照刺激的表现与 555 nm 参照刺激相似。另一方面，在暗视觉水平，Nakano-Ikeda 和 Sagawa-Takeichi 系统同 L_{555} 的偏差比较大。图 6.3(b)更加清楚的显示了这些比较以及其他从暗视觉到中间视觉亮度范围内的比较。

6.2 对通用参照刺激转换的评价

为了弄清这些偏差如何显著影响 10°系统的测试，第 4 章中为所有系统计算的系统等效亮度被转换为基于 555 nm 通用参照刺激的新值。使用图 6.3(a)，原始的 L_{seq} 值都被转换为相应的 L_{555} 值，残差也被重新计算。图 6.4～图 6.6 显示了在 3 组示例数据集上的计算结果。很明显，转换为通用参照刺激的作用极小。该转换对 Nakano-Ikeda，Sagawa-Takeichi 和 Trezona 系统的结果有影响，但即便在这些系统上，绝对变化也比较小。可以得到这样的结论：即便所有系统采用 555 nm 的单色光通用参照刺激，基于原先残差数据得到的结论仍然有效。

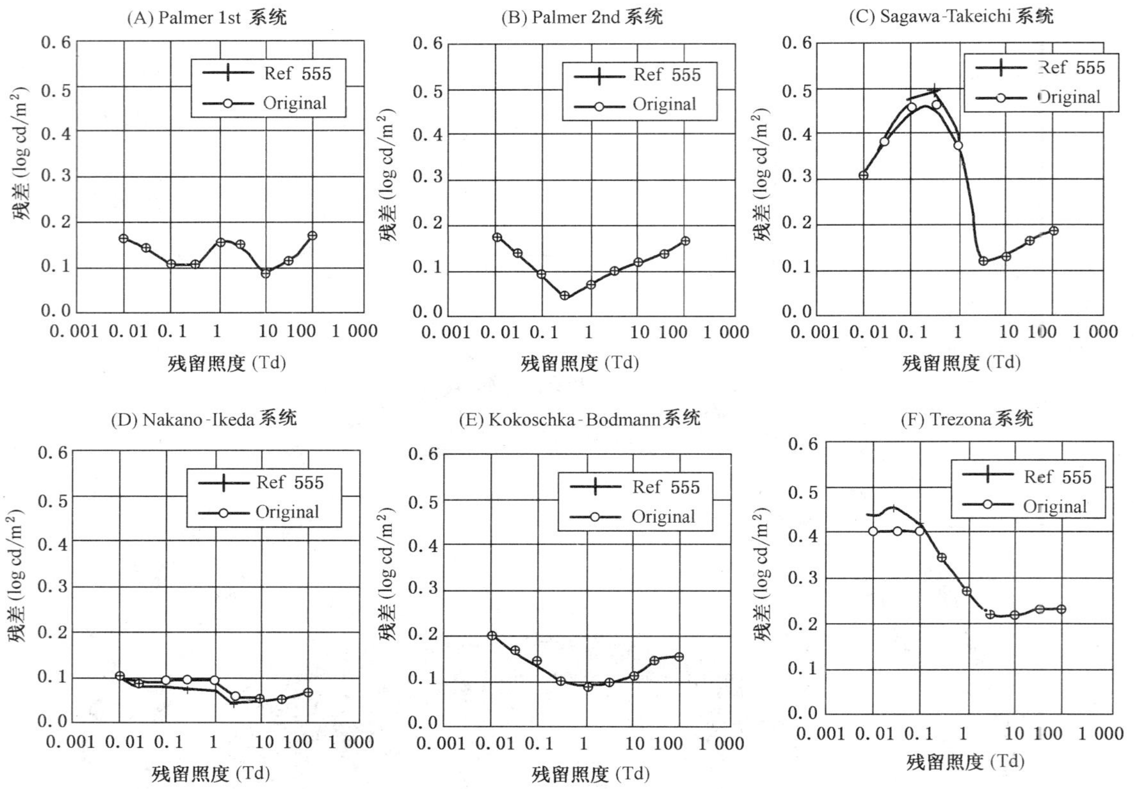

图 6.4 **Sagawa-Piao** 光谱数据的系统等效亮度转换为 555 **nm** 的通用参照刺激下后的结果

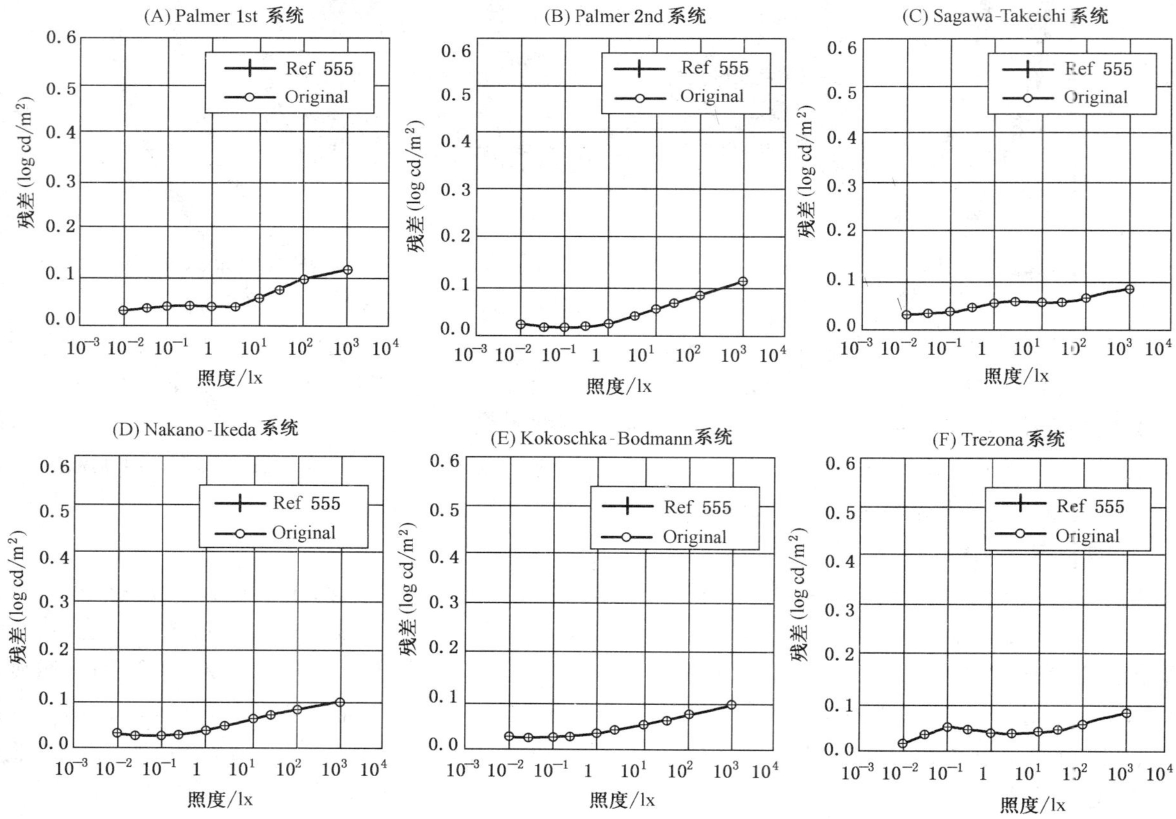

图 6.5 **Ashizawa** 等的物体色数据的系统等效亮度转换为 555 **nm** 的通用参照刺激后的结果

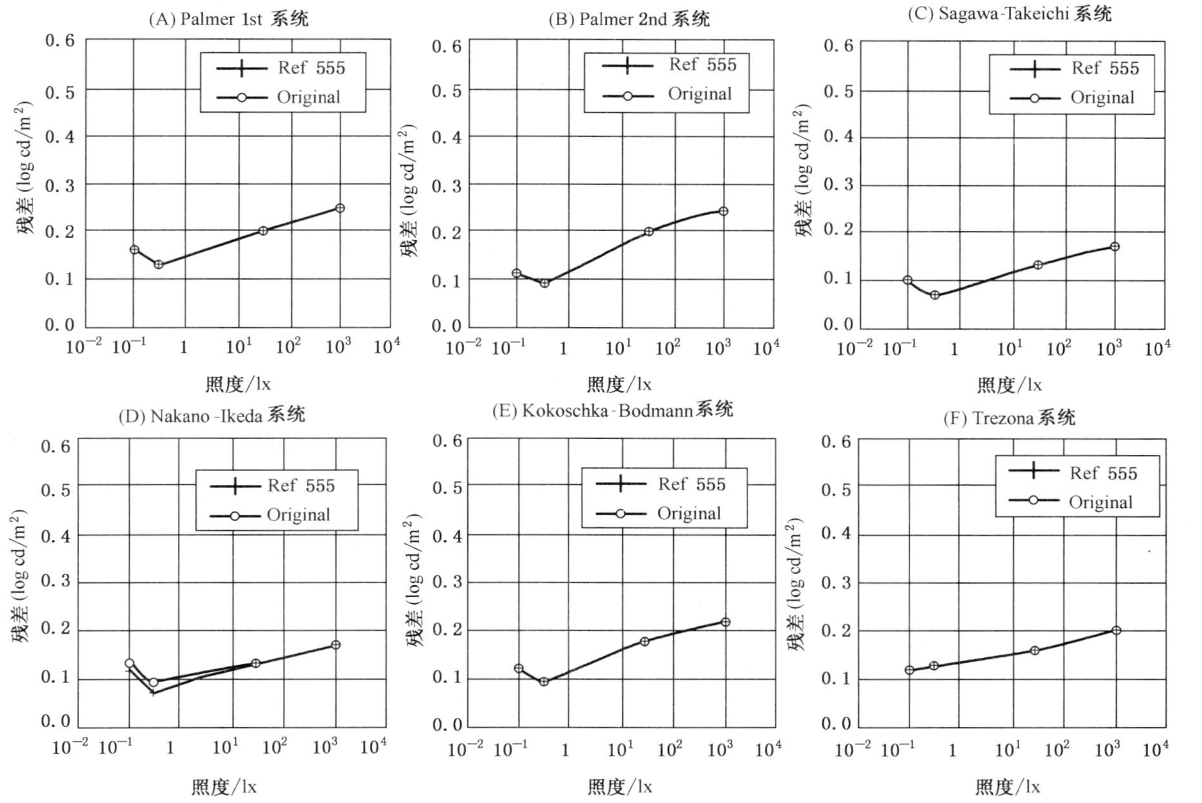

图 6.6　10°视场的研究组数据的系统等效亮度转换为 555 nm 的通用参照刺激后的结果

7　总结和结论

本指导性技术文件介绍了提交到国际照明委员会(CIE)的测光系统的最新方案。这些测光系统用于在整个人类视觉敏感范围上测定光的相对视亮度。在每一系统上进行了定量测试,用以校验其与来自几个视亮度匹配试验数据的一致性。残差(σ_E)被用作描述系统预测同试验数据的偏差程度的指标。

为了总结这些定量测试的结果,所有试验数据集的残差都被汇总在一张图中。图 7.1 表示 2°系统的结果;这张图是前面介绍的图 4.4 和图 5.7 的组合。图 7.2 表示 10°系统的结果,是图 4.6,图 4.8,图 4.10,图 4.12,图 4.16,图 4.21,图 4.25 和图 5.11 的组合。为了进行比较,提供了在相同数据上使用 CIE 1924 亮度 L,CIE 1964 三刺激值 Y_{10} 和 CIE 1951 暗视觉亮度 L' 计算得到的残差,尽管这些 CIE 亮度不被期望用于视亮度测量。

这幅定量测试结果的总结图清晰地显示出不同数据集之间的残差指标差异巨大。然而,大部分新的测光系统在所有数据集上的残差都比目前 CIE 测光系统的残差小。

委员会推荐以下结论:

1) 提交的全部 4 个 2°系统和全部 6 个 10°系统提供的视亮度测量优于当前 CIE 测光系统。
2) 因为用于定量测试的数据集本身也不太一致,所以目前尚不可能跟据它们同试验数据的一致性来给测光系统进行评价。这些数据集包括黑暗背景下以孔径颜色呈现的光谱和非光谱光源,中性背景下以表面颜色呈现的非光谱光源以及显示在阴极射线管上呈现为自发光的非光谱光源。如果数据集之间的不一致是由观测模式的差异而引起,那么通过单一测光系统来适应所有试验数据是不太可能的。
3) 被提议系统在定量试验中的相对性能可能因为没有考虑系统参照刺激(考虑定义系统等效亮度时使用的参照刺激)的差异而受到影响。第 2 章中充分描述了这些差异。第 3 章中所描述的定量测试方法被设计用来减小这些影响。在第 6 章中,所有系统计算得到的系统等效亮度值均被转换为基于指定通用参照刺激，即 555 nm 单色光刺激下的亮度值。结果表明这种转换并不能从本质上改变出现在这份报告中的图，在图 7.1 和图 7.2 中对此作了总结。

4) 因为同试验数据吻合的判据并不能支持在所有被提议系统中做出选择，所以希望将来的委员会可以考虑增加进一步的标准作为推荐测光系统的依据。也可能采用可实际应用的简单性与生理过程的关系，以及同 CIE 明视觉和暗视觉测光法的联系等准则来对系统进行评判。

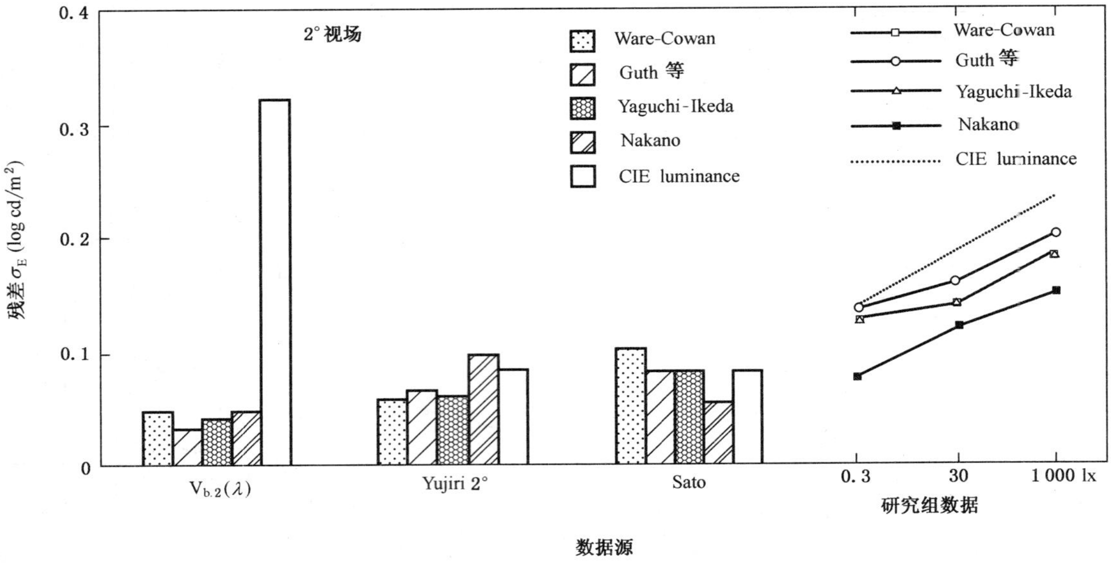

图 7.1 2°系统残差数据的总结

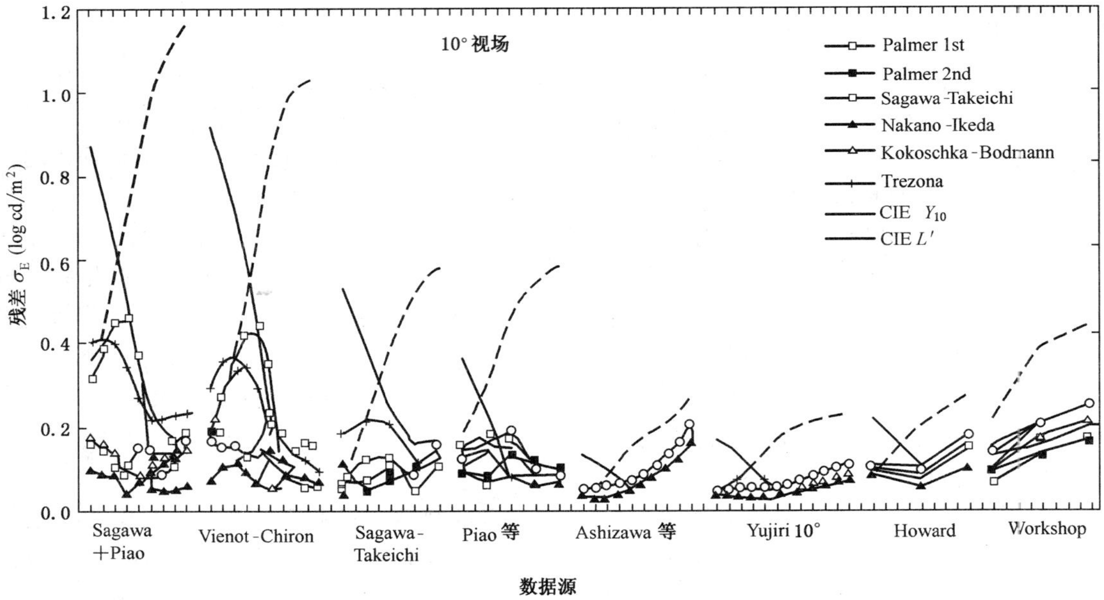

图 7.2 2°系统残差数据的总结

附 录 1
（资料性附录）
计算示例中使用的色样的光度和色度数据

色样	孟塞尔色样，10B5/10
光源	EDL-50(高色彩渲染，5 000 K)
2°CIE 色度坐标	X=0.205，y=0.245
10°CIE 色度坐标	X_{10}=0.205 y_{10}=0.267
Judd 修饰过的色度坐标	X'=0.210 y'=0.259
CIE 亮度(2°，明视觉水平)	10 cd/m²(明视觉色样) 0.01 cd/m²(中间视觉色样)
CIE Judd 亮度/CIE2°亮度	L_{Judd}/L=1.010
CIE10°亮度/CIE2°亮度	L_{10}/L=1.197
CIE 暗视觉亮度/CIE 2°亮度	L'/L=4.411
三刺激值	X=0.267，Y=0.349，Z=0.691，V'=0.510

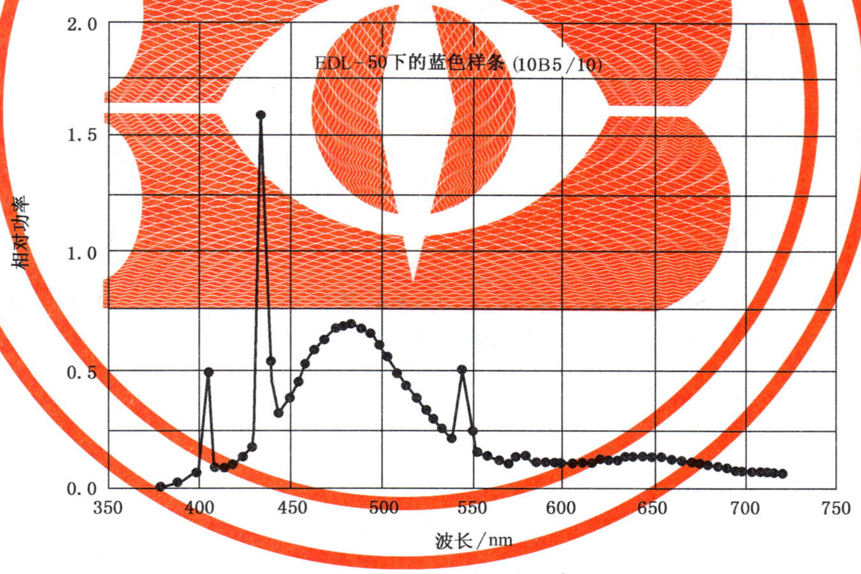

图 A.1.1 计算示例中使用的色样的光谱能量分布函数

附　录　2
（资料性附录）
Ware-Cowan 转换因数的 *B*/*L* 等值线

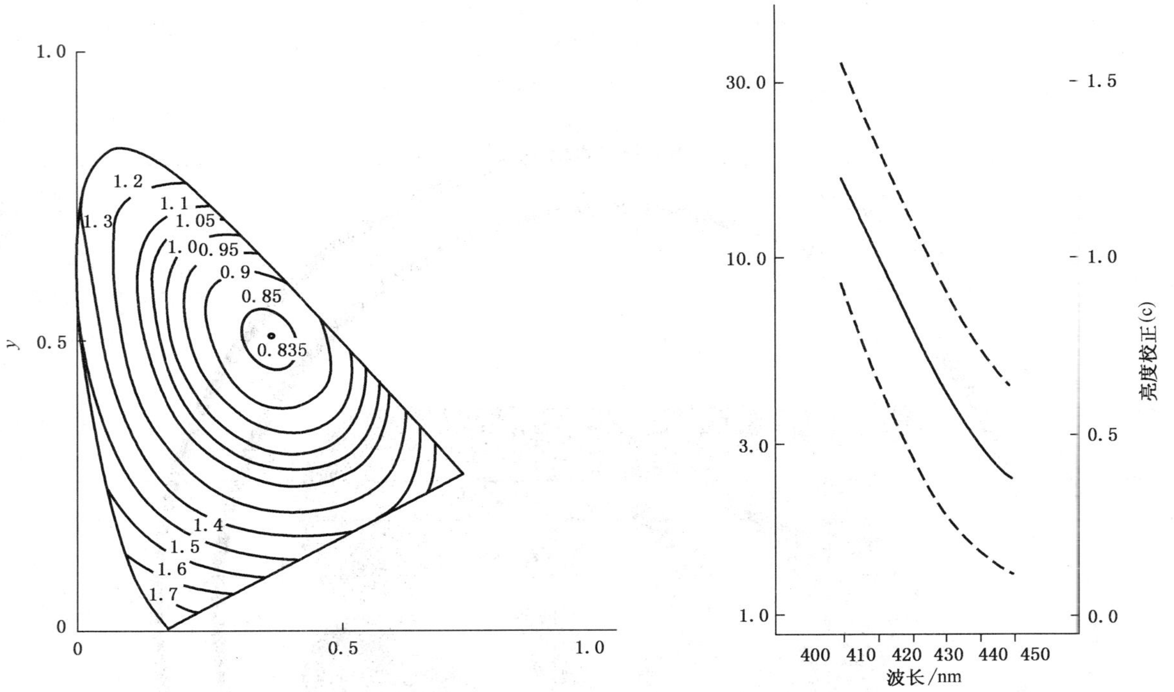

a）用于大于 0.5°、小于 4°（见文字）的视场的转换。等高线值为 10°

b）用于 y 色度等于或小于 0.02（见文字）的变换（右侧纵坐标轴）

图 A.2.1　画在 CIE *x*-*y* 色度图上的 Ware-Cowan 系统的 *B*/*L* 等值线（Ware-Cowan，1983）

注：右侧纵坐标代表视亮度的亮度（*B*/*L*）比值：左侧为线性的，右侧为对数比例。

附 录 3
（资料性附录）
Sagawa-Takeichi 系统的适应系数

（Sagawa & Takeichi，1992a）

系统等效亮度（log cd/m²）	适应系数 a
−3.18	1.00
−2.68	0.87
−2.17	0.71
−1.71	0.54
−1.30	0.38
−0.83	0.26
−0.31	0.13
0.28	0.05
0.84	0.00

附　录　4
（资料性附录）
Kokoschka-Bodmann 系统的 F 系数。注意最初基于 10 mm^2 的 L_{seq} 值被更正为天然瞳孔亮度

（Kokoschka-Bodmann，1975）

$L_{seq}/(cd/m^2)$	F_x	F_y	F_z	F_s
0.000 002 04	0	0	0	1
0.000 003 23	−0.001 9	0.006 49	0.000 354	0.996
0.000 005 12	−0.006 85	0.023 7	0.001 36	0.985
0.000 008 13	−0.013 8	0.048 3	0.002 95	0.969
0.000 012 9	−0.021 6	0.076 9	0.005 04	0.95
0.000 020 4	−0.029 2	0.106	0.007 54	0.93
0.000 032 6	−0.035 6	0.133	0.010 4	0.911
0.000 052 2	−0.041	0.158	0.013 2	0.892
0.000 083 5	−0.045 3	0.18	0.015 9	0.875
0.000 134	−0.048 8	0.201	0.018 1	0.858
0.000 214	−0.051 6	0.221	0.019 5	0.842
0.000 344	−0.054 3	0.241	0.02	0.825
0.000 557	−0.059 1	0.269	0.020 1	0.803
0.000 899	−0.068 7	0.313	0.020 6	0.772
0.001 45	−0.085 8	0.38	0.021 9	0.726
0.002 34	−0.113	0.479	0.024 9	0.661
0.003 86	−0.151	0.614	0.029 9	0.573
0.006 39	−0.194	0.77	0.036	0.471
0.010 6	−0.234	0.927	0.042 2	0.364
0.017 5	−0.264	1.07	0.047 3	0.263
0.028 8	−0.276	1.17	0.050 1	0.175
0.049 5	−0.265	1.22	0.05	0.11
0.085 4	−0.236	1.23	0.047 2	0.065 3
0.147	−0.195	1.21	0.042 6	0.036 4
0.254	−0.151	1.17	0.036 8	0.019 4
0.437	−0.111	1.13	0.030 7	0.01
0.78	−0.080 6	1.09	0.024 8	0.004 58
1.4	−0.059 2	1.07	0.019 4	0.001 73
2.52	−0.044 5	1.05	0.014 5	0.000 711
4.53	−0.034 3	1.04	0.010 3	0.000 3

L_{seq}/(cd/m²)	F_x	F_y	F_z	F_s
8.13	−0.026 2	1.03	0.006 79	0
14.5	−0.018 5	1.02	0.004 1	0
47	−0.005 52	1.01	0.000 906	0
84.3	−0.001 49	1	0	0
151	0	1	0	0
258	0	1	0	0
444	0	1	0	0
762	0	1	0	0
999	0	1	0	0

附 录 5
（资料性附录）
视网膜照度与亮度的转化表

（Trezona，1983b）

亮度（log cd/m²）	视网膜照度（log Td）	视网膜照度（log Td）	亮度（log cd/m²）
−8	−6.30	−8	−9.70
−7	−5.30	−7	−8.70
−6	−4.30	−6	−7.70
−5	−3.31	−5	−6.70
−4	−2.32	−4	−5.69
−3	−1.35	−3	−4.69
−2	−0.42	−2	−3.67
−1	0.47	−1	−2.63
0	1.29	0	−1.54
1	2.07	1	−0.36
2	2.85	2	0.91
3	3.69	3	2.18
4	4.59	4	3.35
5	5.54	5	4.43
6	6.52	6	5.47

附 录 6
（资料性附录）
Ashizawa-Ikeda 系统的等效亮度

Ashizawa-Ikeda 系统是最近提交的用于评估表观视亮度的系统，它是唯一纯粹基于物体色研究的提议。因此，这个系统计算的是等效视亮度而不是等效亮度。同时它也是唯一的一个通过叠加消色差等效视亮度和色度等效视亮度计算表观视亮度的系统。该系统如图 A.6.1 所示。

色样亮度以相对于相同照明条件下理想反射器亮度的反射表面亮度进入系统。进而衍生两个术语，$L_{10}{}^*$ 表示明视觉水平相对亮度，L'^* 表示暗视觉水平的相对亮度。明视觉相对亮度和暗视觉相对亮度的加权求和值即为消色差等效视亮度。加权系数从适应系数 a 得到，其值在 0（当照度＞2 lx 时）～1（当照度＜ 0.01 lx 时）范围变化。当照度在 0.01 lx 以下时，色差等效视亮度为 0，照度高于这个水平时，它随着对数照度的增长而线性增长，通过表示视亮度颜色贡献的因数 m_c 确定斜线的斜率。

计算过程：

1） 用下列公式计算反射色样的视亮度值，

$$L_{10}{}^* = \frac{100\int P(\lambda)r(\lambda)y_{10}(\lambda)\mathrm{d}\lambda}{\int P(\lambda)y_{10}(\lambda)\mathrm{d}(\lambda)}$$

$$L_{10}{}'^* = \frac{100\int P(\lambda)r(\lambda)V'(\lambda)\mathrm{d}\lambda}{\int P(\lambda)V'(\lambda)\mathrm{d}(\lambda)}$$

式中：

$P(\lambda)$——光源的光谱能量分布；

$\gamma(\lambda)$——物体的光谱反射。

2） 按如下计算适应系数 a：

$a=1$	当 $E<0.01$ lx
$=(0.30-\log E)/2.30$	当 0.01 lx$<E<$2 lx
$=0$	当 $E>2$ lx

（E：单位 lx 的照度）

3） 计算消色差等效视亮度 $L_{\mathrm{ach}}{}^*$，

$$L_{\mathrm{ach}}{}^* = aL'^* + (1-a)L_{10}{}^*$$

4） 计算色差等效视亮度 $L_{\mathrm{chr}}{}^*$，

$L_{\mathrm{chr}}{}^*=0$	当 $E<0.01$ lx
$=m_c(\log E+2)$	当 $E>0.01$ lx

（m_c：预先通过试验测定或用有效颜色模型测定）

5） 计算等效视亮度，

$$L_{\mathrm{eq}}{}^* = L_{\mathrm{ach}}{}^* + L_{\mathrm{chr}}{}^*$$

在其目前形式中，Asizawa 系统不能包含在对其他系统进行的定量测试中。这里包含了对 Asizawa 系统的描述，因为它唯一具有分离视亮度色彩贡献和消色差贡献的方法。

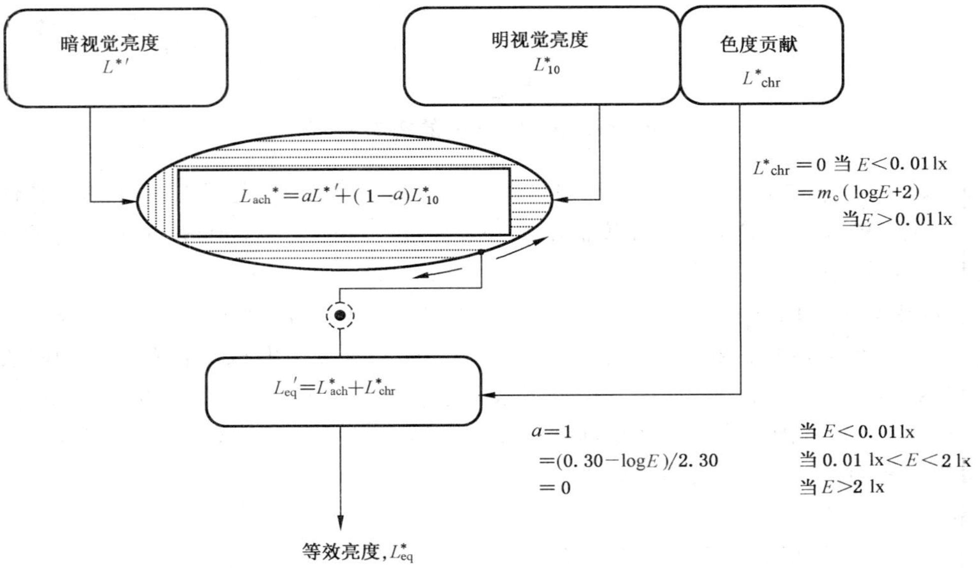

图 A.6.1 **Ashizawa-Ikeda** 系统(物体色的等效视亮度的测定系统)

附 录 7
（资料性附录）
表面色亮度的计算方法

假定物体表面为朗伯散射表面，物体的亮度因数 β 按照式(A.7.1)计算：

$$\beta=\frac{\int R(\lambda)S(\lambda)V(\lambda)\mathrm{d}\lambda}{\int S(\lambda)V(\lambda)\mathrm{d}\lambda} \tag{A.7.1}$$

这里 $R(\lambda)$ 指物体的光谱反射分布，$S(\lambda)$ 指光源的光谱能量分布。由式 A.7.1 可以看出，一个理想反射器的 β 值为 1.0。当亮度因数为 β 且使用 E lx 照明时，物体的 CIE 亮度计算如下：

$$L=(E/\pi)\beta\ \mathrm{cd/m^2} \tag{A.7.2}$$

当物体反射系数指定为孟塞尔值 V，V 可以根据其在 1976 CIE $L^*u^*v^*$ 空间内与 L^* 的关系转化为 β。

$$V=L^*/10 \tag{A.7.3}$$

$$L^*=116(Y/Y_n)/3-16 \tag{A.7.4}$$

这里 Y_n，标准消色差刺激的 Y 三刺激值，表示一个理想反射器并且取值为 100。测定 Y/Y_n 就可以得到物体的亮度因数 β 的估计值，可以使用式(A.7.2)计算得到以 cd/m² 为单位表示的物体亮度。

附　录　8
（资料性附录）
用于测试视亮度匹配数据的数据源

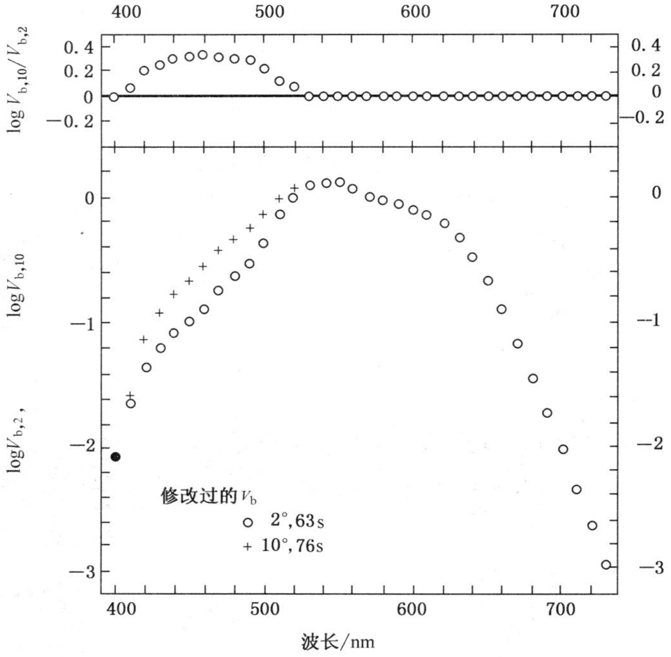

图 A.8.1　CIE $V_{b2}(\lambda)$和 $V_{b10}(\lambda)$数据（CIE，1988）

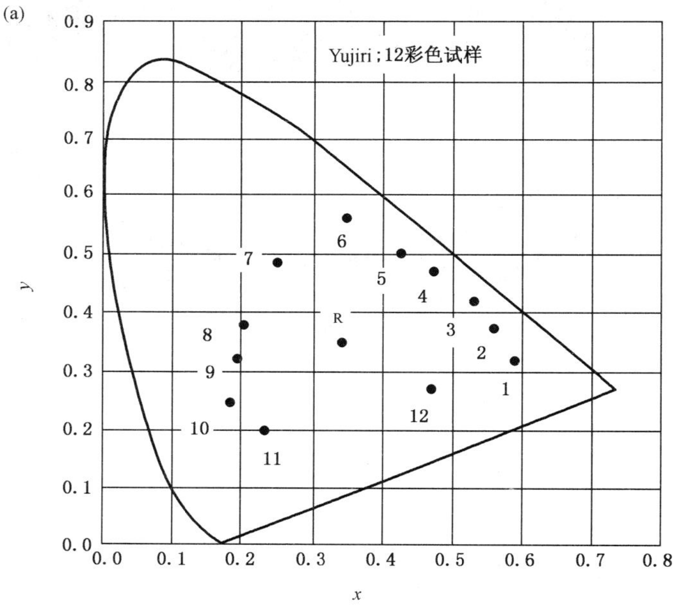

图 A.8.2a　Yujiri 2°色度数据（Yujiri，1989）

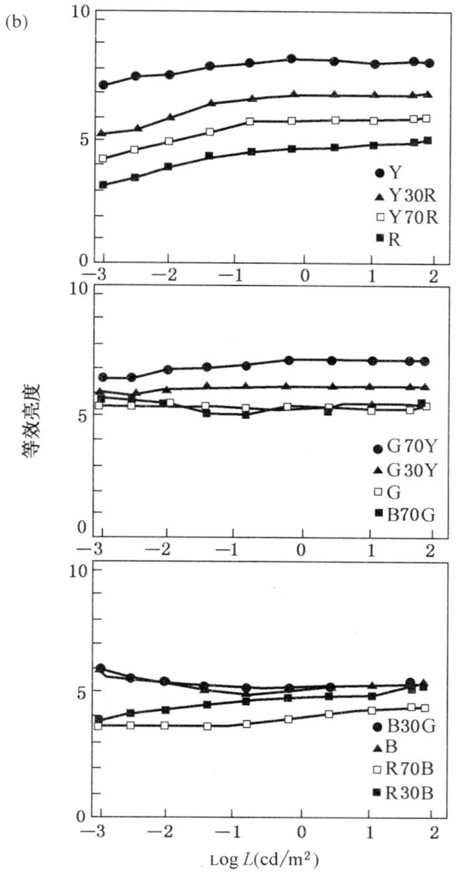

图 A.8.2b Yujiri 2°视亮度匹配数据(Yujiri,1989)

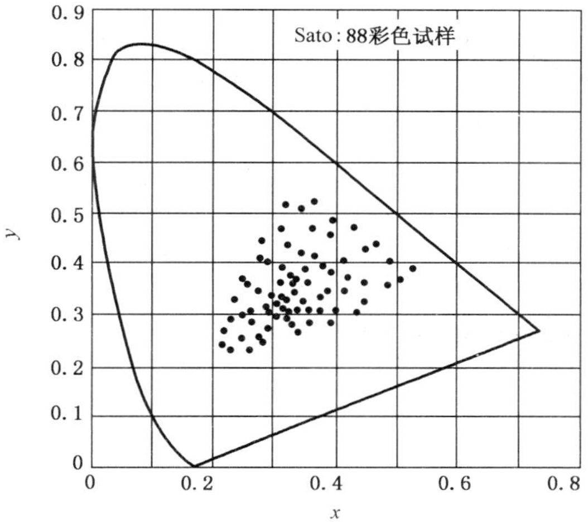

图 A.8.3 Sato 的 88 个色样的色度坐标(Sato,1989)

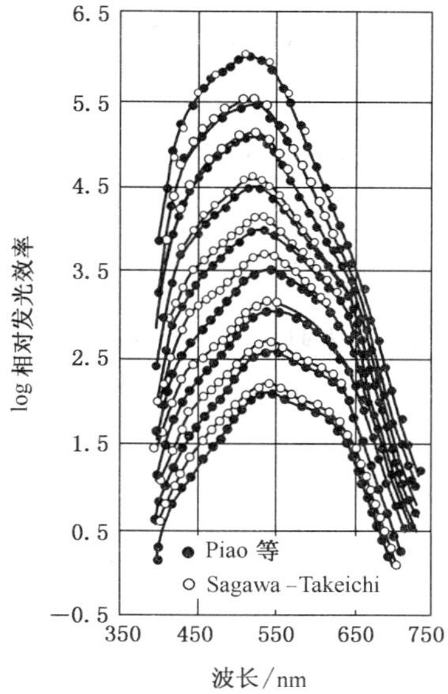

图 A.8.4 Sagawa-Takeichi 和 Piao 等的数据(Sagawa&Takeichi,1987;Piao 等,1988)

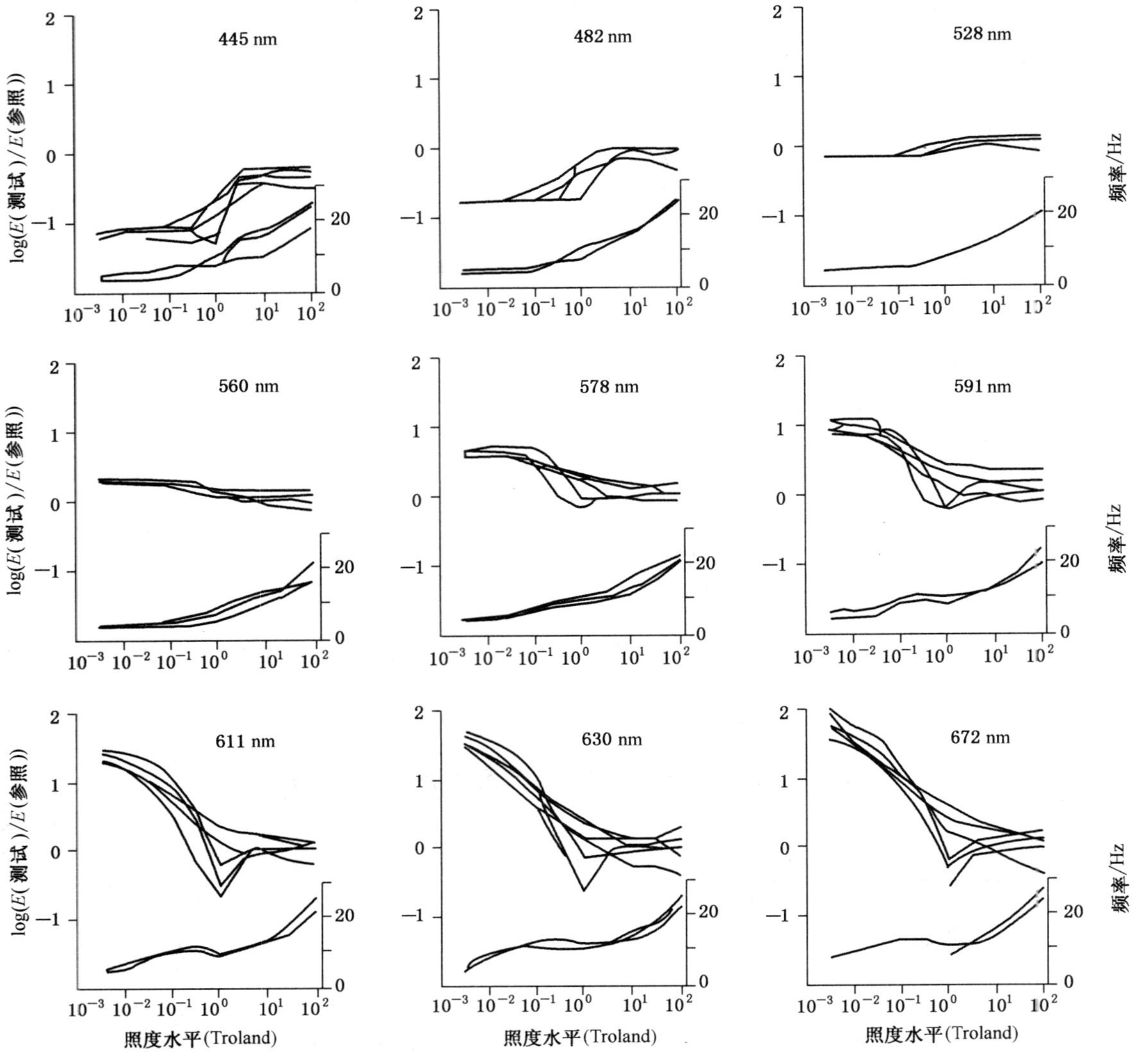

上方曲线(左侧纵坐标轴):测试刺激的视网膜照度与参照刺激的视亮度的比值(实线)以及闪烁匹配(虚线),下方曲线(右侧纵坐标轴):最佳闪烁频率

图 A.8.5 Viénot-Chiron 数据(Viénot & Chiron,1992)

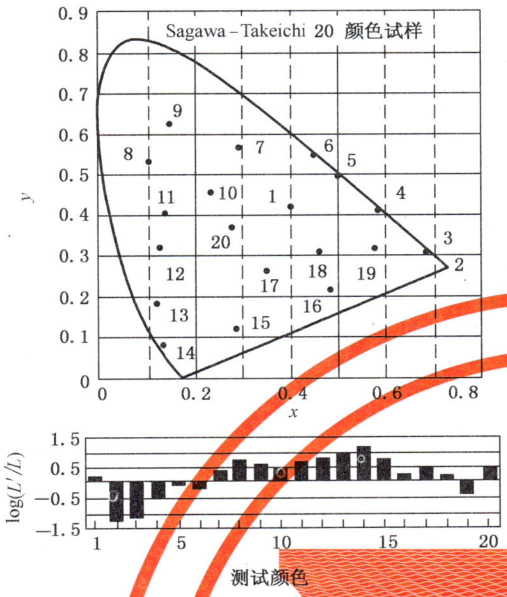

图 A.8.6a Sakawa-Takeichi 的色度数据
(Sakawa&Takeichi,1992)

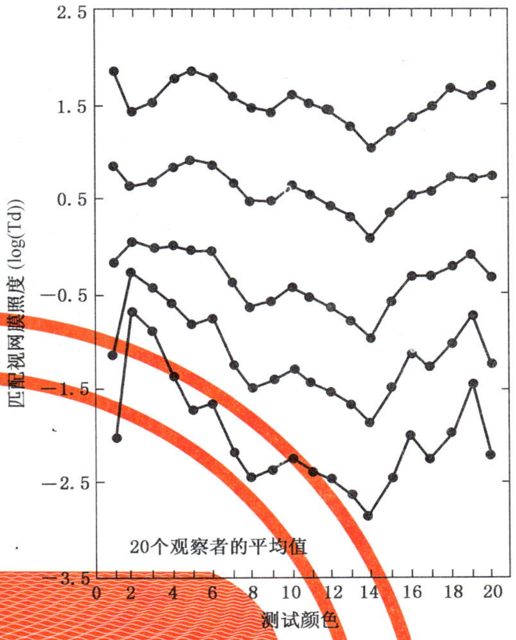

图 A.8.6b Sakawa-Takeichi 的视亮度匹配数据
(Sakawa&Takeichi,1992)

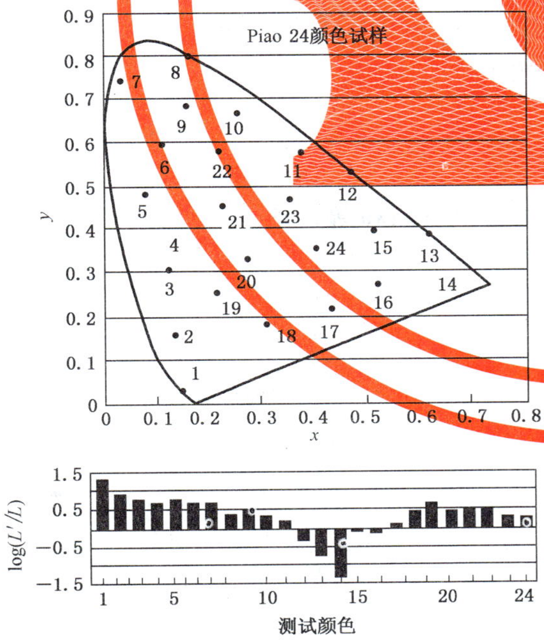

图 A.8.7a Piao 等的色度数据(Piao 等,1992)

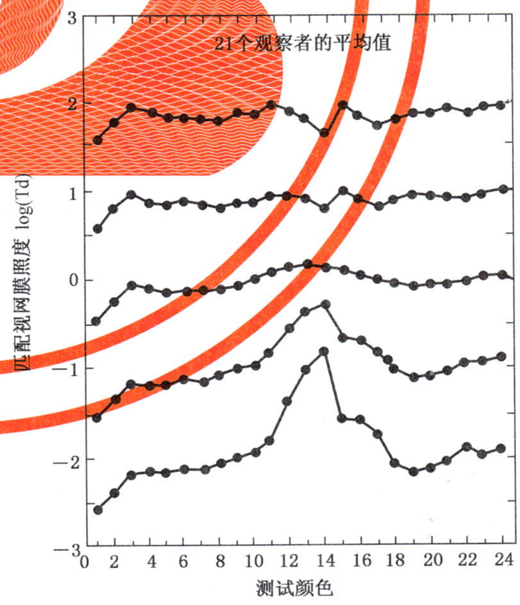

图 A.8.7b Piao 等的视亮度匹配数据
(Piao 等,1992)

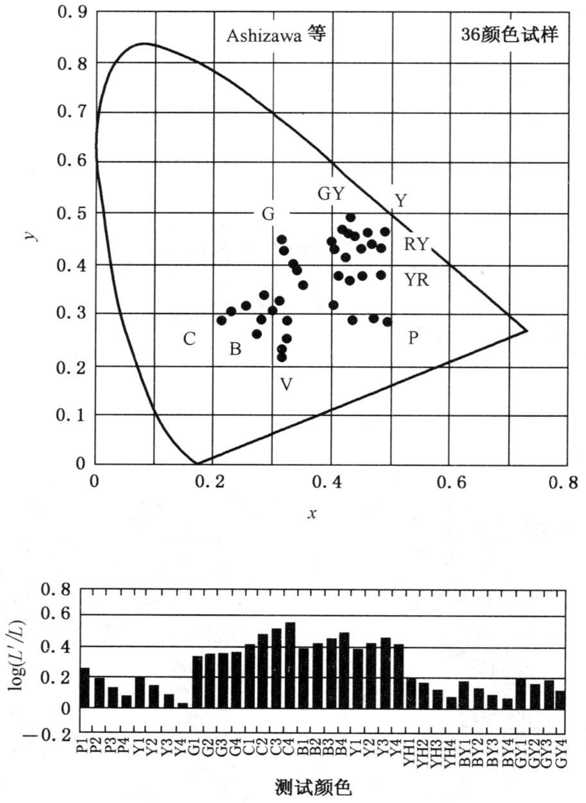

图 A.8.8a　Ashizawa 等的色度数据(Ashizawa 等,1985)

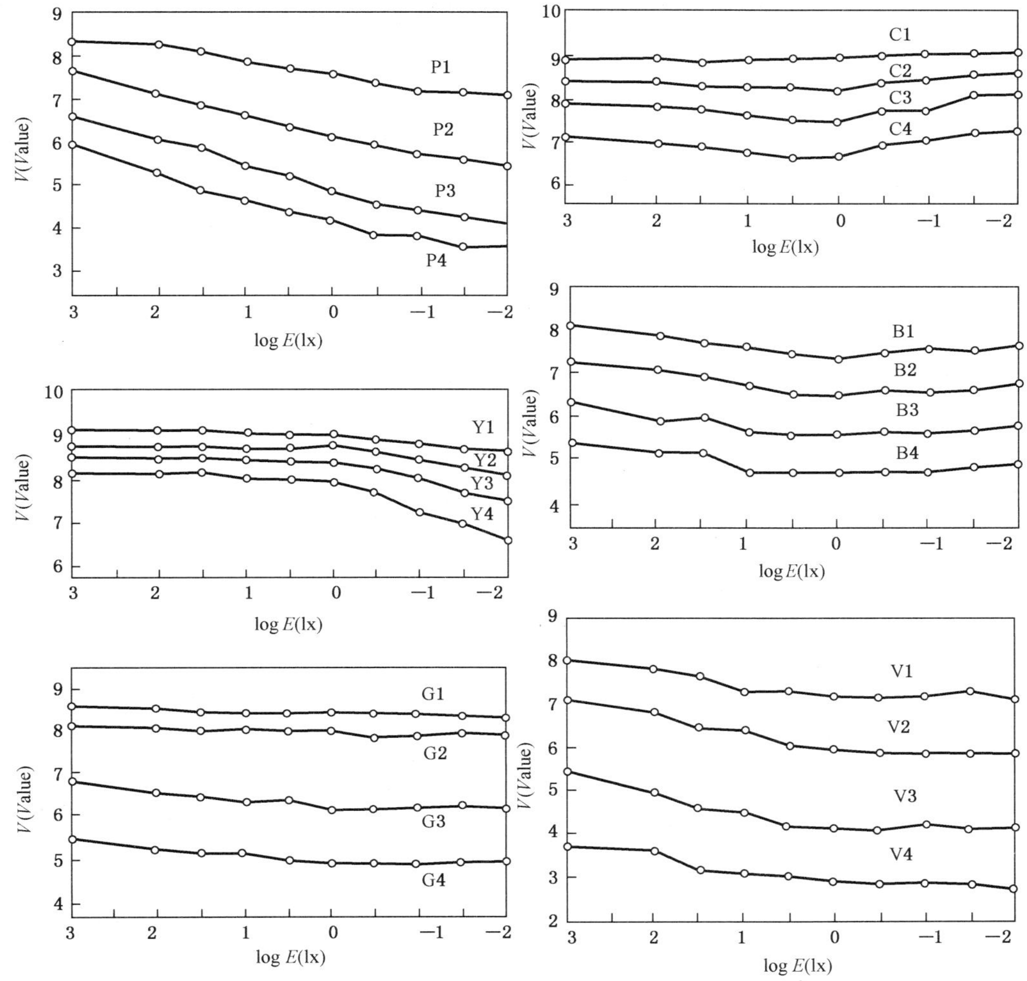

图 A.8.8b　Ashizawa 等的视亮度匹配数据(Ashizawa 等,1985)

(a)

(b)

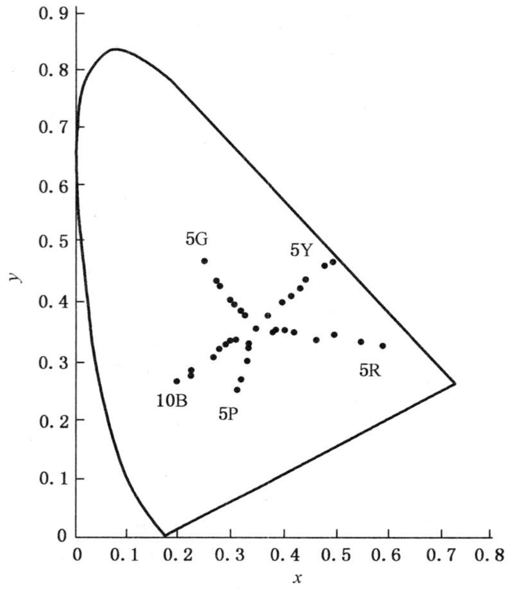

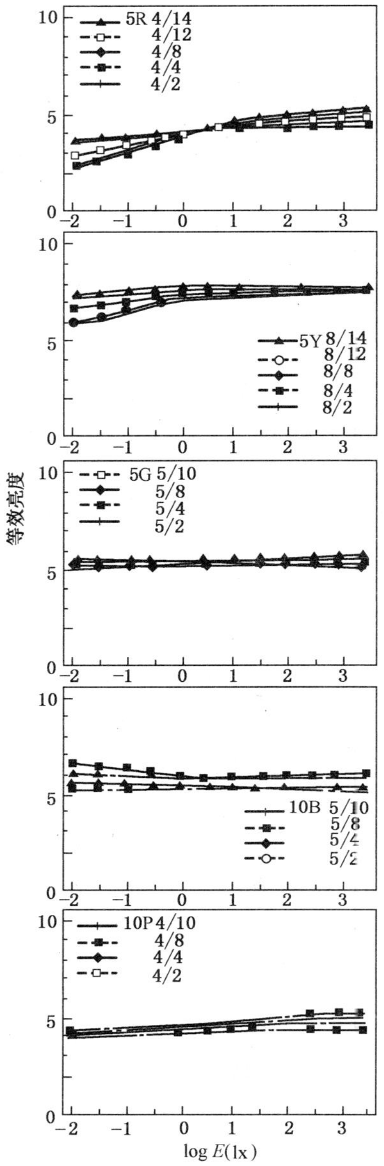

(a) 色度数据　　　　(b) 视亮度匹配数据

图 A.8.9　Yujiri 10°数据(Yujiri,1990)

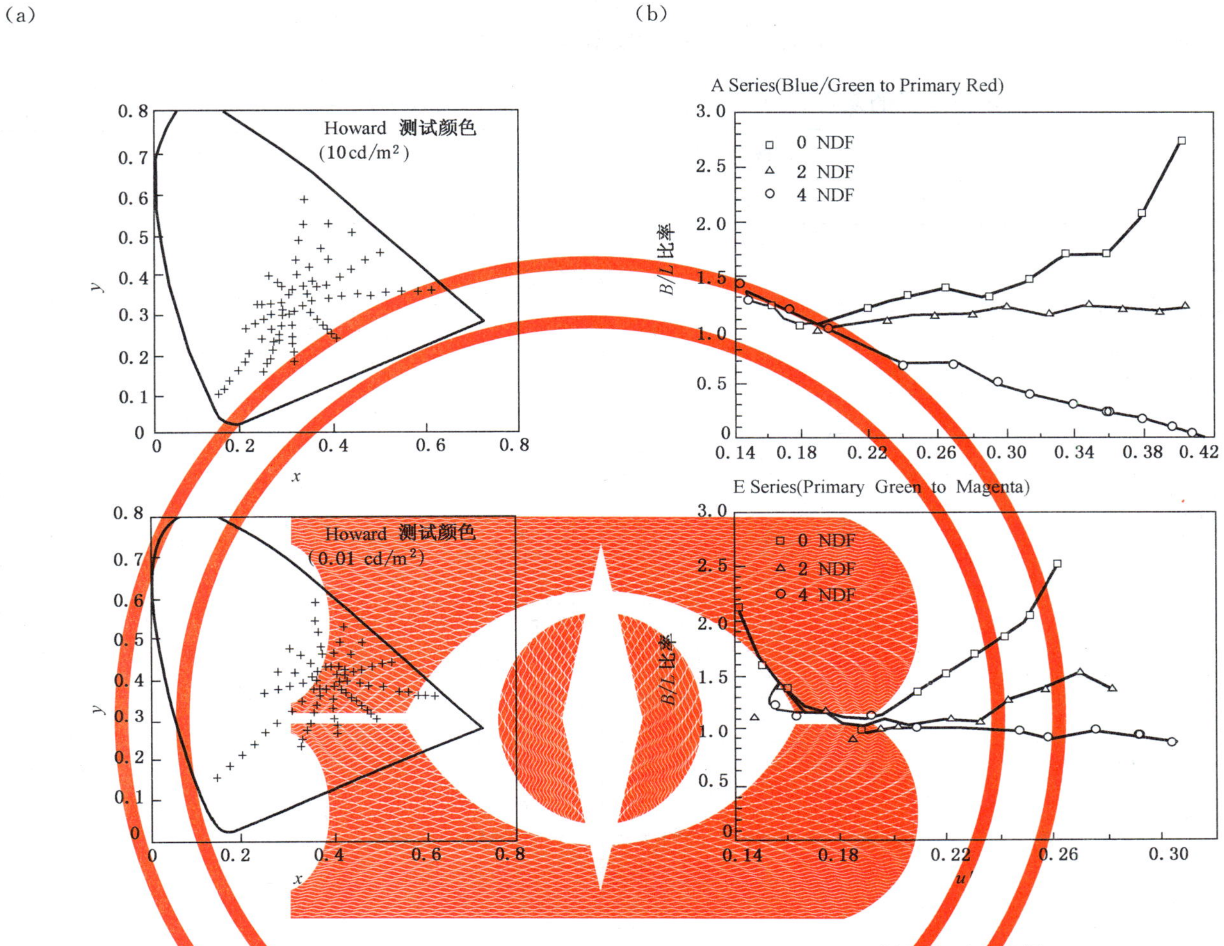

(a) 色度数据　　　　(b) 视亮度匹配数据

图 A.8.10　Howard 数据(Howard,1990)

附 录 9
（资料性附录）
CIE 91 墨尔本研究组数据：（更正后的 EDL-50）

与 7 组测试色样相匹配的灰度色样的孟塞尔值（组平均值和加权平均值）

	2°视场照度/lx				10°视场照度/lx			
	0.10	0.30	30	1 000	0.10	0.30	30	1 000
5R4/14								
Nakano(7)		3.51	5.53	7.12		2.99	5.64	7.05
Yujiri(15)			4.13	4.75		3.27	4.27	5.01
Kokoschka(12)	3.95		4.97	4.77	3.83	4.29	4.98	5.16
Howard(12)		4.64	6.20	6.70		4.37	6.48	6.93
Sagawa(8)		3.33	5.74	6.58		3.71	6.58	7.21
Piao(22)	3.36	3.74	5.27	6.13	3.17	3.52	5.43	6.36
Mean	3.66	3.80	5.31	6.01	3.50	3.69	5.56	6.29
5Y8/14								
Nakano(7)		7.30	8.25	8.81		7.34	8.20	8.62
Yujiri(15)			7.87	8.17		7.53	7.97	8.39
Kokoschka(12)	7.32		7.00	6.63	7.18	7.11	7.01	7.06
Howard(12)		7.88	8.51	8.36		7.96	8.57	8.35
Sagawa(8)		7.23	7.75	7.92		7.13	7.81	8.20
Piao(22)	7.27	7.55	8.13	8.19	7.25	7.61	8.29	8.46
Mean	7.29	7.49	7.92	8.01	7.21	7.45	7.97	8.18
5G5/10								
Nakano(7)		5.29	5.93	6.47		5.70	6.04	6.39
Yujiri(15)			5.65	5.96		5.69	5.87	6.17
Kokoschka(12)	6.16		5.60	5.44	5.89	5.68	5.47	5.46
Howard(12)		5.58	6.09	6.10		5.99	6.34	6.16
Sagawa(8)		5.76	6.08	6.93		5.75	6.67	6.75
Piao(22)	5.91	5.82	5.99	6.17	6.09	6.04	6.20	6.36
Mean	6.03	5.61	5.89	6.18	5.99	5.81	6.10	6.22
10B5/10								
Nakano(7)		5.54	6.06	6.60		6.23	6.60	6.76
Yujiri(15)			5.93	6.16		6.27	6.12	6.37
Kokoschka(12)	6.54		5.89	5.72	6.56	6.06	5.73	5.54
Howard(12)		5.97	6.59	6.77		6.56	6.97	6.66
Sagawa(8)		6.10	6.43	6.86		6.28	6.73	7.09
Piao(22)	6.34	6.19	6.30	6.53	6.62	6.56	6.50	6.79
Mean	6.44	5.95	6.20	6.44	6.59	6.33	6.44	6.54

	2°视场照度/lx				10°视场照度/lx			
	0.10	0.30	30	1 000	0.10	0.30	30	1 000
10P5/10								
Nakano(7)		4.95	6.01	6.82		5.24	6.29	6.94
Yujiri(15)			5.65	6.09		5.40	5.85	6.34
Kokoschka(12)	5.69		5.79	5.73	5.61	5.60	5.53	5.64
Howard(12)		5.43	6.42	6.54		5.78	6.70	6.64
Sagawa(8)		4.76	6.27	5.91		5.54	6.26	6.39
Piao(22)	5.44	5.52	5.91	6.23	5.64	5.74	6.02	6.39
Mean	5.57	5.17	6.01	6.22	5.63	5.55	6.11	6.39
5R4/4								
Nakano(7)		3.74	4.70	4.86		3.78	4.74	4.98
Yujiri(15)			4.17	4.88		3.83	4.37	5.12
Kokoschka(12)	4.47		4.71	4.43	4.24	4.45	4.47	4.53
Howard(12)		4.09	4.83	4.65		4.17	4.83	4.67
Sagawa(8)		4.02	5.02	5.03		4.14	5.40	5.39
Piao(22)	3.86	4.04	4.76	5.17	3.98	4.14	5.03	5.40
Mean	4.16	3.97	4.70	4.84	4.11	4.08	4.81	5.01
10B5/4								
Nakano(7)		5.18	5.58	5.75		5.43	5.75	5.89
Yujiri(15)			5.69	5.88		5.81	5.84	6.07
Kokoschka(12)	6.05		5.60	5.28	5.81	5.61	5.45	5.50
Howard(12)		5.42	5.75	5.43		5.77	5.97	5.65
Sagawa(8)		5.45	5.94	5.67		5.28	6.05	5.77
Piao(22)	5.65	5.53	5.57	5.74	5.93	5.90	5.85	5.91
Mean	5.85	5.39	5.69	5.62	5.87	5.63	5.82	5.80

附 录 10
（资料性附录）
所有研究团体在异色视亮度匹配试验中所使用的实验指令

本附录包含了多个研究组织在使用 CIE 91 研究组数据和各自试验数据进行视亮度匹配试验时所使用的指令，用于展示不同研究组织使用指令之间的区别，这种差别可能对结果数据造成影响。

Howard 的指令（用于 CIE 91 研究组数据）

1） 该试验研究颜色在不同照度水平的表观视亮度。

2） 我们对人的颜色理解感兴趣。

3） 我们通过将中性灰匹配到颜色来测量人对颜色视亮度的感知。

4） 我们知道人们理解视亮度的方式有个体差异，因而在不同国家的多个实验室进行该试验以测量这种个体差异。

5） 我将向你展示一组颜色，一次展示一个，比如这个...，在这里（指出），这里将有一个中性灰（指出）。

这里放有一系列灰色色样。

你将要选择一个与彩色色样具有相同视亮度的灰色色样。也就是说，选一个灰色色样，看上去这个色样反射到你的眼睛的光的量与彩色色样反射到你的眼睛的光的量相等。

在试验开始阶段，当你睁开双眼时，会发现 2 个色样中有一个通常看起来比另外一个亮。也就是说，有较多的来自较亮色样的光进入你的眼睛，较少的来自较暗色样的光进入你的眼睛。

如果灰色色样看上去较亮，告诉我“较暗”，我会出示给你一个较暗的灰色色样。如果灰色色样看上去比彩色色样暗，告诉我“较亮”，我会向你出示一个较亮的灰色色样。

当你找到一个匹配时，这时两个色样到达你的眼睛的光的量应该看上去相等，请告诉我“匹配”。

如果你无法找到一个匹配，这时彩色色样的视亮度看上去介于两种灰色色样之间，请告诉我在一系列灰色色样中增加一个灰阶（或减少一个灰阶）。因为一系列灰色大约有 5 个灰阶，你可以增加或减少最多 4 个灰阶。第 5 个灰阶将是下一个灰色色样。请告诉我，例如“加亮一个灰阶”或者“减暗一个灰阶”。

6） 这里不存在“正确”答案，因为你是在描述你对所看到的颜色的感觉。因此你只要说出你的感觉即可。

7） 你将会看到以随机次序出现的 35 个彩色色样，其中有些非常相似。做每次判定时不需要考虑你之前做的任何判断。在这个实验中只需要集中观察色样即可。

8） 现在请闭上双眼，听到我说“开始”再睁开。

然后告诉我“较暗”或“较亮”直到你发现一个灰色色样反射到你的眼睛的光的量与彩色色样相等。

必要时，估测需要增加或减少几个灰阶（最大为 4），

在你给出反应后，闭上眼睛等待下一次试验。

9） 有任何问题吗？

Nakano-Ashizawa-Ikeda 的指令（针对 CIE 91 研究组数据）

当我们收集 CIE 91 研究组数据时，我们给观测者的指令如下所述。观测者当中有些经验丰富，因此我们没有给出任何特殊指令。

1） 你要做的任务是对左手侧的色样和右手侧的一系列灰色色样进行视亮度匹配。

2） 灰度从最暗到最亮用从 1～17 的数字表示。

3） 你可以通过前后移动刻度来改变显示在右手侧的中性灰度色样。

4） 当你把灰度向较亮方向移动时，你将会看到比色样明显更亮的色样。同样地，当你把灰度向较暗方向移到时，你将会看到比色样明显更暗的色样。一个具有同色样相同视亮度的灰度色样

应该是介于上述两者之间的。

5) 当你看到同色样具有相同视亮度的色样的时候,请回答灰度色样的数字。

6) 如果你认为没有一个灰度色样与色样有相同视亮度,你也可以内插产生新数字,它应该介于两个邻近的色样之间。

7) 如果你认为能与之相匹配的灰度色样不在所提供的灰度范围内,你还可以将这些数字外推。

Viénot-Chiron 的指令(针对 Viénot-Chiron 数据)

在试验前,指令并没有写在纸面上,而是口头传述给观测者。以下就是口头说的内容:

- 你将参与中间视觉测光试验,要求观测者在白昼视觉和夜晚视觉之间的照明条件下对光进行评估,这种照明条件下人眼的光谱敏感度有较大变化。
- 你将工作在从白天光照条件到夜晚光照条件范围的 10 个(或 8 个)照度水平,需要使用两项技术:
  ——第 1 项技术:闪烁;
  ——第 2 项技术:彩色光谱视场将同中性白光视场并排展示。
- 为了使 2 个视场获得匹配的视亮度,你将需要调整来自光谱彩色视场的光的量:光谱彩色视场看起来既不比参照视场亮,也不比参照视场暗。
- 你需要集中注意力于分界线上,即使你的视线可以沿着分界线移动,但是你在做最终的判断时视线要集中在分界线中心位置。你最终的判断也应该参照整个视场的总体视亮度情况。
- 如果你将来自光谱彩色视场的光量在参照视场的表观视亮度附近进行上下振荡,你就会发现很容易做出决定(注 1)。
- 对于你做出判断的时间没有任何限制。
- 当你获得匹配的视亮度时,请按下按钮 A 来记录你的反应,然后再继续下一个试验。
- 如果你不小心误按了按钮 A,你可以按下按钮 B 以取消上次记录(注 2)。
- 10 次记录后,蜂鸣器将会响起以提醒你该照度水平上的测试结束了。然后我们将重新布置中性滤波器以准备下一系列测试。
- 我们欢迎任何口头评论;我们将会把它记下来。在整个试验过程中,我们将会同你呆在一起,在出现困难时提供帮忙。

注 1:经过几个月的试验后,试验人员发现,光量波动的最佳幅度应该是大约 0.5Hz,在这个幅度上可以获得可靠的视亮度匹配。

注 2:试验人员的任务之一就是让观测者充满信心。

Piao 指令(针对 Piao 等人的数据)

1) 选择那些视力大于 1.0 并且有正常色觉的观测者。要求有一定的男女比率和包含多个不同年龄段。

2) 用一个合适的装置固定瞳孔的位置。

3) 明确匹配两个半视场的方法;左半边是具有可变照度水平的彩色测试光,右半边是固定的参照白色光。

4) 观测者进入黑室后先适应约 15 min,15 min 后我们告诉观测者去看测试视场并且适应其照度水平。

5) 我们告诉观测者看整个视场而不是观察部分视场。右半边视场是固定的。调整左半边视场的视亮度直到这两个半视场具有同样的视亮度。

6) 我们告诉观测者有两个按钮可以改变左半边视场的视亮度,一个是使左半视场变得更亮,而另一个则是使左半视场变得更暗。用这两个键可以最终得到相匹配的视亮度。

7) 用几个彩色测试光来练习,直到观测者熟悉了该方法。然后开始进行在 100 Td,10 Td,1 Td,0.1 Td 和 0.01 Td 的视亮度匹配。紧接着沿相反方向从 0.01 Td 到 100 Td 进行视亮度匹配。随机选择 24 种颜色,每种颜色进行 5 次匹配。

8) 在测试过程中避免任何噪音以免干扰观测者。

9) 我们告诉观测者要放松,不必介意结果的好坏。如果你觉得累了,你可以休息一会儿。当你感觉正常后,你可以继续进行视亮度匹配。

Kokoschka 的指令(针对 CIE 91 研究组数据)

首先,你必须适应调整过的照度水平,然后再进行视亮度匹配测试。

过程如下:

1) 观察两个匹配的视场。

2) 试验的管理人员将会改变灰色色样的视亮度,你必须回答。

——较亮,如果彩色色样看起来比刚调整过的灰色色样更亮的话;

——较暗,如果彩色色样看起来比刚调整过的灰色色样更暗的话。

3) 试验的管理人员将会改变灰色色样的视亮度,直到你确实认可了视亮度匹配为止。在离散的灰色色样之间可以进行插值。

4) 请自觉迅速工作。并且,告诉我们在视亮度匹配测试中你对可靠程度的感觉,使用下面分类法:

——非常可靠;

——有些不可靠;

——非常不可靠。

● 异色视亮度匹配测试的基本信息:

1) 物体的颜色可以用三个独立的量度进行描述,举例说明“自然色”量度。

——色调(如红,绿,青);

——饱和度(非彩色和光谱光源之间);

——视亮度(黑白之间)。

2) 只有上述三方面都相等,才能说明两种颜色是没有区别的。

3) 因此视亮度仅仅是色彩的一个属性。如果两种颜色的饱和度和色调不同,那么对它们进行视亮度匹配是有困难的,但是还是可以在一些限制条件下进行试验。这个任务被称为直接异色视亮度匹配。该异色视亮度匹配是一种生理技术,主要用于定量评估不同颜色辐射的视亮度反应。

Trezona 指令(针对 Trezona 数据)

1) 进行视亮度匹配测试时需要保证判断基于的是视亮度而非饱和度。通过把注意力集中在边缘处可以做到这一点。

2) 利用夹叉技术对黄色参照刺激进行视亮度匹配调节,该项技术可以找到刚好较亮点和刚好较暗点之间的中心点。

3) 仔细教会观测者在试验中如何去做,给他们练习的时间,并且至少进行一次完整练习。

4) 观测者需要帮助和鼓励,特别是那些没有经验的生手,一定要让他们放松。

5) 告诉观测者依照自己的速度进行试验,同时要记住在每个匹配测试中花的过多时间并不总是有益的,因为疲劳会影响试验序列的完成。另一方面,操之过急有时也意味着细心不够。较为稳定的观测者中有的比较快,而有的比较慢。

6) 试验序列始于较高水平,沿下降方向推进。在到达最低水平前,发生过由于适应黑暗而需要更多时间。

7) 持续进行匹配,直到观测者无法看到视场的水平为止。我们要求他集中视线到指定的位置。视线集中在除最低水平外的所有水平都比较容易做到,在最低水平有观察视场中心内凹的趋势。

8) 在低水平下必须注意,由于适应效应,在插值时不要使比较视场比测试场亮太多。

9） 试验开始有 10 min 的黑暗适应时间。之后在每个水平都有 1 min 适应视场的时间，1 min 之后告诉观测者开始试验。接着是一组至少 5 次的读数。观测者测试由于对当前水平缺乏适应而引起的漂移，并且必要时可以进行更多次的读数以进行连续 5 次无漂移设置。在整个时间内，观测者将集中视线于视场的中心以保持对该水平的适应。

10） 有时操作者会在 5 次读数完成之前打断匹配进程。

11） 观测者疲劳或感觉不舒服时得到的试验结果通常不能让人满意。

12） 我们鼓励观测者在需要休息的时候休息一会儿。

13） 观测者要跟平常一样眨眼，但是不能太过频繁。

Sagawa 指令（针对 CIE 91 研究组数据）

1） 该试验是用来研究人类对彩色刺激的视亮度感知。

2） 给你两片并排放置的色样，使用荧光灯进行照明，一个是色样，另一个是灰度色样。

3） 被称为参照视场的灰度视场有一组 17 片色样，对应从最低到最高的视亮度数字标示从 1.5～9.5（该数字是指视亮度），间隔为 0.5。

4） 你的任务是从 17 个灰色色样中找到与彩色视场视亮度相匹配的一个灰色色样，并把找到的灰色色样的视亮度数字告诉试验人员。

5） 如果你不能在视亮度以 0.5 为步幅的灰色色样中找到匹配的色样，你可以在比色样稍微亮些和稍微暗些的灰色色样之间以 0.1 为间隔进行插值。

6） 你可以随意移动眼睛，但是当你对两个视场进行视亮度匹配评判时，必须确保在你的中心视场内看到两个视场。

7） 这不是一个寻找正确答案的测试，它仅需要知道这些彩色视场在你的眼睛看来有多亮。所以请放松，然后告诉我们你看到这些彩色视场的反应。

8） 如果你觉得疲劳了，你可以在包含对于 7 片色样的一系列匹配的测试过程中的任意时刻暂停休息。

附　录　11
（资料性附录）
中间视觉测光法（TC 1.21）少数派报告

P. W. Trezona

引言

目前，TC 1-59 正在考虑建立 10°中心视场在明视觉范围的测光标准。CIE 已经在暗视觉范围建立了适用于 10°视域的测光标准。需要制定中间视觉测光标准，不仅仅是为了消除明视觉和暗视觉之间的差距，也是为了能够指出明视觉标准适用的最低水平以及暗视觉标准适用的最高水平。目前正在考虑多种不同的中间视觉测光系统，而且多数派报告都在关注如何测试这些系统。但是多数派报告中的测试还没有在参照刺激属性方面达成令人满意的一致。

这份少数派报告主要是讨论中间视觉测光法的试验方法及其有效性以及多种中间视觉测光系统所基于和测试的数据集的不足之处。最后，对中间视觉测光法的今后研究工作提出了一些建议。

中间视觉测光法的测试系统

对被提议中间视觉测光系统进行测试，主要关注于找到一个这样的系统，能够在中间视觉亮度范围上实现一系列测试刺激与参照刺激的光度匹配（通常是视亮度匹配）。每个系统都有各自算法将其光度预测与色度和光度标准联系起来，它们通常是 10°三刺激值和 V'。一个具体的中间视觉测光系统使用其自身的数据库进行推导，该数据集将被称为系统数据集。然后使用另外一个数据集在系统上做试验，这个数据集被称为评估数据集。测试程序是比较评估数据和通常基于 X,Y,Z 和 V'的相应预测数据。在给定参照刺激水平的结果误差是指系统预测与评估数据之间的差。基于试验误差可以对不同系统进行评估。

每一个数据集都采用它自身的参照刺激。有效测试的先决条件是在系统数据集和评估数据集上均使用相同的参照刺激。否则就会出现明显误差：（Trezona 1998）指出了不同参照刺激之间的差异程度，510 nm 和 580 nm 参照刺激之间的差异是 1.1 个对数单位。然而，要求使用相同的匹配刺激也会导致形成苛刻的试验条件限制，也可以根据实际所需参照刺激选用不同的匹配刺激来在数据集中进行演绎。在有些情况下测试刺激的其中之一可以成为这一所需参照刺激，这时这个测试刺激，而不是匹配刺激，成为通用参照刺激。在其他一些情况下，它也可以通过插值得到：举例说明，假设系统数据集是在 555 nm 下，而且评估数据集包括 550 nm 和 560 nm，这样也可以进行测试。有些数据集完全由光谱测试刺激组成，而有些则完全由表面色组成：这时它们之间就不存在通用参照刺激。采用同表面颜色测试相同的测试条件，只要在表面颜色研究中包含一种光谱颜色作为测试刺激，这个问题就能解决，但是好像还没有人这样做过。

多数派报告中的测试

多数派报告检验给定系统的系统参照刺激值的相等性，得到评估相匹配的测试刺激和参照刺激的结果：一般情况下系统数据集和评估数据集具有不同的参照刺激。

为了理解这个程序所展示的内容，可以考虑在中等中间视觉范围上的青色和黄色刺激之间进行视亮度匹配。试验显示青色（有较高的暗视觉内容）在较低水平上比较亮，而黄色则在较高水平比较亮。任何测光系统都必须能准确预测这一现象。如果一个系统只能在较高亮度水平预测到匹配，那么这个系统是不好的，因为黄色应较亮。同样的，一个好的系统必须不预测在较低水平的匹配。换句话说，只说明系统预测到测试刺激和参照刺激一样亮是不充分的，还必须预测正确的水平，可以是等效亮度(555 nm)或者依据另外指定的参照刺激。

大多数报告会这样陈述“——测试程序不对‘哪个系统能对数据产生最准确的等效亮度值?’的问题提供答案——，因此测试程序关注于‘哪一个系统在预测那些经过试验证明具有相同视亮度的成对刺激的等效性方面做得最好?’的简单问题——该方法未考虑参照刺激自身效能随亮度的变化。”

但是报告的标题是“辅助测光系统的测试”。即使上述测试显示出良好结果，也不能充分说明它是一个好的测光系统。系统参照刺激可能过高或过低。在上述例子中，评估数据也许显示匹配，但参照刺激可能会指出亮度水平不是中等中间视觉水平，而是较高中间视觉水平，这样是不应该产生匹配的。因此，作为一个测光系统，这种测试是不完整的，除非也对亮度水平进行测试。这一点目前还没有做到。

在讨论部分，系统本身被从一个参照刺激转化为另一个参照刺激，这也许不是我们所期望的，但是接下来的内容仍然没有对亮度水平的准确性进行测试。

下面讨论的其他问题，特别是天然及人造瞳孔效应，也可能会使测试结果失真，但是在现有知识背景下，这些影响无法考虑。

在进行这类测试时，应使用任何其他可用的精度证据来对系统进行检验。一个错误结论的例子是如图4.6、图4.8等所示的在Trezona系统上进行的测试。在系统呈现了高达0.4个对数单位的低亮度水平“误差”时，系统实际上已经过渡到$V'(\lambda)$的亮度水平，因此这不应该被视为错误。

瞳孔区域问题

使用不同数据集进行测试时，出现了另外一个问题。有些研究人员选用天然瞳孔，给出以亮度单位表示的数据，而有些观测者则用人造瞳孔，给出以托兰为单位的数据。因为天然瞳孔的大小随亮度水平的降低而增加，为了进行比较，有必要用公式把瞳孔区域和亮度水平联系起来。在明视觉亮度这样的公式是存在的(Le Grande，1969)，但是有证据表明暗视觉亮度也扮演重要角色，特别是在较低中等视觉水平(Werner，个人通信)。有一个公式依据明视觉和暗视觉亮度来表达瞳孔区域，但是它仅覆盖了一个很小的亮度水平范围(Berman 等，1992)。所以现在急需有一个可以用明视觉和暗视觉亮度来表达瞳孔区域的公式(Trezona，2000)。使用现有公式意味着如果使用人造瞳孔的数据集通过公式进行转化，与使用天然瞳孔的数据集保持一致，那么在低亮度水平，将会出现暗视觉再现不足现象，并且与红色相比，青色将会被低估。

中间视觉测光系统测试差异的其他来源

在数据使用方面其他可能的问题(Trezona，1992)包括视场大小的不同，不同的视场配置(包括视场分离)，不同的环境颜色及其亮度水平。并且，给观测者的不同指令也有一定的影响。区别之处甚至可能是连续看一个视场还是间断地看一个视场：如果是这样的话，那么连续-间断比率是多少？或者，也许还有完全不同的指令，比如用最小边缘差异或对比度来取代相等视亮度评估。看起来，闪烁测光法(Viénot 和 Chiron，1991)并不是合适的中间视觉测光方法，因为光度值与亮度水平的曲线显示了显著的不连续性，从明视觉过渡到暗视觉时会发生骤变。

一个标准数据库和系统测试

特定测光系统的参数值建立在特定系统数据集的基础之上。因此，任何针对不同系统相对优势的评估既要测量其系统参数值，也要测量该系统所基于数据的适用性。为了选择一个合适系统，同时不被特殊数据集搞混淆，需要建立一个标准数据库。一旦该标准数据库被审核通过，它可以用来重新测量每一系统的参数。然后还可以再次用来测试发现最能代表它的系统。

需要有雄厚的理论基础来作为数据库的坚实支撑。视觉模型也许具有一定优势，但是为了更好的理解参照刺激、测试刺激以及亮度水平之间的相互关系，纯粹基于刺激的理论研究(Trezona，1998 和

1991)也十分重要。这一理论已经发现哪一种结果表示方法能最佳展示给定测试-参照刺激组合的普尔基涅转移程度,记住参照刺激与测试刺激一样决定匹配设置。它还可以显示出哪一测试-参照刺激组合没有给出高于试验误差的显著的中间视觉信息。

应该尽可能检验测试数据的可靠性。就衍生令人满意的测光系统而言,目前可使用的数据量远远不够的。有些刺激重现过度,而有的则是重现不足。在所有研究中,555nm 被用作参照刺激或者作为测试刺激之一,或者应该使用插值法。这将使得所有数据集都被以等效亮度的形式表达,从而有助于标准数据库的产生。

如上所述,不是所有匹配判据都是一样的。标准数据集可以含有子集,在子集中反映不同的试验条件(如视场大小)和不同的标准(如使用锐度取代等同性)。统计试验可以测量一个通用系统的可行程度。否则,需要推荐替代的系统:可能只需要对算法略加修改。

结论

TC 1-21 的主席已经从不同的中间视觉测光法研究人员那里收集到了有用的信息。委员会成员已经收到数据库,并且在多数派报告中含有研究者对观测者的指令以及对不同系统的描述,对(CIE 1989)做了更新。然而不应发布这些测试。把本指导性技术文件作为 CIE 关于中间视觉测光法的技术报告还为时过早:现有数据需要检验并且需要增加新数据。此外,急需支持建立瞳孔直径与明视觉和暗视觉函数关系的试验数据。

在推荐使用某一系统之前,所有这些工作都应完成。从几个系统中选择一个之前,首先需要对系统在各个方面的相对优势进行评估:不合理的举措往往在后来令人遗憾,也可能难以改变。现在做出这样一个决定尤其不合适,因为有来自美国,法国,芬兰和英国的更多数据集正在不断涌现,有效的标准数据库将从这些数据集中产生。除此之外,它还可能会阻止一些试验人员继续进行研究,如果他们认为其数据不会对最终决定有所贡献。

参考文献

[1] Berman. S. M. et al. (1992):Spectral determinants of steady-state pupil size with full field of view,J. Illum. Eng. Soc. ,3-13.

[2] CIE 81-1989: Mesopic Photometry: History,Special Problems,and Practical Solution.

[3] Le Grande,Y. (1969): Light,colour and vision,Chapman and Hall.

[4] Trezona,P. W. (1991): A system of mesopic photometry,Color Res. Appl. 16,p. 202-216.

[5] Trezona,P. W. (1992):Guidelines for testing systems of mesopic photometry,Color Res. Appl. 17,p. 418-420.

[6] Trezona,P. W. (1998): Theoretical aspects of mesopic photometry and their implication in data assessment and investigation planning,Col. Res. Appl. 23,p. 264-273.

[7] Trezona,P. W. (2000): Luminance: its use and misuse,Color Res. Appl. 24,p. 145-147.

[8] Vienot,F. and Chiron,A. (1991): Comparison of heterochromatic flicker photometry and direct comparison brightness matching data over the spectrum,Proceedings of the CIE 22nd Session,CIE 91-1991,Vol. 1,Part 1,Division 1,p. 41-42.

参 考 文 献

[1] Ashizawa,S. ,Ikeda,M. and Nakano,Y. (1985):Expenments and analysis on the brightness of colored clothes at various illuminance levels,J. Illum. Eng. Inst. JPN,69,p. 274-280.

[2] CIE TCl-03(1986):Models of heterochromatic brightness matching. CIE Journal 5-2,p. 57-59.

[3] CIE 75-1988:Spectral luminous efficiency functions based upon heterochromatic brightness matching for monochromatic point sources 2°and 10°fields.

[4] CIE 81-1989:Mesopic photometry:History special problems and practical solutions.

[5] Evans,R. E. (1974):The perception of color,John Wiley & Sons,New York.

[6] Guth,S. L and Lodge,H. R. (1973):Heterochromatic additivity,foveal spectral sensitivity, and a new color model,J. Opt. Soc. Am. ,63,p. 450-462.

[7] Guth,S. L. ,Massof,R. W. and Benzschawel,T. (1980):Vector model for normal and dichromatic color vision,J. Opt. Soc. Am. ,70,p. 450-462.

[8] Howard,C. M. (1990):Measurements of apparent brightness in the mesopic luminance range,in Proceedings of the SPIE 1250,Perceiving,Measuring,and Using Color,M. H. Brill,ed. ,p. 19-25.

[9] Ikeda,M. ,Huang,C. C. and Ashizawa,S. (1989):Equivalent lightness of colored objects at illuminances from the scotopic to the photopic level,Col. Res. Appl. 14,p. 198-206.

[10] Ikeda,M. And Asffizawa,S. (1991):Equivalent Lightness of Colored Objects of Equal Munsell Chroma and Equal Munsell Value at Various Illuminances,Col. Res. Appl. 16,p. 72-80.

[11] Kinney,J. A. S. (1983):The brightness of colored self-luminous displays,Col. Res. Appl. 8,p. 82-89.

[12] Kokoschka. S. and Bodmann,H. W. (1975):Ein konsistentes System zur photometrischen Strahlungsbewertung im gesamten Adaptationsbereich,in Proceedings of the CIE 18th Session CIE 36-1975,p. 217-225.

[13] Kokoschka,S. (1980):Photometrie niedriger Leuchtdichten durch eine äquivalente Leuchtdichte des 10°-Feldes,Licht-Forschung,1,p. 3-15.

[14] Kokoschka,S(1991) A report to the CIE 91 Workshop at Melbourne on “New photometric system based on heterochromatic brightness matching at photopic,mesopic and scotopic vision”.

[15] Nakano,Y. and Ikeda,M. (1986):A model for the btightness perception at mesopic levels, Kogaku(Japanese J. Optics),15,p. 295-302.

[16] Nakano,Y. Ikeda,M. and Kaiser,P. K. (1988):Contributions of the opponent mechanisms to brightness and nonlinear model. Vision Res. ,28,p. 799-810.

[17] Nakano,Y(1992):A Model for brightness perception and its application to individual data, Kogaku(Japanese J. Optics),21,p. 705-716.

[18] Palmer,D. A. (1968):Standard observer for large-field photometry at any level,J. Opt. Soc. Am,58,p. 1296-1299.

[19] Palmer,D. A. (1981):Report to CIE TCl. 4 meeting in Berlin.

[20] Piao,D et al(1999):Measurement of mesopic specfral luminous efficiency functions,Acta metrologica sinica,9,p. 81-87.

[21] Piao,D et al(1992):Luminous Efficiencies Investigation of non-spectral Colors,Acta metrologica

sinica,13,p. 161-166.

[22] Sagawa,K. and Takeichi,K. (1986):Spectral luminous efficiency functions in the mesopic range,J. Opt. Soc. Am. ,A3,71-75.

[23] Sagawa,K. and Takeichi,K. (1987):Mesopic spectral luminous efficiency functions:Final experimental report,J. Light Vis. Env. ,11,p. 22-29.

[24] Sagawa,K. and Takeichi,K. (1992a):System of mesopic photometry for evaluating lights in terms of comparative brightness relationships,J. Opt. Soc. Am. ,A9,p. 1240-1246.

[25] Sagawa. K. and Takeichi,K. (1992b):Data on luminous efficiency for a 10-degree field in photopic,mesopic and scotopic vision obtained by heterochromatic brightness matching,Bulletin of Industrial Products Research Institute Japan,122,p. 1-39.

[26] Sato,M. (1989):Lightness of surface colors perceived in photopic vision,Proceedings of the 1989 Annual Conference of the Illuminating Engineering Institute of Japan,p. 132.

[27] Trezona,P. (1973):The tetrachromatic colour match as a colorimetric technique. Vision Res. ,13,9-25.

[28] Trezona,P. W. (1983a):Report to CIE TCl. 4 meeting at Amsterdam:First Hand-Out.

[29] Trezona,P. W. (1983b):Luminance level conversions to assist lighting engineers to use fundamental visual data,Lighting Research & Technology 15/2. p. 83-88.

[30] Trezona,P. (1990):Software for a system of photometry including the mesopic region Die Farbe,37,221-230.

[31] Trezona,P. W. (1991):A system of mesopic photometry,Col. Res. Appl. ,16,p. 202-216.

[32] Viénot,F. and Chiron,A. (1991):Comparison of heterochromatic flicker photometry and direct comparison brightness matching data over the spectrum. Proceedings of the CIE 22nd Session, CIE 91-1991,Vol 1,p. 41-42.

[33] Viénot, F. and Chiron, A. (1992): Brightness matching and flicker photometric data obtained over the full mesopic range,Vision Res. ,32,p. 533-540.

[34] Ware,C. and Cowan,W. (1983):Specification of heterochromatic brightness matches:A conversion factor for calculating luminances of stimuli that are equal in brightness,National Research Council Pub. 26055,National Research Council Ottawa.

[35] Yaguchi,H. And Ikeda,M(1980):Non-linear contribution of opponent channels to brightness Kogaku(Japanese J. Optics),9,p. 44-51.

[36] Yaguchi, H-Ikeda, M(1983). Subadditivity and superadditivity in heterochromatic brightness matching,Vision Res. 23,p. 1711-1718.

[37] Yaguchi,H. and Ikeda,M. (1984):Photometric System for Brightness,Kogaku(Japanese J. Optics),13,p. 140-145.

[38] Yujiri,A. (1989):Brightness perception of surface colors at various iluminance levels,J. Illum. Eng. Inat,Jpn. ,73,p. 295-302.

[39] Yujiri,A. (1990):Lightness of Surface Colors at Various Illuminance Levels:Effects of Hue,Value and Chroma,J. Illum. Eng. Inst. Jpn. ,74,p. 668-673.

ICS 17.180.20
K 70

中华人民共和国国家标准化指导性技术文件

GB/Z 26209—2010/CIE 64—1984

光辐射探测器光谱响应的确定方法

Determination of the spectral responsivity of optical radiation detectors

(CIE 64—1984,IDT)

2011-01-14 发布　　2011-06-15 实施

中华人民共和国国家质量监督检验检疫总局
中国国家标准化管理委员会　发布

前　　言

本指导性技术文件等同采用CIE 64—1984《光辐射探测器光谱响应的确定方法》(英文版)。

本指导性技术文件等同翻译CIE 64—1984。

为了便于使用,本指导性技术文件做了下列编辑性修改:

a)　用小数点'.'代替作为小数点的',';

b)　删除CIE 64—1984的概述。

本指导性技术文件由中国轻工业联合会提出。

本指导性技术文件由全国照明电器标准化技术委员会(SAC/TC 224)归口。

本指导性技术文件起草单位:国家电光源质量监督检验中心(北京)、中国质量认证中心、中国可再生能源规模化发展项目办公室、北京电光源研究所。

本指导性技术文件主要起草人:华树明、李维泉、罗志宏、江姗、赵秀荣。

本指导性技术文件仅供参考。有关对本指导性技术文件的建议和意见,向国务院标准化行政主管部门反映。

引　言

光电探测器的光谱响应度知识对于许多辐射度、光度和色度应用是基础的要求。很多机构都已经建立了用于评价这个功能的设备系统。但是，在多个 CIE 和其他机构组织的比对之中，来自于不同实验时间的数据差距出乎意料的非常之大(Budde 和 Sanders，1973；Budde，1984)。

本指导性技术文件的目的是讨论光谱响应度测试的方法和设备系统，为希望整合、测试或者调整进行该测试的设备的人提供指导。出于这种目的，没有完全理想的方案或者设备系统；所以在一些方面，列出了不同的选择。但是，对于一些观点做出了强烈的推荐，也指出了推荐的方法。对于误差的来源、诊断性测试和修正给出了特别的关注。

需要强调的是，本指导性技术文件不建议对光谱响应度测量使用一个通用的方案，因为这样的方案还没有出现。本指导性技术文件的基本目的是鼓励在开发这样设备系统时，面对每一个环节的不同选择做出关键的判断；或者对现有设备系统的不同方面做出关键的判断。

光谱响应度的确定可以是，也通常是由两部分组成：第一，光谱响应度函数是通过一个热探测器或者其他基准探测器确定的；第二阶段，通常是对每一个波长进行绝对校准工作。相应地，本指导性技术文件的主体部分由两部分组成：

第一部分：相对光谱响应度的确定

介绍了不同的方法，并讨论了设备细节；介绍了误差的原因以及诊断测试和解决方法。

第二部分：绝对校准的方法

介绍了三种不同的将相对光谱数据转换为绝对值的方法。

当然，如果基准探测器的绝对光谱响应度已知并且符合特定设备条件，这两个过程是可以合并到一起的。但是，在很多应用上，只需要相对光谱响应度。另外，在探测器使用了一段时间后，需要用一个简单的方法来验证绝对校准。因此，将过程分为两部分显然是很实用，并且被接受的。

光辐射探测器光谱响应的确定方法

0 术语和定义

本章列出的术语和定义是来自于现有 CIE 文件(CIE 53)和/或 CIE 词汇。在一些情况下,忽略了部分与该文件无关的定义内容。

0.1

(光辐射)探测器 detector(of optical radiation)

入射光辐射在其上能够产生可测物理效应的设备。

0.2

光电探测器 photoelectric detector

光度辐射探测器,利用辐射与物质之间的相互作用,使得物质吸收光子,随之电子从稳定状态释放出来而产生电势或电流,或电阻的变化,不包括由温度变化引起的电现象。

0.3

辐射热探测器 thermal detector of radiation

热(辐射)探测器 thermal(radiation)detector

光度辐射探测器,在其内部由于吸收辐射部分的升温产生可测物理效应。

0.4

光电发射元件,光电管 photoemissive cell, phototube

光电探测器,利用光学辐射引起电子发射。

0.5

光电倍增管 photomultiplier

光电探测器,包括光阴极、阳极和电子倍增器件。它利用倍增管电极或光阴极与阳极之间的二次放射。

0.6

光敏电阻,光导管 photoresistor, photoconductive cell

一种光电器件,利用通过吸收光辐射释放的电子所产生的电导变化。

0.7

光电二极管 photodiode

光电探测器,在其内部通过在两个半导体之间 p-n 结周围或半导体和金属之间的结点周围吸收光辐射而产生光电流。

0.8

(辐射)温差热耦 (radiation)thermocouple[(radiation)thermopile]

光学辐射的热探测器,在其内部电动势源于单一热伏结(多个热伏结),并用于测试被吸收的辐射产生的热效应。

0.9

(探测器的光辐射)输入 input(for a detector of optical radiation)

使用辐射度计测量或探测到的辐射度量或光度量。

0.10

热电探测器 pyroelectric detector

光辐射的热探测器,利用温度变化引起某些电介质材料的自发偏振或长久性偏振的时间率。

0.11

（光辐射探测器的）输出　output(for a detector of optical radiation)

探测器由于光输入产生的物理量，通常是电气量的变化。

注：这个电气量可能是电流、电压或者电阻；输出也有可能是化学量，例如在胶片或者曝光片中，也有可能是机械量，例如在 Golay 探测器中。

0.12

光电流　photocurrent

$\boldsymbol{I}_{\mathbf{ph}}$

光电探测器由于入射辐射产生的电流的一部分。

注：在光电倍增管中，需要区分阴极光电流和阳极光电流。

0.13

暗电流　dark current

$\boldsymbol{I}_{\mathbf{o}}$

在没有输入辐射的情况下，光电探测器或者其阴极的输出电流。

0.14

（探测器的）灵敏度　responsivity(of a detector)

$\boldsymbol{s}$

探测器的输出 Y 与输入 X 的商。

$$s=\frac{Y}{X}$$

0.15

（探测器的）光谱灵敏度　spectral responsivity(of a detector)

$\boldsymbol{s(\lambda)}$

探测器的输出 $\mathrm{d}Y(\lambda)$ 与单色仪输入 $\mathrm{d}X_{\mathrm{e}}(\lambda)=X_{\mathrm{e},\lambda}(\lambda)\mathrm{d}\lambda$ 的商，波长间隔 $\mathrm{d}\lambda$ 是波长 λ 的函数。

$$s(\lambda)=\frac{\mathrm{d}Y(\lambda)}{\mathrm{d}X_{\mathrm{e}}(\lambda)}$$

0.16

（探测器的）相对光谱灵敏度　relative spectral responsivity(of a detector)

探测器在波长 λ 处的光谱响应 $s(\lambda)$ 与一个给定基准值 s_{m} 的比值。

$$s(\lambda)_{\mathrm{r}}=s(\lambda)/s_{\mathrm{m}}$$

注：给定的参照值 s_{m} 可以是一个平均值，最大值或者任意选择的 $s(\lambda)$ 的值。

0.17

（探测器的）响应时间　response time(of a detector)

在探测器的稳定输入发生梯级变化后，其输出达到最终值的给定百分比所需要的时间。

0.18

（探测器的）上升[下降]时间　rise[fall]time(of a detector)

在瞬时施加[去掉]一个稳定输入时，探测器输出从最大值的规定低[高]百分比上升[下降]至最大值的规定较高[较低]百分比所需要的时间。

通常认为较小百分比为 10%，较大百分比为 90%。

0.19

（输出随着时间呈指数变化的探测器的）时间常数　time constant(of a detector whose output varies exponentially with time)

从一个稳恒输入发生阶梯变化到另一个稳恒输入之后，探测器的输出从其初始值变到终结值的 $(1-1/\mathrm{e})$ 倍所需要的时间。

0.20

（探测器的）线性　linearity（of a detector）

探测器的输出量与输入量成比例关系的属性。这样，响应度在一定的输入范围内就是常数。

注 1：探测器通常只是对一个特定范围内的输入呈一定程度的线性。超出了这个范围，可能就成为非线性。这个范围必须说明。

注 2：探测器的线性范围可能会由于使用不适当的电路受影响。

1　相对光谱响应度函数的确定

本章讲述用于确定光电探测器相对光谱响应度函数的方法和设备。介绍了不同的方法，并进行了归纳；讨论了设备系统的元素，以及与操作相关的一些问题。最后，列举了一些可能存在的误差来源并提供了诊断测试方法以及修正的建议。

1.1　校准量

可以对探测器的光谱辐射通量响应度或者是光谱辐射照度响应度进行校准。如果使用引言中的两个步骤进行校准，那么只要探测器的响应度在感光区域是一致的，则第一步：确定相对光谱响应度函数，不会被这个区别所影响。但是，第二步：绝对校准，与测量仪器有关。所以在第 2 章详细讨论。

如果两个步骤合为一个，则要关注第 2 章的相关考虑。

1.2　基本方法

本文件将不同文献中的各种技术分为三种基本方法。这种分类方法是主观的，其他的方案也同样是可行的。但是，可以看到这里提出的方案对于下面的讨论是可行的、有用的。这三种方法在这里只是简单的描述，详细的内容见 1.3。

1.2.1　直接比较法：在每一个波长，单色辐射通过转动反射镜的方式从基准探测器转向待测探测器。这种转向可以通过旋转半环形或者多棱镜来实现，见图 1（M_4 镜），在这种情况下需要 AC 或者固定的信号放大（Mitruhashi 和 Nakayama，1956），或者通过一个双位镜来实现，见图 2（M_1 镜，三个版本），双位镜在每个波长只转移一次光束（Kaase，1980；Eppeldauer 等，1977）。也可以通过光束分离器进行的直接比较并且不需要移动部件，但是它会带来一些其他需要慎重考虑的问题。

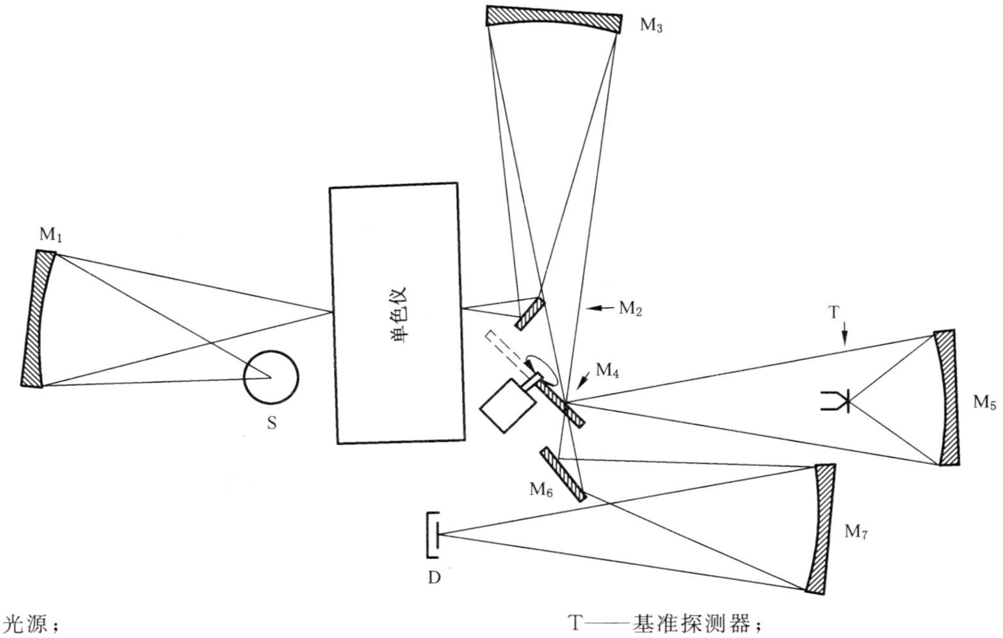

S——光源；　　T——基准探测器；

M——反射镜；　　D——待测探测器。

图 1　比较法，采用旋转镜

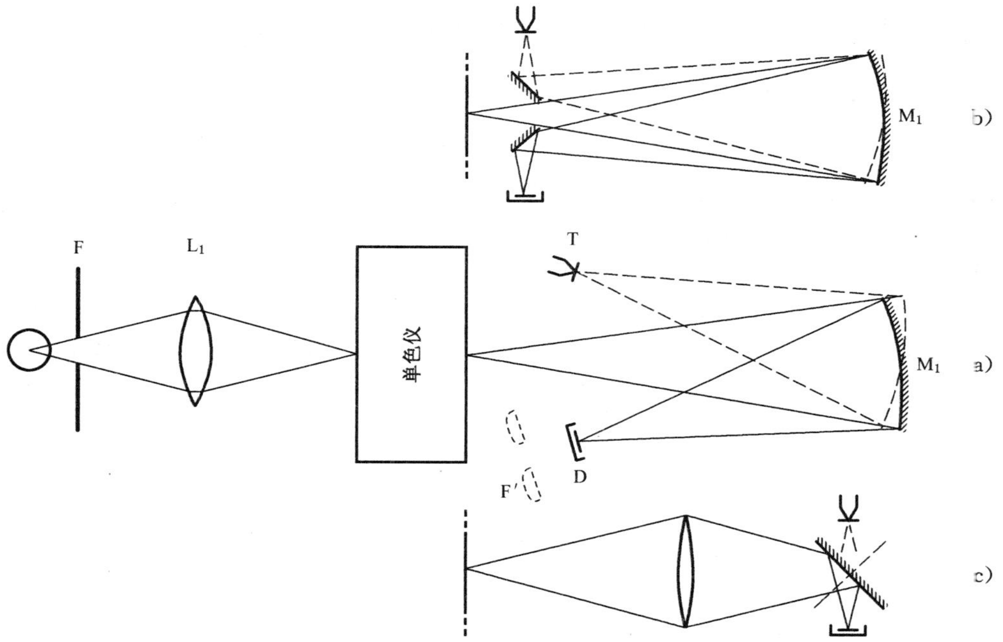

L₁——镜头；
F——孔；
F′——孔镜像；其他图标同图 1。

图 2　比较法，使用三种不同的转换镜装置

1.2.2　替代法

通过一个安装在狭缝的基准探测器 T 校准一个辅助探测器(见图 3，AS 探测器)，使用任意一种直接比较技术或者使用固定的光束分离器。此后基准探测器 T 被移开，然后在相同的位置安装待测探测器并通过辅助探测器测试。在这种方法里，待测探测器和基准探测器在同样的条件下被照射，并且转换镜子或者光束分离器的特性被抵消(Budde 和 Dodd，1971；Ramadan 等，1982)。重要的条件是辅助标准的光谱响应度函数保持不变。

1.2.3　宽带滤光片方法

待测探测器相继被已知光谱能量分布的光源和 n 个已知光谱透射比函数的滤光片的组合系统照射。对信号的恰当的评估可以得到在 n 个波长处的光谱响应度(Wyszecki，1960；Mori，1961；Fleming 和 Wark，1965)。这个方法不应与方法 1 和方法 2 混淆：在方法 1 和方法 2 中，干涉滤光片的作用是隔离窄波长带。本方法中的滤光片较大程度地覆盖了更大的，部分重合的波长带。

本方法的优势在于不需要基准探测器。但是，一些困难限制了本方法的准确性和精度(Hahn 和 Weidemann，1965)。本方法没有在任何程度上被使用，所以本指导性技术文件将不再讨论本方法。

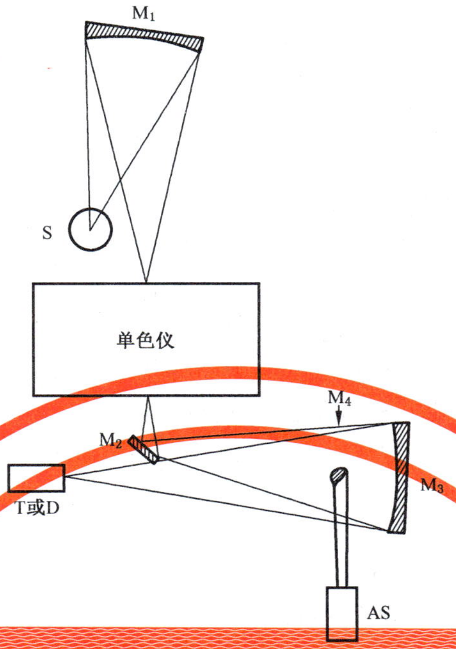

AS——辅助标准;基准探测器 T 和待测探测器 D 相继被安装在位置"T"和"D";

M_4——光束分离器。

图 3　替代法

1.3　设备的基本元素

1.3.1　辐射源

推荐使用白炽灯作为辐射源,因为它们可以通过适当的电源来控制其稳定性。使用稳定度高达 0.01%甚至更高的 DC 电源,稳定性能够很容易地控制在 0.1 %之内。为了避免接触电阻变化的影响,应调节电流而不是电压。为了单色仪的狭缝入口获得均匀的照射,钨带灯是最合适的光源。但是,线绕钨丝灯工作温度较高,而在狭缝入口处产生更高的辐照度,尤其是短波长。

白炽灯带来的一个不便之处是它们光谱能量分布的形状在长波方向显著上升。通过变化光源的电流或者在光源和单色仪之间使用合适的滤光片可以消除这个不利因素。有时通过热探测器在反馈回路控制灯电流以使在全波段范围内光谱能量保持不变。保持不变的光谱能量分布的优势是待测探测器的信号能够立即显示出光谱响应度函数。在这种情况下,必须满足两个条件:1) 基准探测器的光谱响应度函数必须是完全非选择性的;2) 用于基准探测器和待测探测器的光学系统必须具有完全一致的光谱。

氙灯的电弧,虽然能够在紫外和蓝色谱线区域有较高的输出而有使用价值,但是如果单色仪对于狭缝入射要求高稳定性和均匀照射,那么它就会带来严重的问题(Budde,1962a)。对于要求高稳定性的情况,需要使用带有反馈控制的电源,同时光感应探测器必需安装在单色仪的内部或后部,以稳定入射狭缝的能量。

对于紫外附近光谱区域,可以使用氘灯或氩弧灯。

1.3.2　波长选择

可以使用单色仪或几组窄带滤光器来将各种波长分开。选择波长选择工具时需要考虑光谱纯度,即无不同波长的杂散辐射,比分辨率高更重要,因为大多数光谱响应度函数非常平滑,不会出现如荧光灯光谱能量分布这种层线结构。但是,如果带外的杂散辐射来自于探测器响应度较高的波长区,则可能会导致较大的误差。

单色仪可使用棱镜或光栅设备。棱镜式双单色仪的光谱纯度最高,而光栅设备的杂散辐射比例较高，必须注意加以清除。可以通过滤光器或棱镜预分散器来清除。棱镜-光栅单色仪能将光栅几乎稳定的色散函数与理想的光谱纯度组合，从商业角度来讲是可实现的。光谱带宽在本系统中不如在光谱辐射仪中那样重要。但是，如果待测探测器与基准探测器在某一波长区光谱响应度函数的斜率差别很大，则较大的带宽会导致波长误差，因而需要进行修正或减小带宽。在 $V(\lambda)$ 修正的光电探测器中，带宽相关的误差是个严重问题。

如果需要较高的单色辐射照度，几组干涉滤光器非常有效（Moran，1955；Horwitz 和 Wendland，1979）。它们对设备的要求较低，特别适用于基准探测器和待测探测器光谱响应度函数相近的情况，如生产控制。但是，为了避免波长随入射角偏移，安装这些滤光器应使其与光轴垂直。如果穿过滤光器的辐射十分集中，也必须考虑到这点。除非这些滤光器的带宽非常窄，否则就必须根据辐射源光谱能量分布、滤光器光谱传导函数以及探测器光谱响应度进行波长修正（Krochmann，1982）。

可调的或多波长的激光，如氩或氪，也是合适的选择，前提是它们是稳定的，且辐射的相干性和偏振不会影响结果。它们比单色仪提供的量级高出很多，但是可调激光对于中等或较长波长难以操作，而多波长激光仅限于有限的几个非均匀分布的波长。后者适用于绝对校准，见 2.2。

1.3.3 光束转换系统

基本上有四种方法可将单色光束转到基准探测器或待测探测器。

a) 将进入稳定光束的两个探测器进行机械调换：要么在每个波长处进行该操作；要么先后使用基准探测器和待测探测器对整个光谱进行扫描。第一种方法对调换动作具有较高的机械精度要求，尤其当使用了小型探测器和/或大的外罩时。而第二种方法要求系统的光谱条件具有较高的稳定性，包括辐射源的稳定性、单色仪波长驱动的精确性以及基准探测器和放大器的稳定性。

b) 双位交换镜。图 2 中展示了几种不同的方案。方案 a)需要镜子的移动幅度较大，可能会导致狭缝图像变形较大。方案 b)中镜子移动幅度较小，但要求两面平镜具有完全相同的光谱反射函数或者两个函数的比例是已知的。当成像元件是一个棱镜，或使用镜子时调换的方向与原方向垂直时，适用方案 c)。这三种方案对镜子移动的机械精度要求很高，尤其在距离长且探测器小时更是如此。关于更多信息，见 1.5。

c) 扇形旋转镜：本方法如图 1 所示，其中 M_4 镜是一个半圆形或多扇镜盘，轮流反射和传导辐射。镜子可以慢速或快速旋转，快速时将调制辐射传给两个探测器。

d) 光束分离器的优点是不需要进行部位移动。但是，它们可能会导致几种误差，如：1)传导与反光束的比例随着波长的变化而变化；2)两种光束的偏振随波长变化而变化（这两种误差由 Mielenz(1979)讨论过）；3)一些分离器会产生多个狭缝图像。这些不确定度表明，光束分离器应被用于代入法，如图 3。本图中，AS 是一个辅助标准，M_4 是一个小型反射镜，作为光束分离器，将全部辐射的一小部分导入 AS。将光束分离器用于替代法的另一个优点是使辐射源不稳定性的影响最小化。

1.3.4 基准探测器

由于多数相对光谱响应度测量仪器只能产生两个探测器响应的比值，因此需要使用一个基准探测器。最常用的基准探测器是黑色表面的、平板或腔体形的热探测器，如热电堆、测辐射热仪或焦热电探测器。通常假设黑面的平板探测器具有一个非选择性的光谱响应度函数。但是，在一些情况下这种假设可能不成立，如图 4 中所示，当使用的 Hilger-Schwarz 型 FT16 热电堆的光谱响应函数已知时。选择性可能来自于表面的光谱反射或窗口的光谱传导。非选择性只能在腔体探测器中实现，其黑色墙壁的多次反射（如图 5）导致了所有波长上的高吸收率。关于更多详情，见 1.5.1。遗憾的是腔体探测器通常响应度较低、响应时间非常长，因此很少用于日常的光谱响应度测量。

Blevin 和 Brown(1965)讨论过制作工艺不太复杂的黑色金薄膜测辐射热仪。它在相对大的区域内具有均匀的响应度，且在较宽的光谱范围内是非选择性的。

另一种基准探测器是荧光量子计数器。它由荧光材料如若丹明 B 和光电探测器(通常是光电倍增器)组成。荧光材料具有一种特性,即光子产出(放射光子比被吸收光子的值)在一定光谱范围内与激发波长无关。在有限的波长范围内,这些材料的量子效率具有非选择性。例如,若丹明 B 的非选择性范围是 220 nm～600 nm,酞菁氯化铝的非选择性范围则是 200 nm～750 nm。当然,还必须考虑到含量子计数器元件上窗口的光谱反射(Mielenz,1982);(Melhuish,1972)。

如果光谱响应函数能得到准确测量,则其他探测器也可用作(最好是腔体探测器的)基准探测器。如果 $s(\lambda)$ 测量系统的光谱带宽较大,则选用的基准探测器最好与待测探测器具有相似的光谱响应度函数。

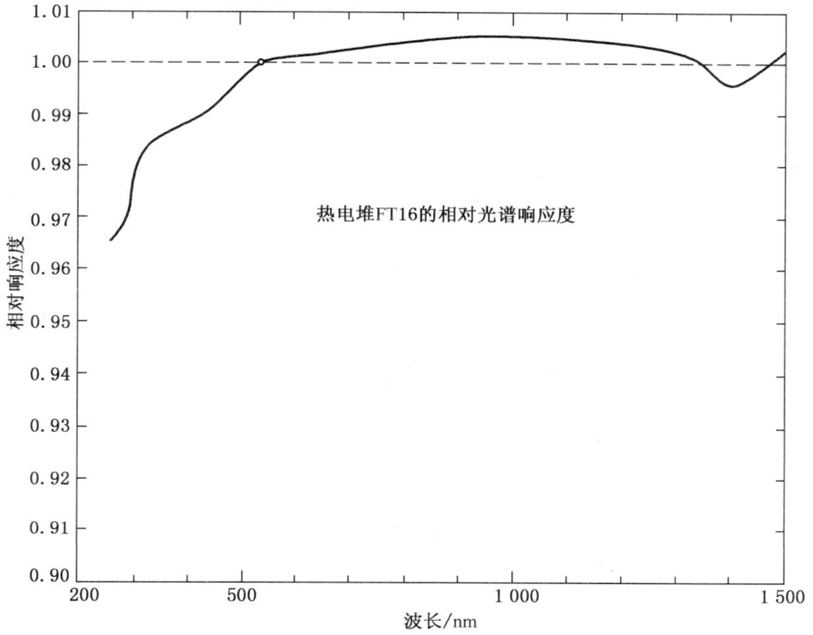

图 4 热电堆模型 FT16 的光谱响应度(在德国 PTB 进行测量)

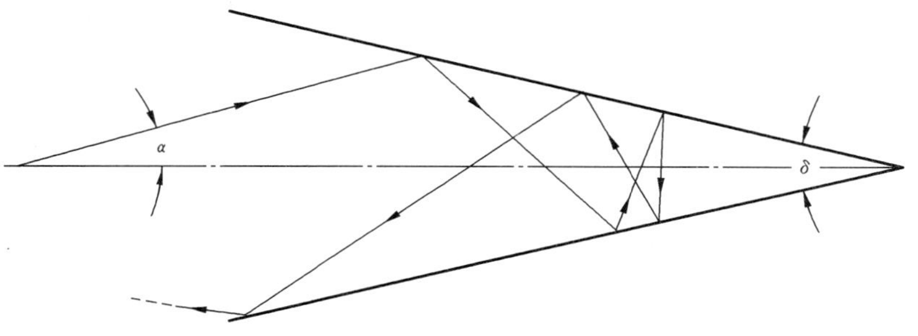

图 5 带有镜面反射壁的锥形腔探测器示意图

1.3.5 光学元件

图 1～图 3 中都是使用反射镜而不是棱镜进行单色狭缝成像,只有图 2c)除外。推荐使用反射镜是因为棱镜会产生色差,从而改变了作为波长函数的探测器狭缝成像的尺寸。如果探测器表面的响应度不均匀,这种变化是应避免的。

除非使用的是替代法,否则应测试这两个光束是否具有光谱等同性,以判断是否有必要进行修正(见 1.5.3)。

不是所有情况下都能在狭缝图像处安装探测器。例如，当探测器的有效区域是圆形的，而狭缝图像只能照射到该区域一小部分时或者当图像比探测器大，从而部分辐射损失时。后者只有当单色辐射在图像区域均匀分布时才能被接受，而这种情况并不多见。要形成一个界限分明的圆形、方形或矩形单色场，可以在辐射源与瞄准仪之间或在瞄准仪与入口狭缝之间放置一个所需形状的挡板（挡板 F，见图 2）。挡板在出口狭缝图像附近成像 F′，从而形成了一个所需的单色辐射场。然而，该辐射场的均匀性可能不够好，因此需要进行相应的测试与修正（见 1.5.2 和 1.5.4）。

1.4 操作性考虑

当确定了基本方法之后（1.2），设计光谱响应度设备的下一步是确定关于光谱扫描技术，即是需要连续波长范围的扫描还是断续方式。影响这个决定的因素是基准探测器和待测探测器的时间常数。如图 2 所示的比较方法推荐断续方式，这样在一个探测器被照射的时候，可以测试另一个探测器的暗电流。使用快速旋转扇形镜片的比较方法推荐连续波长扫描，但是需要所有的探测器都足够快以应对调制辐射。替代法可以使用任一种方法。

设计该设备时的另一个考虑是希望能够在得到待测探测器信号后立即获得光谱响应度函数的图像。这需要像现代的微处理器或电脑能够提供的实时数据处理，或在全光谱范围内光谱辐射保持不变。后一种方法已经在多篇论文中提及过（Mitsuhashi 和 Nakayama，1956；Ramadan 等，1982）。通常来自热基准探测器的信号被用在反馈回路以控制光源或衰减器。这个技术是基于照射在基准探测器和待测探测器的两个光束的光谱完全一致并且热电堆的暗信号稳定的假设。但是，实际上所有的光束分离器都根据入射光波长的变化改变自身透射与反射能量的比例（Mielenz，1979），尤其是在与具有依赖于波长的偏振特性的单色仪共同使用的时候。另外，这个技术需要基准探测器是非选择性的。

1.5 误差的来源

本节将尝试列出所有在相对光谱响应度测量中的主要误差来源并推荐诊断性测试以及修正方法。应注意的是，本节所列出的误差来源并不完整，而且诊断性测试以及修正方法也不是唯一的，其他方法也可以使用。

1.5.1 基准探测器

1.5.1.1 选择性

涂有黑色材料的热基准探测器通常被认为是非选择性的。但是，热电堆是会产生偏离的（Bischoff，1964；Betts，1965），如图 4 所示。诊断性测试可参考如下方式：

1） 需要一个已知光谱能量分布的光源和一套精确已知光谱透射率的滤光器（Corrons 和 Zalewski，1978）。从这些数据和假设的探测器非选择性响应度函数，可以计算出探测器对没有经过滤光的光源和每个光源与滤光片组合后的响应并与测量数据进行比较。这个测试与通过滤光器方法确定光谱响应度函数的方法相关。但是，除非非常精确地知道每个滤光器的光谱透射函数并且通带很窄，否则该方法不能得出与非选择性偏离的修正。

2） 一种诊断性测试是通过比较热电堆和带有空穴的探测器的光谱响应度函数，得到量化的修正值（Bischoff，1964；Betts，1965；Eisenmann 和 Bates，1964；Zalewski，1979）。

3） 一些类型的热电堆可以测量光谱反射率，因此可以得到黑色涂层的吸收率。方法是（Gilham，1953）：将一个带有可以使辐射光束通过的狭空的半球镜子放置在可以使热电堆处于半球中心的位置上。通过这种安置，热电堆漫反射的辐射被返回到镜子上。然后将镜子倾斜，以使被热电堆反射的光不会辐射到感应区域。通过有反射辐射和没有反射辐射的信号之比，以及反射镜的反射率和几何位置，可以得到热电堆的光谱反射率。

1.5.1.2 暗信号和/或响应度的漂移

热探测器的暗信号和响应度会受到温度变化的影响。热电堆响应度温度系数可以达到 0.5%/℃。诊断性测试应该在常规操作环境下进行，但是需要入射光波长固定。对于暗信号漂移的修正测量方法是：使用调制辐射、温度稳定或者频繁的暗信号测量和数字修正或者使用只有一个或者两个主要部件被照射的补偿探测器。稳定的温度可以降低响应度的漂移。背景辐射对于热探测器的影响可以通过在测量暗信号时单色仪的入射狭缝处使用一个活动挡板来避免。

1.5.1.3 非线性

大多数热探测器的响应度都需要有放大器增益。另外,棱镜单色仪的色散和光源光谱能量分布会产生很大的动态范围,并可能超出探测器-放大器组合的线性范围。

除了非线性的精确测试方法,可用一个简单的试验来测试滤光镜的光谱透射比。通过另一个独立的采用与线性装置相同照射条件的试验得到的数据必须已知。测试必须包括动态范围的全部级别。通过控制光谱辐射来大致得到一个恒定能量的光谱(Budde 和 Dodd,1971)。之后,探测器只在两个信号级别下工作:暗信号和用于单色辐射的独立于波长的信号。

1.5.1.4 时间影响

很多热探测器都有很长的时间常数。一个例外是热电探测器,它是交流电设备而不是直流电设备,因此,除了有较小的时间常数,锁相放大器的优点也成为可能。当在设备内以很快的频率开关光束或调制时,应细致地考虑时间常数。必须记住探测器随步进输入的输出只有在 7 个时间常数后才达到其最终信号的 0.1%之内,或者,如果考虑“上升时间(10%~90%)”t_r则是在 3.2 个时间常数后。(上升时间由 $t_r=2\cdot2\cdot\tau$ 给出,其中 τ=时间常数。)

如果辐射是经过调制的,必须同时考虑用于放大和显示信号的电子系统时间常数与探测器的时间常数。探测器的响应时间是否影响精度依赖于电子系统。当快速运行或其他的直流放大器与积分伏电压(Priu 和 Budde,1981)一起使用时,根据时间平均,热电偶的响应时间大于斩波频率的倒数。但是,如果使用的是锁相放大器,则响应时间一定小于斩波频率的倒数。这种情况的前提条件是

$$(2\pi f\tau)^2\ll1$$

式中:

f——为斩波频率;

τ——为响应时间。

1.5.1.5 非均匀性

热电堆通常在各个元件的接点处显示出非均匀性(Stair 等,1965)。除辐射不均匀的情况外,应按照 1.5.4.3 的建议进行修正。

1.5.2 单色仪

1.5.2.1 波长误差

讨论波长误差时,应对精确和准确进行区分。在替代法中,先用基准探测器再用待测探测器对光谱进行波长扫描,需要较高的精确性。该方法中,在两个探测器的光谱响应曲线的斜率有显著不同的波长区域,需要有最高的准确度。如果基准探测器和待测探测器有相似的光谱响应度函数,对波长标度的精确度要求就不那么严格了。

可用下述两种方法测试波长示值的准确度(Alman 和 Billmeyer,1975):1) 低压放电灯产生已熟知波长的单色辐射。将辐射光穿过单色仪,并在其扫描波长区域时从安装于单色仪后面的探测器中观测信号,若所有单色仪的狭缝相同,则在已知波长处应能达到响应峰值。若在正确的波长处未能发现这些峰值,则此方法需要修正。2) 需要已知射线的辐射源和滤光器。滤光器应在射线附近有一个斜线性光谱传导函数。将射线源在单色仪入口狭缝处,所有狭缝尺寸较宽且相等,在一条射线附近对波长进行扫描,直至探测器显示最强信号。将波长定标读数与射线的已知波长进行比较,可初步得出波长误差。在此设置下,射线在滤光器的传导率 $\tau(\lambda_i)$作为有无滤光器时探测器信号的比值来测量。然后将狭缝调到正常工作宽度,使用正常辐射源。在这些条件下,在射线附近设置不同的波长定标来重复测量传导率,直至找到传导率等于 $\tau(\lambda_i)$的波长设置。波长定标的读数即为修正数。在这种方法中,若滤光器稳定,则不需要在接下来的重复测试中设置射线源。

1.5.2.2 非均匀性

通常从单色仪出来的单色辐射在光轴的任何横截面都不是均匀分布的。如果在入口狭缝成像的光源是一个螺旋灯丝的灯，则狭缝处的辐射不是均匀分布的，因而出口狭缝图像的辐射不是均匀分布的。此外，经研究（Bauer，1964），穿过出口狭缝后面棱镜图像的辐射不是均匀分布的，且这种非均匀性变化与波长呈函数关系。因此，应使用一个小型探测器对探测器位置的辐射场进行扫描来检查单色辐射的非均匀性。关于更多信息，见 1.5.4。

1.5.2.3 杂散光辐射

“光谱”杂散辐射这个术语指的是在单色仪通频带之外某一波长区来自单色仪的辐射。不同的是，“漫射”杂散光辐射指的是探测器上来自单色仪之外的任何辐射。

判断光谱杂散辐射是否存在需要使用一组截止滤光片（Poulson，1964；Reule，1976）。它们应能吸收通频带的辐射 ϕ_P（如图 6），又能传导假的杂散辐射 ϕ_s。在单色光束中插入这种滤光片，若不存在光谱杂散辐射的话，探测器信号将会减为暗信号。图 6 展示的是超过通频带的波长处的杂散辐射的测试方法。该测试中使用的长波带通锐截止滤光片可以是玻璃滤光片。对于较短波长处的杂散辐射测试，则需要使用短波带通锐截止滤光片，而这种滤光片通常在玻璃中没有。然而，如果能精确可知长波带通滤光片在通频带波长处的透射率，则也可使用长波带通滤光片。如果在较短波长处有杂散辐射的话，测得的结果会小于实际值。更多详细信息请参考 Reule（1976）。如果存在光谱杂散辐射，可采取辅助措施：使用一个较好的单色仪或使用更多滤光片将光谱区域隔离以减少杂散辐射。

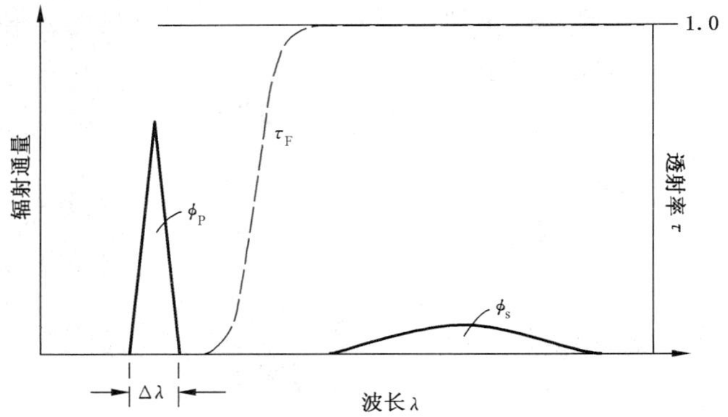

图 6 光谱杂散辐射的定义及其探测用滤光片的透射比

值得注意的是，本测试方法的效率取决于探测器的光谱响应度函数。对一种类型的探测器的杂散辐射测量可能不适用于具有不同光谱响应度函数的探测器。

应在相关波长区域内足够多的波长处进行测试。

1.5.2.4 偏振

来自棱镜、光栅或单色仪的辐射是部分或完全偏振的。通常，偏振的程度和方位与波长呈函数变化关系。图 7 展示的是来自不同单色仪的辐射的偏振程度。测试此类偏振时需要使用一个带偏光器的方位角驱动和一个不受偏振影响的探测器。根据探测器信号与偏光器方位的函数关系，可测算出偏振程度与方位（Budde，1962b）。

若待测探测器可能受偏振影响，或者换句话说，探测器的信号不仅取决于辐射照度，还与入射辐射的偏振状态有关，则可采取以下两种可能的辅助措施：1）在光束中安装一个固定的线性偏光器，并进行两次光谱测量，第二次测量前将偏光器方位改变 90°。两次测量结果的平均值即为未偏振辐射的响应度。2）使用一个未被偏振的辐射源如带状灯丝的灯或积分球，以及一组单色干涉滤光器，当光轴位于滤光器表面法线处或其附近时，这些滤光器不会对辐射进行偏振。若使用棱镜在探测器处或其附近对辐射源进行成像，则这些棱镜必须是无细沟的。这种测量仪器应能提供未偏振的辐射。

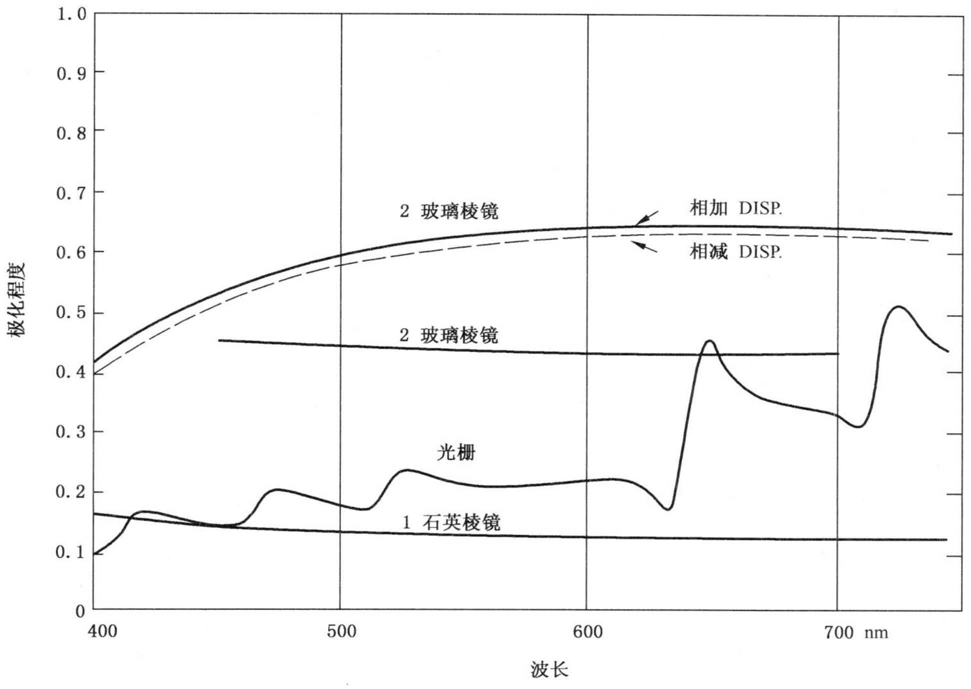

图 7 不同单色仪的偏振程度与波长的函数关系

（标有“2 玻璃棱镜”的两条曲线指的是两种不同类型的双单色仪）

1.5.3 光学系统

本部分的内容可能仅适用于上述一种或两种基础系统。因此，需要对每种系统的适用性进行判定。

1.5.3.1 两个光束的光谱非对称性

通常假设比较系统中基准探测器和待测探测器的两个光束是在光谱上是相同的，或至少它们的光谱能量比与波长不相关。这种假设可通过以下测试来确认：在基准探测器和待测探测器的位置上（图 2 中的 T 和 D）安装两个类似的探测器，如硅-光电二极管。这两种光电流通过以下公式得出：

$$I_1=\rho_1 \cdot s_1 \cdot \phi$$

$$I_2=\rho_2 \cdot s_2 \cdot \phi$$

式中：

ϕ——来自单色仪的光通量；

ρ_1 和 ρ_2——是这两个光束所有光学元件的传导率和反射率；

s_1 和 s_2——是两个响应度。

所有的量都是光谱量。两个光电流的比例如下：

$$r_1=\frac{\rho_1 \cdot s_1}{\rho_2 \cdot s_2} \qquad \cdots\cdots(1)$$

然后将两个探测器调换，而两个光电流计算公式变成：

$$I_1'=\rho_2 \cdot s_1 \cdot \phi$$

$$I_2'=\rho_1 \cdot s_2 \cdot \phi$$

从而两者比例变为：

$$r_2=\frac{\rho_2 \cdot s_1}{\rho_1 \cdot s_2} \qquad \cdots\cdots(2)$$

根据这些公式可以得出：

$$\rho_1/\rho_2=(r_1/r_2)^{1/2} \qquad \cdots\cdots(3)$$

在所有波长进行上述测量过程，以给出基准束和样品束的光谱效率差别的光谱修正函数。

1.5.3.2 镜像移动的精确性

若探测器非常小，如用于调制辐射的热电堆，或非常不均匀，则镜像移动的精确度必须很高。其精确度可通过以下方式来测试：用一个刀片半遮住表面均匀响应的探测器，如图 8。光谱响应度测量系统的镜像移动是以其止点之一为参照的，探测器安装在狭缝图像中，以便让刀片位于狭缝图像的中心。光电流与未遮住的图像部分呈以下比例关系：

$$i_1 = c \cdot h \cdot w_1$$

式中：

h——狭缝图像的长度；

w_1——未遮住部分的宽度；

c——一个常量。

镜子参考另一止点移动，然后回到被测止点。

信号值的计算公式如下：

$$i_2 = c \cdot h \cdot w_2$$

式中：

w_2——是未遮住部分的宽度。

将刀片移开，计算出下列信号值：

$$i_0 = c \cdot h \cdot w_0$$

从这些公式中可以得出：

$$\frac{i_1 - i_2}{i_0} = \frac{w_1 - w_2}{w_0}$$

若整个狭缝图像的宽度 w_0 可测，如以毫米为单位，则图像在剩下两个位置之间的移动 $\Delta W = w_1 - w_2$ 可通过以下公式计算：

$$\Delta W[\mathrm{mm}] = w_0 \cdot \frac{i_1 - i_2}{i_0}$$

若 $i_1 = i_2$，则在测量精度范围内可重复移动。

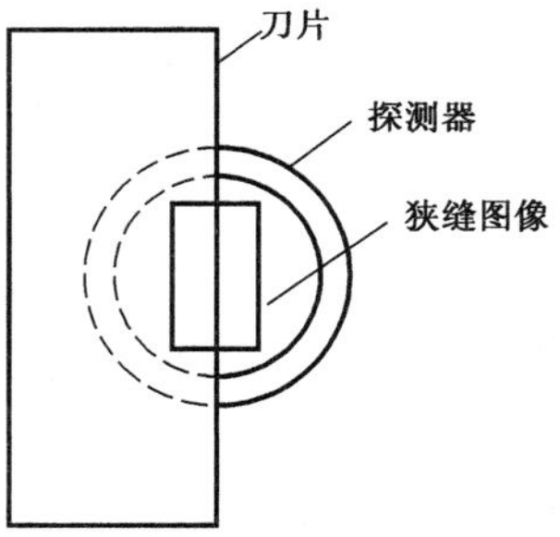

图 8

1.5.3.3 漫射杂散辐射

1.5.2.3 已提到，“漫射”杂散辐射这个术语指的是探测器上来自单色仪之外的任何辐射。要判断是否存在这种杂散辐射，可以在出口狭缝附近和探测器前面各插入一个活动挡板（或在这两个位置轮换安装同一个活动挡板）。如果探测器显示两个“关闭活动挡板”的信号完全一样，则不存在漫射杂散辐射。如果两个暗信号不同，必须安装相应的屏蔽装置。

然而，如果单色辐射从房间墙壁漫反射或从光学系统元件漫散射，则此测试方法无效。检查上述情况是否存在，可以将活动挡板安装在光轴沿线的不同位置。使用热探测器时，如果安装的活动挡板导致了探测器处有辐射，则测试结果也是错误的。在这种情况下，建议使用合适的滤光器将活动挡板放射的红外辐射吸收，从而限定测试的有效波长范围。总的来说，在这些测试系统中，在单色仪入口狭缝附近安装活动挡板或截光器是一个很好的方法，这样暗电流的修正包含了所有漫射杂散辐射的修正。

1.5.3.4 孔衍射

如果圆孔直径小于 10 mm，且辐射测量的限定区域小于物体与图像距离的 1%，则可能产生衍射误差。经研究(Blevin，1970)，这些误差可能在 0.5%左右。用于减少漫射杂散辐射的挡板不应是圆形的(Boivin，1978)。

1.5.4 待测探测器

待测探测器的性能也可能会导致光谱响应度函数的测算误差。

1.5.4.1 非线性

所有探测器都仅在某一输入范围内是线性的。应使用不同的方法来验证响应度测试相关的信号范围的线性(Sanders，1972)。测试非线性探测器(如大部分 CdS 元件)的光谱响应度函数时可以对测试系统进行调整，使得该探测器的输出在整个波长范围内保持不变(Bauer，1968)。关于更多详情，参考相关文献。

电子设备使用不当时可能会大大减弱探测器的线性。因此，在使用电子设备测量光谱响应函数时应对其进行线性测试。

1.5.4.2 暗电流修正

必须经常对暗电流和放大器偏移进行修正。如果暗信号(放大的暗电流)偏移大，建议严格遵照一个基于时间的测量程序，在两次暗信号测量之间进行一次照射信号测量，以对照射信号时的暗信号进行插值计算。

必须记录下暗信号的标记，以进行相应的暗信号修正。尤其在计算机控制的系统中，必须保证暗信号标记的记录是正确的。

1.5.4.3 非均匀性

很多探测器，尤其是带光电发射阴极的探测器，有效区域的光谱响应度具有较强的非均匀性。如果测量与实际应用的几何条件不能达到完全一致，则这些探测器的光谱响应测量是毫无意义的，即辐射区域的尺寸与形状以及该区域内辐射分布必须完全一致，且入射角度相似。为了避免这些问题，应在有效区域(Budde，1969；Boivin，1981)前安装合适的漫射器(Boivin，1982)或漫射腔体，如积分球，来测量这种漫射器-探测器组合的光谱响应度函数。

如果不能添加漫射器，则应通过栅格状扫描探测器表面一个小辐射点来测量探测器的非均匀性，且采用一个小探测器栅形扫描辐光束来测量辐射的非均匀性。然后通过以下公式计算出平均光谱响应度：

$$s(\lambda)=\frac{\iint s(x,y,\lambda)\cdot E(x,y,\lambda)\,\mathrm{d}x\,\mathrm{d}y}{\iint E(x,y,\lambda)\,\mathrm{d}x\,\mathrm{d}y} \qquad \cdots\cdots(4)$$

式中：

x、y——探测器有效区域平面的坐标；

$s(x,y,\lambda)$——x，y 位置的光谱响应度；

$E(x,y,\lambda)$——x，y 位置的光谱辐射。

需要计算出每个波长 λ 的 $s(x,y,\lambda)$ 和 $E(x,y,\lambda)$。

1.5.4.4 偏移

对于大多数探测器而言，响应度是一个温度的函数。通常温度系数是一个波长函数，对于各种探测器而言，温度系数在光谱的一部分上是正数而在其他部分上是负数(如硅-光电二极管或光电发射 CsSb 阴极)。

因此，测量光谱响应度时探测器温度必须保持稳定，并被记录。为了达到最高精度，接下来探测器的任何测量都应该在该温度下进行。

如果光电倍增管最后几级超负荷，或光电阴极某一小部分的辐射密度过大，则会产生疲劳偏移。为了避免产生不可逆转的损害，通常会对光电倍增管的最大阳极电流或阴极辐射密度做出规定。但是，对于线性和非疲劳操作而言，最大允许的阳极电流应比厂家的宣称值低三个数量级左右。

CdS 和 CdSe 光导体中会产生滞后效应和“光记忆”效应。它们的响应度在很大程度上取决于上一次辐射。因此，在进行响应度测试前，应将它们曝光在至少 250 lx 的辐射中或放在完全黑暗的地方(IEC 306-3，1970)。

供电电压改变或有时辐射发生变化后光电倍增管中可能会产生 Hysteresis 效应。响应度的这种短暂变化是由光电倍增管结构中电量分布的变化引起的。由于这种效应是暂时的，正确掌握测量的时间可以减少其引起的误差。

1.5.4.5 探测器窗口干扰

如果用激光来提供单色辐射，则光束的高相干性会导致探测器窗口或平行面的玻璃滤光器中产生干扰效应。将此类滤光器倾斜放置可能会阻止相互干扰，但不能消除干扰效应。在多数情况下将平行面窗口替换成楔形窗口可消除由干扰引起的误差(Boivin，1981)。

2 绝对校准

基本上有三种方法将相对光谱响应度数据转换成绝对值：1)硅-光电二极管的自校准；2)电校准辐射仪。3)辐射标准。前两种方法的潜在精度最高，不确定度在±0.1%左右。

与相对光谱响应测量不同的是，没有一个简单的方法来验证探测器绝对响应度测量的精确性。通过检查所有可能的系统误差并从试验或理论上推算出每个误差的可能大小，可以对精确度进行估计。或者，也可以通过另一种不同的方法算出绝对响应度，然后对两个结果进行比较。前两种方法已经得到比较(Zalewski，1980；Boivin，1983)，结果显示一致性较好，差别不超过±0.1%。事实表明，使用这两种绝对校准方法可取得 0.1%的精确度。

2.1 硅-光电二极管自校准

由于本方法近期才得以开发，技术和探测器类型都有待改进。然而，即使在目前阶段，本方法也可用来进行准确的绝对校准，将在这里进行简单介绍。

本方法(Zalewski 和 Geist，1980；Geist 等，1980)的依据是，在合适的硅-光电二极管中(见 2.1.7)，内部量子效率，即产生的载体与被吸收的量子的比例，接近 100%。实际值与理想的 100%内部量子效率之间的小偏差是由光电二极管中的两次重组效应导致的。每次重组损失可通过相对实验方法来测量，从而能准确测算出实际内部量子效率。测量光电二极管的反射率时，需要算出外部量子效率。

本文件中只描述了外部量子效率测算方法的实验部分。关于本方法的背景，结型光电二极管的各个过程和本方法的推算原理，请参考相应文献(Zalewski 和 Geist，1980；Geist 等，1980；Geist 等，1982)。

以下三节分别描述了外部量子效率的三种测量方法。绝对响应度的转换，光谱范围以及精确度等问题都在后面章节中讨论。

2.1.1 反射率测量方法

如果硅-光电二极管表面干净、十分光滑，则它的反射主要是镜面的，只有少量的漫反射。如果二氧化硅层厚度已知，根据公布的二氧化硅和硅的折射率(Malitson，1965；Philipp，1972；Weakliem 和 Redfield，1979)，就可以测量或计算出镜面反射比(Born 和 Wolf，1965)。

如果有一个 cw 的激光源，则镜面反射的测量相对简单。如果没有合适的辐射源，也可使用普通的单色源(Hughes，1982)并按照下述方法进行相应调整。若光电二极管有窗口，则测量反射率前应将其拆除。在本方法中，需要再装一个探测器 R 来测量 R(1)位置的入射通量，如图 9，并将待测探测器 S 拆除。将探测器 S 放在光束中测量 R(2)位置的镜面反射通量。S 反射率在一个小的入射角 α 处测量，这样，探测器 R 就能截取反射光束而又不会遮住入射光束。在入射角 α 和垂直入射角处记录下探测器 S 的输出，就能转换成垂直入射的反射比。S 的输出变化是由探测器旋转导致的反射比变化引起的。

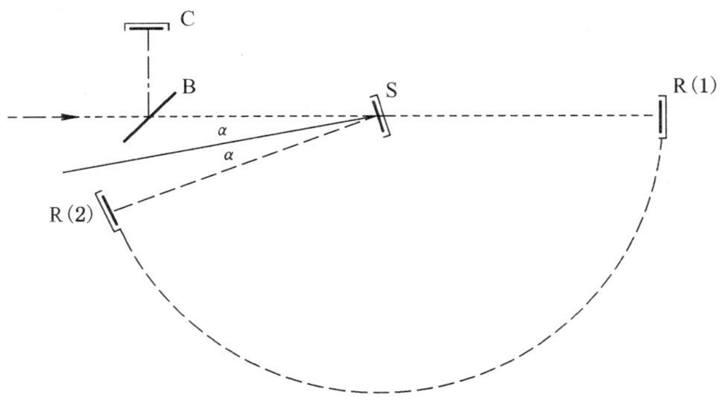

图 9 通过光电二极管"R"测量硅-光电二极管"S"的反射比；B—光束分离器，C—控制光电二极管

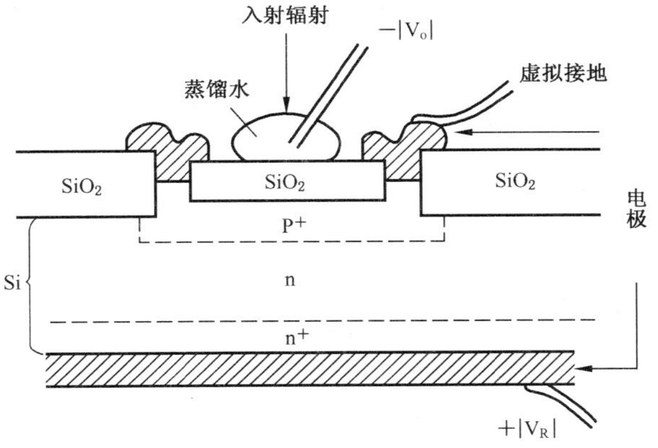

图 10 自校准的两个集成效率的测量系统

上述两种探测器都仅适用于比例值的测量，因此，无需知道它们的绝对响应值。但是，这两种探测器在所接受的信号范围内必须是线性的。

在测量过程中，激光功率可能发生偏移。因此，应使用一个光束分离器 B 和一个稳定的控制探测器 C 来对任何偏移进行监控和修正。或者，也可使用反馈稳定来消除此类偏移（Möstl，1978；Fowler 等，1979）。

少量的入射光束可能会被漫反射。但是由于量少，对测量精确度影响不会太大。在红色区域，可以假定一个小的修正值（Zalewski 和 Geist，1980）。在蓝色和紫外区，较大部分的辐射从探测器表面散射，因而需要进行测量。测量时可将探测器 S 放在与激光束垂直的入射处，且将探测器 R 绕探测器 S 表面某个轴进行旋转。假设球面是对称的，可以计算出每个位置取样的立体角，对这些数据进行调整再求和。或者，也可以使用一个特殊的中间有孔的硅-光电二极管（Zalewski 等，1979）。入射辐射穿过孔进入，沿光束轴（0°入射）从探测器 S 镜面反射回时再穿过该孔。环形探测器测出散射到光径外的辐射。将探测器沿光束轴移动以截取不同的立体角，从而覆盖镜面反射测量中的 2π 球面度而又不包括扩展的立体角。

测量反射率时以下误差源可能会影响结果：

a) 探测器未对准可导致：(1)不能完全截取入射或反射的光束；(2)测量入射或反射光束时 R 探测器的位置和角度发生较大变化；(3)上述两种情况同时发生；

b) R 探测器的非线性；

c) R 探测器或 S 探测器的非空间均匀性；

d) 激光束中的未校准辐射。激光束中可能有很多散射（光学仪器的缺陷，来自灰尘的散射等），导致了光束的辐射功率因沿光束测量位置的不同而不同。将R探测器沿光束安装在离入射和反射位置距离相等的位置可将此效应降到最低。安装带孔的遮光器只让沿光径的校准光束通过，可减少激光出口未校准辐射的影响(Budde，1982)。

2.1.2 前区重组损失

在pn-Si光电二极管前区，即p型掺杂硅和外面的二氧化硅层之间的界面(如图10)附近，入射辐射产生的一些带电体在重组时可能会损失。这导致了量子效率的少量损失，量子效率可通过以下方式测得：光电二极管前区表面上的一滴稀释硼酸液或纯净水提供了一个触点，可以在氧化层和地面电极之间使用一个负偏压或所谓的氧化偏压$-V_0$。光电二极管产生单色(激光)辐射，在$V_0=0$时测出它的输出值。然后使用$-V_0$，这个值不断上升，直到二极管的输出信号显示达到饱和状态$I_S(V_0=V_S)$，这样，尽管$-V_0$会继续上升，这个饱和状态保持稳定不变。

$$\varepsilon_0=I(0)/I_S \qquad \cdots\cdots(5)$$

根据这个比值可计算出由前区表面重组导致的集成效率损失$1-\varepsilon_0$。

np光电二极管中不存在这种重组效应。

还有一种硅-二氧化硅界面下重组导致的重组损失$1-\varepsilon_A$。这种损失体系导致的集成效率不能由相对测量确定，但由于ε_A非常接近1.0，必要的话可使用计算修正，同时利用Geist等(1980)或Geist(1980)的数据，其中在633 nm处，In corporated

$$\varepsilon_A=0.999\ 87 \qquad \cdots\cdots(6)$$

在绿色带中，此集成效率因数为0.995。

2.1.3 后区重组损失

在光电二极管后区，晶体缺陷或杂质部分可能产生重组损失。测量该损失时连接光电二极管以应用反偏压V_B。二极管发光产生单色辐射，在没有反偏压($V_B=0$)时测出它的输出值$I(0)$。反偏压不断上升，直至输出达到饱和值I_S。

$$\varepsilon_R=I(0)/I_S \qquad \cdots\cdots(7)$$

根据这个比值可计算出由后区重组导致的集成效率损失$1-\varepsilon_R$。

计算上述两种集成效率时可能产生的误差来自以下几个方面：

1） 计算ε_0时，必须保证所有的辐射都在偏压区域内，即只有液体覆盖的表面内的某一区域被照射。

2） 实践发现，硅-二氧化硅界面的重组不稳定，而且可以通过向二氧化硅表面加负电压而改变。与红色光谱区相比，这在蓝色光谱区是一个更严重的问题。在光电二极管进行辐射功率测量后进行前表面偏压测量可将此问题最小化。

3） 重组部分的非空间均匀性(例如，晶体缺陷部分可能高度集中于某一区域)。

4） 在使用反偏压测量后区集成效率时，暗电流调整不当，这是因为暗电流随偏压变化较大。

5） 反偏压在光子通量的测量与在实际测量中差别较大。后区的集成效率是一个光子密度函数。光子通量密度高时，重组部分集中了很多捕获的带电体，从而使集成效率提高，因此ε_R与光子通量密度成反比(Schaefer等，1983)。(这是造成超响应度效应的原因。)

2.1.4 外部量子效率和响应度

根据前面三节提到的三种测量方法，以及假设二氧化硅层的吸收性可忽略，外部量子效率可由以下公式计算出：

$$\eta=(1-\rho_s-\rho_d)\cdot\varepsilon_0\cdot\varepsilon_A\cdot\varepsilon_R[1-(1-\varepsilon_0)(1-\varepsilon_R)(1-\varepsilon_A)]^{-1} \qquad \cdots\cdots(8)$$

式中，ρ_s和ρ_d分别代表光谱反射系数和漫反射系数。

大多数情况下方括号中的值约等于1，因此可以忽略。需要注意的是，式(8)中的所有数值都是波长函数。

根据外部量子效率η可通过以下公式计算出响应度s[A/W]：

$$s = \eta \cdot \lambda / K \quad \cdots\cdots(9)$$

其中，η 为量子效率，为电子与光子比值；λ 为空气中波长，单位是 μm；K=1.239 5 μm W/A。

（K 这个常量是根据 $K=(h \cdot c)/(e \cdot n)$ 计算出的，n 为空气对可见光的折射率 1.000 27，e 为电子的带电量 $1.602\ 19\times10^{-19}$ C；h 为普朗克常量 $6.626\ 18\times10^{-34}$ W·s^2；c 为光速 $2.997\ 92\times10^{14}$ μm·s^{-1}）。

2.1.5 集成效率的光谱相关性

集成效率是硅吸收系数的函数，因此也是波长函数。在硅吸收系数低的波长区域，即 500 nm～900 nm 之间所测得的量子效率是最精确的。在这一区域的集成效率较高，换句话说，重组损失较少，因此由前面几个公式[式(5)～式(8)]计算出的这些损失的误差较小，对量子效率结果精确性的影响可忽略不计。

如按本指导性技术文件所假设，相对光谱响应度函数已另外给出，使用自校准来得出仅在某一波长处的绝对光谱响应度，则这个测量应在 500 nm～900 nm 这个区域内进行。使用 0.632 82 μm 的 He-Ne 激光线取得的结果非常理想。

如仅通过使用自我校准来测算整个绝对光谱响应度函数，则需要参考相关文献(Geist 等，1980)。

2.1.6 本方法的精确性

硅-光电二极管的自校准在绝对校准方法中似乎具有较高的精确性。如果此方法应用得当，且使用合适的硅-光电二极管(见 2.1.7)，则在上述波长范围内测算出的量子效率不确定度约为±0.1%。在 500 nm 以下的波长范围内，逆温层光电二极管的不确定度会逐渐增加到±0.5%，而其他类型光电二极管在 350 nm 处的不确定度则会增加到±1%。而这种不确定度的增加是由于反射率和重组损失的判定难度加大而导致的。如要提高 500 nm 以下区域的精确度，可使用相对光谱响应度测量，加上 500 nm 以上区域使用的绝对自校准方法。

目前自校准方法可行的波长至少为 350 nm。光子与电子的比值在此波长处稍大于 1，而在较短波长处急剧上升。可行的波长最大不超过 950 nm。波长超过 950 nm 时，吸收系数急剧下降，因而相当一部分光子通过光电二极管时没有被吸收。

使用具有已知绝对光谱响应度函数的硅-光电二极管的辐射测量结果的精确度还取决于光电流测量的精度。建议测量时使用运算放大器来作为电流-电压转换器，结合使用数字电压计。校准这种组合的设备需要使用一个稳定的直流电压源、精确的电压计和标准电阻。将电阻和电压源与放大器串联。设定电阻和直流电压值，以使得进入放大器的电流与预计的光电流方向相符。输入电流的实际值按通过标准电阻的电压降获得。以上流程便是放大器-数字电压计组合的校准过程，单位为 V/A。

可能的误差来自以下方面：

a) 精准电压计的输入阻抗对于标准电阻过低；

b) 接地环路可能会产生假电压；

c) 放大器的输入阻抗对硅-光电二极管过高，导致高辐射通量密度下的线性偏离。

2.1.7 选用硅-光电二极管用于自校准

合适的硅-光电二极管最重要的特点是有一个较大、畅通无阻的有效区域。也就是，上表面的电极不应构成电网，而只是围在有效区域四周。不仅如此，光电二极管的表面应平坦、光学性能好，从而使得光谱反射易于测量，且漫反射很少。以上特点可简单地目测，同时适用于 pn 和逆温层两种光电二极管。

光电二极管表面的任何抗反射、钝化或保护性的覆盖层都应完全透明；换句话说，任何光子都不应在该层被吸收。此外，对于 pn 光电二极管而言，该覆盖层厚度应较薄(200 nm～300 nm 或更小)，这样前表面偏压测量所需的电压不会过高(超过 100 V)。

关于前表面覆盖层的信息可从厂商处获得。通常覆盖二氧化硅或氮化硅的光电二极管适用，而覆盖一氧化硅、环氧或其他塑料层的光电二极管则不适用。

光电二极管(两种类型)在自校准波长区域内整个表面的响应度应是均匀的。判断此项特征可以在相应的波长处用一个小光点扫描光电二极管表面。不均匀的反射或不均匀的内量子效率都可能导致响应度的不均匀性。以上任何一种情况都会降低自校准的精度。若内量子效率在较长波长处不均匀,则可通过使用稳定的反偏压运行光电二极管而加以改善(Schaefer 等,1983);但是,如果测量的是一个非常低的辐射,则不允许增加暗电流和噪音。如果光电二极管经过校准后使用在完全均匀的辐射几何体中,或该辐射几何体在每种情况下都相同,则光电二极管的非均匀性不是十分重要。相反,如果了解了光电二极管的非均匀性以及遇到的各种辐射几何体,则可以计算出修正系数(见 1.5.4.3)。

光电二极管(两种类型)在 100%集成效率所需的电压下反偏压时不应发生故障(即变为可传导)。不仅如此,在反偏压下光电二极管不应过多增加暗电流。可容许的暗电流大小取决于所测的最低光电流。

Schaefer 等(1983)提到,非线性效应(或被称为"超响应度")与集成效率的反偏压测量之间有着直接联系。一个好的光电二极管在相关的波长间隔处有微小的反偏压效应,且反偏压效应在光电二极管使用的动态范围与光子通量密度无关。这一点只需在最大波长处测出。

最后,对于 pn 型的光电二极管而言,前表面偏压效应在二极管使用的最小波长处多次测量。有两点应确定。第一,效应应达到饱和。如果没达到饱和,则说明前表面覆盖层过厚。第二,前表面偏压效应是可复现的。若集成效率因数发生变化,则光电二极管在硅与覆盖层之间的界面区域内是不稳定的。尽管如此,不稳定界面的光电二极管可以用于较大的波长处,因为该区域对集成效率的影响较小。

2.1.8 绝对响应度向其他探测器的转移

理论上说,向另一个探测器转移绝对响应度是一个简单的程序。使用单色辐射源,首先用一个标准探测器读取辐光束的辐射功率。然后将要校准的探测器放到辐光束中,测出它的光电流(Boivin,1980)。

响应度转移测量结果的精确性受以下几个因素限制:单色辐射源的稳定性,辐射源和探测器的空间非均匀性,以及标准探测器的精度。辐射源稳定性可通过在反馈控制环路(见 2.1.1)中使用光束分离器及稳定的监控探测器配以调幅器来实现。或者,也可使用监控探测器的输出来调整由于辐射源输出波动导致的数据不准。这就需要测试和基准探测器的电路具有相等的时间常数。

若自校准的硅-光电二极管配有精密导入孔,则既可以不充满导入孔来测量辐射功率,也可以溢满导入孔来测量辐射照度。测量发光时,导入孔面积、探测器的精确定位及辐光束的均匀性都会影响测量结果的不确定度。因此,推荐使用测量总辐射功率的方法。

若必须使用测量发光的方法,则推荐使用机械孔来确定探测器区域,而不是假设探测器的有效区域就是其实际区域。通常情况下,探测器边缘附近的空间均匀性与其中心附近相比低出很多。而且,边缘附近的不均匀程度随着波长的不同而不同。

2.2 电校准辐射计

在这种绝对辐射计中,辐射功率是通过与电发热能力对比而测量的。这些测量仪器的构造和使用在 CIE 出版物中有详细描述,因而这里只给出简要介绍。

这种辐射计中的探测器由以下基本元件组成:

a) 辐射吸收元件,可以是一个黑色平板或一个孔(后者如有效孔辐射计(Willson, 1973,1980))。在该元件中,被吸收的辐射功率会导致温度上升。

b) 电加热器(线绕式(Gillham,1962)或沉积薄膜式(Blevin and Brown,1967;Bischoff,1968;Geist, 1972;Boivin 和 Smith, 1978;Hengstberger, 1977a;Phelan and Cook,1973;Geist 和 Blevin, 1973)),在这里可调整且精确测定电发热能力。

c) 温度感应器,用来比较辐射发热温度和电发热温度。这个感应器可以是一个热电堆、测辐射热仪或焦热电探测器。

温度感应器通常被用作零探测器,显示辐射发热温度与电发热温度相等。在黑暗期间,经常会将辐射改为电发热。对电功率进行调整,直至温度感应器显示辐射和电发热相等。这时,电功率可通过测量发热电压和热电流而得到精确的确定。

然而,存在一些因素导致发热的非等值性,需要修正。其中的主要四个因素如下:

a) 来自吸收器的反射辐射损失；

b) 从吸收器至感应器和从发热器至感应器之间热传导的差异；

c) 来自吸收器（再发射、传送）和发热器（传导）热损失差异；

d) 发热器引线的发热。

上述一些修正因素的理论和测量方法在 Geist(1972)和 Hengstberger(1977b,1978,1979)的论文中给出。

大多数电校准辐射计具有较低的敏感度，非常迟缓，且需要精细的仪器来运行。因此，它们主要用于基本的校准工作。它们与自校准方法相比的优势在于吸收元件的光谱非选择性，尤其当吸收元件为孔时，能使这种绝对辐射计具有较广的光谱范围。由于敏感度低，通常必须使用激光器(Boivin,1980)进行光谱测量，尤其在单个波长处对探测器进行绝对校准时更是如此。在将绝对光谱响应从一个电校准辐射计转移到另一个探测器时，使用振幅稳定的激光器可以提高精度，这是因为多数激光束的高功率会提高电校准辐射计测量结果的信噪比。然而，最适合于电校准辐射计的辐射功率水平对于被校准的探测器而言有时可能过高，从而将其带入非线性响应模式。在这种情况下，必须使用一些适合的方法来减弱激光束。

要解决光束功率高的问题，可以在被校准的探测器上固定安装一个衰减器(Boivin,1982)。这种方法有个可能的缺陷：将探测器的响应度降到可接受的极限以下。而且，衰减器传导的不稳定性和非均匀性可能会大大增加校准的不确定度。另一方面，可以仅在校准测量的过程中使用衰减器。这种情况下，衰减因数必须是精确已知的。

具有最高精确度的电校准辐射计通常是基于热电堆或测辐射热仪感应器。要达到高精确度则必须牺牲响应的敏感度和速度。以热电堆或测辐射热仪为基础的辐射计受环境温度和气压波动的噪音影响，在一个密封有窗的室内安装辐射计可降低这些影响。这里必须测量窗户的透射性，从而增加了测量结果的不确定度。为了避免测量窗户透射性，整个实验可以在一个热稳定的室内进行(Boivin,1980)。

尽管以焦热电探测器为基础的电校准辐射计的精确度稍低，但它能提高敏感度均匀性和响应速度。焦热电探测器是一个交流设备，其内在工作速度比直流热探测器快。与热电堆或测辐射热仪型辐射计相比，焦热电替代型辐射计的使用简单得多。方便使用的代价是精确度和光谱范围小。装有焦热电探测器的孔型设备构造是将焦热电元件安装在一个带有微小导入孔的半球镜中。由焦热电元件反射的辐射被半球镜反射了(Blevin 和 Brown,1970;Day 等,1976)。

2.3 使用标准源的校准

这种校准方式需要一个具有已知光谱能量分布的标准源和一个具有已知光谱透射率函数的滤光片。被校准探测器的相对光谱响应度函数 $s(\lambda)_{\mathrm{rel}}$ 假定为已知。

假设标准源的光谱辐射照度为 E_λ，以$[\mathrm{W \cdot cm^{-2} \cdot nm^{-1}}]$为单位，则滤光片的探测器响应度由以下公式确定：

$$i = \int E_\lambda \cdot \tau(\lambda) \cdot s(\lambda)\,\mathrm{d}\lambda \qquad (10)$$

式中：

i——光电流；

$\tau(\lambda)$——滤光片的光谱透射率。

在这个等式中，$s(\lambda)$是需确定的绝对光谱响应度函数。$s(\lambda)$与相对光谱响应度函数 $s(\lambda)_{\mathrm{rel}}$ 的关系如下：

$$s(\lambda) = N \cdot s(\lambda)_{\mathrm{rel}} [\mathrm{A \cdot W^{-1} cm^2}] \qquad (11)$$

式中：

N——未知的标准化因数。将式(11)插入式(10)中，计算出 N：

$$N = i / \int E_\lambda \cdot \tau(\lambda) \cdot s(\lambda)_{\mathrm{rel}}\,\mathrm{d}\lambda \qquad (12)$$

要计算出 N,仅需测出源与探测器之间校准距离的电流 i。根据给定的光谱数据,积分值为所有结果的总和。若给定的是 1 nm 带宽的辐射,而波长间距较大,则需要使用修正因子。电流与修正后总值的比值决定了以[A·$W^{-1}cm^2$]为单位的因数 N。这个因数通过式(11)将相对光谱响应度数据转换为绝对值。若结果是电压 V,则上述公式中的 i 应替换为 V,而 N 的单位为[V·$W^{-1}cm^2$]。

若源是一个标准的光谱发光,则源与探测器之间的距离必须精确设定。必须在探测器上设定一个基准面(如外罩的前表面)或其他可识标志,并测出距这一标志的相关距离。若这一距离不是标准发光的校准距离,则必须根据开方法则进行修正。事实上,可以在不同的距离处进行这些校准。如果滤光片厚度很大,必须使用以下公式中的位移 D 来增大距离。

$$D=d(n-1)/n \quad \cdots\cdots(13)$$

式中:

d——滤光片厚度;

n——折射指数。

滤光片可以是窄带的干扰滤光片或宽带的玻璃滤光片。重要的条件是滤光片不会传导 $s(\lambda)$ 或 E_λ 已知的波长范围以外的任何辐射。这一点必须加以关注,特别是因为大多数玻璃滤光片在红外附近都有通频带。

选择使用干扰滤光片还是宽带滤光片可能受现有光谱透射率测量设备影响。与宽带滤光片或滤光片组合相比,斜率和曲率高的窄带滤光片的光谱能见度要难测得多。对于窄带滤光片而言,若单色仪与滤光片的通频相称,则需要对光谱数据进行去卷积。

本方法中的主要误差来自以下几个方面:

a) 光源的电量设置:标准白炽灯可以用电压或电流来校准。经验发现电流校准更好,因为接触电阻发生变化所带来的影响最小(Zalewski 等,1972)。为了避免由于光源老化引起的误差,有必要用基准光源对校准结果进行比较来充分确认;

b) 距离设定:光校准在离光源一定距离处有效。光源的基准点必须清晰标出。发光的相对不确定度是距离不确定度的两倍,因此,距离必须精确到千分之几。如果测量结果是从其他距离处获得,则必须确认光源足够小以适用距离平方反比定律规则;

c) 光源的方向:一些透明玻壳的白炽灯输出方向偏差大。这些偏差主要是由于灯丝缠绕留下的阴影造成的,而 1°的螺旋角(即向被照物体方向的倾斜度)引起的光误差可能为 2%。因此,用磨砂玻壳的灯作为标准光源可能更适合(Zalewski et al,1972);

d) 漫射杂散辐射:判断是否存在杂散辐射可在沿光轴的不同位置使用遮光器(见 1.5.3.3)。建议谨慎使用锐边遮光器。遮光器上的孔不应为圆形(Boivin,1978);

e) 光谱杂散辐射:如果使用对高次通频带阻塞不足的干扰滤光片或有近红外通频带的玻璃滤光片,则可能存在光谱杂散辐射。关于诊断测试的详细信息见 1.5.2.3;

f) 滤光片方向:干扰滤光片改变表面法线和光轴之间角度的通频带的波长。但是,如果滤光片安装在探测器附近,垂直于光轴,且探测器的表面是光谱反射的,则反复反射可能导致误差。尽管将滤光片安装在探测器附近可抑制漫射杂散辐射,但滤光片和探测器之间仍应保持足够的距离,这样为了消除反复反射而必要的滤光片低度倾斜就会不影响它的有效光谱传导功能;

g) 荧光辐射:一些用于滤波组合的玻璃滤光片和光学接合剂具有荧光辐射。发射出的荧光辐射可被认为是杂散辐射,根据 1.5.2.3 中的方法测得;

h) 温度效应和漂离:这些效应可能会在探测器和滤光片中产生,尤其是发光水平较高的时候。1.5.4.4 讨论了探测器偏移。

本方法比前两种方法的不确定度要高出很多。估计理想条件下,探测器校准的不确定度可能会达到±1%。

参 考 文 献

[1] Bauer, G. Strahlungsmessungen in optischen spektralbereich, Vleweg, Braunschweig(1962). Measurement of optical radiations. Focal Press, London, New York(1965)

[2] Keyes, R. J. Optical and Infrared Detectors. Vol. 19 of Topics in Applied Physics. Springer, Berlin, Heidelberg, New York(1980)

[3] Smith, R. A. , Jones, F. E. and Chasmar, R. P. The detection and measurement of infrared radiation 2 Edition. Clarendon Press, Oxford 1968

[4] Wyatt, C. L. Radiometric Calibration: Theory and Methods. Academic Press, New York, 1978

[5] Optical Radiation Measurements, Editors: F. Grum and C. J. Bartleson, Vol. 1: Grum, F. and Becherer, R. J. : Radiometry. Vol. 4: Budde, W. : Physical Detectors of Optical Radiation. Academic Press, New York, Vol. 1: Vol. 4: 1983

ICS 91.160.10
K 70

GB

中华人民共和国国家标准化指导性技术文件

GB/Z 26210—2010/CIE 97—1992

室内电气照明系统的维护

Maintenance of indoor electric lighting system

(CIE 97—1992,IDT)

2011-01-14 发布 2011-06-01 实施

中华人民共和国国家质量监督检验检疫总局
中国国家标准化管理委员会 发布

前　　言

本指导性技术文件等同采用 CIE 97—1992《室内电气照明系统的维护》(英文版)。

本指导性技术文件等同翻译 CIE 97—1992。

为便于使用,本指导性技术文件做了下列编辑性修改:

a) “本技术报告”一词改为“本指导性技术文件”;

b) 用小数点“.”代替作为小数点的“,”;

c) 删除 CIE 97—1992 的前言。

本指导性技术文件的附录 A、附录 B、附录 C、和附录 D 为资料性附录。

本指导性技术文件由中国轻工业联合会提出。

本指导性技术文件由全国照明电器标准化技术委员会(SAC/TC 224)归口。

本指导性技术文件起草单位:生辉照明电器(浙江)有限公司、国家电光源质量监督检验中心(北京)、东莞市品元光电科技有限公司、北京电光源研究所。

本指导性技术文件主要起草人:沈锦祥、华树明、郭建坤、黎锦洪、江姗、赵秀荣。

本指导性技术文件仅供参考。有关对本指导性技术文件的建议和意见,向国务院标准化行政主管部门反映。

引　　言

在某一照明装置的使用期限内，用于特定目的的照明效果会逐渐地衰减。衰减的速率是环境、使用和老化等条件共同作用的结果。在照明的设计过程中，我们必须要考虑到这一衰减现象，方法是采用维护系数；必须定出适合的维修计划表以限制这样的衰减。本指导性技术文件对影响衰减进程的参数进行了描述，对室内电照明系统制定出预测维护系数的操作步骤。本指导性技术文件对设备选择、经济维护周期的测算提供了信息资料，并给出了技术维护的建议。

室内电气照明系统的维护

1 总则

由照明装置直接提供的初始照度在装置的使用寿命期限内会逐渐降低。本指导性技术文件中使用了几个描述解释这一衰减系数的术语。在当前的国际照明词汇中(CIE 17.4),采用过时的“维护系数”来表示英文术语“光损失系数”。法语中的等效术语为“Facteur de dépréciation”。出于本指导性技术文件的使用目的,决定仍保留术语“维护系数”,因为这一术语使用广泛且被大众所理解。其定义在 CIE 17.4 中精确给出,即:

“照明装置使用了一段时间后工作面上平均照度与同等条件下新照明装置所获得的平均照度的比。

注 1:已经把术语衰减系数正式用来表示上述比率的倒数。

注 2:照明的损失考虑到发光设备上和室内墙面上的灰尘集聚以及灯管的老化。”

照明设计用的推荐照度目前是建立在“维护照度”之上的,当必须进行维修时,维护照度就是在上述定义某一时段上的平均照度。

照明系统具有不同的维护特点,这也是工程设计早期阶段所作的重要评估之一。

本指导性技术文件对各种影响系数进行了探讨,在实用解决方案的基础上给出相关数据,这些数据使得各种系统、建筑物和场地上的维护系数便于求导。求出的维护系数应适用于照明线路图计算用的所有公式,如:照度、区域或各点上的亮度。同时给出了估算经济维护周期的方法,给出了清洁技术方面的建议。

本指导性技术文件还提供了典型数据的有限选择,使得计算方法能得到合理解释。然而,为充分利用照明产品连续发展的有利条件,应从制造商那里获取最新的数据。

2 维护的必要性

建筑物内的所有照明系统从投入使用的那一刻起就开始逐渐地老化。照明效果下降主要是因为灯、灯具和室内所有暴露表面上的灰尘聚集——降低了透光度或反光能力——以及因为灯的光输出的降低、灯的失效和表面的老化。如果这一过程未受控制,就会导致照度衰减至很低的值,如图 2.1 所示,照明系统会变得光线不佳,甚至产生危险的后果。由于照度的衰减是一渐进的过程,工作人员可能并未立刻注意到这一衰减。但一段时间后这一渐进的衰减将会引起视力疲劳,以及工作中会产生越来越多的误差和错误,所要完成的任务会占用更多的时间,并有可能发生事故。

因此,对于维持照明装置的有效性,常规维护是最重要的。照明系统不仅要正确和彻底地清洁,而且清洁应定期进行。一个精心设计的维护方案将会保持所需的照度,降低投资和运行费用,并且能使照明系统安全运行。这样既能确保有一令人满意的外观,又能使人舒适自在。

然而,即使有了精心设计的运行良好的维护方案,照度的损失也是必然的。在对照明系统进行设计时,必须对这一损失进行评估,以维护系数形式出现的公差应包括在系统设计的计算之中。

2.1 影响系数

有几类系数可能会降低光输出。这些系数可分为可复原和不可复原的衰减。

不可复原的系数(如老化)在照明装置中和所处的环境中是固有的,在正常的维护中是不可能改进的,或者要解决这一问题也是不经济的。在灯光装置的计划阶段,这些系数应与维护方案一起进行考虑。

如果其他系数的影响(如电压、频率、温度和镇流器等)是持久的、显著的,那么在设计阶段,应对这些影响的大小进行评估,在计算时应留出类似于维护系数的余量(公差)。随机事件只要不妨碍照明系统的运行，其影响可忽略不计。

在日常维护中，通过更换灯、清洗、更换组件或者刷涂料等办法，能够较好地恢复可复原的系数(如灯的光通维持率、灯的持续寿命、灯具的维护和室内表面的维护)。

上述维护方案的数值由图 2.1 示例给出。显然无维护照明系统的照度 3 年内会下降至原始值的 40%，而且会继续下降。但通过每年的清理、每 3 年更换一次灯和粉刷一次涂料，衰减可控制在原始值的 60%以上。每 3 年经维护的系统所提供的照度高于未维护系统的 50%。

一旦发生老化或污染而引起的不可复原的衰减，就不可能返回到它们的原始状态，因此可能需要更换灯具。这一情况适用于灯具处于灰尘或油烟的环境中，灰尘或油烟颗粒氧化在反光板之上。在这样的情况下，将反光板恢复到其初始状况在经济上是不可行的，因此，建议(有时是必要的)更换该反光板。如果不进行这样的处理，照明装置就不能提供所维持的照度。

众所周知，上佳的照明有助于防止事故的发生，特别是在工作场所，要想取得好的照明效果，照明装置必须保持在设计条件的标准之上。对于照明装置的正常维护，当然还存在合理的经济理由。清理系统会降低能源的浪费，并能保持其工作效率。

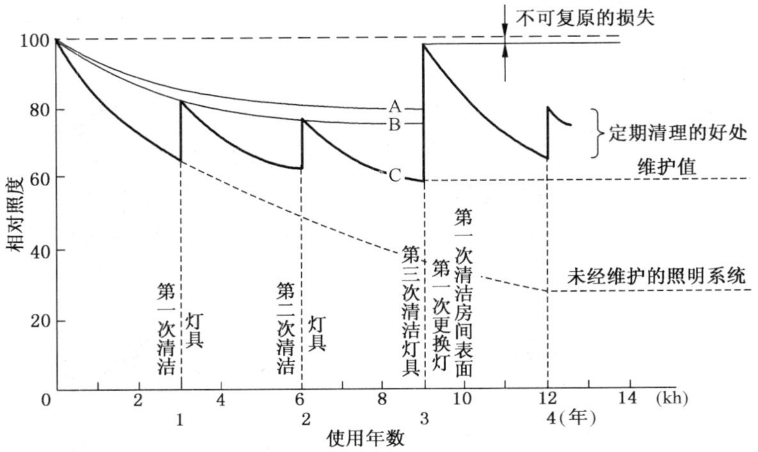

(管形荧光灯工厂照明用反射灯具使用时用点光源代替)

A——由灯的光通量衰减而造成的减光损失；

B——由室内表面光洁度的下降而造成的减光损失；

C——由灯和灯具的光学部件上的灰尘而造成的减光损失。

图 2.1 使用期内照度的变化

2.2 检查间隔和清洁度等级

建议对照明装置进行常规的检查。有些国家的立法要求在工作场所应提供充足的照度。由独立的检查员实施执法。

作为照明检查和/或测量人员的指导手册，表 2.1 给出了各种区域上的最大间隔。表 2.1 还给出了典型工作场所的清洁度等级。

注：特别是在一些工厂的加工过程中，或许存在这样的情况，即环境很脏，超出了上述分类的范围。

表 2.1 不同工作环境中推荐使用的照明系统检查间隔

检查间隔	清洁度等级	任务区域
3 年	干净	干净的房间、计算中心、电子组装厂、医院[a]
2 年	正常	办公室、商店、学校、实验室、餐馆、仓库、装配车间
1 年	脏	钢厂、化工厂、铸造厂、焊接、抛光和木工厂
[a] 出于卫生控制方面的原因，有可能要求更频繁的检查。		

2.3 清洁安排表

为协助维护方案操作员的工作，对用于各种环境中的不同灯具，表 2.2 对其清理间隔给出了一简洁描述。就维护而言，表 2.2 可用于选择特定环境用的灯具。这些数据能代表所有的灯具类型，但高压放电反光灯具除外，高压放电反光灯具的特点与 B 类灯具类似。

表 2.2　各种环境中使用的灯具大致的清洁间隔

清洁间隔	3 年			2 年			1 年		
灯具类型	环　境								
	C	N	D	C	N	D	C	N	D
A 裸灯支架	√				√				√
B 敞开式吸顶反射型(通风“自净”)	√				√				√
C 封闭式吸顶反射型(不通风)				√				√	
D 封闭式 IP2X				√				√	
E 防尘式 IP5X	√	√				√			
F 间接向上照明式							√	√	

注：其中环境中的空气：C 表示干净；N 表示正常；D 表示脏。见表 2.1。
系数的选择基于不小于 0.8 的灯具维护系数(LMF)，见表 3.2。
灯具 B 和 C 既包括凹形反光槽，又包括其表面，或者工业用悬挂灯具。突出的区别在于这些灯具是通风型的(强制型或自然型)，还是非通风型的。
在脏乱环境中使用时，不推荐使用灯具 A、D 和 F。参见表 3.2 中特定的 LMF 值。
在清洁间隔超过 2 年的环境中，不推荐使用灯具 C、D 和 F。

3　光衰减的分析

影响光损失、光效率和光度量大小的几个系数随运行类型和场地的不同而有所不同。例如：关于空气中污染物的数量和类型，随区域的不同有所变化；铸造厂的污染物数量就大于有空调的办公室中的污染物数量。但工业区附近办公室中的污染物数量和类型就不同于乡村中办公室中的数量和类型。轧钢厂中所发现的黑色污染物就不同于面包店中所发现的颜色较淡的灰尘。当对照明损失进行评估时，很重要的一点是能分辨出这些不同的变化。

3.1　光源的光通维持率。使用期间所有的光源的光输出都会下降。然而，确切的下降速率取决于光源的类型，对于放电灯还取决于所用的镇流器系统。这一现象引起的损失是可以通过频繁更换灯来降低其速率，可能的话可成组更换。表 3.1 给出了典型的示例。在本指导性技术文件的起草期间，有关紧凑型荧光灯、卤钨灯及高频灯，还没有足够的数据可列入。因此，重要的是要获取制造商有关预测维护系数和维护方案的数据，特别是使用一种新型的光源时。

准确的数据可咨询制造商。

3.2　光源的使用寿命是连续工作一段规定时间的可能性。使用寿命的长短取决于光源的类型，特别是放电灯，则取决于开关的频率和镇流器系统。失效的光源会引起照度和均匀性的下降，但这一情况可用单只更换的办法将减光降到最低。表 3.1 给出了典型的示例。

准确的数据可咨询制造商。

示例：

采用制造商的数据

表 3.1 光源的光通维持系数(*LLMF*)和光源的使用寿命系数(*LSF*)

燃点时间/kh		0.1	0.5	1.0	1.5	2.0	4.0	6.0	8.0	10.0	12.0	14.0	16.0	18.0	20.0	22.0	24.0
白炽灯 GLS	*LLMF*	1.00	0.97	0.93	0.89	—	—	—	—	—	—	—	—	—	—	—	—
	LSF	1.00	0.98	0.50	0.03												
荧光灯 三基色	*LLMF*	1.00	0.98	0.96	0.95	0.94	0.91	0.87	0.86	0.85	0.84	0.83	0.81	—	—	—	—
	LSF	1.00	1.00	1.00	1.00	1.00	1.00	0.99	0.95	0.85	0.75	0.64	0.50				
荧光灯 卤粉	*LLMF*	1.00	0.97	0.94	0.91	0.89	0.83	0.80	0.78	0.76	0.74	0.72	0.70	—	—	—	—
	LSF	1.00	1.00	1.00	1.00	1.00	1.00	0.99	0.95	0.85	0.75	0.64	0.50				
汞灯	*LLMF*	1.00	0.99	0.97	0.95	0.93	0.87	0.80	0.76	0.72	0.68	0.64	0.61	0.58	0.55	0.53	0.52
	LSF	1.00	1.00	1.00	1.00	0.99	0.98	0.97	0.95	0.92	0.88	0.84	0.80	0.75	0.68	0.59	0.50
金卤灯	*LLMF*	1.00	0.96	0.93	0.90	0.87	0.78	0.72	0.69	0.66	0.63	0.60	0.56	0.52	—	—	—
	LSF	1.00	1.00	0.97	0.96	0.95	0.93	0.91	0.87	0.83	0.77	0.70	0.60	0.50			
高压钠灯	*LLMF*	1.00	1.00	0.98	0.97	0.96	0.93	0.91	0.89	0.88	0.87	0.86	0.85	0.83	0.82	0.81	0.80
	LSF	1.00	1.00	1.00	1.00	1.00	0.98	0.96	0.94	0.92	0.89	0.85	0.80	0.75	0.69	0.60	0.50

3.3 一般来说，光源和灯具上的污染物是光衰减的最重要原因。工业照明系统在长的清洁间隔期，由于污染物的原因发生50％的衰减是不稀奇的。光衰减的量取决于空气中污染物的性质和密度、灯具的设计、灯具粗糙度和灯的类型。如果通风灯具中留有开口位置，使得对流气体可以通过光学部件和灯将灰尘和污染物带出(有时称作自清洁行为)，而不让这些污染物沉淀和积聚在发光面或辐射面上，这样通风灯具上所积聚的污染物会更少。可以通过封闭灯箱防止灰尘和湿气的进入，来最大限度地降低反光面上污染物的积聚。将灯具的外罩和光学部件至少按IP54的保护要求进行封闭，就可取得显著的效果。灯具粗糙度不同，其抗污染物积聚的能力也不同。例如：阳极氧化铝保持干净的时间比白色搪瓷就要长一些，但阳极氧化铝具有比较低的原始反射能力，而搪瓷则更容易清洗。表3.2就灯具的范围给出典型的数据。

准确的数据可咨询制造商。

示例：

采用制造商的数据

表 3.2 灯具维护系数(*LMF*)

清洁间隔时间/年	0	0.5			1.0			1.5			2.0			2.5			3.0		
环境灯具类型(见表2.2)	任意	C	N	D	C	N	D	C	N	D	C	N	D	C	N	D	C	N	D
A	1	0.95	0.92	0.88	0.93	0.89	0.83	0.91	0.87	0.80	0.89	0.84	0.78	0.87	0.82	0.75	0.85	0.79	0.73
B	1	0.95	0.91	0.88	0.90	0.86	0.83	0.87	0.83	0.79	0.84	0.80	0.75	0.82	0.76	0.71	0.79	0.74	0.68
C	1	0.93	0.89	0.83	0.89	0.81	0.72	0.84	0.74	0.64	0.80	0.69	0.59	0.77	0.64	0.54	0.74	0.61	0.52
D	1	0.92	0.87	0.83	0.88	0.82	0.77	0.85	0.79	0.73	0.83	0.77	0.71	0.81	0.75	0.68	0.79	0.73	0.65
E	1	0.96	0.93	0.91	0.94	0.90	0.86	0.92	0.88	0.83	0.91	0.86	0.81	0.90	85	80	0.90	0.84	0.79
F	1	0.92	0.89	0.85	0.86	0.81	0.74	0.81	0.73	0.65	0.77	0.66	0.57	0.73	0.60	0.51	0.70	0.55	0.45
注：环境中空气：C为干净；N为正常；D为脏。灯具的使用环境见表2.1。																			

3.4 室内墙壁上的污染物往往会降低光线互相反射的总量。房间的大小和灯具光分布决定了照射到墙壁和天花板上的光通量或光度量。当建议对照明装置进行周期性的清理，对墙壁和天花板进行周期性的粉刷时，对那些大部分光线是通过室内表面或窗帘、图片和家具的反射而照射到工作区的情况，应进行更频繁的清理和粉刷。干净的室内表面也能在环境中保持光度的平衡。在一些国家，要求对室内表面进行定期的重新装修，并已予以立法。

表3.3给出了数据的示例。

注：维护数据一般以列表的形式给出，而以图的形式给出数据通常是比较方便的。荧光灯/灯具的示例见图3.1。

示例：

表3.3 房间表面维护系数(*RSMF*)

两次清洁周期之间所用时间/年		0.5			1.0			1.5			2.0			2.5			3.0		
房间规格	环境	C	N	D	C	N	D	C	N	D	C	N	D	C	N	D	C	N	D
房间尺寸 *K*	光通量分布																		
小 0.7	直接	0.97	0.96	0.95	0.97	0.94	0.93	0.96	0.94	0.92	0.95	0.93	0.90	0.94	0.92	0.89	0.94	0.92	0.88
	直接/间接	0.94	0.88	0.84	0.90	0.86	0.82	0.89	0.83	0.80	0.87	0.82	0.78	0.85	0.80	0.75	0.84	0.79	0.74
	间接	0.90	0.84	0.80	0.85	0.78	0.73	0.83	0.75	0.69	0.81	0.73	0.66	0.77	0.70	0.62	0.75	0.68	0.59
中 2.5	直接	0.98	0.97	0.96	0.98	0.96	0.95	0.97	0.96	0.95	0.96	0.95	0.94	0.96	0.95	0.94	0.96	0.95	0.94
	直接/间接	0.95	0.90	0.86	0.92	0.88	0.85	0.90	0.86	0.83	0.89	0.85	0.81	0.87	0.84	0.79	0.86	0.82	0.78
	间接	0.92	0.87	0.83	0.88	0.82	0.77	0.86	0.79	0.74	0.84	0.77	0.70	0.81	0.74	0.67	0.78	0.72	0.64
大 5.0	直接	0.99	0.97	0.96	0.98	0.96	0.95	0.97	0.96	93	0.96	0.95	0.94	0.96	0.95	0.94	0.96	0.95	0.94
	直接/间接	0.95	0.90	0.86	0.94	0.88	0.85	0.90	0.86	0.83	0.89	0.85	0.81	0.87	0.84	0.79	0.86	0.82	0.78
	间接	0.92	0.87	0.83	0.88	0.82	0.77	0.86	0.79	0.74	0.84	0.77	0.70	0.81	0.74	0.68	0.78	0.72	0.65

注：环境中空气：C为干净；N为正常；D为脏。

K=房形指数；

$$K=\frac{L \cdot W}{H_m(L+W)};$$

式中：

L——房间长度；

W——房间宽度；

H_m——灯具安装高度。

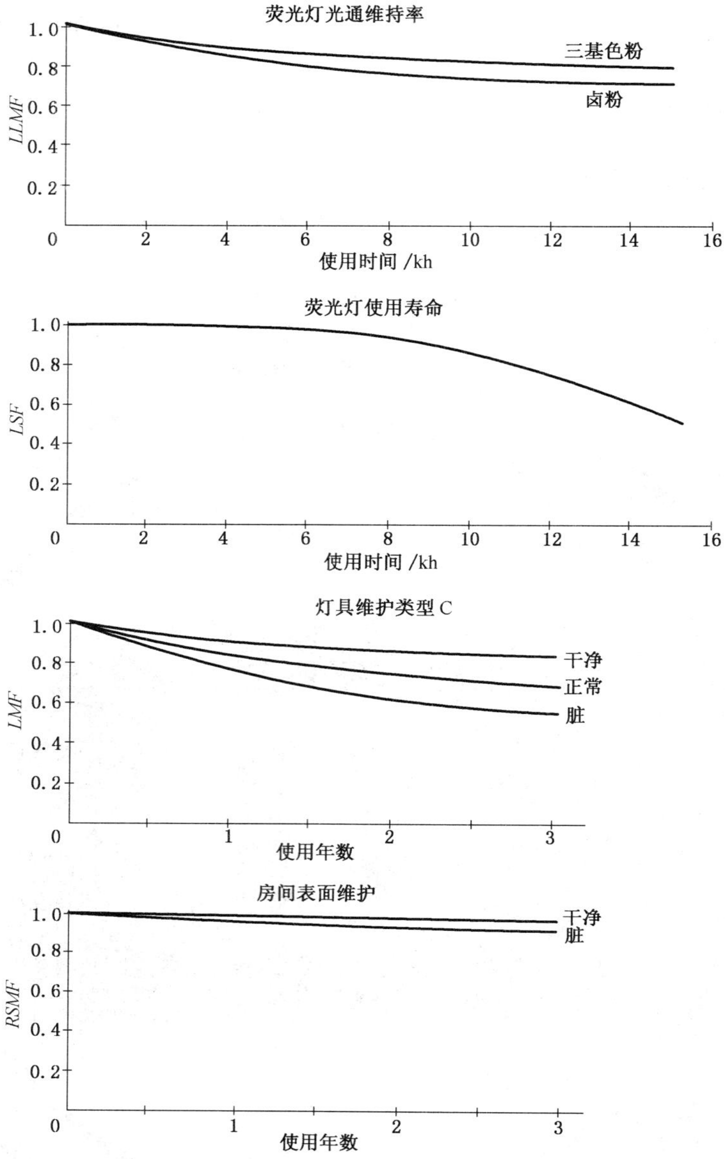

图 3.1 维护数据

4 维护的经济性

4.1 光源的更换

整个光源的更换费用包括光源的费用、劳动力的费用(包括订购、储存、安装和处置的费用等)。劳动力费用取决于所采用的光源的更换系统和不方便的程度。可供选择的办法为:一是“单个”更换,即对每只失效的光源进行更换;二是“成组”更换,即在小于额定平均灯寿命的某个时间段上对全部的光源(失效的或运行良好的)进行更换。然而,在有些项目中,也使用单点/成组更换相结合的方案。在灯光的减损可能给工作条件带来危险性或活动不安全性的地方,立即更换失效的光源是很重要的。多个光源的灯具很少会受到偶然性光源的失效的影响。

最经济的系统评估如下:

每只灯的单个更换费用 C_s

$$C_s = L + S \qquad (4.1)$$

式中：

L——灯的费用；

S——劳动力的费用。

每只灯的成组更换费用 C_g

$$C_g = L + B \qquad \cdots\cdots(4.2)$$

式中：

L——灯的费用；

B——每只灯成组更换的劳动力费用。

每只灯组合使用成组和单个更换的费用 C_t

$$C_t = \frac{100C_g + FC_s}{I} \qquad \cdots\cdots(4.3)$$

式中：

F——灯重新更换间隔期上失效灯的比例；

I——成组更换间隔期额定灯寿命的比例。

注：用于单个更换的灯可批量采购和储存。零部件也是原始采购计划的一部分。

如果好的光源（在成组更换后仍保留的）用于随后的单个更换，则 FC_s/I 可简化成 FS/I。

成组更换的经济性主要取决于光源的寿命比率。更换间隔期光源的寿命越长，单个更换所需的费用越少。

重要的是要注意：光源的更换间隔期主要依赖于光源的照明时间。根据工作场所的工作小时数、轮班和照明管理的不同而有所变化。年照明小时数的示例见表4.1。

表 4.1　典型的年照明小时数的示例

轮班的类型	使用时间		当日光充足时关闭照明（与日光有关）	灯燃点的小时数
	使用天数	h/天		
连续工作/控制	365	24	未关闭	8 760
	365	24	关闭(1)	7 300
两班制 6天/周	310	16	未关闭	4 960
	310	16	关闭(1)	3 720
单班制 6天/周	310	10	未关闭	3 100
	310	10	关闭(1)	1 760
单班制 5天/周	258	10	未关闭	2 580
	258	10	关闭(1)	1 550

注1：假定工作年份的一半时间白天的日光充足。

注2：日光透过空间的透射的光是变化着的。需对开关或调光控制进行相应的安排。

注3：靠近窗户附近的地方，灯光关闭的时间要比房间内部长一些。

4.2　灯具的清洁

当衰减的光输出费用等于清洁的费用时，就达到了灯具最佳清洁间隔 T。

由下列公式可算出最佳清洁间隔 T：

$$T = \frac{-C_c}{C_a} + \sqrt{\frac{2C_c}{\Delta C_a}}\ \text{年} \qquad \cdots\cdots(4.4)$$

式中：

T——最佳清洁间隔；

C_c——清洁灯具一次的费用；

C_a——不进行清洁而拥有和使用灯具的年费用；

Δ——灯具上污染物减光的年平均速率。其数值见表 4.2。

注 1：C_c——清洁费用包括清洁剂、专用工具、脚手架或其他设备和劳动力的费用。劳动力的费用还受到清洁时间安排的影响，即：是在正常的工作时段内进行清洁，还是在非工作时段内进行清洁。

注 2：C_a——运行费用包括摊销的装置费用（每年核销的成本比例）、年能耗费用（用 kWh×单位能耗费用可以推导出）、重新更换灯的费用（包括每年灯的费用和更换所需的劳动力）。

表 4.2 灯具上污染物减光的典型速率，第一年（Δ）

灯具（见表 2.2）	A	B	C	D	E	F
环境 干净	0.07	0.10	0.11	0.12	0.06	0.14
正常	0.11	0.17	0.19	0.18	0.10	0.19
脏	0.17	0.17	0.28	0.23	0.14	0.26

上述过程就灯具的清洁给出了“等间隔”法。基于变化的间隔的称作“等维持”照度法的另一种方法已被开发出来。由于产生的维护系数比用间隔法所获得的维护系数要稍高一些，当照明装置的原始费用和运行费用也较高时，这一点是特别有利的。这一方法的细节可以在 1987 年的国际照明委员会 21 届会刊第一卷 214 页上找到。图 4.1 给出了平均间隔法（图 2.1）与平均保持照度法之间维护系数曲线的比较。

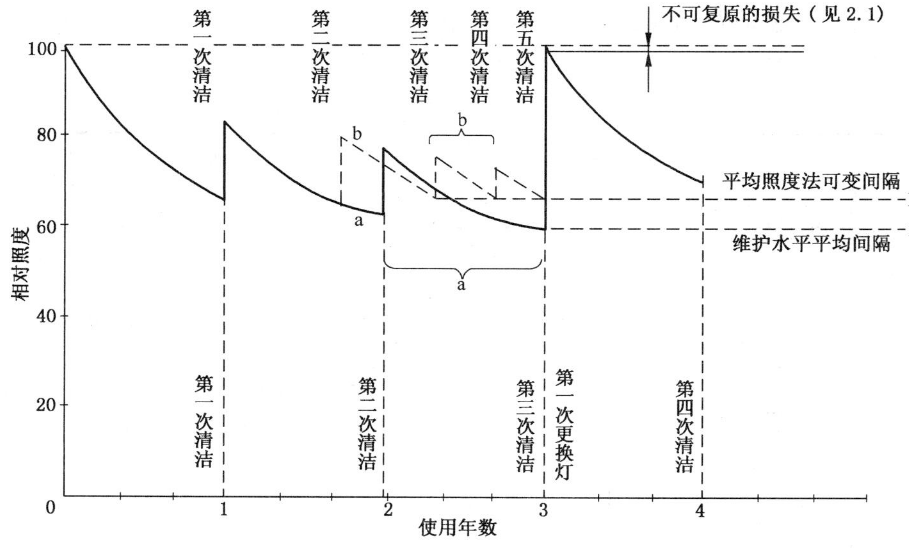

图 4.1 基于等间隔法（a）和等照度间隔法（b）的灯具维持曲线的比较

4.3 设备和装置

在某些情况下，将失效的光源留在线路之中可能会引起其他部件受损。必须判断是否存在对装置安全运行的潜在危害来决定这些部件的更换。因为照明技术的进步日新月异，有许多例子都说明，旧的装置尽管能够安全运行，但使用新型的光源或照明系统甚至更换整套装置仍然是有益的。在某些情况下，可以依据潜在的能耗和维修费用的节省情况来评估投资收益。另一种好处是可以改善视觉环境。

5 维护系数

维持系数的定义是：经过一段使用时间后照明系统所产生的照度与新系统所产生的照度之比。

维护系数

$$MF = \frac{E_m}{E_{in}} \quad \cdots\cdots (5.1)$$

式中：

E_m——维持照度；

E_{in}——初始照度。

通过在不同时间段上维护系数的计算，并考虑到建议的维护时间表，就有可能预测到一段时间后装置的照度模型。

维护系数是一些系数的乘积。

$$维护系数\ MF——LLMF \times LSF \times LMF \times RSMF \quad \cdots\cdots(5.2)$$

式中：

$LLMF$——光源的光通维持率系数；

LSF——光源的使用寿命系数(仅用于成组更换方案)；

LMF——灯具维护系数；

$RSMF$——房间表面的维护系数。

5.1 维护系数的确定

随着光源、灯具、环境、室内状况和时间的不同，每一个系数的大小也有所不同。

为作出准确的评估，应使用制造商所提供的数据。然而，一些典型的数据在表 3.1～表 3.3 中给出。

可以一步一步地通过下列方法来确定维护系数：

第一步：选择室内照明用的灯和灯具(见表 2.2)；

第二步：确定灯成组更换的间隔(见表 4.1)；

第三步：用步骤二所确定的时段，由表 3.1 可获得 $LLMF$ 和 LSF。如果采用单个更换灯的方法，那么 LSF 则为 1；

第四步：评估室内清洁度的等级(见表 2.1)；

第五步：确定灯具和室内表面的清洁间隔；

第六步：用步骤五所确定的时段，由表 3.2 求得 LMF；

第七步：用步骤五所确定的时段，由表 3.3 求得 $RSMF$；

第八步：计算 MF，$MF=LLMF \times LSF \times LMF \times RSMF$，计算出的维护系数应舍入至两位有效位数；

第九步：建议调整各部件并重复步骤一～步骤八，这样在原始设计阶段就对维护方案的选择范围进行考虑。

5.2 维护系数(*MF*)的应用

在照明设计的计算中，必须包括恰当的维护系数，以便于为照明的衰减作好准备。维护系数的大小会对产生规定照度所需的灯具数量带来显著的影响。大的维护系数是有益的，通过对设备的精心选择和对照明装置更经常的清洁就能取得大的维护系数。典型的数值见表 5.1。

维护系数可用于灯具光通量法的计算，以此来评估在使用期的某一特定阶段上照明装置的平均照度。用下列公式可求出其结果：

$$E_m = \frac{\Phi_{in} \cdot n \cdot N \cdot UF \cdot MF}{A} \quad \cdots\cdots(5.3)$$

式中：

E_m——维持的照度，单位为勒克斯(lx)；

Φ_{in}——光源的原始光通量，单位为流明(lm)；

n——每个灯具的灯数；

N——灯具数；

A——需照明的面积，单位为平方米(m^2)；

UF——室内灯具的使用系数；

MF——维护系数。

注：本公式未考虑由不可复原的损失而引起的光衰减。

维护系数应适用于照明方案计算用的所有公式，例如：亮度模型和逐点绘制的照度曲线图。

应当注意是，这里所讨论的维护系数和图 2.1 和图 4.1 所示的照明变化率来源于固定的能源系统。现在越来越多地使用可控制的电子镇流器，它使得照明系统能提供连续的照度。在这样的情况下，有时会向光源增加能量来对照明的衰减进行补偿，由此来增加光的强度。有关这些最近才引进的可控制装置的维护经验还在收集之中，尚不能提供准确的建议。建议当 50％ 的灯是满负荷运行时，就应进行维护。

表 5.1　典型的维护系数（基于下列假设条件）

灯	GLS			TFL（三基色）			TFL（卤粉）			HPML			MHL			HPSL		
环境 灯具类型 （见表 2.2）	C	N	D	C	N	D	C	N	D	C	N	D	C	N	D	C	N	D
A	0.74	0.68	0.60	0.69	0.63	0.56	0.62	0.56	0.50	0.59	0.54	0.48	0.58	0.53	0.47	0.69	0.63	0.56
B	0.80	0.76	0.73	0.74	0.70	0.67	0.67	0.63	0.60	0.64	0.60	0.58	0.62	0.59	0.56	0.74	0.70	0.67
C	0.79	0.72	0.63	0.74	0.66	0.58	0.66	0.59	0.52	0.63	0.57	0.50	0.62	0.55	0.48	0.74	0.66	0.58
D	0.79	0.72	0.67	0.73	0.67	0.62	0.65	0.60	0.56	0.62	0.58	0.54	0.61	0.56	0.52	0.73	0.67	0.62
E	0.84	0.80	0.75	0.77	0.74	0.70	0.69	0.66	0.62	0.67	0.63	0.60	0.65	0.62	0.58	0.77	0.74	0.70
F	0.62	0.54	0.44	0.58	0.50	0.41	0.52	0.45	0.36	0.50	0.43	0.35	0.48	0.42	0.34	0.58	0.50	0.41

注：更换灯的间隔：

高压钠灯（HPSL）　＝ 15 000 h；

高压汞灯（HPML）　＝ 9 000 h；

金卤灯（MHL）　＝ 6 000 h；

管形荧光灯（TFL）　＝ 9 000 h；

白炽灯（GLS）　＝ 1 000 h；

灯/灯具的清洁间隔　＝ 1 年；

房间表面的清洁间隔　＝ 3 年；

失效的灯单只更换；

房间指数（*K*）　＝ 2.5（中等）。

5.3　维护的设计

在照明装置的设计中，经常是选择那些能使得维护能保持在最低水平的部件、系统和粗糙度。

——选择那些将灯放置在防尘罩中的灯具，防尘罩带有密封垫，使得灯具能在不吸入灰尘的情况下正常运行。

——采用自清洁敞开式的灯具，这时由灯所产生的热对流朝着反光面流动，以防止灰尘的沉淀。

——使用空气处理式灯具，这时强制的通风有助于清除灰尘和污染物。

——仅推荐使用那些适合于通用环境条件下使用的光学系统，例如：塑料通风孔就不适合用于有灰尘的地方。

——在一个系统中应降低变量的数量。

——使用较少部件的灯具，当需要进行维护时，更容易进行非现场维护的处理或拆卸。

——推荐使用那些能长时间保持清洁和容易清洗的表面粗糙度。

设计者能够提升维护性能，并以此提高维护效率的其他方法还有：

——使维护更方便。应考虑维护中如何接近照明设备和所需要工具的类型，确保备用灯、光学部件、甚至是灯具的获取。尽早与维修工进行联系对确保理解各种要求和程序来说也是很有益的。

——制定一套综合性的带有说明的维护方案。

——组织制定有效的信息反馈系统，对错误、故障和遇到的困难进行反馈，使用这些反馈来防止在今后的项目中重演这些错误。

6 照明系统的维护

在一些国家按照对环境和身体的要求规定，是不允许启动某些程序和使用某些清洁剂的。建议经常向有关部门咨询。应避免对带电照明设备进行维修。

6.1 照明设备的接近

对接近灯具作出规定是很重要的，以便于光源的更换和清洁。有助于维护的设备在附录C中进行讨论。

维修工需要决定如何到达灯具的位置，即：需要什么样的设备，工作台、梯子、搭桥等；有哪些家具要移动或要进行保护，如桌子、机器和陈列柜等。重要的是要确保接近设备的设置应使得维修工能够舒服、安全地对灯具进行工作。维修工的手臂不应全部展开，所有的平台应有防止滑落的适合支撑，并具有放置零部件和灯用的临时空间。

6.2 灯具的清洁

当清洁所有的表面时应高度小心。一些材料的表面很容易被磨损，如：抛光（未阳极氧化）的铝材，特别是一些塑料和聚丙烯材料。

在进行维护工作之前，维修工应采用某一方法在一小的试验区内进行实验。

因为塑料由老化而变得易脆，所以应要求维修工必须小心处置塑料件。由于环境或光源的不同，一些塑料件在某些条件下发黄得厉害，当出现这样的情况时，不会有很好的清洁发黄的办法，推荐采用更换的办法。

铝反光板应用温热的肥皂液进行清洁，并彻底地进行冲洗，然后风干。乳白色的塑料和棱形玻璃应用湿布（非离子化的洗涤剂和水）进行清洗，并进行非静电抛光或喷射处理，然后进行干燥。珐琅瓷、烤瓷和玻璃光学部件应用沾有少量洗涤剂的湿布进行清洗。

要想获得最佳的效果，通风窗（矩形和方形网格）的光学部件应卸下来进行清洗，清洗时应浸入在温水中。

镜面抛光的（特别是塑料）通风窗是很难清洗的。随着使用年数的增加，其外观逐渐变差。因此，应使用在空气非常干净的地方，如新建的办公楼、银行等。

6.3 清洗剂

清洗剂材料和方法的选择应由要清洁的污染物类型和要清洁的材料类型来决定。对于塑料材料推荐使用抗静电的最终处理方法。

一般清洗——第一选择的和最常用的清洁剂是化学干洗剂（添加剂有不同的浓度水平）。使用清洁后不需要漂洗的化合物是很有好处的。

对高浓度油脂的强力清洁（例如车库、多油的工厂等）——第二类清洁剂是一种强力液体清洁剂，它含有洗涤剂、溶剂和研磨剂，对于去除油性污染物是很有用的。应对该清洁剂进行试验，以确保不会损坏材料或者在其上留有沉淀物。

特别油腻的工厂环境——对于一些重油环境的应用，使用高压蒸汽清洁剂是可行的，只要维护方案设计时带有这样的清洁技术。

6.4 灯的更换

在撤换灯时维修工应能获得操作说明，不至于损坏灯的插口或灯具的部件。

在清洁之后新灯还未装入到灯具之时，应仔细检查旧灯，所有表现出老化迹象的灯应使用设计者规定的灯进行更换。更换时必须小心，不要对灯具造成任何损坏。

在对灯具进行了清洁和干燥后，才能更换新灯。一般来说更换的灯只能是设计方案所推荐的类型。然而，应考虑到改进的灯的潜在使用，但其与灯具和应用的适应性必须与制造商和设计者的要求相一致。

附　录　A
（资料性附录）
维护系数估算的示例

位置——位于某一大城市郊区的组装电视机的工厂；

规模——开阔的场地，正常的环境；

照明系统——槽式顶部白色金属反光板，使用的是三基色荧光灯。

运行条件：

照明时间——每年 4 000 h，失效灯单只更换；

维护方案——每两年清洁和更换灯一次。

由：

表 3.1　　$LLMF=0.86$，8 000 h 的更换间隔；

　　　　　$LSF=1.00$（采用单个更换）；

表 3.2　　$LMF=0.80$，对类型 B 的灯具每两年进行一次清洗；

表 3.3　　$RSMF=0.95$，每两年清洁一次表面——对于这一类型的装置，每 4 年清洁一次表面也是可接受的，其数值可通过归纳法获得。

所以：$MF=0.86\times1.00\times0.80\times0.95=0.654=0.65$

如果清洗是每年进行一次，那么 $LMF=0.86$，所以 $MF=0.86\times1.00\times0.86\times0.95=0.702=0.70$。这能使装置提高 7%以上的效率。这样，照明装置的尺寸和能耗的节约会在 7%以上，同时又能保持设计的照度。

注 1：为得到规定的维持照度，可考虑各种各样的维护方案，恰当的系数可从数据库中获取。所有系数最初都与维护状况有关。

注 2：灯的更换和清洗同时进行是通行的做法，但如果是脏的区域或者更换间隔很长，在灯更换之间清洁灯和灯具是有益的。

注 3：照明维护系数和房间表面维护系数与灯的燃点时间无关。

附　录　B
（资料性附录）
清洁间隔估算的示例

照明系统	1 200 mm×300 mm 高频低亮度凹形双管反光槽，管形荧光灯额定规格 1 200 mm 36 W（灯在高频下运行）。
灯具的安装	
费用	100
灯具使用寿命	10 年
灯的费用	10，每个灯具
清洗费用	3，每个灯具
换灯费用	0.5，每个灯具
灯具能耗	72 W（线路）
每年的照明小时数	3 000
换灯周期	3 年
单位能耗费用	0.05（如果可行，应包括最大需求费用部分）
正常环境下 B 类灯具	
的污染物减光系数（表 4.2）	0.14

注：所有的费用都是相对的。采纳基于实地环境的真实费用是重要的。

清洁一次灯具的费用　　　　$=C_c=3$

拥有和运行照明装置每年的费用$=C_a$

这包括每年的能耗、每年的装置分期摊销费用（包括利息）和每年的换灯总费用。

$$年能耗费用=\frac{72\times 3\,000\times 0.05}{1\,000}=10.8$$

$$年照明装置费用=\frac{100}{10}=10$$

$$年换灯费用=\frac{10+0.5}{3}=3.5$$

因此，$C_a=10+3.5+10.8=24.3$

最佳的清洁间隔时间 T 可由下列公式给出：

$$T=\frac{-C_c}{C_a}+\sqrt{\frac{2C_c}{\Delta\, C_a}}\ 年$$

$$T=\frac{-3}{24.3}+\frac{2\times 3}{24.3\times 0.14}=-0.123+1.328=1.2\ 年$$

这些灯具的清洁间隔应不小于 14 个月，实际应用中是每年进行一次，三年后对灯进行一次更换。

附 录 C
（资料性附录）
清 洁 设 备

通过选择最适合每一照明系统要求的维护设备，可极大地降低照明系统维护所用的时间、劳动力和开支。可采用许多不同类型的维护装置来促使清洁工作的完成。设备的选择取决于下列几个因素，如：安装高度、面积的大小、门的大小、通往该区域有无电梯和楼梯、照明单元的可接近的方便性以及该区域中有无障碍物。可使用的维护设备有：

梯子——由于梯子重量轻、费用低和简便等特点使得梯子成为简单维护任务所采用的理想工具，所以梯子经常用于照明维护。然而，在有些情况下，其安全性和移动性又限制其使用性能。

脚手架——便携式脚手架与梯子相比一般来说更安全和更具有机动性。脚手架的使用将能携带更多的维护设备，有一个坚固的工作平台适合维护操作。总之，脚手架应轻便、坚固、可调整、机动性好而且易于装卸。可使用脚手架的类型由特殊的要求来决定，例如：在高低不平表面上的安装，或者障碍物的清理（桌子或机器等）。

可伸缩的脚手架——可伸缩的脚手架为接近各种安装高度上的照明设备提供了一种快捷方式。这种设备有各种规格，其上的平台可用手工或电动的方法进行升高和降低。

升降车或升降机——或许最快捷和最有效的维护装置是升降车或者升降机。尽管可使用的类型多种多样，但运行方式却基本相同。平台可自动地进行升高或降低，对于有些型号，升降车可在平台上进行驱动。尽管这些设备的原始投资较高，但可节省大量的维修费用。应检查该设备是否能够进入维修场地。

分离式悬挂器（升降装置）——分离式悬挂器能将照明部件降低到一方便的工作面上，使得操作员能用最少的设备对其进行维护。当照明部件被提升就位时，悬挂器固定照明部件的位置，并自动地进行适当的电路连接。这类装置的另一个安全特点是当灯具被降低时，电路会断开。然而，绞车、滑轮和线路的安装和维护是其主要的工作项目。

灯的更换器——通过使用灯的更换器可简化灯的单个更换。可使用灯的更换器通过用机械或气压的方法（如真空的形式）夹持住灯，来拆卸和更换灯。

脚手台、起重机、吊笼等——照明维护是完整照明系统的组成部分。维护可用多种方法来完成。灯具的维修可站在脚手台、起重机或维修笼上来进行。可沿每一排照明部件安装脚手台和维修笼，这样就可以安全、快速和有效地进行维护工作。

真空吸尘器和吹风机——有时会用吹风机或真空吸尘器来去除照明部件上的灰尘。尽管用这种方法可去除一部分灰尘，但有时仍需要对照明部件进行清洗。周期性地使用真空吸尘器或吹风机可延长清洁间隔时间。

清洗槽——拥有为照明维护而特别设计的清洗槽是一件很理想的事情。水槽应分清洗和冲洗两部分，其规格应恰好适合要清洗的灯具部件的大小。在清洁槽的每一部分中装上加热装置是更好的。对另一照明部件进行清洗时，将清洗和冲洗过的通风窗或反光板放置在托架上进行风干。特殊的清洗槽可用于荧光灯的灯具部件，以及伸缩型的顶板。

注：在对塑料灯具或光学部件进行清洗后，应对其进行抗静电处理，防止静电的聚集。

超声波清洗——本方法是通过使用高频声波来清除金属、塑料、玻璃等上的外来物质。基本的设备应包括一个发生器、一个转换器和一合适的容器。发生器能产生高频电能，然后装有转换器的容器又将这一电能转换成能穿过清洁溶液的高频声波。这些声波会造成空穴效应，即：形成的气泡越来越大，然后剧烈的爆裂——由此形成擦洗的作用。这就能有效地清除掉浸泡在溶液中物体上的污染物。

附　录　D
（资料性附录）
术　　语

D.1

清洁剂　cleaning agent

用来帮助去除污染物的材料。

D.2

成组更换(灯)　group replacement

照明装置在某一选定的时间对灯进行大量的更换。

D.3

初始照度　initial illuminance

当照明装置是新的，并且房间表面干净时，基于初始光通量的参照表面上的平均照度。

D.4

初始光通量　initial luninous flux

经过一初始老炼时间后在参照条件下测得的光通量(流明)。

D.5

IP 等级　IP code

外壳的国际保护等级，用以防止灰尘和湿气的进入。

D.6

灯的光通维持率系数　lamp lumen maintenance factor

使用期中的某一给定时间上灯的光通量与初始光通量之比。一般来说，对于灯的初始光通量，白炽灯为 1 h 时，放电灯为 100 h 时。

D.7

灯的使用寿命系数　lamp survival factor

规定条件和规定的开关频率下给定时间上连续工作的灯总数的比值。

D.8

灯具的维护系数　luminaire maintenance factor

给定时间上灯具效率与初始效率值之比。

D.9

维持照度　maintained illuminance

参照表面上的平均照度，不允许照明装置衰减至平均照度以下。在这一照度上必须进行维护处理。

对于普通照明装置，将参照表面看作是工作面上的全部区域，但沿房间周长和沿室内主要障碍物 0.5 m 的条状地带除外。对于局部的和局域化照明装置，参照表面就是定义的任务区，如桌子或工作台。

D.10

维护周期　maintenance cycle

重新更换灯的间隔和/或清洁间隔的循环。

D.11

维护系数　maintenance factor

维持照度与初始照度之比。

D. 12

灯的额定平均寿命　rate average lamp life

在参照条件下灯的使用寿命系数下降至50%的时间。

D. 13

房间表面维护系数　room surface maintenance factor

在给定的时间上，房间表面反光值与初始反光值之比。

D. 14

单个更换（灯）　spot replacement（lamps）

对发生故障的单个灯进行更换。

参 考 文 献

[1] CIE No.29/2(室内照明导则),CIE中央局(1986)—奥地利维也纳

[2] IES照明手册 HB-SET-87-1987
北美照明工程学会-USA

[3] Aanbevelingen voor binnenverlichting,1981 Nederlandse
Stichting voor Verlichtingskunde,N

[4] 技术规范 JIEC-001-1980
日本照明工程学会

[5] Clark F
准确的维护系数——照明工程学第58卷124页,1963年3月
准确的维护系数第二部分——照明工程学第56卷37页,1966年1月
设计中的光损系数——照明工程学第63卷575页,1968年11月

[6] Bedocs L和De P N
工业用发光设备安装操作的分析研究——照明研究与技术第13卷No.3,1981

[7] RÜschenschmidt H
工业用照明的维护和安全——CIE大会第三分部会议上的论文,维也纳1987

[8] Aizenberg J B、Belochkovskaya等
照明装置材料的耐磨性和涂敷——Svetotekhnika No.7第9～10节,1984

[9] Aizenberg J B、Gunchev A V等
照明装置光学部件使用寿命计算的方法——Svetotekhnika No.11第3～6节,1984

[10] Aizenberg J B、Rozhkova N V等
照明装置使用寿命计算的方法——Svetotekhnika No.2第10～13节,1985

[11] Aizenberg J B、Rozhkova I B
照明装置使用寿命的计算方法——CIE,维也纳,第114～115节,1987
结构标准和说明,U-4-79,U部分的第4章——自然(R)和人工照明,莫斯科,1980

ICS 91.160.10
K 70

中华人民共和国国家标准化指导性技术文件

GB/Z 26211—2010/CIE 55—1983

室内工作环境的不舒适眩光

Discomfort glare in the interior working environment

(CIE 55—1983,IDT)

2011-01-14 发布　　2011-06-01 实施

中华人民共和国国家质量监督检验检疫总局
中国国家标准化管理委员会　发布

前　言

本指导性技术文件等同采用 CIE 55—1983《室内工作环境的不舒适眩光》(英文版)。

本指导性技术文件等同翻译 CIE 55—1983。

为了便于使用，本指导性技术文件做了下列编辑性修改：

a) 用小数点“.”代替作为小数点的“,”；

b) 删除 CIE 55—1983 的前言。

本指导性技术文件的附录 A、附录 B、附录 C 和附录 D 是资料性附录。

本指导性技术文件由中国轻工业联合会提出。

本指导性技术文件由全国照明电器标准化技术委员会(SAC/TC 224)归口。

本指导性技术文件起草单位：国家电光源质量监督检验中心(北京)、生辉照明电器(浙江)有限公司、中国质量认证中心、东莞市品元光电科技有限公司、深圳市聚作实业有限公司、北京电光源研究所。

本指导性技术文件主要起草人：华树明、沈锦祥、安丽、郭建坤、黎锦洪、黄鹤鸣、肖灵、江姗、段彦芳。

本指导性技术文件仅供参考。有关对本指导性技术文件的建议和意见，向国务院标准化行政主管部门反映。

引　　言

首先，本指导性技术文件介绍了对室内工作环境中不舒适眩光的技术评估；其次，它为预测照明设备产生的不舒适眩光提出了一个 CIE 数学模型，或者预测系统。本指导性技术文件的第一部分涵盖了对基本原理，眩光控制方法和各国使用的眩光预测系统的介绍；第二部分重点评价了所开展的眩光研究和当前主要的预测系统；最后谈到本指导性技术文件的重点，即 CIE 预测系统，集这些研究之大成。

但本指导性技术文件并未对该课题作最终论断，在 CIE 报告发布之时，针对该课题又有大量研究。本指导性技术文件的作用是为各国改进已建工程以及新建系统提供选择性参考。本指导性技术文件也将帮助照明专业的学生和与照明相关人员（如建筑师、咨询师等）了解何谓不舒适眩光和如何控制不舒适眩光。

室内工作环境的不舒适眩光

A 部分　眩光控制的基本原理、研究与应用

1　眩光控制的基本原理

1.1　眩光的自然特征

根据国际照明词汇表(CIE, 第 17 版, 1970)中 45-25-295 对于眩光的定义:由于光亮度的分布或范围不适当,或对比度太强,引起不舒适感或分辨细节或物体的能力减弱的视觉条件。

两种定义:

a)　不舒适眩光,引起不舒适感觉,而不一定降低物体可见度的眩光(定义在 45-25-315)。

b)　失能眩光,降低物体可见度而不一定引起不适感觉的眩光(定义在 45-25-320)。

虽然这两种眩光是一起产生的,但它们是两种完全不同的现象。引起失能眩光主要是因为进入眼中的光能,而不是光源的照度。相反,光源照度是不舒适眩光的一个主要因素。失能眩光几乎不受时间的影响,而在工厂或办公室内的人暴露在高照度光源下时间长,不舒适眩光也相应的增多。

考虑由灯和内置普通光源的灯具产生的眩光的控制测量方法时,不舒适眩光的控制可能要比失能眩光的控制更加重要。如果充分地控制不舒适眩光,物体就能正常地看到,失能眩光也能够很好地控制在特定程度上。

这个章节提到的眩光,在后文如果不经特殊说明都是指不舒适眩光。

1.2　不舒适眩光的控制因素

普遍认为由单个光源产生的不舒适眩光主要来自于四个主要参数,如图 1 所示。

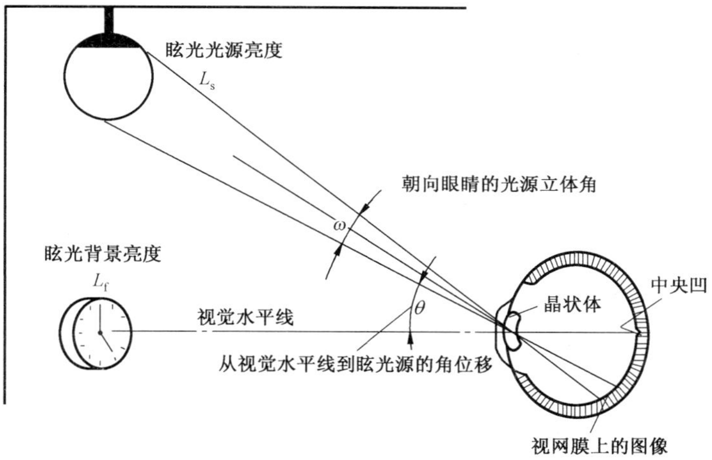

图 1　不舒适眩光的参数

L_s——观察者眼睛方向的光源照度;

ω——朝向观察者眼睛的眩光源立体角;

θ——来自于观察者视线的眩光源角位移;

L_f——观察者眼睛对通常场照度控制的适应水平。

通常认为,不舒适眩光存在时,L_s 必须在 500 cd/m^2～700 cd/m^2 之间。

观察者对不舒适眩光的主观感觉与下面公式中的四个参数相关：

$$G=\frac{L_s^a \cdot \omega^b}{L_f^c \cdot f(\theta)} \qquad \cdots\cdots(1)$$

其中 G 被称为眩光常数，表示语义/数值等级上的主观感觉，a、b 和 c 是相匹配的加权指数，$f(\theta)$ 是位移角度的复合函数，垂直角与方位角分开考虑。

在这个视觉简图中，物体在视网膜中央凹通过晶状体成像，同时在视网膜上的另一个点上也形成了眩光源的像。

下列情况下，产生不舒适眩光最多：

a) 视网膜上的像与中央凹离的近(例如：从视觉水平线到眩光源的角位移 θ 小)；

b) 像大时(例如：朝向眼睛的光源立体角 ω 大时，或者在视野内有大量的光源)；

c) 像上的光通量大于视网膜剩余面上的光通量(例如：当 L_s 大于 L_f 时)。

例如，霍普金森从下面的研究中发现，式(1)的右边(带有霍普金森提出的指数和相应单位表示的量值)有下面的数值作为不舒适眩光的主观感觉的评定标准。

不舒适眩光等级	眩光常数
刚不能忍受	600
刚不舒适	150
刚可接受	35
刚可察觉	8

从上表中可见，语义上的眩光等级转换为数字等级。在这种情况下，语义等级每增一级，其所对应的数字等级都提高大约原等级值的 4 倍。

使用一个完整装置时，G 代表在屋子一端的观察者沿着与屋子水平方向观察到的所有光源的集中效果，如图 2 所示。

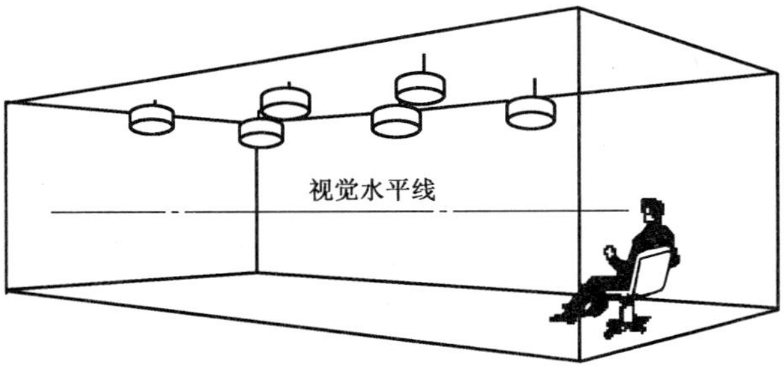

图 2 通常的假定观察点

这里引入一个额外的问题，这个问题在过去是一个麻烦的问题：Einhorn 显示如果公式中的指数调节与 ω 的指数相一致，则这个问题将被简化(参见 B 部分)。

在过去，作了大量的研究为式(1)中的指数建立适当的值，但由于研究方法不同，很难直接对比研究结果。例如，Holladay 专门研究当观察者适应一定的照度值后，突然将眩光源的照度值提高，研究对观察者的影响。Guth 使用一个短暂曝光法，推导出一个更复杂的公式。另一方面，霍普金森基于持续曝光在眩光源条件下的研究，允许观察者有更多的时间去适应这种环境。

Holladay 应用高照度(L_s)和小面积光源(ω)进行试验，其研究结果可用下列公式描述：

$$眩光常数=\frac{L_s^{1.3}\cdot\omega^{1.0}}{L_f^{1.0}}$$

霍普金森应用一个低照度光源(L_s)和大面积光源(ω)进行研究,其结果公式如下:

$$眩光常数=\frac{L_s^{1.6}\cdot\omega^{0.8}}{L_f^{1.0}}$$

霍普金森提出两个研究的试验结果表明对于 ω 较大的值,L_s 的指数较高;对于 L_s 较低的值,ω 的指数值较低。

在光源照度(L_s)和面积(ω)可比较条件下,霍普金森考虑将其中一个可调节眩光常数的公式应用于一个研究结果。然而霍普金森的较早研究没有得到和 Holladay 公式中同样的指数值,后来的研究中得到了一致的结果。

考虑到目前眩光调节得知的现状和对于公式的试验方法,Einhorns 提出光源照度(L_s)指数应该等于 2,光源面积(ω)的指数等于 1 较为合理。

1.3 眩光控制方法

裸灯的照度超过一定的限值时,照度将被三种类型装置控制,分别是半透明漫射器、分光面板和遮光体或天窗。不考虑例如使用半透明材料优于不透明材料制成天窗的特殊情况,可以方便地将采用这三种类型装置的灯具的亮度分布分为常量分布、变量分布和截光分布。

1.3.1 常量分布

透过漫射塑料或玻璃板的光源和外罩通常有一个适当照度,该照度不超过 15 kcd · m^{-2},且在临界角范围内,照度(L_s)通常保持适当的常量。关于光源的光分布和角度分布范围为 $0°\leqslant\theta\leqslant45°$,$45°\leqslant\gamma\leqslant90°$。因此,经重新整理式(1),能用式(2)确定适当的照度限定值 L_s。

$$L_s=\sqrt[a]{\frac{G\cdot L_f^c\cdot f(\theta)}{\omega^b}} \quad\cdots\cdots(2)$$

式(1)或式(2)直接表达很枯燥,因此将数据转换为预算的表格形式,由 Harrison 和 Meaker 公式可知,这种类型的表格首次应用在 1957 版的澳大利亚标准《建筑的模拟光源代码》中。使用这种表格,除了房间尺寸和光源方向外,用户不再需要计算单个光源的参数。

1.3.2 变量分布

透过慢射塑料或玻璃板的光源和外罩,在临界角范围内有一个变化的照度,见 1.3.1。

类型好的设计装置会逐渐减少照度(L_s),使在水平 90°附近的照度低于在 $\gamma=45°$ 的照度。该装置被广泛使用在安装在天花板内的嵌入式灯具和较大的房间内。在截光灯具的情况下,眩光的影响区域由灯具光分布形状决定的,而不是实际的房间尺寸。这个理念包含在由 Harrison 和 Meaker 第一次提出的系统中,他们的表格是根据多个光源的集中效果和房间末端的安装位置来计算的,如图 2 所示。

由于这些灯具在较大 γ 角上也能够有效的限制照度,所以带有塑料底板和折射镜侧板的光源装置表面也存在变量分布。

1.3.3 截光分布

这里谈及由遮挡板控制的光分布。无论 θ 变得比预期屏蔽角 S 小多少,灯仍然是完全被遮蔽。屏蔽角 S 由灯具的机械结构控制。原理在图 3 中说明。这个方法源于两点假设:

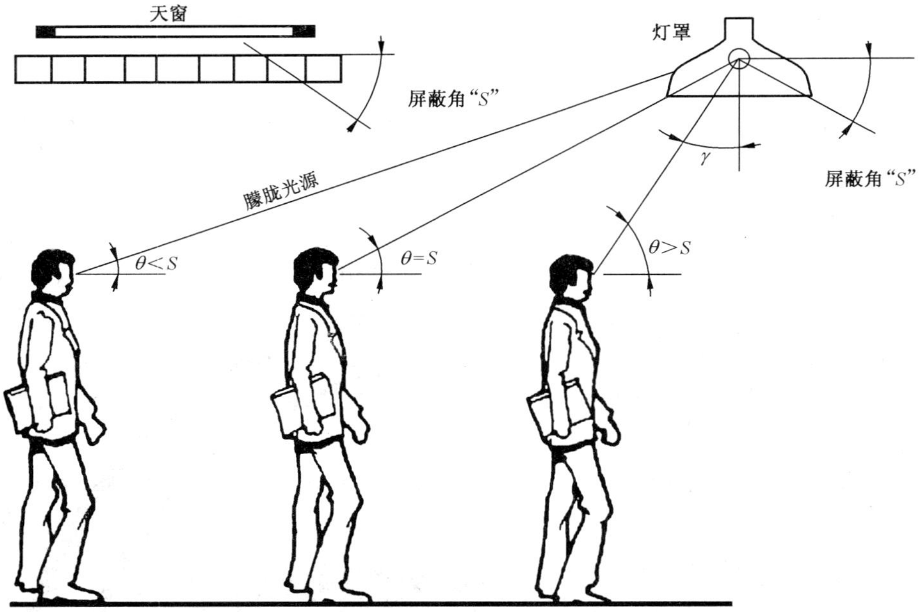

图 3　截光(屏蔽角)原理,θ<S 时,遮挡光源

a)　工人的正常视线不在水平线之上;

b)　极大功率的灯不能安装的太低,太接近工人的头。

这个方法有很大的实际意义。屏蔽角是容易定义和测量的简单概念,如图 4 所示。然而,一旦遮光发生,光源可见部分的亮度通常很低(当用普通的管型荧光灯时,亮度大约 1 kcd · m^{-2})。因此眩光的度数实际上是独立于房间大小的。此外,使用适当的形状,特别完美的格栅,遮光后的亮度能被极大地降低,同时极限值也低(见 1.2)。

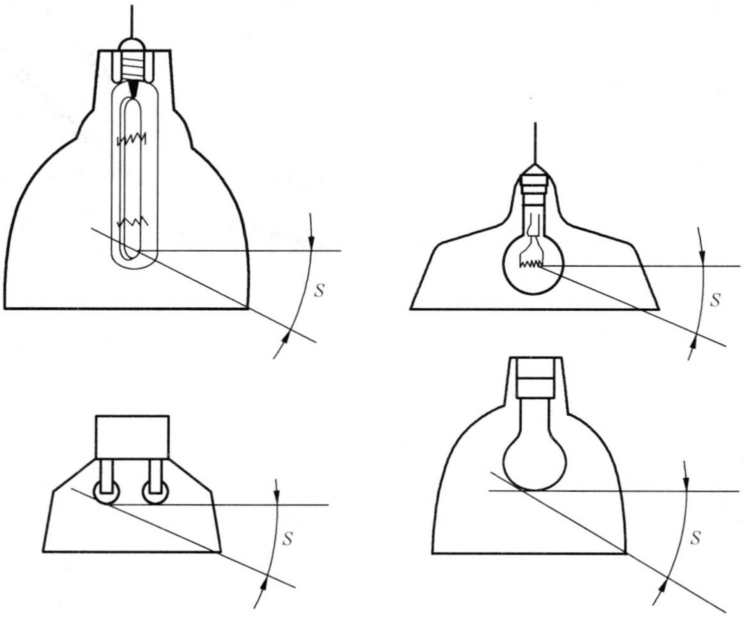

图 4　屏蔽角 S 的测量

1.4 眩光控制系统

当计划安装一个光源时，有各种方法确保 G 不超过恰当的值。一种是用眩光公式或基于公式的表格来计算眩光指数（通常为 10 log$G$）。另一种方法是为特殊 γ 角（或 γ 角的范围）的光源照度 L_s 规定适当的值，也可以根据经验规定一个起决定作用的屏蔽角，结合最小安装高度和最大光输出的控制规定。

在特殊情况下，每种方法都有其自己的优势。参数的影响在图 5 中说明，系统的每种类型的优点如图 6 所示。

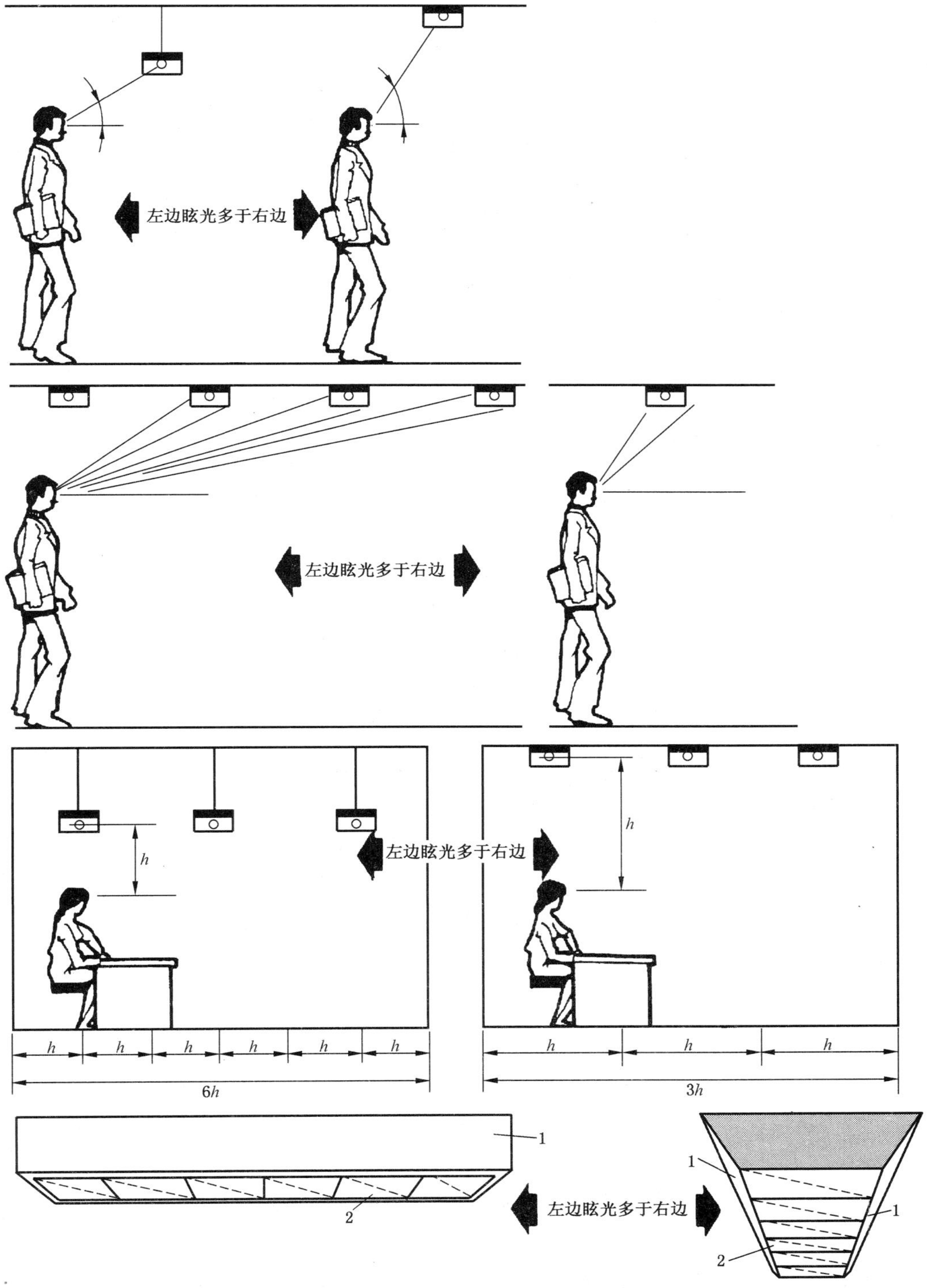

图 5 不舒适眩光的一些影响参数

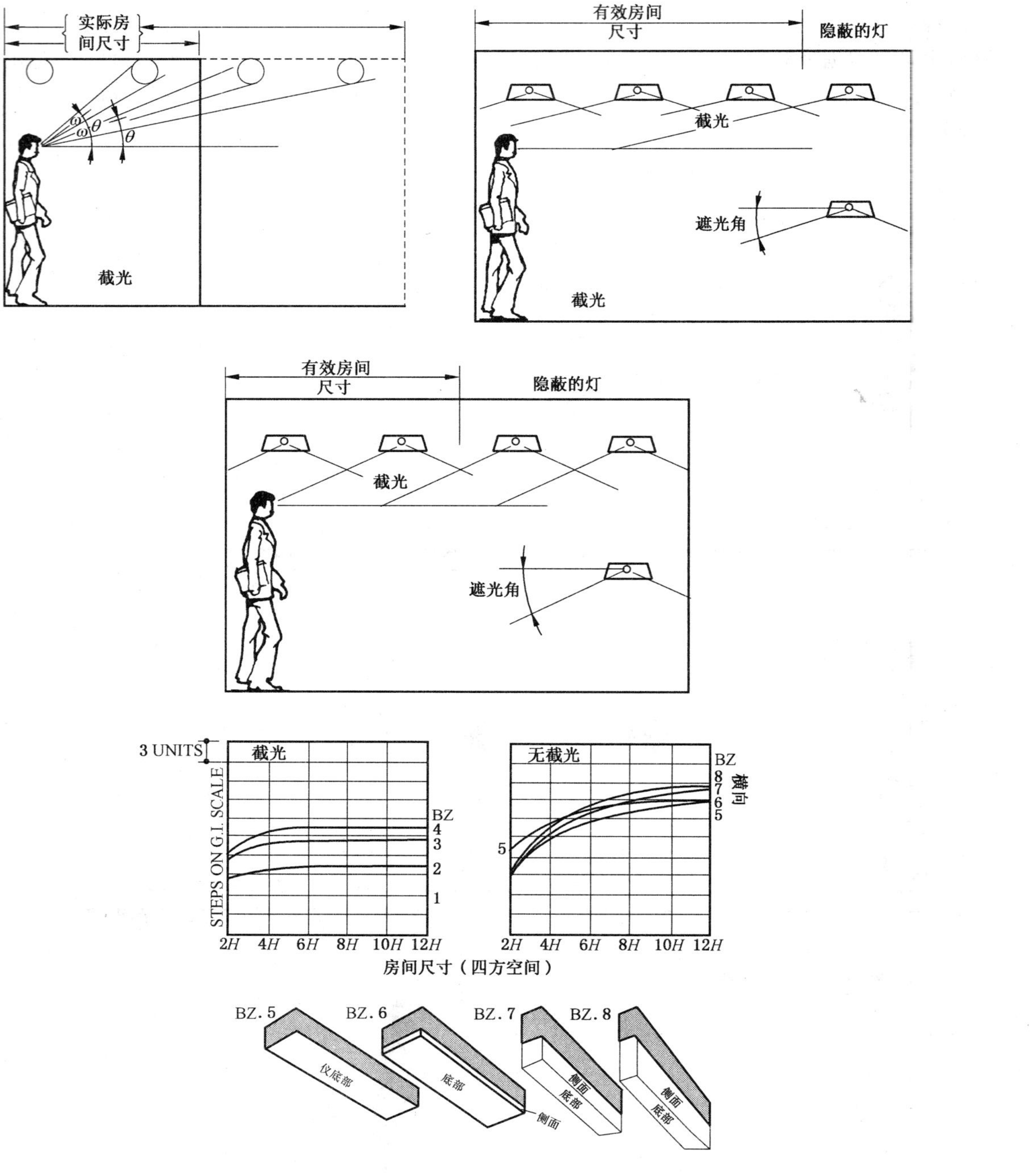

图 6　遮光和非遮光光源的眩光控制

通过降低安装高度和/或增加非遮光可视光源的数量可以增加眩光(例如:加长房间长度)。这两种影响可同时产生,通过在视觉水平用安装高度 h 的倍数表示房间尺寸。

交叉观察时亮面光源产生的眩光比从一端观察产生的眩光多,因为后一种情况下,侧板 1 的表观面积 ω 将大大地变小。另一方面,水平底板 2 的表观面积保持不变。因此,没有光亮的侧面产生的单元眩光几乎不受方位影响。

在非遮光情况下,房间的尺寸是很重要的,因为房间的尺寸影响 θ 和 ω 总值。

对于遮光情况,房间的实际尺寸不是很重要。相反,眩光依赖于房间的有效尺寸,而房间的有效尺寸是由光源的屏蔽角决定的。

屏蔽角增大会使房间的有效尺寸和眩光度减小。

下面英国眩光指数表很好地解释了这一点。这些表显示了光源在 BZ 1-4(遮光)范围和 BZ 5-8(非遮光)范围内，交叉观察，房间尺寸和相应眩光指数的关系。

假设房间是正方形(70/50/14 Q_c Q_w Q_f)，眩光指数是初始眩光指数加上流量分数比的适当允差。后者的比率是基于下面草图显示的 BZ 6～BZ 8 理想版本，并且分别假定比率是 0.33，0.5 和 0.66。BZ 1-5 单元的比率是零。

对非遮光单元，这些曲线图的趋势支持照度限值系统的使用。但是在遮光情况下，屏蔽角提供了一个更好的方法。

1.4.1 眩光指数系统

通过恰当的眩光公式计算得到眩光指数是最灵活的方法，因为这个方法能够非常符合给定装置的主要状况。同样，在某些装置中，公式能够显示需要调整哪些参数来控制炫光。随着计算设备实用性的增加(包括相对便宜的小型计算器)，使得基本眩光公式的直接应用比过去更加容易。然而，对于眩光指数系统仍旧有个范围。在该眩光指数系统中基本眩光公式的计算已转换成表格或图表。这个范围自然需要将问题简化和约束，但是它本身更容易在照明代码、设计手册和类似的事物中使用。

1.4.2 照度限制系统

该系统在带有近乎不变的光分布的灯具的条件下特别地使用。如式(2)所示，计算 L_s 值，L_s 将限制眩光以得到理想的 G 值，然后 G 值根据如房间尺寸、安装高度等参数来列表。如果愿意，这些照度限值可通过适当的因数来调节以改变 G 值。对于特殊类型的灯具，照度限值系统与眩光指数方法一样灵活和精确。在 γ 角的一个范围内限定照度，必须规定非恒定光分布的灯具，以便限制眩光获得理想的 G 值。

通过灯具光分布与规定限值光分布的比较，系统成为有效的可接受性规范。

任意一种情况下，照度限制系统对于制造商和装置的设计者都有实际利益。制造商通过简单的分布光度计能够出版一个便利的目录来说明每一个灯具其指定 γ 角或其他角度的精确照度值。设计者能够选择适合特殊装置参数的灯具。因此，设计者能够开发对于眩光限制有预先要求的灯具。

1.4.3 屏蔽角系统

对于遮光型灯具，屏蔽角对于限制眩光是最实际最有效的，特别是一体化的大功率放电灯或钨丝灯。常规的眩光公式方法对于后者不是特别适用，因为对于这样的光源，光输出要比照度本身更加重要。

因此，这个规则框架的实施在遵循理论原则的同时，最好由经验丰富的照明工程师小组根据观察资料讨论后的实际细节来决定。这个方法在澳大利亚照明代码的各种版本中成功的使用多年了。

1.5 不舒适眩光的主观评估

式(1)中，除了计算 G 外，与其相关的普通观察者感觉到的不舒适的主观感受也是必须考虑的。这涉及到一组观察者对一系列装置(全面，或典型)的评价。

每个人对不舒适眩光的敏感性是不同的，所以必须有大量的观察者以便提供充分的统计数据。Guths 著名的 VCP 方法中，观察者只需陈述他们认为装置是否可接受，例如舒适和不舒适(BCD)之间的界限之内或是界限之上。评估时，回答肯定的百分数作为装置的视觉舒适率等级。

作为补充，Guth 也提出了观察者不必作绝对判断的眩光评估技术，而是仅用可调整的标准眩光源决定等式，这是一个比较容易的任务。

上面提及的是只需说“是或不是”类型的问题，这些问题是相对比较直接的。从翻译和一些困难的角度说，这些问题是灵活的。这些困难曾阻碍了曾被各种工人使用过的多标准技术的国际应用。另一方面，这些问题需要大量的观察者以便获得可靠的统计结果，例如，Guth 在他的基础性调研中使用 100 人。

显而易见，做实际的评估不是一个简单的问题。事实可见，这个课题正在经受来自 Manabe 领导的日本委员会的详细研究。在这个阶段，国际评估技术的严格推荐将日趋成熟。

2 眩光控制的研究与应用，对恰当公式的要求

2.1 基本公式系统

多年来，许多不同的国家都在进行着大量的研究，努力找出公式中指数的恰当数值，如 1.2 所述。也有许多眩光公式被提出，虽然眩光公式的表达各有不同，但它们的最终结果是普遍相同的。这能够通过对这些公式的简明评估来说明。

下面公式中，M、G 和 S 都表示观察者对同一单一光源的不舒适眩光的主观感觉。例如：

1） Guth（USA）提出的公式形式为：

$$M=\frac{0.5\ L_s Q}{PF^{0.44}} \qquad (3)$$

式中：

$Q=20.4\omega+1.52\omega^{0.2}-0.075$；

L_s——光源亮度值；

F——区域照度值；

P——位置指数；

ω——光源的立体角。

多光源装置的不舒适眩光等级

$$DGR=(\sum M)^{a}$$

式中：

a——多光源的函数。

不舒适眩光等级转换为视觉舒适率，即能够判断照明状况处于舒服和不舒服程度的观察者的百分数。

2） 英国系统是由 Hopkinson 和 Petherbridge 提出的公式发展而来的，后来被 Hcpkinson 归纳为：

$$G=\frac{L_s^{1.6}\omega^{0.8}}{L_B}\cdot\frac{1}{P^{1.6}} \qquad (4)$$

式中：

L_B——背景的亮度值。

对于多光源装置，眩光指数 $GI=10\log\sum G$。

3） 在 Czechoslovakia 中，Netusil 推导了一个关系式为：

$$S=\frac{L_s\omega^{0.4}}{PF_{0.5}} \qquad (5)$$

对于多光源装置，

$$S_t=(\sum S^2)^{0.5} \qquad (6)$$

4） Yepaneshnikov 使用的 USSR 公式为：

$$M=\left(\frac{L_s^2\omega}{P^2F}\right)^{0.5} \qquad (7)$$

将一个公式决定的眩光常量转换为眩光指数是一个复杂的过程，这个过程需要计算机去处理原始数据。一般情况下，通过省略一些不重要的变量，或将灯具限定为某种类型，或对以归纳的灯具类型使用预先计算的列表数据等方式进行简化。

美国的 VCP 和英国的眩光指数系统是这些系统类型的典型例子。

2.2 照度限制系统

像屏蔽角系统一样，亮度限制系统是根据灯具的测量特性建立的，它的应用比眩光指数更容易更直接。它很适合作为简单的可靠性规则去约束通常条件，经常（虽然不必要）用于亮度限制系统。下面是按年代列出的许多独立发展的系统。

1） 在国家标准中首次使用的系统是 1942 年澳大利亚编码中以经验判定亮度限值的先锋系统。1957 年，被更加完善的源于先锋 Harrison 和 Meaker 眩光等级表的系统所替代，该表从固定灯具的眩光等级表修改为固定灯具眩光等级照度限值表。这个方法的主要目的是针对照度的常量分布。在 1976 年被目前的系统所替代。（见 2.3.2）；

2） Bodmann/Söllner 系统（1965）发展成为 Söllner/Fischer 系统（1971）。它采用与照度和质量等级相关的亮度限值曲线的形式，采用与正视图相反的角；

3） 由 Crouch，Chorlton 等人提出的美国 IES 截曲线法（1965 年），在办公室和教室建筑上得到发展。这个方法具有非常明确的设计标准。虽然充分地达到了预期的目的，但是相当有限制性；

4） 其他美国的照度限制方法是由 Goodbar，Fry，Crouch 和 Kaufman 提出的，该方法源于 Guth 公式法，它基于单一的 *VCP* 为 70 的值，限制暗面灯具。

总之，照度限值系统可用于两种方式。

2.2.1 决定照度限制值：在一系列假设条件下，该系统将确保装置眩光数不超过在相应范围内的选取值。该系统类型最好与在整个标准区域内具有合理照度分布常量的灯具一起使用，例如，在 1.3.1 所讨论的类型。通过选择一系列合适间隔的照度限值，在范围内使用一个限值或较低阶段值（或较高阶段值），所选的眩光数几乎能够稳定地变化。

2.2.2 决定照度限值的分布：在一系列假定条件下，该系统将确保眩光数不超过选取值。一旦超过，后者图形将随一系列照度分布变量发生变化。该系统类型最好与在整个 γ 小于 45°的角度范围内照度不断减少的灯具一起工作，例如在 1.3.2 讨论的。澳大利亚和德国系统属于这个系统目录。合并在 CIE 29—1975 中室内照明导中的临时眩光限制系统规则 1 中的建议也属于这一类，这些推荐是基于德国数据。

2.3 识别系统的评估

多年来，世界各地做了大量的研究，使评估不舒服眩光的不同独立系统得以发展，不舒适眩光评估系统已被不同国家的官方采纳作为室内照明的推荐标准。附录 A 是用于 CIE 成员国的国内眩光控制系统的问卷调查表的调查结果。被广泛使用的或有特别影响的调查结果在下节中简要的描述，调查结果根据各国相关部门提供的信息。

2.3.1 美国 VCP 方法

这个方法计算不舒适眩光等级（DGR）和视觉舒适可能性等级。VCP 方法根据接受假定照明系统人群的百分比来提供视觉舒适等级。该系统考虑影响视觉舒适性的所有关键因素，并用于室内照明系统的所有类型。使用标准化程序获得综合性 VCP 表格的等级，这个表格覆盖宽范围的房间尺寸和四个灯具安装高度。这个程序也能用于非标准条件，包括特殊布局图、房间平面反射系数、照度等。这个程序在应用上很广泛、全面。该系统宣称如果 $VCP \geqslant 70$，并且灯具照度不超过某一最大照度值，则直接眩光将不是问题。来源于并兼容全面方法的可选择性的简化程序也已经被开发。该方法限制用对于平底、非照度面灯具，它对一间带有 3 m 安装高度的 18 m×18 m 房间的照度系统提供照度等级。该等级是根据 L 指定的量值，如果$\overline{L}\leqslant 1\ 100\ \mathrm{cd}\cdot\mathrm{m}^{-2}$(SI 单位)，则表示该系统可被接受。

2.3.2 澳大利亚 SAA 代码

澳大利亚标准代码(AS 1680)对于不舒服眩光控制推荐两种主要方法为：

a) 通过遮挡透明材料的光源保持在规定限制内的特殊角度($\gamma=55°,65°,75°,85°$)的可见照度；

b) 通过屏蔽不透明反射镜、LOUVRES 或建筑的永久部分的光源。

选择照度限值所考虑的因素是作业或内部类型，灯具类型，如加长或非加长型，亮侧面或暗侧面型，工作照度和特殊面或所保持垂直观察的允差，照度限值表与准备临时用的 CIE 室内照度导论表面上很相似。但是这个图形主要基于用 Guth 公式进行的计算机计算，但局部检测的德国系统的多种特征显示是有价值的。总系统消除了德国系统中的某些表面异常，为了改变眩光控制角度，通过单一因素增加了限制，这也使总系统变得更加流畅。

部分附加灯具需要屏蔽从水平方向到推荐的适当屏蔽角整个角度范围的光。对于宽范围光源给出最小屏蔽角表格，宽范围光源包括管型荧光灯，带漫射罩灯和高强度气体放电灯。屏蔽角与灯的光输出和安装高度有关。这个表格与 1942 年起用在澳大利亚编码中的表格相似，是它的更新版，规定的屏蔽角的值是经全体照明工程师一致认可的。

2.3.3 英国的 IES 眩光指数系统

直视灯具或窗户而产生的不舒适眩光的测量是由一个公式决定的，这个公式考虑了照度、光源面、灯具或窗户的位置和平均环境照度。对于灯具对称安装在高处的照明装置，IES 系统根据来源于表格数据的指数值来表达不舒适度。对于多种布局，出版了有关特殊内部值的一系列评价和建议。该系统用于英国、比利时、丹麦、挪威、瑞典和南非。

2.3.4 Söllner/Fischer 照度曲线方法

Söllner 根据他和 Bodmanns 共同研究而开发的眩光评价系统是从对三分之一比例的房间模型的光源装置的光分布和几何分布数据的客观评价推导而来的。

改变观察者房间尺寸、灯具的安装方式(末端方式或交叉方式)、灯具类型、灯具光输出和工作照度，呈现了大量的眩光状态。所有不同类型灯具的数据和观察资料建立了照度和眩光角度之间的关系。

然而，Söllner 眩光评价系统对于用在实际照明计算中过于复杂。因此该系统被 Fischer 从眩光评价系统转换为眩光限定方法。

主要变化：

a) 眩光等级(G)的阶段比例转换为质量等级(A 到 E)；

b) 与选择眩光等级相关的照度限值曲线变为照度 200 lx 到 3 000 lx 之间的阶段比例。

包括澳大利亚、法国、德国联邦共和国、意大利、瑞士、荷兰和爱尔兰在内的许多国家，已将这个方法并入他们本国的惯例代码中。Söllner/Fischer 照度曲线方法也是众所周知的欧洲眩光限值方法。该方法规定照度限值分布用曲线表示，来反映不同质量等级照度限值。其中质量等级作为 γ 角在 45°～85°范围内的函数。γ 角如图 3 所示。

2.3.5 南非不舒适眩光指数(SGI)

南非不舒服眩光指数(SGF)中，称为 Einhorn 的因数是由公式计算得出的，这个公式与光源的照度和尺寸、背景照度和位置指数相关。SGI 是由 SGF 计算得出。

对于矩形房间中完全规则排列的灯具，眩光指数可由三个函数的总和获得。第一个是眩光源照度函数。如果照度不是常量，有效照度值就是 $\gamma=85°,75°,65°,55°,45°$方向上的照度的加权和。第二个是房间尺寸和向下光分布的函数。第三个是对于房间表面反射的不同结合的灯具流明分数比函数。对于不规则布局，使用位置系数表常做必要的矫正。

2.3.6 **USSR 眩光限制方法**

目前，对于人造光源(SNIP 1971)的 USSR 编码从光源装置角度使用两种限制眩光方法：1)失能眩光方法、2)不舒适眩光方法。当可视区域内有眩光源时，前者表现为能见度降低。该方法主要使用在工业照明装置。当可视区域内存在不均衡照度分布时，后面的方法表现为增加不舒适的感觉。这种方法通常用在公共建筑照明装置中限制眩光，例如办公室、商店、医院、学校、图书馆等。当灯具均匀安装时，对于一般照明装置，上述编码详细定量地指定了失能眩光指数和不舒适眩光指数。这个指数值按照灯具类型、房间尺寸、安装高度和天花板与地板反射系数来列表。

2.3.7 **CIE 室内眩光限制系统**

该系统在 CIE 29—1975，室内照明导论中。该系统由 TC 3.4 起草，代表当时的普遍意见。过度系统基本是由一个照度曲线系统加上一个独立的屏蔽角推荐设备组成。为减少光分布数据量，需要列表中的特殊角度照度值，而不是整个曲线。这些值来自于 Söllner/Fischer 照度曲线。该方法提供了一个简单的安全设施来抵御许多普遍情况下的不充足眩光控制。它不是作为被许多国家使用的更加有深度的评估方法的替代品。

系统的基础

该系统基于两个准则。准则 1 规定了灯具向下垂直的四个角度的推荐照度限值，即 $\gamma=85°$，75°，65°，55°。这个规则用于所有类型的灯具，能够区别基本长度与宽度的比率大于二比一的加长灯具(例如水平安装荧光灯单元)和非加长灯具(包括所有其他类型)，也能够区别亮面和暗面。后者包括嵌入式灯具和当水平观察和/或照度值小于 750 cd·m^{-2}时，设计的发光面小于 30 mm 的所有灯具。

规定了Ⅰ类Ⅱ类和Ⅲ类灯具的质量标准。Ⅰ类限值应在具有高质量照明的室内观察。Ⅱ类限制代表了像简单办公室任务等正常工作的最小照明标准。Ⅲ类限值代表了工厂和流通领域中最小照明标准。准则 1 的表中给出了每个质量等级的两种照度水平范围的照度限值，即≥750 lx 和≤500 lx。

准则 2 规定了截止型灯具的推荐屏蔽角。

准则的申请

准则 1：(包括裸灯的所有灯具)

1) 决定房间的尺寸和灯具的布置，眼睛水平方向上的安装高度，属于亮面或是暗面(按上述定义)；
2) 决定适当的质量等级和照度辅助值；
3) 决定房间尺寸 P 和 Q，如表 1 脚注所示；
4) 使用上述数据选择适当角度的照度限值，包括表 1 中的房间尺寸 P 和 Q；
5) 建议使用通过实际灯具获得的照度值并与表 1 中得到的亮度限制进行比较以便保证后者中的数据都不被超过，包括 P 或 Q。

准则 2：(所有类型的截止型灯具)

1) 决定需要的质量等级(安装类型)和灯照度；
2) 如果一只普通的管型荧光灯(L_s<20 000 cd·m^{-2})，则需要从表 2 的第一列中选择恰当的屏蔽角。
   如果一只照度值超过 20 000 cd·m^{-2}的白炽灯或放电灯，则从表 2 的其他列中选择恰当的屏蔽角，选择时要考虑灯照度、光输出和安装高度；
3) 将这个值与建议使用的灯具类型的值相比较；
4) 根据准则 1 检查照度。

表 1　包括裸灯在内的所有灯具的照度限值（$cd \cdot m^{-2}$）

适用范围	C 平面	γ	质量等级Ⅰ				质量等级Ⅱ				质量等级Ⅲ			
伸长单元 在 C_{90} 平面： 如果房间尺寸'*P*'是： >5 h：限值对于 $\gamma=55°$，65°，75°和 85°适用； >2 h≤5 h：限值仅对于 $\gamma=55°$，65°和 75°适用； ≤2 h：限值仅对于 $\gamma=55°$ 和 65°适用	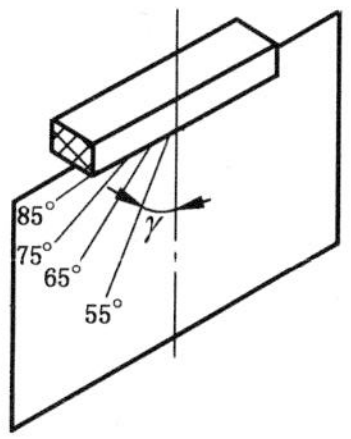		照度服务值				照度服务值				照度服务值			
			≥750 lx		≤500 lx		≥750 lx		≤500 lx		≥750 lx		≤500 lx	
			所有类型		所有类型		所有类型		所有类型		所有类型		所有类型	
		85°	1 600		2 200		2 200		3 300		5 300		9 400	
		75°	1 600		2 200		2 200		3 300		5 300		9 400	
		65°	2 300		3 800		3 800		7 200		15 000		38 000	
		55°	3 400		6 800		6 800		16 000		45 000		—	
所有单元 在 C_0 平面： 如果房间尺寸'*Q*'是： >5 h：限值对于 $\gamma=55°$，65°，75°和 85°适用； >2 h≤5 h：限值仅对于 $\gamma=55°$，65°和 75°适用； ≤2 h：限值仅对于 $\gamma=55°$ 和 65°适用	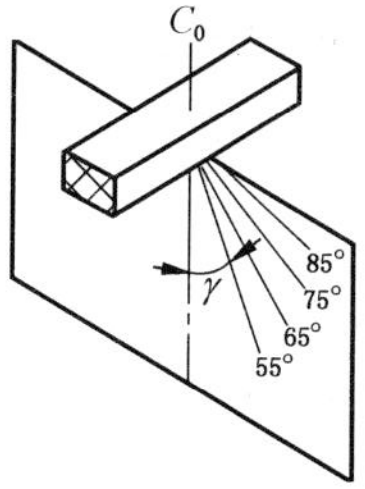		照度服务值				照度服务值				照度服务值			
			≥750 lx		≤500 lx		≥750 lx		≤500 lx		≥750 lx		≤500 lx	
			灯具带有				灯具带有				灯具带有			
			亮面	暗面	亮面	暗面	亮面	暗面	亮面	暗面	亮面	暗面	亮面	暗面
		85°	1 100	1 600	1 200	2 200	1 200	2 200	1 500	3 300	1 900	5 300	2 400	9 400
		75°	1 100	1 600	1 200	2 200	1 200	2 200	1 500	3 300	1 900	5 300	2 400	9 400
		65°	1 500	2 300	1 900	3 800	1 900	3 800	2 800	7 200	4 300	15 000	7 100	38 000
		55°	2 000	3 400	3 100	6 800	3 100	6 800	5 200	16 000	10 000	45 000	20 000	—

房间尺寸 *P* 和 *Q* 表示人眼水平线之上的多种安装高度，有下列条件决定：

对于所有伸长单元类型：

'*P*'是平行于单元长轴的面

'*Q*'是垂直于单元长轴的面

对于所有其他单元类型：

'*Q*'是房间较长的面

表 2　对于截止型灯具推荐屏蔽角

<table>
<tr><td rowspan="2">安装形式</td><td colspan="6">灯的照度/($cd \cdot m^{-2} \times 10^3$)</td></tr>
<tr><td>≤20</td><td colspan="4">20～500</td><td>＞500</td></tr>
<tr><td>办公室、学校和视觉效果很难创造的工业内部照明</td><td>C_0 和 C_{90} 平面中 30°</td><td colspan="5">如果开放式底部灯具使用的每只灯光输出＞3 000 lm，则不推荐；对于其他形式则需要封闭式天窗</td></tr>
<tr><td rowspan="4">普遍的工业内部照明</td><td rowspan="4">仅在 C_0 平面 15°</td><td rowspan="2">灯流明</td><td colspan="4">室内场地之上的安装高度</td></tr>
<tr><td>＞10 m</td><td>5 m～10 m</td><td>＜5 m</td><td>任意高度</td></tr>
<tr><td>＜30.000</td><td>20°</td><td>30°</td><td>30°*</td><td rowspan="2">40°*</td></tr>
<tr><td>≥30.000</td><td>20°</td><td>30°*</td><td>40°*</td></tr>
<tr><td>储藏室、通道等（仅对临时视觉）</td><td>0°Φ</td><td></td><td colspan="4">20°</td></tr>
<tr><td colspan="7">* 在这些情况下，应使用带有低亮度镜面反射体的单元；弥漫的磨光（包括釉瓷）可能太亮，因此不推荐。
Φ 如果从调节工作面能看见灯，应采用屏蔽角适合的面。
注：这个表重新生成于 CIE 29—1975。</td></tr>
</table>

2.3.8　概述

1955 年～1965 年的十年间是主要眩光限值系统的发展时期。由于这些系统基于不相关的主观观察测量，因此在它们之间可能存在一些差异。这些主观检测具有固有的统计变量和可能性错误。因此，在基本原则上各种系统之间具有合理的一致性。在附录 B 中将更加详细的讨论。

光源照度的普遍一致性是眩光的主要贡献因素，还有眩光源尺寸或数量的增加，眩光条件的增加都对眩光产生影响。眩光源的位置和观察者的适应情况也是作为重要的因素。先前描述的所有系统在这些观点上都达成一致。

然而，系统之间存在许多非常真实的差异。例如，英国和美国系统在观察者适应状态下，都考虑了房间反射系数和光源的间接零部件的影响结果。但是，德国照度限值系统忽略了它们，澳大利亚也仅仅考虑了一个特殊系列的状况。

不同系统之间最具有争议的一点是适应性的相对影响。周围环境的照度对观察者的适应状态产生基本的影响，这一点达成普遍的一致性。同样地，假定光源的照度不变，由于灯具的尺寸或数量的增加，周围环境的照度将同时增加，这一点也达成了普遍的共识。

由此引发了一个问题，灯具尺寸或数量的增加或减少，眩光程度会相应的增加或减少吗？换句话说，眩光尺寸的共同变量或相反变量是使用 Einhorn 吗？

霍普金森研究发现适应性的影响要比光源尺寸的影响更加重要，因此英国方法预测了相反变量，而 Söllners 数据显示了大量的共同变量，因此德国系统是强大的共同变量。

在开发出一种能够精确测量不舒适眩光现象的方法之前，找到一种折衷的解决方法是必要的。这个折衷方法是一个试图驾驭中间过程的数学模型。这个中间过程是指相互矛盾的系统和在一个简单表达式中融合了各种方法最好特征的系统之间的一个过程。

如果一个非伸长灯具在方位角上有明显的不均匀密度分布，C_0 平面应该是与向下垂面成 45°和 90°之间的最大密度的方向。

注：这个表重新生成于 CIE 29—1975。

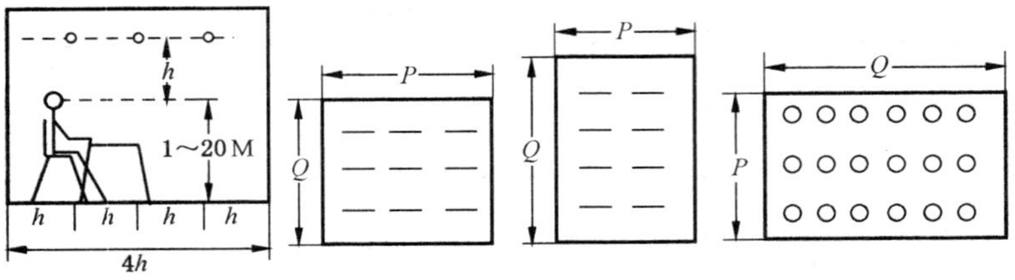

身高 1.70 m 的人人眼水平线　　伸长单元　　非伸长单元

B 部分　不舒适眩光的数学推算的推荐

4 CIE 规则

CIE 委员会已达成一个共同协议，CIE 系统必须有一个数学原理，以便于计算机可以对单一灯具或成组灯具生成数据。

1975 年～1979 年四年间 CIE 作了大量研究去确定不同国家系统间的共同协议，作为附录 B。

然而，由于发现下列问题，没能达成完全的一致性：

1) 官方北美系统转换成 Söllner/Fischer 图表上的照度限值曲线图，这个转换显示了德国官方曲线一致性中值得鼓励的部分；

2) 计算机研究显示美国 VCP 和英国眩光指数系统之间好的一致性。图 7 所示，5%的 VCP 大约等于一个 BGI 单位。

同样，Manabe(日本)报告如下：

从不舒适眩光的主观评估和计算额定值之间的相关性观点看，我们不能在 VCP、GI 和 G 方法间找到任何重大的差异。

在 1978 年四月伦敦举行的 TC 3.4 委员会的短期会议中，对于 Einhorn(南非成员)提出的公式是“不同国家系统之间最普遍的可应用的数学折中”达成认同。会议中建议进行充分的验证，以便将该公式从一个观点提升为 CIE 承认的公式。

4.1　提议的 CIE 公式

下列是 Einhorn 提出的公式原型：

$$CGI = 10\ \log 0.1\left[\frac{1+E_d/500}{E_d+E_i}\sum\frac{L^2W}{P^2}\right] \quad \cdots\cdots(8)$$

式中：

CGI——CIE 眩光指数(临时名称)；

L——眩光源的照度，cd · m^{-2}；

ω——光源的立体角，立体弧度；

P——Guth 位置指数；

E_d——眼睛中所有光源的直接垂直照度，单位为勒克斯(lx)；

E_i——眼睛中的间接照度，单位为勒克斯(lx)。

指数和系数是基础的，这意味它们是基于试验而来的。因数 10 和 0.1 是可选择和可行的，它们决定眩光指数的比例和范围：10 代表间距，0.1 代表起始或零。

带有被提议的因数(10 和 0.1)，CGI 范围从 0 到超过实际范围值 20，英国 BGI 或 SGI 的相应(500 lx相当明亮的房间)变化大概从 10～27 或 VCP 的相应变化大约从 85～18。十分之一 CGI 大概对应于小于 19 的 BGI 或大约 50 的 VCP。在日本京都举办的 CIE 第 19 届会议上，根据讨论的结果，

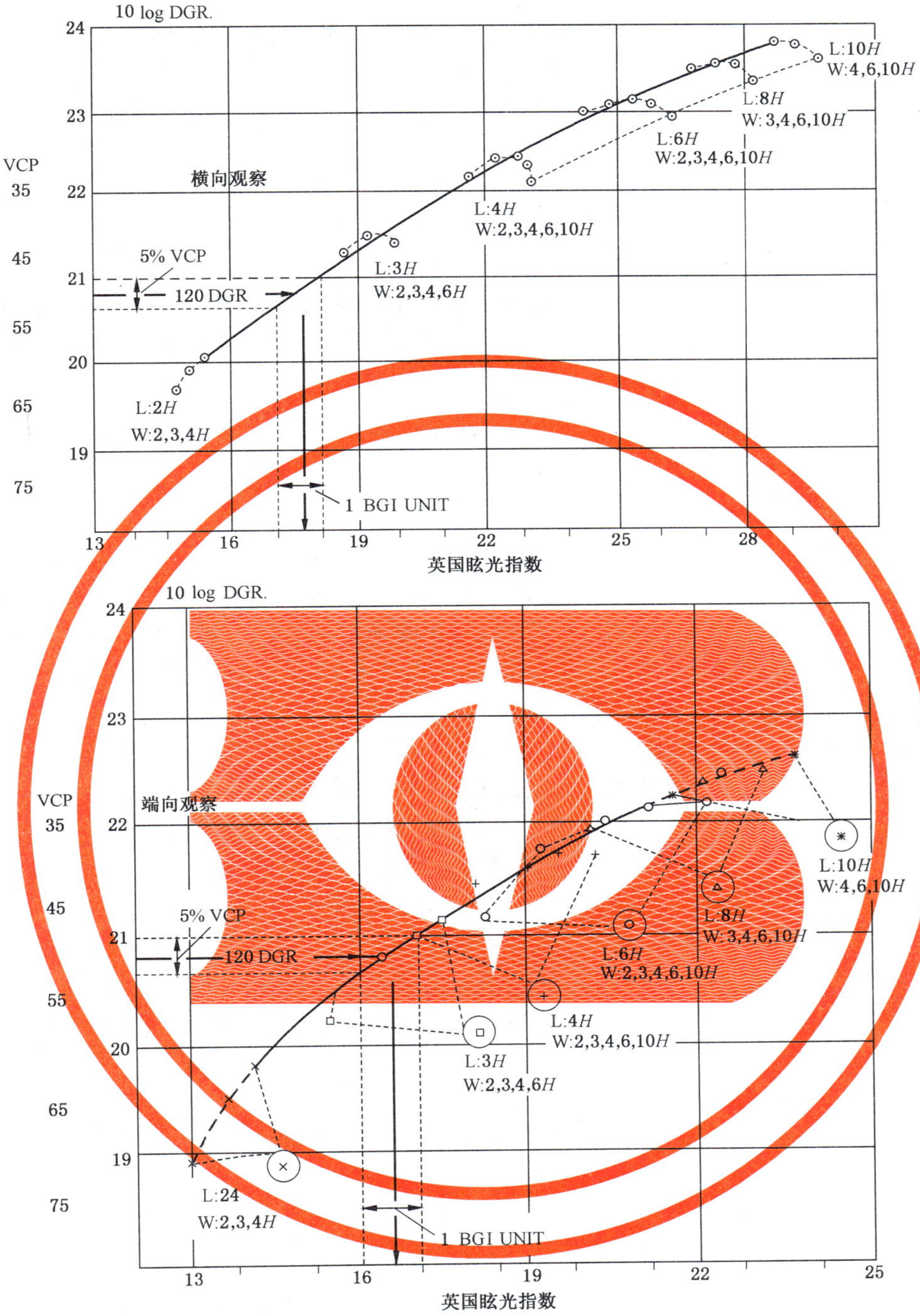

图 7　计算机运算得来的 Guth 系统数据与英国 I. E. S 表计算得来的眩光指数相比较的典型相关性图表，适用于在各种长度、宽度的房间中的 BZ 7 裸管灯具(大约 6 kcd・m^{-2})装置

Einhorn 调整了公式：

$$CGI = 8\ \log 2\left[\frac{1+E_{\mathrm{d}}/500}{E_{\mathrm{d}}+E_{\mathrm{i}}}\cdot\sum\frac{L^2 W}{P^2}\right] \qquad \cdots\cdots(9)$$

因数(8 和 2)的改变将 CGI 比例的范围从 10 变化到 30，这样就可与英国眩光指数范围相比较。

4.2 **公式的基本原理**

1) 位置。位置指数 P 基于 Luchiesh 和 Guth 的研究。对于用计算机计算,最好的表达如下:

$$\frac{1}{P}=\frac{d^2 EXP}{d^2+1.5d+4.6}+0.12(1-EXP) \qquad (10)$$

式中:

$EXP=e^{(-0.18s^2/d+0.011s^3/d)}$;

d=光源/高度的前面距离;

s=光源/高度的侧面距离。

前面即是视线的方向,侧面即是与视线垂直的方向,高度即是人眼水平之上的高度。

2) 眼中照度的判断。实际上,很容易建立规则排列。由于参照的位置通常假定在墙的附近,因此应使用墙上照度数据。直接的墙照度是:

$$E_d=0.5RI\times(1-DR)\times\phi/A \qquad (11)$$

式中

RI——房间指数;

DR——直接比率;

ϕ/A——每单元场地面积的向下照度值。

间接照度(E_i)最好从间接反射计算得到;房间的平均照度(kasb)是合理的近似值。E_i很大程度上受房间反射系数和流明分数比率的影响,但是受房间指数和灯具光分布的影响非常小。

3) 照度和尺寸

L^2W 表示这个关系,该关系是基础的。W 必须有指数 1,指数 1 对于添加和细分有数学上的必要性。L 的指数 2 是基于试验的验证并通过大量研究结果而形成一个简单的表达式。该公式融合了英国研究和俄罗斯的提议。一些美国的研究显示了一个稍微偏高的值,很难与德国研究结果相协调。

公式

$$\left(\frac{1+E_d/500}{E_d+E_i}\right)$$

应考虑分母的适应变量和分子的共同变量。

分母包括眩光源(E_d)本身的影响和背景的影响(E_i),E_d+E_i对应美国的 F,但应通过仰角的余弦考虑方向。

如果 L_b用 $\pi\cdot cd\cdot m^{-2}(asb)$表示,$E_i$对应英国方法的 L_b。

用眼睛中直接的垂直照度 E_d函数表示共同变量。用它代替许多方法中的平均水平照度,有几点好处:

a) 当计算 E_d时,不需要区分亮面和暗面灯具;

b) 避免了损害对评估间接光源(高流明分数比)产生的异常。

包括分母中的适应性函数 E_d也是合理的,避免了在非常黑的屋子中出现异常:蜡烛光中眩光变不是无穷大的,其中 E_i几乎为零。

4) 定量方面

E_d系数是 1/500,该系数是基础的。它量化了共同变量的允差,常数分子显示了非变量。

对于共同变量的表达付诸了大量的思考。首先考虑 E_d^m中的 m 值在 0.33 和 0.5 之间。这是十分可行的建议。然而,公式($1+E_d/500$)是更好的,因为它充分的考虑了 500 lx～2 000 lx(水平)区间内的共同变量,相对于 100 lx～500 lx(水平)之间的变化更少。它也避免在低亮度水平下低估眩光,并且它与所有英国和美国的结果以及德国的一些研究都支持的实际情况有较好的一致性,同时也与霍普金森适应性假设也相一致。

不能期望完全定量与欧洲的共同变量规则相一致,但提出的表达式是恰当顺序的量级。因此,眩光指数方法通常假设一个统一的综合的照明装置，这个照明装置实际上不可能超出 500 lx～1 000 lx 范围外太多，精确的共同变量的实际重要性低于其他变量。由于房间尺寸可能有很大的范围，因此例子是添加性的。

4.3 来自于大光源（明亮的天花板）的眩光

来自于明亮天花板的半透明的较低镶嵌板或类似大的嵌入式灯具的反射光是光源照度的主要贡献者。因此，实际装置的照度值要高于在暗室中用光度计测量得到的固有的或初始的照度值或从光输出值、面积和分布计算而得的固有的或初始的照度值。照度的增加有利于使用，但加重了眩光。

当评估明亮天花板时，需要考虑选取一个恰当的有效天花板反射系数。

对于光通利用率的判断（例如，IES（英国）技术报告第 2 期，表 5），天花板的光度反射系数（ρ_c）通常在 20%～60%之间，能与初始光输出相联合。

另一方面，评估眩光时，在天花板周围有离散眩光源情况下，必须意识到天花板反射系数不能减弱来自于明亮天花板的眩光。相反，它会增加眩光源照度，该眩光源照度是固有照度和反射成分的总和：

$$L_s = L_o + \rho_c E_c / \pi$$

式中：

E_c——天花板的（间接）照度。

眩光方法中，天花板反射系数作为减弱眩光参数，有效的天花板反射系数必须作为零考虑。为减少眩光，明亮天花板反于常理为有效的黑色。

从小的离散眩光源向明亮天花板的过渡通过引入光源的天花板覆盖百分数（ξ）表示。有效的天花板反射系数是：

$$\rho_{ce} = (1 - \xi)\rho_c$$

实际上，由于非常大的光源是稀少的，所以对于离散光源，分数通常被忽略。但对于明亮天花板：

$$\xi = 1 \text{ 和 } \rho_{ce} = 0$$

该反射系数仅用于眩光判断。对于大光源的利用率的判定，有效反射系数是：

$$\rho_{cu} = \xi \rho''_c + (1 - \xi)\rho'_c$$

式中：

ρ'_c——不透明天花板周围的光源反射系数；

ρ''_c——光源自身的反射系数。

对于小离散光源：

$$\rho_{cu} = \rho'_c$$

CIE 委员会 3.4 对完全扩散明亮天花板的建议是天花板的照度应不超过 500 cd · m^{-2}。

注：用于不舒适眩光计算的参数判定的进一步详尽细节见附录 C，提出的 CIE 公式的实际应用见附录 D。

附　录　A
（资料性附录）
眩光系统的国家调查

表 A.1 列出了用于成员国的多种方法。为方便，国家的名称作如下缩写：澳大利亚（Aust），比利时（Bel），捷克斯洛伐克（Cz），丹麦（Den），芬兰（Fin），德联邦共和国（G，FR），法国（Fr），英国（GB），日本（Jap），荷兰（Neth），波兰（Pol），葡萄牙（Port），南非（SA），瑞典（Sw），瑞士（Swit），美国（USA），苏维埃社会主义共和国（USSR）。

下列参照材料是基于许多国家所使用方法的调查。

国家	参照
澳大利亚	1）　Lowson，J. C.（1959）. 新澳大利亚人造光源代码中直接不舒适眩光的实际应用研究。转自 IES（伦敦），24，（4）。 2）　IES（1972）。RQQ 报告第 2 期。室内照明的计算视觉舒适等级的标准程序的概要。IES 杂志，2，（3）。 3）　澳大利亚标准协会（1976）。AS 1680：室内照明和视觉环境。
比利时	IES（伦敦）（1967）。技术报告第 10 期，不舒适眩光评估：对于人工照明装置的 IES 眩光指数系统。
捷克斯洛伐克	CSN 36 0008
丹麦	1）　IES（伦敦）（1967）。技术报告第 10 期，不舒适眩光评估：对于人工照明装置的 IES 眩光指数系统。 2）　Ovesen，I.（1968），Lys og belysning（5）.
德联邦共和国	1）　Emig，Range，Schramm，Söllner，Thiekotter，Zieseniβ（1976）. Die Begrenzung der Direktblendung nach DIN 5035，Lichttechnische Gesellschaft e. V.，Karlsruhe. 2）　DIN 5035/Teil 1（Entwurf 78）.
法国	Association francaise de I'éclairage（1977）. àl'éclairage intérieur 推荐相关性。
英国	IES（伦敦）（1967）。技术报告第 10 期，不舒适眩光评估：对于人工照明装置的 IES 眩光指数系统。
日本	IES（伦敦）（1967）。技术报告第 10 期，不舒适眩光评估：对于人工照明装置的 IES 眩光指数系统。
波兰	1）　IES（伦敦）（1967）。技术报告第 10 期，不舒适眩光评估：对于人工照明装置的 IES 眩光指数系统。 2）　CIE（1975）出版第 29 期，室内照明导论。 3）　Bak，J.（1974）. "Uproszcozone obliczanie oswietlenia ogolnegc wnetrz"，Warszawa，WNT. 4）　Bak，J.（1976）. "Podstawowe miedzynarodowe zalecenia oswietlania wnetrz"，Przeglad Elektrotrchiczny，z. 11.
南非	SABS 0114（1973）室内照明实际的代码。
瑞典	IES（伦敦）（1967）。技术报告第 10 期，不舒适眩光评估：对于人工照明装置的 IES 眩光指数系统。
瑞士	Emig，Range，Schramm，Söllner，Thiekotter，Zieseniβ（1976）. Die Begrenzung der Direktblendung nach DIN 5035，Lichttechnische Gesellschaft e. V.，Karlsruhe.

美国　1）IES(1972)。RQQ 报告第 2 期。室内照明的计算视觉舒适等级的标准程序的概要。IES 杂志,2,(3)。

2）IES(1972)。RQQ 报告第 3 期。从 VCP 观点,判定使用在大房间中的灯具的可接受性的简化方法。IES 杂志,2,(3)。

苏维埃社会主义共和国　1）Meshkov, V,V. and Yepaneshnikov, M. M. (1972), Ed. Energia,Moskow.

2）Yepaneshnikov, M. M. ,Obrosova,N. A. and Undasynov G. N. (1971).公共建筑的照明条件新特性的前提和他们的计算方法。CIE Compte Rendu 第 17 部分。

表 A.1　眩光控制系统的国家调查

	英国眩光指数	不舒适眩光指数(Yepaneshnikov)	不舒适眩光指数(Netusil)	视觉舒适可接受性	照度限值(来自于Guths VCP)	照度限值(Sollner)
基本方法	Bel,Den,Fin,GB,Jap,Pol,SA,Sw	USSR	Cz	USA	Aust	Fr,GFR,Neth,Swit,Port
允差：						
1）屏蔽角	—	—	—	—	Aust	GFR,Neth,Swit,
2）照度变化	Den,Jap,Pol	USSR	Cz	—	Aust	Fr,GFR,Neth,Swit
3）亮/暗面灯具	GB,Pol,SA	USSR	—	—	Aust	Fr,GFR,Neth,Port,Swit
4）房间反射系数	Bel,Den,GB,Pol,Sw	USSR	—	—	—	GFR
5）流明分数比	Bel,GB,Jap,Pol,Sw	USSR	—	—	—	GFR
6）质量等级	GB,Jap,Pol,Sw	—	—	—	Aust	Fr,GFR,Neth,Port,Swit
7）特别允差	Bel,Den,GB,Jap	—	Cz	—	Aust	—

附 录 B
（资料性附录）
眩光预测系统研究的比较

B.1 系统的数学比较

许多年来在应用相关图表技术系统的数学比较上做了大量的工作。通过这种方法检查了包括美国、英国、德国、南非和澳大利亚几个系统之间的数学关系。

研究之一是通过在各种长度和宽度的房间中对 BZ7 裸灯灯具装置进行比较的 Guth 系统和英国眩光指数系统(见图 7)，对大量装置的眩光计算进行比较。

美国系统计算用 20.8/10 log*DGR*＝50％*VCP* 表示。这个图形很特别的一点是在 50％*VCP* 点，好像在 5*VCP* 和 1*BGI* 间隔之间有很明显的相似，这个间隔在美国和英国刻度上被称为最小的可察觉间隔。

侧视图比较的一个有趣的特征是房间宽度对每个系统算出的眩光数有影响。按照常理推论，不难推断定性偏差(某一情况下持续上升，其他情况上升和下降)来自于这个事实，即当计算适应区域照度时，美国系统包括了计算适应照度时灯具的影响，而英国系统仅使用内部反射通量。

然而，在宽度大于 4 *H* 的房间中，偏差的量级与 5％*VCP* 和 1 *BGI* 单元间隔相比较时，它将被合理地忽略变化。这是 Sollner/Fischer 系统中基本假设之一的一个有趣的确认。

B.2 Guth 数据转换为照度限值曲线

当图 7 中所示的类型图表被划分成 3 个灯具照度比率为 1∶2∶4 时，VCP 计算转化为照度限值将成为可能。据观察，曲线上点的相对位置相当小，但作为整体近似地按照 log 量级的照度变化值移动。

换句话说，光源照度任何假定的变化都会通过大概相同的数值来改变眩光(10 log*DGR*，*VCP* 或 *BGI* 单元)的计算度数。这确认了用于澳大利亚代码和 Sollner/Fischer 系统中的照度限值方法和用于美国 VCP 和英国眩光指数系统的计算方法之间一致性的合理程度。

在公式和照度限值方法之间基本兼容性是正常的，因为它与在 1.2 讨论的眩光公式原理相一致。然而，为完全确认，通过结合房间中所有因素对 BZ7 和 BZ5 灯具的计算用 VCP 值进行彻底研究，结合的所有因素指列于美国 IES RQQ 报告第 2 期(1972)的表 VI 中的房间尺寸和安装高度。这份报告使用了由 Guth 提供的计算机程序。对于三个所选照度值中的每一个，整个计算对三个不同的照度(550 lx、110 lx 和 2 200 lx)重复进行。

通过分析大量的原始数据发现亮度转换比例将使最终读数减至最小，将结尾繁重的工作量简化成图 B.1 所示的图表。这个版本是针对 BZ7 裸灯灯具的，曲线是房间的长度 *Y* 和适合于 VCF 单元中显示的三个可选舒适级别灯的亮度的关系。

短垂线显示对于每个 *Y* 值的所有计算值($cd \cdot m^{-2}$)的扩展，凸现房间宽度和照度的影响相对于房间长度的影响是次要的。因此，通过将整组的平均值标记为“·”而画一条平均值曲线。

该数据基于涵盖房间宽度和照度水平(550 lx～2 200 lx)的大范围的计算机计算。

对于图中每个房间长度(*Y* 值)，上面的圆点和下面的圆点分别显示最高值和最低值；较大的圆点是平均值。

照度限制范围的位移与 Guth 刻度的 10 log*DGR* 值的变化相关，近似地与 VCP 刻度限制部分的 VCP 值变化成比例。

需要注意的是超过后者范围时，偏差小于 5*VCP* 可以忽略。

由于房间的尺寸 *Y*αtanγ，它可能重画 Söllner/Fischer 表上的曲线，对于 VCP 三个舒适等级，Söllner/Fischer 表使用单一的照度刻度和三个平行曲线。图 B.1 的图表变成了图 B.2 中左上方的图表。

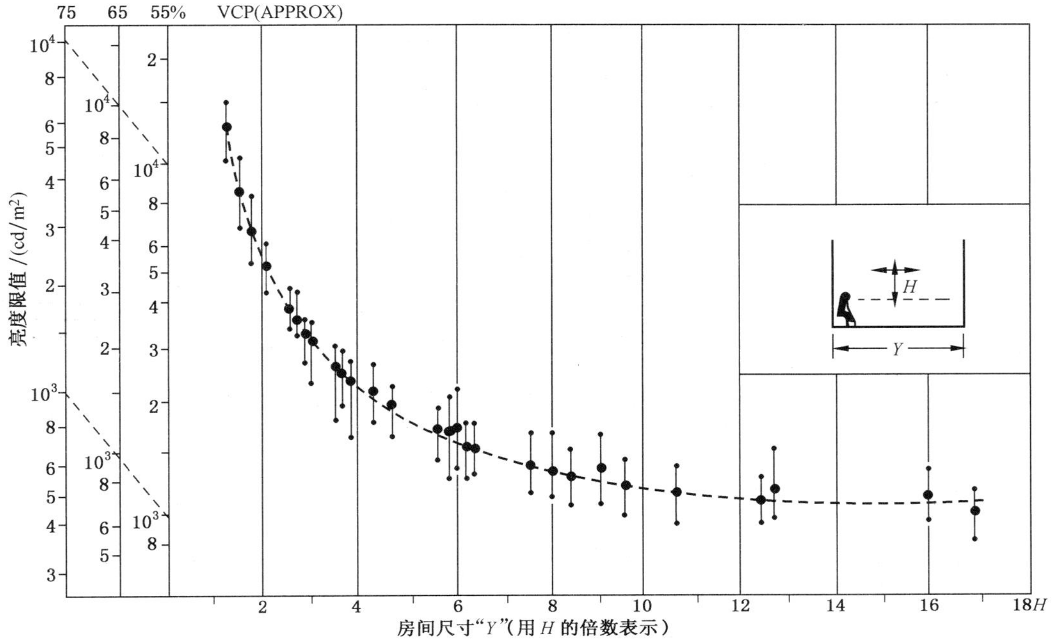

图 B.1 侧面观察不同长度的房间中 BZ 7 裸灯灯具装置的照度限值，和对于三个不同舒适等级的照度限值

B.3 照度限制曲线和限制照度分布曲线的关系

图 B.1 中的曲线是针对 40°～85°γ 范围内固定亮度的灯具，曲线显示在任意指定长度(*Y* 尺寸)的房间中照度值给出的眩光控制的特定度数。由曲线显示，房间越长，所有灯具的亮度越低。

然而，当相同的曲线被重画，如图 B.2 所示，它变成一个照度分布曲线。如果对应曲线形状，灯具有一个实际的照度分布，则在任意长度(不能是特别短的)的房间内，照度分布将给出眩光控制的特定度数。这一点已通过应用前面提及的计算机程序计算被附带核实了。

由此可见，眩光公式计算的图表和列表的结果可通过下列两种途径展示：

a) 规定特定尺寸房间的固定亮度灯具的照度；

b) 规定照度分布。实际上，所有正常尺寸房间内亮度分布将产生相同的眩光控制角度。

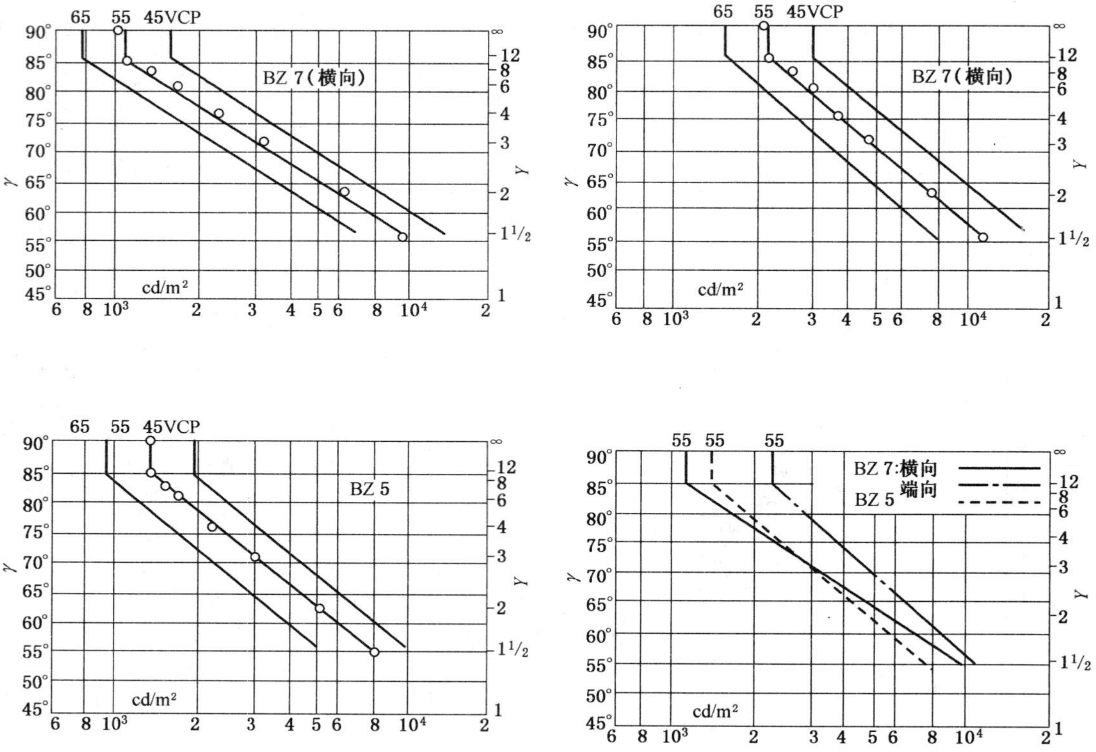

图 B.2 来自于图 8(与 BZ 7 仰视图和 BZ 5 计算机运算相对应的曲线)的平均值曲线已在 Söllner/Fischer 格栅上重新绘出,格栅延长至 90°γ。在第四个表中,将前三个 55 VCP 曲线都添加到上面

B.4 Guth VCP 计数法与 Söllner G 计数法的比较

带有主观多重评判标准的工作者之间是不容易比较的,特别是当从一种语言转换成另一种语言时。例如,图 B.3 显示了首次尝试去比较 Söllner 和 Guth 使用的主观计数法,图 B.4 所示为经进一步的研究后大量修改的图。值得注意的是该图在 VCP 和 G 值之间给出了较好的配比。

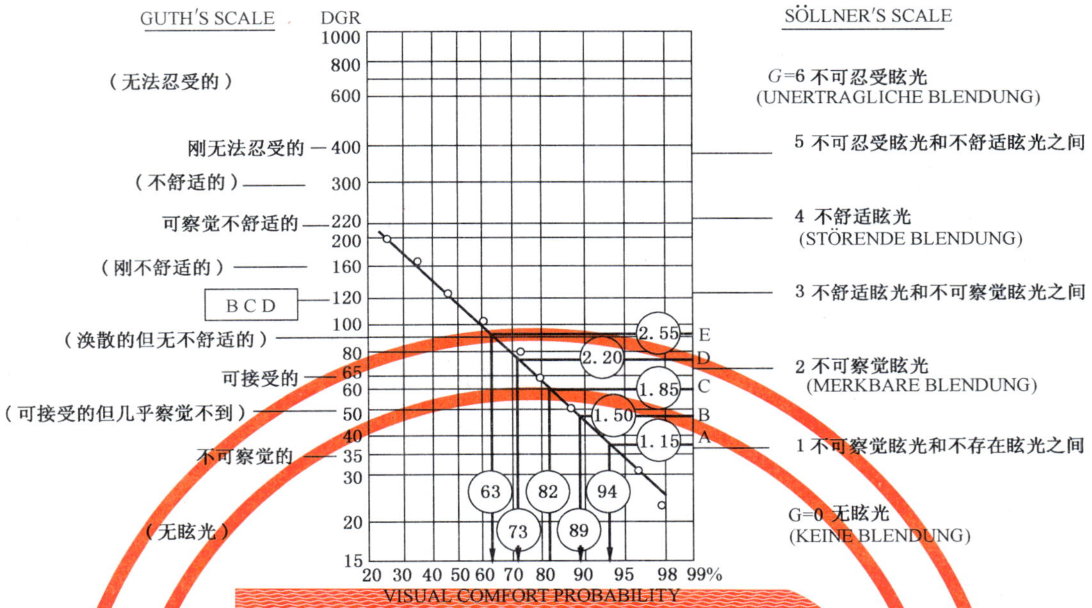

图 B.3 Guth 和 Söllner 提出的描述性的眩光等级比较，试图找到约与 VCP 相等的 5 个标准 G 质量等级

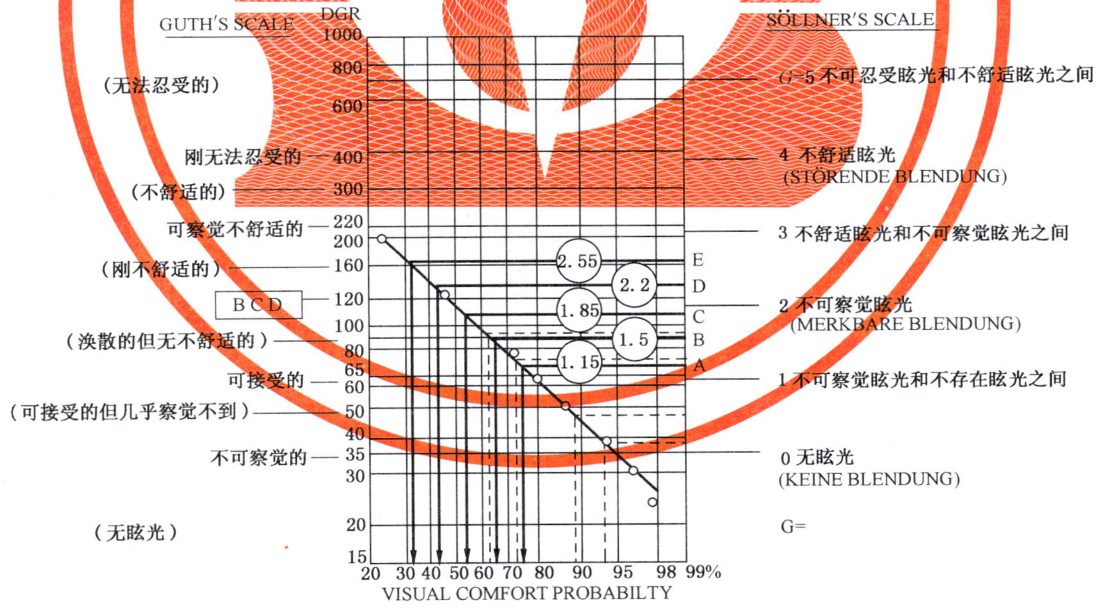

图 B.4 Fischer 对图 B.3 的建议性修改。BCD 对应 $G=2$ 而不是 $G=3$，G 质量等级从 A～E 分别粗略地等于 75 VCP、65 VCP、55 VCP、45 VCP 和 35 VCP

对于实际使用，推荐现在的范围，Söllner G 刻度上的质量等级大约以 10 VCP 单元为间隔。对这样的距离，10 VCP 单元间隔好像是合理的最小间隔，因为 5 VCP 单元被认为是在实际中正常地可察觉的最小偏差。

B.5 参数的影响

除了前面提到的房间宽度的影响，某些其他安装参数变化的影响也是值得注意的，例如灯具方向、房间长度、照度、房间反射系数和灯具的通过比。

B.5.1 灯具方向的影响

如果是一个带有亮面的延伸型灯具，则方向是一个重要参数。如图 5 所示，虽然对着水平底座的立体角保持不变，但当从侧面而不是从底面观察灯具时，发亮的侧平面对着眼睛的立体角 ω 是非常大的。

B.5.2 房间长度变化的影响

如图 5 所示，减小房间的安装高度和/或增加房间的尺寸往往减小 θ 角和增加 ω 总值。实际上，这两种影响都通过成倍增加人眼水平线之上的安装高度来表示房间尺寸的方法同时被考虑。由于房间的长度增加，Y 范围上每个附加单元的增量都会使 ω 总值和产生眩光总值逐步地以较小增量的形式增加。因此，虽然必须考虑房间长度，但如果超过某一 Y 值，房间长度将不再是必要的考虑因素。

QUALITY CLASS	VALID FOR SERVICE VALUE OF ILLUMINANCE (lx)								G	APPROX VCP*
A	2 000	1 000	500	≤250					1.15	75
B		2 000	1 000	500	≤250				1.5	65
C			2 000	1 000	500	≤250			1.85	55
D				2 000	1 000	500	≤250		2.2	45
E	90°				2 000	1 000	500	≤250	2.55	35

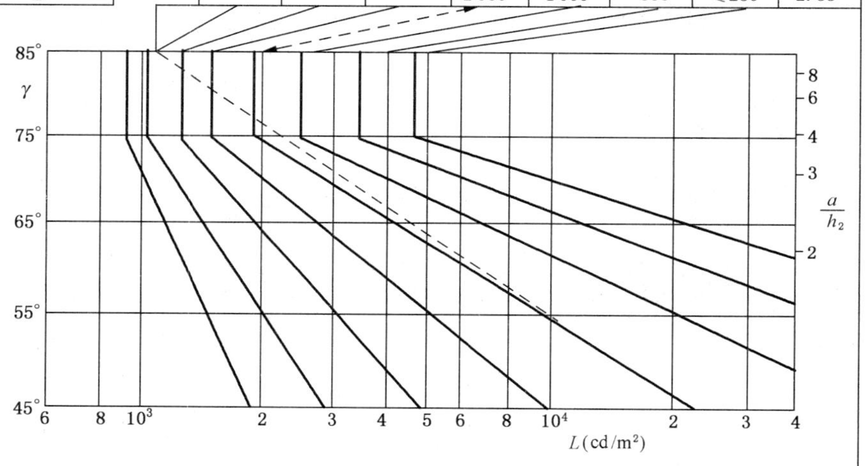

DIAGRAM Ⅱ

* 近似的 VCP 等价值估算来自于图 B.4 中数据。

图 B.5 图 B.2 的 BZ 7 交叉 55 VCP 曲线与欧洲眩光限制方法的叠印

根据美国、英国和澳大利亚系统可知，变化是逐步的，Y 值大约为 12 H 时，变化最终趋于平直。图 B.1 中，基于 Guth 数据的曲线是相当有代表性的。然而 Söllner/Fischer 系统中，在 3.75 H 这一点有个突然的变化。

图 B.6 显示了 Guth 照度限制曲线，该曲线是图 B.1 与相应 Söllner/Fischer 图表曲线的组合。它清晰地显示了图解之间很难令人满意的差异点。这些图解是通过划分图 7 所示类型的图表的相关性所得。弱化实际条件，这意味着，根据 Söllner/Fischer 系统，当房间长度超过 3.75 H 时，眩光不再增加。

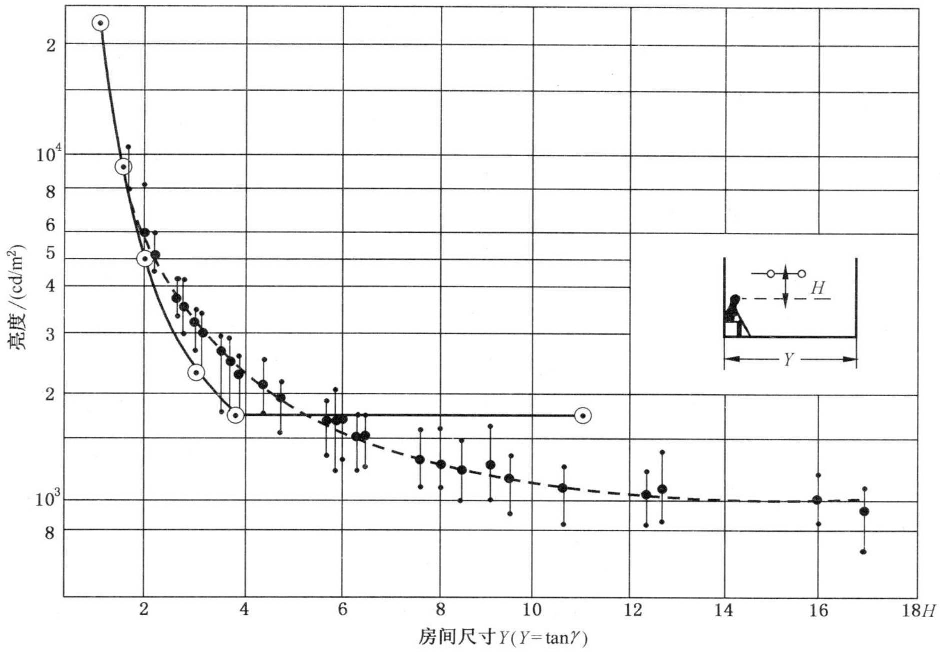

图 B.6 图 B.5 中 G=1.85,500 lx 曲线与图 B.1 中 BZ 7 交叉 55 VCP 曲线的叠印

非常值得注意的是，与 B.5.3 讨论的照度影响不同，Söllner/Fischer 曲线的观测数据可能受到最初试验中所使用的灯具类型的影响。前面图 6 中显示的切断型单元可能就是受这类影响。绘制原始数据时，不清楚这类影响有多少允差。

另外，超过 3.75 H 也是值得注意的，因为这个变化很不明显，即使使用亮面灯具，也相对难于观察。在暗面灯具(BZ1-4)的情况下，实际的房间尺寸相对变的不重要，这也需要注意。

B.5.3 照度变化的影响

如图 B.5 所示，超过 45°～75°范围，对于大约 500 lx 的照度水平，Guth &Söllner/Fischer 结果的一致性非常好，但在高于和低于这个照度的情况下，一致性结果会有很大的不同，这是由于基于 Guth 数据的曲线不受照度变化的影响。系统间的基本差异不能在理论范围内解决，因为这两个结果都与 1.2 部分解释的眩光公式原理相一致。通过增加灯具数量或尺寸来增加照度(同时保持灯具的照度不变)，从而改变总的表观面积 ω 值和场照度 L_f。此外，假设灯具的空间保持一致，则 $f(\theta)$ 条件的平均影响实质上保持不变。

由于 ω&L_f 的变化对 G 值有相反的影响，需要弄清楚的问题是：照度的变化是否引起眩光感的增加，减少或保持不受影响依赖于 ω 或 L_f 比例的变化是否带来更多的影响。

然而，值得注意的是初始 Söllner 试验的发布描述声明这个特殊点(例如，灯具数量变化对照度变化的影响)在一个宽的数值范围(即 100 lx～4 000 lx)被检查过。

同时值得注意的是 Ward Harrison 根据实际安装的观察而推论出的 Harrison-Meaker 系统断定眩光随着灯具数量的增加而增加。

在澳大利亚，对场地和型号研究的结果往往支持这样一个理论：照度变化需要有一个补给，特别是值超过 500 lx。

B.5.4 房间反射系数和光通率的影响

特别是英国和美国的研究已经清楚地显示，通过提升背景或场照度适应水平来减少眩光。这一点已通过实际经验确认。背景照度主要依赖于 1)房间反射系数和 2)光通率(向上/向下光通)反映出的间接部分。房间和灯具参数相互影响，但一般可以说，增加反射系数和/或增加光通率将减少眩光。

B.5.5 眩光数量的转换

Einhorn 已显示将眩光数量转换成其他是有益的特别是对于计算机运算。同时系统间在统计基础方面的比较也是有益的。

1）DGR 和 VCP

两者之间的关系由 Guth 以曲线和列线图的形式给出。

$$VCP = 279 - 110\ \log DGR \quad \cdots\cdots(B.1)$$

上述简单公式对于主要的影响范围($VCP = 20 \sim 85$，另一个 $DGR = 55 \sim 200$)是很好的近似值。

超出这个范围，曲线需要被使用或有一个校准补充：

$$VCP = 279 - 110\ \log DGR + 350(\log DGR - 2.08)^5 \quad \cdots\cdots(B.1a)$$

2）GI 和 VCP

由于基本转换式的不同 VCP 和英国 GI 或 SGI 之间的关系是统计学的(对于典型的安装和 GI 代表，SGI 的设计与英国 GI 相一致。)下述公式将给出在主要影响范围(GI 10～26)内两者之间清楚的相互关系。

$$VCP = 124 - 4\ GI \quad \cdots\cdots(B.2)$$

该公式是图 7 曲线和大量计算结果的折衷。它暗示了对于 VCP 50 对应的 GI 为 18.5。

3）GI 和 DGR

符合上述式(B.1)和式(B.2)的 Guth 的 DGR 和 GI 的关系：

$$10\ \log DGR = 14.1 + 0.36\ GI \quad \cdots\cdots(B.3)$$

该等式对于整个范围都是有效的，但仅作为像式(B.2)一样的数字统计式。

式(B.2)和式(B.3)中的数字系数是某一协商扩展值，但如果改变了其中一个等式，则其他等式应被相应的改变。

附　录　C
（资料性附录）
不舒适眩光计算的参数确定

灯具方位

进行不舒适眩光计算需要对组成完整照明安装系统的每列灯具的每个位置进行确定。

从灯具到观察者的方向可以由向下垂直角 γ 和方位角 β 定义，或由从观察者位置和视线方向上向上的位移和侧向的位移 s 来定义，如图 C.1 所示。在安装平面上的距离 d 和 s 通常用 H_e 的倍数来表示（H_e 表示眼睛水平线之上的灯具安装高度），以至于角度计算时打算令 $H_e=1$。

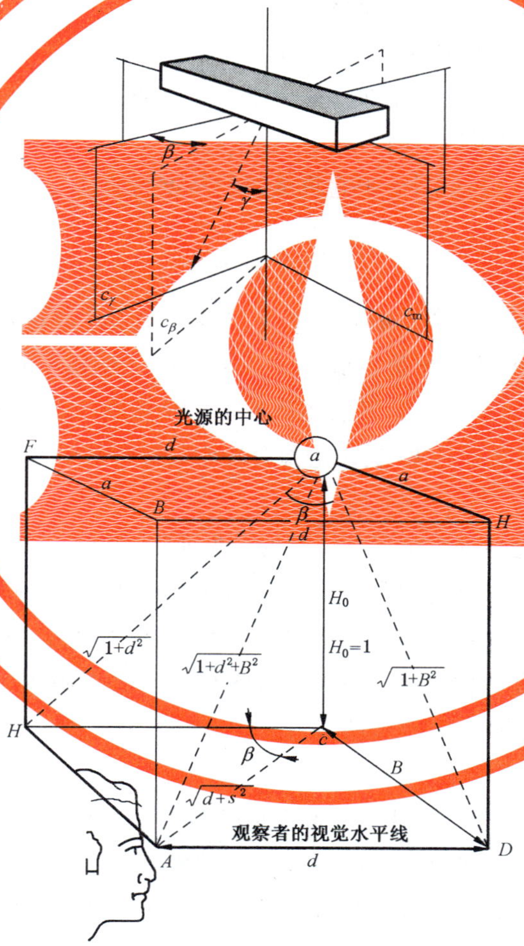

图 C.1

在从平面的直角移动方位角 β 到灯具的纵轴进行的平面位移中，灯具的方向通常是根据向下垂直角 γ 来规定；例如，C_0 平面。

对于眩光计算，从灯具到观察者的 GA 方向，用“d”和“s”表示更方便；例如，向前和侧面的位移用 H_e（人眼水平线之上的安装高度）的倍数表示。

发光强度的测量

对于眩光计算的目的，平均照度应在观察者的方向上对灯具总发光强度进行测量来确定、计划灯具的重点发光部分的投影面积，1974 年 3 月在伦敦举行的 CIE 委员会 TC 3.4 的分组讨论会上就这些问题达成一致，并在 1975 年 6 月举行的 CIE 第 18 次分会上通过批准。

发光强度应根据 CIE 18-1970 中陈述的过程，按常规方法在极坐标光度计上进行测量。对于眩光计算的目的，发光强度数据主要在 $\gamma=40°\sim90°$ 范围内测量。在这个范围之外，灯具通常离观察者的头后方太远，从而对由装置产生的总眩光作用不大。然而，必须获得足够的发光强度读数，使得能够在任何方位平面内进行评估。

投影面积的测量

重要发光部分的确定

确定总投影面积时，区别灯具有足够亮度产生眩光的部分和没有足够亮度产生眩光的部分显然是很必要的。后者对于发光强度的作用相对较小，但可能会有相当大的面积，这种情况下，它们包括在总投影面积内，使灯具的整个平均照度值不切实际的降低。

选择一种方法来识别实际的重点发光部分也是非常必要的。一些方法必须被使用，同时对于做这件事使用的准确方法还存在一些争论。因为缺少完美的方法，因此建议“发光单元”方法。该方法由北美 IES 的 RQQ 报告第 2(1972)期引用，由于它将足够的精度与合理的简化相结合，所以应将它作为指导原则。

发光单元方法

灯具的截面图划分为发光单元，发光单元定义为识别平面形状或材料(由图 C.2 中典型事例解释说明)上变化的部分，同时具有平均亮度值不低于 750 $cd\cdot m^{-2}$ 或 500 $cd\cdot m^{-2}$ 的限值。

辨别具有高于和低于临界值照度的单元需要从近距离检查灯具，同时更加适合测量发光强度。然而，实际中即使 750 $cd\cdot m^{-2}$ 值如此的低，突出的部分经常能被一眼识别，只有在不确定的情况下，才利用照度计测量。

此时，要决定的主要事情是不确定单元在实际的可见面积部分是高于限值还是低于限值。例如，在一张透明材料遮挡一根管状荧光灯的情况下，假设整张材料亮度适当，则管状荧光灯亮度将被涵盖其中。另一方面，如果灯的轮廓透过材料能够被容易的识别，并且整张材料的剩余部分好像亮度低于限值，那么通常的做法是仅使用灯的投影面。易腐蚀的玻璃、不恰当的漫射材料、灰色或彩色的玻璃、打孔的金属、钢丝网等都是光源背面使用的典型的材料。

注意“天花板”的使用

当带有强上照光部件的灯具安装的离一个高反射系数的天花板很近时(直接使天花板亮度高于灯具亮度，使它对灯具单独产生的眩光有很大帮助)，一些国家(如，英国、德国和美国)已经指出板宽度等于灯具宽度的高反射系数的“天花板”在用照度计测灯具时，应如图 C.2 所示来安装。当确定灯具的总投影面积时，应加上天花板的投影面。

只有当天花板的照度超过所选的 750 $cd\cdot m^{-2}$ 或 500 $cd\cdot m^{-2}$ 的限值时，才有必要使用该步骤，使它足够亮以符合“重要的发光单元”的性质。

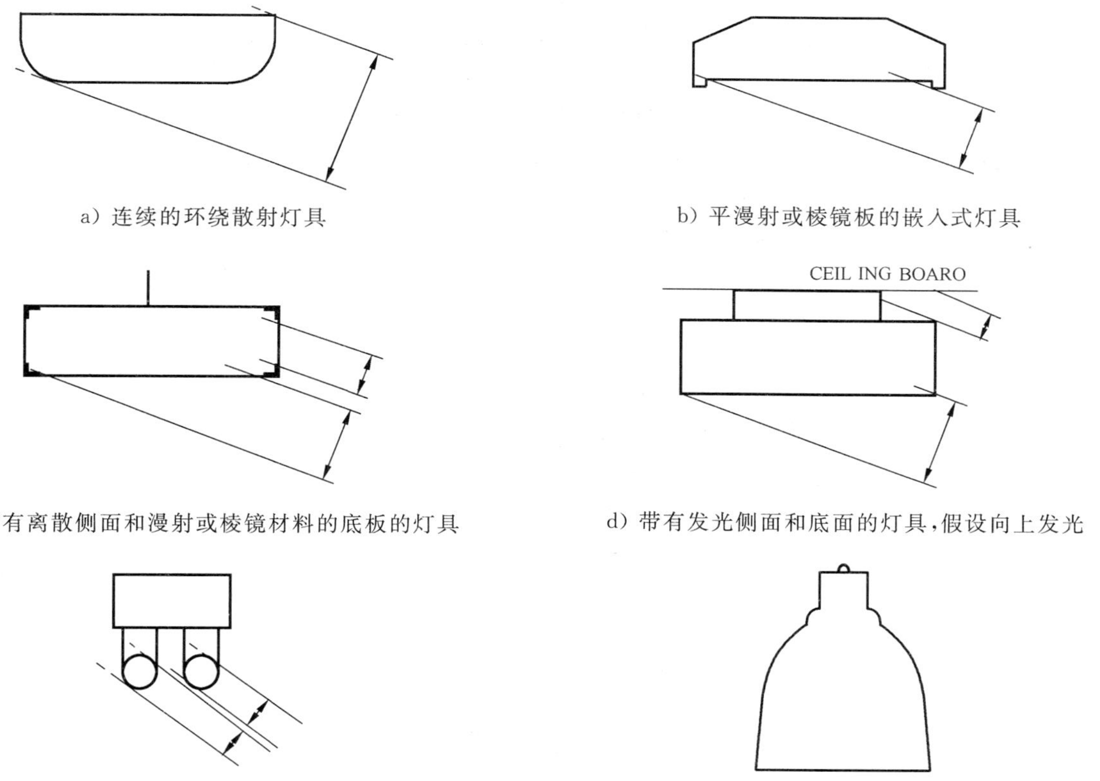

a) 连续的环绕散射灯具

b) 平漫射或棱镜板的嵌入式灯具

c) 带有离散侧面和漫射或棱镜材料的底板的灯具

d) 带有发光侧面和底面的灯具，假设向上发光

e) 裸灯灯具

f) 底部敞开的反射灯

图 C.2

一些典型单元显示了定义里划分“发光单元”的方法，可识别的部分在表面、形状或材料上变化，并且照度不小于 750 cd·m^{-2}。

发光单元的总投影面仅由两个方向决定，如表 C.1 所示。

灯具总投影面积(A_P)的计算

通过上面提及的过程(或可以选择的任何其他方法)已经识别出灯具的“重要的发光部分”，下一步是判断这些部分的总投影面积。一般情况下很简单，例如：如果灯具通过一个平直的水平板或它底部的孔径来散发它所有的光，面积为 X，图 C.1 上 GA 方向的投影面将是 $X \cdot \cos\gamma$。一个更加简单特殊的例子，一个球形灯具，半径 r：对于所有 γ 和 β 值，都是恒定的投影面积 $\pi \cdot r^2$。

然而，一般情况下，投影面积将随着 γ 和 β 的变化而变化，对于每个要求的 $I_{\gamma\beta}$ 密度值，单独投影面积 A_P 的计算将变得及其繁琐。因此，在实践中必须找到一个简化过程的方法。

“恒定照度”假设

一个方法，假设亮面灯具在整个 C_0 平面上 γ 角的重要范围内有一个恒定照度，则必须仅在一个样本方向上测量投影面积。例如：直接向下的(1961 年英国眩光指数系统中)，或 C_0 平面 $\gamma = 70°$ (1957 年～1976 年澳大利亚 SAA 编码系统中使用的)。

这些系统多年来在实践中的成功显示了“恒定照度”假设在许多情况下是一个合理的捷径，但近来在灯具设计上的更多发展，对任意理想的 GA 方向(该方向仍旧容易应用)有了一个更为成熟的投影面积(ω 和照度)计算方法，该方法容易实施。解决这个问题的 Lowsons 方法是根据来自于任意理想 GA 方向上的投影面积的单独一对(或至多三个)组件规定了单元形状，GA 方向通过相对简单的公式能容易地进行三角学计算。

计算投影面积时简化的两组件方法

考虑第一种情况是带有亮侧面和底面的延长灯具，但底面低于 750 cd·m^{-2} 或 500 cd·m^{-2} 临界值。计算投影面积的目的是该灯具特征能根据两个指定常量 A_H 和 A_V 来表达。两个常量来源于(虽然不是必要的数字上的等同)平行单元长轴的水平面和垂直面上的投影灯具面积。一旦知道灯具的 A_H 和 A_V 特征,则要求的单元总投影面积在任意要求的方向上能够容易地进行三角学计算。这些方向(图C.1 中 GA 方向)能够根据和/或来规定,同时向前位移和侧位移用"d"和"s"表示更加方便。

暗面灯具情况下,$A_V=0$,A_H 仅是必要的部分。另一方面,如果底面足够的亮以致不能忽略,则需要考虑额外的 A_V 部分。

图 C.3 解释了方法的基本原理,用带有平直的水平底面、平直的垂直面和暗底面的延长型灯具来假设一个最简单的例子。这种情况下,A_H 数字上等于底面的实际面积,A_V 数字上等于一个面的实际面积。

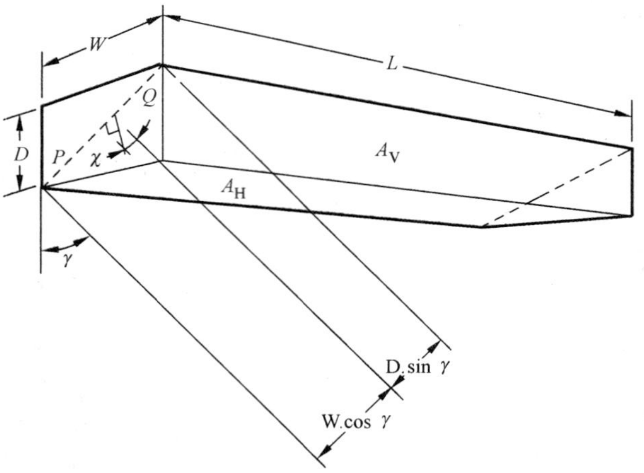

图 C.3 A_HA_V 两组件方法的基本原理

灯具的投影面积是:$PQ \cdot L \cdot \cos\chi$。这可以由 $A_H \cdot \cos\gamma + A_V \cdot \sin\gamma$ 表示,其中 $A_H = W \cdot L$ 和 $A_V = D \cdot L$。

C_0 平面中这个单元的总投影面积 A_P 表示如下:

$$A_P = PQ \cdot L \cdot \cos\chi \qquad \cdots\cdots (C.1)$$

式中:

L——单元长度。

显然,

$$A_P = A_H\cos\gamma + A_V\sin\gamma \qquad \cdots\cdots (C.2)$$

实际上,计算 A_P 值,要求 γ 角范围在 40°~85°内;因为在这个范围之外,从安装角度说,灯具不能正常充分地贡献总眩光。

对于给定灯具类型,确定 A_H 和 A_V 部分

灯具能被广泛地划分两种类型。

a) 这类灯具,对于所有在 40°~85°范围内的 γ,PQ 尺寸在长度和位置上保持不变;它们通常底部和/或侧面有清楚的区别,如图 C.3 所示的单元类型,式(C.2)与基础地精确的式(C.1)在整个需要的 γ 角范围内正好给出相同的数值;

b) PQ 在长度和位置上不是保持不变,而是随着 γ 的变化而变化的单元中通常将发光部件与曲面合并。当在 *Eq.* 式(C.2)插入值时,有必要选择单独的一对 A_H 和 A_V 值,所选的这对值在整个要求的 40°~85°范围内要确保通过 *Eq.*(C.2)计算的 A_P 保持与精确的 *Eq.*(C.1)值相近(误差在±5%内)。

为解释这个方法,考虑单个荧光灯和支架型灯具构成的两个发光单元(即柱形光源和矩形平面反射板)组成的灯具的例子。第一步,在截面上拖动到任何方便的任意比例,如图 C.4 所示。

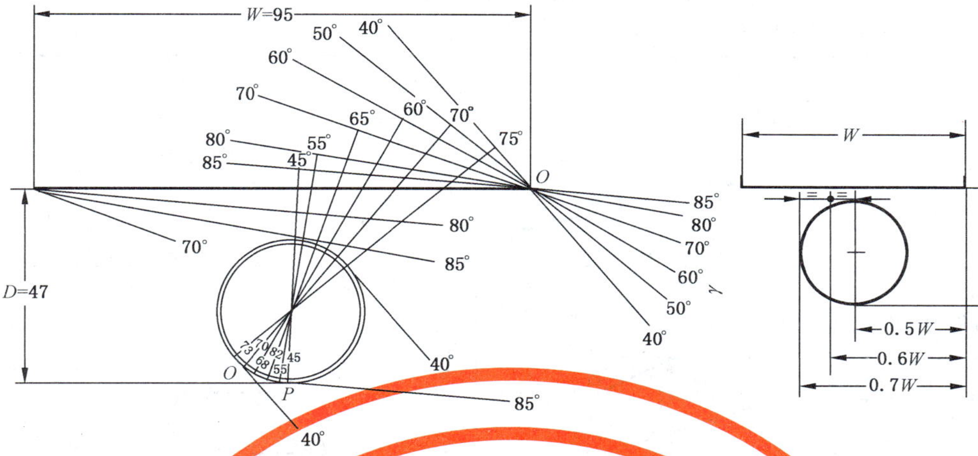

图 C.4 分布在 40°～85°范围内投影面积的图解
确定法和为计算 A_H 和 A_V/A_H 而选择的最恰当的 X 和 Y 值

注：图中的尺寸和测量为任意单位。表中的数字是被四舍五入得到的整数。

γ	测量值	$Y=D$				$Y=0.9\,D$		
		$X=1.0\,W$ (%)	$0.7\,W$ (%)	$0.6\,W$ (%)	$0.5\,W$ (%)	$0.7\,W$ (%)	$0.65\,W$ (%)	$0.6\,W$ (%)
85°	45	22	17	15	13	6.5	5.5	5
80°	55	14	5	2	−1	−3	−5	−6
70°	62	24	8	3	−3	1	−2	−4
60°	68	30	9	2	−5	3	−1	−4
50°	70	39	12	4	−5	7	3	−1
40°	73	41	11	1	−9	7	2	−3

假设 $Y=D$ 且 $X=0.6\,W$

$A\quad=0.6\,W\times L$（W&L 单位为米）

$A_V/A_N=D/0.6W$(ie. $47/0.6\times95$)$=0.82$

假设 $Y=0.96\,D$ 且 $X=0.65\,W$

$A\quad=0.65\,W\times L$（W&L 单位为米）

$A_V/A_N=0.9\,D/0.65\,W=0.69$

然后，C_0 平面上 γ 角在 40°～85°范围内，用施工线去测量相对投影面积。这些线的长度与规定方向内的灯具实际的投影面积成比例；该数据应填在上表“测量值”一栏。

下一步是去测定常数 X 和 Y 的值，对于特定的 γ，在公式 $X\cdot\cos\gamma+Y\cdot\sin\gamma$ 中，用来替代 Y 的值尽可能接近相应的“测量值”。百分偏差可通过下面公式来计算：

$$\text{百分偏差}=\left[\frac{X\cdot\cos\gamma+Y\cdot\sin\gamma}{\text{测量值}}\times100\right]-100$$

目的是找到一对 X 和 Y 的值，在大约整个范围上将百分偏差控制在±5%之内，虽然在 85°上百分偏差上升在 15%内，但是是可接受的。如果结果填在上述表中，通过反复试验，这是容易完成的。

值得注意的是上面等式中 X 和 Y 必须与“测量值”单位相同；但对制表而言，在图上用 ω 和 D 的比表达更为方便。

最后，在图 C.4 的底部显示 A_H 和 A_V 的计算，为方便，A_V 用 A_V/A_H 表示。二选一仅仅说明计算方法，选择忽略了对眩光指数最终计算的影响。

表 C.1 显示了一些典型灯具方法的应用，每种典型灯具都带有说明性的注释。

表 C.1 典型灯具 A_H 和 A_V/A_H 的确定

注：X、Y、L 和 W 单位为米；A_H 单位为平方米，A_V/A_H 是一个比。

暗侧面 所有单元 $A_H=X\cdot L$　$A_V/A_H=0$ 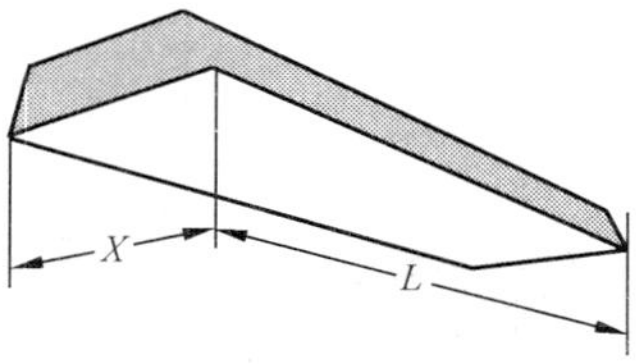	备注 投影面积 A_P 严格地等于 $A_H\cdot\cos\gamma$
亮侧面，暗底面 从侧面区分底座（尺寸 PQ 通常固定） 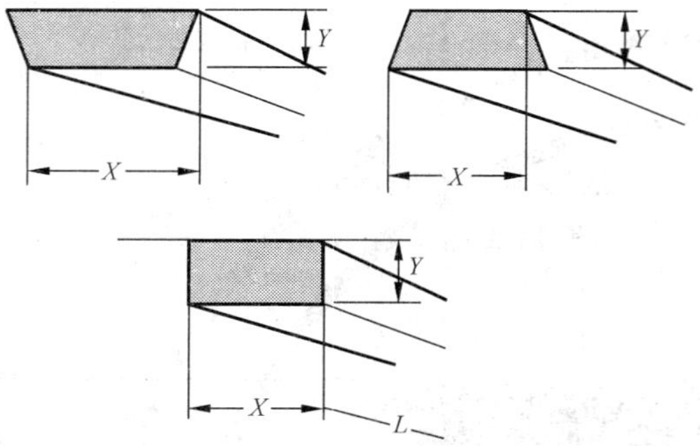 $A_H=X\cdot L$　$A_V/A_H=Y/X$	投影面积 $=PQ\cdot L\cdot\cos\chi$， γ 角在整个 40°～85°范围内严格等于 $A_H\cos\chi+A_V\sin\gamma$ 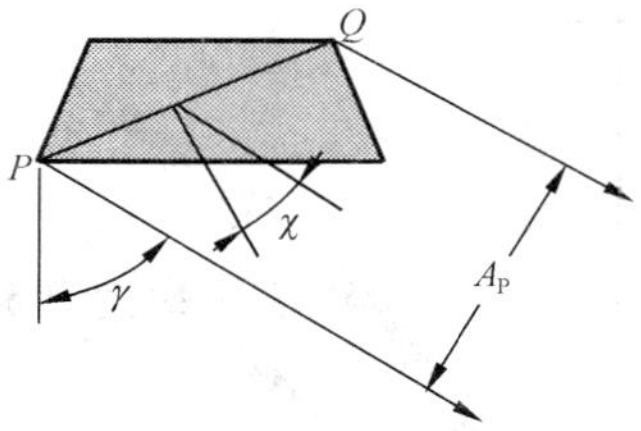
从侧面不能区分底座（尺寸 PQ 不保持固定） 半圆柱 $A_H=0.67\ W\cdot L$ $A_V/A_H=0.75$ 圆柱 $A_H=0.45\ W\cdot L$ $A_V/A_H=2.1$ 二选一，通过 $Eq.$ (C.6) 或 (C.6a) 计算 A_P 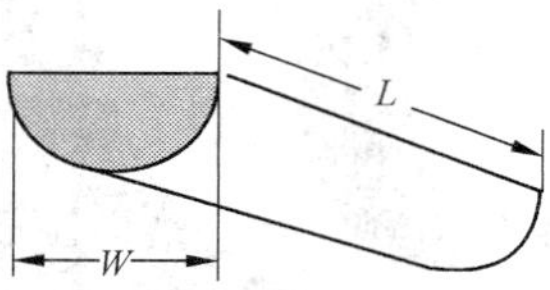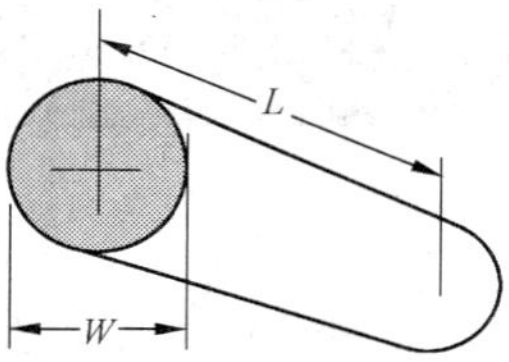 荧光裸灯 2 或 3 管 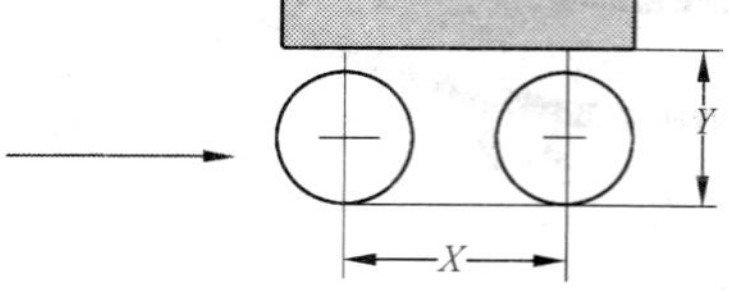 单管 $A_H=X\cdot L$ $A_V/A_H=Y/X$ 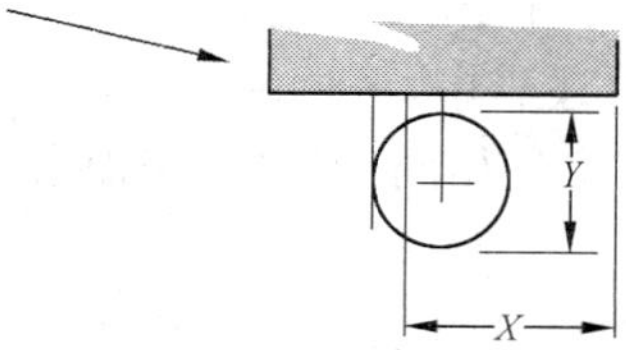	投影面积是 $W\cdot L\cdot\cos^2\gamma/2$ $=A_H\cos\gamma+A_V\sin\gamma$ 在整个 40°～85°范围内，百分偏差在±5%内。 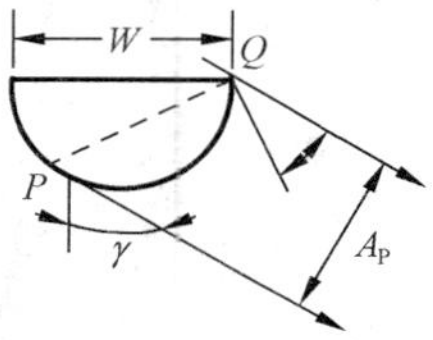 投影面积 $PQ\cdot L$ $=A_H\cos\gamma+A_V\sin\gamma$ 在整个 40°～85°范围内，百分偏差在±5%内。 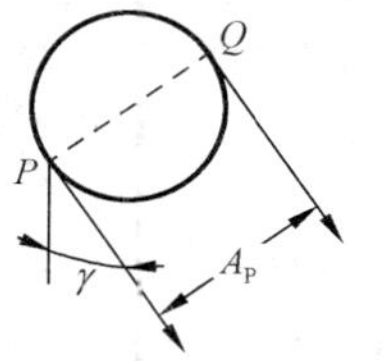 护板也包括在照度中，照度值>750 cd/m² 总投影面积 $=AB\cdot L$ $=A_H\cos\gamma+A_V\sin\gamma$ 在整个在 40°～85°范围内，百分偏差在±5%内。 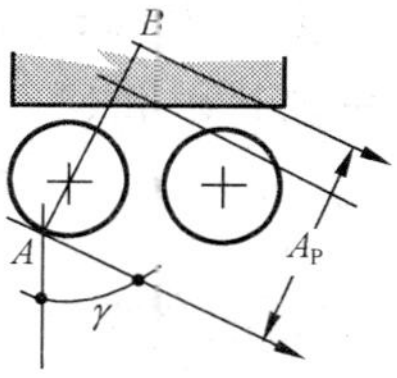 单管单元：40°～85°范围内，百分偏差在±5%内。在 85°上升至 15%（此时，$d>10\ H_e$，单元意义一点不重要）
亮侧面，亮底面 矩形底座单元：计算 A_H 和 A_V/A_H 后， 对于底面，额外的 A_V/A_H 比率需要确定。	球形单元：A_P 保持常量，由 $Eq.$ (C.7) 给定。

任意方位平面内 A_P 计算的扩展

等式(C.2)仅用于 C_0 平面，但通过 $A_V \cos i$ 替换 $A_V \sin\gamma$，该等式则被扩展至覆盖任意方位平面，其中 i 是由图 5 中的 AG 线与含有灯具长轴的垂直平面组成的入射角。i 值也给出了纵向和横向观察的 $\cos i$ 的值，纵向与横向尺寸用“s”和“d”表示。

等式(C.2)中的 $A_H \cos\gamma$ 保持不变。如图所示，γ 是 $\angle AGC$，$\cos\gamma$ 是 $\sqrt{1+d^2+s^2}$ 的倒数。将这些与图 C.5 中适当的 $\cos i$ 公式相结合，从纵向和横向观察的带有暗底面的亮侧面灯具，我们可获得以下公式；同时如果单元有亮底面同样需要额外的 A_V 组成，等式显示如下。

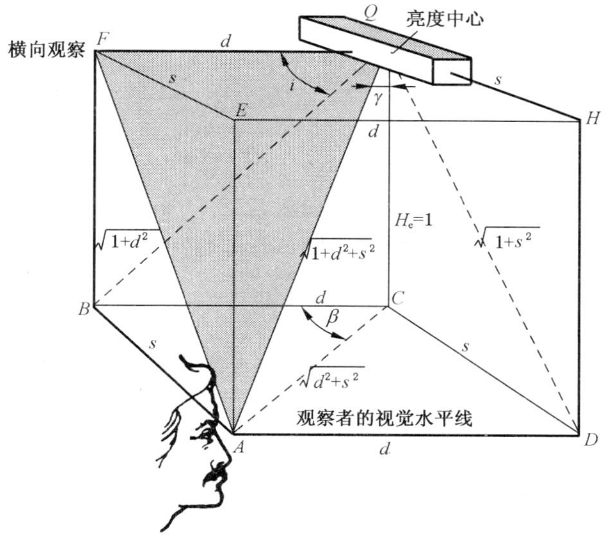

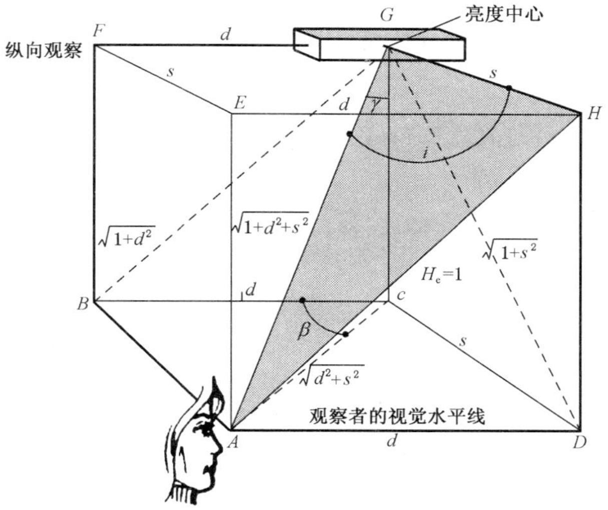

入射角 i 是 AG 线与含有灯具长轴的垂直面夹角

横向观察： $i = AGF \quad \cos i = \dfrac{d}{\sqrt{1+d^2+s^2}}$

末端观察： $i = AGF \quad \cos i = \dfrac{s}{\sqrt{1+d^2+s^2}}$

图 C.5

带有暗底面的亮侧面灯具：

横向：

$$总\ A_P=(A_H+d\cdot A_V)\cdot(1+d^2+s^2)^{-0.5} \quad\cdots\cdots(C.3)$$

纵向：

$$总\ A_P=(A_H+s\cdot A_V)\cdot(1+d^2+s^2)^{-0.5} \quad\cdots\cdots(C.3a)$$

带有亮底面的亮侧面灯具：

$$总\ A_P=(A_H+d\cdot A_V+s\cdot A_V)\cdot(1+d^2+s^2)^{-0.5} \quad\cdots\cdots(C.4)$$

暗侧面灯具：

$$总\ A_P=A_H\cdot(1+d^2+s^2)^{-0.5} \quad\cdots\cdots(C.5)$$

值得一提的是下面两个特殊情况：

圆柱形发光单元

（在 C_0 平面内的所有角 A_P 为常量）

横向：

$$总\ A_P=(长度\times dia.)\cdot(1+d^2)^{0.5}\cdot(1+d^2+s^2)^{-0.5} \quad\cdots\cdots(C.6)$$

纵向：

$$总\ A_P=(长度\times dia.)\cdot(1+s^2)^{0.5}\cdot(1+d^2+s^2)^{-0.5} \quad\cdots\cdots(C.6a)$$

球形发光单元

（所有方向 A_P 为常量）

$$总\ A_P=0.25\pi\cdot(Dia.)^2 \quad\cdots\cdots(C.7)$$

照度 L 和立体角的计算

在理想方向上（如图 C.5 中的 GA）通过适当的 A_P 公式（选自式（C.3）～式（C.7））计算总 A_P，A_P 值分为同一方向上灯具的总发光强度，如 $I_{\gamma\beta}$，其中 $\gamma=\arctan\sqrt{d^2+s^2}$ 和 $\beta=\arctan s/d$。

在 GA 方向上给出灯具的照度，例：

$$灯具维持率(L)=I_{\gamma\beta}/总\ A_p \quad\cdots\cdots(C.8)$$

理想方向 GA 的总 A_P 也能转换为球面弧度上的立体角。

由于单灯具在观察者眼中对应小的立体角，因此立体角可通过上面提及的 A_P 值除以 GA 距离的平方来计算，则：

$$灯具立体角(W)=\frac{总\ A_P}{H_e^2\cdot(1+d^2+s^2)} \quad\cdots\cdots(C.9)$$

式中：

H_e——人眼水平线上方灯具的安装高度，单位为米，(m)。

L^2W 的计算

许多眩光公式中，习惯将 L 的指数 2 倍于 ω 的指数。而且，为了简单化，将 ω 的指数等于 1 被大家所接受，正如 1.2 中所讨论的。

在这些情况下，可能将式（C.8）和式（C.9）合并为一个方便的公式，如下：

$$L^2W=\frac{I_{\gamma\beta}^2}{(总\ A_P)^2}\cdot\frac{(总\ A_P)}{H_e^2\cdot(1+d^2+s^2)}=\frac{I_{\gamma\beta}^2}{(总\ A_P)\cdot H_e^2\cdot(1+d^2+s^2)} \quad\cdots\cdots(C.10)$$

位置指数（P）的计算

正如 4.2 中解释的，对于计算目的，最好的表达方式如下：

$$1/P=[d^2\cdot E\cdot(d^2+1.5d+4.6)^{-1}+0.12(1-E)] \quad\cdots\cdots(C.11)$$

式中：

$E=e^{(-0.18s^2/d+0.011s^3/d)}$

在被提议的 CIE 公式中式（4.1），$1/p^2$ 被使用。对于在实际中可能重要的 d 和 s 值的范围，量值列于表 C.2 中。

表 C.2

d	s=0.0	0.5	1.0	1.5	2.0	2.5	3.0	3.5	4.0	4.5	5.0	5.5	6.0
12.0	0.747	0.742	0.729	0.709	0.683	0.652	0.619	0.584	0.549	0.514	0.481	0.450	0.421
11.5	0.737	0.732	0.718	0.697	0.670	0.639	0.605	0.570	0.534	0.499	0.466	0.434	0.405
11.0	0.725	0.720	0.706	0.685	0.657	0.625	0.591	0.555	0.519	0.483	0.450	0.418	0.389
10.5	0.713	0.708	0.693	0.671	0.643	0.610	0.575	0.539	0.502	0.467	0.433	0.401	0.372
10.0	0.699	0.694	0.679	0.657	0.628	0.594	0.559	0.522	0.485	0.449	0.415	0.383	0.354
9.5	0.684	0.679	0.664	0.641	0.611	0.577	0.541	0.503	0.466	0.430	0.396	0.364	0.335
9.0	0.668	0.663	0.647	0.623	0.593	0.558	0.521	0.483	0.446	0.409	0.376	0.344	0.316
8.5	0.650	0.645	0.629	0.604	0.573	0.538	0.500	0.462	0.424	0.388	0.354	0.323	0.295
8.0	0.631	0.625	0.608	0.583	0.552	0.516	0.478	0.439	0.401	0.365	0.332	0.301	0.274
7.5	0.609	0.603	0.586	0.560	0.528	0.492	0.453	0.415	0.377	0.341	0.308	0.278	0.252
7.0	0.584	0.578	0.561	0.535	0.502	0.466	0.427	0.388	0.351	0.316	0.283	0.255	0.229
6.5	0.557	0.551	0.533	0.507	0.474	0.437	0.398	0.360	0.323	0.289	0.257	0.230	0.205
6.0	0.527	0.520	0.503	0.476	0.443	0.406	0.367	0.329	0.293	0.260	0.230	0.204	0.181
5.5	0.493	0.486	0.468	0.441	0.408	0.371	0.333	0.297	0.262	0.230	0.202	0.178	0.157
5.0	0.454	0.448	0.430	0.403	0.370	0.334	0.297	0.262	0.229	0.199	0.173	0.151	0.132
4.5	0.411	0.404	0.386	0.360	0.328	0.293	0.258	0.225	0.195	0.168	0.144	0.125	0.108
4.0	0.362	0.356	0.338	0.313	0.282	0.249	0.217	0.187	0.160	0.136	0.116	0.099	0.086
3.5	0.307	0.301	0.285	0.261	0.233	0.203	0.174	0.148	0.125	0.105	0.089	0.075	0.065
3.0	0.247	0.242	0.227	0.206	0181	0.156	0.132	0.110	0.092	0.076	0.064	0.054	0.047
2.5	0.183	0.179	0.166	0.149	0.129	0.109	0.091	0.075	0.062	0.052	0.043	0.037	0.032
2.0	0.119	0.116	0.107	0.094	0.081	0.067	0.056	0.046	0.038	0.032	0.028	0.025	0.022
1.5	0.061	0.059	0.055	0.048	0.041	0.035	0.030	0.026	0.022	0.020	0.018	0.017	0.016
1.0	0.020	0.020	0.019	0.018	0.017	0.016	0.016	0.015	0.015	0.015	0.015	0.015	0.014
0.75	0.005	0.008	0.009	0.010	0.011	0.012	0.013	0.014	0.014	0.014	0.014	0.014	0.014

适应照度的允差

该因素可以以各种方式考虑，但在报告其他地方对于原因的解释为：观察者处于靠近房间一面墙处的标准位置，此时观察者眼中的垂直平面照度是考虑主要变量的一个简便方法。正如第 4 章中指出，这个照度由两部分组成，如直接部分 E_d 和间接部分 E_i。

直接照度

$$E_d = 0.5\, RI \cdot (1 - DR) \cdot F/A$$

式中：

F/A——所有灯具较低半球发出的总光通除以房间地板的总面积；

RI——房间指数，根据房间的长度和宽度以及工作面之上的灯具安装高度（H_m），通过常用公式 $(L \times W) \cdot (L \times W)^{-1} \cdot (H_m)^{-1}$ 计算；

DR——直接比率，如：从灯具较低半球发出的总光通直接照到工作面上的比例。

间接照度 E_i 能以各种方法计算。下面由 Einhorn 提出的公式是一个方便的方法：

间接照度

$$E_i = \frac{\rho_f \cdot DR + \rho_w \cdot (1 - DR) + \rho_c \cdot FFR}{2 - (\rho_c + \rho_f) + 2/RI \cdot (1 - \rho_w)} \cdot F/A$$

式中 ρ_c、ρ_w 和 ρ_f 分别是天花板、墙和地板的反射系数；FFR 是灯具的光通量份额，被分为向上流明百分数和向下流明百分数（如：$FFR=0$ 是没有向上光的灯具；如果向上/向下为 50/50，则 $FFR=1$，如果向上/向下为 60/40，则 $FFR=1.5$)。DR，RI 和 F/A 同上。

E_d 和 E_i 的结合

正如 4.2 的解释直接部分和间接部分在 CIE 公式中被结合，通过下面一个方便的表达方式显示：

$$f(E_d E_i)=2\left(\frac{1+E_d/500}{E_d+E_i}\right) \qquad \text{(C.12)}$$

附 录 D
（资料性附录）
提议的 CIE 公式的实际应用

CIE 公式[式(9)]的应用由式(C.10)，式(C.11)和式(C.12)与从式(C.3)～式(C.5)系列提取的适当的总 A_P 公式组合而成。这个过程用多种方式得到简化；例如，通过 $1/p^2$ 除以 $\sqrt{1+d^2+s^2}$ 的列表值方法，如表 D.1 所示，为便于使用已将表中的值扩大 1 000 倍。CIE 公式重新整理为如下方便的形式：

$$CGI=8\log\left[\frac{f(E_dE_i)}{H_e^2\cdot A_H}\cdot\sum\frac{I_{\gamma\beta}^2\cdot(\text{表 D.1 因子}\cdot 10^{-3})}{F^1}\right] \quad\cdots\cdots\cdots\cdots\cdots\cdots(\text{D.1})$$

式中：

对于亮侧面、暗底面类型，从横向观察：F^1 为 $1+d\cdot A_V/A_H$；

对于亮侧面、暗底面类型，从底部观察：F^1 为 $1+s\cdot A_V/A_H$；

对于亮侧面、亮地面类型，F^1 为 $1+d\cdot A_V/A_H+s\cdot A_V/A_H$；

对于暗侧面类型，F^1 为 1；

$f(E_dE_i)$——直接和间接的照度函数，按附录 C 中解释的确定；

H_e——人眼水平之上灯具的安装高度；

A_V&A_H——灯具投影面积的垂直部分和水平部分，按附录 C 中解释的确定；

d 和 s——从观察者的位置到灯具的前方位移和侧向位移，如图 C.1 所示；

$I_{\gamma\beta}$——灯具的发光强度。$\gamma=\arctan\sqrt{d^2+s^2}$，对加长的亮侧面单元从底面观察时 $\beta=\arctan d/s$。除了上述情况外的所有情况下 $\beta=\arctan s/d$。

表 D.1 附有一系列因子(对应每个灯具的 d 和 s 位置)。

根据正常的实际情况，计算时假设观察者坐在(或站在)靠近一面墙中间的一点，向房间对面远处的墙水平直视，在“最不利”点的眩光等级通常作为整个安装的名义上的眩光等级。

公式中的 8 log 调节 CGI 等级中感觉步长与英国眩光指数等级中感觉步长对应，英国眩光等级中，一个完整的 BGI 单元是通常能检测到的最小变化，当建立一系列推荐的限制值时，通常应用 3 个最小步长的单元。

值得注意的是，这意味着如果大于±1/2 眩光指数的单元(即通过可忽略的数量)不改变计算的 CGI 数值，则在主要托架内的计算变化差不多±15%。

公式应用的主要步骤

下列逐步系统化的步骤可用于确定计划的室内照明安装的 CIE CGI。

1) 设计安装布局图：使用标准程序确定达到整个房间理想的照度值(lx)所需要的灯具数量，注意房间指数(RI)值和对于安装的直接比例(DR)。同时画出草图并在灯具安装位置处做上标记。

2) 确定 $f(E_dE_i)$ 函数：该函数由式(C.11)给出，像附录 C 中解释的计算 E_d 和 E_i，并考虑完整的安装。

3) 选择“最不利”条件以使 CGI 不超过任何其他地方，按计划标出观察者的位置和视线。

如果灯具在所有方位平面内具有大致相同的光分布(例如，如果灯具是球形单元，或 $A_V=0$ 的暗侧面单元)；“最不利点”是靠近较短墙的中间，视线沿着房间长度见图 a)。

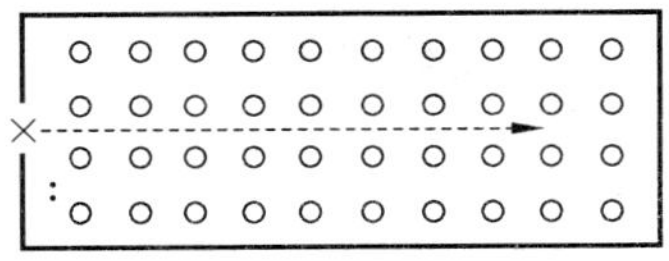
a)

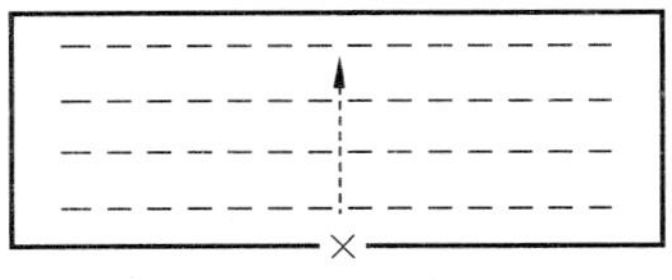
b)

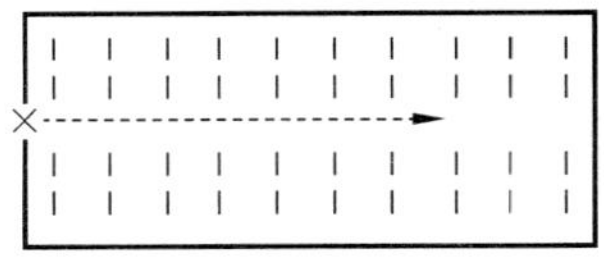
c)

对于加长且亮侧面的灯具(例如,带有实质性 A_V 部分的管状荧光灯单元),横向观察条件通常眩光最多,不管视线是否沿着或穿过房间见图 b)和 c)。

视线最好将安装物划分为大致相等的两部分,如草图所示。那么,$\sum L^2W \cdot p^{-2}$ 仅需计算一半,然后将结果乘 2,这样节省大量的劳动。如果观察者不得不站在相对中间行的位置,则使用同样的步骤,这种情况下,加倍前仅加入中间行的一半光分布。

4) 用实际距离(m)除以人眼水平线之上的安装高度 H_e 确定计划中灯具的 d 和 s 坐标。"人眼水平线"可以假设为地板之上 1.2 m 或 1.7 m,高度取决于房间的使用者是坐着或是站着。

5) 计算 $\sum L^2W \cdot p^{-2}$ 时,应决定选哪些灯具。在小于中间尺寸的房间,安装物的右半部分(或左半部分)的所有灯具的光分布应被确定,然后,将结果乘以 2 倍得到完整的 $\sum L^2W \cdot p^{-2}$。然而,在非常大的房间内,"s"的坐标大于 3 和/或"d"的坐标大于 10 的灯具对于最终完整的 CGI 值会稍有误差,但通常可被忽略。但 $f(E_dE_i)$ 在步骤 4)的计算时必须考虑完整的安装。

6) 灯具的 A_H 和 A_V/A_H 特征的确定,确定的方法见附录 C。

7) $\sum L^2W \cdot p^{-2}$ 的计算

对于上述步骤 5)中解释的每个所选的灯具,确定表 D.1 中适当的因子对应安装计划中灯具的 d 和 s 坐标。也必须确定 I 的对应值。

对于每个所选灯具,式(D.1)的 $\left[\frac{I_{\gamma\beta}^2 \cdot (\text{表 D.1 因子})}{F^1 \cdot 1\,000}\right]$ 部分能被确定,并在计划中标记灯具 d 和 s 的坐标。然后将每个值相加(如果安装物仅考虑了一半,则需将结果乘 2)。对于装置给出了 $\sum L^2W \cdot p^{-2}$。

8) 最终 CGI 值的计算

$\sum L^2W \cdot p^{-2}$ 值与步骤 2)中 $f(E_dE_i)$ 值、步骤 4)中 A_H(sq. m)和人眼水平线之上的安装高度 H_e(m)汇集起来计算要求的 CGI:

$$CGI = 8\ \log\left[\frac{f(E_dE_i) \cdot \sum L^2W \cdot p^{-2}}{H_e^2 \cdot A_H}\right]$$

表 D.1 方法中使用的因子

d	$B=$	(0.0)	(0.5)	(1.0)	(1.5)	(2.0)	(2.5)	(3.0)	(3.5)	(4.0)	(4.5)	(5.0)	(5.5)	(6.0)	$=C$	d
(12.0)	•	62.0	61.6	60.4	58.4	55.9	53.0	49.9	46.6	43.3	40.0	36.9	34.0	31.3	•	(12.0)
(11.5)		63.8	63.3	62.0	59.9	57.2	54.1	50.8	47.3	43.7	43.0	37.0	34.0	31.2		(11.5)
(11.0)	•	65.7	65.1	63.7	61.4	58.6	55.2	51.6	47.9	44.2	40.5	37.1	33.9	31.0	•	(11.0)
(10.5)		67.6	67.0	65.4	63.0	60.0	56.3	52.5	48.5	44.5	40.7	37.1	33.7	30.7		(10.5)
(10.0)	•	69.6	69.0	67.3	64.6	61.3	57.4	53.3	49.0	44.8	40.7	36.9	33.4	30.3	•	(10.0)
(9.5)	•	71.6	71.0	69.1	66.2	62.6	58.5	54.0	49.4	45.0	40.7	36.7	33.0	29.7	•	(9.5)
(9.0)		73.8	73.1	71.0	67.9	63.9	59.4	54.6	49.8	45.0	40.5	36.3	32.5	29.1		(9.0)
(8.5)	•	76.0	75.2	73.0	69.5	65.2	60.4	55.2	50.0	44.9	40.1	35.7	31.8	28.3	•	(8.5)
(8.0)		78.2	77.3	74.9	71.1	66.4	61.1	55.6	50.0	44.6	39.6	35.0	30.9	27.3		(8.0)
(7.5)	•	80.4	79.5	76.8	72.6	67.5	61.7	55.7	49.7	44.0	38.8	34.0	29.8	26.1	•	(7.5)
(7.0)	•	82.6	81.6	78.6	74.0	68.4	62.1	55.6	49.2	43.2	37.7	32.7	28.4	24.7	•	(7.0)
(6.5)		84.7	83.5	80.2	75.2	68.9	62.1	55.1	48.3	41.9	36.2	31.2	26.8	23.1		(6.5)
(6.0)	•	86.6	85.3	81.5	75.9	69.1	61.7	54.1	46.9	40.3	34.4	29.2	24.9	21.2	•	(6.0)
(5.5)		88.1	86.6	82.4	76.2	68.7	60.6	52.6	45.0	38.1	32.1	27.0	22.7	19.1		(5.5)
(5.0)	•	89.1	87.4	82.7	75.8	67.5	58.8	50.2	42.3	35.3	29.3	24.3	20.2	16.8	•	(5.0)
(4.5)	•	89.1	87.2	81.9	74.2	65.2	55.9	47.0	38.9	31.9	26.0	21.2	17.4	14.3	•	(4.5)
(4.0)		87.8	85.6	79.7	71.3	61.6	51.7	42.6	34.5	27.8	22.3	17.9	14.4	11.8		(4.0)
(3.5)	•	84.4	82.0	75.5	66.3	56.1	46.0	37.0	29.3	23.1	18.2	14.3	11.4	9.2	•	(3.5)
(3.0)		78.2	75.5	68.5	58.8	48.4	38.6	30.2	23.3.	18.0	13.9	10.8	8.6	6.9		(3.0)
(2.5)	•	68.1	65.3	57.9	48.3	38.5	29.7	22.5	17.0	12.9	9.8	7.6	6.1	4.9	•	(2.5)
(2.0)	•	53.2	50.4	43.6	35.0	26.9	20.1	14.9	11.1	8.4	6.4	5.1	4.1	3.5	•	(2.0)
(1.5)		33.9	31.7	26.5	20.6	15.4	11.4	8.5	6.5	5.1	4.2	3.5	3.0	2.6		(1.5)
(1.0)	•	14.0	13.1	10.9	8.8	7.0	5.7	4.8	4.1	3.5	3.1	2.8	2.6	2.3	•	(1.0)
(0.75)		6.4	6.2	5.7	5.3	4.8	4.4	4.1	3.7	3.3	3.0	2.8	2.5	2.3		(0.75)
d	$s=$	(0.0)	(0.5)	(1.0)	(1.5)	(2.0)	(2.5)	(3.0)	(3.5)	(4.0)	(4.5)	(5.0)	(5.5)	(6.0)	$=s$	d

参 考 文 献

[1] Arndt, W., Bodmann, H. W., and Muck, E. (1959). Untersuchung Uber die psychologische Blendung durch mehrere lichtquellen. Paper P-59-5. CIE Compte Rendu 14 th Session.

[2] Bellchambers, H. E., Collins, J. B., and Crisp, V. H. C. (1975). Relationship between two systems of glare limitation. Lighting Research and Technology, 7, 106-112.

[3] Bellchambers, H. E., Collins, J. B., Rowlands, E., and Simons, R. H. (1975). Advances in the practical pre-diction of discomfort glare in interiors. Paper P-75. 42, CIE Compte Rendu 18th Session.

[4] Bedocs, L., and Simons, R. H. (1972). The accuracy of the IES Glare Index System. Lighting Research and Technology, 4, 80-89.

[5] Bedwell, C. H. (1972). The eye, vision and visual discomfort. Lighting Research and Technology, 4, 151-158.

[6] Bennett, C. A. (1971). Discomfort glare as a function of viewing technique and source size: observer adjustment and fixed presentation, Special Report No. 102, Kansas State University.

[7] Bennett, C. A. (1972). Discomfort glare: comfort vs pleasantness, Special Report No. 103, Kansas State University.

[8] Bennett, C. A. (1972). Discomfort glare: an experiment on the relationship of task type and glare judgement, Special Report No. 108, Kansas State University.

[9] Bennett, C. A. (1972). Discomfort glare: demographic variables, Special Report No. 91, Kansas State University.

[10] Bennett, C. A. (1972). Discomfort glare: The effect of instructions, Special Report No. 107, Kansas State University.

[11] Bennett, C. A. (1977). The demographic variables of discomfort glare, Lighting Design and Application, January.

[12] Bennett, C. A. (1977). Discomfort glare: parametric study of angularly small sources. Journal of the IES, 7, (1).

[13] Bennett, C. A. (1979). Discomfort glare: stability of individuals sensitivity, Special Report No. 126, Kansas State University.

[14] Bennett, C. A. (1980). Discomfort glare: linear arrays of sources. Paper presented at Annual Technical Conference of the IES, Dallas.

[15] Bennett, C. A., and Lulla, A. B. (1981). Discomfort glare: an unbiased assessment using a fixed glare source. Paper presented at Annual Technical Conference of the IES, Toronto.

[16] Betts, P. C. and Pritchard, D. C. (1974). Discomfort glare from ceiling mounted luminaires. Lighting Research and Technology, 6, 230-232.

[17] Boyce, P. R. (1972). A comparison of the accuracy of methods of calculating the IES Glare Index. Lighting Research and Technology, 4, 31-34.

[18] Einhorn, H. D. (1963). The IES Code glare assessment and super addivity. Transactions of the IES(London), 27, (3), 143-149.

[19] Einhorn, H. D. (1969). A new method for the assessment of discomfort glare. Lighting Research and Technology, 1, 235-247.

[20] Einhorn, H. D. (1976). Quality in lighting. The Electrical Engineer(South Africa), November 14.

[21] Einhorn, H. D. (1979). Discomfort glare: a formula to bridge differences. Lighting Research and Technology 11, 90-94.

[22] Fedyukina, G. V. (1973). Investigation into seeing discomfort in lighting installations with fluorescent tubes(in Russian). Svetotechnika, N4, 1-3.

[23] Fischer, D. (1972). The European glare limiting method. Lighting Research and Technology, 4, 97-100.

[24] Fischer, D. (1973). A luminance concept for working interiors. Journal of the IES, 2, (2), 92.

[25] Fischer, D, and Hendrix, R. (1973). Qualitativer und Quantitativer Vergleich der Blendungsbewertungssys-teme Verschiedener Lander. (Qualitative and quantitative comparison of the glare evaluation systems in various countries). Lichttechnik 25, 186.

[26] Fujii, K., Kaneko, N., and Takahashi, S. (1971). Practical examination ofevaluation methods and appraisal experiment on discomfort glare in an interior lighting installation. Journal of the Illuminating Engineering Institute of Japan, 55, (9), 560-569.

[27] Guth, S. K., and McNelis, J. F. (1959). A discomfort glare evaluator, Illuminating Engineering, 54, (6), 398.

[28] Guth, S. K., and McNelis, J. F. (1961), Further data on discomfort glare from multiple sources, Illuminating Engineering, 56, (1), 46-47.

[29] Guth, S. K. (1963). A method for the evaluation of discomfort glare, Illuminating Engineering, 58, (5), 351-364.

[30] Hassel, G. (1973). Jamforelse Mellan Bz-och E-metoden for berakning och kontroll av blandning. (Comparison of the BZ and the European methods for calculation and control of glare). Ljuskultur, 45, (4), 9.

[31] Holladay, L. L. (1926). The fundamentals of glare and visibility. Journal of the Optical Society of America, 12, (4), 271-319.

[32] Hopkinson, R. G. (1940). Discomfort glare in lighted streets. Transactions of the IES(London), 5, (1).

[33] Hopkinson, R. G. and Collins, W. M. (1963). An experimental study of the glare from a luminous ceiling. Transactions of the IES(London), 28, (4), 142-148.

[34] Illuminating Engineering Institute of Japan(1974). Subjective assessment of the degree of discomfort glare present in actual lighting installations—Comparisons between various evaluation systems of discomfort glare. The Glare Research Committee.

[35] Illuminating Engineering Society of North America(1972). RQQ Report No. 3. An alternative simplified method for determining the acceptability of a luminaire from the VCP standpoint for use in large rooms. Journal of the IES 1, (3), 256.

[36] Illuminating Engineering Society of North America(1973). RQQ Report No. 2: Outline of a standard procedure for computing visual comfort ratings for interior lighting. Journal of the IES 2, (3), 328-344.

[37] Illuminating Engineering Society of North America(1973). Determination of average luminance of luminaires, Journal of the IES 1, (2), 181-184.

[38] Illuminating Engineering Society of North America(1981). IES Lighting Handbook, Application Volume.

[39] Illuminating Engineering Society of North America(1981). IES Lighting Handbook, Refer-

ence Volume.

[40] Illuminating Engineering Society (London) (1972). Technical Report No. 4, Daytime lighting in buildings and Supplement, Control of discomfort sky glare from windows, (1977).

[41] Illuminating Engineering Society, London(1967). Technical Report No. 10, Evaluation of discomfort glare. and Supplement, Additional data for asymmetric light distributions.

[42] Kotik, G. G. , Matveyev, A. B, and Fedyukina, G. V. (1977). Principles involved in the construction of a discomfort index scale(in Russian). Svetotechnika, (4), 2-4.

[43] Krol, C. I. , and Myasoyedova, E. I. (1972). Methods of the glare index calculation in lighting installations for industrial interiors(in Russian). Svetotechnika, 5.

[44] Levin, R. E. (1973). An evaluation of VCP calculations. Journal of the IES, 2, (4), 355-361.

[45] Lewin, Ian, (1973). New concepts in direct glare contr01. Journal of the IES, 2. (3).

[46] Lowson, J. C. (1959). Practical application of direct discomfort glare research in the new Australian artificial lighting code. Transactions of the IES(London), 24, (41), 169-184.

[47] Lowson, J. C. (1963). A comparison between the British and Australian glare table systems. IES Lighting Review, 25, (2), 39-47.

[48] Lowson, J. C. (1976). Interior lighting and the visual environment. Australian Standard 1680-1976, the new interior lighting code. IES Lighting Review, 38, (4), 88-95.

[49] Lowson, J. C. (1981). Practical applications of the Einhorn (CIE) glare index formula. Lighting Research and Technology, 13, 169-191.

[50] Luckiesch, M. , and Guth, S. K. (1949). Brightnesses in visual field at borderline between comfort and discomfort(BCD), Illuminating Engineering, 44, (11)650.

[51] Lulla, A. B. , and Bennett, C. A. , (1981). Discomfort glare; range effects. Journal of the IES, 10, (2), 74-80.

[52] Luminance Study Panel of the IES Technical Committee: (1962). The development of the IES Glare Index System. Transactions of the IES(London), 27, 9.

[53] Luminance Study Panel of the IES Technical Committee (1965). Glare from overall diffusing ceilings. Transactions of the IES(London), 30, 21.

[54] McGowan, TK and Guth, SK, (1969). Extending and applying the IES visual comfort rating procedure. Illuminating Engineering, 64, (4), 253.

[55] McNamara, A. C. (1972). Lighting efficiency or comfort? Lighting Design and Application. March 6.

[56] McNelis, J. F. (1981). A discomfort glare calibrating device: subjective evaluations in a standard environment, Journal of the IES, 10, (1).

[57] Manabe, H. (1975). Report of studies on the evaluation of discomfort glare in interior lighting. Journal of the Illuminating Engineering Institute of Japan, 59, (1), 36-43 and (3), 20-21.

[58] Myasoyedova, E. I. , and Tereshkevich, S. G. (1977). Selection of a criterion for evaluating the adaption and glare luminance from large luminous surfaces(in Russian). Svetotechnika, (1), 11-14.

[59] Nakamura, H. , and Oki, M. (1972). Luminance measurement by photographic photometry 2. A paper to the general congress of the Japanese Architectural Society October, 93-94.

[60] Nakamura, H. , Nishi, Y. and Oki, M. (1973). Measurement of glare index by orthographic optical photo.

[61] Neidhart, J. J. (1974). Comfortable, economic, effective classroom lighting. Lighting Design and Application, 4, (2), 16-19.

[62] Östberg, O. , and Stone, P. T. (1974). Methods for evaluating discomfort glare aspects of lighting. Goteborl Psychological Reports, 4, (4).

[63] Östberg, O. (1977). Blandningens fysiologi, psykologi och matning. (The physiology, psychology and measurement of glare). Proceedings of Nordisk belysnings Kongress; University of Lulea.

[64] Östberg, O, Stone, P. T. , and Bensen R. A. (1975). Free magnitude estimation of discomfort glare and working task difficulty. Goteborg Psychological Reports, 5, (15).

[65] Petherbridge, P. , and Hopkinson R. G. (1950). Transactions of the IES London. 15, 39.

[66] Rubinson, R. M. , and Bennett, C. A. (1979). Discomfort glare; distribution of responses-a re-analysis. Special Report No. 132, Kansas State University.

[67] Sampson, F. K. and Hones, B. F. (1972). Prediction, evaluation and specification of visual comfort and performance in classrooms. Journal of the IES, 1, (2), 153-165.

[68] Söllner, G. (1965). Lichttechnik 17. 59A.

[69] Söllner, G. (1972). Blendung durch leuchtende Decken. (Glare from Luminous Ceilings). Lichttechnik 24, (11).

[70] Söllner, G. (1974). Blendungsbewertung in Beleuchtungsanlagen mit Lampen höher Leuchtdichte. (Glare assessment in lighting installations with lamps of high luminance). Lichttechnik 26, 169-172.

[71] Söllner, G. (1974). Probleme der Innenraumbeleuchtung mit Lichtquellen höher Leuchtdichte. (Interior lighting problems with light sources of high luminance). Fachtagung 1974 der LiTG. SLG und LTAG in Salzburg. Tagungsbericht, 1. Band, 353-378.

[72] Stone, P. T. , and Harker, S. D. P. (1973). Individual and group differences in discomfort glare responses. Lighting Research and Technology, 5, 41-49.

[73] Tabuchi, Y. (1975). Proposal of ready calculation diagram for glare evaluation (in Japanese). Journal of the Illuminating Engineering Institute of Japan, 59, (1), 26-28.

[74] Uvarova, T. V. , Undasynov, G. N. and Fedyukina, G. Y. (1976). Graphic method of evaluation of permissible discomfort glare evaluation for public lighting fittings(in Russian). Elekrotechnitcheskaja promyshlennost suetotech nitcheskie izdelija, (3), 9-10.

[75] Yepaneshnikov, M. M. , Sidorova, T. N. , and Undasynov, G. N. (1972). Methods of calculating of the discomfort glare index in the public interior lighting installations(in Russian). Svetotechnika, (3), 21-26.

[76] Yepaneshnikov, M. M. , Undasynov, G. N. , and Fedyukina, G. V. (1975). The study of the effect of visual discomfort on the human fatigue and labour productivity(in Russian). Svetotechnika, (2), 10-12.

[77] Yepaneshnikov, M. M. , Undasynov, G. N. , and Fedyukina, G. V. (1975). Method of determining of the requirements on luminaire luminance on the basis of discomfort studies(in Russian). Svetotechnika, (3), 8-10.

ICS 91.160.10
K 70

中华人民共和国国家标准化指导性技术文件

GB/Z 26212—2010/CIE 117—1995

室内照明不舒适眩光

Discomfort glare in interior lighting

(CIE 117—1995,IDT)

2011-01-14 发布　　2011-06-01 实施

中华人民共和国国家质量监督检验检疫总局
中国国家标准化管理委员会　发布

前　言

本指导性技术文件等同采用 CIE 117—1995《室内照明不舒适眩光》(英文版)。

本指导性技术文件等同翻译 CIE 117—1995。

为了便于使用,本指导性技术文件做了下列编辑性修改:

a) 用小数点'.'代替作为小数点的',';

b) 删除 CIE 117—1995 的前言。

本指导性技术文件的附录 A、附录 B、附录 C 和附录 D 为资料性附录。

本指导性技术文件由中国轻工业联合会提出。

本指导性技术文件由全国照明电器标准化技术委员会(SAC/TC 224)归口。

本指导性技术文件起草单位:国家电光源质量监督检验中心(北京)、生辉照明电器(浙江)有限公司、北京新材料科技促进中心、中国质量认证中心、霍尼韦尔朗能电器系统技术(广东)有限公司、东莞市品元光电科技有限公司、北京电光源研究所。

本指导性技术文件主要起草人:华树明、沈锦祥、阮军、许文申、付宝成、李维升、郭建坤、黎锦洪、江姗、段彦芳。

本指导性技术文件仅供参考。有关对本指导性技术文件的建议和意见,向国务院标准化行政主管部门反映。

引　言

本指导性技术文件描述的统一眩光等级(*UGR*)公式,包含了Einhorn和Hopkinson公式的特征并与Guth位置指数相结合。可以认为此公式在实用性和眩光预测结果准确性方面包含了主要公式的精华部分。公式指出眩光指数受观察者位置和视线方向影响。

在附录中,本指导性技术文件也描述了一种列表方法,此方法使用基准值和标准条件,允许生成简表,类似于在灯具数据页中使用的利用系数表。

用亮度限制曲线(*UGR*曲线)方法给出了一个不舒适眩光的粗略估算。附录中也给出了这种曲线是如何绘制和使用的。

本指导性技术文件推荐在下一版CIE室内照明指南中使用一种实用的CIE不舒适眩光评价系统。

室内照明不舒适眩光

1 总则和范围

CIE 29.2—1986 包含了 CIE 眩光指数公式和一个 CIE 亮度限制系统，叫作"CIE 安全卫士系统"，用它们来预测工作环境的不舒适眩光。

可以通过计算机用公式来预测一个拥有一系列特定条件的空间不舒适眩光。亮度限制系统被用来简单评估一个普通照明用灯具在有限数目条件下的适用性。

TC 3-13 委员会曾被要求提供一个"实际眩光评价系统"。本报告包含了此项任务的结果。

开发了三种眩光评价方法：

a) 基本"统一眩光等级(*UGR*)"公式；

b) 推导出的能够进行不同照明条件下的简单比较的算表法；

c) 推导出的能够帮助灯具设计并能够给照明设计者关于灯具适用性大致指导的"亮度限制曲线法"。

UGR 公式被 CIE 推荐使用。其实际应用需要使用计算机软件。附件中包含的两种导出的方法是为了提供可以帮助灯具制造商进行设计辅助的信息，并作为灯具数据页发表(导出的方法在一些国家的标准中也被使用)。

2 不舒适眩光

不舒适眩光在 CIE 17.4—1987 中定义如下：

在不一定减弱物体视觉效果的情况下，导致不舒适的眩光。

3 公式的导出

根据一项对不舒适眩光的研究和实践，在 CIE No. 55 中，提出了下面的 CIE 眩光指数(*CGI*)公式：

$$CGI = 8\log\left[2\cdot\frac{1+E_d/500}{E_d+E_i}\cdot\sum\frac{L^2\omega}{p^2}\right] \qquad (3.1)$$

式中：

E_d——有所有的光源引起的眼睛中的直接垂直照度(lx)；

E_i——眼睛中的间接照度(lx)；

L——在观察者眼睛方向上每一个灯具发光部分的亮度(cd · m^{-2})；

ω——在观察者眼睛中每一个灯具发光部分的立体角；

p——每一个灯具的古斯位置指数(相对于视线的位移)。

本报告全文中的 log 都是指以 10 为底的对数。

当时，这个公式被认为是不同国家系统间最好的数学折中方式。在用这个公式导出一个可行的不舒适眩光评价系统的过程中碰到了许多困难，所以进行了一些简化处理。

所有的不舒适公式都有如下形式：

$$GlareRating = C_1 \log(C_2 f_{room} \sum f_{luminaire}) \quad (3.2)$$

式中：

C_1 和 C_2——常数；

f_{room}——一个与房屋和背景亮度相关的因数；

$f_{luminaire}$——一个与灯具及其位置相关的因数。

因数 f_{room} 在 CIE 55 中给出，包含了对于眼睛的直接和间接照度的描述的术语。对于眼睛的间接照度，用来表征由房间各表面产生的眩光源的背景亮度。眼睛处的直接照度使眼睛产生了适应性和相关变量（眩光敏感性随着灯具尺寸和数量的变化而变化）。对于简化的眩光计算方法（眩光等级表和眩光等级曲线）而言，尚没有找到一种可行的办法把直接照度包含在内。

所以，统一眩光等级公式省略了直接照度。实际上，当将这个公式应用到具有推荐的照度值范围内的工作房间时，几乎没有影响。

CIE 55 中无变化的直接引用了在统一眩光等级公式中提出的系数 $f_{luminaire}$。

为了能够与最初由 Hopkinson 提出的公式相吻合，并形成英国眩光指数进位制，选择使用常数 C_1。

4 统一眩光等级（*UGR*）公式

4.1 公式

CIE 统一眩光等级（*UGR*）由式（4.1）给出（见图 1）：

$$UGR = 8 \log\left[\frac{0.25}{L_b} \cdot \sum \frac{L^2 \omega}{p^2}\right] \quad (4.1)$$

式中：

L_b——背景亮度（cd·m^{-2}）；

L——在观察者眼睛方向上每一个灯具发光部分的亮度（cd·m^{-2}）；

ω——观察者眼睛中每一个灯具发光部分的立体角（sr）；

p——每一个灯具的古斯位置指数（相对于视线的位移）。

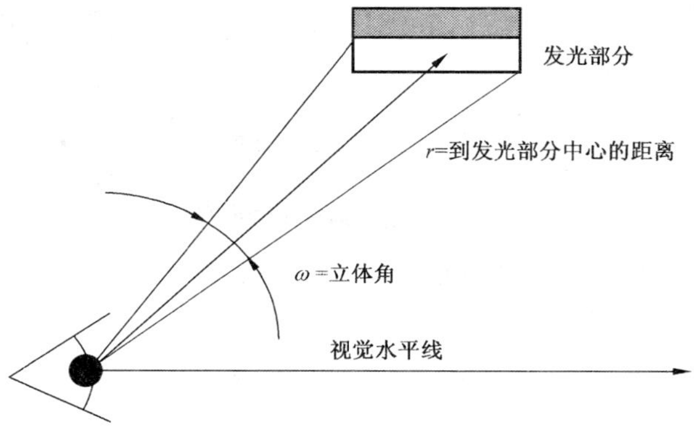

图 1 观察者看到的灯具亮度 *L*，立体角 *ω*，*r* 是到灯具发光部分中心的距离

4.2 背景亮度

背景亮度，L_b，定义为整个环境的均匀亮度，该环境在观察者眼睛的垂直面上产生的亮度和除了眩光源外的研究中的视野的亮度相同。可以通过式（4.2）获得：

$$L_b = \frac{E_i}{\pi} \quad \cdots\cdots (4.2)$$

式中：

E_i——观察者眼睛中的间接照度(lx)。

背景亮度，L_b，通常由 E_i 计算得到，E_i 既可以在空间光分布计算机计算中获得也可以通过间接墙面利用系数(参见英国 CIBSE TM10)的方法计算。这种计算是基于假定墙面上平均间接照度约等于观察者眼睛中的间接照度。这种假设对一般使用灯具均匀布置的照明系统的效果较好。

稍微不同的一种途径是计算房间各表面上的亮度。观察者眼睛中的间接照度是通过对由墙面作为发光体引起的照度进行计算得到的。这种方法比第一种稍微好一些，但是仍然建立在假定房间各表面是被均匀照亮的基础之上。

在更一般的方法中，房间的各表面被分成了许多小部分。每一个小部分的亮度由从灯具来的直接照度和各表面间的内部反射所决定。这样，由小部分在观察者眼睛上产生的照度就确定了。

UGR 对于 L_b 的误差不敏感，例如，L_b 的＋33％的误差会导致 UGR 一个单位的误差。

4.3 灯具亮度

灯具亮度，L 一般是由灯具在观察者方向上的光强 I 和灯具的投影面积 A_p 推得的：

$$L = \frac{I}{A_p} \quad \cdots\cdots (4.3)$$

4.4 观察者眼睛方向的立体角

立体角的大小可以通过灯具发光部分的投影面积和灯具中心到观察者眼睛的距离推得。

立体角用下式判断：

$$\omega = \frac{A_p}{r^2} \quad \cdots\cdots (4.4)$$

式中：

A_p——灯具发光部分的投影面积(m^2)；

r——从观察者到灯具发光部分中心的距离(m)。

4.5 位置指数

位置指数 p 通过对表 1 的数据进行插值获得。图 2 中给出了表中参数的定义。这些参数是 T/R 和 H/R，其中(R，T，H)来自于以观察者为基点建立的坐标系统。假定视线是水平的，R 是投影到视线上的距离，T 是相对视线的水平偏移量，而 H 是观察者眼睛上方的高度。所有的坐标都是以灯具为中心的。

表 1 位置指数表

T/R \ H/R	0.00	0.10	0.20	0.30	0.40	0.50	0.60	0.70	0.80	0.90	1.00	1.10	1.20	1.30	1.40	1.50	1.60	1.70	1.80	1.90
0.00	1.00	1.26	1.53	1.90	2.35	2.86	3.50	4.20	5.00	6.00	7.00	8.10	9.25	10.35	11.70	13.15	14.70	16.20	—	—
0.10	1.05	1.22	1.46	1.80	2.20	2.75	3.40	4.10	4.80	5.80	6.80	8.00	9.10	10.30	11.60	13.00	14.60	16.10	—	—
0.20	1.12	1.30	1.50	1.80	2.20	2.66	3.18	3.88	4.60	5.50	6.50	7.60	8.75	9.85	11.20	12.70	14.00	15.70	—	—
0.30	1.22	1.38	1.60	1.87	2.25	2.70	3.25	3.90	4.60	5.45	6.45	7.40	8.40	9.50	10.85	12.10	13.70	15.00	—	—
0.40	1.32	1.47	1.70	1.96	2.35	2.80	3.30	3.90	4.60	5.40	6.40	7.30	8.30	9.40	10.60	11.90	13.20	14.60	16.00	—
0.50	1.43	1.60	1.82	2.10	2.48	2.91	3.40	3.98	4.70	5.50	6.40	7.30	8.30	9.40	10.50	11.75	13.00	14.40	15.70	—
0.60	1.55	1.72	1.98	2.30	2.65	3.10	3.60	4.10	4.80	5.50	6.40	7.35	8.40	9.40	10.50	11.70	13.00	14.10	15.40	—
0.70	1.70	1.88	2.12	2.48	2.87	3.30	3.78	4.30	4.88	5.60	6.50	7.40	8.50	9.50	10.50	11.70	12.85	14.00	15.20	—
0.80	1.82	2.00	2.32	2.70	3.05	3.50	3.92	4.50	5.10	5.75	6.60	7.50	8.60	9.50	10.60	11.75	12.80	14.00	15.10	—
0.90	1.95	2.20	2.54	2.90	3.30	3.70	4.20	4.75	5.30	6.00	6.75	7.70	8.70	9.65	10.75	11.80	12.90	14.00	15.00	16.00
1.00	2.11	2.40	2.75	3.10	3.50	3.91	4.40	5.00	5.60	6.20	7.00	7.90	8.80	9.75	10.80	11.90	12.95	14.00	15.00	16.00
1.10	2.30	2.55	2.92	3.30	3.72	4.20	4.70	5.25	5.80	6.55	7.20	8.15	9.00	9.90	10.95	12.00	13.00	14.00	15.00	16.00
1.20	2.40	2.75	3.12	3.50	3.90	4.35	4.85	5.50	6.05	6.70	7.50	8.30	9.20	10.00	11.02	12.10	13.10	14.00	15.00	16.00
1.30	2.55	2.90	3.30	3.70	4.20	4.65	5.20	5.70	6.30	7.00	7.70	8.55	9.35	10.20	11.20	12.25	13.20	14.00	15.00	16.00
1.40	2.70	3.10	3.50	3.90	4.35	4.85	5.35	5.85	6.50	7.25	8.00	8.70	9.50	10.40	11.40	12.40	13.25	14.05	15.00	16.00
1.50	2.85	3.15	3.65	4.10	4.55	5.00	5.50	6.20	6.80	7.50	8.20	8.85	9.70	10.55	11.50	12.50	13.30	14.05	15.02	16.00
1.60	2.95	3.40	3.80	4.25	4.75	5.20	5.75	6.30	7.00	7.65	8.40	9.00	9.80	10.80	11.75	12.60	13.40	14.20	15.10	16.00
1.70	3.10	3.55	4.00	4.50	4.90	5.40	5.95	6.50	7.20	7.80	8.50	9.20	10.00	10.85	11.85	12.75	13.45	14.20	15.10	16.00
1.80	3.25	3.70	4.20	4.65	5.10	5.60	6.10	6.75	7.40	8.00	8.65	9.35	10.10	11.00	11.90	12.80	13.50	14.20	15.10	16.00
1.90	3.43	3.86	4.30	4.75	5.20	5.70	6.30	6.90	7.50	8.17	8.80	9.50	10.20	11.00	12.00	12.82	13.55	14.20	15.10	16.00
2.00	3.50	4.00	4.50	4.90	5.35	5.80	6.40	7.10	7.70	8.30	8.90	9.60	10.40	11.10	12.00	12.85	13.60	14.30	15.10	16.00
2.10	3.60	4.17	4.65	5.05	5.50	6.00	6.60	7.20	7.82	8.45	9.00	9.75	10.50	11.20	12.00	12.90	13.70	14.35	15.10	16.00
2.20	3.75	4.25	4.72	5.20	5.60	6.10	6.70	7.35	8.00	8.55	9.15	9.85	10.60	11.30	12.10	12.90	13.70	14.40	15.15	16.00
2.30	3.85	4.35	4.80	5.25	5.70	6.22	6.80	7.40	8.10	8.65	9.30	9.90	10.70	11.40	12.20	12.95	13.70	14.40	15.20	16.00
2.40	3.95	4.40	4.90	5.35	5.80	6.30	6.90	7.50	8.20	8.80	9.40	10.00	10.80	11.50	12.20	13.00	13.75	14.45	15.20	16.00
2.50	4.00	4.50	4.95	5.40	5.85	6.40	6.95	7.55	8.25	8.85	9.50	10.05	10.85	11.55	12.30	13.00	13.80	14.50	15.25	16.00
2.60	4.07	4.55	5.05	5.47	5.95	6.45	7.00	7.65	8.35	8.90	9.55	10.10	10.90	11.60	12.32	13.00	13.80	14.50	15.25	16.00
2.70	4.10	4.60	5.10	5.53	6.00	6.50	7.05	7.70	8.40	9.00	9.60	10.16	10.92	11.63	12.35	13.00	13.80	14.50	15.25	16.00
2.80	4.15	4.62	5.15	5.56	6.05	6.55	7.08	7.73	8.45	9.05	9.65	10.20	10.95	11.65	12.35	13.00	13.80	14.50	15.25	16.00
2.90	4.20	4.65	5.17	5.60	6.07	6.57	7.12	7.75	8.50	9.10	9.70	10.23	10.92	11.65	12.35	13.00	13.80	14.50	15.25	16.00
3.00	4.22	4.67	5.20	5.65	6.12	6.60	7.15	7.80	8.55	9.12	9.70	10.23	10.95	11.65	12.35	13.00	13.80	14.50	15.25	16.00

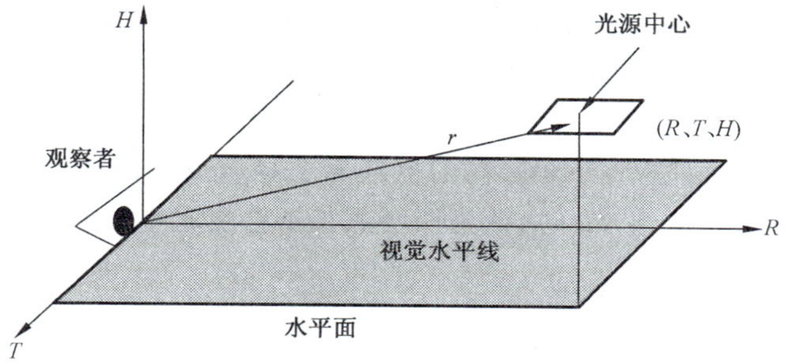

图 2　以观察者为基点的位置指数坐标系统(R,T,H)。比率 H/R 和 T/H 是以灯具为中心确定的

图 2 中给出的(R,T,H)的坐标系统对于计算 $f_{\text{luminaire}}$ 也很有用。灯具的坐标系统必须从此坐标系统中导出，而且一些涉及灯具方向的补充信息必须给出。

对于双面对称灯具的特殊情形(见图 3)，相对视线要么横向固定要么纵向固定，(C,γ)坐标以下面方式导出：

对于横向固定的，$C=\arctan(T/R)$ ……………………………………（4.5）

对于纵向固定的，$C=90°-\arctan(T/R)$ ……………………………………（4.6）

$$\gamma=\arctan\left(\frac{\sqrt{R^2+T^2}}{H}\right) \quad \cdots\cdots\cdots(4.7)$$

距离的平方，r^2，由下式得到：

$$r^2=R^2+T^2+H^2 \quad \cdots\cdots\cdots(4.8)$$

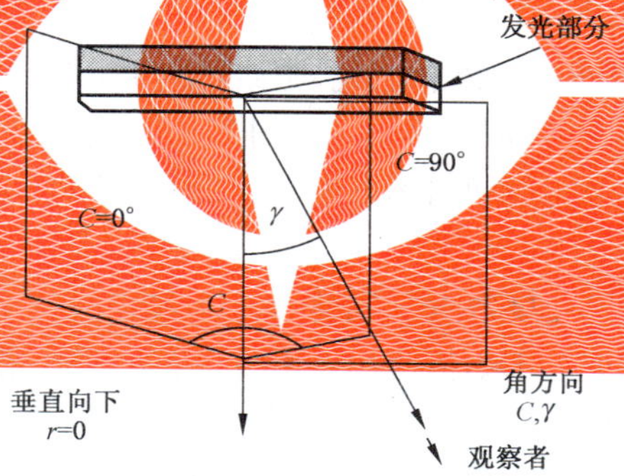

图 3　对灯具的任意方向都可以由角坐标(C,γ)表示。UGR 计算用到了发光部分亮度 L 和投影发光面积 A_p。双面对称灯具关于 $C=0°/180°$ 和 $C=90°/270°$ 平面对称。这种对称性对光强分布和灯具形状同时适用

需要注意的是：参数 T/R 中，位置指数是对称的，所以表格中仅包含此参数的非负值。表格中的项目是 T/R 的绝对值。

推荐将 T/R 值超出表格(0～3)范围的灯具忽略掉。更需要注意的是，表格中对应大的 H/R 值的一些位置上是空值。这对应于那些被观察者眉毛和前额挡住的位置，也就是对应着不会引起 UGR 增加的灯具。

5　*UGR* 公式的性质

UGR 公式中包含了 Einhorn 和 Hopkinson 公式的属性，并且与 Guth 位置指数相结合。可认为 *UGR* 公式在实践和熟悉眩光预测结果方面综合了最好的主要公式内容。

UGR 公式给出了一个眩光等级，是用于评价一个包含有光源的视觉环境中对应的任何不利的不舒适的心理参量。

眩光等级的尺度是一种间隔尺度，数目间差异代表了可分辨的心理值差异。在间隔尺度中，只有尺度值间的不同是有意义的。赋予最低值的数值是任意的，并且可以加以改变不会影响此尺度有效性。这种尺度在英国系统中已经尝试和测试了将近三十年，证明是有效的：一个眩光等级单位是最小可觉察差异；三个眩光等级单位是一个可接受的眩光标准。眩光等级尺度设计用来覆盖英国尺度范围。在此范围内，多数照明系统的实际值是10～30。高的值代表了显著的不舒适眩光，而一个低的值则代表了很小的不舒适眩光。当*UGR*值低于10时，认为照明系统不会引起不舒适，所以在全球范围内都可以用*UGR*＜10来定性它们。

6 *UGR*公式的局限性

在现有阶段，尚没有足够的研究表明*UGR*方法是否适用于间接照明和发光顶棚情况。CIE TC 3-01正在从事此方面的工作。

原则上，通过将两个值系列固定联系起来，*UGR*可以与北美照明工程学会所采用的VCP联系起来。不过这一点还没有做，因为还没有可靠的方法来选择两个系列的值。

用来生成*UGR*系统的数据范围限定并只限于那些对于眼睛的最大张角为0.1球面度（比方说，一个1 m的方形灯具在3 m处观察）的光源。进而，对于很小的光源的不舒适眩光是用光强而不是用亮度判断的，所以，*UGR*系统不应被用于小于0.000 3球面度的光源（比方说，从大约10 m处看一个下射的白炽灯）。

本指导性技术文件的目的是为了推荐一个可行的CIE不舒适眩光评价系统，此系统将包含在下一版的CIE室内照明导则中。

7 导出的方法

*UGR*公式可以用来产生标准系列的表和曲线，附录中对其内容和应用作了详细描述。

运用公式计算*UGR*能够给出对不舒适眩光的最佳预判。简化方法——列表和亮度限制曲线方法给出的结论在大多数情况下都与用公式做出的判断相一致，但是，如有可能应尽可能应用公式。

7.1 导出的列表方法

列表法涉及到计划用于与灯具光度数据一同给出的未修正的眩光指数的计算。采用了标准条件下的基准值范围。列表法同时给出了关于如何得出一种安装形式下的相应未修正眩光指数以及如何得出将它们修正到实际值的因数的指导。在一些情况下，例如，如果一种灯具只使用一种类型的光源，那么，可以发布对应于这种光源的修正了的*UGR*值。

列表法中讨论了两种形式。第一种，运用相对大量的灯具眩光数据和较少的修正；第二种，运用小量的数据但是更多的修正。两种方法实际运用时会得到非常相近的眩光等级数值。这些方法与当前使用的那些方法——一种是在英国另一种是在北欧国家，很类似。

7.2 导出*UGR*曲线方法

因为一些国家使用的是亮度限制系统，所以从*UGR*公式中推导出了*UGR*曲线法（也称亮度限制曲线法）。这种方法类似于“CIE防护系统”，容易理解和应用。但是，缺点是对眩光预判的精确度低，并且仅对有严格限制的标准条件适用。另外的问题在于，由于眩光有累积效应（在某一方向上不构成眩光的光可能在其他方向上组成超限的眩光），亮度分布恰好与限制线接近吻合时，有可能比那些与限制线相切或相交于一点的情况更加不舒适，房间对不舒适的效应在此法中也很大程度地被忽略了。由于这些原因，*UGR*表方法比*UGR*曲线方法更可取。

附 录 A
(资料性附录)
统一眩光等级表格

A.1 介绍

UGR 表格可以由灯具制造商算出并作为灯具光度数据的一部分提供。设计者可以用它们进行简单的 *UGR* 计算。*UGR* 表格对于对称和双面对称灯具都适用,但是只适用于长方形的房间。

UGR 表格类似于已被熟知的"利用系数表","利用系数"通过"房间指数(或者房间空间比率)"将灯具光强分布、房间表面反射和房间等效尺寸考虑在内。灯具制造商提供一个对于标准反射范围和房间指数的利用系数。在计算中用到的基准值需要有修正系数(如:镇流器因数)才能获得对应导出照度的真实值。表 A.1 是一个典型的利用系数表。设计者选择了一个光源(根据实际光通)、房间表面反射率并计算了房间指数。如果实际值与提供表格内的标准值不同可以采用插值处理。

表 A.1 一个典型的利用系数表

反射系数									
天花板/顶空间	0.7	0.7	0.7	0.5	0.5	0.5	0.3	0.3	0
墙壁	0.5	0.3	0.1	0.5	0.3	0.1	0.3	0.1	0
工作面	0.2	0.2	0.2	0.2	0.2	0.2	0.2	0.2	0
空间指数	利用系数(百分数)								
K=0.60	34	29	26	33	29	25	28	25	24
0.80	42	37	34	41	37	34	36	33	32
1.00	48	44	40	47	43	40	42	39	38
1.25	53	49	46	52	48	45	47	44	43
1.50	57	53	50	55	52	49	51	48	46
2.00	62	58	55	59	57	54	55	53	51
2.50	65	62	59	62	60	58	58	56	54
3.00	67	64	62	64	62	60	60	59	56
4.00	69	67	65	67	65	63	63	61	58
5.00	71	69	67	68	67	65	64	63	60
								UF(total)	*UF*(direct)

对于不同范围的标准值以及参数的基准值(如每一个灯具的总光源光通)的计算得出了 *UGR* 表格。标准、基准条件下的表格称为"未修正 *UGR* 表格"。

表格可以是只需要用到几个修正因数的"完全 *UGR* 表格(见表 A.2)"也可以是需要用到若干修正因数的"简化 *UGR* 表格(见表 A.3)"。

同完全 *UGR* 表格和简化 *UGR* 表格,表述随着观察者位置变化 *UGR* 数值变化的附属表也可以提供。这个理论来自于对带有镜面反射的灯具特别重要的北欧眩光指数法。

表 A.2　一个典型的未修正的完全 *UGR* 表格

反射系数：											
天花板/顶空间		0.7	0.7	0.5	0.5	0.3	0.7	0.7	0.5	0.5	0.3
墙壁		0.5	0.3	0.5	0.3	0.3	0.5	0.3	0.5	0.3	0.3
工作面		0.2	0.2	0.2	0.2	0.2	0.2	0.2	0.2	0.2	0.2
房间尺寸		横向观察					纵向观察				
$x=2H$	$y=2H$	14.4	15.4	14.6	15.6	16.0	13.5	14.5	13.7	14.7	15.1
	$3H$	14.3	15.3	14.6	15.5	15.8	13.3	14.3	13.6	14.5	14.8
	$4H$	14.2	15.1	14.5	15.3	15.6	13.2	14.1	13.5	14.3	14.6
	$6H$	14.0	14.8	14.4	15.1	15.4	13.0	13.8	13.4	14.1	14.4
	$8H$	14.0	14.8	14.4	15.1	15.4	13.0	13.8	13.4	14.1	14.4
	$12H$	14.0	14.8	14.3	15.0	15.4	13.0	13.8	13.3	14.0	14.4
$4H$	$2H$	14.4	15.3	14.7	15.5	15.8	13.6	14.5	13.9	14.7	15.0
	$3H$	14.3	15.1	14.6	15.3	15.7	13.4	14.2	13.7	14.4	14.8
	$4H$	14.1	15.0	14.5	15.2	15.7	13.2	14.1	13.6	14.3	14.8
	$6H$	14.1	14.7	14.6	15.1	15.6	13.2	13.8	13.7	14.2	14.7
	$8H$	14.0	14.6	14.6	15.0	15.5	13.1	13.7	13.7	14.1	14.6
	$12H$	14.0	14.6	14.6	15.0	15.5	13.1	13.7	13.7	14.1	14.6
$8H$	$4H$	14.0	14.6	14.6	15.0	15.5	13.1	13.7	13.7	14.1	14.6
	$6H$	14.0	14.5	14.5	14.6	15.3	13.1	13.6	13.6	14.0	14.4
	$8H$	13.9	14.3	14.4	14.7	15.3	13.0	13.4	13.5	13.8	14.4
	$12H$	13.9	14.3	14.4	14.6	15.3	13.0	13.4	13.5	13.7	14.4
$12H$	$4H$	14.0	14.6	14.6	15.0	15.5	13.1	13.7	13.7	14.1	14.6
	$6H$	13.9	14.3	14.4	14.7	15.3	13.0	13.4	13.5	13.8	14.4
	$8H$	13.9	14.3	14.4	14.6	15.3	13.0	13.4	13.5	13.7	14.4
不同间距下随观察位置不同的变化量											
$S=1H$		+0.9/−2.1					+0.8/−1.5				
$1.5H$		+2.2/−7.9					+2.6/−12.1				
$2H$		+4.0/−16.0					+4.0/−22.9				
同类其他灯具的修正量：											
1×18W：+2.4					1×36W：0					1×58W：−0.8	

表 A.2 是未经修正的，例如：它是按照每个灯具 1 000 lm 的基准值进行计算的。该表使用了一个标准的房间墙面反射率系列。它的分析允许房间达到 $12H\times12H$（H 代表高于眼睛的安装高度，基准值是 2 m）。附属表给出了 *UGR* 是如何根据观察者的位置在三个灯具间的不同而变化的。也列出了其他类似灯具的修正因数。所有的因数都是相加的，因为 *UGR* 是对数函数。

表 A.3　一个典型的简化 *UGR* 表格

观察方向		横向	纵向
标准表：		BK0	BK0
同类其他灯具修正量	1×18W	−3.1	−4.0
	1×36W	−5.5	−6.4
	1×58W	−6.3	−7.2
不同间距随观察者位置而改变的量	$S=1H$	+0.9/−2.1	+0.8/−1.5
	$1.5H$	+2.2/−7.9	+2.6/−12.1
	$2H$	+4.0/−16.0	+4.0/−22.9

表 A.3 是一个典型的简化 *UGR* 表格，它是运用一个标准表(BK0)的结果，因为灯具恰与一个标准分布相近。附属表格给出了对于类似灯具和三种灯具间距下因观察者位置改变引起的 *UGR* 数值的变化。标准表格是“北欧系统”的并采用该系统的命名法则(BK0，BK12 等)。

下面的部分描述了不同参数的影响以及选定标准和基准值的原因。

A.2 表格中标准和基准参数的设置

UGR 是关于灯具布局、房间以及观察条件等参数的函数。下面四个部分讨论了不同的参数。每一种情况下，保持其他参数恒定，只改变一个参数，纯粹考察这一参数的影响。

A.2.1 灯具性质

UGR 计算中考虑了两种灯具性质：亮度 L 和发光部分对观察者的投影面积 A_p。两个都是角坐标 C 和 γ(见图 A.1)的函数。亮度通常是由灯具发光强度数据和灯具发光部分几何形状给出的 A_p 推导得来。亮度也可以由测量得到。

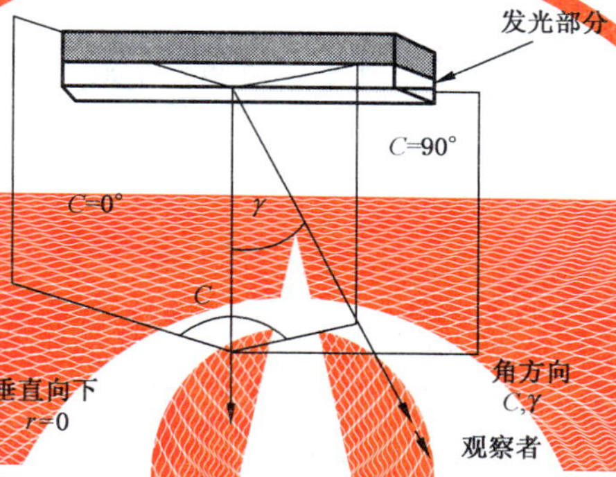

图 A.1

相对于灯具的任何方向都可以用角度坐标(C,γ)描述。*UGR* 计算用到亮度 L——灯具发光部分的亮度，和 A_p——投影发光面积。双面对称灯具关于面 $C=0°/180°$ 和 $C=90°/270°$ 对称。对称是指灯具光强分布和发光形状都对称。

许多灯具可以使用相同系列的灯作为光源，并不会改变光强的相对分布(如：那些采用管形荧光灯的灯具)。所以表格可以由“基准”的每个灯具总光通，Φ_0，(最好是 1 000 lm)计算得到并且通过修正将其运用到实际光源输出，Φ 上。修正关系式为：

$$UGR(\Phi) = UGR(\Phi_0) + 8\log(\Phi/\Phi_0) \quad \cdots\cdots(A.1)$$

类似地，如果灯具仅仅在尺寸上变化，但是发光形状或者相对光强分布(如那些采用管形荧光灯的灯具)不变化，就可以用基准投影面积 A_0 进行表格的计算。表格通过修正可以用来对面积为 A 的灯具进行处理。修正关系式为：

$$UGR(A) = UGR(A_0) - 8\log(A/A_0) \quad \cdots\cdots(A.2)$$

同样，如果同一型号的灯具之间光输出比率 η 变化小，可以用以光输出率形式给出的修正关系式进行处理。修正关系式为：

$$UGR(\eta) = UGR(\eta_0) + 8\log(\eta/\eta_0) \quad \cdots\cdots(A.3)$$

一些灯具可以使用不同数目的光源，却并不改变相对光强分布。对于每个灯具总光通的修正因数必须依据每个灯具的总光源光通来确定。此类情况下，经常需要对光输出比率进行修正。

A.2.2 灯具布局

图 A.2 给出的是一个常用的采用灯具均匀排布方式的照明系统。同时也给出了假定为“最坏情况”的观察者位置。

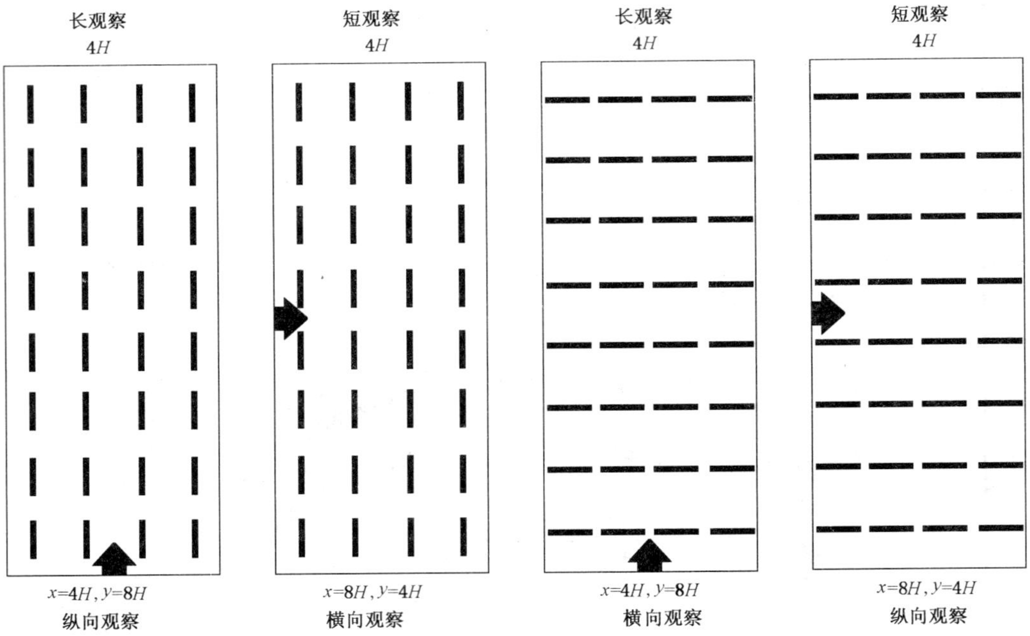

图 A.2

采用相同的灯具、在同一个水平安装面内以均匀方式排布的常用照明系统。同样给出了两个依惯例确定的观察者位置，分别在墙面的中间、通常离地面高度为 1.2 m。灯具相对观察者眼睛高度为 H。系统尺寸以高度 H 的形式给出，通常与视线(标为→)相关，x 垂直于视线，y 平行于视线。进而可以确定横向观察(x 为纵向尺寸，y 为横向尺寸)和纵向观察(x 为横向尺寸，y 为纵向尺寸)的含义。

UGR 对于安装高度 H——灯具在观察者眼睛水平面上方的距离，是独立的。如果一个房间连同照明系统同时扩展，即：高——H，就会从 H_1 变到 H_2，房间的宽和灯具的间距也以同样的比例变化。在 *UGR* 公式中，下面的项会发生变化：

$$\omega_2=\left(\frac{H_1}{H_2}\right)^2\cdot\omega_1$$

$$L_{b2}=\left(\frac{H_1}{H_2}\right)^2\cdot L_{b1}$$

式中：

ω——眩光源的立体角；

L_b——背景亮度。

ω 和 L_b 改变分别是因为灯具距离的增加和房间尺度的增加。两者的变化在 *UGR* 公式中相会抵消，所以高度 H 不会直接影响 *UGR*。

UGR 对于灯具间距——假设它们都不大的情况下，也是独立的。在进行 *UGR* 表格计算时，这些参数都可以采用固定的基准值，例如：高度 $H=2$ m 时，假定间距 S 在两个方向上都为 $0.25\times H=0.5$ m。这些值被用来进行计算，尽管对于许多灯具而言都是大于 0.5 m 并必须用较大的间距进行安装，但是因为对于这些参数的变化独立，这些基准值的 *UGR* 值是有效的。

为了计算，可假定基准的“单个灯具的总光源光通”为 1 000 lm。这就规定了一种基准情况：灯具间距为 0.5 m 时，工作面上每平方米的光源光通为 4 000 lm。

房间尺寸，x 和 y 以高度 H 的形式表达。它们分别垂直和平行于视线方向。用值 $2H$、$4H$、$6H$、$8H$ 和 $12H$ 来计算未修正 *UGR* 表格。

一般而言，*UGR* 值随着 x 和 y 值的增加而增加，因为大一点的系统有更多的灯具成为眩光源。尽管如此，由于那些能引起眩光的灯具只在一个紧密的范围内，*UGR* 的峰值在较小的 x 和 y 下出现，此后保持恒定。

选择合适的标准表格，假定将修正参数运用到标准表格数据上后，有可能用这些表格替代一个实际灯具的表格。这基本上就是第二种 *UGR* 表格——简化 *UGR* 表格。对于简化 *UGR* 表格而言，运用了一个背景亮度基准值，设计者必须推导出一个关于背景亮度变化的修正因数。

A.2.3 房间性质

UGR 是背景亮度的函数，因为房间内存在对光通的内部反射。为计算起见，房间用下列表面重新表达：工作面（一般在地板上方 0.85 m 高度）、灯具安装面和处于前面两面之间的部分墙面（见图 A.3）。

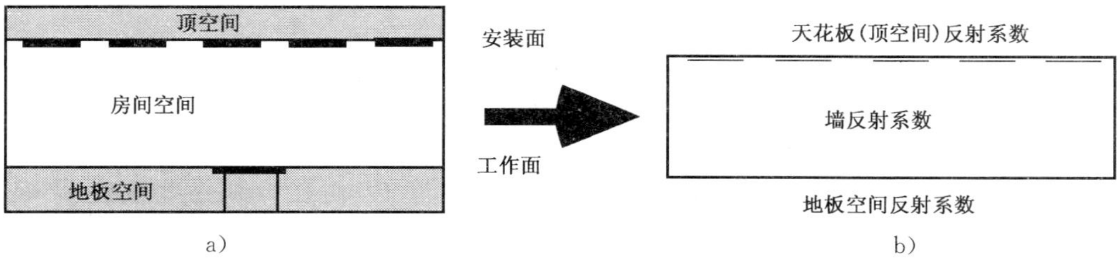

图 A.3

一个实际的房间 a）一般用工作面（通常高度为 0.85 m）以下的地板空间和灯具安装面之上的顶棚空间重新表述为三个面 b）。这些反射和房间尺寸影响背景亮度。

工作面（实际上是地板空间）有一个等效的反射率，在几个国家标准化为 0.2。灯具安装面（或者悬吊灯具的顶棚空间）有一个等效反射率，如果灯具直接安装在顶棚上就是顶棚的反射率。墙面反射是实际值或者是考虑了不同光洁度（和窗户等）的加权平均。表 A.2 给出了用于计算表格的标准反射率。

正如上文所提到的，每个灯具工作面上每单位面积的光源基准总光通为 4 000 $lm \cdot m^2$。对于这一光通密度，惯用的基准背景亮度为 127 $cd \cdot m^{-2}$（粗略对应为：1 $cd \cdot m^{-2}$ 每 10 π $lm \cdot m^{-2}$）。实际背景亮度就成为基准值乘以相对背景亮度因数 L_R。此因数可以由总光通利用系数——*UF*（总）和直接光通利用系数——*UF*（直接）判定。表达式如下（假设地板空间反射率为 0.2）：

$$L_R = 6 \times UF(总) - 5 \times UF(直接) \quad \cdots\cdots (A.4)$$

运用利用系数表：在房间实际反射率栏内找出 *UF*（总），在零反射率栏内找出 *UF*（直）（见表 A.1）。对于表 A.1 给出的空间指数为 2.00、反射率为 0.5、0.5 和 0.2 的情况有：

$$L_R = 6 \times 0.59 - 5 \times 0.51 = 0.99$$

如果地板空间反射率 ρ_f 不是 0.2，式（A.4）应该替换为

$$L_R = 5 \times (1 + \rho_f) \times UF(总) - 5 \times UF(直接) \quad \cdots\cdots (A.5)$$

其他计算背景亮度的方法也可以使用，例如英国 CIBSE TM10 中的方法。

在完全 *UGR* 表格中给出了对应于基准背景亮度——L_0 值为 127 $cd \cdot m^{-2}$、利用 L_R 进行计算得到的未修正 *UGR* 值，进行修正的修正关系式为：

$$UGR(L_R) = UGR(L_0) - 8 \log L_R \quad \cdots\cdots (A.6)$$

在简化 *UGR* 表格中，背景亮度的修正（运用 L_R 进行）被省略了。表格较小，但是所有的关于实际背景亮度的修正都必须由设计者完成。

A.2.4 观察者位置和视线

观察条件由观察者位置和视线确定。在计算机计算 *UGR* 时，任何相关的条件都可以使用，对于 *UGR* 表格而言，采用的是一系列的标准条件。

标准条件在图 A.2 中给出，观察者处于一面墙的中间位置，视线水平并垂直于墙面。如果适用，可以考虑两个观察方向——横向和纵向。

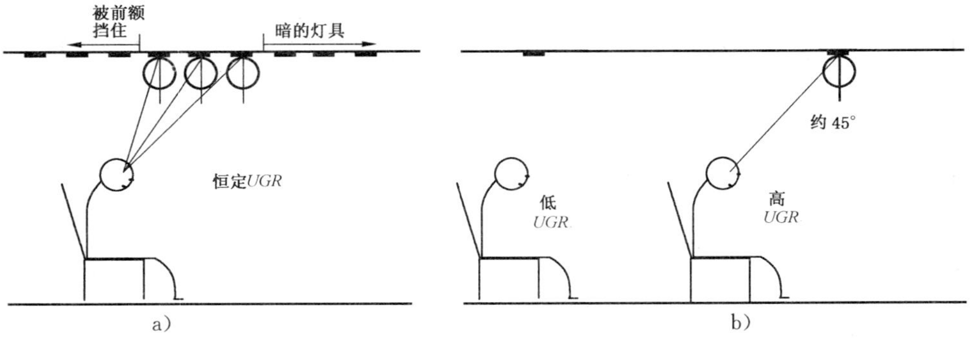

图 A.4

a) 采用截光角大约为 60 度的灯具，且灯具紧密排布。在所有位置上，几个灯具对 *UGR* 值都有作用，并且无论观察者位置如何，*UGR* 值恒定。

b) 同样的灯具但是间距更大。在某些位置 *UGR* 值会降低，而在另外一些位置 *UGR* 值增高。*UGR* 值围绕平均值在最大值和最小值之间变化，平均值就是在小间距下的 *UGR* 值。

正如在图 A.4a)中所示，几个灯具对眩光值有作用，如果采用紧密排布，观察者位置改变不大时 *UGR* 值变化很小。通过改变小范围的灯具的紧密排布，会有更多或者更少的灯具对眩光有贡献。对眩光的总贡献大致与灯具的数目成比例，但是，由于背景亮度同时也变化，两种效应相互抵消。所以，灯具间距不影响 *UGR* 的值。

因此，可以对基准间距进行 *UGR* 值的计算。如前所述，基准间距设定为 $0.25 \times H$。

如图 A.4b)中所示，当灯具间距不是很小时，随着观察者位置的稍许变动 *UGR* 值会改变。结果，对于大间距的灯具 *UGR* 值变得不均匀，同样的，照度均匀性也下降了。

尽管如此，对于小间距计算得来的 *UGR* 数值是有用的，因为它给出了在由间距限定的一个场内多个观察者位置的 *UGR*“平均值”条件。在紧密间隔下的 *UGR* 值是导出不同观察位置 *UGR* 最大值和最小值的基础。

对于一些灯具(如那些有特殊的光学性质和非常小的截光角的)，相对高度 *H* 的适度间距，*UGR* 值可能变得不均匀。此类灯具可被认为在小范围内导致眩光产生。对于有散射表面(如乳白板)的灯具，*UGR* 值在相当大的间距下仍保持均匀。这些灯具能在远距离上长生眩光。尽管如此，要对对灯具类型进行一般假设并不容易。

在固定灯具间距的限定的一个场内以 $0.25H$ 为步长移动观察者位置，发现 *UGR* 值会随着观察者位置变化而改变。对于小间距最大(小)值与平均值的差即为两个方向的变化量。图 A.4b)给出了实践中找出那些位置的方法。

灯具间距是重要参量，尤其是观察方向上的灯具间距。推荐 3 个基准灯具间距：$1H$、$1.5H$ 和 $2H$。用它们创建一个小附表，小附表可以和主体 *UGR* 表格一同使用。

A.3 *UGR* 表格的计算

A.3.1 初步建议

下面对计算过程加以阐述，对于一个在常用的照明系统双面对称灯具，按照图 A.2 表示出的两个观察条件进行 *UGR* 表格计算。

在完全 *UGR* 表格中，文件主体部分包含了对应于相对房间尺寸(见图 A.2)和标准反射率的未修正 *UGR* 值表格。

基准值是：$\Phi_0 = 1\,000$ lm；$H = 2$ m；$S = 0.25 \times H = 0.5$ m。为了获得实际的 *UGR* 值，必须使用依据基准值算得的未修正 *UGR* 值和修正参数。

在简化 *UGR* 表格中，只给出了对于基准相对房间尺寸的未修正 *UGR* 值。如前所述，大多数情况下，在表 A.4 中给出的标准表格，可以替换计算表。在这些情况下，表格提供了对应于标准表格连同修正因数的一个参考。

简化 *UGR* 表格是针对同样的基准值给定的。对单个灯具光源总光通 Φ 进行修正。基准背景亮度是

127 cd·m^{-2}。这就意味着要对实际相对背景亮度 L_R 进行额外的修正。这种修正通过运用式(A.6)进行。在表 A.2 和表 A.3 中提供了两种 *UGR* 表格的示例,表 A.2 为完全 *UGR* 表,表 A.3 为简化 *UGR* 表格。

下面解释的是创建表格的分步过程。

表 A.4 未修正 *UGR* 值的标准表格(北欧命名规则)

BK00 --- 所有位置上都是 20 ----

BK01	x 2	3	4	6	8	12
y 2	19.0	19.4	19.5	19.5	19.5	19.5
3	19.3	19.7	19.9	19.9	19.9	19.9
4	19.4	19.8	19.9	20.0	20.0	20.0
6	19.4	19.8	19.9	20.0	20.0	20.0
8	19.4	19.8	19.9	20.0	20.0	20.0
12	19.4	19.8	19.9	20.0	20.0	20.0

BK02	x 2	3	4	6	8	12
y 2	18.0	18.5	18.7	18.8	18.8	18.8
3	18.7	19.2	19.5	19.6	19.6	19.6
4	18.8	19.4	19.7	19.8	19.9	19.9
6	18.9	19.5	19.8	19.9	20.0	20.0
8	18.9	19.5	19.8	20.0	20.0	20.0
12	18.9	19.5	19.8	20.0	20.0	20.0

BK03	x 2	3	4	6	8	12
y 2	17.0	17.6	17.9	18.0	18.0	18.0
3	17.9	18.6	18.9	19.1	19.1	19.2
4	18.2	18.9	19.3	19.5	19.6	19.6
6	18.4	19.1	19.5	19.8	19.8	19.9
8	18.4	19.1	19.6	19.8	19.9	19.9
12	18.5	19.2	19.6	19.9	19.9	20.0

BK04	x 2	3	4	6	8	12
y 2	16.0	16.6	17.0	17.1	17.2	17.2
3	17.2	17.9	18.4	18.6	18.7	18.7
4	17.6	18.4	18.9	19.2	19.2	19.3
6	17.9	18.7	19.2	19.6	19.7	19.7
8	18.0	18.8	19.3	19.7	19.8	19.9
12	18.0	18.8	19.4	19.8	19.9	20.0

BK05	x 2	3	4	6	8	12
y 2	15.0	15.7	16.1	16.3	16.3	16.3
3	16.5	17.3	17.8	18.0	18.1	18.2
4	17.0	17.8	18.4	18.8	18.9	18.9
6	17.4	18.2	18.9	19.3	19.5	19.6
8	17.5	18.4	19.7	19.5	19.7	19.8
12	17.6	18.5	19.2	19.6	19.8	20.0

BK06	x 2	3	4	6	8	12
y 2	14.0	14.7	15.2	15.4	15.5	15.5
3	15.7	16.5	17.1	17.4	17.5	17.6
4	16.4	17.3	17.9	18.3	18.4	18.5
6	16.9	17.8	18.5	19.0	19.2	19.4
8	17.1	18.0	18.8	19.3	19.5	19.7
12	17.2	18.2	18.9	19.5	19.8	20.0

BK07	x 2	3	4	6	8	12
y 2	13.0	13.8	14.3	14.6	14.6	14.6
3	14.9	15.8	16.4	16.8	16.9	17.0
4	15.7	16.7	17.4	17.8	18.0	18.1
6	16.4	17.4	18.2	18.7	19.0	19.1
8	16.6	17.7	18.5	19.1	19.4	19.6
12	16.8	17.9	18.7	19.4	19.7	20.0

BK08	x 2	3	4	6	8	12
y 2	12.0	12.8	13.4	13.7	13.7	13.8
3	14.1	15.0	15.7	16.1	16.3	16.3
4	15.0	16.0	16.8	17.3	17.5	17.6
6	15.9	16.9	17.8	18.4	18.7	18.9
8	16.2	17.3	18.2	18.9	19.2	19.5
12	16.5	17.6	18.5	19.3	19.6	20.0

BK09	x 2	3	4	6	8	12
y 2	11.0	11.9	12.5	12.8	12.9	12.9
3	13.3	14.3	15.0	15.4	15.6	15.7
4	14.4	15.4	16.2	16.8	17.0	17.1
6	15.3	16.4	17.3	18.0	18.4	18.6
8	15.8	16.9	17.8	18.6	19.0	19.3
12	16.1	17.3	18.3	19.1	19.6	20.0

BK10	x 2	3	4	6	8	12
y 2	10.0	10.9	11.5	11.9	12.0	12.0
3	12.5	13.5	14.2	14.8	14.9	15.0
4	13.7	14.7	15.6	16.2	16.5	16.6
6	14.8	15.9	16.9	17.7	18.0	18.3
8	15.3	16.6	17.5	18.4	18.8	19.2
12	15.8	17.0	18.1	19.7	19.5	20.0

BK11	x 2	3	4	6	8	12
y 2	9.0	9.9	10.6	11.0	11.1	11.1
3	11.6	12.7	13.5	14.0	14.2	14.3
4	12.9	14.0	14.9	15.6	15.9	16.1
6	14.2	15.4	16.4	17.2	17.6	18.0
8	14.9	16.1	17.1	18.1	18.5	19.0
12	15.5	16.7	17.8	18.9	19.4	20.0

BK12	x 2	3	4	6	8	12
y 2	8.0	8.9	9.6	10.1	10.2	10.2
3	10.8	11.8	12.7	13.2	13.5	13.6
4	12.2	13.3	14.2	15.0	15.3	15.5
6	13.7	14.9	15.9	16.8	17.2	17.6
8	14.4	15.7	16.8	17.7	18.3	18.8
12	15.2	16.5	17.6	18.7	19.4	20.0

BKBF	x 2	3	4	6	8	12
y 2	11.9	13.0	13.6	14.0	14.3	14.4
3	13.4	14.7	15.4	16.1	16.5	16.7
4	14.0	15.4	16.2	17.1	17.5	17.9
6	14.4	15.9	16.8	17.9	18.4	19.0
8	14.6	16.0	17.0	18.1	18.8	19.5
12	14.7	16.2	17.1	18.4	19.1	20.0

BKFF	x 2	3	4	6	8	12
y 2	12.7	13.6	14.1	14.5	14.6	14.7
3	14.3	15.4	15.9	16.5	16.7	16.9
4	15.0	16.1	16.8	17.5	17.8	18.0
6	15.5	16.7	17.4	18.3	18.7	19.1
8	15.7	16.9	17.7	18.6	19.1	19.6
12	15.8	17.1	17.8	18.8	19.4	20.0

A. 3. 2 标准排布的中间表格

上面已经给出了基准条件。根据如图 A. 5 所示灯具光通排布的中间表,可以对两条视线都进行同样的计算。因为图中灯具位置具有固定的(R,T,H)坐标,就可能对每一个位置需要的位置指数值、r^2值和(C,γ)值进行判断。如此一来,计算中间表就仅是对前期运算数据的应用而已。

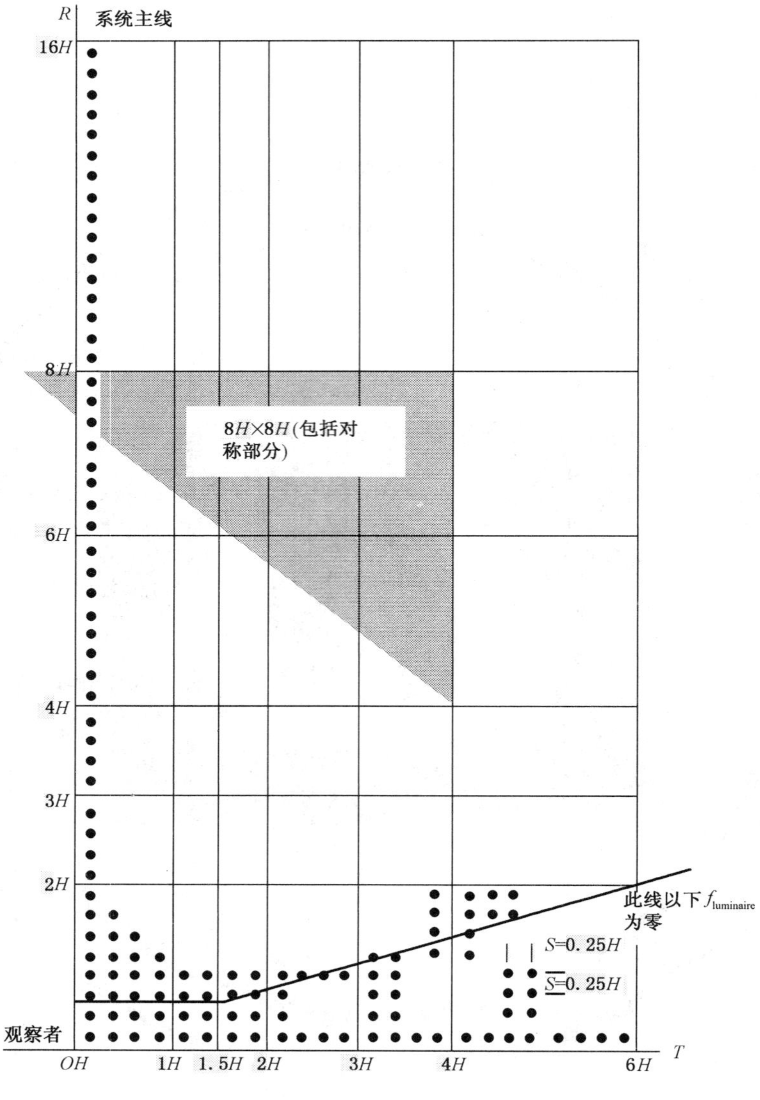

图 A. 5 灯具光通 $f_{luminaire}$ 中间表的标准灯具排布

中间表是针对 Φ_0 =1 000 lm 所得的,因为假定灯具为双面对称的,中间表只需考虑 T 值为正的情形。

A. 3. 3 *UGR* 表格的主要部分

中间表被用来创建主体 *UGR* 表格。某些区域相加,就如图 A. 5 中 8H×8H 的情况。如果和仅是对称排布的一半,那么它们都应乘以因数 2。每一个和数通过运用背景亮度值 127 cd · m^{-2}转换为未修正 *UGR* 值,从而获得如表 A. 5 中所示的两条视线的表格。

表 A.5 基准条件下、背景亮度为 127 cd·m^{-2}未的未修正 *UGR* 值表格

	x=2	3	4	6	8	12		x=2	3	4	6	8	12
y=2	14.3	14.6	14.6	14.6	14.6	14.6	y=2	13.4	13.7	13.8	13.8	13.8	13.8
3	14.4	14.7	14.7	14.7	14.7	14.7	3	13.4	13.7	13.8	13.8	13.8	13.8
4	14.4	14.7	14.7	14.7	14.7	14.7	4	13.4	13.7	13.8	13.8	13.8	13.8
6	14.4	14.7	14.7	14.7	14.7	14.7	6	13.4	13.7	13.8	13.8	13.8	13.8
8	14.4	14.7	14.7	14.7	14.7	14.7	8	13.4	13.7	13.8	13.8	13.8	13.8
12	14.4	14.7	14.7	14.7	14.7	14.7	12	13.4	13.7	13.8	13.8	13.8	13.8
	a,横向观察							b,纵向观察					

对于完全 *UGR* 表格，选择 *UGR* 表格中所考虑的对应房间尺寸的未修正 *UGR* 值，然后对 *UGR* 表格中每一个位置进行相对背景亮度 L_R 的修正(对相对背景亮度的修正对两条视线而言是相同的)。

对于简化 *UGR* 表格，每一个观察方向都单独考虑。表 A.5 中的数值只是一个观察方向的数据，与表 A.4 比较，可以用考察表对应位置上的值减去当前标准表对应位置上的值的结果创建一个新的表格。从此差异表格中找出最小和最大差异。如果用当前的标准表格替换要考察的表格，最小、最大值的差的一半就是替换操作的误差。

如果误差小于一个 *UGR* 单位，可以用标准表的基准替换当前的表格。灯具修正必须给出，因为这个值要被加到标准表的值上。这个值的取法是：最大与最小变化量的平均值。

其他观察方向的表格也以同样的方式考虑。

表格比较时应该允许忽略那些位置比率 x/y 或者 y/x 大于 3 的位置，因为它们对应于非常规的房间。

当误差大于一个 *UGR* 单位时，不能用标准表替换所考察的表格，必须是针对该灯具创建的表格。

A.3.4 *UGR* 值的补充表格

为了给出 *UGR* 值变化的附属表，使用了图 A.5 中的中间位置。对于 1×*H* 的灯具间距，选择由包括每个 *T* 和 *R* 的第 4 个数据的和组成，对于整个表格，选择由包括对称的一半数据的和组成。

如果从观察者前方最近的 16 个灯具中的一个开始，可能做出 4×4=16 个不同的此种选择，但由于对称性原因，对应这 16 个选择的和数中只有 8 个是不同的。

这 8 个和数都计算出来，并判断最大值、最小值和平均值。最小的和数与所有和数的平均值的比率小于 1。对这个比率取以 10 为底的对数。向下的变化是 −8 log(最小/平均)；向上的变化是 8 log(最大/平均)。

每一个选择都对应着相对于灯具的观察位置的选择；变化量给出了当观察者在一个 1*H*×1*H* 的场内移动时 *UGR* 的改变；假定场内所有位置的背景亮度为常数。

对于另外两个间距 1.5×*H* 和 2×*H*，导出变化的过程是类似的，分别有 18 和 32 个不同的和数。

对于其他视线重复此过程。

A.4 *UGR* 表格的应用

A.4.1 介绍

UGR 表格只能用于简单的盒子形的房间。宽一点范围的情形可以在各种相似值中包含。下面描述的是 *UGR* 表格的用法。

第一步是从表格主体推导出“平均”*UGR*。这涉及对对应的未修正 *UGR* 的选择和相应的加到其上的一个或多个修正因数的计算。

第二步是通过附属的变化表推导出 *UGR* 的实际变化，特别的有，把向上增量加到平均 *UGR* 上就会获得最大 *UGR* 值。

可以对一个或者两个观察条件(从灯具的横向或纵向观察)都进行计算。在一些情况下,如演讲厅,相关的观察方向只有一个,就可以只对这一个观察方向进行计算。其他情况下,两个观察方向都可能是相关的。

对于 *UGR* 有显著变化的布局,需要谨慎判断对房间的应用是否允许对不适宜位置的规避。如果是这种情况,“平均”*UGR* 对这些条件提供了一种合理的描述,否则,应该考虑最大 *UGR*。

在下面介绍的计算过程中,没有考虑细节问题,如怎样对数据进行插值。假定通过其常用形式得到进一步的修正(系数)。关于如何得出修正系数,包含一些图表在内的更详细的指导可能有用。在一些国家,在磁盘上提供文件和程序,给用户提供数据和指导。

A.4.2 完全 *UGR* 表格的应用

在表 A.6 的 A 部分给出了房间和照明系统的数据。

从灯具在地板之上的安装高度中减去观察者眼睛的高度得到 H。对于坐姿观察者眼睛高度一般为 1.2 m,而站姿观察者眼睛高度一般为 1.7 m。房间的尺寸转换为 H 的形式,分别为 x 和 y(见图A.2)。

下一步就是选择房间反射率。地板空间的反射率通常是假定为 0.2。对于顶棚而言,如果是悬吊灯具(见图 A.3)的话,必须采用顶棚空间反射率。

在表格的 B 部分,计算了“平均”*UGR* 值。相应的未修正 *UGR* 值是从表 A.2 中选取的。修正系数被计算出来并被加到相应的值上。两个观察方向都按此考虑。一项修正是针对采用的灯具类型的,从文件的下文中读取(数值)。另外的修正参数是针对每个灯具的总光源光通的。通过运用表格中给出的修正因数实现。

最大 *UGR* 值在表格的 C 部分判断。观察方向上的灯具间距是以 H 的形式判断的。从附属表格中,选择增量修正并将其加到平均 *UGR* 值上。

表 A.6 用完全 *UGR* 表数据进行 *UGR* 计算的示例。在 A 部分中,指明了房间和照明系统的数据;在 B 部分中,计算了“平均”*UGR*;在 C 部分中,将上升变化加进去之后获得最大 *UGR* 数。关于实际光源光通的修正(8 log3 250/1 000=4.1)见式(A.1)。

表 A.6 用完全 *UGR* 表数据进行 *UGR* 计算的示例

A. 房间和照明系统的数据

安装高度 高出地板面=3.2 m 一眼睛高度=−1.2 m 高出眼睛水平面 H=2.0 m	反射率 天花板/顶空间=0.5 墙壁=0.5 工作面=0.2	
房间尺寸 纵向:8 m= 4H= 横向:16 m= 8H=	横向观察 x y	纵向观察 y x

B. *UGR* 计算

未修正 *UGR*:	14.6	13.7
用于修正 光源= 36 W 光通量 Φ=3 250 lm	0.0 4.1	
“平均” *UGR*:	18.7	17.8

C. 增量修正

灯具间距: 修正增量:	2 m=1H 0.9	2 m=1H 0.8
最大 *UGR*:	19.6	18.6

A.4.3 简化 *UGR* 表格的应用

对于简化 *UGR* 表格，计算表格在表 A.7 中给出。

未修正 *UGR* 值是从表 A.4 中的对应标准表中选取的。

表 A.7 简化 *UGR* 表计算 *UGR*，除 B 部分不同外，与用完全 *UGR* 表格一样。未修正眩光指数是从标准表格中引用的，并且实施了对应于 L_R 的进一步修正。

表 A.7 简化 *UGR* 表计算 *UGR*

A. 房间和照明系统的数据

安装高度	利用系数	
高出地板面＝3.2 m	UF(总和)＝6×0.59	
一眼睛高度＝−1.2 m	UF(直接)＝−5×0.51	
高出眼睛水平面 H＝2.0 m	L_R＝0.99	
房间尺寸	横向观察	纵向观察
纵向：8 m＝ 4H＝	x	y
横向：16 m＝ 8H＝	y	x

B. *UGR* 计算

标准表：	BK00	BK00
未修正 *UGR*：	20.0	20.0
用于修正		
光源＝ 36 W	−5.5	−6.4
光通量 Φ＝3 250 lm	4.1	
$-8 \log L_R$＝	0.0	
"平均" *UGR*：	18.6	17.7

C. 增量修正

灯具间距：	2 m＝1H	2 m＝1H
修正增量：	0.9	0.8
最大 *UGR*：	19.6	18.6

除了相对背景亮度 L_R 的修正必须计算[见式(A.4)]外，计算过程如同完全 *UGR* 表格。修正($8 \log L_R$)被加入[见式(A.6)]。

附 录 B
（资料性附录）
***UGR* 曲线**

B.1 *UGR* 曲线

图 B.1 给出了 *UGR* 曲线的示例。它们与 CIE 防护系统(CIE Safeguard System)有相当的类似性。灯具的极端和用于表 A.6 和表 A.7 的计算相同(非对称镜面格栅)。图 B.1 的第一幅图也给出了灯具的亮度迹线，一个是横向的，一个是纵向的。

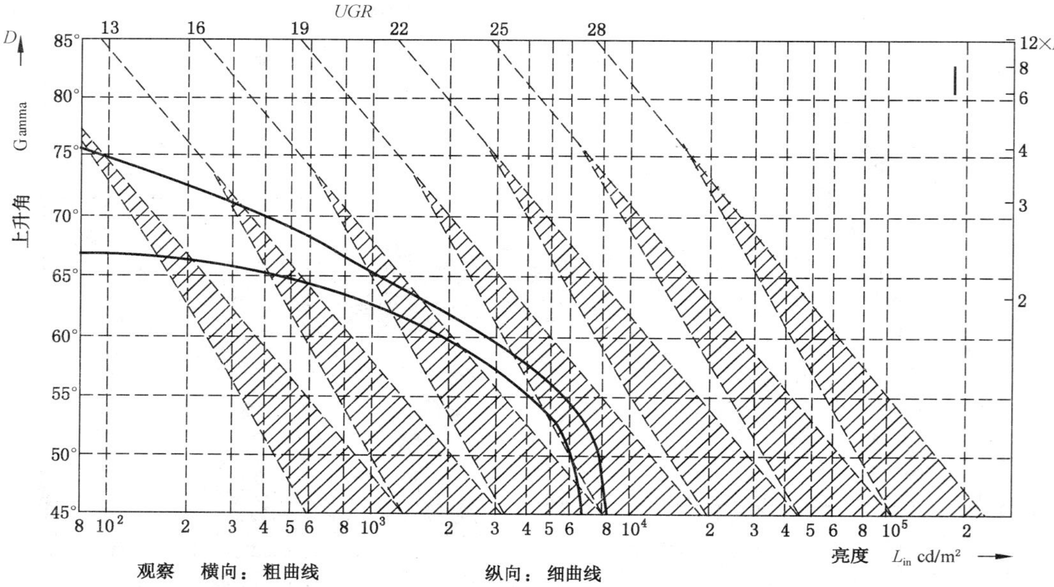

图 Ⅰ 典型背景亮度下的情形，指定灯具的亮度迹线同时给出

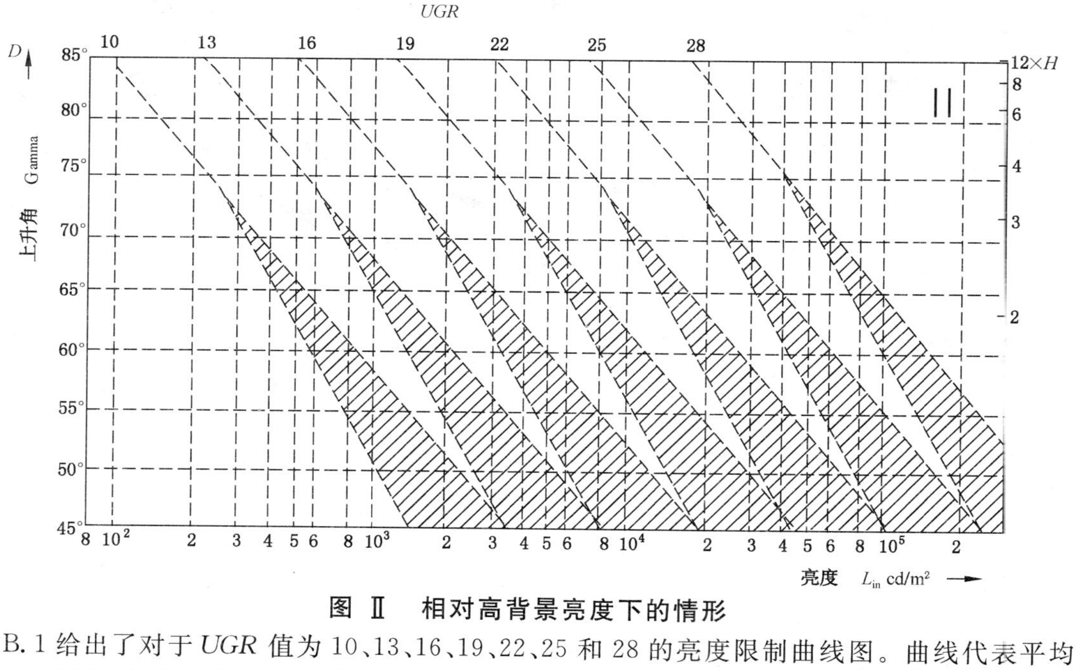

图 Ⅱ 相对高背景亮度下的情形

图 B.1 给出了对于 *UGR* 值为 10、13、16、19、22、25 和 28 的亮度限制曲线图。曲线代表平均 *UGR* 值。当最大 *UGR* 值限定为上述值时，应该避免临近曲线的阴影区域。

从中可以看出：迹线落在值为 19 的 *UGR* 曲线左侧。那么可以估计使用该灯具一般情况下平均 *UGR* 在 19 以下。然而，横向观察亮度迹线进入了该 *UGR* 曲线的阴影区域，所以在某些情况下最大 *UGR* 有可能超过 19。这些陈述基本上与表 A.6 和表 A.7 的结果相一致。

B.2 *UGR* 曲线的推导

UGR 曲线是显示与灯具亮度对数对最低点角度的亮度限制曲线。每一个 *UGR* 曲线对应于一个特定的 *UGR* 值，图中显示的曲线对应的 *UGR* 值在 10 和 28 之间。

UGR 曲线的意义在于：当 *UGR* 限定为某一确定值时，在房间允许的角度范围内灯具的亮度就应该受对应的曲线的限定。当考虑最大 *UGR*、并且灯具不是紧密排布（见图 A.4）时，亮度应该被阴影代表的角度范围更严格地限制。

计算这些曲线，需要背景亮度，背景亮度与工作面上每平方米的灯具光输出成比例。图 B.1 的第一个图中假定背景亮度值为 1 $cd \cdot m^{-2}$ 对应 10 π $lm \cdot m^{-2}$，10 π $lm \cdot m^{-2}$ 是一个典型的中等的数值。图 B.1 的第二个图中，假定的背景亮度值比前一数值高 237 倍，是一个相对高的数值。B3 部分给出了一些关于如何对图进行选择的建议。

图里的两个 *UGR* 曲线可以用下面的公式表达：

图 B.1 中的图Ⅰ：

$$\log L = (29 + UGR - 0.308\gamma)/8 \qquad \text{(B.1)}$$

图 B.1 中的图Ⅱ：

$$\log L = (32 + UGR - 0.308\gamma)/8 \qquad \text{(B.2)}$$

式中：

L——亮度（坎德拉每平方米，$cd \cdot m^{-2}$）；

γ——从最低点量起的角度（度）。

阴影区域是由 *UGR* 曲线本身和另一条线围成，另一条线由 *UGR* 曲线 $\gamma=75°$ 点起与相邻的少 3 个单位的 *UGR* 曲线的 $\gamma=45°$ 点相交。

图表的推导基于现已废除的英国带区分类为 BZ1～BZ10 的理论（意义上的）灯具，但是已经被用到大量灯具的研究中。*UGR* 曲线的推导见 Fischer 和 Sörensen。

B.3 *UGR* 曲线的用处

图 B.1 的图适用于相对明亮的空间（比如，顶棚、墙面和地板空间的反射，反射率分别为 0.7、0.5 和 0.2）。

图 B.1 中的图Ⅰ应用于那些很少或者完全不直接照亮墙面和顶棚的灯具。那些镜面反射和从最低点算起的截光角为小到中等的灯具就是这种灯具的典型。

图 B.1 中的图Ⅱ应用于宽光束或者有上射光能够直接照亮墙面和（或）顶棚的灯具。此种灯具可以有折射格栅、乳白罩等。

背景亮度实际值是 *UGR* 曲线系统的一个误差源，因为房间的性质确实影响背景亮度。在两个图中进行选择是一个对灯具简化的过程，过程中考虑的灯具类型则有更深的影响。在实际情况下，*UGR* 可能与 *UGR* 曲线给出的值偏差一个或多个单位。

系统固有误差的另一个来源是：灯具亮度曲线可以或多或少地匹配限制曲线。当亮度迹线在较大角度范围与限制曲线匹配时，*UGR* 比 *UGR* 曲线给出的值高；而在一个窄范围内匹配时，*UGR* 比 *UGR* 曲线给出的值低。对于多数实际灯具而言，这导致误差产生：低一个也可能在一些情况下变得更大。

图中的阴影区域只是为了表明最大 *UGR* 的影响，并不代表精确的信息。

因为这些限制，在照明系统详细设计时不推荐使用 *UGR* 曲线。然而，对于灯具设计、以初选为目的的同类灯具比较和装置的现场测试而言，它们是有用的。

附 录 C
（资料性附录）
灯具数据

C.1 介绍

为了进行 *UGR* 计算，需要由(C,γ)角度坐标指定的任意方向上的灯具亮度和可见面积 A_p。

应该有以表格形式给出的光强分布，这样光强分布就可以确定了。当使用计算机进行计算时，表格通常以一种机器可读的形式提供。为了描述亮度需要灯具形状和尺寸的信息。

表 C.1 光强表。数据单位是 cd/1 000 lm。因为灯具是双面对称的，所以实际表格范围中 $C=0°\sim90°$；因为 $\gamma=90°\sim180°$的光强是零，所以实际表格范围中 $\gamma=0°\sim90°$。

表 C.1 光强表

	C=0°	10°	20°	30°	40°	50°	60°	70°	80°	90°
γ=0°	321	321	321	321	321	321	321	321	321	321
2°	321	321	322	321	321	322	322	320	320	321
4°	319	320	320	320	320	321	321	319	320	321
6°	316	317	318	318	319	320	320	319	319	320
8°	314	315	316	316	316	317	317	317	317	317
10°	311	312	313	313	313	314	314	313	313	314
12°	308	309	310	310	310	310	310	308	309	310
14°	304	305	307	307	306	305	304	304	304	305
16°	301	302	303	302	301	300	300	299	300	300
18°	297	298	299	298	296	295	294	293	293	295
20°	293	294	295	292	291	290	287	286	287	288
22°	288	290	290	287	285	283	281	279	280	280
24°	283	285	285	282	279	277	274	272	272	274
26°	278	279	278	275	273	269	267	264	265	266
28°	274	275	272	269	266	262	259	256	256	258
30°	270	271	269	263	258	254	251	248	247	249
32°	267	268	264	258	251	247	243	239	238	239
34°	265	266	260	253	244	238	234	230	229	230
36°	264	263	256	248	238	230	226	220	218	220
38°	260	260	253	243	232	222	217	211	208	209
40°	251	251	246	239	225	215	208	200	197	199
42°	240	239	236	231	218	207	198	190	186	187
44°	227	227	224	220	210	200	188	180	175	175
46°	214	212	210	206	200	191	179	169	163	164
48°	196	196	194	192	187	182	170	159	151	151
50°	178	178	176	174	172	170	159	147	138	138
52°	156	156	156	154	153	155	147	135	125	124
54°	130	132	132	131	133	136	132	122	110	108
56°	102	104	107	106	110	114	114	105	92	88
58°	72	75	80	81	87	90	90	80	68	63
60°	48	52	56	57	65	64	61	52	41	36
62°	30	35	38	37	44	41	34	25	19	16
64°	19	22	24	24	28	23	15	11	7	6
66°	12	15	16	16	16	11	7	4	3	3
68°	6	9	11	10	9	5	3	2	2	2
70°	4	6	7	6	4	2	2	1	1	1
72°	2	3	4	3	2	1	1	1	1	1
74°	1	2	2	1	1	1	1	1	1	1
76°	1	1	1	1	1	1	1	1	1	0
78°	0	1	1	1	0	0	0	0	0	0
80°	0	0	0	0	0	0	0	0	0	0
82°	0	0	0	0	0	0	0	0	0	0
84°	0	0	0	0	0	0	0	0	0	0
86°	0	0	0	0	0	0	0	0	0	0
88°	0	0	0	0	0	0	0	0	0	0
90°	0	0	0	0	0	0	0	0	0	0

一些灯具的发光部分具有恒定的亮度 L。这种情况下，可见面积通过亮度和光强获得：

$$A_p = I/L \quad \cdots\cdots (C.1)$$

另外一些灯具的可见面积可以通过其发光部分形状和尺寸确定。然后亮度由下式确定：

$$L = I/A_p \quad \cdots\cdots (C.2)$$

对灯具的描述既可以是 A 类(常亮度)也可以是 B 类(发光部分恒定形状和尺寸)。在 C.3 中给出了详细内容。

C.2 光强分布表

光强分布表通常是在 C,γ 坐标系下给出的。表 C.1 给出了一个典型的表格。此表是针对一个双面对称灯具，对于该双面对称灯具 $C=0°/180°$ 和 $C=90°/270°$ 面是对称面。相应的，表格是以 $C=0°\sim90°$ 范围提供的。这个就是在附录 A 和附录 B 中用作 *UGR* 表格和曲线的示例的表格。

在计算机中可使用多种文件格式。光强可以通过对列表数据的插值得到。大多情况下，列表光强是以每个灯具光源总光通是 1 000 lm 情形给出的(例如，单位是 cd/1 000 lm)，所以列表数据必须被重新调节。

C.3 灯具形状和尺寸数据

正如在 C.1 部分提过的，需要对灯具有一个深入的描述，这种描述可以采取表 C.2 和图 C.1 的形式。

A 类(见表 C.2)针对具有恒定或近乎恒定亮度 L 的灯具。这种灯具可能包括裸灯或者使用了镜面型反射器可以看到裸灯像的灯具。困难在于选择恰当的亮度值。裸灯的平均光通数据表很有用(见图 C.2)。对于使用了裸灯的灯具此值可以直接应用。对于使用了镜面型反射器的灯具，此数据应该通过乘上反射材料的反射率来降低数值。

表 C.2 灯具附属描述的标准文本

A	发光部分描述为：每 1 000 lm 的恒定亮度	1 000 cd · m^{-2}
B0	灯具的发光部分描述为：区域的水平面	1 000 cm^2
B1	灯具的发光部分描述为： 区域的水平底面 和垂直圆柱体，从侧面看到的区域	 1 000 cm^2 500 cm^2
B2	灯具的发光部分描述为： 区域的水平底面 和垂直侧面，区域的每个面 和垂直端面，区域的每个面	 1 000 cm^2 300 cm^2 300 cm^2
B3	发光部分描述为：带有区域水平端的半球	1 000 cm^2
B4	发光部分描述为：可见区域的球形	1 000 cm^2
B5	发光部分描述为：垂直圆柱体，从侧面看到的区域	500 cm^2
B6	发光部分描述为：水平圆柱体，从侧面看到的区域	500 cm^2

A 类描述对于具有复杂几何结构透明漫射器的灯具也有用。每 1 000 lm 光源光通的平均亮度数据由下式给出：

$$L = \eta/(\pi \times A_p)\ (\text{每 } 1\ 000\ \text{lm}) \quad \cdots\cdots (C.3)$$

式中：

η——灯具的光输出比率；

A_p——灯具的发光表面积(m^2)。

大多数灯具是表 C.2 的 B 类。使用图 C.1 可以选择适当的类型。数据包含对投影面积的说明。

类型 B1 的描述涉及到对水平底面和垂直柱面的投影面积的计算和求和。在图 C.3 中给出了对应(于它们)的公式。

描述应该是用于计算 *UGR* 的计算机程序的一部分,所以一种标准形式的描述是可行的。表 C.2 给出了连同北欧眩光指数法一起使用的标准形式,它被用于产生计算接输出文件和灯具资料。在本报告给出的 *UGR* 表格中,使用的是面积为 1 180 cm^2 的 B0 型。

使用图 C.1 中的描述进行选择,但是必须遵循许多附加法则。在类型 A 或 B 间的选择就是这样一种情形。如果灯具具有格栅或者类似物,并且反射器亮度高于 500 cdm^{-2},必须选择 B 类。

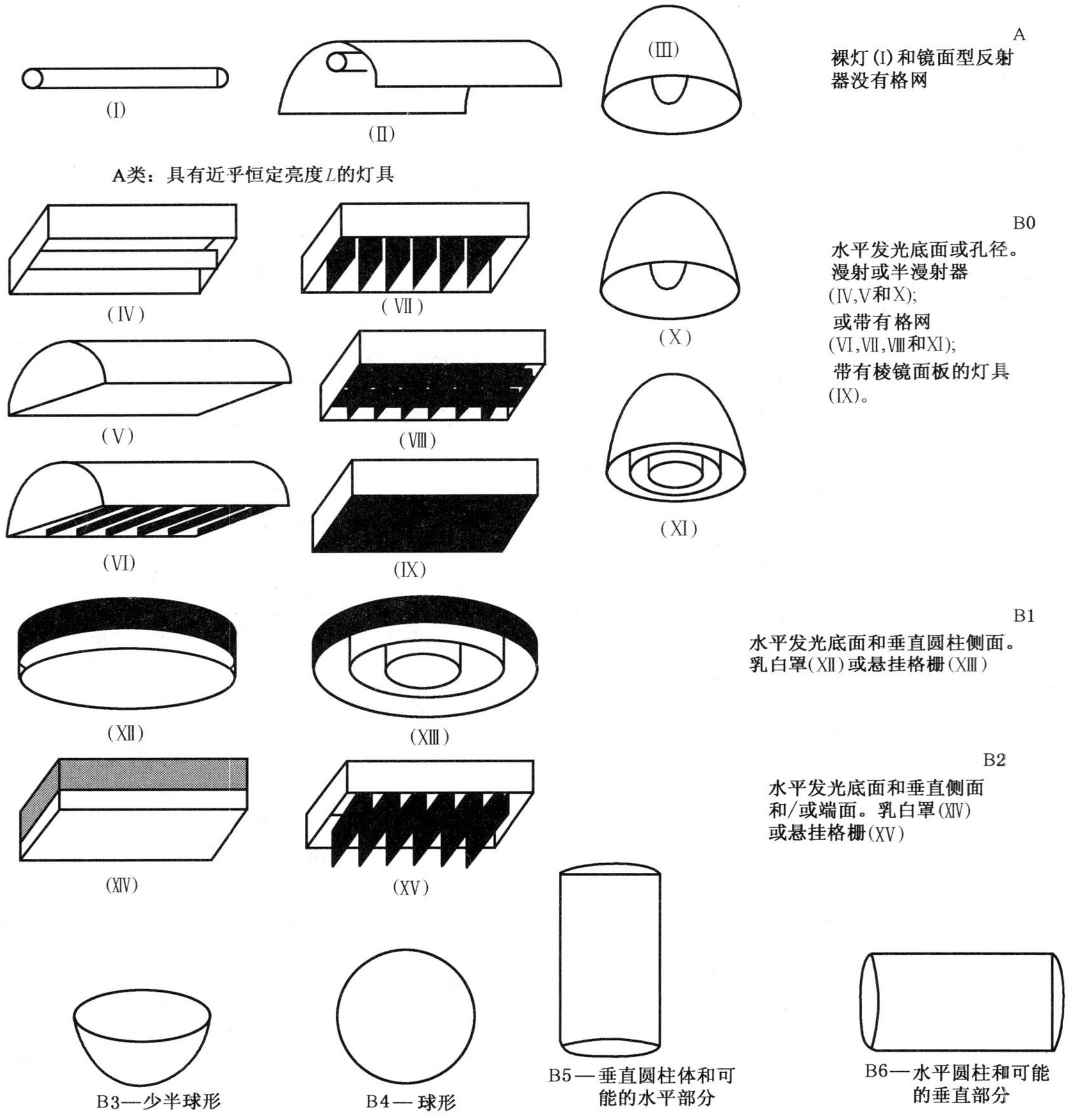

B 类:具有定义发光部分几何形状的灯具

图 C.1 灯具的附加描述

当使用 B 类时假如亮度高于 500 cd·m^{-2},任何类似于悬挂格栅的发光面积都包含在内。不在标准形状之列的发光形状必须用标准形状中的一个近似确定。

最后,当性能随着角度 γ 变化时,描述的选择应该基于灯具亮度显著的 γ 的最大值时的性能。

这些原则是北欧眩光指数法中原则的简化版。

从数据敏感性角度而言,数据不需要很精确,因为数据+33%或-25%的误差对应 *UGR* 尺度上仅为 1 个单位的误差。

额定/W	直径 D/mm	$L/(\mathrm{cd}\cdot\mathrm{m}^{-2})$*
25/40/60	60	28 000
75/100	60	28 000
150	65	24 000
200	80	15 800
标准 GLS 灯		
25	70	21 000
40/60/100	95	11 200
40/60/400	126	6 400
大灯泡灯		

磨砂玻壳的白炽灯或透明玻壳白炽灯

*：L 的单位为 $\mathrm{cd}\cdot\mathrm{m}^{-2}$ 每 1 000 lm 灯的光通量。

额定/W	l_1/mm	l_2/mm	直径 d	$L/(\mathrm{cd}\cdot\mathrm{m}^{-2})$*
50/70	150	106	70	15 200
100	180	114	75	13 200
150/250	220	137	90	9 200
400	290	182	120	5 200
高压钠灯				
50	130	84	55	25 000
80	155	106	70	15 200
125	180	114	75	13 200
250	220	137	90	9 200
400	290	182	120	5 200
汞灯				

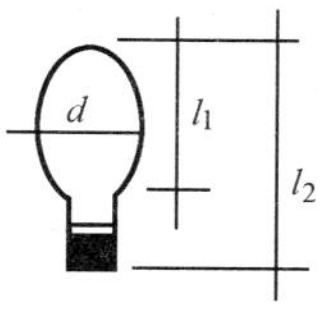

椭圆磨砂玻壳高强度放电灯

图 C.2 以 $\mathrm{cd}\cdot\mathrm{m}^{-2}$/1 000 lm 形式给出的不同类型和尺寸的光源的平均亮度近给出和代表了众多类型光源中的一些；应运用制造商(提供)的数据

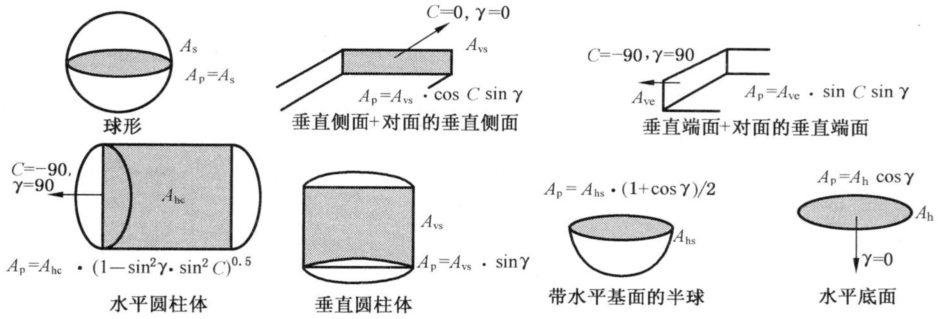

图 C.3 按类型给出的用于附属描述的发光部分的投影面积

附　录　D
（资料性附录）
示　　例

D.1　照明设计图

图 D.1 给出了一个演讲厅的两个可选照明系统，一个使用“抛物线形”灯具，另一个使用“球形”灯具。需要的(维持的)平均照度是大约 200 lx。工作面在地板上方 0.85 m 高处。视线沿灯具横方向时最大 *UGR* 应不超过 19，因而，*UGR* 应在两个视线方向进行评估。图 D.2 给出了灯具的一些性质。

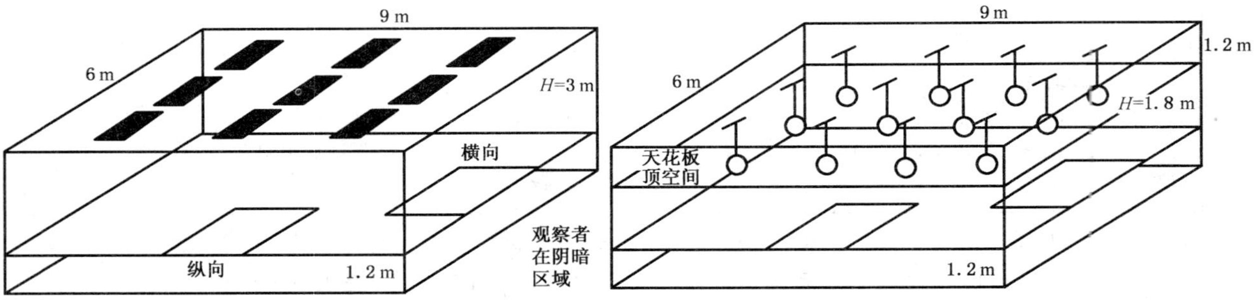

a) 带 3×3“抛物线性”灯具的装置　　　　b) 带 4×3“球形”灯具的装置

图 D.1　使用“抛物线形”灯具和“球形”灯具的演讲厅

顶棚，墙和地板空间反射率分别为 0.7、0.5 和 0.2

“抛物线性”灯具使用标准荧光灯并因为反射器和抛物线格栅具有“半散射”光学性质。灯具直接固定在顶棚上。灯具是双面对称的，在两个主平面内的光强曲线上都在大约 60°处截光。在附录 C 所给的附属描述条款中，这个灯具是 B0 型，其水平发光面积是 0.145 2 m^2。

“球形”灯具是从顶棚上悬挂的乳色球形。作为一种归类，其光强假定为恒定的。灯具是 B4 型的，投影面积为 0.125 7 m^2。

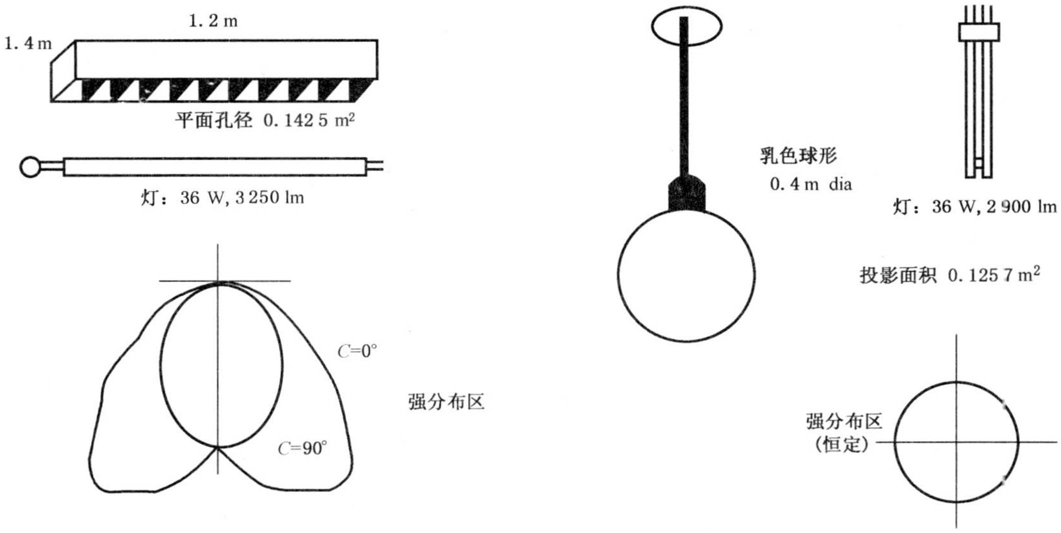

a) “抛物线形”灯具　　　　b) “球形”灯具

图 D.2　“抛物线形”灯具和“球形”灯具的一些性质

表 D.1 和表 D.4 给出了每一个灯具的光度数据。表 D.5 和表 D.6 给出了两种格式的 *UGR* 表格。图 D.3 和表 D.4 给出了 *UGR* 曲线。

表 D.1 “抛物线形”灯具的光强表(cd/1 000 lm)

	C=0°	10°	20°	30°	40°	50°	60°	70°	80°	90°
γ=0°	280	280	280	280	280	280	280	280	280	280
2°	281	282	282	281	281	281	280	279	279	280
4°	282	283	283	282	281	281	281	279	278	279
6°	283	284	284	282	282	281	280	278	277	278
8°	286	286	285	284	282	281	279	276	276	276
10°	288	289	288	285	283	281	278	274	272	273
12°	293	293	291	287	283	280	276	271	269	269
14°	298	297	295	290	284	279	273	268	266	266
16°	304	304	299	294	286	278	272	266	263	262
18°	311	309	305	297	288	279	270	262	258	258
20°	316	315	310	301	290	278	268	259	255	253
22°	320	318	314	304	292	279	267	256	250	249
24°	324	322	315	306	293	280	265	253	245	243
26°	327	325	318	307	294	280	263	249	240	238
28°	329	327	318	307	293	280	262	245	235	232
30°	329	327	318	307	293	278	260	241	230	226
32°	328	326	317	305	291	276	257	238	224	219
34°	324	322	313	302	288	273	255	233	217	213
36°	318	315	306	297	284	269	251	228	211	204
38°	307	305	297	289	278	264	246	223	203	196
40°	290	289	283	278	270	257	239	217	196	187
42°	267	266	264	264	259	248	231	210	188	178
44°	242	242	240	244	245	237	223	202	180	169
46°	215	215	215	220	227	223	211	193	171	159
48°	186	187	188	194	205	206	198	183	161	147
50°	154	156	160	168	178	186	182	169	150	135
52°	116	121	130	140	151	161	163	154	137	121
54°	78	88	100	113	124	135	140	135	120	105
56°	51	61	73	85	96	107	115	111	99	87
58°	31	44	54	62	70	80	87	84	76	65
60°	21	33	40	44	48	55	59	56	51	45
62°	16	25	31	32	32	35	36	35	33	28
64°	12	18	25	24	21	22	21	22	20	18
66°	9	13	18	17	14	13	14	14	13	12
68°	7	10	13	12	9	9	9	10	9	8
70°	6	7	8	8	6	6	7	7	6	6
72°	4	5	6	5	4	4	5	5	4	4
74°	3	4	4	3	3	3	3	4	3	3
76°	3	3	3	2	2	2	2	2	2	2
78°	2	2	2	2	2	2	2	2	2	2
80°	1	1	1	1	1	1	1	1	1	1
82°	1	1	1	1	1	1	1	1	1	1
84°	1	1	1	1	1	0	0	0	1	0
86°	0	0	0	0	0	0	0	0	0	0
88°	0	0	0	0	0	0	0	0	0	0
90°	0	0	0	0	0	0	0	0	0	0

表 D.2 "抛物线形"灯具的利用系数表

反射系数									
天花板/顶空间	0.7	0.7	0.7	0.5	0.5	0.5	0.3	0.3	0
墙壁	0.5	0.3	0.1	0.5	0.3	0.1	0.3	0.1	0
工作面	0.2	0.2	0.2	0.2	0.2	0.2	0.2	0.2	0
房间指数 k	利用系数(%)								
0.6	35	30	26	34	29	26	29	26	24
0.8	43	38	35	42	38	34	37	34	33
1.00	50	45	41	48	44	41	43	40	39
1.25	55	50	47	53	49	46	48	46	44
1.50	59	54	51	57	53	50	52	50	48
2.00	64	60	57	61	58	56	57	55	52
2.50	67	64	61	64	62	59	60	58	56
3.00	69	66	64	66	64	62	62	60	58
4.00	72	69	67	69	67	65	65	63	60
5.00	73	71	70	70	69	67	66	65	62

表 D.3 "球形"灯具的光强表(cd/1 000 lm)

	C=任意值
γ=0°	64
2°	64
…	…
…	…
180°	64

表 D.4 "球形"灯具的利用系数表

反射系数									
顶空间	0.7	0.7	0.7	0.5	0.5	0.5	0.3	0.3	0
墙壁	0.5	0.3	0.1	0.5	0.3	0.1	0.3	0.1	0
工作面	0.2	0.2	0.2	0.2	0.2	0.2	0.2	0.2	0
房间指数 k	利用系数(%)								
0.6	25	19	15	21	16	12	13	10	6
0.8	31	25	20	26	21	17	17	14	8
1.00	36	30	25	30	25	21	20	17	10
1.25	41	35	30	34	29	25	24	20	13
1.50	45	39	34	37	32	28	26	23	15
2.00	51	45	40	42	38	34	31	28	18
2.50	55	49	45	46	41	38	34	31	20
3.00	58	53	48	48	44	41	36	33	22
4.00	62	58	54	51	48	45	39	37	25
5.00	65	61	57	54	51	48	42	40	27

D.2 平均照度计算

对工作面上的平均照度进行计算。"抛物线形"灯具固定在工作面上方 3.35 m 高处,空间指数计算为 1.07。用这个值和空间各表面的反射率,确定利用系数为 0.51,而直接照明利用系数计算为 0.40。

“球形”灯具以 1.2 m 的悬挂长度固定在工作面上方 2.15 m 处。顶棚空间反射率确定为 0.52。利用系数为 0.4，而直接照明利用系数为 0.16。在要求的 200 lx 当使用九个“抛物线形”灯具或者 12 个“球形”灯具时，初始平均照度分别为 276 lx 和 258 lx，都在需要的 200 lx 之上。

D.3 *UGR* 值的计算

使用一个计算机程序，给出了对应于图 D.1 中不同观察者位置的 *UGR* 表格，同样也给出了平均和最大 *UGR* 值。

表 D.5 是“抛物线形”灯具的 *UGR* 表格，用于完成表 A.6 和表 A.7 中的表格。下面的内容描述了计算过程。

高度 $H=3$ m 的房间相对尺寸为 $2H$ 和 $3H$。用这些值和房间表面的反射率，相应横向观察和纵向观察的完全 *UGR* 表格中的未修正 *UGR* 值分别是 12.9 和 13.0。

在简化 *UGR* 表中，两个观察方向的基准值都是标准表 BK00。从表 A.4 中可以看出，不管房间尺寸如何，都是使用 20 这一值。将灯具修正（两个方向都是 −6.6）加到 20 上。关于相对背景亮度的修正的计算是：

$$L_R = 6 \times 0.51 - 5 \times 0.40 = 1.06$$

所以修正[见式(A.6)]＝−8 log 1.06＝−0.2。

表 D.5 “抛物线形”灯具的未修正（1 000 lm）完全 *UGR* 表（上）和简化 *UGR* 表（下）

反射系数：	顶空间	0.7	0.7	0.5	0.5	0.3	0.7	0.7	0.5	0.5	0.3
	墙壁	0.5	0.3	0.5	0.3	0.3	0.5	0.3	0.5	0.3	0.3
	工作平面	0.2	0.2	0.2	0.2	0.2	0.2	0.2	0.2	0.2	0.2
房间尺寸：		横向观察					纵向观察				
$x=2H$	$y=2H$	6.6	7.6	7.5	8.5	9.7	13.1	14.2	13.4	14.4	14.7
	$3H$	9.0	9.9	9.9	10.8	12.0	13.0	14.0	13.3	14.3	14.5
	$4H$	13.3	11.1	11.2	12.0	13.2	12.9	13.9	13.3	14.2	14.4
	$6H$	11.5	12.2	12.4	13.2	14.4	12.8	13.7	13.2	14.0	14.3
	$8H$	12.1	12.8	13.0	13.8	15.0	12.8	13.7	13.2	14.0	14.3
	$12H$	12.7	13.4	13.6	14.3	15.6	12.8	13.6	13.2	13.9	14.2
$4H$	$2H$	7.4	8.2	8.3	9.2	10.4	13.1	14.0	13.4	14.3	14.6
	$3H$	10.0	10.7	11.0	11.7	13.0	13.0	13.8	13.4	14.1	14.5
	$4H$	11.4	12.0	12.4	13.0	14.3	12.9	13.6	13.3	14.0	14.3
	$6H$	12.8	13.3	13.8	14.3	15.6	12.9	13.5	13.3	13.9	14.2
	$8H$	13.4	14.0	14.4	15.0	16.3	12.8	13.4	13.3	13.8	14.2
	$12H$	14.1	14.6	15.1	15.6	16.9	12.8	13.3	13.2	13.7	14.1
$8H$	$4H$	11.9	12.4	12.9	13.4	14.7	12.8	13.4	13.2	13.8	14.2
	$6H$	13.5	14.0	14.5	15.0	16.3	12.8	13.2	13.2	13.7	14.1
	$8H$	14.3	14.7	15.5	15.8	17.1	12.7	13.1	13.2	13.6	14.1
	$12H$	15.2	15.5	16.2	16.6	17.9	12.7	13.0	13.2	13.5	14.0
$12H$	$4H$	12.0	12.4	13.0	13.5	14.8	12.8	13.3	13.2	13.7	14.1
	$6H$	13.7	14.1	14.7	15.1	16.5	12.7	13.1	13.2	13.6	14.0
	$8H$	14.6	14.9	15.6	16.0	17.4	12.7	13.0	13.2	13.5	14.0
不同间距下随观察位置不同的变化量：											
$S=1H$		+1.4/−3.0					+1.0/−1.2				
$1.5H$		+2.6/−8.8					+2.4/−6.8				
$2H$		+4.4/−11.6					+3.6/−11.3				

简化 *UGR* 表

观 察 方 向		横　　向	纵　　向
标准表：		BK0	BK0
灯具的修正		−6.6	−6.6
随观察者在空间的位置而不同：	$S=1H$	+1.4/−3.0	+0.1/−1.2
	$1.5H$	+2.4/−6.8	+2.4/−6.8
	$2H$	+3.6/−11.3	+3.6/−11.3

两个观察方向的结果都是 *UGR* 为 13.2。这个值与完全 *UGR* 表中的 12.9 和 13.0 吻合很好。两个观察方向选择一个值 13.0，加上光源光输出修正(8 log(3 250/1 000)＝4.1)达到两个观察方向的平均 *UGR* 是 17.1。

接下来考虑 *UGR* 变化附属表。对于横向观察，灯具间距是 $1H$(3 m)，*UGR* 变化是上升 1.4。对于纵向观察，间距是 $0.67H$，决定使用上升变化 0.7。那么两个观察方向的 *UGR* 最大值就分别是 18.5 和 17.8。表 D.7 中注明了这些值和"平均"*UGR* 值。

对于"球形"灯具，相对房间尺寸是 $3.33H$ 和 $5H$，顶棚空间反射率 0.52，以此计算得到表 D.6 中 *UGR* 表格。从完全表中，针对横向观察和纵向观察情形，分别选择未修正 *UGR* 值为 12.7 和 11.8。

对于简化 *UGR* 表，从标准表 BK11 中选择值 15.0 和 14.3。加上灯具修正(−0.8)和背景亮度修正($L_R=6\times0.40-5\times0.16=1.6$)，所以修正[见式(A.6)＝−8 log 1.6＝−1.6]，结果是 12.6 和 11.9。这些值与从完全 *UGR* 表中得出的值相近。

加上光源光输出修正(8 log(2 900/1 000)＝3.7)，两个观察方向的平均 *UGR* 值是 16.3 和 15.6。附属表指出对于这个灯具没有变化量，所以最大 *UGR* 等于平均 *UGR*。表 D.7 注明了结果。

表 D.6 "球形"灯具的未修正(1 000 lm)完全 *UGR* 表(上)和简化 *UGR* 表(下)

反射系数：	顶空间 墙壁 工作平面	0.7 0.5 0.2	0.7 0.3 0.2	0.5 0.5 0.2	0.5 0.3 0.2	0.3 0.3 0.2
房间尺寸：		横向或纵向观察				
$x=2H$	$y=2H$	6.6	7.6	7.5	8.5	9.7
	$3H$	9.0	9.9	9.9	10.8	12.0
	$4H$	13.3	11.1	11.2	12.0	13.2
	$6H$	11.5	12.2	12.4	13.2	14.4
	$8H$	12.1	12.8	13.0	13.8	15.0
	$12H$	12.7	13.4	13.6	14.3	15.6
$4H$	$2H$	7.4	8.2	8.3	9.2	10.4
	$3H$	10.0	10.7	11.0	11.7	13.0
	$4H$	11.4	12.0	12.4	13.0	14.3
	$6H$	12.8	13.3	13.8	14.3	15.6
	$8H$	13.4	14.0	14.4	15.0	16.3
	$12H$	14.1	14.6	15.1	15.6	16.9
$8H$	$4H$	11.9	12.4	12.9	13.4	14.7
	$6H$	13.5	14.0	14.5	15.0	16.3
	$8H$	14.3	14.7	15.5	15.8	17.1
	$12H$	15.2	15.5	16.2	16.6	17.9
$12H$	$4H$	12.0	12.4	13.0	13.5	14.8
	$6H$	13.7	14.1	14.7	15.1	16.5
	$8H$	14.6	14.9	15.6	16.0	17.4
不同间距下随观察位置不同的变化量：						
$S=1H$		+0.1/−0.1				
$1.5H$		+0.2/−0.2				
$2H$		+0.2/−0.3				

简化 *UGR* 表

观 察 方 向		横向或纵向
标准表：		BK11
灯具的修正		−0.8
不同间距下随观察位置不同的变化量：	*S*=1*H* 1.5*H* 2*H*	+0.1/−0.1 +0.2/−0.2 +0.2/−0.3

两个灯具的 *UGR* 图分别是"抛物线形"灯具为类型Ⅰ,"球形"灯具为类型Ⅱ。(见图 D.3 和图 D.4)

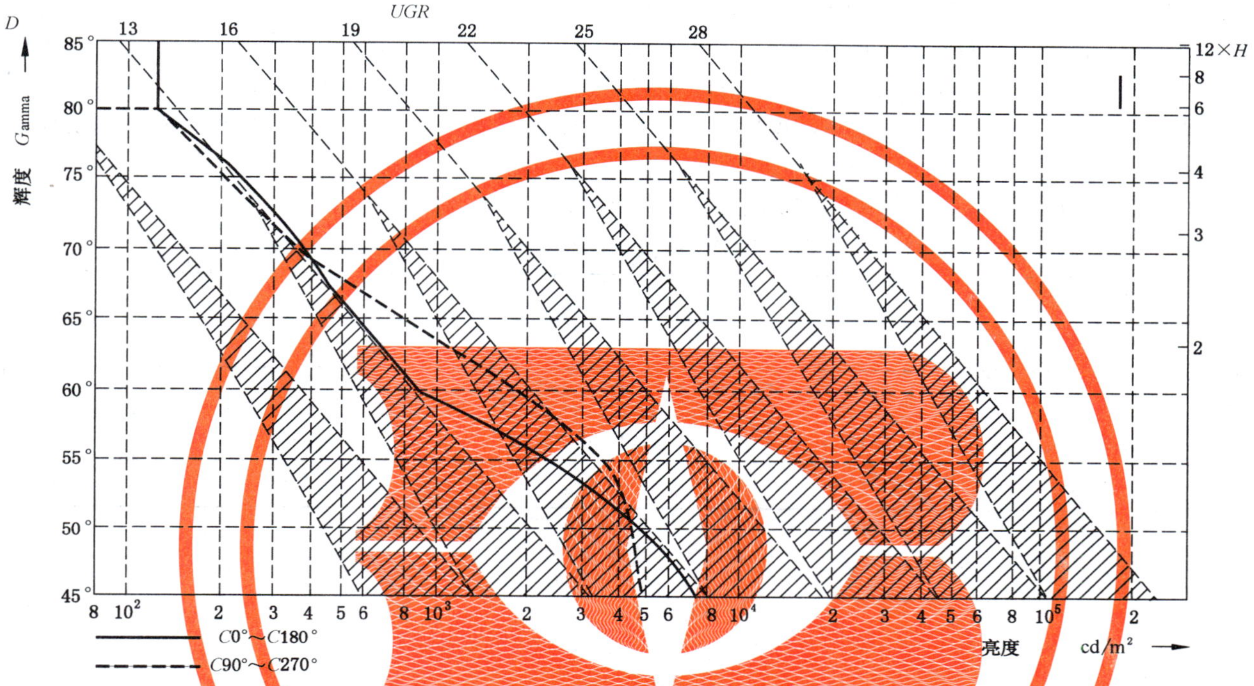

图 D.3 光源光输出为 3 250 lm 的"抛物线形"灯具的 *UGR* 图。实线和虚线分别对应横向观察和纵向观察

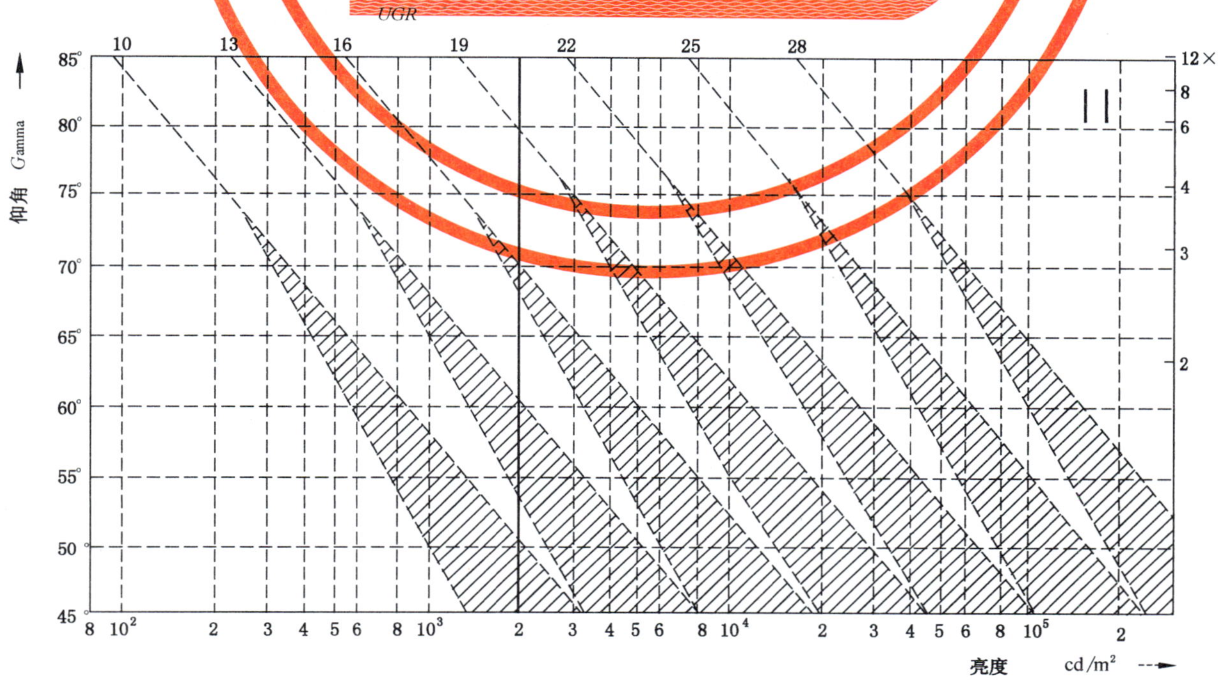

图 D.4 光源光输出为 2 900 lm 的"球形"灯具的 *UGR* 图。曲线对横向观察和纵向观察都适用

从图 D.3 的“抛物线形”灯具的 *UGR* 图中可以看出，平均 *UGR* 约为 16.5，而当亮度迹线接触到此 *UGR* 曲线的阴影区时，*UGR* 取最大值，比平均 *UGR* 大一些，约为 19。表 D.7 注明了两个方向的 *UGR* 值。

对于“球形”灯具，见图 D.4，两个观察方向上的相应房间尺寸是 3.33*H* 和 5*H*。分别对应横向观察和纵向观察的 *UGR* 值大约为 17.5 和 16。这些数据也在表 D.7 中注明了。

D.4 计算值的比较

用 *UGR* 表获得的结果和用 *UGR* 公式获得的结果吻合较好。

一般的说，使用 *UGR* 公式的计算机程序在确定的区域内移动观察者，以便看到的是系统的一小部分。这对于在紧凑范围内引起眩光的“抛物线形”灯具而言没有影响；但对于“球形”灯具而言，“平均” *UGR* 被降低了。所以，如果忽略掉在短尺寸方向上的(纵向观察)“球形”灯具的“平均”*UGR* 值，则仅以 0.3 单位的最大差异很好的吻合。

对于两个灯具，用 *UGR* 曲线获得的结果与其他结果也相当好的吻合。

表 D.7 以平均 *UGR*/最大 *UGR* 值形式给出的计算结果

灯具	抛物线		球体	
方法	横向	纵向	横向	纵向
UGR 公式	17.0/18.4	17.1/18.1	16.3/16.6	14.6/15.5
UGR 表	17.1/18.5	17.1/17.8	16.3/16.3	15.6/15.6
UGR 曲线	16.5/19	16.5/19	17.5/17.5	16/16

参 考 文 献

[1] CIE 29.2—1986 室内照明指南

[2] CIE 17.4—1987 国际照明词汇

[3] CIE Publication No. 55:Discomfort Glare in Interior Working Environment,1983.

[4] CIE Publication102—1993:Recommended file format for electronic transfer of lurninaire photometric data.

[5] IES Lighting Handbook,Reference Volume,ed. :Kaufman—Haynes,pp. 9-71-9-80,1981.

[6] CIBSE Technical Memorandum No. 10(TM10):The Calculation of Glare Indices,1985.

[7] Sörensen K:A Modern Glare Index Method,CIE Proceedings of 21st Session in Venice,VoI Ⅱ,1987.

[8] Sörensen K:Interreflection in rooms—Formulas for calculators and computers,Note No. 227 by the Danish Illuminating Engineering Laboratory,1986.

[9] Fischer D:Blendung—Neuer Ansatz fur ein internationales Blendungsbewertungssystem,Licht No. 1,50-56,1990.

[10] Sörensen K:A Luminance Limiting Curve Method-based on a Glare Index Formula,Research Note of the Danish Illuminating Engineering Laboratory,1988.

ICS 91.160.10
K 70

中华人民共和国国家标准化指导性技术文件

GB/Z 26213—2010/CIE 40—1978

室内照明计算基本方法

Calculations for interior lighting basic method

(CIE 40—1978,IDT)

2011-01-14 发布　　2011-06-01 实施

中华人民共和国国家质量监督检验检疫总局
中国国家标准化管理委员会　发布

前　言

本指导性技术文件等同采用 CIE 40-1978《室内照明计算基本方法》(英文版)。

本指导性技术文件等同翻译 CIE 40-1978。

为便于使用，本指导性技术文件做了下列编辑性修改：

a) “本技术报告”一词改为“本指导性技术文件”；

b) 用小数点“.”代替作为小数点的“,”；

c) 删除 CIE 40-1978 的前言。

本指导性技术文件由中国轻工业联合会提出。

本指导性技术文件由全国照明电器标准化技术委员会(SAC/TC 224)归口。

本指导性技术文件起草单位：国家电光源质量监督检验中心(北京)、中国质量认证中心、广东东松三雄电器有限公司、生辉照明电器(浙江)有限公司、霍尼韦尔朗能电器系统技术(广东)有限公司、东莞乐域塑胶电子制品有限公司、北京电光源研究所。

本指导性技术文件主要起草人：华树明、邢合萍、张宇涛、沈锦祥、付宝成、李维升、劳应海、赵雅盛、江姗、段彦芳。

本指导性技术文件仅供参考。有关对本指导性技术文件的建议和意见，向国务院标准化行政主管部门反映。

室内照明计算基本方法

1 总则

本指导性技术文件提出了一个基本方法，是一种不需要依靠标准灯具光分布，并且不受限于灯具的常规安装的方法。

此方法被称为“基本方法”，原因在于它作为应用方法的基础。

此方法可应用在如下领域：

a) 室内环境是一个长方形的平行六面体；

b) 工作面可假定为某种材料的平面，并被认为是房屋的一个内表面；

c) 房间表面均匀反射并且符合朗伯定律，天花板反射比为 R_1，中楣反射比为 R_2（定义为在天花板与灯具间垂直面的部分），墙面反射比为 R_3（定义为在灯具平面与工作面之间的垂直表面），R_4 为工作表面反射比[1)]；

d) 如果灯具围绕它们的垂直轴线旋转，工作表面的直接照射光通量并不发生显著改变[2)]。

2 工作面 F_4 的直接照射光通量

为定义工作面的直接照射光通量，假设灯具发射的光是锥形的，有与灯具的垂直轴线重合的轴线，并可以表达成锥形的不含常数项的 4 次多项式立体角函数。

多项式中，通过选择属于不同灯具的特定系数，给出与四个立体角区域 $\pi/2$、π、$3\pi/2$、2π[3)] 实际积分光通量相同的精确值。在提出的方法中，这 4 个区域的光通量 FC_1、FC_2、FC_3 和 FC_4[4)] 描述了下照光的分布情况，F 为灯具的总光输出（上照光及下照光）。

在这些条件中，长方形获得的来自于其某个角垂直上方的对称点光源光通量（Fu）是光通量 FC_1、FC_2、FC_3、FC_4 的线性函数。

权重因数 GM_1、GM_2、GM_3、GM_4[5)] 是长方形各边长与灯具到长方形高度距离的比值函数 X/H 和 Y/H（见图 1）。这些因数乘以 1 000 后，由表Ⅰ.1～表Ⅰ.6 给出。

---

1) 国际照明词汇使用 ρ 代表反射比。

2) 这是大多数荧光灯灯具的情况。如果是明显的非对称情况，则应使用一种特殊的计算方法。该方法在另外的报告中有所说明。

国际照明词汇给出的对称灯具定义略有不同：“有对称光强分布的照明灯具”。

3) 四个区域的半角限值分别为：41°、4°；60°、0°；75°、5°；90°、0°。

4) FC：累积光通量。

5) GM：几何乘数。

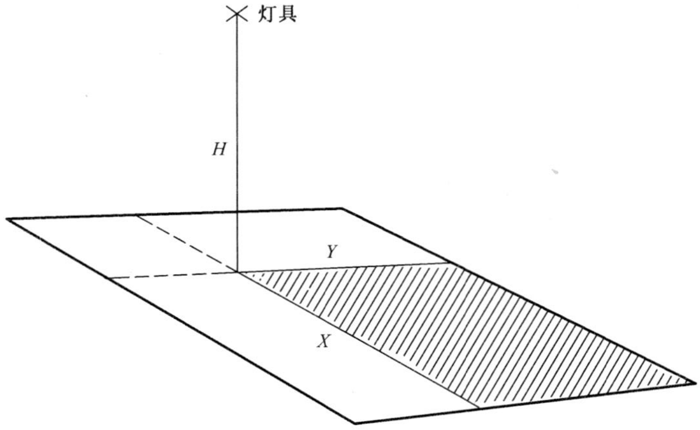

图 1

例如：假设 $X=2.25\ \text{m}$，$Y=3.30\ \text{m}$ $H=1.5\ \text{m}$

$X/H=1.5$ 和 $Y/H=2.2$

从表Ⅰ.4 查到如下数据：

$GM_1=-12$；$GM_2=218$；$GM_3=47$；$GM_4=-4$

这些数值以 1 000 倍给出，所以：

$Fu=(-12FC_1+218FC_2+47FC_3-4FC_4)/1\ 000$

如上式操作 4 次，对于给定灯具和安装环境的房间，可以得出工作面接收的直接照射光通量（Fu）等于：

$$Fu=\sum GM_1.FC_1+\sum GM_2.FC_2+\sum GM_3.FC_3+\sum GM_4.FC_4$$

例如：假定房间[6] $A=3\ \text{m}$，$B=4.5\ \text{m}$，$H=1.5\ \text{m}$

在天花板安装的灯具安装位置如下：

$X=2.25\ \text{m}$，为距离房屋长边的距离；

$Y=3.30\ \text{m}$，为距离房屋短边的距离。

考虑四个矩形的数据对（X/H；Y/H）[7] 分别为：

（1.5；2.2），（0.5；2.2），（0.8；1.5），（0.5；0.8）。

查阅表Ⅰ.4，表Ⅰ.2，表Ⅰ.2 和表Ⅰ.1：

X/H	Y/H	GM_1	GM_2	GM_3	GM_4
1.5	2.2	−12	218	47	−4
0.5	2.2	189	−4	36	−6
0.8	1.5	147	117	−13	2
0.5	0.8	267	−78	31	−5
		$\sum GM_1=591$	$\sum GM_2=253$	$\sum GM_3=101$	$\sum GM_4=13$

由此，如下：

$Fu=(591FC_1+253FC_2+101FC_3-13FC_4)/1\ 000$

直接光通量 F_4 是每个安装灯具的光通量之和。

6） 假设 A 为较短边，B 为较长边。

7） 根据表Ⅰ.1～表Ⅰ.6 的数据分布，首先取用数据最小值。

3 互反射

相互反射的计算是在假设总照度(直接照度通过反射照度而增加)在整个天花板-中楣、墙面、工作面均匀分布的条件下进行的。

在这些条件下,通常尺寸的室内空间,互反射实际上仅仅由灯具的悬挂因数 J 与由图 2 定义的房间指数 K 的相互关系有关,见下面公式。

$$J=\frac{H_2}{H_2+H_3}$$

$$K=\frac{A\times B}{H_3(A+B)}$$

A 和 B 是房屋侧边长,H_3 是灯具平面与工作面的距离,H_2 是中楣高度(天花板与灯具面的距离)。

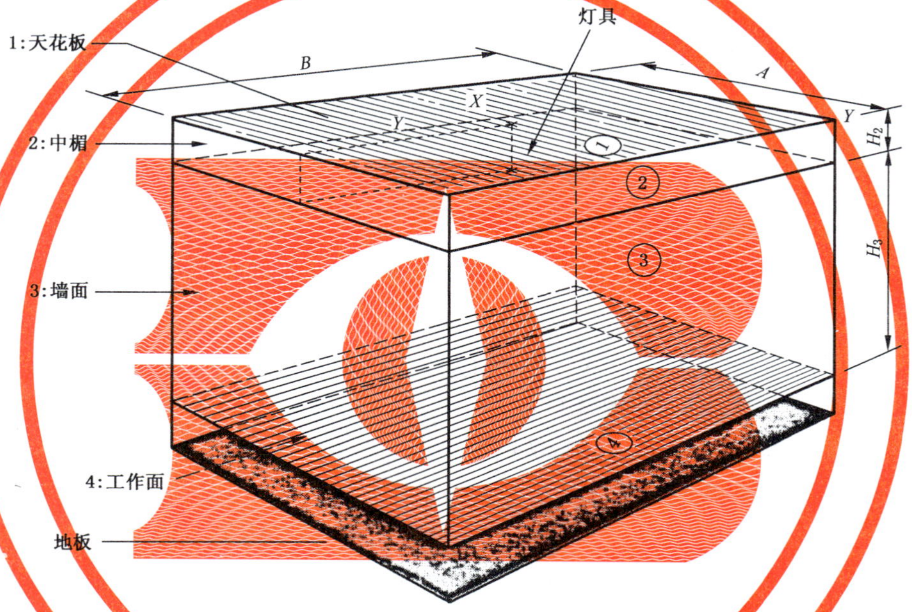

图 2

4 照度的计算

如果(NM)是房屋内的灯具数量;

F 是一个灯具的全部光输出值(上照光与下照光);

FC_4 是灯具下照光通量;

F_4 是全部灯具直接照射到工作面上的光通量;

A 和 B 是房屋的侧边长。

天花板上的平均照度 E_1,墙面上的平均照度 E_3、工作面上的平均照度 E_4 可通过下面 F、FC、F_4 的线性函数计算:

$$E_1=RM_{11}.(NM).F/AB+RM_{12}.(NM).FC_4/AB+RM_{13}.F_4/AB$$

$$E_3=RM_{31}.(NM).F/AB+RM_{32}.(NM).FC_4/AB+RM_{33}.F_4/AB$$

$$E_4=RM_{41}.(NM).F/AB+RM_{42}.(NM).FC_4/AB+RM_{43}.F_4/AB$$

权重因子 RM[8] 在表Ⅱ.1～表Ⅱ.24 查阅[9]。

例如：设 $J=0$；$K=0.6$ 且 $R_1, R_3, R_4=873$

查阅表Ⅱ.1 第一行[10]

$RM_{11}=1.255$	$RM_{12}=-0.889$	$RM_{13}=-0.189$
$RM_{31}=0.418$	$RM_{32}=0.222$	$RM_{33}=-0.465$
$RM_{41}=0.473$	$RM_{42}=-0.064$	$RM_{43}=0.719$

如 A 和 B 的单位是米，则照度单位是勒克斯。

5 灯具光通量的计算

如果 E_1 表示天花板和中楣上的平均照度；

E_3 表示墙面上的平均照度；

E_4 表示工作面上的平均照度；

AB 表示工作面的面积；

$(NM).F$ 表示总光通量；

$(NM).FC_4$ 表示下半球光通量；

F_4 表示灯具直接向工作面发出的光通量，

后三个数值可通过下列线性公式计算：

$$(NM).F/AB=MR_{11}.E_1+MR_{13}.E_3+MR_{14}.E_4$$

$$(NM).FC_4/AB=MR_{21}.E_1+MR_{23}.E_3+MR_{24}.E_4$$

$$F_4/AB=MR_{31}.E_1+MR_{33}.E_3+MR_{34}.E_4$$

系数 MR 可在表Ⅲ.1～表Ⅲ.24 中查到。

例如：设 $J=0$；$K=0.6$ 且 $R_1, R_3, R_4=873$[11]

下列系数可在表Ⅲ.1 的第一行查到：

$MR_{11}=0.200$	$MR_{13}=1.000$	$MR_{14}=0.700$
$MR_{21}=-0.800$	$MR_{23}=1.523$	$MR_{24}=0.776$
$MR_{31}=-0.202$	$MR_{33}=-0.523$	$MR_{34}=1.000$

8） RM：相互反射。

9） 表Ⅱ.1～表Ⅱ.12，如 $J=0$；第一列数值为 873，意味着 $R_1=0.8$ $R_3=0.7$ $R_4=0.3$

表Ⅱ.13～表Ⅱ.24，如 $J=1/3$；第一列数值为 8 873，意味着 $R_1=0.8$ $R_2=0.8$ $R_3=0.7$ $R_4=0.3$。

10） 表格中数值以 1/1 000 表示。

11） 在表Ⅱ.1～表Ⅱ.24 中作同样的注释。

表 Ⅰ.1

Y/H ↓														
0.05	GM_1	6												
	GM_2	−5												
	GM_3	2												
	GM_4	0												
0.10	GM_1	12	24											
	GM_2	−9	−18											
	GM_3	4	8											
	GM_4	−1	−2											
0.15	GM_1	18	36	53										
	GM_2	−13	−26	−38										
	GM_3	6	12	17										
	GM_4	−1	−2	−3										
0.20	GM_1	23	46	68	88									
	GM_2	−17	−34	−49	−62									
	GM_3	8	15	21	27									
	GM_4	−1	−3	−4	−5									
0.25	GM_1	28	56	81	105	126								
	GM_2	−20	−40	−58	−73	−86								
	GM_3	9	17	25	32	37								
	GM_4	−2	−3	−5	−6	−7								
0.30	GM_1	32	64	93	120	144	164							
	GM_2	−23	−45	−65	−82	−97	−108							
	GM_3	10	19	28	36	42	46							
	GM_4	−2	−4	−5	−7	−8	−9							
0.35	GM_1	36	70	103	132	159	181	200						
	GM_2	−25	−48	−70	−89	−104	−116	−125						
	GM_3	11	21	30	38	45	49	53						
	GM_4	−2	−4	−6	−7	−8	−9	−10						
0.40	GM_1	38	75	110	142	171	195	215	231					
	GM_2	−26	−51	−73	−93	−109	−121	−130	−135					
	GM_3	11	22	31	40	46	51	54	56					
	GM_4	−2	−4	−6	−7	−8	−9	−10	−10					
0.45	GM_1	40	80	116	150	180	205	226	242	255				
	GM_2	−26	−52	−75	−95	−111	−124	−132	−136	−137				
	GM_3	11	22	32	40	47	52	55	56	56				
	GM_4	−2	−4	−6	−7	−9	−9	−10	−10	−10				
0.50	GM_1	42	82	121	156	186	212	234	251	263	271			
	GM_2	−27	−52	−75	−95	−111	−123	−131	−135	−135	−132			
	GM_3	11	22	32	40	47	51	54	55	54	53			
	GM_4	−2	−4	−6	−7	−8	−9	−10	−10	−10	−9			
0.55	GM_1	43	84	124	159	190	217	239	256	268	276	281		
	GM_2	−26	−52	−75	−94	−110	−121	−128	−131	−130	−126	−119		
	GM_3	11	22	31	39	46	50	52	53	52	50	47		
	GM_4	−2	−4	−6	−7	−8	−9	−9	−9	−9	−9	−8		
0.60	GM_1	43	86	125	161	193	220	241	258	270	278	282	283	
	GM_2	−26	−51	−73	−92	−107	−117	−123	−125	−123	−118	−110	−101	
	GM_3	11	21	31	39	44	48	50	50	49	46	43	38	
	GM_4	−2	−4	−6	−7	−8	−9	−9	−9	−9	−8	−8	−7	
0.65	GM_1	44	86	126	162	193	220	242	258	270	278	281	282	280
	GM_2	−25	−49	−71	−89	−103	−112	−117	−118	−115	−109	−100	−89	−77
	GM_3	11	21	29	37	42	46	47	47	46	42	38	34	29
	GM_4	−2	−4	−5	−7	−8	−8	−9	−8	−8	−7	−7	−6	−5

表 Ⅰ.1（续）

Y/H ↓																		
0.70	GM_1	44	86	126	162	193	219	241	257	268	275	278	278	276	271			
	GM_2	−24	−47	−68	−85	−98	−107	−111	−110	−106	−99	−89	−77	−64	−50			
	GM_3	10	20	28	35	40	43	45	44	42	38	34	29	24	19			
	GM_4	−2	−4	−5	−6	−7	−8	−8	−8	−7	−7	−6	−5	−4	−3			
0.75	GM_1	43	85	125	160	192	218	238	254	265	271	274	273	270	265	258		
	GM_2	−23	−45	−65	−81	−93	−100	−103	−102	−97	−89	−78	−65	−51	−36	−22		
	GM_3	10	19	27	34	−38	41	42	41	38	35	30	25	19	14	8		
	GM_4	−2	−3	−5	−6	−7	−7	−8	−7	−7	−6	−5	−4	−3	−2	−1		
0.80	GM_1	43	85	124	159	189	215	235	251	261	267	269	267	264	258	251	242	
	GM_2	−22	−43	−62	−77	−88	−94	−96	−94	−88	−78	−67	−53	−38	−23	−7	8	
	GM_3	9	18	26	32	36	39	39	38	35	31	26	20	15	9	4	−1	
	GM_4	−2	−3	−5	−6	−7	−7	−7	−7	−6	−5	−5	−4	−3	−2	−1	0	
0.85	GM_1	43	84	122	157	187	212	232	246	256	261	263	261	256	250	242	233	224
	GM_2	−21	−41	−58	−72	−82	−88	−89	−86	−79	−68	−56	−41	−25	−9	7	23	38
	GM_3	9	17	25	31	34	36	37	35	32	27	22	17	11	5	−1	−6	−10
	GM_4	−2	−3	−5	−6	−6	−7	−7	−6	−6	−5	−4	−3	−2	−1	0	1	2
X/H→		0.05	0.10	0.15	0.20	0.25	0.30	0.35	0.40	0.45	0.50	0.55	0.60	0.65	0.70	0.75	0.80	0.85

单个灯具垂直位于边为 X/H 和 Y/H 的矩形一角上方的几何多重因数。

该值以 1/1 000 表示。

表 Ⅰ.2

Y/H ↓																		
0.90	GM_1	42	83	120	155	184	209	228	242	251	255	256	254	249	242	234	224	215
	GM_2	−20	−39	−55	−68	−77	−82	−82	−78	−70	−59	−45	−30	−14	3	20	37	52
	GM_3	9	17	24	29	33	35	34	32	29	24	19	13	7	1	−5	−10	−14
	GM_4	−2	−3	−4	−5	−6	−6	−6	−6	−5	−4	−3	−2	−1	0	1	2	2
0.95	GM_1	41	81	119	152	181	205	224	237	246	250	250	247	241	234	225	215	205
	GM_2	−19	−37	−53	−65	−73	−76	−75	−70	−62	−50	−36	−20	−3	15	32	49	65
	GM_3	8	16	23	28	31	33	32	30	27	22	16	10	4	−2	−8	−13	−18
	GM_4	−2	−3	−4	−5	−6	−6	−6	−6	−5	−4	−3	−2	−1	0	1	2	3
1.00	GM_1	41	80	117	150	178	202	220	232	240	244	243	240	234	226	217	207	196
	GM_2	−18	−35	−50	−61	−68	−71	−69	−64	−54	−42	−27	−10	7	25	43	61	77
	GM_3	8	16	22	27	30	31	31	28	25	20	14	8	2	−4	−10	−15	−20
	GM_4	−2	−3	−4	−5	−6	−6	−6	−5	−5	−4	−3	−2	0	1	2	2	3
1.10	GM_1	40	78	113	145	173	195	212	223	230	233	231	227	220	211	201	190	179
	GM_2	−17	−32	−45	−55	−61	−62	−59	−52	−42	−28	−12	6	24	43	62	80	97
	GM_3	8	15	21	26	28	29	29	26	22	17	11	5	−2	−8	−13	−19	−23
	GM_4	−1	−3	−4	−5	−5	−6	−5	−5	−4	−3	−2	−1	0	1	2	3	4
1.20	GM_1	39	76	110	141	167	189	205	215	221	223	221	216	208	198	188	176	164
	GM_2	−16	−30	−42	−50	−55	−55	−51	−43	−32	−17	0	18	38	57	76	95	113
	GM_3	8	15	21	26	28	28	27	25	21	16	10	4	−3	−9	−15	−20	−24
	GM_4	−1	−3	−4	−5	−5	−5	−5	−5	−4	−3	−2	−1	0	1	2	3	4
1.30	GM_1	38	74	108	138	163	184	199	209	214	215	212	206	198	188	176	164	152
	GM_2	−15	−28	−39	−47	−51	−50	−46	−37	−24	−9	8	27	47	67	87	106	124
	GM_3	8	15	20	25	28	28	27	25	21	16	10	4	−2	−8	−14	−19	−23
	GM_4	−1	−3	−4	−5	−5	−5	−5	−5	−4	−3	−2	−1	0	1	2	3	3

表 Ⅰ.2（续）

Y/H ↓	X/H→	0.05	0.10	0.15	0.20	0.25	0.30	0.35	0.40	0.45	0.50	0.55	0.60	0.65	0.70	0.75	0.80	0.85
1.40	GM_1	37	73	106	135	160	179	194	203	208	208	205	198	189	179	167	154	141
	GM_2	−14	−27	−37	−45	−48	−47	−42	−32	−20	−4	14	33	53	74	94	113	131
	GM_3	8	15	21	25	28	29	28	26	22	17	11	5	−1	−7	−12	−17	−21
	GM_4	−1	−3	−4	−5	−5	−6	−5	−5	−4	−3	−2	−1	0	1	2	2	3
1.50	GM_1	36	72	104	133	157	176	190	199	203	203	199	192	183	172	159	147	133
	GM_2	−14	−26	−36	−43	−46	−45	−39	−30	−16	−1	18	37	57	78	98	117	135
	GM_3	8	15	21	26	29	30	29	27	23	19	13	7	2	−4	−9	−13	−17
	GM_4	−1	−3	−4	−5	−5	−6	−6	−5	−4	−4	−3	−2	−1	0	1	2	2
1.60	GM_1	36	71	103	131	155	173	187	195	199	199	194	187	178	166	154	141	127
	GM_2	−14	−26	−36	−42	−45	−43	−38	−28	−15	1	19	39	59	80	100	119	137
	GM_3	8	15	22	27	30	31	31	29	25	21	16	10	5	−1	−5	−10	−13
	GM_4	−2	−3	−4	−5	−6	−6	−6	−5	−5	−4	−3	−2	−1	0	1	1	2
1.70	GM_1	36	70	102	130	153	171	185	193	196	195	191	184	174	162	149	136	122
	GM_2	−13	−26	−35	−42	−45	−43	−37	−27	−14	2	20	40	60	80	100	119	138
	GM_3	8	16	23	28	31	33	33	31	28	23	19	13	8	3	−1	−5	−9
	GM_4	−2	−3	−4	−5	−6	−6	−6	−6	−5	−4	−3	−2	−2	−1	0	1	1
1.80	GM_1	35	69	101	129	152	170	183	191	194	193	188	181	171	159	146	133	119
	GM_2	−13	−26	−36	−42	−45	−43	−37	−28	−15	1	20	39	59	80	100	119	137
	GM_3	9	17	23	29	33	34	34	33	30	26	21	17	12	7	3	−1	−4
	GM_4	−2	−3	−4	−5	−6	−6	−6	−6	−5	−5	−4	−3	−2	−1	0	0	1
1.90	GM_1	35	69	100	128	151	169	182	190	193	191	187	179	169	157	144	130	116
	GM_2	−14	−26	−36	−42	−45	−44	−38	−28	−15	1	18	38	50	78	98	117	135
	GM_3	9	17	24	30	34	36	36	35	32	29	24	20	15	11	7	3	1
	GM_4	−2	−3	−4	−5	−6	−6	−6	−6	−6	−5	−4	−3	−2	−2	−1	0	0
2.00	GM_1	35	69	100	127	150	168	191	189	192	190	185	177	167	155	142	129	115
	GM_2	−14	−26	−36	−43	−46	−44	−39	−29	−17	−1	17	36	56	76	96	114	132
	GM_3	9	18	25	31	35	38	38	37	35	31	27	23	18	14	11	7	5
	GM_4	−2	−3	−4	−6	−6	−7	−7	−6	−6	−5	−4	−4	−3	−2	−1	−1	0
2.20	GM_1	35	69	100	127	150	167	180	188	190	189	184	176	166	154	141	127	113
	GM_2	−14	−27	−37	−44	−48	−47	−41	−32	−20	−4	13	32	52	71	90	109	126
	GM_3	10	19	27	33	38	41	42	41	39	36	33	29	25	21	18	15	13
	GM_4	−2	−3	−5	−6	−6	−7	−7	−7	−6	−6	−5	−4	−3	−2	−2	−1	−1
2.40	GM_1	35	69	99	127	149	167	180	187	190	189	184	176	165	153	140	126	112
	GM_2	−14	−28	−38	−46	−49	−49	−44	−35	−23	−8	9	27	47	66	85	103	120
	GM_3	10	19	28	35	40	43	45	45	43	41	37	34	30	27	24	22	20
	GM_4	−7	−3	−5	−6	−7	−7	−7	−7	−6	−6	−5	−4	−3	−3	−2	−2	−1
2.60	GM_1	35	69	100	127	149	167	180	187	190	189	184	176	166	154	141	127	113
	GM_2	−15	−28	−39	−47	−51	−51	−47	−38	−26	−12	5	23	42	61	79	97	113
	GM_3	10	20	29	36	42	45	47	48	46	44	41	38	35	32	30	28	26
	GM_4	−2	−3	−5	−6	−7	−7	−7	−7	−7	−6	−5	−4	−4	−3	−2	−2	−1
2.80	GM_1	35	69	100	127	150	168	180	188	191	189	184	177	166	154	141	128	114
	GM_2	−15	−29	−40	−49	−53	−53	−49	−41	−30	−15	1	19	37	56	74	91	108
	GM_3	11	21	30	37	43	47	49	50	49	47	45	42	39	36	34	32	31
	GM_4	−2	−3	−5	−6	−7	−7	−7	−7	−7	−6	−5	−4	−4	−3	−2	−2	−1

单个灯具垂直位于边为 X/H 和 Y/H 的矩形一角上方的几何多重因数。

该值以 1/1 000 表示。

表 Ⅰ.3

Y/H ↓																		
3.00	GM_1	35	69	100	127	150	168	181	188	191	190	185	177	167	155	142	129	115
	GM_2	−15	−30	−41	−50	−55	−55	−51	−43	−32	−18	−2	15	33	52	70	87	102
	GM_3	11	21	31	38	44	49	51	52	51	50	47	45	42	40	38	36	35
	GM_4	−2	−3	−5	−6	−7	−7	−7	−7	−6	−6	−5	−4	−4	−3	−2	−2	−1
3.50	GM_1	35	69	100	128	151	169	182	190	193	192	187	179	169	157	145	131	117
	GM_2	−16	−31	−43	−52	−58	−59	−55	−48	−38	−24	−9	8	26	43	61	77	92
	GM_3	11	22	32	40	47	51	54	55	55	54	52	50	48	45	44	43	42
	GM_4	−2	−3	−5	−6	−6	−7	−7	−7	−6	−5	−5	−4	−3	−2	−1	−1	0
4.00	GM_1	35	69	101	128	151	170	183	191	194	193	188	181	171	159	147	133	120
	GM_2	−16	−32	−44	−54	−60	−61	−58	−52	−41	−28	−13	3	20	38	54	71	86
	GM_3	12	23	33	41	48	53	56	57	57	56	55	53	51	49	47	47	46
	GM_4	−2	−3	−4	−5	−6	−6	−6	−6	−6	−5	−4	−3	−2	−1	0	0	1
4.50	GM_1	35	70	101	129	152	170	183	191	195	194	189	182	172	161	148	135	121
	GM_2	−17	−32	−45	−55	−61	−63	−60	−54	−44	−31	−16	0	17	34	50	66	81
	GM_3	12	23	33	42	48	53	57	58	59	58	56	54	52	51	49	49	48
	GM_4	−2	−3	−4	−5	−6	−6	−6	−6	−5	−4	−3	−2	−1	0	0	1	2
5.00	GM_1	36	70	101	129	152	171	184	192	195	195	190	183	173	162	149	136	123
	GM_2	−17	−33	−46	−56	−62	−64	−62	−55	−46	−33	−18	−2	14	31	48	63	78
	GM_3	12	23	33	42	49	54	57	59	59	58	57	55	53	51	50	50	50
	GM_4	−1	−3	−4	−5	−5	−6	−6	−5	−4	−4	−3	−2	−1	0	1	2	3
5.50	GM_1	36	70	101	129	153	171	184	192	196	195	191	183	174	162	150	137	123
	GM_2	−17	−33	−46	−56	−63	−65	−62	−56	−47	−34	−20	−4	13	30	46	61	76
	GM_3	12	23	33	42	49	54	57	59	59	59	57	55	53	52	51	50	50
	GM_4	−1	−3	−4	−5	−5	−5	−5	−5	−4	−3	−2	−1	0	1	2	3	4
6.00	GM_1	36	70	101	129	153	171	184	193	196	195	191	184	174	163	150	137	124
	GM_2	−17	33	−46	−57	−63	−65	−63	−57	−47	−35	−21	−5	12	28	45	60	74
	GM_3	12	23	33	42	49	54	57	59	59	59	57	55	53	52	51	50	50
	GM_4	−1	−3	−4	−4	−5	−5	−5	−4	−3	−3	−1	0	1	2	3	4	5
6.50	GM_1	36	70	102	129	153	171	185	193	196	196	191	184	174	163	151	138	124
	GM_2	−17	−33	−47	−57	−63	−65	−63	−57	−48	−36	−21	−5	11	28	44	59	74
	GM_3	12	23	33	42	49	54	57	59	59	59	57	55	53	52	50	50	50
	GM_4	−1	−3	−4	−4	−5	−5	−5	−4	−3	−2	−1	0	1	3	4	5	5
7.00	GM_1	36	70	102	130	153	171	185	193	197	196	192	184	175	163	151	138	125
	GM_2	−17	−33	−47	−57	−63	−66	−64	−58	−48	−36	−22	−6	11	27	43	59	73
	GM_3	12	23	33	42	49	54	57	59	59	58	57	55	53	52	50	50	50
	GM_4	−1	−2	−3	−4	−5	−5	−4	−4	−3	−2	−1	1	2	3	4	5	6
7.50	GM_1	36	70	102	130	153	172	185	193	197	196	192	184	175	164	151	138	125
	GM_2	−17	−33	−47	−57	−64	−66	−64	−58	−48	−36	−22	−6	10	27	43	58	73
	GM_3	12	23	33	42	49	54	57	59	59	58	57	55	53	51	50	49	49
	GM_4	−1	−2	−3	−4	−4	−4	−4	−3	−2	−1	0	1	2	4	5	6	7
8.00	GM_1	36	70	102	130	153	172	185	193	197	196	192	184	175	164	151	138	125
	GM_2	−17	−33	−47	−57	−64	−66	−64	−58	−49	−36	−22	−6	10	27	43	58	72
	GM_3	12	23	33	42	49	54	57	58	59	58	56	55	53	51	50	49	49
	GM_4	−1	−2	−3	−4	−4	−4	−4	−3	−2	−1	0	1	3	4	5	6	7
9.00	GM_1	36	70	102	130	153	172	185	193	197	196	192	185	175	164	151	138	125
	GM_2	−17	−33	−47	−57	−64	−66	−64	−58	−49	−36	−22	−6	10	26	43	58	72
	GM_3	12	23	33	42	48	53	57	58	58	57	56	54	52	50	49	48	48
	GM_4	−1	−2	−3	−4	−4	−4	−3	−3	−2	−1	1	2	3	5	6	7	8

表 Ⅰ.3（续）

Y/H ↓																		
10.00	GM_1	36	70	102	130	153	172	185	193	197	196	192	185	175	164	151	138	125
	GM_2	−17	−33	−47	−57	−64	−66	−64	−58	−49	−36	−22	−7	10	26	43	58	72
	GM_3	12	23	33	41	48	53	56	58	58	57	55	54	52	50	48	48	47
	GM_4	−1	−2	−3	−4	−4	−4	−3	−2	−1	0	1	3	4	5	6	8	9
20.00	GM_1	36	70	102	130	153	171	185	193	197	196	192	184	175	163	151	138	125
	GM_2	−17	−33	−47	−57	−63	−65	−63	−57	−48	−36	−21	−6	11	27	44	59	73
	GM_3	11	22	32	41	47	52	55	56	56	55	53	51	49	47	45	44	44
	GM_4	−1	−2	−3	−3	−3	−3	−2	−1	0	1	3	4	6	7	9	10	11
30.00	GM_1	36	70	102	129	153	171	185	193	196	196	191	184	175	163	151	138	124
	GM_2	−17	−33	−47	−57	−63	−65	−63	−57	−48	−35	−21	−5	11	28	44	60	74
	GM_3	11	22	32	40	47	52	54	56	56	54	53	50	48	46	44	43	43
	GM_4	−1	−2	−3	−3	−3	−2	−2	−1	0	2	3	5	6	8	9	11	12
40.00	GM_1	36	70	102	129	153	171	185	193	196	196	191	184	174	163	151	138	124
	GM_2	−17	−33	−47	−57	−63	−65	−63	−57	−48	−35	−21	−5	12	28	44	60	74
	GM_3	11	22	32	40	47	51	54	56	55	54	52	50	48	46	44	43	43
	GM_4	−1	−2	−2	−3	−3	−2	−2	−1	0	2	3	5	7	8	9	11	12
50.00	GM_1	36	70	102	129	153	171	185	193	196	196	191	184	174	163	151	138	124
	GM_2	−17	−33	−47	−57	−63	−65	−63	−57	−48	−35	−21	−5	12	28	45	60	74
	GM_3	11	22	32	40	47	51	54	55	55	54	52	50	48	46	44	43	42
	GM_4	−1	−2	−2	−3	−3	−2	−2	−1	0	2	3	5	7	8	10	11	12
X/H—→		0.05	0.10	0.15	0.20	0.25	0.30	0.35	0.40	0.45	0.50	0.55	0.60	0.65	0.70	0.75	0.80	0.85

单个灯具垂直位于边为 X/H 和 Y/H 的矩形一角上方的几何多重因数。

该值以 1/1 000 表示。

表 Ⅰ.4

Y/H ↓						
0.90	GM_1	205				
	GM_2	67				
	GM_3	−18				
	GM_4	3				
0.95	GM_1	195	185			
	GM_2	81	94			
	GM_3	−21	−25			
	GM_4	3	4			
1.00	GM_1	185	175	164		
	GM_2	93	107	120		
	GM_3	−24	−27	−30		
	GM_4	4	4	5		
1.10	GM_1	167	156	145	125	
	GM_2	113	128	141	163	
	GM_3	−27	−30	−32	−35	
	GM_4	4	5	5	5	
1.20	GM_1	152	140	129	108	90
	GM_2	129	144	158	180	197
	GM_3	−28	−31	−33	−35	−34
	GM_4	4	5	5	5	5

表 Ⅰ.4（续）

Y/H ↓																		
1.30	GM_1	139	127	115	93	75	59											
	GM_2	140	155	169	192	209	221											
	GM_3	−26	−29	−31	−32	−31	−28											
	GM_4	4	4	5	5	5	4											
1.40	GM_1	129	116	104	82	62	46	34										
	GM_2	148	163	177	200	216	228	235										
	GM_3	−24	−26	−28	−29	−27	−23	−18										
	GM_4	3	4	4	4	4	3	3										
1.50	GM_1	120	107	95	72	53	36	23	13									
	GM_2	152	167	181	204	221	232	239	242									
	GM_3	−20	−22	−23	−24	−22	−17	−11	−4									
	GM_4	3	3	3	4	3	3	2	1									
1.60	GM_1	114	101	88	65	45	29	15	5	−3								
	GM_2	154	169	183	205	222	233	240	242	243								
	GM_3	−16	−18	−19	−18	−16	−11	−4	3	11								
	GM_4	2	3	3	3	2	2	1	0	−1								
1.70	GM_1	109	96	83	60	40	23	10	−1	−9	−15							
	GM_2	154	169	183	205	221	232	238	241	241	238							
	GM_3	−11	−13	−13	−13	−9	−4	3	11	19	28							
	GM_4	2	2	2	2	2	1	0	−1	−2	−3							
1.80	GM_1	105	92	79	56	35	19	5	−5	−14	−20	−24						
	GM_2	153	168	182	203	219	230	236	238	237	234	230						
	GM_3	−6	−7	−8	−7	−3	3	10	19	27	36	45						
	GM_4	1	1	2	1	1	0	−1	−2	−3	−4	−5						
1.90	GM_1	102	89	76	53	32	16	2	−9	−17	−23	−27	−30					
	GM_2	151	166	179	201	216	226	232	233	232	229	225	219					
	GM_3	−1	−2	−3	−1	3	10	17	26	35	45	54	63					
	GM_4	1	1	1	1	0	0	−1	−2	−3	−4	−5	−6					
2.00	GM_1	101	87	74	51	30	14	0	−11	−19	−25	−29	−32	−34				
	GM_2	148	163	176	197	212	222	227	228	227	224	218	212	206				
	GM_3	3	3	2	5	9	16	24	33	43	53	62	72	81				
	GM_4	0	0	1	0	0	−1	−2	−3	−4	−5	−6	−7	−7				
2.20	GM_1	99	85	72	49	28	12	−2	−12	−21	−27	−31	−34	−35	−36			
	GM_2	142	156	169	189	204	213	217	218	215	211	205	199	191	176			
	GM_3	12	12	12	15	21	28	37	47	57	67	78	88	97	114			
	GM_4	0	0	0	0	−1	−2	−3	−4	−5	−6	−7	−8	−8	−9			
2.40	GM_1	99	85	72	48	28	12	−2	−12	−20	−26	−30	−33	−35	−36	−34		
	GM_2	135	149	161	181	195	203	206	206	204	199	192	185	177	160	144		
	GM_3	19	19	20	24	30	38	48	58	69	80	91	101	111	129	145		
	GM_4	−1	−1	−1	−1	−1	−2	−3	−4	−5	−6	−7	−8	−9	−9	−10		
2.60	GM_1	99	86	73	49	29	12	−1	−11	−19	−25	−29	−31	−33	−33	−32	−30	
	GM_2	128	142	154	173	186	193	196	196	192	187	180	172	164	146	129	113	
	GM_3	26	26	27	31	38	47	57	68	79	91	102	113	123	142	158	171	
	GM_4	−1	−1	−1	−1	−2	−3	−4	−5	−6	−6	−7	−8	−9	−9	−9	−9	
2.80	GM_1	100	87	74	50	30	14	1	−10	−17	−23	−27	−29	−31	−31	−29	−27	−23
	GM_2	122	136	147	166	178	185	187	186	182	176	169	160	151	133	115	98	83
	GM_3	31	32	33	38	45	54	65	76	88	100	111	122	133	152	169	183	194
	GM_4	−1	−1	−1	−1	−2	−2	−3	−4	−5	−6	−7	−8	−8	−9	−9	−9	−8
X/H ⟶		0.09	0.95	1.00	1.10	1.20	1.30	1.40	1.50	1.60	1.70	1.80	1.90	2.00	2.20	2.40	2.60	2.80

单个灯具垂直位于边为 X/H 和 Y/H 的矩形一角上方的几何多重因数。

该值以 1/1 000 表示。

表 Ⅰ.5

Y/H ↓																		
3.00	GM_1	101	88	75	52	32	16	2	−8	−15	−21	−24	−27	−28	−28	−26	−23	−20
	GM_2	117	130	141	159	171	177	179	178	173	167	159	150	141	122	103	86	70
	GM_3	35	36	38	43	51	60	71	83	95	107	119	130	141	161	178	192	204
	GM_4	−1	−1	−1	−1	−1	−2	−3	−4	−5	−6	−7	−7	−8	−8	−8	−8	−7
3.50	GM_1	104	91	78	55	36	20	7	−3	−10	−15	−19	−21	−22	−22	−19	−16	−12
	GM_2	106	119	130	146	157	162	163	161	155	148	139	130	120	99	79	60	44
	GM_3	43	44	46	52	60	70	82	94	107	119	132	144	155	175	193	208	221
	GM_4	0	0	0	0	0	−1	−2	−3	−3	−4	−5	−5	−6	−6	−6	−5	−4
4.00	GM_1	106	93	81	58	39	23	10	1	−6	−11	−15	−16	−17	−16	−14	−10	−6
	GM_2	99	111	122	138	148	152	152	149	143	135	126	116	105	83	62	43	25
	GM_3	47	48	50	57	66	76	88	101	114	127	139	151	163	184	202	218	230
	GM_4	1	1	2	2	1	1	0	−1	−1	−2	−3	−3	−3	−3	−3	−2	0
4.50	GM_1	108	95	83	60	41	25	13	4	−3	−8	−11	−13	−14	−13	−10	−6	−1
	GM_2	94	106	116	132	141	145	145	141	135	127	117	106	95	73	51	31	13
	GM_3	49	51	53	59	68	79	91	104	117	130	143	156	167	189	207	223	235
	GM_4	2	3	3	3	3	2	2	1	1	0	0	−1	−1	0	0	1	3
5.00	GM_1	109	96	84	62	43	27	15	6	−1	−6	−9	−10	−11	−10	−7	−2	2
	GM_2	91	103	113	128	137	141	140	136	130	121	111	100	89	66	43	23	4
	GM_3	50	52	54	61	70	81	93	106	119	132	145	158	169	191	209	225	238
	GM_4	3	4	4	4	4	4	3	3	2	2	2	2	2	2	3	4	6
5.50	GM_1	110	97	85	63	44	28	16	7	0	−4	−7	−9	−9	−8	−4	0	5
	GM_2	89	100	110	125	134	138	137	133	126	117	107	96	84	61	38	17	−1
	GM_3	51	52	55	61	70	81	94	107	120	133	146	158	170	192	210	226	239
	GM_4	4	5	5	6	6	5	5	5	4	4	4	4	4	5	6	7	9
6.00	GM_1	111	98	86	63	45	29	17	8	1	−3	−6	−7	−8	−6	−3	1	6
	GM_2	87	99	109	123	132	136	135	130	123	114	104	93	81	58	35	14	−5
	GM_3	51	52	55	61	71	81	94	107	120	133	146	158	170	192	210	226	239
	GM_4	5	6	6	7	7	7	6	6	6	6	6	6	6	7	8	10	12
6.50	GM_1	111	98	86	64	45	30	18	9	2	−2	−5	−7	−7	−5	−2	3	7
	GM_2	86	98	108	122	131	134	133	129	122	113	102	91	79	55	33	11	−8
	GM_3	51	52	54	61	70	81	93	106	120	133	146	158	170	191	210	225	238
	GM_4	6	7	7	8	8	8	8	7	7	7	7	7	8	8	10	12	14
7.00	GM_1	111	99	87	64	46	30	18	9	3	−2	−5	−6	−6	−5	−1	3	8
	GM_2	86	97	107	122	130	134	132	128	121	112	101	90	78	54	31	10	−10
	GM_3	50	52	54	61	70	81	93	106	119	132	145	157	169	190	209	224	237
	GM_4	7	7	8	8	9	9	9	8	8	8	8	9	9	10	12	14	16
7.50	GM_1	112	99	87	65	46	31	19	10	3	−1	−4	−6	−6	−4	−1	4	9
	GM_2	85	97	106	121	130	133	132	127	120	111	100	89	77	53	30	9	−11
	GM_3	50	51	54	60	69	80	92	105	118	131	144	157	168	189	208	223	236
	GM_4	7	8	8	9	9	10	10	9	9	9	10	10	10	12	13	16	18
8.00	GM_1	112	99	87	65	46	31	19	10	3	−1	−4	−5	−6	−4	0	4	9
	GM_2	85	96	106	121	129	133	131	127	120	110	100	88	76	52	29	8	−11
	GM_3	50	51	53	60	69	80	92	105	118	131	143	156	167	188	207	222	235
	GM_4	8	9	9	10	10	10	10	10	10	10	11	11	12	13	15	17	20
9.00	GM_1	112	99	87	65	46	31	19	10	3	−1	−4	−5	−5	−4	0	5	10
	GM_2	85	96	106	120	129	132	131	126	119	110	99	88	76	52	29	7	−12
	GM_3	49	50	52	59	68	79	91	103	116	129	142	154	166	187	205	220	232
	GM_4	9	9	10	11	11	12	12	12	12	12	12	13	13	15	17	20	22

表 Ⅰ.5（续）

Y/H ↓	X/H →	0.90	0.95	1.00	1.10	1.20	1.30	1.40	1.50	1.60	1.70	1.80	1.90	2.00	2.20	2.40	2.60	2.80
10.00	GM_1	112	99	87	65	46	31	19	10	4	−1	−4	−5	−5	−4	0	5	10
	GM_2	85	96	106	120	129	132	131	126	119	110	99	88	76	52	29	7	−12
	GM_3	48	49	52	58	67	77	89	102	115	128	140	153	164	185	203	218	230
	GM_4	9	10	11	12	12	13	13	13	13	13	14	14	15	17	19	22	24
20.00	GM_1	112	99	87	64	46	30	18	9	3	−2	−5	−6	−6	−5	−1	3	8
	GM_2	86	98	107	122	131	134	133	129	121	112	102	91	79	55	32	11	−8
	GM_3	44	46	48	54	62	72	84	96	108	121	133	145	156	176	193	207	219
	GM_4	12	13	14	15	16	17	17	18	18	19	19	20	21	23	26	29	33
30.00	GM_1	111	98	86	64	45	30	18	9	2	−2	−5	−6	−7	−5	−2	3	7
	GM_2	87	98	108	123	132	135	134	130	123	114	103	92	80	57	34	13	−6
	GM_3	43	44	46	52	61	71	82	94	107	119	131	143	153	173	190	204	215
	GM_4	13	14	15	16	17	18	18	19	19	20	21	21	23	25	28	31	35
40.00	GM_1	111	98	86	64	45	30	18	9	2	−2	−5	−7	−7	−6	−2	2	7
	GM_2	87	99	108	123	132	135	135	130	123	114	104	93	81	57	35	14	−5
	GM_3	43	44	46	52	60	70	81	93	106	118	130	142	153	172	189	203	214
	GM_4	13	14	15	16	17	18	19	19	20	20	21	22	23	26	29	32	36
50.00	GM_1	111	98	86	64	45	30	18	9	2	−3	−5	−7	−7	−6	−2	2	7
	GM_2	87	99	108	123	132	136	135	130	123	114	104	93	81	58	35	14	−5
	GM_3	43	44	46	51	60	70	81	93	105	118	130	141	152	172	188	202	213
	GM_4	13	14	15	16	17	18	19	19	20	21	21	22	23	26	29	32	36

单个灯具垂直位于边为 X/H 和 Y/H 的矩形一角上方的几何多重因数。

该值以 1/1 000 表示。

表 Ⅰ.6

Y/H ↓						
3.00	GM_1	−16				
	GM_2	56				
	GM_3	214				
	GM_4	−6				
3.50	GM_1	−8	1			
	GM_2	29	−1			
	GM_3	231	249			
	GM_4	−3	1			
4.00	GM_1	−2	8	16		
	GM_2	10	−21	−43		
	GM_3	241	259	270		
	GM_4	1	6	10		
4.50	GM_1	3	13	21	27	
	GM_2	−3	−36	−58	−74	
	GM_3	246	265	276	281	
	GM_4	5	10	15	20	
5.00	GM_1	7	17	25	32	36
	GM_2	−12	−45	−68	−85	−96
	GM_3	249	267	278	283	286
	GM_4	8	14	20	25	30

表 Ⅰ.6（续）

Y/H↓	X/H→	3.00	3.50	4.00	4.50	5.00	5.50	6.00	6.50	7.00	7.50	8.00	9.00	10.00	20.00	30.00	40.00	50.00
5.50	GM_1	9	20	28	35	39	43											
	GM_2	−18	−52	−76	−92	−103	−111											
	GM_3	250	268	279	284	286	286											
	GM_4	11	17	24	30	35	40											
6.00	GM_1	11	22	30	37	42	45	48										
	GM_2	−22	−56	−80	−97	−109	−117	−122										
	GM_3	249	268	278	283	285	285	283										
	GM_4	14	21	27	33	39	45	50										
6.50	GM_1	12	23	32	39	43	47	49	51									
	GM_2	−25	−59	−84	−100	−112	−120	−126	−130									
	GM_3	249	267	277	282	283	283	281	279									
	GM_4	17	23	30	37	43	49	54	58									
7.00	GM_1	13	24	33	40	45	48	51	52	54								
	GM_2	−27	−61	−86	−103	−115	−123	−128	−132	−134								
	GM_3	247	266	275	280	281	281	279	277	274								
	GM_4	19	26	33	40	46	52	58	62	67								
7.50	GM_1	14	25	34	40	45	49	51	53	54	55							
	GM_2	−28	−63	−87	−104	−116	−124	−130	−133	−136	−137							
	GM_3	246	264	274	278	279	278	277	274	271	268							
	GM_4	21	28	36	43	49	56	61	66	70	74							
8.00	GM_1	14	25	34	41	46	49	52	54	55	56	56						
	GM_2	−29	−63	−88	−105	−117	−125	−131	−134	−137	−138	−139						
	GM_3	245	263	272	276	277	276	274	271	268	265	261						
	GM_4	22	30	38	45	52	58	64	69	74	78	82						
9.00	GM_1	14	26	35	41	46	50	52	54	55	56	57	57					
	GM_2	−29	−64	−88	−106	−118	−126	−131	−135	−137	−139	−139	−139					
	GM_3	242	260	269	272	273	271	269	266	262	259	255	248					
	GM_4	25	33	42	49	57	63	69	75	80	84	88	95					
10.00	GM_1	15	26	35	41	46	50	53	54	55	56	57	57	57				
	GM_2	−29	−64	−88	−105	−117	−125	−131	−134	−137	−138	−139	−138	−137				
	GM_3	240	257	265	269	269	267	264	261	257	253	249	242	235				
	GM_4	28	36	44	53	60	67	73	79	84	89	93	100	106				
20.00	GM_1	13	24	33	39	44	47	49	51	52	52	53	52	52	43			
	GM_2	−25	−59	−82	−99	−110	−117	−122	−125	−126	−127	−127	−125	−123	−99			
	GM_3	228	243	249	251	249	246	241	236	230	225	219	209	200	147			
	GM_4	37	46	56	66	75	83	90	97	103	109	114	123	131	168			
30.00	GM_1	12	23	32	38	42	46	48	49	50	50	50	50	49	38	32		
	GM_2	−23	−56	−80	−96	−107	−114	−118	−120	−122	−122	−121	−119	−116	−88	−74		
	GM_3	224	239	245	246	244	239	234	229	223	216	211	199	189	128	105		
	GM_4	39	49	59	69	78	87	95	102	108	114	120	130	138	179	193		
40.00	GM_1	12	23	31	37	42	45	47	48	49	49	49	49	48	36	29	25	
	GM_2	−22	−55	−79	−94	−105	−112	−116	−118	−120	−120	−119	−117	−114	−82	−66	−58	
	GM_3	223	237	243	244	241	237	231	225	219	213	207	195	184	120	94	81	
	GM_4	40	50	60	70	80	88	96	103	110	116	122	132	140	184	199	206	
50.00	GM_1	12	22	31	37	41	45	47	48	49	49	49	48	47	34	27	23	21
	GM_2	−21	−55	−78	−94	−104	−111	−115	−117	−118	−118	−118	−115	−112	−79	−62	−53	−48
	GM_3	222	236	242	243	240	236	230	224	218	211	205	193	182	116	88	74	67
	GM_4	40	50	61	71	80	89	97	104	111	117	123	133	142	186	202	210	214

单个灯具垂直位于边为 X/H 和 Y/H 的矩形一角上方的几何多重因数。

该值以 1/1 000 表示。

照度 E_1、E_3 和 E_4 的计算系数表

表 Ⅱ.1

悬浮物比率:0.0　　　　房间指数:0.60

反射率	天花板照度 E_1			墙面照度 E_3			工作面照度 E_4		
	RM_{11}	RM_{12}	RM_{13}	RM_{31}	RM_{32}	RM_{33}	RM_{41}	RM_{42}	RM_{43}
873	1 255	−889	−189	418	222	−465	473	−64	719
871	1 203	−882	−267	367	229	−543	436	−59	662
773	1 216	−861	−183	355	267	−456	401	−13	729
771	1 173	−860	−260	314	269	−531	372	−12	676
753	1 124	−930	−65	271	205	−349	300	−88	858
751	1 100	−923	−136	247	212	−418	287	−84	820
731	1 052	−964	−54	204	175	−345	232	−131	913
711	1 018	−993	3	174	149	−294	193	−165	979
551	1 069	−898	−132	172	275	−409	199	−11	831
531	1 036	−950	−53	144	230	−342	163	−69	917
511	1 013	−988	3	123	198	−294	137	−110	978
331	1 021	−937	−53	85	284	−339	97	−7	920
311	1 008	−983	3	74	246	−294	82	−56	978
111	1 003	−978	3	24	294	−294	27	−3	978
000	1 000	−1 000	0	0	300	−300	0	0	1 000

照度 E_1、E_3 和 E_4 的计算系数表

表 Ⅱ.2

悬浮物比率:0.0　　　　房间指数:0.80

反射率	天花板照度 E_1			墙面照度 E_3			工作面照度 E_4		
	RM_{11}	RM_{12}	RM_{13}	RM_{31}	RM_{32}	RM_{33}	RM_{41}	RM_{42}	RM_{43}
873	1 273	−864	−198	468	315	−581	564	−91	678
871	1 201	−852	−285	398	327	−664	512	−83	616
773	1 231	−836	−191	396	364	−569	477	−32	692
771	1 172	−831	−278	340	368	−650	437	−30	634
753	1 142	−917	−63	315	290	−453	377	−124	836
751	1 104	−905	−148	279	302	−533	356	−117	789
731	1 057	−956	−58	236	256	−451	300	−178	897
711	1 022	−993	8	205	222	−391	258	−223	976
551	1 072	−879	−144	193	372	−521	247	−28	804
531	1 040	−940	−57	166	319	−447	211	−98	902
511	1 016	−987	8	145	279	−392	183	−150	976
331	1 024	−926	−57	98	380	−444	124	−20	907
311	1 009	−981	8	87	336	−392	109	−78	975
111	1 003	−974	7	29	393	−393	36	−7	974
000	1 000	−1 000	0	0	400	−400	0	0	1 000

照度 E_1、E_3 和 E_4 的计算系数表

表 Ⅱ.3

悬浮物比率:0.0　　房间指数:1.00

反射率	天花板照度 E_1			墙面照度 E_3			工作面照度 E_4		
	RM_{11}	RM_{12}	RM_{13}	RM_{31}	RM_{32}	RM_{33}	RM_{41}	RM_{42}	RM_{43}
873	1 284	−845	−202	501	412	−691	632	−112	650
871	1 194	−829	−294	417	427	−778	568	−101	584
773	1 240	−816	−195	424	464	−679	534	−48	665
771	1 166	−810	−287	356	470	−763	485	−43	604
753	1 156	−908	−60	347	380	−556	438	−153	820
751	1 105	−890	−156	300	396	−643	409	−143	767
731	1 060	−949	−61	260	342	−556	354	−216	885
711	1 026	−994	12	229	301	−489	312	−271	975
551	1 073	−864	−152	208	470	−630	284	−42	784
531	1 042	−933	−60	182	411	−551	248	−122	891
511	1 019	−986	12	162	366	−490	221	−183	974
331	1 025	−917	−59	108	478	−547	147	−30	897
311	1 011	−979	12	97	429	−491	132	−97	973
111	1 004	−972	12	32	492	−492	44	−12	972
000	1 000	−1 000	0	0	500	−500	0	0	1 000

照度 E_1、E_3 和 E_4 的计算系数表

表 Ⅱ.4

悬浮物比率:0.0　　房间指数:1.25

反射率	天花板照度 E_1			墙面照度 E_3			工作面照度 E_4		
	RM_{11}	RM_{12}	RM_{13}	RM_{31}	RM_{32}	RM_{33}	RM_{41}	RM_{42}	RM_{43}
873	1 292	−827	−204	531	537	−826	695	−132	625
871	1 185	−807	−300	432	555	−915	618	−117	555
773	1 246	−798	−197	448	590	−813	587	−62	642
771	1 158	−789	−294	369	598	−900	528	−56	578
753	1 169	−900	−57	377	496	−684	496	−181	806
751	1 104	−876	−162	319	517	−778	459	−168	746
731	1 063	−942	−62	281	455	−685	407	−253	874
711	1 031	−995	16	251	407	−612	366	−320	974
551	1 072	−851	−158	221	595	−764	319	−56	766
531	1 044	−926	−61	197	530	−680	285	−145	881
511	1 022	−986	16	178	478	−613	259	−217	973
331	1 026	−910	−60	116	602	−676	168	−41	888
311	1 013	−978	16	106	547	−615	154	−115	971
111	1 004	−969	16	35	616	−616	51	−16	969
000	1 000	−1 000	0	0	625	−625	0	0	1 000

照度 E_1、E_3 和 E_4 的计算系数表

表 Ⅱ.5

悬浮物比率:0.0　　　　房间指数:1.50

反射率	天花板照度 E_1			墙面照度 E_3			工作面照度 E_4		
	RM_{11}	RM_{12}	RM_{13}	RM_{31}	RM_{32}	RM_{33}	RM_{41}	RM_{42}	RM_{43}
873	1 297	−814	−205	552	662	−959	742	−146	606
871	1 176	−790	−304	441	684	−1 050	654	−128	534
773	1 251	−785	−197	466	716	−945	626	−73	625
771	1 150	−773	−297	377	727	−1 033	560	−65	558
753	1 180	−894	−53	400	615	−811	542	−203	796
751	1 103	−865	−166	332	640	−911	497	−186	730
731	1 065	−938	−63	297	572	−814	448	−281	865
711	1 034	−996	20	269	517	−736	408	−358	974
551	1 071	−840	−162	231	720	−895	345	−67	753
531	1 046	−920	−62	208	650	−809	314	−163	873
511	1 024	−986	20	190	593	−737	289	−243	972
331	1 027	−904	−61	123	726	−803	185	−50	881
311	1 014	−977	20	113	667	−739	172	−130	970
111	1 005	−968	19	37	740	−740	57	−19	968
000	1 000	−1 000	0	0	750	−750	0	0	1 000

照度 E_1、E_3 和 E_4 的计算系数表

表 Ⅱ.6

悬浮物比率:0.0　　　　房间指数:2.00

反射率	天花板照度 E_1			墙面照度 E_3			工作面照度 E_4		
	RM_{11}	RM_{12}	RM_{13}	RM_{31}	RM_{32}	RM_{33}	RM_{41}	RM_{42}	RM_{43}
873	1 303	−795	−205	580	915	−1 220	808	−165	582
871	1 161	−766	−307	451	942	−1 313	703	−144	506
773	1 253	−766	−197	489	971	−1 206	681	−88	601
771	1 138	−751	−301	387	984	−1 296	603	−78	532
753	1 198	−886	−48	432	858	−1 066	608	−233	782
751	1 099	−849	−171	350	890	−1 172	550	−211	708
731	1 067	−930	−64	319	812	−1 069	507	−321	853
711	1 041	−999	25	294	747	−983	471	−414	975
551	1 069	−826	−167	243	972	−1 155	382	−81	734
531	1 047	−913	−63	224	895	−1 064	355	−189	862
511	1 029	−987	25	207	829	−985	332	−281	972
331	1 028	−896	−62	132	975	−1 058	209	−62	871
311	1 017	−976	25	123	810	−987	197	−151	968
111	1 006	−965	24	41	989	−989	65	−24	965
000	1 000	−1 000	0	0	1 000	−1 000	0	0	1 000

照度 E_1、E_3 和 E_4 的计算系数表

表 Ⅱ.7

悬浮物比率:0.0　　　　房间指数:2.50

反射率	天花板照度 E_1			墙面照度 E_3			工作面照度 E_4		
	RM_{11}	RM_{12}	RM_{13}	RM_{31}	RM_{32}	RM_{33}	RM_{41}	RM_{42}	RM_{43}
873	1 306	−783	−205	598	1 170	−1 479	850	−177	566
871	1 150	−750	−308	457	1 199	−1 573	734	−153	488
773	1 258	−754	−197	504	1 226	−1 465	717	−97	587
771	1 129	−736	−303	393	1 241	−1 556	630	−86	516
753	1 205	−881	−45	454	1 105	−1 320	652	−254	773
751	1 096	−839	−174	361	1 141	−1 430	585	−228	694
731	1 069	−926	−65	334	1 056	−1 324	547	−348	845
711	1 045	−1 001	29	311	983	−1 232	514	−452	976
551	1 067	−816	−170	251	1 225	−1 413	407	−91	722
531	1 048	−908	−64	234	1 143	−1 318	383	−207	855
511	1 032	−988	29	219	1 070	−1 234	363	−307	972
331	1 028	−891	−63	138	1 226	−1 312	226	−70	865
311	1 019	−976	28	130	1 156	−1 237	215	−166	967
111	1 006	−963	28	43	1 239	−1 239	71	−28	963
000	1 000	−1 000	0	0	1 250	−1 250	0	0	1 000

照度 E_1、E_3 和 E_4 的计算系数表

表 Ⅱ.8

悬浮物比率:0.0　　　　房间指数:3.00

反射率	天花板照度 E_1			墙面照度 E_3			工作面照度 E_4		
	RM_{11}	RM_{12}	RM_{13}	RM_{31}	RM_{32}	RM_{33}	RM_{41}	RM_{42}	RM_{43}
873	1 308	−774	−204	611	1 424	−1 737	880	−186	555
871	1 142	−739	−309	461	1 456	−1 831	755	−159	476
773	1 259	−745	−197	514	1 481	−1 722	742	−104	576
771	1 122	−726	−303	396	1 497	−1 814	649	−91	504
753	1 215	−878	−42	470	1 353	−1 573	685	−268	767
751	1 094	−831	−176	369	1 393	−1 687	610	−239	684
731	1 070	−922	−65	345	1 302	−1 577	576	−368	840
711	1 049	−1 002	32	323	1 222	−1 481	546	−481	977
551	1 065	−809	−171	256	1 478	−1 669	424	−98	714
531	1 049	−904	−64	241	1 391	−1 571	403	−219	850
511	1 034	−989	31	228	1 314	−1 484	305	−327	972
331	1 029	−887	−63	142	1 477	−1 565	237	−76	860
311	1 020	−975	31	135	1 403	−1 487	228	−177	967
111	1 007	−962	31	44	1 489	−1 489	75	−31	962
000	1 000	−1 000	0	0	1 500	−1 500	0	0	1 000

照度 E_1、E_3 和 E_4 的计算系数表

表 Ⅱ.9

悬浮物比率:0.0　　　　房间指数:4.00

反射率	天花板照度 E_1			墙面照度 E_3			工作面照度 E_4		
	RM_{11}	RM_{12}	RM_{13}	RM_{31}	RM_{32}	RM_{33}	RM_{41}	RM_{42}	RM_{43}
873	1 310	−762	−203	627	1 932	−2 249	920	−196	540
871	1 130	−723	−309	465	1 967	−2 344	782	−167	459
773	1 261	−733	−196	528	1 990	−2 234	775	−112	563
771	1 112	−712	−304	400	2 008	−2 326	674	−97	489
753	1 224	−873	−39	492	1 853	−2 080	728	−288	760
751	1 091	−820	−178	378	1 897	−2 198	643	−254	670
731	1 071	−918	−66	359	1 798	−2 083	615	−393	832
711	1 054	−1 005	36	341	1 709	−1 980	590	−519	978
551	1 063	−800	−174	263	1 984	−2 179	447	−107	702
531	1 050	−899	−65	251	1 890	−2 076	430	−236	843
511	1 038	−990	35	240	1 805	−1 983	415	−353	972
331	1 029	−882	−63	148	1 979	−2 070	253	−84	854
311	1 022	−975	34	142	1 899	−1 986	245	−191	966
111	1 007	−961	34	47	1 990	−1 990	81	−34	961
000	1 000	−1 000	0	0	2 000	−2 000	0	0	1 000

照度 E_1、E_3 和 E_4 的计算系数表

表 Ⅱ.10

悬浮物比率:0.0　　　　房间指数:5.00

反射率	天花板照度 E_1			墙面照度 E_3			工作面照度 E_4		
	RM_{11}	RM_{12}	RM_{13}	RM_{31}	RM_{32}	RM_{33}	RM_{41}	RM_{42}	RM_{43}
873	1 312	−754	−203	637	2 440	−2 759	945	−203	531
871	1 123	−714	−309	468	2 476	−2 854	799	−172	449
773	1 262	−726	−195	536	2 498	−2 743	796	−117	554
771	1 106	−703	−304	403	2 517	−2 836	689	−101	480
753	1 231	−870	−37	506	2 354	−2 585	756	−300	755
751	1 088	−814	−180	384	2 402	−2 706	663	−263	661
731	1 072	−914	−66	368	2 297	−2 588	639	−410	827
711	1 057	−1 007	38	352	2 200	−2 479	618	−544	979
551	1 061	−794	−175	268	2 489	−2 687	462	−112	695
531	1 050	−896	−65	257	2 391	−2 581	448	−246	839
511	1 040	−991	37	247	2 300	−2 483	434	−370	972
331	1 030	−878	−64	151	2 481	−2 574	263	−89	850
311	1 024	−975	37	146	2 397	−2 487	256	−200	966
111	1 008	−960	36	48	2 490	−2 490	84	−36	960
000	1 000	−1 000	0	0	2 500	−2 500	0	0	1 000

照度 E_1、E_3 和 E_4 的计算系数表

表 Ⅱ.11

悬浮物比率:0.0　　　　房间指数:10.00

反射率	天花板照度 E_1			墙面照度 E_3			工作面照度 E_4		
	RM_{11}	RM_{12}	RM_{13}	RM_{31}	RM_{32}	RM_{33}	RM_{41}	RM_{42}	RM_{43}
873	1 314	−738	−202	658	4 969	−5 292	997	−215	511
871	1 106	−693	−309	472	5 009	−5 388	834	−180	428
773	1 264	−710	−195	554	5 027	−5 276	839	−127	536
771	1 092	−684	−305	408	5 049	−5 370	720	−109	460
753	1 247	−864	−33	537	4 866	−5 106	817	−325	744
751	1 082	−799	−183	397	4 921	−5 233	706	−281	642
731	1 074	−908	−67	388	4 799	−5 103	693	−444	816
711	1 065	−1 011	43	378	4 682	−4 980	680	−599	982
551	1 058	−780	−179	277	5 009	−5 213	493	−123	679
531	1 052	−889	−66	271	4 897	−5 096	485	−268	829
511	1 046	−993	42	265	4 790	−4 984	477	−406	973
331	1 030	−871	−64	159	4 991	−5 089	285	−99	842
311	1 027	−975	42	156	4 893	−4 989	281	−220	965
111	1 009	−958	41	51	4 993	−4 993	92	−41	958
000	1 000	−1 000	0	0	5 000	−5 000	0	0	1 000

照度 E_1、E_3 和 E_4 的计算系数表

表 Ⅱ.12

悬浮物比率:0.0　　　　房间指数:20.00

反射率	天花板照度 E_1			墙面照度 E_3			工作面照度 E_4		
	RM_{11}	RM_{12}	RM_{13}	RM_{31}	RM_{32}	RM_{33}	RM_{41}	RM_{42}	RM_{43}
873	1 315	−729	−202	670	10 010	−10 336	1 024	−221	501
871	1 097	−682	−309	675	10 052	−10 431	852	−184	416
773	1 265	−701	−195	564	10 069	−10 320	862	−131	526
771	1 084	−674	−305	410	10 092	−10 413	736	−112	449
753	1 256	−861	−31	554	9 890	−10 136	851	−338	737
751	1 079	−790	−185	404	9 949	−10 266	729	−289	632
731	1 074	−904	−68	399	9 811	−10 123	722	−462	810
711	1 070	−1 014	46	393	9 676	−9 983	715	−630	983
551	1 055	−773	−181	283	10 039	−10 245	509	−128	670
531	1 052	−885	−66	279	9 911	−10 115	505	−279	824
511	1 049	−994	45	275	9 787	−9 988	501	−427	974
331	1 031	−867	−65	164	10 008	−10 108	297	−104	837
311	1 029	−975	44	162	9 895	−9 993	295	−231	965
111	1 009	−956	43	53	9 998	−9 998	96	−43	956
000	1 000	−1 000	0	0	10 000	−10 000	0	0	10 000

表 Ⅱ.13

悬浮物比率:0.333　　　　房间指数:0.60

反射率	天花板照度 $E_1=E_2$			墙面照度 E_3			工作面照度 E_4		
	RM_{11}	RM_{12}	RM_{13}	RM_{31}	RM_{32}	RM_{33}	RM_{41}	RM_{42}	RM_{43}
8 873	885	−627	−133	295	310	−447	333	35	739
8 773	795	−563	−120	247	344	−439	282	72	747
8 871	859	−629	−191	262	306	−519	311	33	690
8 771	779	−568	−172	220	337	−510	264	67	700
7 773	756	−536	−114	221	362	−435	249	95	752
7 771	740	−542	−164	198	353	−505	234	89	707
7 753	720	−596	−42	174	285	−343	192	1	864
7 553	612	−506	−35	124	326	−340	142	43	867
7 751	710	−596	−87	159	285	−407	185	1	832
7 551	605	−508	−75	114	323	−402	137	41	838
7 731	689	−632	−36	134	239	−342	152	−58	917
7 331	520	−477	−27	69	299	−338	86	2	921
7 711	675	−658	2	115	206	−294	128	−101	978
7 111	460	−448	1	41	278	−294	56	−31	978
5 551	565	−475	−70	91	343	−399	105	68	842
5 531	556	−510	−29	77	291	−339	88	1	920
5 331	492	−451	−25	53	313	−337	64	23	922
5 511	549	−536	2	67	253	−294	74	−49	978
5 111	438	−427	1	29	289	−294	39	−15	978
3 331	466	−427	−24	39	326	−337	44	41	923
3 311	463	−452	1	34	285	−294	38	−13	978
1 111	400	−391	1	10	309	−294	11	13	978
0 000	379	−375	0	0	300	−300	0	0	1 000

该值以 1/1 000 表示。

表 Ⅱ.14

悬浮物比率:0.333　　　　房间指数:0.80

反射率	天花板照度 $E_1=E_2$			墙面照度 E_3			工作面照度 E_4		
	RM_{11}	RM_{12}	RM_{13}	RM_{31}	RM_{32}	RM_{33}	RM_{41}	RM_{42}	RM_{43}
8 873	966	−655	−150	355	392	−563	428	1	700
8 773	886	−601	−138	307	425	−555	373	39	708
8 871	924	−656	−219	306	392	−642	394	1	644
8 771	852	−605	−202	266	421	−632	345	36	656
7 773	842	−572	−131	271	449	−550	326	70	715
7 771	814	−578	−193	236	442	−625	304	65	666
7 753	800	−642	−44	220	366	−448	264	−33	842
7 553	700	−562	−39	167	408	−445	205	14	845
7 751	781	−640	−105	197	369	−522	252	−32	803
7 551	687	−563	−92	150	407	−515	197	13	811
7 731	757	−684	−42	169	316	−448	215	−101	902
7 331	602	−544	−33	98	380	−444	134	−29	906

表 Ⅱ.14（续）

悬浮物比率:0.333　　　　房间指数:0.80

反射率	天花板照度 $E_1=E_2$			墙面照度 E_3			工作面照度 E_4		
	RM_{11}	RM_{12}	RM_{13}	RM_{31}	RM_{32}	RM_{33}	RM_{41}	RM_{42}	RM_{43}
7 711	739	−718	6	148	277	−392	187	−154	976
7 111	540	−525	4	65	358	−392	94	−64	975
5 551	642	−526	−86	116	435	−511	148	53	817
5 531	630	−570	−35	101	378	−444	128	−23	906
5 331	569	−515	−31	74	402	−442	98	4	908
5 511	621	−604	5	89	334	−392	112	−81	975
5 111	515	−500	4	46	376	−393	66	−36	975
3 331	540	−488	−30	52	422	−441	66	33	910
3 311	536	−521	4	46	376	−393	58	−29	975
1 111	471	−458	4	13	408	−393	17	11	974
0 000	444	−444	0	0	400	−400	0	0	1 000

该值以 1/1 000 表示。

表 Ⅱ.15

悬浮物比率:0.333　　　　房间指数:1.00

反射率	天花板照度 $E_1=E_2$			墙面照度 E_3			工作面照度 E_4		
	RM_{11}	RM_{12}	RM_{13}	RM_{31}	RM_{32}	RM_{33}	RM_{41}	RM_{42}	RM_{43}
8 873	1 022	−672	−161	399	480	−675	503	−27	670
8 773	950	−625	−149	353	510	−668	448	9	679
8 871	964	−669	−237	337	483	−758	458	−25	611
8 771	902	−626	−222	299	509	−749	410	8	623
7 773	904	−595	−142	309	539	−661	389	48	688
7 771	864	−600	−213	264	534	−740	359	44	635
7 753	858	−674	−45	258	450	−551	325	−65	826
7 553	766	−602	−40	204	492	−548	262	−15	829
7 751	830	−669	−117	226	456	−633	307	−61	781
7 551	745	−600	−105	179	493	−626	250	−15	789
7 731	804	−720	−46	197	398	−552	268	−139	890
7 331	663	−593	−38	125	463	−548	180	−60	895
7 711	785	−760	9	175	353	−490	238	−200	974
7 111	602	−583	7	88	438	−491	133	−98	973
5 551	698	−563	−99	136	529	−620	185	38	798
5 531	685	−613	−39	120	467	−548	163	−45	896
5 331	628	−562	−36	92	492	−546	130	−16	898
5 511	675	−653	8	107	419	−491	146	−111	973
5 111	575	−557	7	62	463	−491	93	−59	972
3 331	597	−534	−34	63	518	−545	85	24	900
3 311	592	−573	7	57	468	−491	77	−44	972
1 111	527	−511	6	17	506	−492	23	8	972
0 000	500	−500	0	0	500	−500	0	0	1 000

该值以 1/1 000 表示。

表 Ⅱ.16

悬浮物比率:0.333　　　房间指数:1.25

反射率	天花板照度 $E_1=E_2$			墙面照度 E_3			工作面照度 E_4		
	RM_{11}	RM_{12}	RM_{13}	RM_{31}	RM_{32}	RM_{33}	RM_{41}	RM_{42}	RM_{43}
8 873	1 071	−686	−169	440	595	−812	576	−55	643
8 773	1 008	−645	−159	397	622	−805	523	−21	652
8 871	996	−678	−253	363	602	−898	519	−50	580
8 771	944	−643	−239	329	625	−889	474	−19	591
7 773	959	−614	−151	345	656	−797	452	24	663
7 771	906	−617	−230	289	653	−879	413	22	607
7 753	913	−703	−44	295	560	−680	388	−97	811
7 553	829	−638	−40	242	600	−677	323	−48	814
7 751	873	−693	−128	252	570	−768	363	−91	760
7 551	798	−633	−117	208	605	−762	305	−45	768
7 731	847	−751	−50	224	506	−682	324	−179	878
7 331	721	−639	−42	153	569	−678	232	−97	884
7 711	826	−798	13	201	455	−613	293	−250	973
7 111	662	−638	10	114	540	−615	179	−140	971
5 551	750	−595	−110	155	647	−754	223	20	780
5 531	737	−653	−43	139	581	−677	201	−70	886
5 331	684	−607	−40	112	606	−675	166	−39	888
5 511	725	−700	11	126	528	−614	184	−144	971
5 111	633	−611	10	80	572	−615	125	−87	970
3 331	652	−578	−38	74	639	−673	107	13	891
3 311	646	−624	10	68	584	−615	98	−62	970
1 111	583	−563	9	20	630	−616	30	5	969
0 000	556	−556	0	0	625	−625	0	0	1 000

该值以 1/1 000 表示。

表 Ⅱ.17

悬浮物比率:0.333　　　房间指数:1.50

反射率	天花板照度 $E_1=E_2$			墙面照度 E_3			工作面照度 E_4		
	RM_{11}	RM_{12}	RM_{13}	RM_{31}	RM_{32}	RM_{33}	RM_{41}	RM_{42}	RM_{43}
8 873	1 106	−694	−175	471	713	−946	633	−77	624
8 773	1 050	−659	−166	431	738	−939	582	−45	632
8 871	1 016	−683	−263	381	724	−1 034	565	−69	557
8 771	972	−653	−251	351	745	−1 026	523	−41	568
7 773	1 000	−628	−158	373	775	−930	501	6	644
7 771	935	−628	−242	307	774	−1 015	455	5	585
7 753	954	−723	−43	324	673	−808	439	−124	800
7 553	878	−665	−40	273	711	−806	375	−76	803
7 751	903	−709	−136	272	687	−901	407	−115	744
7 551	837	−657	−126	231	720	−895	351	−71	752
7 731	878	−773	−52	245	618	−811	369	−212	870
7 331	764	−673	−45	177	678	−807	276	−130	875

表 Ⅱ.17（续）

悬浮物比率：0.333　　　　房间指数：1.50

反射率	天花板照度 $E_1=E_2$			墙面照度 E_3			工作面照度 E_4		
	RM_{11}	RM_{12}	RM_{13}	RM_{31}	RM_{32}	RM_{33}	RM_{41}	RM_{42}	RM_{43}
7 711	857	−825	17	223	562	−737	338	−290	973
7 111	708	−681	14	137	644	−738	221	−178	971
5 551	789	−619	−119	170	768	−886	254	5	767
5 531	775	−683	−46	155	698	−805	233	−92	878
5 331	728	−641	−43	128	721	−804	197	−60	880
5 511	764	−735	15	142	640	−738	215	−172	971
5 111	678	−653	13	96	684	−739	154	−113	969
3 331	694	−611	−41	83	761	−801	125	3	884
3 311	689	−663	13	77	702	−739	116	−77	969
1 111	627	−604	12	23	754	−740	35	1	967
0 000	600	−600	0	0	750	−750	0	0	1 000

该值以 1/1 000 表示。

表 Ⅱ.18

悬浮物比率：0.333　　　　房间指数：2.00

反射率	天花板照度 $E_1=E_2$			墙面照度 E_3			工作面照度 E_4		
	RM_{11}	RM_{12}	RM_{13}	RM_{31}	RM_{32}	RM_{33}	RM_{41}	RM_{42}	RM_{43}
8 873	1 153	−703	−181	513	956	−1 210	715	−108	596
8 773	1 108	−676	−174	479	977	−1 204	670	−81	603
8 871	1 040	−686	−275	404	973	−1 301	630	−95	525
8 771	1 006	−664	−266	379	989	−1 294	594	−72	535
7 773	1 056	−645	−166	412	1 018	−1 194	573	−22	618
7 771	972	−641	−257	331	1 021	−1 281	515	−20	556
7 753	1 013	−751	−41	367	907	−1 063	515	−165	786
7 553	948	−703	−38	320	941	−1 061	455	−120	788
7 751	944	−729	−147	300	928	−1 164	472	−151	720
7 551	890	−688	−139	264	956	−1 159	420	−111	728
7 731	920	−802	−56	275	850	−1 067	437	−260	857
7 331	826	−720	−50	214	904	−1 063	348	−183	863
7 711	908	−864	22	254	785	−984	407	−353	973
7 111	774	−743	19	174	862	−986	292	−242	971
5 551	844	−652	−131	192	1 012	−1 147	302	−19	747
5 531	830	−723	−50	177	936	−1 061	282	−125	867
5 331	789	−688	−48	153	957	−1 059	247	−95	869
5 511	818	−785	20	165	870	−986	264	−216	970
5 111	745	−715	18	122	912	−988	203	−157	968
3 331	756	−659	−46	97	1 006	−1 056	154	−14	875
3 311	750	−720	18	91	941	−988	145	−102	967
1 111	692	−664	17	28	1 002	−990	45	−5	965
0 000	667	−667	0	0	1 000	−1 000	0	0	1 000

该值以 1/1 000 表示。

表 Ⅱ.19

悬浮物比率:0.333　　　　房间指数:2.50

反射率	天花板照度 $E_1=E_2$			墙面照度 E_3			工作面照度 E_4		
	RM_{11}	RM_{12}	RM_{13}	RM_{31}	RM_{32}	RM_{33}	RM_{41}	RM_{42}	RM_{43}
8 873	1 182	−708	−185	542	1 204	−1 471	770	−129	578
8 773	1 145	−686	−179	512	1 222	−1 466	730	−105	585
8 871	1 053	−687	−282	419	1 224	−1 563	672	−113	505
8 771	1 025	−669	−275	397	1 238	−1 557	641	−92	513
7 773	1 093	−655	−171	438	1 266	−1 454	623	−41	601
7 771	994	−648	−266	346	1 272	−1 543	555	−37	536
7 753	1 053	−770	−39	397	1 147	−1 318	570	−193	777
7 553	997	−728	−37	355	1 178	−1 316	514	−153	779
7 751	969	−741	−154	319	1 173	−1 424	517	−176	705
7 551	924	−707	−147	287	1 198	−1 419	470	−140	712
7 731	947	−820	−58	296	1 089	−1 321	485	−295	849
7 331	867	−751	−53	240	1 137	−1 318	403	−223	854
7 711	929	−889	26	276	1 016	−1 233	457	−398	974
7 111	820	−785	23	202	1 086	−1 235	348	−293	971
5 551	879	−673	−140	207	1 259	−1 406	335	−36	734
5 531	867	−750	−53	193	1 178	−1 315	317	−149	859
5 331	832	−720	−51	171	1 197	−1 314	284	−121	861
5 511	855	−819	24	182	1 106	−1 235	301	−248	970
5 111	791	−758	22	141	1 145	−1 237	242	−192	968
3 331	798	−692	−49	107	1 253	−1 310	175	−26	868
3 311	793	−759	22	101	1 183	−1 238	167	−120	966
1 111	739	−707	21	31	1 250	−1 240	52	−10	963
0 000	714	−714	0	0	1 250	−1 250	0	0	1 000

该值以 1/1 000 表示。

表 Ⅱ.20

悬浮物比率:0.333　　　　房间指数:3.00

反射率	天花板照度 $E_1=E_2$			墙面照度 E_3			工作面照度 E_4		
	RM_{11}	RM_{12}	RM_{13}	RM_{31}	RM_{32}	RM_{33}	RM_{41}	RM_{42}	RM_{43}
8 873	1 203	−712	−188	562	1 453	−1 729	810	−144	566
8 773	1 171	−692	−183	535	1 469	−1 725	774	−123	571
8 871	1 061	−686	−287	428	1 477	−1 822	702	−125	490
8 771	1 038	−671	−281	410	1 489	−1 818	674	−107	497
7 773	1 119	−662	−175	457	1 515	−1 713	659	−55	589
7 771	1 009	−652	−273	356	1 523	−1 803	584	−49	522
7 753	1 082	−783	−38	419	1 390	−1 572	611	−215	770
7 553	1 032	−747	−36	381	1 418	−1 570	559	−177	772
7 751	986	−749	−159	332	1 421	−1 681	550	−193	693
7 551	948	−720	−153	304	1 442	−1 677	507	−161	700
7 731	966	−833	−59	311	1 331	−1 575	520	−320	843
7 331	897	−773	−55	261	1 375	−1 572	444	−255	848

表 Ⅱ.20（续）

悬浮物比率:0.333　　　　房间指数:3.00

反射率	天花板照度 $E_1=E_2$			墙面照度 E_3			工作面照度 E_4		
	RM_{11}	RM_{12}	RM_{13}	RM_{31}	RM_{32}	RM_{33}	RM_{41}	RM_{42}	RM_{43}
7 711	949	−907	29	293	1 252	−1 482	494	−431	975
7 111	854	−816	26	225	1 317	−1 484	392	−334	972
5 551	905	−687	−146	218	1 508	−1 663	360	−49	724
5 531	893	−770	−55	205	1 422	−1 569	343	−167	854
5 331	862	−743	−53	185	1 440	−1 568	313	−141	856
5 511	882	−843	27	194	1 346	−1 485	328	−273	970
5 111	825	−789	25	157	1 382	−1 486	273	−220	968
3 331	830	−715	−51	114	1 500	−1 563	191	−36	863
3 311	824	−788	25	109	1 428	−1 487	184	−135	966
1 111	773	−739	23	34	1 499	−1 490	58	−14	962
0 000	750	−750	0	0	1 500	−1 500	0	0	1 000

该值以 1/1 000 表示。

表 Ⅱ.21

悬浮物比率:0.333　　　　房间指数:4.00

反射率	天花板照度 $E_1=E_2$			墙面照度 E_3			工作面照度 E_4		
	RM_{11}	RM_{12}	RM_{13}	RM_{31}	RM_{32}	RM_{33}	RM_{41}	RM_{42}	RM_{43}
8 873	1 230	−715	−191	588	1 955	−2 243	863	−164	549
8 773	1 204	−700	−187	567	1 967	−2 240	834	−146	553
8 871	1 070	−685	−293	440	1 983	−2 337	741	−140	471
8 771	1 052	−674	−288	426	1 992	−2 333	719	−126	477
7 773	1 152	−670	−179	482	2 016	−2 227	708	−73	573
7 771	1 027	−657	−281	370	2 028	−2 318	622	−64	503
7 753	1 121	−800	−36	450	1 882	−2 079	667	−244	761
7 553	1 081	−771	−34	418	1 905	−2 077	623	−212	763
7 751	1 008	−758	−165	350	1 919	−2 193	594	−217	678
7 551	978	−736	−160	326	1 937	−2 189	558	−190	684
7 731	992	−849	−61	332	1 821	−2 081	569	−354	835
7 331	937	−802	−58	289	1 858	−2 079	504	−299	839
7 711	977	−931	33	316	1 733	−1 980	546	−478	977
7 111	900	−859	30	257	1 789	−1 982	457	−393	974
5 551	938	−706	−154	233	2 007	−2 174	395	−67	711
5 531	928	−795	−57	222	1 915	−2 075	380	−193	846
5 331	903	−774	−56	204	1 930	−2 074	354	−170	848
5 511	919	−876	31	212	1 832	−1 984	367	−307	970
5 111	872	−832	29	180	1 863	−1 985	319	−261	969
3 331	872	−747	−54	125	1 998	−2 069	214	−51	857
3 311	867	−827	29	120	1 919	−1 987	208	−156	965
1 111	821	−783	28	38	1 998	−1 990	66	−20	960
0 000	800	−800	0	0	2 000	−2 000	0	0	1 000

该值以 1/1 000 表示。

表 Ⅱ.22

悬浮物比率:0.333　　　　　　房间指数:5.00

反射率	天花板照度 $E_1=E_2$			墙面照度 E_3			工作面照度 E_4		
	RM_{11}	RM_{12}	RM_{13}	RM_{31}	RM_{32}	RM_{33}	RM_{41}	RM_{42}	RM_{43}
8 873	1 246	−717	−193	605	2 458	−2 754	898	−176	538
8 773	1 225	−705	−190	587	2 469	−2 751	873	−161	542
8 871	1 075	−683	−296	447	2 489	−2 848	765	−150	459
8 771	1 061	−674	−292	435	2 497	−2 845	747	−138	464
7 773	1 174	−675	−182	499	2 519	−2 737	740	−85	563
7 771	1 037	−659	−286	378	2 533	−2 829	646	−74	491
7 753	1 147	−810	−34	471	2 379	−2 584	704	−263	756
7 553	1 113	−786	−33	443	2 398	−2 584	666	−236	757
7 751	1 021	−764	−169	361	2 420	−2 702	622	−232	668
7 551	997	−746	−165	341	2 434	−2 699	592	−210	673
7 731	1 007	−859	−62	345	2 316	−2 586	601	−377	830
7 331	962	−821	−59	309	2 347	−2 584	545	−329	833
7 711	994	−947	36	331	2 220	−2 480	581	−509	978
7 111	930	−886	33	280	2 269	−2 482	503	−435	975
5 551	960	−717	−159	242	2 508	−2 683	418	−79	702
5 531	951	−811	−59	233	2 412	−2 579	405	−210	842
5 331	930	−793	−57	217	2 425	−2 578	382	−190	843
5 511	942	−897	34	224	2 322	−2 484	393	−331	971
5 111	903	−860	32	196	2 350	−2 485	351	−290	969
3 331	900	−768	−56	132	2 497	−2 573	230	−61	852
3 311	895	−853	32	128	2 414	−2 487	224	−170	965
1 111	853	−812	31	41	2 497	−2 490	71	−24	959
0 000	833	−833	0	0	2 500	−2 500	0	0	1 000

该值以 1/1 000 表示。

表 Ⅱ.23

悬浮物比率:0.333　　　　　　房间指数:10.00

反射率	天花板照度 $E_1=E_2$			墙面照度 E_3			工作面照度 E_4		
	RM_{11}	RM_{12}	RM_{13}	RM_{31}	RM_{32}	RM_{33}	RM_{41}	RM_{42}	RM_{43}
8 873	1 280	−719	−197	642	4 978	−5 290	971	−201	515
8 773	1 269	−713	−195	631	4 984	−5 288	957	−193	517
8 871	1 082	−678	−302	462	5 015	−5 385	816	−169	433
8 771	1 075	−674	−300	455	5 019	−5 383	806	−162	436
7 773	1 218	−684	−188	534	5 039	−5 273	809	−109	540
7 771	1 057	−662	−295	395	5 057	−5 366	697	−94	466
7 753	1 202	−833	−32	517	4 879	−5 106	788	−304	744
7 553	1 184	−820	−31	500	4 891	−5 106	765	−289	745
7 751	1 048	−773	−177	385	4 930	−5 231	684	−264	646
7 551	1 036	−764	−175	373	4 938	−5 229	667	−252	649
7 731	1 040	−879	−65	375	4 809	−5 102	671	−426	818
7 331	1 016	−859	−63	354	4 827	−5 101	638	−398	820

表 Ⅱ.23（续）

悬浮物比率:0.333　　　　房间指数:10.00

反射率	天花板照度 $E_1=E_2$ RM_{11}	RM_{12}	RM_{13}	墙面照度 E_3 RM_{31}	RM_{32}	RM_{33}	工作面照度 E_4 RM_{41}	RM_{42}	RM_{43}
7 711	1 032	−980	42	366	4 694	−4 980	659	−579	981
7 111	997	−947	40	335	4 723	−4 981	612	−534	979
5 551	1 004	−741	−170	263	5 020	−5 210	468	−105	683
5 531	999	−844	−62	258	4 908	−5 095	461	−247	831
5 331	988	−835	−62	248	4 916	−5 094	447	−236	832
5 511	994	−943	40	252	4 802	−4 985	453	−384	972
5 111	972	−923	39	234	4 819	−4 985	427	−359	971
3 331	961	−812	−60	149	5 001	−5 088	266	−83	843
3 311	958	−910	39	146	4 903	−4 989	262	−202	965
1 111	925	−878	37	47	4 997	−4 993	84	−34	957
0 000	909	−909	0	0	5 000	−5 000	0	0	1 000

该值以 1/1 000 表示。

表 Ⅱ.24

悬浮物比率:0.333　　　　房间指数:20.00

反射率	天花板照度 $E_1=E_2$ RM_{11}	RM_{12}	RM_{13}	墙面照度 E_3 RM_{31}	RM_{32}	RM_{33}	工作面照度 E_4 RM_{41}	RM_{42}	RM_{43}
8 873	1 298	−719	−200	661	10 015	−10 334	1 011	−213	503
8 773	1 292	−716	−199	656	10 018	−10 334	1 004	−209	504
8 871	1 085	−674	−305	469	10 055	−10 430	842	−178	419
8 771	1 082	−672	−304	466	10 058	−10 429	837	−175	420
7 773	1 242	−688	−191	554	10 075	−10 318	846	−122	528
7 771	1 066	−663	−300	404	10 096	−10 411	724	−105	452
7 753	1 233	−845	−31	544	9 897	−10 136	835	−327	738
7 553	1 223	−838	−30	534	9 903	−10 136	823	−318	738
7 751	1 062	−778	−182	398	9 954	−10 265	717	−281	634
7 551	1 056	−773	−181	392	9 959	−10 264	708	−274	635
7 731	1 057	−889	−67	392	9 816	−10 122	710	−452	811
7 331	1 045	−879	−66	380	9 826	−10 121	693	−437	812
7 711	1 053	−998	45	387	9 681	−9 984	704	−619	983
7 111	1 035	−980	44	369	9 698	−9 984	678	−594	981
5 551	1 028	−753	−176	275	10 044	−10 244	496	−119	672
5 531	1 025	−862	−65	272	9 917	−10 115	492	−268	824
5 331	1 019	−857	−64	267	9 922	−10 114	485	−262	825
5 511	1 022	−969	44	268	9 794	−9 989	488	−414	973
5 111	1 011	−958	43	258	9 804	−9 989	473	−400	973
3 331	995	−836	−63	158	10 013	−10 107	286	−96	837
3 311	993	−941	43	156	9 900	−9 993	284	−222	965
1 111	966	−915	41	51	10 000	−9 998	92	−39	956
0 000	952	−952	0	0	10 000	−10 000	0	0	1 000

该值以 1/1 000 表示。

光通量值(*NH*)*F*/*AB*　(*NH*)FC_4/*AB*　F_4/*AB* 的计算系数表

表 Ⅲ.1

悬浮物比率:0.0　　　　房间指数:0.60

反射率	总光通量 (*NH*)*F*/*AB*			下照光通量 (*NH*)FC_4/*AB*			直接照射光通量 F_4/*AB*		
	HR_{11}	HR_{13}	HR_{14}	HR_{21}	HR_{23}	HR_{24}	HR_{31}	HR_{33}	HR_{34}
873	200	1 000	700	−800	1 523	776	−202	−523	1 000
871	200	1 000	900	−800	1 523	925	−202	−523	1 000
773	300	1 000	700	−700	1 523	776	−177	−523	1 000
771	300	1 000	900	−700	1 523	925	−177	−523	1 000
753	300	1 667	700	−700	2 040	776	−177	−374	1 000
751	300	1 667	900	−700	2 040	925	−177	−374	1 000
731	300	2 333	900	−700	2 557	925	−177	−224	1 000
711	300	3 000	900	−700	3 075	925	−177	−75	1 000
551	500	1 667	900	−500	2 040	925	−126	−374	1 000
531	500	2 333	900	−500	2 557	925	−126	−224	1 000
511	500	3 000	900	−500	3 075	925	−126	−75	1 000
331	700	2 333	900	−300	2 557	925	−76	−224	1 000
311	700	3 000	900	−300	3 075	925	−76	−75	1 000
111	900	3 000	900	−100	3 075	925	−25	−75	1 000
000	1 000	3 333	1 000	0	3 333	1 000	0	0	1 000

光通量值(*NH*)*F*/*AB*　(*NH*)FC_4/*AB*　F_4/*AB* 的计算系数表

表 Ⅲ.2

悬浮物比率:0.0　　　　房间指数:0.80

反射率	总光通量 (*NH*)*F*/*AB*			下照光通量 (*NH*)FC_4/*AB*			直接照射光通量 F_4/*AB*		
	HR_{11}	HR_{13}	HR_{14}	HR_{21}	HR_{23}	HR_{24}	HR_{31}	HR_{33}	HR_{34}
873	200	750	700	−800	1 211	803	−274	−461	1 000
871	200	750	900	−800	1 211	934	−274	−461	1 000
773	300	750	700	−700	1 211	803	−239	−461	1 000
771	300	750	900	−700	1 211	934	−239	−461	1 000
753	300	1 250	700	−700	1 579	803	−239	−329	1 000
751	300	1 250	900	−700	1 579	934	−239	−329	1 000
731	300	1 750	900	−700	1 947	934	−239	−197	1 000
711	300	2 250	900	−700	2 316	934	−239	−66	1 000
551	500	1 250	900	−500	1 579	934	−171	−329	1 000
531	500	1 750	900	−500	1 947	934	−171	−197	1 000
511	500	2 250	900	−500	2 316	934	−171	−66	1 000
331	700	1 750	900	−300	1 947	934	−103	−197	1 000
311	700	2 250	900	−300	2 316	934	−103	−66	1 000
111	900	2 250	900	−100	2 316	934	−34	−66	1 000
000	1 000	2 500	1 000	0	2 500	1 000	0	0	1 000

光通量值(*NH*)*F*/*AB* (*NH*)*FC*$_4$/*AB* *F*$_4$/*AB* 的计算系数表

表 Ⅲ.3

悬浮物比率:0.0 房间指数:1.00

反射率	总光通量 (*NH*)*F*/*AB*			下照光通量 (*NH*)*FC*$_4$/*AB*			直接照射光通量 *F*$_4$/*AB*		
	HR_{11}	HR_{13}	HR_{14}	HR_{21}	HR_{23}	HR_{24}	HR_{31}	HR_{33}	HR_{34}
873	200	600	700	−800	1 009	825	−332	−409	1 000
871	200	600	900	−800	1 009	942	−332	−409	1 000
773	300	600	700	−700	1 009	825	−291	−409	1 000
771	300	600	900	−700	1 009	942	−291	−409	1 000
753	300	1 000	700	−700	1 292	825	−291	−292	1 000
751	300	1 000	900	−700	1 292	942	−291	−292	1 000
731	300	1 400	900	−700	1 575	942	−291	−175	1 000
711	300	1 800	900	−700	1 858	942	−291	−58	1 000
551	500	1 000	900	−500	1 292	942	−208	−292	1 000
531	500	1 400	900	−500	1 575	942	−208	−175	1 000
511	500	1 800	900	−500	1 858	942	−208	−58	1 000
331	700	1 400	900	−300	1 575	942	−125	−175	1 000
311	700	1 800	900	−300	1 858	942	−125	−58	1 000
111	900	1 800	900	−100	1 858	942	−42	−58	1 000
000	1 000	2 000	1 000	0	2 000	1 000	0	0	1 000

光通量值(*NH*)*F*/*AB* (*NH*)*FC*$_4$/*AB* *F*$_4$/*AB* 的计算系数表

表 Ⅲ.4

悬浮物比率:0.0 房间指数:1.25

反射率	总光通量 (*NH*)*F*/*AB*			下照光通量 (*NH*)*FC*$_4$/*AB*			直接照射光通量 *F*$_4$/*AB*		
	HR_{11}	HR_{13}	HR_{14}	HR_{21}	HR_{23}	HR_{24}	HR_{31}	HR_{33}	HR_{34}
873	200	480	700	−800	838	847	−391	−358	1 000
871	200	480	900	−800	838	949	−391	−358	1 000
773	300	480	700	−700	838	847	−342	−358	1 000
771	300	480	900	−700	838	949	−342	−358	1 000
753	300	800	700	−700	1 056	847	−342	−256	1 000
751	300	800	900	−700	1 056	949	−342	−256	1 000
731	300	1 120	900	−700	1 273	949	−342	−153	1 000
711	300	1 440	900	−700	1 491	949	−342	−51	1 000
551	500	800	900	−500	1 056	949	−244	−256	1 000
531	500	1 120	900	−500	1 273	949	−244	−153	1 000
511	500	1 440	900	−500	1 491	949	−244	−51	1 000
331	700	1 120	900	−300	1 273	949	−147	−153	1 000
311	700	1 440	900	−300	1 491	949	−147	−51	1 000
111	900	1 440	900	−100	1 491	949	−49	−51	1 000
000	1 000	1 600	1 000	0	1 600	1 000	0	0	1 000

光通量值(NH)F/AB　(NH)FC₄/AB　F₄/AB 的计算系数表

表 Ⅲ.5

悬浮物比率:0.0　　　　房间指数:1.50

反射率	总光通量 (NH)F/AB			下照光通量 (NH)FC_4/AB			直接照射光通量 F_4/AB		
	HR_{11}	HR_{13}	HR_{14}	HR_{21}	HR_{23}	HR_{24}	HR_{31}	HR_{33}	HR_{34}
873	200	400	700	−800	717	864	−437	−317	1 000
871	200	400	900	−800	717	955	−437	−317	1 000
773	300	400	700	−700	717	864	−383	−317	1 000
771	300	400	900	−700	717	955	−383	−317	1 000
753	300	667	700	−700	893	864	−383	−227	1 000
751	300	667	900	−700	893	955	−383	−227	1 000
731	300	933	900	−700	1 069	955	−383	−136	1 000
711	300	1 200	900	−700	1 245	955	−383	−45	1 000
551	500	667	900	−500	893	955	−273	−227	1 000
531	500	933	900	−500	1 069	955	−273	−136	1 000
511	500	1 200	900	−500	1 245	955	−273	−45	1 000
331	700	933	900	−300	1 069	955	−164	−136	1 000
311	700	1 200	900	−300	1 245	955	−164	−45	1 000
111	900	1 200	900	−100	1 245	955	−55	−45	1 000
000	1 000	1 333	1 000	0	1 333	1 000	0	0	1 000

光通量值(NH)F/AB (NH)FC₄/AB　F₄/AB 的计算系数表

表 Ⅲ.6

悬浮物比率:0.0　　　　房间指数:2.00

反射率	总光通量 (NH)F/AB			下照光通量 (NH)FC_4/AB			直接照射光通量 F_4/AB		
	HR_{11}	HR_{13}	HR_{14}	HR_{21}	HR_{23}	HR_{24}	HR_{31}	HR_{33}	HR_{34}
873	200	300	700	−800	558	889	−505	−258	1 000
871	200	300	900	−800	558	963	−505	−258	1 000
773	300	300	700	−700	558	889	−442	−258	1 000
771	300	300	900	−700	558	963	−442	−258	1 000
753	300	500	700	−700	684	889	−442	−184	1 000
751	300	500	900	−700	684	963	−442	−184	1 000
731	300	700	900	−700	811	963	−442	−111	1 000
711	300	900	900	−700	937	963	−442	−37	1 000
551	500	500	900	−500	684	963	−316	−184	1 000
531	500	700	900	−500	811	963	−316	−111	1 000
511	500	900	900	−500	937	963	−316	−37	1 000
331	700	700	900	−300	811	963	−189	−111	1 000
311	700	900	900	−300	937	963	−189	−37	1 000
111	900	900	900	−100	937	963	−63	−37	1 000
000	1 000	1 000	1 000	0	1 000	1 000	0	0	1 000

光通量值(*NH*)*F*/*AB*　(*NH*)FC_4/*AB*　F_4/*AB* 的计算系数表

表 Ⅲ.7

悬浮物比率:0.0　　房间指数:2.50

反射率	总光通量 (*NH*)*F*/*AB*			下照光通量 (*NH*)FC_4/*AB*			直接照射光通量 F_4/*AB*		
	HR_{11}	HR_{13}	HR_{14}	HR_{21}	HR_{23}	HR_{24}	HR_{31}	HR_{33}	HR_{34}
873	200	240	700	−800	457	907	−552	−217	1 000
871	200	240	900	−800	457	969	−552	−217	1 000
773	300	240	700	−700	457	907	−483	−217	1 000
771	300	240	900	−700	457	969	−483	−217	1 000
753	300	400	700	−700	555	907	−483	−155	1 000
751	300	400	900	−700	555	969	−483	−155	1 000
731	300	560	900	−700	653	969	−483	−93	1 000
711	300	720	900	−700	751	969	−483	−31	1 000
551	500	400	900	−500	555	969	−345	−155	1 000
531	500	560	900	−500	653	969	−345	−93	1 000
511	500	720	900	−500	751	969	−345	−31	1 000
331	700	560	900	−300	653	969	−207	−93	1 000
311	700	720	900	−300	751	969	−207	−31	1 000
111	900	720	900	−100	751	969	−69	−31	1 000
000	1 000	800	1 000	0	800	1 000	0	0	1 000

光通量值(*NH*)*F*/*AB*　(*NH*)FC_4/*AB*　F_4/*AB* 的计算系数表

表 Ⅲ.8

悬浮物比率:0.0　　房间指数:3.00

反射率	总光通量 (*NH*)*F*/*AB*			下照光通量 (*NH*)FC_4/*AB*			直接照射光通量 F_4/*AB*		
	HR_{11}	HR_{13}	HR_{14}	HR_{21}	HR_{23}	HR_{24}	HR_{31}	HR_{33}	HR_{34}
873	200	200	700	−800	388	920	−586	−188	1 000
871	200	200	900	−800	388	973	−586	−188	1 000
773	300	200	700	−700	388	920	−512	−188	1 000
771	300	200	900	−700	388	973	−512	−188	1 000
753	300	333	700	−700	467	920	−512	−134	1 000
751	300	333	900	−700	467	973	−512	−134	1 000
731	300	467	900	−700	547	973	−512	−80	1 000
711	300	600	900	−700	627	973	−512	−27	1 000
551	500	333	900	−500	467	973	−366	−134	1 000
531	500	467	900	−500	547	973	−366	−80	1 000
511	500	600	900	−500	627	973	−366	−27	1 000
331	700	467	900	−300	547	973	−220	−80	1 000
311	700	600	900	−300	627	973	−220	−27	1 000
111	900	600	900	−100	627	973	−73	−27	1 000
000	1 000	667	1 000	0	667	1 000	0	0	1 000

光通量值(*NH*)*F*/*AB*　(*NH*)*FC*$_4$/*AB*　*F*$_4$/*AB* 的计算系数表

表 Ⅲ.9

悬浮物比率:0.0　　　　房间指数:4.00

反射率	总光通量 (*NH*)*F*/*AB*			下照光通量 (*NH*)*FC*$_4$/*AB*			直接照射光通量 F_4/*AB*		
	HR_{11}	HR_{13}	HR_{14}	HR_{21}	HR_{23}	HR_{24}	HR_{31}	HR_{33}	HR_{34}
873	200	150	700	−800	297	937	−632	−147	1 000
871	200	150	900	−800	297	979	−632	−147	1 000
773	300	150	700	−700	297	937	−553	−147	1 000
771	300	150	900	−700	297	979	−553	−147	1 000
753	300	250	700	−700	355	937	−553	−105	1 000
751	300	250	900	−700	355	979	−553	−105	1 000
731	300	350	900	−700	413	979	−553	−63	1 000
711	300	450	900	−700	471	979	−553	−21	1 000
551	500	250	900	−500	355	979	−395	−105	1 000
531	500	350	900	−500	413	979	−395	−63	1 000
511	500	450	900	−500	471	979	−395	−21	1 000
331	700	350	900	−300	413	979	−237	−63	1 000
311	700	450	900	−300	471	979	−237	−21	1 000
111	900	450	900	−100	471	979	−79	−21	1 000
000	1 000	500	1 000	0	500	1 000	0	0	1 000

光通量值(*NH*)*F*/*AB*　(*NH*)*FC*$_4$/*AB*　*F*$_4$/*AB* 的计算系数表

表 Ⅲ.10

悬浮物比率:0.0　　　　房间指数:5.00

反射率	总光通量 (*NH*)*F*/*AB*			下照光通量 (*NH*)*FC*$_4$/*AB*			直接照射光通量 F_4/*AB*		
	HR_{11}	HR_{13}	HR_{14}	HR_{21}	HR_{23}	HR_{24}	HR_{31}	HR_{33}	HR_{34}
873	200	120	700	−800	241	948	−661	−121	1 000
871	200	120	900	−800	241	983	−661	−121	1 000
773	300	120	700	−700	241	948	−579	−121	1 000
771	300	120	900	−700	241	983	−579	−121	1 000
753	300	200	700	−700	287	948	−579	−87	1 000
751	300	200	900	−700	287	983	−579	−87	1 000
731	300	280	900	−700	332	983	−579	−52	1 000
711	300	360	900	−700	377	983	−579	−17	1 000
551	500	200	900	−500	287	983	−413	−87	1 000
531	500	280	900	−500	332	983	−413	−52	1 000
511	500	360	900	−500	377	983	−413	−17	1 000
331	700	280	900	−300	332	983	−248	−52	1 000
311	700	360	900	−300	377	983	−248	−17	1 000
111	900	360	900	−100	377	983	−83	−17	1 000
000	1 000	400	1 000	0	400	1 000	0	0	1 000

光通量值(*NH*)*F*/*AB*　(*NH*)*FC*$_4$/*AB*　*F*$_4$/*AB* 的计算系数表

表 Ⅲ.11

悬浮物比率:0.0　　　　房间指数:10.00

反射率	总光通量 (*NH*)*F*/*AB*			下照光通量 (*NH*)*FC*$_4$/*AB*			直接照射光通量 F_4/AB		
	HR_{11}	HR_{13}	HR_{14}	HR_{21}	HR_{23}	HR_{24}	HR_{31}	HR_{33}	HR_{34}
873	200	60	700	−800	125	972	−726	−65	1 000
871	200	60	900	−800	125	991	−726	−65	1 000
773	300	60	700	−700	125	972	−635	−65	1 000
771	300	60	900	−700	125	991	−635	−65	1 000
753	300	100	700	−700	146	972	−635	−46	1 000
751	300	100	900	−700	146	991	−635	−46	1 000
731	300	140	900	−700	168	991	−635	−28	1 000
711	300	180	900	−700	189	991	−635	−9	1 000
551	500	100	900	−500	146	991	−454	−46	1 000
531	500	140	900	−500	168	991	−454	−28	1 000
511	500	180	900	−500	189	991	−454	−9	1 000
331	700	140	900	−300	168	991	−272	−28	1 000
311	700	180	900	−300	189	991	−272	−9	1 000
111	900	180	900	−100	189	991	−91	−9	1 000
000	1 000	200	1 000	0	200	1 000	0	0	1 000

光通量值(*NH*)*F*/*AB*　(*NH*)*FC*$_4$/*AB*　*F*$_4$/*AB* 的计算系数表

表 Ⅲ.12

悬浮物比率:0.0　　　　房间指数:20.00

反射率	总光通量 (*NH*)*F*/*AB*			下照光通量 (*NH*)*FC*$_4$/*AB*			直接照射光通量 F_4/AB		
	HR_{11}	HR_{13}	HR_{14}	HR_{21}	HR_{23}	HR_{24}	HR_{31}	HR_{33}	HR_{34}
873	200	30	700	−800	63	986	−762	−33	1 000
871	200	30	900	−800	63	995	−762	−33	1 000
773	300	30	700	−700	63	986	−667	−33	1 000
771	300	30	900	−700	63	995	−667	−33	1 000
753	300	50	700	−700	74	986	−667	−24	1 000
751	300	50	900	−700	74	995	−667	−24	1 000
731	300	70	900	−700	84	995	−667	−14	1 000
711	300	90	900	−700	95	995	−667	−5	1 000
551	500	50	900	−500	74	995	−476	−24	1 000
531	500	70	900	−500	84	995	−476	−14	1 000
511	500	90	900	−500	95	995	−476	−5	1 000
331	700	70	900	−300	84	995	−286	−14	1 000
311	700	90	900	−300	95	995	−286	−5	1 000
111	900	90	900	−100	95	995	−95	−5	1 000
000	1 000	130	1 000	0	100	1 000	0	0	1 000

表 Ⅲ.13

悬浮物比率:0.333　　　　房间指数:0.60

反射率	总光通量 (NH)F/AB			下照光通量 $(NH)FC_4/AB$			直接照射光通量 F_4/AB		
	HR_{11}	HR_{13}	HR_{14}	HR_{21}	HR_{23}	HR_{24}	HR_{31}	HR_{33}	HR_{34}
8 873	533	1 000	700	−800	1 523	776	−202	−523	1 000
8 773	700	1 000	700	−748	1 523	776	−192	−523	1 000
8 871	533	1 000	900	−800	1 523	925	−202	−523	1 000
8 771	700	1 000	900	−748	1 523	925	−192	−523	1 000
7 773	800	1 000	700	−700	1 523	776	−177	−523	1 000
7 771	800	1 000	900	−700	1 523	925	−177	−523	1 000
7 753	800	1 667	700	−700	2 040	776	−177	−374	1 000
7 553	1 133	1 667	700	−595	2 040	776	−156	−374	1 000
7 751	800	1 667	900	−700	2 040	925	−177	−374	1 000
7 551	1 133	1 667	900	−595	2 040	925	−156	−374	1 000
7 731	800	2 333	900	−700	2 557	925	−177	−224	1 000
7 331	1 467	2 333	900	−490	2 557	925	−136	−224	1 000
7 711	800	3 000	900	−700	3 075	925	−177	−75	1 000
7 111	1 800	3 000	900	−385	3 075	925	−115	−75	1 000
5 551	1 333	1 667	900	−500	2 040	925	−126	−374	1 000
5 531	1 333	2 333	900	−500	2 557	925	−126	−224	1 000
5 331	1 667	2 333	900	−395	2 557	925	−106	−224	1 000
5 511	1 333	3 000	900	−500	3 075	925	−126	−75	1 000
5 111	2 000	3 000	900	−290	3 075	925	−85	−75	1 000
3 331	1 867	2 333	900	−300	2 557	925	−76	−224	1 000
3 311	1 867	3 000	900	−300	3 075	925	−76	−75	1 000
1 111	2 400	3 000	900	−100	3 075	925	−25	−75	1 000
0 000	2 667	3 333	1 000	0	3 333	1 000	0	0	1 000

该值以 1/1 000 表示。

表 Ⅲ.14

悬浮物比率:0.333　　　　房间指数:0.80

反射率	总光通量 (NH)F/AB			下照光通量 $(NH)FC_4/AB$			直接照射光通量 F_4/AB		
	HR_{11}	HR_{13}	HR_{14}	HR_{21}	HR_{23}	HR_{24}	HR_{31}	HR_{33}	HR_{34}
8 873	450	750	700	−800	1 211	803	−274	−461	1 000
8 773	575	750	700	−757	1 211	803	−261	−461	1 000
8 871	450	750	900	−800	1 211	934	−274	−461	1 000
8 771	575	750	900	−757	1 211	934	−261	−461	1 000
7 773	675	750	700	−700	1 211	803	−239	−461	1 000
7 771	675	750	900	−700	1 211	934	−239	−461	1 000
7 753	675	1 250	700	−700	1 579	803	−239	−329	1 000
7 553	925	1 250	700	−613	1 579	803	−215	−329	1 000
7 751	675	1 250	900	−700	1 579	934	−239	−329	1 000
7 551	925	1 250	900	−613	1 579	934	−215	−329	1 000
7 731	675	1 750	900	−700	1 947	934	−239	−197	1 000
7 331	1 175	1 750	900	−527	1 947	934	−190	−197	1 000
7 711	675	2 250	900	−700	2 316	934	−239	−66	1 000
7 111	1 425	2 250	900	−440	2 316	934	−166	−66	1 000

表 Ⅲ.14（续）

悬浮物比率:0.333　　　　房间指数:0.80

反射率	总光通量 (NH)F/AB			下照光通量 (NH)FC_4/AB			直接照射光通量 F_4/AB		
	HR_{11}	HR_{13}	HR_{14}	HR_{21}	HR_{23}	HR_{24}	HR_{31}	HR_{33}	HR_{34}
5 551	1 125	1 250	900	−500	1 579	934	−171	−329	1 000
5 531	1 125	1 750	900	−500	1 947	934	−171	−197	1 000
5 331	1 375	1 750	900	−413	1 947	934	−147	−197	1 000
5 511	1 125	2 250	900	−500	2 316	934	−171	−66	1 000
5 111	1 625	2 250	900	−327	2 316	934	−122	−66	1 000
3 331	1 575	1 750	900	−300	1 947	934	−103	−197	1 000
3 311	1 575	2 250	900	−300	2 316	934	−103	−66	1 000
1 111	2 025	2 250	900	−100	2 316	934	−34	−66	1 000
0 000	2 250	2 500	1 000	0	2 500	1 000	0	0	1000

该值以 1/1 000 表示。

表 Ⅲ.15

悬浮物比率:0.333　　　　房间指数:1.00

反射率	总光通量 (NH)F/AB			下照光通量 (NH)FC_4/AB			直接照射光通量 F_4/AB		
	HR_{11}	HR_{13}	HR_{14}	HR_{21}	HR_{23}	HR_{24}	HR_{31}	HR_{33}	HR_{34}
8 873	400	600	700	−800	1 009	825	−332	−409	1 000
8 773	500	600	700	−763	1 009	825	−319	−409	1 000
8 871	400	600	900	−800	1 009	942	−332	−409	1 000
8 771	500	600	900	−763	1 009	942	−319	−409	1 000
7 773	600	600	700	−700	1 009	825	−291	−409	1 000
7 771	600	600	900	−700	1 009	942	−291	−409	1 000
7 753	600	1 000	700	−700	1 292	825	−291	−292	1 000
7 553	800	1 000	700	−626	1 292	825	−265	−292	1 000
7 751	600	1 000	900	−700	1 292	942	−291	−292	1 000
7 551	800	1 000	900	−626	1 292	942	−265	−292	1 000
7 731	600	1 400	900	−700	1 575	942	−291	−175	1 000
7 331	1 000	1 400	900	−553	1 575	942	−238	−175	1 000
7 711	600	1 800	900	−700	1 858	942	−291	−58	1 000
7 111	1 200	1 800	900	−497	1 858	942	−212	−58	1 000
5 551	1 000	1 000	900	−500	1 292	942	−208	−292	1 000
5 531	1 000	1 400	900	−500	1 575	942	−208	−175	1 000
5 331	1 200	1 400	900	−426	1 575	942	−181	−175	1 000
5 511	1 000	1 800	900	−500	1 858	942	−208	−58	1 000
5 111	1 400	1 800	900	−353	1 858	942	−155	−58	1 000
3 331	1 400	1 400	900	−300	1 575	942	−125	−175	1 000
3 311	1 400	1 800	900	−300	1 858	942	−125	−58	1 000
1 111	1 800	1 800	900	−100	1 858	942	−42	−58	1 000
0 000	2 000	2 000	1 000	0	2 000	1 000	0	0	1 000

该值以 1/1 000 表示。

表 Ⅲ.16

悬浮物比率:0.333　　　　房间指数:1.25

反射率	总光通量 (NH)F/AB			下照光通量 (NH)FC$_4$/AB			直接照射光通量 F$_4$/AE		
	HR_{11}	HR_{13}	HR_{14}	HR_{21}	HR_{23}	HR_{24}	HR_{31}	HR_{33}	HR_{34}
8 873	360	480	700	−800	838	847	−391	−358	1 000
8 773	440	480	700	−769	838	847	−378	−358	1 000
8 871	360	480	900	−800	838	949	−391	−358	1 000
8 771	440	480	900	−769	838	949	−378	−358	1 000
7 773	540	480	700	−700	838	847	−342	−358	1 000
7 771	540	480	900	−700	838	949	−342	−358	1 000
7 753	540	800	700	−700	1 056	847	−342	−256	1 000
7 553	700	800	700	−638	1 056	847	−315	−256	1 000
7 751	540	800	900	−700	1 056	949	−342	−256	1 000
7 551	700	800	900	−638	1 056	949	−315	−256	1 000
7 731	540	1 120	900	−700	1 273	949	−342	−153	1 000
7 331	860	1 120	900	−576	1 273	949	−289	−153	1 000
7 711	540	1 440	900	−700	1 491	949	−342	−51	1 000
7 111	1 020	1 440	900	−514	1 491	949	−262	−51	1 000
5 551	900	800	900	−500	1 056	949	−244	−256	1 000
5 531	900	1 120	900	−500	1 273	949	−244	−153	1 000
5 331	1 060	1 120	900	−438	1 273	949	−218	−153	1 000
5 511	900	1 440	900	−500	1 491	949	−244	−51	1 000
5 111	1 220	1 440	900	−376	1 491	949	−191	−51	1 000
3 331	1 260	1 120	900	−300	1 273	949	−147	−153	1 000
3 311	1 260	1 440	900	−300	1 491	949	−147	−51	1 000
1 111	1 620	1 440	900	−100	1 491	949	−49	−51	1 000
0 000	1 800	1 600	1 000	0	1 600	1 000	0	0	1 000

该值以 1/1 000 表示。

表 Ⅲ.17

悬浮物比率:0.333　　　　房间指数:1.50

反射率	总光通量 (NH)F/AB			下照光通量 (NH)FC$_4$/AB			直接照射光通量 F$_4$/AE		
	HR_{11}	HR_{13}	HR_{14}	HR_{21}	HR_{23}	HR_{24}	HR_{31}	HR_{33}	HR_{34}
8 873	333	400	700	−800	717	864	−437	−317	1 000
8 773	400	400	700	−773	717	864	−424	−317	1 000
8 871	333	400	900	−800	717	955	−437	−317	1 000
8 771	400	400	900	−773	717	955	−424	−317	1 000
7 773	500	400	700	−700	717	864	−383	−317	1 000
7 771	500	400	900	−700	717	955	−383	−317	1 000
7 753	500	667	700	−700	893	864	−383	−227	1 000
7 553	633	667	700	−646	893	864	−356	−227	1 000

表 Ⅲ.17（续）

悬浮物比率:0.333　　　　房间指数:1.50

反射率	总光通量 (NH)F/AB			下照光通量 $(NH)FC_4/AB$			直接照射光通量 F_4/AB		
	HR_{11}	HR_{13}	HR_{14}	HR_{21}	HR_{23}	HR_{24}	HR_{31}	HR_{33}	HR_{34}
7 751	500	667	900	−700	893	955	−383	−227	1 000
7 551	633	667	900	−646	893	955	−356	−227	1 000
7 731	500	933	900	−700	1 069	955	−383	−136	1 000
7 331	767	933	900	−593	1 069	955	−330	−136	1 000
7 711	500	1 200	900	−700	1 245	955	−383	−45	1 000
7 111	900	1 200	900	−593	1 245	955	−304	−45	1 000
5 551	833	667	900	−500	893	955	−273	−227	1 000
5 531	833	933	900	−500	1 069	955	−273	−136	1 000
5 331	967	933	900	−446	1 069	955	−247	−136	1 000
5 511	833	1 200	900	−500	1 245	955	−273	−45	1 000
5 111	1 100	1 200	900	−393	1 245	955	−221	−45	1 000
3 331	1 167	933	900	−300	1 069	955	−164	−136	1 000
3 311	1 167	1 200	900	−300	1 245	955	−164	−45	1 000
1 111	1 500	1 200	900	−100	1 245	955	−55	−45	1 000
0 000	1 667	1 333	1 000	0	1 333	1 000	0	0	1 000

该值以 1/1 000 表示。

表 Ⅲ.18

悬浮物比率:0.333　　　　房间指数:2.00

反射率	总光通量 (NH)F/AB			下照光通量 $(NH)FC_4/AB$			直接照射光通量 F_4/AB		
	HR_{11}	HR_{13}	HR_{14}	HR_{21}	HR_{23}	HR_{24}	HR_{31}	HR_{33}	HR_{34}
8 873	300	300	700	−800	558	889	−505	−258	1 000
8 773	350	300	700	−779	558	889	−493	−258	1 000
8 871	300	300	900	−800	558	963	−505	−258	1 000
8 771	350	300	900	−779	558	963	−493	−258	1 000
7 773	450	300	700	−700	558	889	−442	−258	1 000
7 771	450	300	900	−700	558	963	−442	−258	1 000
7 753	450	500	700	−700	684	889	−442	−184	1 000
7 553	550	500	700	−658	684	889	−418	−184	1 000
7 751	450	500	900	−700	684	963	−442	−184	1 000
7 551	550	500	900	−658	684	963	−418	−184	1 000
7 731	450	700	900	−700	811	963	−442	−111	1 000
7 331	650	700	900	−616	811	963	−393	−111	1 000
7 711	450	900	900	−700	937	963	−442	−37	1 000
7 111	750	900	900	−574	937	963	−369	−37	1 000
5 551	750	500	900	−500	684	963	−316	−184	1 000
5 531	750	700	900	−500	811	963	−316	−111	1 000

表 Ⅲ.18(续)

悬浮物比率:0.333　　　　房间指数:2.00

反射率	总光通量 (NH)F/AB			下照光通量 (NH)FC_4/AB			直接照射光通量 F_4/AB		
	HR_{11}	HR_{13}	HR_{14}	HR_{21}	HR_{23}	HR_{24}	HR_{31}	HR_{33}	HR_{34}
5 331	850	700	900	−458	811	963	−291	−111	1 000
5 511	750	900	900	−500	937	963	−316	−37	1 000
5 111	950	900	900	−416	937	963	−267	−37	1 000
3 331	1 050	700	900	−300	811	963	−189	−111	1 000
3 311	1 050	900	900	−300	937	963	−189	−37	1 000
1 111	1 350	900	900	−100	937	963	−63	−37	1 000
0 000	1 500	1 000	1 000	0	1 000	1 000	0	0	1 000

该值以 1/1 000 表示。

表 Ⅲ.19

悬浮物比率:0.333　　　　房间指数:2.50

反射率	总光通量 (NH)F/AB			下照光通量 (NH)FC_4/AB			直接照射光通量 F_4/AB		
	HR_{11}	HR_{13}	HR_{14}	HR_{21}	HR_{23}	HR_{24}	HR_{31}	HR_{33}	HR_{34}
8 873	280	240	700	−800	457	907	−552	−217	1 000
8 773	320	240	700	−783	457	907	−541	−217	1 000
8 871	280	240	900	−800	457	969	−552	−217	1 000
8 771	320	240	900	−783	457	469	−541	−217	1 000
7 773	420	240	700	−700	457	907	−483	−217	1 000
7 771	420	240	900	−700	457	969	−483	−217	1 000
7 753	420	400	700	−700	555	907	−483	−155	1 000
7 553	500	400	700	−665	555	907	−461	−155	1 000
7 751	420	400	900	−700	555	969	−483	−155	1 000
7 551	500	400	900	−665	555	969	−461	−155	1 000
7 731	420	560	900	−700	653	969	−483	−93	1 000
7 331	580	560	900	−631	653	969	−438	−93	1 000
7 711	420	720	900	−700	751	969	−483	−31	1 000
7 111	660	720	900	−596	751	969	−416	−31	1 000
5 551	700	400	900	−500	555	969	−345	−155	1 000
5 531	700	560	900	−500	653	969	−345	−93	1 000
5 331	780	560	900	−465	653	969	−323	−93	1 000
5 511	700	720	900	−500	751	969	−345	−31	1 000
5 111	860	720	900	−431	751	969	−300	−31	1 000
3 331	980	560	900	−300	653	969	−207	−93	1 000
3 311	980	720	900	−300	751	969	−207	−31	1 000
1 111	1 260	720	900	−100	751	969	−69	−31	1 000
0 000	1 400	800	1 000	0	800	1 000	0	0	1 000

该值以 1/1 000 表示。

表 Ⅲ.20

悬浮物比率:0.333　　　　房间指数:3.00

反射率	总光通量 (NH)F/AB			下照光通量 (NH)FC_4/AB			直接照射光通量 F_4/AB		
	HR_{11}	HR_{13}	HR_{14}	HR_{21}	HR_{23}	HR_{24}	HR_{31}	HR_{33}	HR_{34}
8 873	267	200	700	−800	388	920	−586	−188	1 000
8 773	300	200	700	−785	388	920	−575	−188	1 000
8 871	267	200	900	−800	388	973	−586	−188	1 000
8 771	300	200	900	−785	388	973	−575	−188	1 000
7 773	400	200	700	−700	388	920	−512	−188	1 000
7 771	400	200	900	−700	388	973	−512	−188	1 000
7 753	400	333	700	−700	467	920	−512	−134	1 000
7 553	467	333	700	−671	467	920	−492	−134	1 000
7 751	400	333	900	−700	467	973	−512	−134	1 000
7 551	467	333	900	−671	467	973	−492	−134	1 000
7 731	400	467	900	−700	547	973	−512	−80	1 000
7 331	533	467	900	−641	547	973	−472	−80	1 000
7 711	400	600	900	−700	627	973	−512	−27	1 000
7 111	600	600	900	−612	627	973	−452	−27	1 000
5 551	667	333	900	−500	467	973	−366	−134	1 000
5 531	667	467	900	−500	547	973	−366	−80	1 000
5 331	733	467	900	−471	547	973	−346	−80	1 000
5 511	667	600	900	−500	627	973	−366	−27	1 000
5 111	800	600	900	−441	627	973	−326	−27	1 000
3 331	933	467	900	−300	547	973	−220	−80	1 000
3 311	933	600	900	−300	627	973	−220	−27	1 000
1 111	1 200	600	900	−100	627	973	−73	−27	1 000
0 000	1 333	667	1 000	0	667	1 000	0	0	1 000

该值以 1/1 000 表示。

表 Ⅲ.21

悬浮物比率:0.333　　　　房间指数:4.00

反射率	总光通量 (NH)F/AB			下照光通量 (NH)FC_4/AB			直接照射光通量 F_4/AB		
	HR_{11}	HR_{13}	HR_{14}	HR_{21}	HR_{23}	HR_{24}	HR_{31}	HR_{33}	HR_{34}
8 873	250	150	700	−800	297	937	−632	−147	1 000
8 773	275	150	700	−789	297	937	−623	−147	1 000
8 871	250	150	900	−800	297	979	−632	−147	1 000
8 771	275	150	900	−789	297	979	−623	−147	1 000
7 773	375	150	700	−700	297	937	−553	−147	1 000
7 771	375	150	900	−700	297	979	−553	−147	1 000
7 753	375	250	700	−700	355	937	−553	−105	1 000
7 553	425	250	700	−677	355	937	−536	−105	1 000

表 Ⅲ.21

悬浮物比率:0.333　　　　房间指数:4.00

反射率	总光通量 (NH)F/AB			下照光通量 $(NH)FC_4/AB$			直接照射光通量 F_4/AB		
	HR_{11}	HR_{13}	HR_{14}	HR_{21}	HR_{23}	HR_{24}	HR_{31}	HR_{33}	HR_{34}
7 751	375	250	900	−700	355	979	−553	−105	1 000
7 551	425	250	900	−677	355	979	−536	−105	1 000
7 731	375	350	900	−700	413	979	−553	−63	1 000
7 331	475	350	900	−655	413	979	−519	−63	1 000
7 711	375	450	900	−700	471	979	−553	−21	1 000
7 111	525	450	900	−632	471	979	−502	−21	1 000
5 551	625	250	900	−500	355	979	−395	−105	1 000
5 531	625	350	900	−500	413	979	−395	−63	1 000
5 331	675	350	900	−477	413	979	−378	−63	1 000
5 511	625	450	900	−500	471	979	−395	−21	1 000
5 111	725	450	900	−455	471	979	−361	−21	1 000
3 331	875	350	900	−300	413	979	−237	−63	1 000
3 311	875	450	900	−300	471	979	−237	−21	1 000
1 111	1 125	450	900	−100	471	979	−79	−21	1 000
0 000	1 250	500	1 000	0	500	1 000	0	0	1 000

该值以 1/1 000 表示。

表 Ⅲ.22

悬浮物比率:0.333　　　　房间指数:5.00

反射率	总光通量 (NH)F/AB			下照光通量 $(NH)FC_4/AB$			直接照射光通量 F_4/AB		
	HR_{11}	HR_{13}	HR_{14}	HR_{21}	HR_{23}	HR_{24}	HR_{31}	HR_{33}	HR_{34}
8 873	240	120	700	−800	241	948	−661	−121	1 000
8 773	260	120	700	−791	241	948	−654	−121	1 000
8 871	240	120	900	−800	241	983	−661	−121	1 000
8 771	260	120	900	−791	241	983	−654	−121	1 000
7 773	360	120	700	−700	241	948	−579	−121	1 000
7 771	360	120	900	−700	241	983	−579	−121	1 000
7 753	360	200	700	−700	287	948	−579	−87	1 000
7 553	400	200	700	−682	287	948	−564	−87	1 000
7 751	360	200	900	−700	287	983	−579	−87	1 000
7 551	400	200	900	−682	287	983	−564	−87	1 000
7 731	360	280	900	−700	332	983	−579	−52	1 000
7 331	440	280	900	−663	332	983	−550	−52	1 000
7 711	360	360	900	−700	377	983	−579	−17	1 000
7 111	480	360	900	−645	377	983	−535	−17	1 000
5 551	600	200	900	−500	287	983	−413	−87	1 000
5 531	600	280	900	−500	332	983	−413	−52	1 000

表 Ⅲ.22(续)

悬浮物比率:0.333　　房间指数:5.00

反射率	总光通量 (NH)F/AB			下照光通量 $(NH)FC_4/AB$			直接照射光通量 F_4/AB		
	HR_{11}	HR_{13}	HR_{14}	HR_{21}	HR_{23}	HR_{24}	HR_{31}	HR_{33}	HR_{34}
5 331	640	280	900	−482	332	983	−399	−52	1 000
5 511	600	360	900	−500	377	983	−413	−17	1 000
5 111	680	360	900	−463	377	983	−384	−17	1 000
3 331	840	280	900	−300	332	983	−248	−52	1 000
3 311	840	360	900	−300	377	983	−248	−17	1 000
1 111	1 080	360	900	−100	377	983	−83	−17	1 000
0 000	1 200	400	1 000	0	400	1 000	0	0	1 000

该值以 1/1 000 表示。

表 Ⅲ.23

悬浮物比率:0.333　　房间指数:10.00

反射率	总光通量 (NH)F/AB			下照光通量 $(NH)FC_4/AB$			直接照射光通量 F_4/AB		
	HR_{11}	HR_{13}	HR_{14}	HR_{21}	HR_{23}	HR_{24}	HR_{31}	HR_{33}	HR_{34}
8 873	220	60	700	−800	125	972	−726	−65	1 000
8 773	230	60	700	−795	125	972	−722	−65	1 000
8 871	220	60	900	−800	125	991	−726	−65	1 000
8 771	230	60	900	−795	125	991	−722	−65	1 000
7 773	330	60	700	−700	125	972	−635	−65	1 000
7 771	330	60	900	−700	125	991	−635	−65	1 000
7 753	330	100	700	−700	146	972	−635	−46	1 000
7 553	350	100	700	−690	146	972	−627	−46	1 000
7 751	330	100	900	−700	146	991	−635	−46	1 000
7 551	350	100	900	−690	146	991	−627	−46	1 000
7 731	330	140	900	−700	168	991	−635	−28	1 000
7 331	370	140	900	−681	168	991	−619	−28	1 000
7 711	330	180	900	−700	189	991	−635	−9	1 000
7 111	390	180	900	−671	189	991	−610	−9	1 000
5 551	550	180	900	−500	146	991	−454	−46	1 000
5 531	550	140	900	−500	168	991	−454	−28	1 000
5 331	570	140	900	−490	168	991	−446	−28	1 000
5 511	550	180	900	−500	189	991	−454	−9	1 000
5 111	590	180	900	−481	189	991	−437	−9	1 000
3 331	770	140	900	−300	168	991	−272	−28	1 000
3 311	770	180	900	−300	189	991	−272	−9	1 000
1 111	990	180	900	−100	189	991	−91	−9	1 000
0 000	1 100	200	1 000	0	200	1 000	0	0	1 000

该值以 1/1 000 表示。

表 Ⅲ.24

悬浮物比率:0.333　　　　房间指数:20.00

反射率	总光通量 (NH)F/AB			下照光通量 $(NH)FC_4/AB$			直接照射光通量 F_4/AB		
	HR_{11}	HR_{13}	HR_{14}	HR_{21}	HR_{23}	HR_{24}	HR_{31}	HR_{33}	HR_{34}
8 873	210	30	700	−800	63	986	−762	−33	1 000
8 773	215	30	700	−798	63	986	−760	−33	1 000
8 871	210	30	900	−800	63	995	−762	−33	1 000
8 771	215	30	900	−798	63	995	−760	−33	1 000
7 773	315	30	700	−700	63	986	−667	−33	1 000
7 771	315	30	900	−700	63	995	−667	−33	1 000
7 753	315	50	700	−700	74	986	−667	−24	1 000
7 553	325	50	700	−695	74	986	−662	−24	1 000
7 751	315	50	900	−700	74	995	−667	−24	1 000
7 551	325	50	900	−595	74	995	−662	−24	1 000
7 731	315	70	900	−700	84	995	−667	−14	1 000
7 331	335	70	900	−690	84	995	−658	−14	1 000
7 711	315	90	900	−700	95	995	−667	−5	1 000
7 111	345	90	900	−685	95	995	−653	−5	1 000
5 551	525	50	900	−500	74	995	−476	−24	1 000
5 531	525	70	900	−500	84	995	−476	−14	1 000
5 331	535	70	900	−495	84	995	−472	−14	1 000
5 511	525	90	900	−500	95	995	−476	−5	1 000
5 111	545	90	900	−490	95	995	−467	−5	1 000
3 331	735	70	900	−300	84	995	−286	−14	1 000
3 311	735	90	900	−300	95	995	−286	−5	1 000
1 111	945	90	900	−100	95	995	−95	−5	1 000
0 000	1 050	100	1 000	0	100	1 000	0	0	1 000

该值以 1/1 000 表示。

附 录 A
（资料性附录）
使用计算机的计算公式

A.1 工作面的直射光通量 F_4 的计算

(1) $F_4=\sum fu$,*) 并：

(1′) $fu=GM\cdot FC$,其中：

(2) $FC=\begin{bmatrix}FC_1\\FC_2\\FC_3\\FC_4\end{bmatrix}$ *) 且 $GM=[Y_1\ Y_2\ Y_3\ Y_4].D.S^{-1}$ (2′) 并

(2″) $D=\dfrac{1}{2\pi}\begin{bmatrix}1&2&3&4\\0&-2&-6&-12\\0&0&3&12\\0&0&0&-4\end{bmatrix}, S=\begin{bmatrix}\frac{1}{4}&\frac{1}{16}&\frac{1}{64}&\frac{1}{256}\\\frac{1}{2}&\frac{1}{4}&\frac{1}{8}&\frac{1}{16}\\\frac{3}{4}&\frac{9}{16}&\frac{27}{64}&\frac{81}{256}\\1&1&1&1\end{bmatrix}$ **) (2‴)

且

(3) $Y_1=\arctan\dfrac{xy}{(1+x^2+y^2)^{1/2}}$ ***)

(3′) $Y_2=\dfrac{1}{2}\left\{\dfrac{x}{(1+x^2)^{1/2}}\arctan\dfrac{y}{(1+x^2)^{1/2}}+\dfrac{y}{(1+y^2)^{1/2}}\arctan\dfrac{x}{(1+y^2)^{1/2}}\right\}$

(3″) $Y_3=\dfrac{1}{3}\left\{Y_1+\left(\dfrac{1}{1+x^2}+\dfrac{1}{1+y^2}\right)\dfrac{xy}{(1+x^2+y^2)^{1/2}}\right\}$

(3‴) $Y_4=\dfrac{1}{4}\left\{2Y_2+\dfrac{x}{2(1+x^2)^{3/2}}\arctan\dfrac{y}{(1+x^2)^{1/2}}+\dfrac{y}{2(1+y^2)^{3/2}}\times\right.$

$\left.\arctan\dfrac{x}{(1+y^2)^{1/2}}+\dfrac{1}{2}\left(\dfrac{1}{1+x^2}+\dfrac{1}{1+y^2}\right)\dfrac{xy}{1+x^2+y^2}\right\}$

A.2 平均照度 E_1、E_3 和 E_4 的计算****)

J 为悬高比：$J=\dfrac{H_2}{H_2+H_3}$（见图 2）。

分为两种情况：$J\neq0$ 和 $J=0$。

---

*) F_4,fu,FC_1,FC_2,FC_3,FC_4：定义见正文。

**) DS^{-1} 的数值 $=\dfrac{1}{6\pi}\begin{bmatrix}-16&36&-48&25\\224&-456&416&-140\\-672&1\,152&-864&240\\512&-768&512&-128\end{bmatrix}$

***) $x=X/H$ 且 $y=Y/H$，见图 1。

****) E_1、E_3、E_4、NM、F、A、B、K、J、R_1、R_2、R_3、R_4 的定义见正文。

A.2.1 $J \neq 0$

(4) $E = RM \cdot FD$,其中

$$E=\begin{bmatrix}E_1\\E_2\\E_3\\E_4\end{bmatrix}^{*)},\quad FD=\begin{bmatrix}(MN).F/AB\\(MN).FC_4/AB\\F_4/AB\end{bmatrix}\text{且}$$

(5) $RM = MR$ 并

$$(6)\ MR=\begin{bmatrix}1&1&1&1\\0&0&1&1\\0&0&0&1\end{bmatrix}\left[C-\frac{g\cdot R}{AB}\right]\begin{bmatrix}1&0&0\\1&0&0\\0&1&0\\0&0&1\end{bmatrix},\text{其中}$$

$$c=\begin{bmatrix}1&0&0&0\\0&\dfrac{2J}{(1-J)K}&0&0\\0&0&\dfrac{2}{K}&0\\0&0&0&1\end{bmatrix}^{*)},g=\begin{bmatrix}g_{11}&g_{12}&g_{13}&g_{14}\\g_{21}&g_{22}&g_{23}&g_{24}\\g_{31}&g_{32}&g_{33}&g_{34}\\g_{41}&g_{42}&g_{43}&g_{44}\end{bmatrix},R=\begin{bmatrix}R_1&0&0&0\\0&R_2&0&0\\0&0&R_3&0\\0&0&0&R_4\end{bmatrix}^{*)}$$

矩阵系数 g_{ij} 在表Ⅰ.4 中给出。

A.2.2 $J=0$

同样可使用公式(4),但矩阵 MR 可简化为:

$$(7)\ MR=\begin{bmatrix}1&1&1\\0&1&1\\0&0&1\end{bmatrix}\left[\begin{bmatrix}1&0&0\\0&2/K&0\\0&0&1\end{bmatrix}-\frac{1}{AB}\begin{bmatrix}g_{11}&g_{13}&g_{14}\\g_{31}&g_{33}&g_{34}\\g_{41}&g_{43}&g_{44}\end{bmatrix}\begin{bmatrix}R_1&0&0\\0&R_3&0\\0&0&R_4\end{bmatrix}\right]$$

A.3 直射光通量的计算

A.2 的公式适用于 FD、MR 和 E。

A.4 交换系数的计算

边长为 A 和 B,高度为 H 的长方体房间,两个平行面的交换系数 g_{ij} 由以下公式给出:

$$(8)\ g_{ij}=\frac{2AB}{\pi}\left\{\frac{(B^2+H^2)^{1/2}}{B}\arctan\frac{A}{(B^2+H^2)^{1/2}}+\frac{(A^2+H^2)^{1/2}}{A}\arctan\frac{B}{(A^2+H^2)^{1/2}}-\frac{H}{B}\arctan\frac{A}{H}-\frac{H}{A}\arctan\frac{B}{H}+\frac{H^2}{2AB}\ln\frac{(A^2+H^2)(B^2+H^2)}{(A^2+B^2+H^2)H^2}\right\}$$

引入一个附加平面(5),作为灯具平面:

$g_{45}=g_{ij}$ 并 $H=H_3$

$g_{15}=g_{ij}$ 并 $H=H_2$

$g_{14}=g_{41}=g_{ij}$ 且 $H=H_2+H_3$

$g_{11}=g_{44}=0$

$g_{12}=g_{21}=AB-g_{15}$

$g_{13}=g_{31}=g_{15}-g_{14}$

---

*) E_1、E_3、E_4、NM、F、A、B、K、J、R_1、R_2、R_3、R_4 的定义见正文。

$$g_{22}=2\left(\frac{J}{(1-J)K}\cdot AB-AB+g_{15}\right)$$

$$g_{23}=g_{32}=AB+g_{14}-g_{15}-g_{45}$$

$$g_{24}=g_{42}=g_{45}-g_{14}$$

$$g_{33}=2\left(\frac{AB}{K}-AB+g_{45}\right)$$

$$g_{34}=g_{43}=AB-g_{45}$$

若 $J=0$：

$g_{14}=g_{41}=g_{ij}$ 并 $H=H_3$

$$g_{11}=g_{44}=0$$

$$g_{13}=g_{31}=AB-g_{14}=g_{34}=g_{43}$$

$$g_{33}=2\left(\frac{AB}{K}-AB+g_{14}\right)$$

附 录 B
（资料性附录）
计算的数学背景

B.1 工作面上直接照射光通量的计算*）

假设灯具的光沿垂直轴呈锥形分布，下半球部分的光可近似用如下多项式表示：

(1) $F=p_1u+p_2u^2+p_3u^3+p_4u^4$

其中

(2) $u=1-\cos\gamma=\omega/2\pi$

ω 是圆锥形的立体角，γ 是它的半顶角。

由此定义，灯具光强为：

(3) $i=\frac{\mathrm{d}F}{\mathrm{d}\omega}=\frac{1\mathrm{d}F}{2\pi\mathrm{d}u}$

代入(1)和(3)，逐步得出：

(4) $i=q_1+q_2\cos\gamma+q_3\cos^2\gamma+q_4\cos^3\gamma$

(5) 并 $q=D\cdot p$

q 和 p 分别为 q_j 和 p_j 的列矩阵，D 是附录 A 中公式 2"给出的方矩阵。

多项式(4)可被解释为由各分量部分组成。

(6) $i=1$，$i=\cos\gamma$，$i=\cos^2\gamma$，$i=\cos^3\gamma$

包含权重因子 q_1,q_2,q_3,q_4

在矩形一角之上的高度为 1，并且具有(6)式的光强分布的灯具所发出的到以 A 和 B 为边长的矩形内的光通量分别为 Y_1,Y_2,Y_3,Y_4，可在附录 A 的公式(3)中得到。

灯具从相同位置向相同矩形发出的光通量 fu：

$fu=q_1Y_2+q_2Y_2+q_3Y_3+q_4Y_4=Y.q$

(7) 并 $Y=[Y_1Y_2Y_3Y_4]$ 且 $q=\begin{bmatrix}q_1\\q_2\\q_3\\q_4\end{bmatrix}$

四个区域的光通量 FC_1,FC_2,FC_3,FC_4 为四个区域的数值 $u=1/4,2/4,3/4$ 和 $4/4$ 的 F 值。

代入式(1)中的四个数值，产生四个线性公式。

(8) $FC=S\cdot p$

FC 是累积区域光通量的列矩阵，S 是附录 A 公式(2‴)中给出的矩阵，反向代入式(8)，由公式(5)的得出：

(9) $q=D\cdot S^{-1}\cdot FC$

代入式(7)，导出

(10) $fu=Y\cdot q=Y\cdot D\cdot S^{-1}\cdot FC$

可写作：

---

*） J. DOURGNON，A. B. de GRAAFF et A. GODFERT — Calcul du flux encoyé dans un rectangle par une source de révolution. C. R. de la 16°Session de la C. I. E. 华盛顿(1967)。该论文中的公式有一些错误，但数据表格是正确的。

(11) $fu = GM_1 . FC_1 + GM_2 . FC_2 + GM_3 . FC_3 + GM_4 . FC_4$,

其中$[GM_1 \quad GM_2 \quad GM_3 \quad GM_4] = Y \cdot D \cdot S^{-1}$

系数 GM_j(几何乘数)仅由(X, Y, H)决定,而 FC_j 只由灯具的光度分布决定。在表Ⅰ中可查到(乘以 1 000)。

B.2 互反射*)

根据此前结论,认为有四个面与互反射有关:天花板(1),中楣(2),墙面(3),和工作面(4)。

表面(j)接收到的总光通量 Φ_j 等于直接辐射到表面的总光通量 F_j,以及由互反射产生的光通量 IF_j 的和。

(12) $\Phi_j = F_j + If_j \qquad (j = 1,2,3,4)$

由互反射产生的光通量见下式:

(13) $IF_j = \sum_{i=1}^{4} \frac{g_{i,j} R_i}{A_i} \Phi_i \qquad (j = 1,2,3,4)$

式中:

$g_{ji} = g_{ij}$ = 表面(i)和(j)间的交换系数;

R_i = 表面(i)的反射率;

A_i = 表面(i)的面积。

当式(13)代入式(12)时,结果见如下公式:

(14) $\Phi = F + g \cdot R \cdot A^{-1} \cdot \Phi$

式中:

Φ = 列矩阵,系数 $\Phi_j (j = 1,2,3,4)$,

F = 列矩阵,系数 $F_j (j = 1,2,3,4)$,

$g = (4,4)$矩阵,系数 $g_{ij} (i = 1,2,3,4\ j = 1,2,3,4)$,

R = 4 次对角矩阵,系数 $R_i (i = 1,2,3,4)$ 且

A = 4 次对角矩阵,系数 $A_i (i = 1,2,3,4)$

(14)式可重新整理如下:

(15) $F = [1 - g \cdot R \cdot A^{-1}] \cdot \Phi$

下面只考虑 $F_{12} = F_1 + F_2$(F_1 与 F_2 的和)的情况,而不单独考虑 F_1 和 F_2,那么原来的四个直射光通量减少为三个直射光通量。

假设总光通量 $\Phi_{12} = \Phi_1 + \Phi_2$ 在表面(1)和表面(2)上均匀分布,意味着天花板照度 E_1 和中楣照度 E_2 相等:$E_1 = E_2$。

以上内容通过数学方法表示为:

(16) a. $F'' = T \cdot F$ 并:

F'' = 列矩阵,系数 F_{12},F_3 和 F_4,且

$$T = \text{矩阵} \begin{bmatrix} 1 & 1 & 0 & 0 \\ 0 & 0 & 1 & 0 \\ 0 & 0 & 0 & 1 \end{bmatrix}$$

(17) b. $E' = U \cdot E$ 并:

E' = 列矩阵,系数 E_1,$E_2 = E_1$,E_3 和 E_4,

E = 列矩阵,系数 E_1,E_3 和 E_4,且

*) J. DOURGNON, "Les réflexions mutuelles entre surfaces diffusantes". Revue d' Optique, T 38, n°8, 1959, p. 365-394。

U=矩阵 $\begin{bmatrix}1&0&0\\1&0&0\\0&1&0\\0&0&1\end{bmatrix}$

将(16)式代入(15)式,得出:

(18) $F''=T[1-g\cdot R\cdot A^{-1}]\cdot\Phi$

注意到 $\Phi=A\cdot E'=A\cdot U\cdot E$ (18)也可写作

(19) $F''=T[A-g\cdot R]U\cdot E$

式中直射光通量的三个数值可以表示为三个平均照度。

代替这三个直射光通量,F_{12},F_3 和 F_4 线性组合也可以使用,例子如下:

$F_1'=F_{12}+F_3+F_4=NM.F.$ 为总光通量

$F_2'=F_3+F_4=NM.FC_4$ 为下照光通量

$F_3'=F_4=\sum fu$ 为工作面的直射光通量

如果 F' 是系数 F_1'、F_2'、F_3' 的列矩阵,F' 可通过 F'' 与 V 相乘得到:

(20) $F'=V\cdot F''$ 式中 V 是矩阵 $\begin{bmatrix}1&1&1\\0&1&1\\0&0&1\end{bmatrix}$

(21) 由此 $F'=W[A-g\cdot R]U\cdot E$

并 $W=V\cdot T=\begin{bmatrix}1&1&1&1\\0&0&1&1\\0&0&0&1\end{bmatrix}$

矩阵 $A-g\cdot R$ 包含有区域的尺寸。为建立表格,更好的办法是使用数字。可通过将公式(21)两边分别除以区域值获得,例如 A_4 区域工作面:

$\frac{F'}{A_4}=W\left[\frac{A}{A_4}-\frac{g\cdot R}{A_4}\right]U\cdot E$,或

(22) $FD=MR\cdot E$,其中

FD 是列矩阵,系数 $FD=F_1'/A_4=NM.F/A_4$,

$DFD=f_2'/A_4=NM.FC_4/A_4$ 且 $FD_4=F_4/A_4$,且

$MR=W\cdot M\cdot U$,并 $\mathrm{M}=\left[\frac{A}{A_4}-\frac{\mathrm{g\cdot R}}{A_4}\right]$

矩阵 MR 的系数在表Ⅲ中给出,从公式(22)得出:

(23) $E=RM\cdot FD$ 其中 $RM=MR^{-1}$

矩阵 RM 的系数在表Ⅱ中给出。

B.3 交换系数

交换系数的定义参见国际照明词汇。

根据定义与互换法则得出:

a) $g_{ji}=g_{ji}$　　　　　$(i=1,2,3,4\quad j=1,2,3,4)$

对于一个全封闭空间,表面(i)的光通量反射给房屋的全部表面,由此:

b) $A_i=\sum_{i=1}^{4}g_{ij}$　　　　　$(i=1,2,3,4)$

根据定义,室内空间存在两个平行表面的公式可被推导出来:

c) $g_{ij}=\frac{2AB}{\pi}\left\{\frac{(B^2+H^2)^{1/2}}{B}\arctan\frac{A}{(B^2+H^2)^{1/2}}+\frac{(A^2+H^2)^{1/2}}{A}\arctan\frac{B}{(A^2+H^2)^{1/2}}\right.$

$$-\frac{H}{B}\arctan\frac{A}{H}-\frac{H}{A}\arctan\frac{B}{H}+\frac{H^2}{2AB}\ln\frac{(A^2+H^2)(B^2+H^2)}{(A^2+B^2+H^2)H^2}\Big\}^{*)}$$

式中的 A 和 B 是表面的边长，H 是表面之间的距离。

对于任意平面(i)遵从如下定义：

d)$g_{ii}=0$　　　　　($i=1,4$)

当作为辅助平面(5)引入灯具平面时，辅助系数 g_{15} 和 g_{45} 可通过上式计算出来。当观察以上四种表述时，要求的交换系数可作为 g_{14}，g_{15}，g_{45}，A_1，A_2，A_3 和 A_4 的函数表示。

需要标注的是：$A_1=A_4=AB$，那么 $A_3=\frac{2AB}{K}$，且 $A_2=2\frac{J}{1-J}\cdot\frac{AB}{K}$，

由此，交换系数可以作为 g_{14}，g_{15}，g_{45}，AB，J 和 K 的函数表示。推导出的公式在 A.4 中给出。

*) 当计算交换系数时，由于边长之比 A/B 不同，应注意如果 $\frac{H}{A}+\frac{H}{B}$ 的数值为常数，则计算结果基本相同。为了标准化，1959 年 CIE E3.1.1.3 委员会决定，平面化数据的计算应当按照比例 $A/B=\varphi$，其中 φ 是公式 $\varphi-1=\frac{1}{\varphi}$ 的正根，称为“黄金数字”。

ICS 91.160.20
K 70

中华人民共和国国家标准化指导性技术文件

GB/Z 26214—2010/CIE 112—1994

室外运动和区域照明的眩光评价

Glare evaluation system for use within outdoor sports and area lighting

(CIE 112—1994,IDT)

2011-01-14 发布　　2011-06-01 实施

中华人民共和国国家质量监督检验检疫总局
中国国家标准化管理委员会　发布

前　　言

本指导性技术文件等同采用 CIE 112—1994《室外运动和区域照明的眩光评价》(英文版)。

本指导性技术文件等同翻译 CIE 112—1994。

为便于使用,本指导性技术文件做了下列编辑性修改:

a) “本技术报告”一词改为“本指导性技术文件”;

b) 用小数点“.”代替作为小数点的“,”;

c) 删除 CIE 112—1994 的前言。

本指导性技术文件由中国轻工业联合会提出。

本指导性技术文件由全国照明电器标准化技术委员会(SAC/TC 224)归口。

本指导性技术文件起草单位:国家电光源质量监督检验中心(北京)、中国质量认证中心、中节蓝天投资咨询管理有限责任公司、东莞市科磊得数码光电科技有限公司、北京电光源研究所。

本指导性技术文件主要起草人:华树明、朱埔达、樊丽娟、陈德华、欧文、江姗、赵秀荣、段彦芳。

本指导性技术文件首次发布。

本指导性技术文件仅供参考。有关对本指导性技术文件的建议和意见,向国务院标准化行政主管部门反映。

引　言

本指导性技术文件描述了一套对室外运动照明和区域照明进行眩光评估的实用系统。它既可以用于对现有的装置进行眩光状况检查(倘若有合适的检测设备可用的话);也可以用于在设计阶段对新的装置进行眩光水平预判;但本系统的有效性仅限于观察方向处在眼睛水平之下的情况。对于主要的应用种类,本指导性技术文件规定了一般的眩光等级限值。本指导性技术文件所涉及的眩光和眩光限制是针对照明区域内或者很接近于照明区域的,而不是区域外的逸散光的效果。

室外运动和区域照明的眩光评价

1 总则

大部分照明装置的品质可以用平均照明水平、均匀性和眩光限制来表述。目前对于室外区域尚没有一套被广泛接受的眩光评估系统。在机动车交通道路照明中常用到的关于眩光的概念“阈值增量TI”和“眩光控制标志G”，不能直接应用到区域照明中。这是因为：观察者的观看方向是变化的而不是固定的；光点不是必须以规则的线性布置；安装高度和照明水平经常超出道路照明概念中有效的范围。

一个照明装置的眩光程度取决于灯具的发光强度分布、照射方向、数量、排列、安装高度和被照区域的亮度。本指导性技术文件描述了一套考虑了以上所有因素的眩光评估系统并推荐将其应用到实践中。该系统以大量的现场测试为基础，针对满足一般规定的适当均匀性的不同装置方面显示出了其适用性。系统的有效性仅限于观察方向低于眼睛水平的情形。当向上直接看一个灯具时，会出现无法忍受的眩光，假定通过仔细安排灯具相对主观察方向的座向将这种情况被限制到最低情况。关于不同种类的应用场所投光照明的CIE技术报告在这一方面给出了指导。

在将一个眩光评估的概念用作照明设计的实用项之前，应对标准观察位置和观察方向达成共识。标准的观察位置和观察方向依据能够获取最高眩光和区域内相对较高的眩光信息的情况规定。

对于室外区域照明装置的主要类别，本指导性技术文件将规定基本的眩光限制要求。

2 影响眩光程度的因素

根据CIE词汇中的定义，“眩光”通常指的是一种“视觉环境”，包括两种不同心理上的物理效应。眩光分为两种：

a) 不舒适眩光：引起了不舒适，而不一定削弱物体和细节的视觉效果；

b) 失能眩光：削弱了对物体的视觉效果，而不一定对眼睛造成不适。

这两种形式的眩光是截然不同的现象。失能眩光的出现主要是取决于进入眼睛的光线数量，而光源的亮度对之影响不大。但是对于不舒适眩光，光源的亮度是一个主要的影响因素。此外，失能眩光也会受到时间的少许影响，因为人们长时间的暴露在高亮光源下，眼睛也会非常的不适。

通常认为对于一个单独的光源来说，不舒适眩光的产生主要取决于四个主要参数：

L_s 光源在观察者眼睛方向上的亮度；

ω_s 光源在观察者眼睛方向上的立体角；

θ 光源对于观察者视线的角偏移；

L_f 控制观察者的眼睛能适应水平的一般现场亮度。

根据Holladay公式，失能眩光效应是由于在眼睛里杂散光产生的等效均匀亮度叠加到垂直映像上，从而降低了对比度。这种等效罩纱亮度主要取决于以下两个参数：

E_g 垂直视线平面内的眩光源在观察者眼睛上产生的照度；

θ 眩光光源的中心和视线之间的夹角。

获得了一个装置总的等效罩纱亮度后，失能眩光数值即表观对比度的降低，也取决于观察目标所处的背景亮度。背景亮度即周围环境的亮度和附近的适应亮度。

在室外运动和区域照明中，当观察直接朝向灯具的方向时会出现令人不适的眩光，观察非直接朝向灯具但朝向观察区域的方向时也一样会出现令人不适的眩光。后者所属的方向中产生的不舒适的程度取决于多个因素，如：灯具的类型、灯具中的光源类型、灯具的排布、安装高度和照射方向等。

研究显示，以下两个照明参数与室外运动和区域照明的眩光程度评估相关性最佳：

L_{vl}　由灯具产生的罩纱亮度(cd/mm²)；

L_{ve}　由环境产生的罩纱亮度(cd/mm²)。

这些研究基本上都是针对不舒适眩光。既然用参量 L_{vl} 来描述失能眩光，本指导性技术文件将不再进一步探讨不舒适眩光和失能眩光的区别，而是用 L_{vl} 和 L_{ve} 两个参量来大体描述眩光。

如 Holladay-Stiles 所定义的，罩纱亮度是等效罩纱亮度。L_{vl} 是指仅由灯具发出的光直接射入眼睛所产生的等效罩纱亮度，L_{ve} 是由环境反射后的光射入眼睛所产生的等效罩纱亮度，例如观测者面前的区域。

3　基本眩光评价公式

眩光的程度可能会因观测者的位置和观察方向的不同而不同。对于给定的观测者的位置和观察方向，且观察方向低于水平视线，眩光程度将决定于灯具产生的等效罩纱亮度，(L_{vl})和由观测者面前的环境产生的等效罩纱亮度(L_{ve})。

等效罩纱亮度(cd/m²)的定义是：

$$L_v = 10\sum_{i=1}^{n}\frac{E_{eyei}}{\theta_i^{\ 2}} \qquad \cdots\cdots(3.1)$$

式中：

E_{eyei}——在观察者眼睛上的照度，该照度是在视线的垂直平面上，由第 i 个光源所产生的照度；单位勒克斯(lx)；

θ_i——观察者视线与第 i 个光源所入射在眼睛上的方向之间的夹角；单位：(°)(1.5°<θ_i<60°)；

n——光源总数。

为了定义 L_{ve}，认为照射区域是由无数的点光源组成。

测量 L_{vl} 时，若观察角度仅为 2°或者更大接近水平线的角度，那么就满足了角 θ(θ>1.5°)的条件。测量 L_{ve} 时，与中央观察区域(2×1.5°)重合的部分照射范围不应在计算之内。

眩光值和眩光参数 L_{vl} 和 L_{ve} 之间的关系如下：

$$GR = 27 + 24\lg(L_{vl}/L_{ve}^{\ 0.9}) \qquad \cdots\cdots(3.2)$$

GR 表示“眩光值”。眩光值越小，眩光控制得越好。在原来的试验中就已经引入眩光控制标志 GF 这一概念，其中涉及到的眩光评价的等级见表 3.1：

$$GR = (10 - GF) \times 10 \qquad \cdots\cdots(3.3)$$

表 3.1　九个眩光评价级别

眩光控制标志 GF		眩光值 GR
1	无法忍受的	90
2		80
3	烦扰的	70
4		60
5	勉强可容许的	50
6		40
7	能被察觉的	30
8		20
9	不被察觉的	10

制定该表的目的不仅仅是为了列出眩光限定值，而是为了在实际应用中进行眩光等级的评定。借助眩光值的概念可以计算出眩光的好与坏的程度，同样，借助眩光的概念可以区别不同位置的眩光情况。出于实际原因，眩光值只用10～90之间的两个数来表示，没有小数。眩光等级±0.5的变化相当于亮度比±5%的变化。

4 眩光参量的简单近似值

如果光源的位置、照射方向、发光强度分布和该区域的反射比是已知的，可以通过式(3.1)计算出L_{vl}和L_{ve}值，从而确定某一观察位置和观察方向的眩光值。L_{vl}和L_{ve}的值也可以通过配备眩光镜头的光度计依据θ^2来计算。

计算由光源产生的等效罩纱亮度L_{vl}值，借助于式(3.1)是最直接的计算方式。虽然由环境产生的等效罩纱亮度可以直接由式(3.1)来计算，但是当环境亮度已知时，可用一种更简单的计算方法精确地计算出实际眩光值。这种方法适用于背景是被照亮区域的情况。用这种方法，L_{ve}与所观察的水平区域的平均亮度L_{av}之间的关系可近似表示为：

$$L_{ve}=0.035\cdot L_{av} \qquad \cdots\cdots(4.1)$$

平均亮度L_{av}(cd/m^2)近似表示为：

$$L_{av}=E_{hor\ av}\cdot\rho/(\pi\cdot\Omega_o) \qquad \cdots\cdots(4.2)$$

式中：

$E_{hor\ av}$——水平区域的平均照度(lx)；

ρ——区域漫反射时的反射比；

Ω_o——一个单位立体角。

当大型垂直或接近垂直照亮区域接近于视线，实际的L_{ve}值将高于以上计算值。然而，这只是意味着实际眩光控制的程度，将略好于计算的GR值。

如果是离散且间隔较大灯杆上的眩光光源，可用一种具有较大局限性的简化程序，参见参考文献[15]。

5 观察位置和观察方向的标准

在任何正常观察方向和任何正常容易受影响的观察方向，眩光值均不宜过大。存在安全隐患的，或需长时间观察的，以及经常出现较困难观察任务的位置和观察方向，GR值均应小于推荐的最大GR值。观察位置和观察方向均应根据最大允许眩光值和场地类型的相关眩光最大值的要求进行眩光值的限定。

根据不同的情况选择不同的观察位置(见图5.1，图5.4，图5.5和图5.6)，根据指定的线路进行观察(见图5.2)，或是使用表格来计算各个观察点的照度(见图5.3)。

所有观察位置的观察方向均应单独选择(见图5.4)或者经过挑选的固定的一些观察方向(见图5.1，图5.2，图5.3)采用固定角度的进行旋转的观察(例如5°，10°或45°)。在一些情况下只考虑朝向一定数目的灯杆或光源位置的观察方向即可(见图5.5和图5.6)。

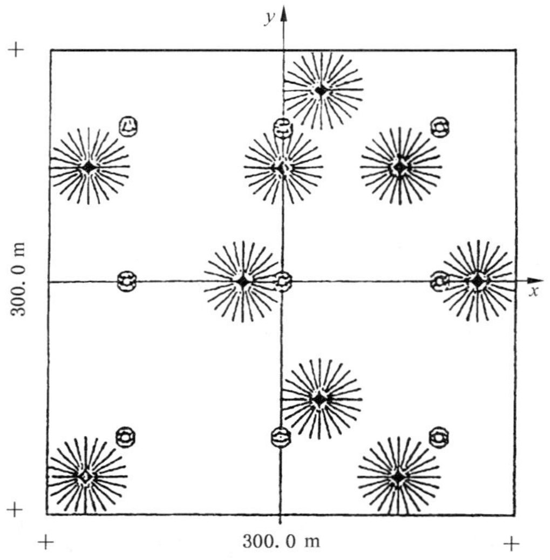

图 5.1　单独选择的观察位置和固定角度间隔固定的观察方向(圆形的符号代表光源组)

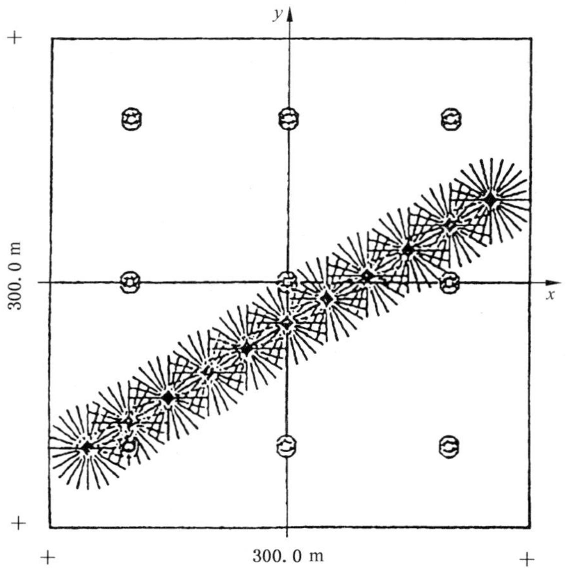

图 5.2　沿一条指定线的观察位置和固定的观察方向(圆形的符号代表光源组)

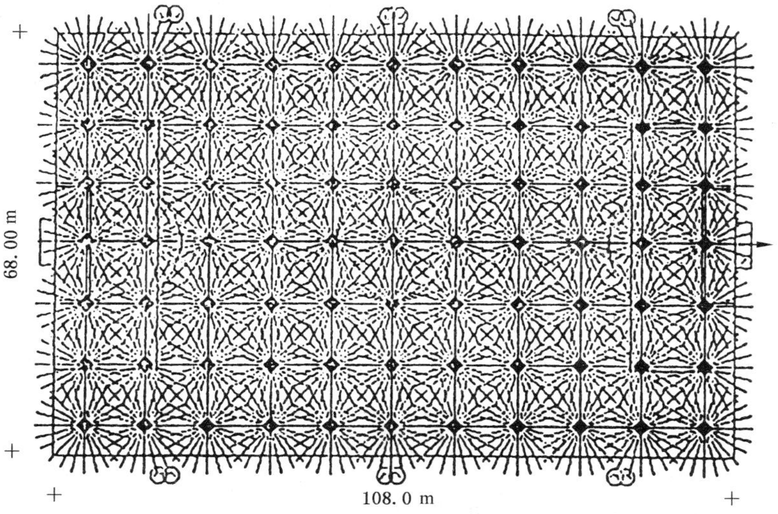

图 5.3　计算坐标内的观察位置和固定的观察方向(圆形的符号代表光源)

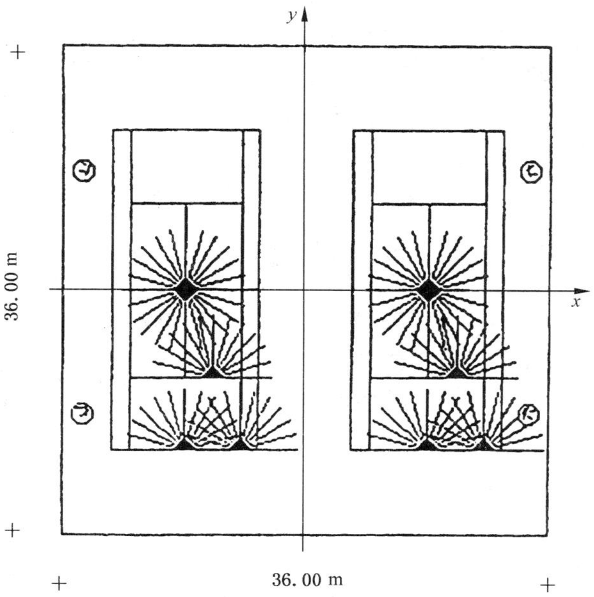

图 5.4　单独选择的观察者位置和单独选择的观察方向(圆形的符号代表光源)

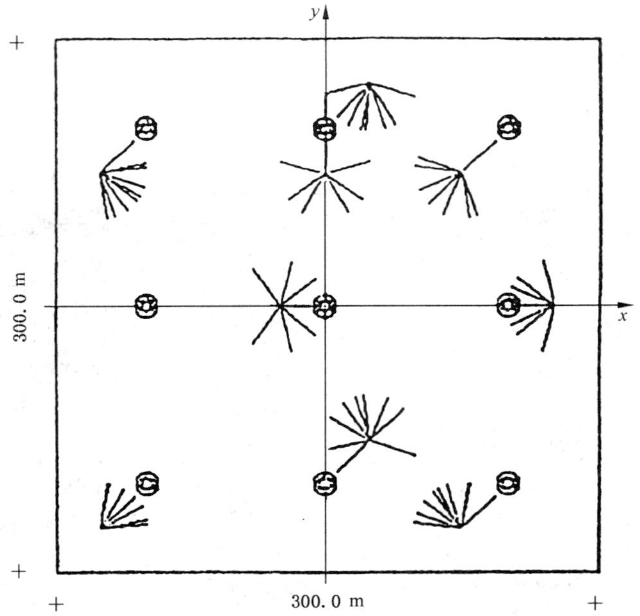

图 5.5 单独选择的观察位置和朝向灯杆的观察方向(圆形的符号代表灯杆上的光源组)

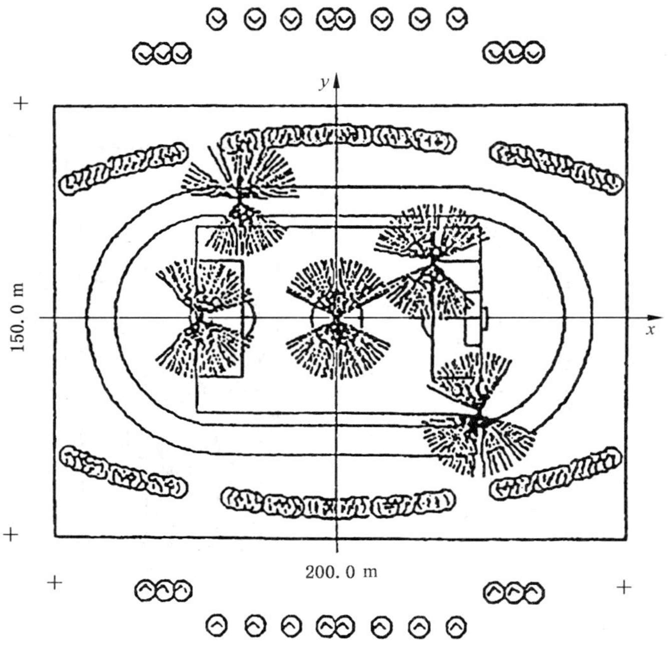

图 5.6 单独选择的观察位置和朝向灯具的观察方向(圆形的符号代表光源)

6 推荐眩光限定值

表 6.1 场地照明

应用类型		GR_{max}（最大眩光等级）
照明用途		
安全与保障	低风险	55
	中等风险	50
	高风险	45
运动与安全	仅步行	55
	缓慢行驶的交通	50
	正常交通	45
工作[a]	很粗糙	55
	中等粗糙	50
	精细	45

[a] 为了保证重要工作场所达到更好的视觉效果，需要低于 GR_{max}（最大眩光等级）5 个单位来考核。

表 6.2 体育场照明

应用类型	GR_{max}（最大眩光等级）
训练场照明	55
竞赛场地照明（包括彩色电视转播）	50

参 考 文 献

[1] CIE Publication No. 31:Glare and uniformity in road lighting installations,1976.

[2] CIE Publication No. 57:Lighting for football,1983.

[3] CIE Publication No. 68:Guide to the lighting of exterior working areas,1986.

[4] CIE Publication No. 83:Guide for the lighting of sports events for colour television and film systems,1989.

[5] CIE Publication No. 17. 4 :International lighting vocabulary,1987.

[6] CIE Publication No. 55:Discomfort glare in the interior working environment,1983.

[7] van BOMMEL W. J. M. ,TEKELENBURG J. ,FISCHER D. :A glare evaluation system for outdoor sports lighting and its consequences for the design practice,Proceedings CIE 20th Session, Amsterdam 1983,CIE Publication No. 56,D505/1-4,1983.

[8] TEKELENBURG J. :Evaluation of glare in sports-field lighting,International LightingReview 3,88-71,1982.

[9] van BOMMEL W. J. M. ,TEKELENBURG J,FISCHER D. :Ein Blendungsbewertungsverfahren für Sportplatzbeleuchtung,Gemeinschaftstagung LICHT 82,Lugano,1982.

[10] FRY G. A. ,PRITCHARD B. S. ,BLACKWELL H. R. :Design and calibration of a disability glare lens,Illum. Engineering,March 1963,120-123,1963.

[11] OLDHAM M. F. :Floodlighting the Melbourne cricket ground,International Lighting Review 3,78-83,1985.

[12] Building Services(CIBSE):Lighting the largest container terminal,The CIBSE Journal, May 1985,41-42,1985.

[13] HARGROVES R. A. ,HENRY I. C. ,TREZZI,M. :Glare evaluation of tennis court floodlighting,Ltg. Res. & TechnoL 18,157,1986.

[14] TANABE Y. :Glare limitation in floodlighting for sports events,Journal of Illuminating Engineering Institute of Japan 69/9,514,1985.

[15] EINHORN H. D. :Glare in sports lighting,Trans. S. A. Inst. El. Eng. ,8-12,1992.

[16] STOCKMAR A. W. :CIE Glare evaluation system for outdoor area lighting,Tagungsband CIE-SLG SYMPOSIUM';4ktuelle Themen der Aufβenbeleuchtung",59-72,1989.

ICS 31.060.70
K 42

中华人民共和国国家标准

GB/T 26215—2010

高压直流输电系统换流阀阻尼吸收回路用电容器

Capacitors of damping absorption circuit for HVDC transmission systems converters

2011-01-14 发布　　2011-07-01 实施

中华人民共和国国家质量监督检验检疫总局
中国国家标准化管理委员会　发布

前　　言

本标准由中国电器工业协会提出。

本标准由全国电力电容器标准化技术委员会(SAC/TC 45)归口。

本标准主要起草单位:广东胜业电器有限公司、成都光大电力电子研究所、西安高压电器研究院有限责任公司。

本标准参加起草单位:北京江海胜业电力科技有限公司、桂林电力电容器有限责任公司。

本标准主要起草人:陈榕、董春安、贾文选、郭天兴、李军、刘菁、余小木。

高压直流输电系统换流阀阻尼吸收回路用电容器

1 范围

本标准规定了安装在高压直流输电换流阀的晶闸管元件的阻尼吸收回路中，起阻尼和均压作用的非液体浸渍式电容器单元的质量要求、试验方法和额定值的统一。

本标准适用于安装在高压直流输电换流阀的晶闸管元件的阻尼吸收回路中，起阻尼和均压作用的非液体浸渍式电容器单元。

2 规范性引用文件

下列文件中的条款通过本标准的引用而成为本标准的条款。凡是注日期的引用文件，其随后所有的修改单(不包括勘误的内容)或修订版均不适用于本标准，然而，鼓励根据本标准达成协议的各方研究是否可使用这些文件的最新版本。凡是不注日期的引用文件，其最新版本适用于本标准。

GB/T 2423.3 电工电子产品环境试验 第2部分：试验方法 试验Cab：恒定湿热试验(GB/T 2423.3—2006，IEC 60068-2-78：2001，IDT)

GB/T 2423.5 电工电子产品环境试验 第2部分：试验方法 试验Ea和导则：冲击(GB/T 2423.5—1995，idt IEC 60068-2-27：1987)

GB/T 2423.6 电工电子产品环境试验 第2部分：试验方法 试验Eb和导则：碰撞(GB/T 2423.6—1995，idt IEC 60068-2-29：1987)

GB/T 2423.10 电工电子产品环境试验 第2部分：试验方法 试验Fc：振动(正弦)(GB/T 2423.10—2008，IEC 60068-2-6：1995，IDT)

GB/T 2423.60 电工电子产品环境试验 第2部分：试验方法 试验U：引出端及整体安装件强度(GB/T 2423.60—2008，IEC 60068-2-21：2006，IDT)

GB/T 17702.1—1999 电力电子电容器 第1部分：总则(idt IEC 61071-1：1991)

GB/T 17702.2—1999 电力电子电容器 第2部分：熔丝的隔离试验、破坏试验、自愈性试验及耐久性试验的要求(idt IEC 61071-2：1994)

3 术语和定义

本标准采用下列术语和定义。

3.1

电容器元件 capacitor element

由电介质和被它隔开的电极所构成的用于储存电荷的部件。

3.2

电容器单元 capacitor unit

由一个或多个电容器元件组装于单个外壳中，并有引出端子的组装体。

3.3

电容器 capacitor

本标准中“电容器”一词是当不需要特别强调“电容器单元”或“电容器组”的不同含义时的用语。

3.4

阻尼电容器 snubber cpacitor

在电路中起抑制过电压突变，使过电压的陡度和幅值降低的电容器。

3.5

电容器的额定电容　rated capacitance of a capacitor

C_N

设计电容器时所规定的电容值。

3.6

电容器的额定电压　rated voltage of a capacitor

U_N

设计电容器时所规定的电容器的最高运行峰值周期电压。

3.7

电容器损耗　capacitor losses

电容器内部消耗的有功功率。

3.8

电容器的损耗角正切　tangent of the loss angle of a capacitor

$\tan\delta$

在规定的正弦交流电压和频率下，电容器的等效电阻与容抗之比。

3.9

电容器的额定频率　rated frequency of a capacitor

f_N

设计电容器时所规定的基波频率。本标准中为 50 Hz。

3.10

运行温度　operating temperature

在热平衡状态下电容器外壳最热点的温度。

3.11

剩余电压　residual voltage

断开电源一段时间之后电容器端子间残存的电压。

3.12

绝缘电压　insulation voltage

U_i

电容器元件和端子对外壳或地电压的额定值(方均根值)。

3.13

最大峰值电流　maximum peak current

在连续运行中瞬时发生的最大电流的幅值。

4　使用条件

4.1　正常使用条件

4.1.1　温度

运行温度：－5 ℃～＋70 ℃；

储存环境温度：－25 ℃～＋60 ℃。

4.1.2　湿热

相对湿度：35 ℃下相对湿度不大于 85％。

4.1.3　海拔

安装运行地区的海拔不超过 1 000 m。

4.2 非正常使用条件

非正常使用条件由制造方和购买方商定。

5 质量要求和试验

5.1 概述

第 5 章～第 7 章给出了对电容器单元的质量和试验要求。

支柱绝缘子、开关、互感器、外部熔断器等应符合相应的标准。

5.2 试验条件

除对具体的试验或测量另有规定外，电容器介质的温度应在＋5 ℃～＋35 ℃范围内，并与环境温度相同。

当必须进行校正时，使用的参考温度为＋20 ℃，但制造方和购买方另有协议时除外。

如果电容器在不通电状态下在恒定环境温度中放置 12 h 的时间，则可认为电容器的介质温度与环境温度相同。

除非另有规定，交流试验和测量应在 50 Hz 的频率下进行。

6 试验分类

试验分为：例行试验、型式试验和验收试验。

6.1 例行试验

6.1.1 例行试验要求

例行试验应由制造方在交货前对每一台电容器进行。如果购买方有要求，则制造方应提供这些试验结果的证明书。

6.1.2 试验项目

a) 外观质量(见第 7 章)；

b) 外形尺寸和重量(见第 8 章)；

c) 电容及允许偏差(见第 9 章)；

d) 电容器损耗角正切(tanδ)测量(见第 10 章)；

e) 绝缘电阻和内部放电电阻测量(见第 11 章)；

f) 端子间电压试验(见第 12 章)；

g) 端子与外壳间交流电压试验(见第 13 章)；

h) 局部放电试验(见第 14 章)；

i) 密封性试验(见第 15 章)。

6.2 型式试验

6.2.1 型式试验要求

进行型式试验是为了确定电容器在设计、尺寸、材料和制造方面是否满足本标准中所规定的性能和运行要求。每一拟用来做型式试验的电容器应为经例行试验合格的电容器。型式试验应对与合同电容器相同设计的电容器或者对在试验中给出相同的或更为严酷的试验条件而设计的电容器进行。

没有必要在同一台电容器单元上进行全部型式试验。

型式试验应由制造方进行，在有要求时，应向购买方提供这些试验结果的证明书。

6.2.2 试验项目

a) 谐振频率测量(见第 16 章)；

b) 自愈性试验(见第 17 章)；

c) 短路放电试验(见第 18 章)；

d) 套管和引出导电螺杆强度试验(见第 19 章)；

e) 耐久性试验(见第 20 章);

f) 破坏试验(见第 21 章);

g) 热稳定性试验(见第 22 章);

h) 湿热试验(见第 23 章);

i) 机械试验(见第 24 章)。

6.2.3 试验程序

在每一次型式试验中,待试验的电容器数目量至少为 9 台,分三组进行试验。如果要使用两种不同电容的电容器,每组应至少包括 4 台电容器,那么每一试验组中应包含每一种电容的 2 台电容器。

待试验的电容器将按分组来进行如表 1、表 2 和表 3 所述的不同试验。

表 1 第 1 组试验

试验序号	第 1 组试验	最大失效数	备注
1	热稳定性试验	0	本组 2 台电容器
2	机械试验	0	本组 3 台电容器
3	套管和引出导电螺杆强度试验	0	本组所有电容器
4	自愈性试验	0	本组 2 台电容器

表 2 第 2 组试验

试验序号	第 2 组试验	最大失效数	备注
1	耐久性试验	0	本组所有电容器
2	破坏试验	0	本组 2 台电容器

表 3 第 3 组试验

试验序号	第 3 组试验	最大失效数	备注
1	谐振频率测量	0	本组所有电容器
2	短路放电试验	0	本组所有电容器
3	湿热试验	0	本组所有电容器

6.3 验收试验

验收试验应由购买方进行,具体项目是本标准规定的例行试验项目中的部分项目。

7 外观质量

产品应外观光洁、无明显划伤及凹痕;标志应清晰牢固,内容完整。

用目视法观察外观质量和标志。

8 外形尺寸和重量

产品的外形结构、安装尺寸和重量应符合制造方与购买方签定的相关要求。

使用量具和衡器,测量外形尺寸,称量产品重量。

9 电容及允许偏差

9.1 测量程序

电容应在$(0.9\sim1.1)U_N/\sqrt{2}$(方均根值)电压和 50 Hz 的频率下进行测量。

所用方法应足以排除由谐波或由被测电容器的外在附件,诸如测量电路中的电抗器和旁路电路所导致的误差。

9.2 电容偏差

电容及允许偏差应由制造方与购买方协商确定。

10 电容器损耗角正切(tanδ)测量

10.1 测量程序

电容器损耗角正切(tanδ)应在制造方所规定的电压和频率下进行测量。

所用方法应足以排除由谐波或由被测电容器的外在附件,诸如测量电路中的电抗器和旁路电路所导致的误差。

10.2 损耗要求

电容器损耗的要求由制造方与购买方协商确定。

11 绝缘电阻和内部放电电阻测量

当电容器内部有放电电阻时,不测试电容器的绝缘电阻值。

电容器的绝缘电阻值应由制造方与购买方协商确定。

内部放电电阻应具备足以在 10 min 之内从初始直流电压 U_N 放电到 75 V 或更低。如有特殊要求时,由制造方和购买方协商确定。

电容器绝缘电阻应使用绝缘电阻测试仪进行测量。

内部放电电阻用测量电阻或测量自放电速率方法来测量,测量方法由制造方选择。

12 端子间电压试验

电容器端子间应能承受表 4 规定的试验电压值,例行试验历时 10 s,型式试验历时 1 min。试验期间,应不发生永久性击穿也不发生闪络,允许有自愈性击穿。

表 4 端子间的试验电压

交流试验电压(方均根值)	$1.25U_N$
直流试验电压	$1.75U_N$

试验电压施加在电容器端子间,逐渐升压至规定值,并保持至规定时间。

13 端子与外壳间交流电压试验

试验电压施加在电容器连接在一起的端子与外壳之间,例行试验历时 10 s,型式试验历时 1 min。

试验电压为:$2U_i+1\,000$ V(方均根值),其中 U_i 为绝缘电压。

电容器的绝缘电压应由用户提出。如果没有其他规定,取绝缘电压等于电容器的额定电压除以$\sqrt{2}$。

试验期间,应既不得发生击穿也不得发生闪络。

有一个端子固定连接到外壳上的单元,不做此项试验。

14 局部放电试验

用正弦交流电压对电容器进行试验,加电压直到$\frac{1.75U_N}{\sqrt{2}}$(方均根值),并且保持此电压 1 min。然后降低电压至$\frac{1.31U_N}{\sqrt{2}}$(方均根值),并保持此电压至少 2 min。在最后 1 min 所测量的局部放电量应小于 10 pC。

局部放电熄灭电压$\geqslant\frac{1.31U_N}{\sqrt{2}}$(方均根值),放电量小于 10 pC。

15 密封性试验

试验方法可采用油槽加热法或其他更有效检测出泄漏的方法，本试验可采用适当的指示器来进行，电容器应无泄漏。

16 谐振频率测量

谐振频率值应不低于制造方与购买方商定之值。

16.1 测量方法

测量方法可根据简便与否，从以下两个例子中选取。所用的方法应足以排除由连接件和附件所导致的误差。

16.1.1 测量方法Ⅰ

图1为测量电路。

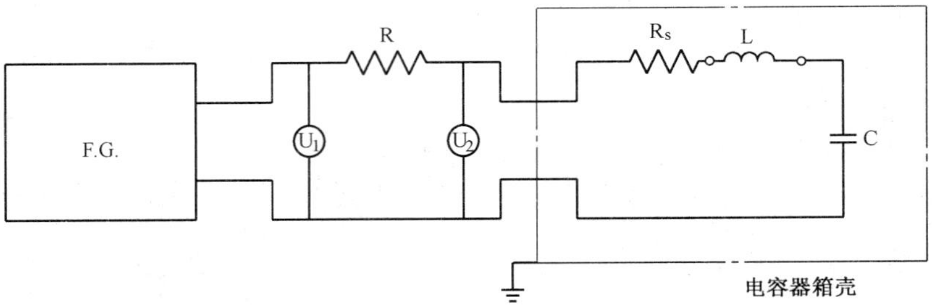

说明：

F. G.——可变频率发生器；

R——负荷电阻(无感型，直接连接到被试电容器的端子上)；

R_s——电容器的等效串联电阻；

L——电容器的杂散电感；

C——电容器的电容；

U_1、U_2——电子电压表。

图1 谐振频率测量电路

变频率并保持 U_1 恒定，就可能绘出表示电容器上的电压和电源频率之间的关系曲线。

图2表示此条曲线的形状。

U_2 的最小值对应于谐振频率(f_r)。

连接线应尽量短。

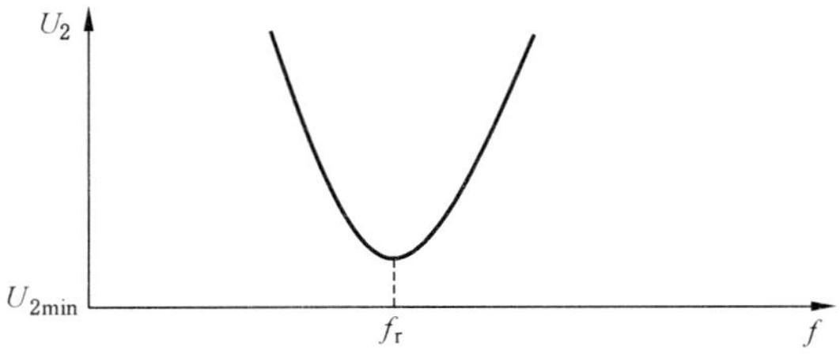

图2 电容器上的电压和电源频率之间的关系曲线

16.1.2 测量方法Ⅱ

以直流电对单元充电，然后通过一直接设置于电容器端子处的间隙放电。

以阴极射线示波器录下放电电流的波形(见图3)。

f_r 由计算和时间轴线相交的数目得出。

放电波形的形状为等效串联电阻和杂散电感的函数。

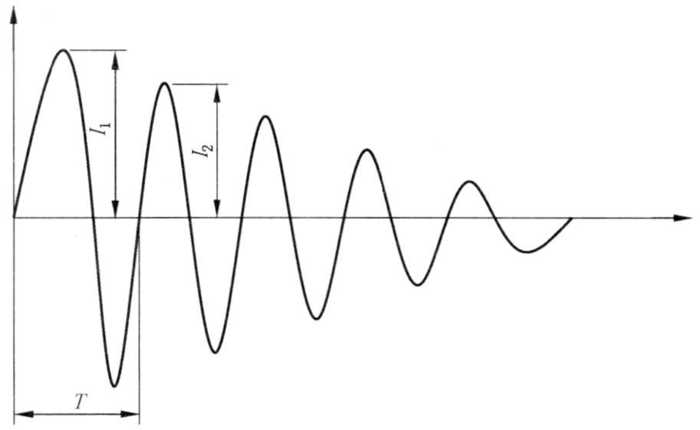

图 3　放电电流的波形

注：对于第 2 种方法，放电频率是测量的；如果阻尼因数低且外连接件的电感与内部连接件相比可忽略，则放电频率等于自谐振频率。

17　自愈性试验

电容器应耐受第 12 章中给出的试验电压，历时 1 min。

如果这段时间内发生的自愈少于 5 次，则应缓慢地升高电压直到从试验开始起发生了 5 次自愈为止，或直到电压达到 3.5 倍的额定电压。

如果电压达到 3.5 倍的额定电压时，发生的自愈仍少于 5 次，由制造方选择，或增加电压和/或提高温度继续试验，直到得到 5 次自愈；或中断试验，而在另一相同的电容器上重新进行，重复只能一次。

电容器应具有自愈性。试验前后应进行电容及损耗角正切($\tan\delta$)测量，电容变化应小于±0.5%，损耗角正切的增加应不大于 20%。

18　短路放电试验

采用直流电对电容器单元充电，然后通过尽可能靠近电容器放置的间隙放电，应在 10 min 内进行 5 次放电。

电容器应能承受在额定电压下的 5 次短路放电试验。在放电试验前后应按第 9 章和第 10 章的规定测量电容和损耗角正切($\tan\delta$)。电容变化应小于±1%，损耗角正切($\tan\delta$)的增加应不大于 20%。

19　套管和引出导电螺杆强度试验

按 GB/T 2423.60 中转矩试验方法进行。

应能耐受 7 N·m 力矩不损伤。

20　耐久性试验

进行耐久性试验是为了确定反复的过电压强度为不致使电容器初始特性的改变超过规定值。

单元应耐受图 4 给出的电压波形的周期作用。

单元应耐受总计 1 000 次充放电试验。周期间最大时间间隔为 5 min。

充放电后，电容器应承受在温度为(60±2)℃的环境下通过$\frac{1.25U_N}{\sqrt{2}}$(方均根值)、500 h 的试验。试验前后应进行电容测量，与初始值比较电容变化应小于±2%，损耗角正切的增加应不大于初始值的 50%。

20.1　试验前单元的预处理

单元应在温度不低于+10 ℃的静止空气中耐受 $1.1U_N$ 的电压，历时 16 h～24 h。

20.2 初始电容及损耗角正切测量

经预处理后,单元应在不通电状态下,在温度为(30±5)℃的通风箱中放置至少12 h。

施加电压5 min后,在相同的环境温度下按第9章和第10章进行测量。

20.3 充放电试验

试验单元应放置在温度为(20±10)℃的静止空气中。

单元应耐受图4给出的电压波形的周期作用。

图4为试验电路。

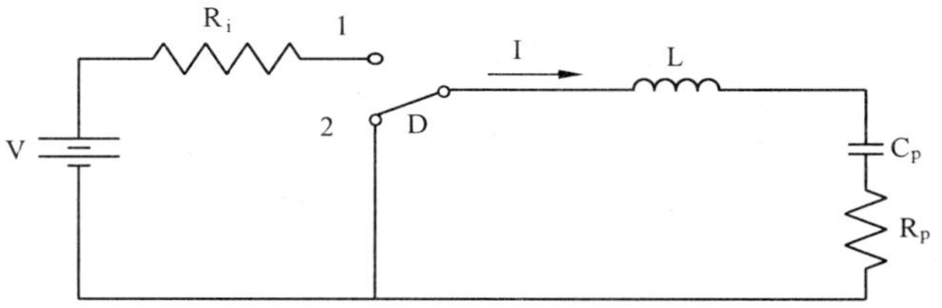

说明:

Cp——试验电容器;

V——直流电源;

Ri——内部电阻;

L——电感;

Rp——电感和连接线的杂散电阻;

D——先开后合触点。

图4 充放电试验电路

图5为试验电压、电流的波形。

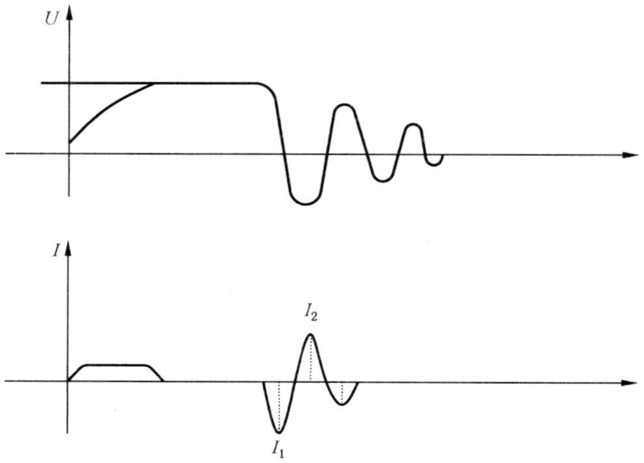

图5 充放电试验电压、电流的波形

参考图4和图5给出的符号,可采用以下公式:

$$I_1 = U\sqrt{\frac{C_p}{L}}$$

参照上述电路和曲线图,给出的参数值及充放电顺序为:

将开关置于位置1,在20 s内使用电容器 C_p 充电到制造方规定的、在(0.9~1.2)U_N 范围内的某一电压值。

60 s后将开关转换到位置2,历时10 s。

制造方调整时,应调节电感值(L),从而使第1个电流峰值 I_1 等于2倍最大峰值电流。

电流衰减率(K)应不大于30%。

$$K=\frac{I_1-I_2}{I_1}\times 100$$

然后再将开关转换到位置 1。

单元应耐受总计 1 000 次试验周期。周期间最大时间间隔为 5 min。

20.4 中间电容和损耗角正切测量

在完成放电试验后，单元应在不通电状态下，在温度为(30±5)℃的通风箱中放置至少 12 h。

在相同的环境温度下按第 9 章和第 10 章进行测量。

20.5 过电压运行

在完成充放电试验后的 2 d 内，进行过电压运行试验。在 500 h 期间内，允许电压中断不超过 10 次。每一次中断均不超过 8 h。

20.6 最后电容及损耗角正切测量

在完成过电压运行试验后的 2 d 内，单元应在不通电状态下，在温度为(30±5)℃的通风箱中放置至少 12 h。在相同的环境温度下按第 9 章和第 10 章进行测量。

20.7 验收准则

如果满足上述质量要求，则认为试验单元成功地通过了耐久性试验。

如果一台电容器损坏，则试验应重新进行且不允许损坏。

21 破坏试验

21.1 测量程序

当制造方明确说明时，可使用通过了耐久性试验的电容器。

图 6 为破坏试验电路。

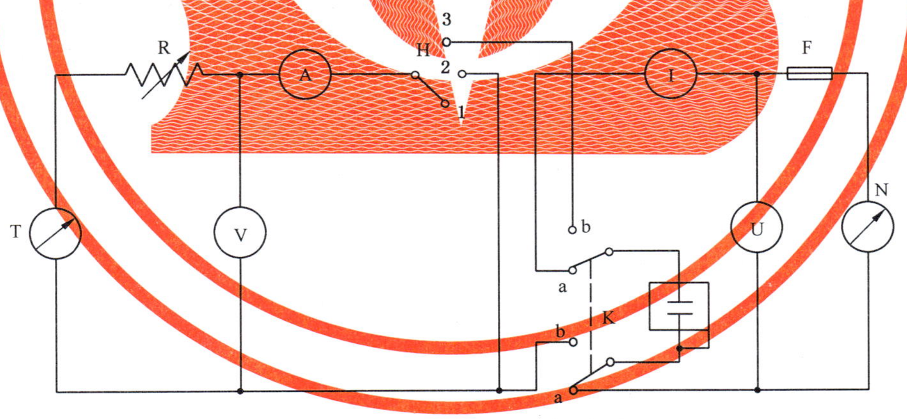

图 6 进行破坏试验的电路

电容器应放置在一个温度等于电容器温度类别中最高环境空气温度的循环空气恒温箱中。

当电容器各个部位均达到恒温箱的温度后，按图 6 给出的电路进行以下的试验程序。

a) 将选择开关 H 和 K 分别置于 1 和“a”，将交流电压源 N 整定为 1.3U_N 并记录电容器电流。

b) 将直流电压源 T 整定到制造方规定的值，然后将开关 H 置于位置 2，并调节可变电阻器，以得到一个 300 mA 的直流短路电流。

c) 将开关 H 置于位置 3，开关 K 置于位置“b”，对电容器施加直流试验电压，直到电容器发生有效短路(电压表 V 指示大约为零，历时 3 s～5 s)。

d) 然后将开关 K 置于位置“a”，对电容器施加试验电压历时 5 min，并再次记录电流值。

可能出现以下情况：

——电流表 I 和电压表 U 都指示零。在这种情况下应检查熔断器。如熔断器熔断，应予以更换。

然后对电容器施加电压，如果熔断器再次熔断，则中断程序。如果熔断器不熔断，则仅使用开关 K 继续进行如 c)项和 d)项规定的试验程序。

——电流表 I 指示的电流为零，同时电压表 U 指示 $1.3U_N$，在这种情况下中断程序。

——电流表 I 指示的电流大于零，在这种情况下继续施加如 b)、c)和 d)各项试验程序。

中断程序后，将电容器冷却到环境温度，并按第 13 章进行端子与外壳间的电压试验。

在电容器端子上，电压源 N 的短路电流应大于 $5I_{max}$。

熔丝的额定电流 I_f 应不低于 $2I_{max}$，通常最小值为 125 A。

注：如果电容器单元太大或太小(额定电流<50 A)以致不能满足试验参数，则试验由制造方和购买方协商进行。

21.2 试验要求

试验结束时，电容器外壳应是完整的，电容器外壳允许变形和损伤；不允许有火焰和/或火星从开口喷出。这一点可采用将电容器用纱布(粗棉布)裹起来的方法进行检验。纱布燃烧或烧焦即作为失效的判据。

产品失效损坏后，不能爆裂和起火。

注：试验过程中散发出过量的烟气可能是危险的。

22 热稳定试验

22.1 测量程序

将电容器固定在密闭箱里，每台电容器外壳接近顶部处安装一热电偶供测量试品温度用。箱内冷却空气温度应为：65 ℃。

在电容器的所有组成部分达到冷却介质的温度以后，应使电容器在 $\frac{1.1U_N}{\sqrt{2}}$ 基本正弦波的交流电压下保持至少 48 h。在试验进行到最后 6 h 期间用热电偶测量外壳接近顶部处的温度至少 4 次。在整个 6 h 内温升增高应不超过 1 ℃。如果观察到较大的变化，则试验要继续进行直到在最后 6 h 内的连续 4 次测量满足上述要求为止。试验期间电压值和频率值应始终保持恒定。

试验前后，应在 4.1 规定的温度范围内按第 9 章和第 10 章测量电容及损耗角正切(tanδ)，两次测量值应校正到同一介质温度下的电容值，两次测量值之差应小于±0.1%，损耗角正切的增加应不大于初始值的 20%。

试验结束时，应记录外壳的测量温度与箱内冷却空气温度之差值。

23 湿热试验

湿热试验应按照 GB/T 2423.3 进行。

电容器应在温度(40±2) ℃、相对湿度 93+2/−3%的环境条件下试验 56 d。在此项试验后，应能满足第 12 章、第 13 章端子间耐压试验和端子与外壳间试验要求，电容变化应小于±1%，损耗角正切(tanδ)的增加应不大于 20%。

24 机械试验

按 GB/T 2423.5、GB/T 2423.6 和 GB/T 2423.10 进行。在常温、常压下，把试品用夹具安装在试验台上，分别按 3 个相互垂直的方向(X、Y、Z)进行振动(正弦)、冲击、碰撞三种试验。

电容器按表 5、表 6、表 7 试验后，应能满足第 12 章、第 13 章端子间耐压试验和端子与外壳间试验要求。按第 9 章和第 10 章测试电容及电容器损耗角正切，电容变化应小于±1%，损耗角正切(tanδ)的增加应不大于 20%。按第 11 章做放电器件测试(若有时)。

表 5　试验 FC 振动(正弦)

试验 FC 振动(正弦)	扫频范围/Hz	扫频循环次数	扫频速率 Octave/min	振动幅值 g	安装方向	每次试验台数
	10～100～10	5	1	2.0	X、Y、Z	4

表 6　试验 Ea 冲击

试验 Ea 冲击	冲击波形	峰值加速度 g	脉冲持续时间/ms	冲击次数(各方向)	安装方向	每次试验台数
	半正弦波	5.0	5.0	3	X、Y、Z	4

表 7　试验 Eb 碰撞

试验 Eb 碰撞	碰撞波形	峰值加速度 g	脉冲持续时间/ms	碰撞次数(各方向)	安装方向	每次试验台数
	半正弦波	40.0	6.0	3	X、Y、Z	4

25　电容器单元的标志

在每一电容器单元的标志上应注明下列内容：

a)　制造方名称或商标；

b)　电容器单元的名称或型号；

c)　编号及制造年份。年份可以是识别编号的一部分或采用代码形式；

d)　额定电容 C_N，μF；

e)　额定电压 U_N，kV；

f)　额定频率 f_N，Hz；

g)　环境温度；

h)　放电器件，如果是内部的，应以符号表示；

i)　字母 SH 或符号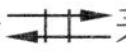表示自愈式电容器；

j)　绝缘水平 U_i，kV；

绝缘水平应以一斜线隔开的两个数字表示，第一个数字给出工频试验电压的方均根值，kV；第二个数字给出雷电冲击试验电压的峰值，kV(例如 7.5/30)。

k)　标准代号。

26　安装和运行导则

见 GB/T 17702.1—1999 中的第 6 章。

27　环境保护

所使用的浸渍材料应符合国家环保相关要求。

ICS 29.180
K 41

中华人民共和国国家标准

GB/T 26216.1—2010

高压直流输电系统直流电流测量装置 第1部分：电子式直流电流测量装置

DC current measuring device for HVDC transmission system—Part 1: Electronic DC current measuring device

2011-01-14 发布　　　　2011-07-01 实施

中华人民共和国国家质量监督检验检疫总局
中国国家标准化管理委员会　发布

前　　言

GB/T 26216《高压直流输电系统直流电流测量装置》共分为2个部分：

——第1部分：电子式直流电流测量装置；

——第2部分：电磁式直流电流测量装置。

本部分为GB/T 26216的第1部分。

本部分的结构编制依据GB/T 1.1—2009。

本部分由中国电器工业协会提出。

本部分由全国高压直流输电设备标准化技术委员会(SAC/TC 333)归口。

本部分负责起草单位：西安高压电器研究所、南方电网技术研究中心。

本部分参加起草单位：机械工业北京电工技术经济研究所、西安西电高压开关有限责任公司、西安电力电子技术研究所。

本部分主要起草人：李宾宾、李岩、朱静、张艳、饶宏、方晓燕。

本部分参加起草人：苟锐锋、赵华锋、杜凯、田恩文、果岩、杨晓辉、杜海燕、周晓琴。

高压直流输电系统直流电流测量装置 第1部分:电子式直流电流测量装置

1 范围

GB/T 26216 的本部分规定了±800 kV 及其以下电压等级直流输电用电子式直流电流测量装置的额定值、设计与结构和试验等方面的内容。

本部分适用于安装在±800 kV 及以下电压等级直流输电系统直流极母线、双十二脉动换流阀组中点(如果适用)母线及中性母线的电子式直流电流测量装置。

2 规范性引用文件

下列文件对于本文件的应用是必不可少的。凡是注日期的引用文件,仅注日期的版本适用于本文件。凡是不注日期的引用文件,其最新版本(包括所有的修改单)适用于本文件。

GB 1208—2006 电流互感器(IEC 60044-1:2003,MOD)

GB/T 2423.2—2008 电工电子产品环境试验 第2部分:试验方法 试验B:高温(IEC 60068-2-2:2007,IDT)

GB/T 2423.3—2006 电工电子产品环境试验 第2部分:试验方法 试验Cab:恒定湿热试验(IEC 60068-2-78:2001,IDT)

GB/T 2424.25—2000 电工电子产品环境试验 第3部分:试验导则 地震试验方法(IEC 60068-3-3:1991,IDT)

GB/T 2900.15—1997 电工术语 变压器、互感器、调压器和电抗器(IEC 60050-421:1990,IEC 60050-321:1986,MOD)

GB/T 2900.50—2008 电工术语 发电、输电及配电 通用术语(IEC 60050-601:1985,MOD)

GB/T 2900.57—2008 电工术语 发电、输电及配电 运行(IEC 60050-604:1987,MOD)

GB/T 7354—2003 局部放电测量(IEC 60270:2000,IDT)

GB/T 11022—1999 高压开关设备和控制设备标准的共同技术要求(eqv IEC 60694:1996)

GB/T 16927.1—1997 高电压试验技术 第1部分:一般试验要求(eqv IEC 60060-1:1989)

GB/T 20635—2006 特殊环境条件 高原用高压电器的技术要求

GB/T 20840.8—2007 互感器 第8部分:电子式电流互感器(IEC 60044-8:2002,MOD)

GB/T 22707—2008 直流系统用高压绝缘子的人工污秽试验(IEC/TR 61245:1993,MOD)

3 术语和定义

GB/T 2900.15、GB/T 2900.50、GB/T 2900.57、GB 1208 和 GB/T 20840.8 界定的以及下列术语和定义适用于本文件。

3.1

直流电流测量装置 DC current measuring device

提供与一次回路直流电流相对应的信号的装置,供给测量仪器、仪表和保护或控制设备。

3.2

电子式直流电流测量装置　electronic DC current measuring device

一种直流电流测量装置，由连接到传输系统和二次转换器的一个或多个电流传感器组成，用以传输正比于被测量的量，在通常使用条件下，其二次转换器的输出正比于一次回路直流电流。

电子式直流电流测量装置组成原理示意图见图1，图中列出的所有部件并非皆为电流测量装置必不可缺的。

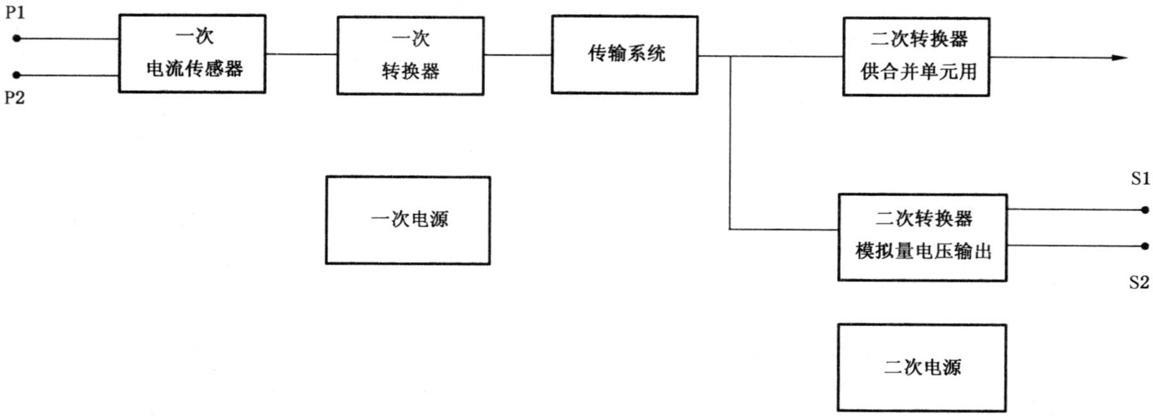

图1　电子式直流电流测量装置组成原理示意图

3.3

准确级　accuracy class

对电子式直流电流测量装置给定的精度等级，在规定使用条件下的误差应在规定的限值内。

注：改写 GB/T 20840.8—2007，定义 3.1.30。

3.4

额定一次直流电流　rated primary DC current

作为直流电流测量装置性能基准的一次电流值。

3.5

一次端子　primary terminals

[GB/T 20840.8—2007，定义 3.1.3]

3.6

一次电流传感器　primary current sensor

一种电气、电子、光学或其他的装置，产生与一次端子通过电流相对应的信号，直接或经过一次转换器传送给二次转换器。

通常为分流器和/或罗果夫斯基(Rogovski)线圈。

3.7

一次转换器　primary converter

[GB/T 20840.8—2007，定义 3.1.5]

3.8

传输系统　transmitting system

[GB/T 20840.8—2007，定义 3.1.7]

3.9

二次转换器　secondary converter

[GB/T 20840.8—2007，定义 3.1.8]

3.10

合并单元(MU) merging unit (MU)

[GB/T 20840.8—2007,定义 3.4.2]

4 正常和特殊使用条件

GB/T 20840.8—2007 中的第 4 章适用(4.3 除外),并做如下补充:

对于安装在海拔高于 1 000 m 处的设备,外绝缘额定绝缘水平应按 GB/T 20635—2006 中的 5.1 进行校正。

5 额定值及性能要求

5.1 额定一次直流电流(I_r)

标准值(A):

600,3 000,3 125,4 000,4 500。

5.2 过负荷电流

在直流系统过负荷运行时流过直流电流测量装置的直流电流,包括连续、2 h 或数秒等不同的持续时间,电流值根据具体工程研究确定。

国内一个 500 kV 和两个 800 kV 特高压直流工程的过负荷直流电流见附录 A。

5.3 短时电流额定值

电子式电流测量装置应符合如下两项的规定:

——额定短时热电流(I_{th})

额定短时热电流,电流测量装置在 1 s 内能承受住且无损伤的最大的一次电流方均根值。

——额定动稳定电流(I_{dyn})

额定动稳定电流,通常为额定短时热电流的 2.5 倍。如与此值不同,应在铭牌上标注。

5.4 额定电压(U_r)

额定电压标准值(kV):

20,60,100,408,515,680,816。

5.5 绝缘水平

绝缘水平见表 1。

表 1 绝缘水平

额定直流电压 kV	直流耐受电压 kV	操作耐受电压 kV	雷电耐受电压 kV
20	30	—	170
			325
			550

表 1（续）

额定直流电压 kV	直流耐受电压 kV	操作耐受电压 kV	雷电耐受电压 kV
60	90	—	170
			325
			550
100	150	—	650
408	600	850	950
		950	1 175
515	750	1 175	1 425
		1 300	1 550
		1 425	1 675
680	990	1 600	1 800
816	1 200	1 600	1 950

5.6　频率响应

对 50 Hz～1 200 Hz，幅值误差不超过 0.75%（基准为 I_r），相角误差不超过 500 μs。

5.7　截止频率（－3 dB）

截止频率不小于 3 kHz。

5.8　阶跃响应

最大过冲　　<20%
上升时间（达到阶跃值 90%的时间）　　<400 μs
趋稳时间（幅值误差不超过阶跃值 1.5%）　　<5 ms

5.9　整个电流测量装置的准确级

直流电流测量装置的准确级以额定电流下所规定的最大允许电流误差百分数来标称。
标准准确级为：0.1，0.2，0.5，0.55，1，1.5。
对于上述准确级电流测量装置，电流误差应不超过表 2 所列限值。

表 2　电流误差

准确级	在下列额定电流（%）下的电流误差±%		
	10%～110%	110%～300%	300%～600%
0.1	0.1	1.5	10
0.2	0.2		
0.5	0.5		
0.55	0.55		
1.0	1	3，5，10[a]	
1.5	1.5		

[a] 对于 1.0 级和 1.5 级，110%以上额定电流下的误差可从推荐值±3%，±5%，±10%中选取。

5.10 光纤传输的最大衰减

总衰减不大于 6 dB。

5.11 数字输出的额定值

GB/T 20840.8—2007 中的 5.3 适用，并作如下补充：

对于测量范围为 2 p.u. 以下对应的二次输出通道的输出，额定一次直流电流对应的二次输出数值为 2D41H；对于测量范围为 6 p.u. 对应的二次输出通道的输出，额定一次直流电流对应的二次输出数值为 0CCCH。

5.12 模拟输出的额定值

GB/T 20840.8—2007 中的 5.4 适用。

6 设计和结构

6.1 电气屏蔽

必要时，直流电流测量装置应配有电晕环。

6.2 防腐蚀保护

所有暴露在腐蚀环境中的零件、接触部件以及螺钉均应进行防腐处理或由耐腐蚀材料制成。

6.3 铭牌标识

电子式直流电流测量装置的铭牌应用不锈钢板制造，并用中文书写，提供的铭牌放在易观察的位置上。铭牌应至少包含如下内容：

a) 制造厂名（不以工厂所在地地名为厂名者，应同时标出地名）；
b) 型号或序号，最好两者均有；
c) 额定一次电流；
d) 额定电压；
e) 额定绝缘水平；
f) 额定短时电流（I_{th}）和不等于 2.5 倍额定短时热电流的额定动稳定电流；
g) 绝缘耐热等级（A 级绝缘不标出）；
h) 国名；
i) 测量装置名称；
j) 标准代号；
k) 设备种类；
l) 测量装置总重；
m) 制造日期。

6.4 数字输出的设计要求

GB/T 20840.8—2007 中的 6.2 适用。

6.5 模拟电压输出的设计要求

GB/T 20840.8—2007 中的 6.3 适用。

6.6 分流器

分流器串接在直流母线中。

6.7 一次转换器室

一次转换器室用于放置高压侧二次电路元件，防护等级不低于IP54。

6.8 光纤复合绝缘子

绝缘子为复合型，光纤包覆在其中。这些光纤将通过连接器与探头连接，并通过连接器(包括偶联)固定在绝缘子的另一侧。应至少有两条带有插头的光纤作为备用。其余光纤不带连接器，也可用作备用。

6.9 接线箱

必须提供接地及固定拉环。探头箱、复合绝缘子及接线箱构成一个机械单元。

6.10 标志方法

GB/T 20840.8—2007 中的 11.1.2 适用。

6.11 合并单元

直流电流测量装置输出为数字信号时，制造厂家的供货范围可包含有合并单元部分，合并单元的输出信号应符合 GB/T 20840.8—2007 中的 5.3 或 5.4 相关要求。

7 试验

7.1 试验分类

本部分所规定的试验分为型式试验、例行试验、现场试验和特殊试验四类。

a) 型式试验
对每种型式直流电流测量装置所进行的试验，用它验证按同一技术规范制造的直流电流测量装置均应满足、且在例行试验中未包括的要求。

b) 例行试验
每台直流电流测量装置都应经受的试验。

c) 现场试验
在安装完好并完成所有的连接后应当进行现场试验，用来检查直流电流测量装置设备没有因运输和储存而损坏。

d) 特殊试验
一种既不同于型式试验，也不同于例行试验的试验。它是由制造厂与用户对实验方法、试验过程和接受原则等进行协商而确定的。

7.2 试验的一般条件

7.2.1 试验的标准大气条件和校正因数

标准大气条件以及大气条件的校正因数应按 GB/T 16927.1 进行。

7.2.2 湿试程序

户外直流电流测量装置的外绝缘应在 GB/T 16927.1 规定的标准湿试程序下承受湿耐受试验。

7.2.3 施加电压的间隔

连续两次施加电压的时间间隔应足够长，以免先前的施加电压对下次试验的影响，一般应不少于 1 min。

7.3 型式试验

对于电子式电流测量装置，型式试验程序中应包含但不局限于下述项目：

a) 短时电流试验；
b) 温升试验；
c) 雷电冲击电压试验；
d) 操作冲击电压试验；
e) 直流耐压试验和局部放电试验；
f) 极性反转试验；
g) 低压器件的耐压试验；
h) 无线电干扰电压测量；
i) 误差测定；
j) 阶跃响应试验；
k) 频率响应试验；
l) 干热试验；
m) 湿热试验；
n) 人工污秽试验；
o) 电磁兼容试验；
p) 防护等级的验证；
q) 数字量输出的补充型式试验。

误差测定试验应在短时电流试验和绝缘试验前后分别进行，其他试验项目的前后顺序或可能的组合均未标准化。

7.3.1 短时电流试验

对于短时热电流试验，电流测量装置的初始温度为 5 ℃～40 ℃。

本试验所加电流 I 及其持续时间 t 应满足(I^2t)不小于(I_{th}^2)，其中 t 值应在 0.5 s～5 s 之间。

动稳定试验施加的一次电流峰值至少有一个不小于额定动稳定电流(I_{dyn})。

动稳定试验可与短时热电流试验合并在一起进行，但要求第一个主峰值电流不小于额定动稳定电流 I_{dyn}。

如果试验后电流测量装置在冷却到周围的环境温度(5 ℃～40 ℃)后，能满足下列要求，则认为电流测量装置通过本试验：

——目力检查无损伤；
——误差与试验前的差异，不超过误差限值的一半，且满足相应精确度的要求；
——能承受 7.3.5 中直流耐受电压试验，但试验电压应降至原规定值的 90%；
——经检查，与导线表面接触的绝缘无明显的劣化现象(例如碳化现象)。

7.3.2 温升试验

此项试验参照 GB/T 20840.8—2007 中的 8.2 进行。

试验电流为最大连续运行直流电流，或方均根值等于最大连续运行直流电流的工频交流电流。

温升限值见 GB/T 20840.8—2007 中表 2。对于分流器式电子式电流测量装置，温升限值为能保证测量精度的最高允许温度，由供货商给出。

7.3.3 雷电冲击电压试验

电子式电流测量装置按电压等级分为两种，进行不同的雷电冲击试验。试验时雷电冲击电压施加在一次端子与地之间。

a) 额定电压 U_r<200 kV 的电流测量装置

试验应在正、负两种极性下进行。每一极连续冲击 15 次，不需作大气条件校正。

如果每一极性下的试验均如下所述，则电流测量装置通过本试验：

——非自复性内绝缘不出现击穿；

——非自复性外绝缘不出现闪络；

——自复性外绝缘出现的闪络不超过 2 次；

——未发现绝缘损坏的其他依据(例如：记录波形的变异)。

注：施加 15 次正、负极性冲击波，是对外绝缘进行试验而规定的。如果制造厂与用户协商同意，采用其他试验方法检查外绝缘，则每一极性下的冲击次数可减至 3 次，且不需作大气条件校正。

b) 额定电压 U_r≥200 kV 的电流测量装置

对一次端子进行雷电冲击试验，试验在正、负两种极性下进行，每极性连续冲击 3 次，不需作大气条件校正。

如果每一极性下的试验均如下所述，则电流测量装置通过本试验：

——不发生击穿；

——未发现绝缘损坏的其他依据(例如：记录波形的变异)。

7.3.4 操作冲击电压试验

对于额定电压 U_r≥200 kV 的电流测量装进行本项试验，户外安装的电流测量装置进行湿试。

试验依据 GB/T 20840.8—2007 中的 8.3.3 进行。

7.3.5 直流耐压试验和局部放电试验

应进行干耐压试验和局部放电测量，对户外直流电流测量装置还应进行湿试。

a) 直流干耐受试验

试验电压为正极性直流电压，持续 60 min，试验电压选取表 1 中的相应值。

b) 直流湿耐受试验

试验回路应符合 GB/T 16927.1 的规定。

施加负极性直流电压，持续 60 min，试验电压选取表 1 中的相应值。

如果没有发生破坏性放电，则认为直流电流测量装置通过了试验；如果在外部自恢复绝缘上发生破坏性放电，应在同一试验状况下重复进行试验，如果没有再次发生破坏性放电，则认为直流电流测量装置成功地通过了该项试验。

c) 局部放电试验

在上述干式直流耐压的最后 10 min 内进行局部放电测量。局部放电试验通过判据为：在这 10 min 内不小于 1 000 pC 的脉冲应少于 10 个。

应使用示波器测量单个局部放电脉冲的视在放电量，试验设备和基本试验回路要求依据GB/T 7354。

7.3.6 极性反转试验

对于独立安装且额定电压大于200 kV的直流电流测量装置，进行此项试验。试验电压取设备额定电压的1.25倍。

首先加负极性电压90 min，然后将电压反转成正极性电压，保持90 min，然后再将电压反转成负极性并保持45 min。每次电压反转应尽可能在1 min内完成，但最长不能超过2 min。

在整个试验过程中都应进行局部放电测量，局部放电试验按照GB/T 7354进行。试验接受判据如下：任何10 min(不包括极性反转完成后的1 min)内大于2 000 pC的脉冲数不应超过10个。

应记录每一次极性反转完成后1 min内不小于500 pC的放电脉冲数，仅作为参考。

7.3.7 低压器件的耐压试验

参照GB/T 20840.8—2007中的8.7对二次转换器与合并单元(如果适用)进行试验。

7.3.8 无线电干扰电压测量

应对额定电压大于200 kV的直流电流测量装置进行无线电干扰电压测量。

对分流器、一次转换器和光连接进行无线电干扰试验，且用无线电干扰电压(RIV)来度量，试验依据GB/T 11022—1999中的6.3进行。

在电流测量装置上施加$1.1U_r/\sqrt{2}$(方均根值)的电压，至少维持5 min，U_r是电流测量装置的额定电压。随后应该把电压逐级下降至$0.3U_r/\sqrt{2}$，再逐级上升至初始值，最后逐级下降至$0.3U_r/\sqrt{2}$。在每级电压上，应该进行无线电干扰的测量，并应该画出最后一个电压下降系列中记录的无线电干扰电压对外施电压的曲线；这样得出的曲线就是电流测量装置的无线电干扰特性。电压级约为$0.1U_r/\sqrt{2}$。

如果在下$1.1U_r/\sqrt{2}$下RIV水平不超过2 500 μV，应该认为电流测量装置通过了试验。

如果试验采用直流电压，具体的试验方法由用户和供货商协商确定。

7.3.9 误差测定

在环境温度−40 ℃、+20 ℃和+85 ℃时分别进行误差测定：

测量电压至少应选取对应于额定直流电流的0、±1 p.u.、±1.1 p.u.、±2 p.u.、±3 p.u.、±6 p.u.的电压。

还应在一次电流为0.1 p.u.和1 p.u.直流电流情况下，进行误差测定。

7.3.10 阶跃响应试验

应进行下列电压阶跃试验：

0 p.u.	到	1 p.u.
1 p.u.	到	0 p.u.
0.5 p.u.	到	0.25 p.u.
0.5 p.u.	到	0.75 p.u.

除上述电压阶跃外，还应进行下列电流阶跃试验：

0 p.u.	到	0.1 p.u.
0.1 p.u.	到	0 p.u.

7.3.11 频率响应试验

测试其对频率为 1 200 Hz 及以下的正弦输入信号的幅值和相位的测量偏差，可以仅在 50 Hz 以及 50 Hz 的偶次谐波频率下进行试验。

500 Hz～300 Hz：施加方均根值为 10% I_r 对应的正弦输入信号；300 Hz～1 200 Hz：施加方均根值为 100 A 对应的正弦输入信号。

试验测得的频率响应特性应满足第 5 章规定的要求。

7.3.12 干热试验

试验方法参见 GB/T 2423.2—2008，进行下列两项干热试验：

a) 对于分流器与一次转换器：－40 ℃及＋85 ℃，分别进行试验；

b) 对于安装在户内的二次转换器：＋55 ℃。

持续时间均为 16 h。

试验过程中要监测额定电流下的测量误差及二次转换器的联锁信号（如果适用），可参照 GB/T 20840.8—2007 的图 15 误差测量曲线进行误差测量。如果测量误差保持在要求的范围内，并且联锁信号正常，则试验通过。

注：二次转换器带有自检功能，如果检测到测量错误，联锁信号就动作。

7.3.13 湿热试验

试验方法参见 GB/T 2423.3—2006。试验时应包括一次转换器，同时为了测量，二次转换器应正常连接。温度为 40 ℃，温度容许偏差范围为±2 ℃，相对湿度 93 %，湿度容许变化范围为 $^{+2}_{-3}$%。

持续时间为 4 d。

试验过程中要监测额定电流下的测量误差及联锁信号。如果测量误差保持在要求的范围内，并且联锁信号正常，则试验通过。

7.3.14 人工污秽试验

应对额定电压大于 200 kV 的户外直流电流测量装置进行人工污秽试验，其绝缘外套的爬电比距应符合实际工程的要求。

对于瓷绝缘子，试验方法依据 GB/T 22707。

如果在试品上连续三次试验都没有发生闪络（每次试验持续时间为 1 h），则受试设备被认为是满足试验要求的。若三次试验中发生了 1 次闪络，那就应进行第 4 次试验。如果在第 4 次试验中没有再发生闪络，则此设备也被认为是满足试验要求的。

承包商应重新设计，以满足工程规定要求。

对于复合绝缘子的人工污秽试验方法，由用户和供货商协商确定。

7.3.15 电磁兼容试验

验证二次系统在工程规范书规定的电磁兼容（EMC）环境下应能正常工作。依据 GB/T 20840.8—2007 中的 8.8 进行试验。

7.3.16 防护等级的验证

依据 GB/T 20840.8—2007 中的 8.11 进行试验。

7.3.17 数字量输出的补充型式试验

对于数字量输出的电子式电流测量装置，还应依据GB/T 20840.8—2007中的8.14，进行相关的型式试验。

7.4 例行试验

例行试验应至少包含以下项目：

a) 端子标志检验；
b) 二次转换器的功能试验；
c) 光纤及其终端的光学检查；
d) 局部放电测量；
e) 阶跃响应；
f) 频率响应；
g) 误差测定；
h) 数字量输出的补充例行试验；
i) 模拟量输出的补充例行试验。

误差测定试验在其他例行试验都完成后进行。

7.4.1 端子标志检验

接线端的标志应位于其表面或近旁处且应清晰牢固。标志由字母或数字(在字母之前或后)组成，字母均为大写印刷体。

7.4.2 二次转换器的功能试验

此项试验的目的是检查光接口板等的功能是否正常，由供货商提供具体的试验方法。

7.4.3 光纤及其终端的光学检查

可用普通的光发生器及光探测装置进行检查。光链路衰减测试时，应将一根参考光缆和被试光缆串联。

全部光缆的最大允许衰减不大于6 dB。

7.4.4 局部放电测量

施加工频电压，进行局部放电测量。试验时预加电压$1.225U_r$，局部放电量不超过50 pC，局部放电测量电压为$1.5U_r/\sqrt{2}$，局部放电量不超过20 pC。参照GB/T 7354进行局部放电测量。

或参照7.3.5进行干式直流耐压及局部放电测量试验。

7.4.5 阶跃响应

应进行下列电压阶跃试验：

0 p.u.	到	1 p.u.
1 p.u.	到	0 p.u.

其中1 p.u.指额定电流对应的电压。

7.4.6 频率响应

采用50 Hz交流电流进行频率响应试验，方均根值等于0.1 p.u.额定直流电流。

7.4.7 误差测定

此项试验可参照7.3.9在常温下进行。

7.4.8 数字量输出的补充例行试验

对于数字量输出的电子式电流测量装置，还应依据GB/T 20840.8—2007中的9.7，进行相关的例行试验。

7.4.9 模拟量输出的补充例行试验

对于模拟量输出的电子式电流测量装置，还应依据GB/T 20840.8—2007中的9.8，进行相关的例行试验。

7.5 现场试验

电流测量装置安装完好并完成所有的连接后应进行现场试验，试验的目的是检查电流测量装置没有因为运输和储存而损坏，并验证组装好的电流测量装置的整体性能。

现场试验将包括但不限于下述项目：

a) 外观检查；

b) 测量绝缘电阻；

c) 极性检查；

d) 准确度测量；

e) 光源检查；

f) 直流耐压试验。

7.5.1 外观检查

外观检查包括如下内容：

——表面的清洁度；

——绝缘距离；

——设备和基架的接地；

——电缆连接；

——光纤连接。

7.5.2 测量绝缘电阻

绝缘试验前后均应进行本项试验。

测量一次端子对接地端的绝缘电阻，绝缘电阻不应小于1 000 MΩ。

7.5.3 极性检查

一次回路注入直流电流，检查极性是否与端子标志相一致。

7.5.4 准确度测量

一次回路注入直流电流，检查准确度是否满足要求。

7.5.5 光源检查

一次回路注入直流电流时，检查光源工作是否正常。

7.5.6 直流耐压试验

试验电压为出厂试验时的80%,持续时间5 min。

7.6 特殊试验

特殊试验是既不同于型式试验,也不同于例行试验,由供货商和用户协商确定是否需要进行的试验项目。

7.6.1 抗震试验

抗震性能的验证通过分析计算法、试验法或者两者的组合完成。

试验可在地震模拟振动台上进行,条件不具备时,也可根据地震波的加速度,近似地折算成作用在产品中心上的静力,对产品进行效核。

试验过程根据具体的设施,通过施加GB/T 2424.25—2000中所规定的试验程序之一进行。

试验应在设备规范技术要求中规定的地震烈度下进行,地震试验期间,应记录下列参数并作为试验通过的判据:

——关键元件的形变(套管、法兰、外壳和支撑件);

——可能出现显著位移处的部件的偏移;

——主回路的电气连续性;

——在设备额定电压下辅助和控制回路的电气连续性。

7.6.2 机械强度试验

依据GB/T 20840.8—2007中的10.2进行试验。

附 录 A
（资料性附录）
直流系统过负荷电流

A.1 概述

直流系统过负荷水平与环境温度以及换流变压器、换流阀、油浸式平波电抗器的冗余冷却设备是否投入有关。

A.2 国内某个±500 kV 直流系统过负荷电流

国内某个±500 kV 直流系统不同持续时间的过负荷电流见表 A.1。

表 A.1 国内某个±500 kV 直流系统过负荷电流

过负荷持续时间	环境温度 20 ℃		最高环境温度(约 40 ℃)	
	冗余冷却设备投入运行	冗余冷却设备不投入运行	冗余冷却设备投入运行	冗余冷却设备不投入运行
连续	3 586 A	3 552 A	3 213 A	3 045 A
2 h	4 115 A	3 972 A	3 484 A	3 381 A
10 s	4 480 A	4 480 A	4 480 A	3 867 A
5 s	4 817 A	4 817 A	4 817 A	4 187 A
3 s	4 817 A	4 817 A	4 817 A	4 443 A
注：直流系统额定直流电流为 3 000 A。				

A.3 国内某两个±800 kV 直流系统过负荷电流

国内某两个±800 kV 直流系统不同持续时间的过负荷电流见表 A.2 和表 A.3。

表 A.2 国内某个±800 kV 直流系统过负荷电流

过负荷持续时间	环境温度 25 ℃		最高环境温度(约 40 ℃)	
	冗余冷却设备投入运行	冗余冷却设备不投入运行	冗余冷却设备投入运行	冗余冷却设备不投入运行
连续	3 795 A	3 461 A	3 461 A	3 125 A
2 h	3 965 A	3 795 A	3 795 A	3 461 A
3 s	4 892 A	4 892 A	4 539 A	4 539 A
注：直流系统额定直流电流为 3 125 A。				

表 A.3　国内某个±800 kV 直流系统过负荷电流

过负荷持续时间	环境温度 20 ℃		最高环境温度(约 40 ℃)	
	冗余冷却设备投入运行	冗余冷却设备不投入运行	冗余冷却设备投入运行	冗余冷却设备不投入运行
连续	4 614 A	4 497 A	4 497 A	4 037 A
2 h	4 970 A	4 732 A	4 614 A	4 497 A
3 s	6 212 A	6 212 A	5 723 A	5 723 A
注：直流系统额定直流电流为 4 000 A。				

ICS 29.180
K 41

中华人民共和国国家标准

GB/T 26216.2—2010

高压直流输电系统直流电流测量装置 第2部分：电磁式直流电流测量装置

DC current measuring device for HVDC transmission system—
Part 2: Electromagnetic DC current measuring device

2011-01-14 发布 2011-07-01 实施

中华人民共和国国家质量监督检验检疫总局
中国国家标准化管理委员会 发布

前　言

GB/T 26216《高压直流输电系统直流电流测量装置》共分为 2 个部分：

——第 1 部分：电子式直流电流测量装置；

——第 2 部分：电磁式直流电流测量装置。

本部分为 GB/T 26216 的第 2 部分。

本部分的结构编制依据 GB/T 1.1。

本部分由中国电器工业协会提出。

本部分由全国高压直流输电设备标准化技术委员会(SAC/TC 333)归口。

本部分负责起草单位：西安高压电器研究院有限责任公司、南方电网技术研究中心。

本部分参加起草单位：机械工业北京电工技术经济研究所、西安西电高压开关有限责任公司、西安电力电子技术研究所。

本部分主要起草人：李宾宾、王国利、朱静、杨奖利、饶宏、方晓燕。

本部分参加起草人：荀锐锋、王琦、李岩、赵华锋、张艳、杜凯、田恩文、杨晓辉、果岩、杜海燕、周晓琴。

高压直流输电系统直流电流测量装置 第2部分:电磁式直流电流测量装置

1 范围

GB/T 26216的本部分规定了±800 kV及其以下电压等级直流输电用电磁式直流电流测量装置的额定值、设计与结构和试验等方面的内容。

本部分适用于安装在±800 kV及以下电压等级直流输电系统直流极母线、双十二脉动换流阀组中点(如果适用)母线及中性母线的电磁式直流电流测量装置。

2 规范性引用文件

下列文件对于本文件的应用是必不可少的。凡是注日期的引用文件,仅注日期的版本适用于本文件。凡是不注日期的引用文件,其最新版本(包括所有的修改单)适用于本文件。

GB 1208—2006 电流互感器(IEC 60044-1:2003,MOD)

GB/T 2423.2—2008 电工电子产品环境试验 第2部分:试验方法 试验B:高温(IEC 60068-2-2:1974,IDT)

GB/T 2424.25—2000 电工电子产品环境试验 第3部分:试验导则 地震试验方法(IEC 60068-3-3:1991,IDT)

GB/T 2900.15—1997 电工术语 变压器、互感器、调压器和电抗器(IEC 60050-421:1990,IEC 60050-321:1986,MOD)

GB/T 2900.50—2008 电工术语 发电、输电及配电 通用术语(IEC 60050-601:1985,MOD)

GB/T 2900.57—2008 电工术语 发电、输电及配电 运行(IEC 60050-604:1987,MOD)

GB/T 7354—2003 局部放电测量(IEC 60270:2000,IDT)

GB/T 11022—1999 高压开关设备和控制设备标准的共同技术要求(eqv IEC 60694:1996)

GB/T 16927.1—1997 高电压试验技术 第1部分 一般试验要求(eqv IEC 60060-1:1989)

GB/T 20840.8—2007 互感器 第8部分:电子式电流互感器(IEC 60044-8:2002,MOD)

GB/T 20635—2006 特殊环境条件 高原用高压电器的技术要求

GB/T 22071.1—2008 互感器试验导则 第1部分:电流互感器

GB/T 22707—2008 直流系统用高压绝缘子的人工污秽试验(IEC/TR 61245:1993,MOD)

GB/T 50150—2006 电气装置安装工程 电气设备交接试验标准

3 术语和定义

GB/T 2900.15、GB/T 2900.50、GB/T 2900.57和GB 1208界定的以及下列术语和定义适用于本文件。

3.1

直流电流测量装置 DC current measuring device

提供与一次直流电流相对应的信号的装置,供给测量仪器、仪表和保护或控制设备。

3.2

电磁式直流电流测量装置 electromagnetic current measuring device

一次传感器利用电磁感应原理提供与一次直流电流相对应的信号，且该信号通过电缆直接送到自身电子设备的直流电流测量装置。

电磁式直流电流测量装置组成原理示意图见图1。

电磁式直流电流测量装置包含零磁通式直流电流测量装置、磁饱和式直流电流测量装置等类型。

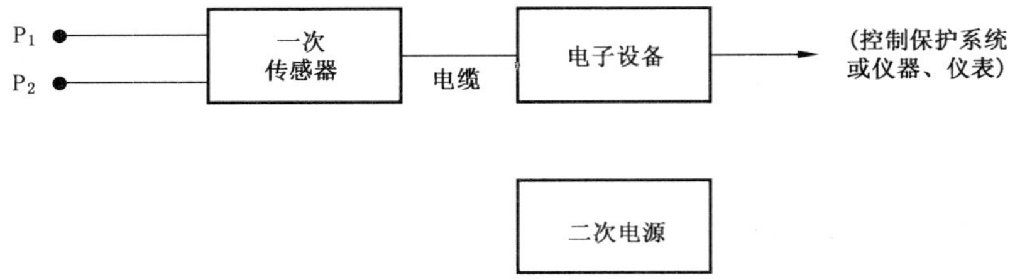

图1 电磁式直流电流测量装置组成原理示意图

3.3

额定一次直流电流 rated primary DC current

作为直流电流测量装置性能基准的一次电流值。

3.4

一次绕组 primary winding

流过被测电流的绕组。

3.5

二次绕组 secondary winding

给电子设备提供电流的绕组。

3.6

电子设备 electronic device

与一次传感器相连接的电子回路，可包括功率放大器、二极管等元件，通常安装于户内。

3.7

准确级 accuracy class

[GB 1208—2006，定义3.1.12]

4 正常和特殊使用条件

GB 1208—2006的第4章适用(4.3和4.4除外)，并做如下补充：

对于安装在海拔高于1 000 m处的设备，外绝缘额定绝缘水平按GB/T 20635—2006的5.1进行校正。

5 额定值

5.1 额定一次直流电流(I_r)

标准值(A)：

600，3 000，3 125，4 000，4 500。

5.2 过负荷直流电流

在直流系统过负荷运行时流过直流电流测量装置的直流电流，包括连续、2 h 或数秒等不同的持续时间，电流值根据具体工程研究确定。

国内一个 500 kV 和两个 800 kV 特高压直流工程的过负荷直流电流见附录 A。

5.3 短时电流额定值

电磁式直流电流测量装置应符合如下两项的规定：

——额定短时热电流(I_{th})；

额定短时热电流，在二次绕组短路的情况下，电流测量装置在 1 s 内能承受住且无损伤工频电流方均根值。

——额定动稳定电流(I_{dyn})

额定动稳定电流，通常为额定短时热电流的 2.5 倍。如与此值不同，应在铭牌上标注。

5.4 额定电压(U_r)

额定电压标准值(kV)：

20,60,100,408,515,680,816。

5.5 绝缘水平

见表 1。

表 1 额定绝缘水平

额定直流电压 kV	直流耐受电压 kV	操作冲击耐受电压 kV	雷电冲击耐受电压 kV
20	30	—	170
			325
			550
60	90	—	170
			325
			550
100	150	—	650
408	600	850	950
		950	1 175
515	750	1 175	1 425
		1 300	1 550
		1 425	1 675
680	990	1 600	1 800
816	1 200	1 600	1 950

5.6 频率响应

50 Hz～1 200 Hz　　　　　　　　误差不超过3%。

5.7 阶跃响应

a) 对于过冲不超过 $1.1I_r$ 的阶跃，响应时间小于400 μs；
b) 趋稳时间(幅值误差不超过阶跃值1.5%)小于5 ms。

5.8 整个电流测量装置的准确级

直流电流测量装置的准确级以额定电流下所规定的最大允许电流误差百分数来标称。

标准准确级为：0.1,0.2,0.5,0.55,1,1.5。

对于上述准确级电流测量装置，电流误差应不超过表2所列限值。

表2 电流误差

<table>
<tr><th rowspan="2">准确级</th><th colspan="3">在下列额定电流(%)下的电流误差±%</th></tr>
<tr><th>10%～110%</th><th>110%～300%</th><th>300%～600%</th></tr>
<tr><td>0.1</td><td>0.1</td><td rowspan="4">1.5</td><td rowspan="4">10</td></tr>
<tr><td>0.2</td><td>0.2</td></tr>
<tr><td>0.5</td><td>0.5</td></tr>
<tr><td>0.55</td><td>0.55</td></tr>
<tr><td>1.0</td><td>1</td><td colspan="2" rowspan="2">3,5,10[a]</td></tr>
<tr><td>1.5</td><td>1.5</td></tr>
<tr><td colspan="4">[a] 对于1和1.5级，110%以上额定电流下的误差可从推荐值±3%，±5%，±10%中选取。</td></tr>
</table>

5.9 数字输出的额定值

GB/T 20840.8—2007的5.3适用，并作如下补充：

对于测量范围为2 p.u.以下对应的二次输出通道的输出，额定一次直流电流对应的二次输出数值为2D41H；对于测量范围为6 p.u.对应的二次输出通道的输出，额定一次直流电流对应的二次输出数值为0CCCH。

5.10 模拟输出的额定值

GB/T 20840.8—2007中的5.4适用。

6 设计和结构

6.1 一般要求

二次出线端子螺杆直径不得小于6 mm，应用铜或铜合金制成，二次出线端子防潮性能良好，并有防转动措施。

所有端子及紧固件应有良好的防锈镀层，足够的机械强度和保护良好的导电接触面。

电磁式直流电流测量装置应为干式、充气体式或充油式，其结构应便于现场安装、运行、维护，应满足卧式运输要求。

6.2 电气屏蔽

直流电流测量装置应配有必要的电晕环。

6.3 防腐蚀保护

所有暴露在腐蚀环境中的零件、接触部件以及螺钉均应进行防腐处理或由耐腐蚀材料制成。

6.4 铭牌标识

电子式直流电流测量装置的铭牌应用不锈钢板制造，并用中文书写，提供的铭牌放在易观察的位置上。铭牌应至少包含如下内容：

a) 制造厂名(不以工厂所在地地名为厂名者，应同时标出地名)；
b) 型号或序号，最好两者均有；
c) 准确度，以及有关的其他附加性能数据；
d) 额定电压；
e) 额定绝缘水平；
f) 额定短时电流；
g) 绝缘耐热等级(A 级绝缘不标出)；
h) 带有两个二次绕组的测量装置，应表明每一绕组的用途和其相应的端子；
i) 国名；
j) 测量装置名称；
k) 标准代号；
l) 设备种类：户内或户外，如果允许使用在海拔高于 1 000 m 的地区，还应标出其允许使用的最高海拔；
m) 测量装置总重及绝缘介质的重量(适用时)；
n) 二次绕组排列示意图；
o) 制造日期。

6.5 数字输出的设计要求

GB/T 20840.8—2007 中的 6.2 适用。

6.6 模拟电压输出的设计要求

GB/T 20840.8—2007 中的 6.3 适用。

6.7 对于 SF_6 式设备的要求

对于 SF_6 式电磁式直流电流测量装置的要求：

——SF_6 气体年泄漏率≤0.5%；

——SF_6 气体充入设备 24 h 后取样，其水分含量<150×10^{-6} μL/L，应有取气样阀门以便测量 SF_6 气体含水量；

——每台设备应配备一套气体运行监测装置(包括气体密度继电器、压力指示器和温度指示器)。

6.8 对于充油式设备的要求

对于充油式电磁式直流电流测量装置的要求：

——每台设备应配备一套油面监测装置；

——油中微量水分应符合下述规定：对于 300 kV 以上直流电流测量装置，≤10 mg/L；对于 300 kV～150 kV 直流电流测量装置，≤15 mg/L；对于 150 kV 以下直流电流测量装置，≤20 mg/L；

——对电压等级在 100 kV 以上的充油式电磁式直流电流测量装置，油中溶解气体组分含量(μL/L)不宜超过下列任一值，总烃：10，H_2：50，C_2H_2：0。

7 试验

7.1 试验分类

本部分所规定的试验分为型式试验、例行试验、现场试验和特殊试验 4 类。

a) 型式试验

对每种型式直流电流测量装置所进行的试验，用它验证按同一技术规范制造的直流电流测量装置均应满足、且在例行试验中未包括的要求。

b) 例行试验

每台直流电流测量装置都应经受的试验。

c) 现场试验

在安装完好并完成所有的连接后应当进行现场试验，用来检查直流电流测量装置设备没有因运输和储存而损坏。

d) 特殊试验

一种既不同于型式试验，也不同于例行试验的试验。它是由制造厂与用户对实验方法、试验过程和接受原则等进行协商而确定的。

7.2 试验的一般条件

7.2.1 试验的标准大气条件和校正因数

标准大气条件以及大气条件的校正因数应按 GB/T 16927.1 进行。

7.2.2 湿试程序

户外直流电流测量装置的外绝缘应在 GB/T 16927.1 规定的标准湿试程序下承受湿耐受试验。

7.2.3 施加电压的间隔

连续两次施加电压的时间间隔应足够长，以免先前的施加电压对下次试验的影响，一段应不少于 1 min。

7.3 型式试验

7.3.1 概述

电磁式直流电流测量装置由以下两部分组成：

——一次传感器，包括一次绕组、二次绕组及铁心等部件；

——电子设备，通常安装于户内。

对两部分设备分别进行试验。

7.3.2 试验的分组

适用时，强制的试验项目：

——电子设备的高频电流对联锁电路的影响；

——数字量输出的补充型式试验；

——电容量和介质损耗因数测量。

其余为强制的型式试验。

7.3.3 一次传感器的试验

对传感器进行的型式试验程序中应包含但不局限于下述项目：

a) 短时电流试验；

b) 温升试验；

c) 雷电冲击电压试验；

d) 操作冲击电压试验；

e) 直流耐压试验和局部放电试验；

f) 极性反转试验；

g) 无线电干扰电压测量；

h) 电容量和介质损耗因数测量；

i) 人工污秽试验。

7.3.3.1 短时电流试验

此项试验参照 GB 1208—2006 中的 8.1 进行，且进行如下补充。

如果试验后电流测量装置，当冷却到周围的环境温度(5 ℃～40 ℃)后，能满足下列要求，则认为电流测量装置通过本试验：

——目力检查无损伤；

——误差与试验前的差异，不超过其相应准确级的误差限值的一半，且满足相应准确级的要求；

——能承受 7.3.3 中 e)项直流耐受电压试验，但试验电压应降至原规定值的 90%；

——经检查，与导线表面接触的绝缘无明显的劣化现象(例如碳化现象)。

7.3.3.2 温升试验

此项试验参照 GB 1208—2006 中的 8.2 进行。

试验电流为最大连续运行直流电流或方均根值等于最大连续运行直流电流的工频交流电流，试验时二次绕组短路。

温升限值见 GB 1208—2006 中的表 2。

7.3.3.3 雷电冲击电压试验

仅对独立安装的电流测量装置进行该项试验。

试验时雷电冲击电压施加在一次端子与地之间。

a) 额定电压 U_d<200 kV 的电流测量装置

试验应在正、负两种极性下进行。每一极连续冲击 15 次，不需作大气条件校正。

如果每一极性下的试验均如下所述，则电流测量装置通过本试验：

——非自复性内绝缘不出现击穿；

——非自复性外绝缘不出现闪络；

——自复性外绝缘出现的闪络不超过 2 次；

——未发现绝缘损坏的其他依据(例如：记录波形的变异)。

注：施加 15 次正、负极性冲击波，是对外绝缘进行试验而规定的。如果制造厂与用户协商同意，采用其他试验方法检查外绝缘，则每一极性下的冲击次数可减至 3 次，且不需作大气条件校正。

b) 额定电压 $U_d \geqslant 200$ kV 的电流测量装置

对一次端子进行雷电冲击试验，试验在正、负两种极性下进行，每极性连续冲击 3 次，不需作大气条件校正。

如果每一极性下的试验均如下所述，则电流测量装置通过本试验：

——不发生击穿；

——未发现绝缘损坏的其他依据(例如：记录波形的变异)。

7.3.3.4 操作冲击电压试验

对于独立安装且额定电压大于 200 kV 的电流测量装置进行此项试验，户外安装的电流测量装置进行湿试。

试验电压值应根据设备额定电压和所规定的绝缘水平，取表 1 中的相应值。

试验参照 GB 1208—2006 中的 8.3.3。

7.3.3.5 直流耐压试验和局部放电试验

应该进行干式直流耐压试验和局部放电测量，对户外直流电流测量装置还应该进行湿试。

a) 干式直流耐压试验

试验电压为正极性直流电压，持续 60 min，试验电压取表 1 中相应的直流耐受电压值。

b) 湿试直流耐压试验

试验回路应符合 GB/T 16927.1。

施加负极性的直流试验电压 U_t。

如果没有发生破坏性放电，则认为直流电流测量装置通过了试验；如果在外部自恢复绝缘上发生破坏性放电，应在同一试验状况下重复进行试验，如果没有再次发生破坏性放电，则认为直流电流测量装置成功地通过了该项试验。

c) 局部放电试验

在上述干式直流耐压的最后 10 min 内进行局部放电测量。局部放电试验通过判据为：在这 10 min 内大于或等于 1 000 pC 的脉冲应少于 10 个。

应使用示波器测量单个局部放电脉冲的视在放电量，试验设备和基本试验回路要求参照 GB/T 7354。

7.3.3.6 极性反转试验

对于独立安装且额定电压大于 200 kV 的直流电流测量装置，进行此项试验。试验电压取额定电压的 1.25 倍。

首先加负极性电压 90 min，然后将电压反转成正极性电压，保持 90 min，然后再将电压反转成负极性并保持 45 min。每次电压反转应尽可能在 1 min 内完成，但最长不能超过 2 min。

在整个试验过程中都应进行局部放电测量，局部放电试验按照 GB/T 7354 进行。试验接受判据如下：任何 10 min(不包括极性反转完成后的 1 min)内大于 2 000 pC 的脉冲数不应超过 10 个。

应记录每一次极性反转完成后 1 min 内不小于 500 pC 的放电脉冲数，仅作为参考。

7.3.3.7 无线电干扰电压测量

应对额定电压大于 200 kV 的直流电流测量装置进行无线电干扰电压测量。

对分流器、一次转换器和光连接进行无线电干扰试验，且用无线电干扰电压（RIV）来度量，试验参照 GB/T 11022—1999 中的 6.3 进行。

在电流测量装置上施加 $1.1U_r/\sqrt{2}$（方均根值）的电压，至少维持 5 min，U_r 是电流测量装置的额定电压。随后应该把电压逐级下降至 $0.3U_r/\sqrt{2}$，再逐级上升至初始值，最后逐级下降至 $0.3U_r/\sqrt{2}$。在每级电压上，应该进行无线电干扰的测量，并应该画出最后一个电压下降系列中记录的无线电干扰电压对外施电压的曲线；这样得出的曲线就是电流测量装置的无线电干扰特性。电压级约为 $0.1U_r/\sqrt{2}$。

如果在下 $1.1U_r/\sqrt{2}$ 下 RIV 水平不超过 2 500 μV，应该认为电流测量装置通过了试验。

如果试验采用直流电压，具体的试验方法由用户和供货商协商确定。

7.3.3.8 电容量和介质损耗因数测量

仅对于独立安装的电流测量装置进行此项试验。

介质损耗因数（$\tan\delta$）应采用电桥或其他等效的方法进行。

试验电压施加在短接的一次绕组和地之间。通常，屏蔽和绝缘的金属箱壳均应与测量电桥连接。如果测量装置有专用的装置（端子）供介质损耗因数测量用，则所有其他低压端子和金属箱壳相连接，然后接地或与电桥的屏蔽连接。

在 50 Hz 频率下，进行下述三级试验电压的电容量测量，见式(1)、式(2)、式(3)。测量电容要给出电容值和介质损耗因数，以保证高压电阻的负荷效应不导致测量电容的误差。

$$\text{第 1 级电压} = 50\% \times U_r/\sqrt{2} \quad (\text{方均根值、kV}) \tag{1}$$

$$\text{第 2 级电压} = U_r/\sqrt{2} \quad (\text{方均根值、kV}) \tag{2}$$

$$\text{第 3 级电压} = 150\% \times U_r/\sqrt{2} \quad (\text{方均根值、kV}) \tag{3}$$

在绝缘试验前后进行测量，介质损耗因数和电容不应有明显的变化。

7.3.3.9 人工污秽试验

仅对于独立安装的电流测量装置进行此项试验。

应对额定电压大于 200 kV 的户外直流电流测量装置进行人工污秽试验，其绝缘外套的爬电比距应符合实际工程的要求。

试验方法依据 GB/T 22707。

如果在试品上连续三次试验都没有发生闪络（每次试验持续时间为 1 h），则受试设备被认为是满足试验要求的。若三次试验中发生了 1 次闪络，那就应进行第 4 次试验。如果在第 4 次试验中没有再发生闪络，则此设备也被认为是满足试验要求的。

如果此设备未能通过上述试验，承包商应重新设计，以满足工程规定要求。

对于复合绝缘子的人工污秽试验方法，由用户和供货商协商确定。

7.3.4 电子设备的试验

对电子设备进行的型式试验程序中应包含但不局限于下述项目：

a) 误差测定；

b) 阶跃响应试验；

c) 频率响应试验；

d) 干热试验；

e) 大电流试验；

f) 高频电流对联锁电路的影响；

g) 电磁兼容试验；

h) 数字量输出的补充型式试验。

为进行电子设备的试验，应将电子设备和传感器用电缆联接，电缆的型号应与现场联接电缆一样或者比现场使用的性能差一些，电缆的长度应不小于现场联接电缆中最长的一根。除 7.3.4.4 项试验中的电源电压为最大值外，其他试验时电源电压应为最小值。

为获得足够大的安匝数，可增加一次线圈的匝数。

7.3.4.1 误差测定

在 0、±1 p.u.、±1.1 p.u.、±2 p.u.、±3 p.u.、±6 p.u. 电流时进行误差测量。同时，为得到饱和曲线，电流应升到 9 p.u.。

7.3.4.2 阶跃响应试验

进行下列阶跃响应：

0.1 p.u.	到	1 p.u.
1 p.u.	到	0 p.u.
0.5 p.u.	到	0.25 p.u.
0.5 p.u.	到	0.75 p.u.

其中 1 p.u. 指一次额定直流电流对应的电压。

7.3.4.3 频率响应试验

对频率为 1 200 Hz 及以下的正弦输入信号进行交流变比(幅值)和相位移的测量，可以仅在 50 Hz 以及 1 200 Hz 以下的所有偶次谐波频率下进行，电流方均根值为 0.1 倍额定一次电流。

7.3.4.4 干热试验

根据 GB/T 2423.2—2001 进行干热试验。

温度为实际工程规定的户内最高温度，持续 4 h。

试验过程中要监测额定电流下的测量误差及联锁信号，如果测量误差保持在要求的范围内，并且联锁信号正常动作，则试验通过。

7.3.4.5 大电流试验

通过电流阶跃测试测量装置在大电流时的特性，前沿应为近似线性上升。

一次阶跃电流＝额定动稳定电流

阶跃最短持续时间	20 ms
阶跃上升时间	4 ms

如果仅用电流阶跃进行误差检查，应检查 300%～600%倍额定电流时的误差。

当阶跃电流达到 9 p.u. 之后，直流电流测量装置的输出应大于 10 V 且持续时间不小于 20 ms。试验中，在电流到 9 p.u. 之后的 15 ms～20 ms 的时间之内，饱和信号应被给出。

7.3.4.6 高频电流对联锁电路的影响

一次电流等于 1 p.u. 直流电流加上幅值衰减的 10 kHz 交流电流，这个交流电流的第一个峰值为 10 p.u.(与直流电流同向)，1 ms 后衰减至 0.1 p.u.。此试验中，触点应始终保持在合态，也就是说不出现饱和现象。

一次电流等于 1 p.u. 直流电流加上幅值衰减的 5 kHz 交流电流，这个交流电流的第一个峰值为 5 p.u.（与直流电流同向），30 ms 后衰减至 0.1 p.u.。此试验中，触点应保持在合态，也就是不出现饱和现象。

如果无法按上述方法进行试验，则由供货商提供替代方法，以证明直流测量装置能承受高频振荡而不饱和。

7.3.4.7 电磁兼容试验

验证二次系统在工程规范书规定的电磁兼容（EMC）环境下应能正常工作。参照 GB/T 20840.8—2007 的 8.8 进行试验。

7.3.4.8 数字量输出的补充型式试验

对于数字量输出的电流测量装置，还应依据 GB/T 20840.8—2007 中的 8.14，进行相关的型式试验。

7.4 例行试验

例行试验将包括但不限于下述项目：

a) 端子标志检验；

b) 线圈变比的测量；

c) 二次绕组平衡试验；

d) 二次绕组的工频耐压试验；

e) 一次绕组的工频电压耐受试验和局部放电测量；

f) 误差测定；

g) 直流耐压试验和局部放电测量；

h) 电容量和介质损耗因数测量；

i) 铁心和线圈验证；

j) 阶跃响应；

k) 频率响应；

l) 匝间绝缘试验；

m) 密封性能试验；

n) 数字量输出的补充例行试验；

o) 模拟量输出的补充例行试验。

7.4.1 端子标志检验

接线端子须标明下列标志：

——一次和二次绕组；

——绕组的分段（如果有）；

——绕组或分段的极性关系；

——中间抽头（如果有）。

标志方法：

接线标志应清晰、牢固，并标在端子表面或其近旁处。标志应由字母及字母后的数字和字母前的数字（必要时）组成。字母均为大写印刷体。

零磁通式直流电流测量装置的端子标记见附录 B 的图 B.2。

7.4.2 线圈变比的测量

此试验可不带电子设备。

每个绕组的变比都要进行测量并记录。

通过判据：

总匝数误差应少于一匝。

注：本试验可在包括电子设备的整个测量装置上进行，这种情况下，通过直流电流测量精度试验来校验匝数。

7.4.3 二次绕组平衡试验

适用时，进行二次绕组平衡试验。

根据附录 B 中图 B.3 所示测量感应电压，调节电压 U_1（可由低阻抗电源提供，比如调压器）使铁心饱和，由示波器测量电压 U_2。

试验通过判据由供货商提出。

7.4.4 二次绕组的工频耐压试验

对二次绕组之间及对地进行工频耐压试验，试验电压 3 kV，持续 1 min。

7.4.5 一次绕组的工频电压耐受试验和局部放电测量

此项试验仅适用于户外独立安装的直流电流测量装置。

a) 工频耐压试验

试验持续 1 min。试验电压施加在连在一起的一次绕组与地之间，二次绕组、支撑构架、箱壳（如果有）、铁心（如果有接地端子）均应接地。

b) 局部放电测量

试验方法参见 GB 1208—2006 中的 9.2.2。

7.4.6 误差测定

试验方法参照 7.3.4.1。

7.4.7 直流耐压试验和局部放电测量

仅适用于独立安装的电流测量装置。

施加正极性直流电压，时间为 60 min，试验电压取表 1 中相应的直流耐受电压值。

局部放电试验：在直流耐受试验最后 10 min 内，要同时进行局部放电试验。通过的判据是：直流耐压最后 10 min 内最大的脉冲幅值为 1 000 pC 的脉冲个数不超过 10 个。用示波器测量单个局部放电脉冲的视在放电量，试验设备和基本试验回路要符合 GB/T 7354。

7.4.8 电容量和介质损耗因数测量

仅适用于独立安装的干式或充油式电流测量装置。

试验参照 7.3.3.8 进行。

此项试验可以与 7.4.5 一起进行。

7.4.9 铁心和线圈验证

在传感器最终组装完成后，对铁心和线圈组件的一致性进行校验。

试验通过判据由供货商提出。

7.4.10 阶跃响应

进行下列电流阶跃试验：

0	到	1 p. u.
1 p. u.	到	0

其中 1 p. u. 为额定直流电流。

7.4.11 频率响应

频率响应试验包括 50 Hz 下测量幅值和相角。测量时用的电流值是相应于 0.1 p. u. 一次侧额定电流的方均根值。

7.4.12 匝间绝缘试验

参照 GB 1208—2006 中的 9.4 进行试验。

7.4.13 密封性能试验

对于充油或充气的直流电流测量装置应按 GB/T 22071.1—2008 中的规定进行试验。

7.4.14 数字量输出的补充例行试验

对于数字量输出的电流测量装置，还应依据 GB/T 20840.8—2007 中的 9.7，进行相关的例行试验。

7.4.15 模拟量输出的补充例行试验

对于模拟量输出的电流测量装置，还应依据 GB/T 20840.8—2007 中的 9.8，进行相关的例行试验。

7.5 现场试验

电流测量装置安装完好并完成所有的连接后应进行现场试验，试验的目的是检查电流测量装置没有因为运输和储存而损坏，并验证组装好的电流测量装置的整体性能。

现场试验将包括但不限于下述项目：

a) 外观检查；
b) 测量绝缘电阻；
c) 电容量和介质损耗因数测量；
d) 极性检查；
e) 变比检查；
f) 直流耐压试验；
g) 绝缘介质性能试验；
h) 密封性能检查。

7.5.1 外观检查

应对下述内容进行外观检查：

——表面的清洁度；
——绝缘距离；
——设备和基架的接地；
——电缆连接。

7.5.2 测量绝缘电阻

绝缘试验前后测量绝缘电阻

测量一次绕组对二次绕组及外壳、各二次绕组及其对外壳的绝缘电阻，由于结构原因而无法测量时可不进行。绝缘电阻不宜低于 1 000 MΩ。

7.5.3 电容量和介质损耗因数测量

参照 7.3.3.8 进行。

7.5.4 极性检查

检查电流测量装置的极性是否与端子标志一致。

7.5.5 准确度测量

一次回路注入电流，检查准确度是否满足要求。

7.5.6 直流耐压试验

试验电压为出厂试验时的 80%，持续时间 5 min。

7.5.7 绝缘介质性能试验

对绝缘性能有怀疑的电流测量装置，应检测绝缘介质的性能，并符合下列规定：

——绝缘油的性能应符合 GB 50150—2006 中的表 20.0.1、表 20.0.2 的要求；

——SF_6 气体的性能应符合如下要求：SF_6 气体充入设备 24 h 后取样，SF_6 气体水分含量不得大于 250×10^{-6} μL/L(20 ℃体积分数)；

——电压等级在 66 kV 以上的油浸式电流测量装置，应进行油中溶解气体的色谱分析。油中溶解气体组分含量(μL/L)不宜超过下列任一值，总烃：10，H_2：50，C_2H_2：0.0。

7.5.8 密封性能检查

检查油浸式直流电流测量装置油面，外表应无可见油渍现象。

SF_6 气体绝缘直流电流测量装置定性检漏无泄漏点，有怀疑时进行定量检漏，年泄漏率应小于 0.5%。

7.6 特殊试验

特殊试验是既不同于型式试验，也不同于例行试验，由供货商和用户协商确定是否需要进行的试验项目。

7.6.1 抗震试验

抗震性能的验证通过分析计算法、试验法或者两者的组合完成。

试验可以在地震模拟振动台上进行，条件不具备时，也可根据地震波的加速度，近似地折算成作用在产品中心上的静力，对产品进行效核。

试验过程根据具体的设施，通过施加 GB/T 2424.25 中所规定的试验程序之一进行。

试验应在设备规范技术要求中规定的地震烈度下进行，地震试验期间，应记录下列参数并作为试验通过的判据：

——关键元件的形变(套管、法兰、外壳和支撑件)；

——可能出现显著位移处的部件的偏移；

——主回路的电气连续性；

——在设备额定电压下辅助和控制回路的电气连续性。

7.6.2 机械强度试验

依据 GB 1208—2006 中的 10.2 进行试验。

附 录 A
（资料性附录）
直流系统过负荷电流

A.1 概述

直流系统过负荷水平与环境温度以及换流变压器、换流阀、油浸式平波电抗器的冗余冷却设备是否投入有关。

A.2 国内某个±500 kV 直流系统过负荷电流

国内某个±500 kV 直流系统不同持续时间的过负荷电流见表 A.1。

表 A.1 国内某个±500 kV 直流系统过负荷电流

过负荷持续时间	环境温度 20 ℃		最高环境温度(约 40 ℃)	
	冗余冷却设备投入运行	冗余冷却设备不投入运行	冗余冷却设备投入运行	冗余冷却设备不投入运行
连续	3 586 A	3 552 A	3 213 A	3 045 A
2 h	4 115 A	3 972 A	3 484 A	3 381 A
10 s	4 480 A	4 480 A	4 480 A	3 867 A
5 s	4 817 A	4 817 A	4 817 A	4 187 A
3 s	4 817 A	4 817 A	4 817 A	4 443 A
注：直流系统额定直流电流为 3 000 A。				

A.3 国内某两个±800 kV 直流系统过负荷电流

国内某两个±800 kV 直流系统不同持续时间的过负荷电流见表 A.2 和 A.3。

表 A.2 国内某个±800 kV 直流系统过负荷电流

过负荷持续时间	环境温度 25 ℃		最高环境温度(约 40 ℃)	
	冗余冷却设备投入运行	冗余冷却设备不投入运行	冗余冷却设备投入运行	冗余冷却设备不投入运行
连续	3 795 A	3 461 A	3 461 A	3 125 A
2 h	3 965 A	3 795 A	3 795 A	3 461 A
3 s	4 892 A	4 892 A	4 539 A	4 539 A
注：直流系统额定直流电流为 3 125 A。				

表 A.3 国内某个±800 kV 直流系统过负荷电流

过负荷持续时间	环境温度 20 ℃		最高环境温度(约 40 ℃)	
	冗余冷却设备投入运行	冗余冷却设备不投入运行	冗余冷却设备投入运行	冗余冷却设备不投入运行
连续	4 614 A	4 497 A	4 497 A	4 037 A
2 h	4 970 A	4 732 A	4 614 A	4 497 A
3 s	6 212 A	6 212 A	5 723 A	5 723 A
注：直流系统额定直流电流为 4 000 A。				

附　录　B
（资料性附录）
零磁通式直流电流测量装置原理与端子图

零磁通式直流电流测量装置原理示意图见图B.1，端子标记见图B.2，感应电压测试回路见图B.3。

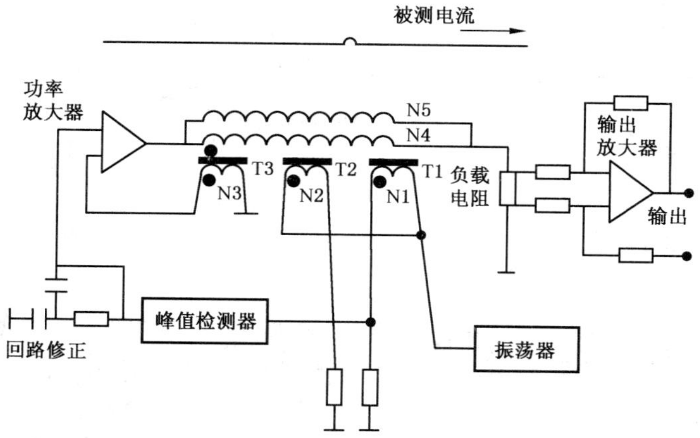

图 B.1　零磁通式直流电流测量装置的原理

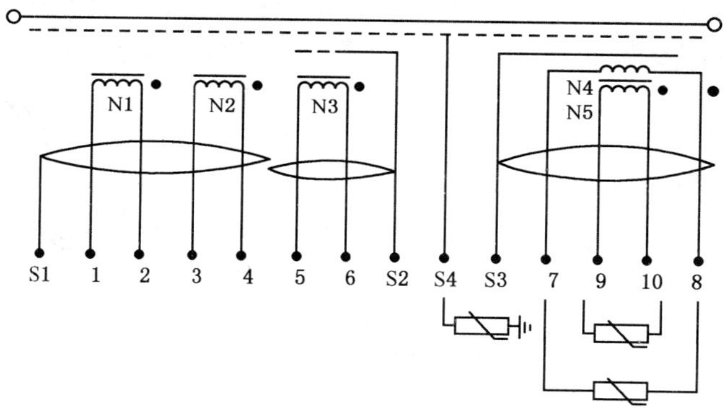

图 B.2　零磁通式直流电流测量装置的端子标记

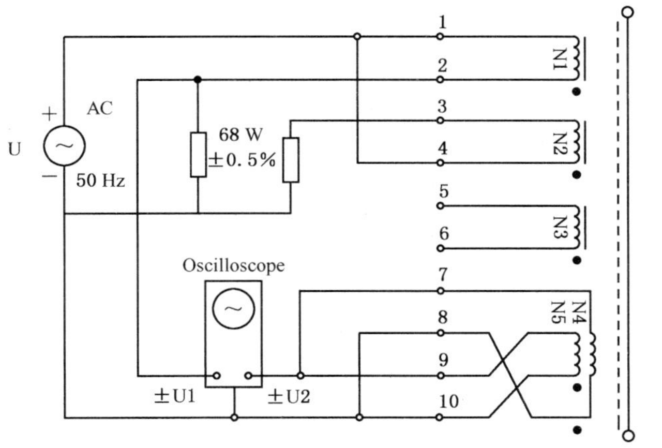

图 B.3 零磁通式直流电流测量装置感应电压测试回路